뇌 한복판으로
떠나는 여행

VOYAGE EXTRAORDINAIRE AU CENTRE DU CERVEAU
by Jean-Didier Vincent
© Odile Jacob, 2007

Korean translation copyright © 2010 by BOOKHOUSE Publishers Co.
This Korean edition was published by arrangement with Les Editions Odile Jacob
through Sibylle Books Literacy Agency, Seoul

이 책의 한국어판 저작권은 시빌 에이전시를 통해 Odile Jacob과 독점계약한
(주)북하우스 퍼블리셔스에 있습니다.
저작권법에 의해 한국 내에서 보호를 받는 저작물이므로 무단 전재와 복제를 금합니다.

뇌 한복판으로 떠나는 여행

뇌에 대한 거의 모든 정보가 담긴 뇌과학 백과사전

장 디디에 뱅상 지음 | 이세진 옮김 | 조세형 감수

해나무

차례

감수자 추천사 • 7
프롤로그 여행을 떠나기에 앞서서 • 11

1장 뇌 발견의 역사 • 15
2장 뇌 속에 숨은 풍경 • 53
3장 뇌를 연구하는 방법 • 71
4장 마음의 기상학 • 91
5장 수면의 과학 • 131
6장 뇌 여행도 식후경 • 175
7장 섭생의 비밀, 시상하부 레스토랑 • 203
8장 수분밸런스를 위해 드는 축배 • 255
9장 죽을 것 같은 목마름 • 273
10장 쾌락의 계곡 • 289
11장 웃을 수 있는 축복 • 325
12장 파블로프 반사 대로 • 341
13장 사랑의 길 • 365
14장 '본다' 는 행위 뒤에 숨은 뇌과학 • 403
15장 추억의 다락방 • 435
16장 생각한다, 고로 존재한다 • 471
17장 행동하는 뇌 • 519
18장 타인과 교감하는 뇌 • 543
19장 언어의 정원 • 583

에필로그 여행을 마치면서 • 621
감사의 말 • 623
옮긴이의 말 • 625

참고문헌 • 628
찾아보기 • 647

일러두기
* 1, 2, 3…은 원주 및 인용된 문장들의 출처로 한국어판에서는 참고문헌으로 정리하였다.
** 그 밖의 본문에 나오는 주석은 모두 옮긴이주이다.

감수자 추천사

뇌과학에 대한 종합적이고 통합적인 정보를 알려주는 뇌 백과사전

조세형(경희대학교 의과대학 교수)

흔히 뇌과학(신경과학)을 21세기 마지막 프런티어라고 일컫는다. 평균 1,500세제곱센티미터에 불과한 인간의 뇌는 감각, 운동, 기억과 학습, 식욕, 성욕, 감정은 물론이고 고차원적인 지능과 사유, 문학과 예술의 원천이기도 하다. 이런 뇌에 대한 관심은 당연하면서도 매우 오래된 것이기는 하나, 이것을 좀 더 과학적인 차원에서 접근하게 된 것은 그리 오래된 일이 아니다. 특히 20세기 후반에 이루어진 뇌과학의 비약적인 발전은 예전에는 알지 못했던, 그리고 우리가 오해하고 있었던 뇌의 여러 측면에 깊은 통찰을 제공해주었다. 그러나 일반인에게 뇌과학은 여전히 낯설고 어려운 분야이며, 자신의 전문분야에만 매몰되어 있는 뇌 연구자들도 종합적이면서 통합적인 시각을 갖기는 무척 어렵다. 그런 의미에서 장 디디에 뱅상의 책 『뇌 한복판으로 떠나는 여행』은 읽고, 다시 읽으며, 음미하고, 생각해볼 여지를 마련해주는 아주 특별한 책이다.

제목만 보면 〈신기한 스쿨버스〉의 한 에피소드나 영화 〈마이크로 결사대〉에서처럼 축소되어 우리 몸을 헤집고 돌아다니는 공상과학소설을 연상하기 쉽겠지만, 그런 내용은 절대 아니다. 대신에 이 책은 유물론적이고 환원주의적인 시각을 일관되게 견지하면서도, 철학과 문학을 비롯한 인문학, 사회과학, 예술(또는 그 작품)과 우리의 실생활 등을 적절히 끌어들여서, 우리 뇌가 가진 다양한 측면을 일관되고 통합된 시각에서 바라볼 수 있게 해준다. 일흔이 넘은 나이의 뇌과학 전문가가 평생의 연구와 해박한 상식을 기반으로, 일반인을 상대로 쓴 통합적인 뇌과학 개론서라고나 할까. 이 책을 읽다보면 저자가 가진 뚜렷한 세계관과, 그것을 수많은 예들을 통해 설득해내는 구성의 정교함과 재치에 놀라게 된다. 또 한편으로는 저자가 다루고 있는 전문지식의 깊이와 폭넓음에 다시 한 번 놀라게 된다. 글의 중간 중간에 삽입한 글상자도 흥미로운 예들로 가득 차 있을 뿐 아니라, 필요한 부분마다 각 분야 전문가이자 대가의 최신 지견과 소개의 글을 덧붙여, 읽는 재미에 유용하고 정확한 정보를 얻는 즐거움도 쏠쏠하다.

　뇌과학 분야를 처음 접하는 일반 독자들이라면 방대한 분량과 세밀한 (특히 해부학과 관련한) 전문지식에 기가 질릴 만도 하겠지만, 이해하기 어려운 부분은 과감히 건너뛰더라도 충분히 재미있고 유용한 책이다. 아울러 뇌과학 분야에 관심을 갖고 관련 서적을 탐독해온 독자나 뇌과학 분야에 종사하는 연구자라면 뇌과학이라는 방대한 전문 분야를 다른 학문이나 실생활과 연관지어 통합적으로 바라보는 재미에 푹 빠져들 수 있을 것이다. 아울러 일견 딱딱할 수도 있는 책을 부드럽고 읽기 편하게 번역한 옮긴이의 역량도 높게 살 만하다고 평가한다.

　뇌과학은 21세기에도 비약적인 발전을 거듭할 것으로 기대되며, 그만큼 커다란 관심과 투자가 집중되는 분야이기도 하다. 블랙박스로만 여겨지던 뇌는 이제 서서히 그 베일을 벗고 있다. '움직이는 뇌'인 인간을 이해하려면 자신의 뇌를 사용하지 않으면 안 된다. 모쪼록 뇌과학 전문가의 안내를 받아가며 뇌의 이곳저곳을 둘러보면서 우리 몸의 최고 사령탑인 뇌가 과연 무엇이며, 어떻게 작동하는지, 또 그것이 가진 함의가 무엇인지 직접 성찰해볼 기회를 가지길 바란다.

프롤로그
여행을 떠나기에 앞서서

뇌는 삶에 필수 불가결한 기관이다. 뇌 기능의 정지는 그 사람의 죽음을 뜻한다. 옛날부터 사람을 죽이려면 목을 자르거나 심장을 칼로 찌르면 된다고 했다. 그런 탓에 사람의 영혼이 둘 중 어디에 있느냐에 대한 논의가 분분했다. 그리고 오랫동안 심장이라는 의견이 우세했다. 오늘날에도 사랑하는 연인은 그들의 이름을 뇌가 아닌 심장 모양과 함께 나무껍질에 새긴다. 하지만 최후의 승리는 뇌에게 돌아갔다. 이 책이 앞으로 보여주겠지만 그렇게 순위가 바뀌어서 손해인지 어쩐지는 확실하지 않다.

뇌는 몸에서 '나'가 있다고 할 수 있는 영역이다. 몸을 통하여 일어나는 모든 것을 경험하는 것이 뇌이고 인간이 '나'라는 말로 지칭하는 고통과 쾌락의 주체 또한 뇌이기 때문이다. 우리의 모든 기억, 존재방식, 행동과 태도가 우리의 정체성을 구성한다. 우리가 말하는 '자아' 역시 뇌의 산물이다. 내가 말을 거는 것은 '여러분의' 뇌, 다시 말해 타자의 뇌이다. 뇌는 개인화와 자아를 떠받치고 있다. 또한 뇌는 인간 사회와 '우리'를 떠받치고 있기도 하다. 우리는 이 책에서 두 가지 방향으로 주제를 쫓을 것이다. 그 두 방향은 이따금 서로 얽힐 것이다. 첫 번째 방향은 '쾌락'과 그의 친구 '고통'이다. 쾌락과 고통은 우리의 행위와 세계에 대한 표상 전체를 지배한다. 두 번째 방향은 '타자'이다. 타인에 대한 욕구와 인정이 인간의 본질을 이루는 까닭이다.

각 사람의 운명을 주관하는 뇌는 지성을 떠받침은 물론이요, 차마 겉으로 드러낼 수 없는 정념이나 추한 짐승 같은 면모가 도사리는 곳이기도 하다. 지능을 갖고 있으며 인간이 누리는 자유의 근간이 되는 뇌는 우리 몸에 자신의 법을 행사한다. 그보다 더 상위에 있는 정신은 뇌에게 자신의 결정이나 경향을 명할 수는 없다. 그렇지만 반대로 뇌가 독자적으로 지배권을 행사하는 우리의 몸은 뇌에게 거부할 수 없는 영향을 행사하기도 한다. 뇌는 육체의 욕구, 욕망, 결핍에 제약당할 수밖에 없기 때문이다. 독재자도 제약을 받는다. 뇌도 마찬가지다. 우리는 뇌를 영혼과 동일시하면서 영혼과 신체의 케케묵은 이분법과 단절했다고 생각하곤 한다. 마치 뇌는 두개골 안에 고립된 채 인간의 지성, 정체성, 위대함을 나타낼 뿐, 육체의 한 부분은 아니라는 듯이 말이다. 하지만 그런 생각도 이분법일 뿐이다. 나는 이 책에서 그런 생각의 잔재를 몰아내고 싶다. 앞으로 살펴보겠지만, 나는 뇌가 '지적 능력' 못지않게 먹고 마시고 잠자는 등의 가장 기본적인 생명활동과 관련이 있음을 강조하려 한다. 우리는 말하고, 생각하고, 책을 쓰고, 교향곡을 작곡한다. 그러나 이처럼 '고차원적인' 생산은 우리가 쾌락과 고통을 느끼고 경험하는, 살과 피로 구성된 존재이기에 가능하다. 뇌는 세상이 표상되는 비육신적 본체가 아니다. 그런 뇌는 아마 몸이라는 기계를 기막히게 조절하고 통제하는 '소프트웨어' 같은 것이다. 뇌는 세계 속 행동의 중심이다. 그리고 나는 바로 그러한 뇌의 세계로 여러분을 이끌고자 한다.

앞으로 우리의 여정에서 '정신'과 마주칠 일은 없을 것이다. 정신은 결코 우리가 예상하는 곳에 있지 않다. 장 베르나르 교수는 그의 저서에서 "그럼 영혼은 어디 있습니까, 브리지트?"라고 물었다. 브리지트는 여전히 그 대답을 찾고 있다. 그래서 결혼도 하고 애들도 낳았다. 한편 '생각'을 뉴런의 작용으로 거의 완전히 환원해서 볼 수 있다고 주장하는 뇌영상 촬영기법 연구자들에게는 지도가 현장은 아니라는 말을 하고 싶다. 뇌를 촬영한 이미지가 결코 정신은 아니다. 스위스의 유명한 정신과 의사 오귀스트 포렐은 『영혼과 신경계』라는 책에서 "영혼과 살아 있는 뇌의 활동은 둘이 아닌 하나, 동일한 것이다"라고 했다. 나는 끝까지 그의 관점을 밀고 나갈 것이다. 그러나 뇌 없는 영혼이 있는지, 영혼 없이 살아 있는 뇌가 있는지, 그런 것은 여기서 증명할 수 없다. 내가 여러분에게 보여주고 싶은 것은 활발하게 활동 중에 있는 뇌이다.

 1,500세제곱센티미터밖에 안 되는 두개골 안에 어떻게 장대한 대성당을 건립할 수 있었을까? 지금부터 그 수수께끼를 풀어 가보자! 뇌가 끊임없이 성스러운 놀라움과 경외심마저 불러일으킨다는 사실은 전혀 놀랍지 않다. 뇌에 대한 발견이나 탐험은 신대륙 발견보다 한참 뒤에 시작되었다. 그전에는 이 '미지의 땅'은 사색과 미신의 소관이었다. 뇌는 인간이 다다를 수 없는 영역이었다. 아직도 우리는 아이들이 뇌에 대해 공부하는 것을 마뜩찮게 여긴다. 인간의 뇌는 너무 복잡하고 까다롭기 때문이라고 둘러대면서 말이다. 그렇지만 우리가 행동하고, 사랑하고, 무엇을 아는 것은 다 뇌라는 도구 덕분이다. 그런데 그 도구가 어떻게 기능하는지 알려 하지 않는다는 게 과연 합리적인 행동일까? 그건 마치 이집트에 가서 피라미드를 보지 않고, 아테네에 가서 아크로폴리스를 둘러보지 않는 것과 마찬가지다. 바로 그 때문에 나는 뇌를 여행하는 데에도

일종의 가이드북이 필요하다고 생각하게 됐다.

우리는 몸을 다스리는 정부政府, 그것도 다양한 제도, 부처, 자문기관, 심판기관을 거느리고 있는 정부의 총사령부인 뇌를 살펴볼 것이다. 우리는 브로카 영역 같은 유명한 고장들, 시상하부와 쾌락중추, 해마 따위를 돌아볼 것이다. 이번 여행에서 먹고, 마시고, 잠자는 것과 같은 단순한 욕망을 만족시켜주지만 드러내놓고 말하기는 꺼리는 또 다른 장소도 살펴볼 수 있게 되리라.

우리는 은밀한 행로를 거쳐 저주받은 문들도 살짝 엿볼 것이다. 물론 그 여정에 위험이 없는 것은 아니다. 그러니까 그 결과에 대해 제대로 알고 대응할 수 있도록 준비를 단단히 하는 것이 좋겠다. 뇌는 때때로 여행객이 미처 알지 못했던 오만 가지 문제의 원인일 수 있다.

내가 여러분에게 인도해주고 싶은 뇌는 바로 여러분의 뇌. 그 뇌는 세상에 단 하나뿐이지만 다른 뇌들과 비슷비슷하다. 자신의 뇌를 좀 더 잘 알게 되면 자기 자신도 좀 더 잘 알게 될 것이고 머리와 신체의 관계도 더욱 잘 알 수 있을 것이다. 아픈 뇌는 잘 돌보아줌으로써 치료될 수도 있다. 이 책은 고통 받는 뇌에게 도움을 주고 싶다는 소망도 담고 있다. "자신의 뇌를 잘 알고 건강 관리의 규칙을 존중하라. 그것은 각 사람이 자기 영혼에 대해 지켜야 할 의무다." 오귀스트 포렐은 자신의 책에서 이렇게 결론을 내렸다.

이제 여행을 시작해보자. 먹고 자고 마시는 행위가 이루어지는 곳을 둘러보고, 그보다 더욱 고차원적인 곳까지 나아가보자. 이 희한한 나라가 바로 우리 안에 있다. 이 나라에 사는 주민에 대해서도 살펴보자. 왕성한 호기심의 소유자는 이 책에서 이 작은 고장에 대한 발견과 그에 따른 논쟁의 간략한 역사도 알 수 있을 것이다.

1장 뇌 발견의 역사

Platon Descartes
Hyppocrate Galien Willis
Aristote Stenon
Galvani Broca Golgi
Ramon Y Cajal Loewi

라스코의 몽상가

인간은 자신의 정신이 머리에 있다는 것을 알고 있었다. 생각이 너무 많아서 괴로울 때면 본능적으로 이마를 손으로 감싸게 되지 않는가? 깊은 잠에 빠지면 머릿속으로 꿈을 꾸지 않는가? 인간의 밤을 탐험하며 뇌에서 꿈의 원천을 발견한 미셸 주베는 우리에게 알려진 인간의 가장 오래된 표상 중 하나를 두고 통찰력 넘치는 해석을 펼친다. 그건 바로 라스코 동굴에 그려져 있는 우물 그림이다. 이 그림 안에는 새의 머리를 한 남자가 십자가처럼 두 팔을 벌리고 있다. 그는 발기 중이다. 그의 몸뚱이 옆에는 그의 머리와 똑같은 새가 돛대에 앉아 있다. 한쪽에는 덩치가 크고 위협적인 들소가 창에 찔려 피를 철철 흘리고 있는데 벌어진 상처로 내장이 흘러나오고 있다. 나는 꿈의 생리학자 주베의 말을 그대로 인용하겠다. "잠자는 동안에 일시적으로 (대략 90분마다) 일어나는 발기 현상은 꿈을 꾸는 주기와 맞아떨어진다. 새는 인간의 신체를 떠나 과거나 미래를 떠도는 정신을 나타낸다고 볼 수 있다. 이 그림은 들소를 잡아서 죽일 것이라는 예고(혹은 욕망)로 해석될 것이다. 민속학자들은 초보적인 문명 단계에 있는 사회에서 영혼 혹은 정신이 신체(머리)를 떠난다는 생각이 있었음을 발견했다. 그러므로 우리의 조상 크로마뇽인은 발기가 꿈을 꾸고 있음을 충실하게 반증하는 신체적 증거임을 이미 알고 있었다고 봐야 한다. 이 사실이 2만 년 후인 1965년 뉴욕의 신경심리학자 피셔에 의해 다시 주목받은 것을 어떻게 설명해야 하나?" 나 역시 인간은 아주 오래전부터 꿈을 꾸는 동안 성기가 일어선다는 것을 알았을 것이라고 생각한다. 하지만 인간은 자기 꿈의 애매한 성격을 감추고 싶었을 것이다. 섹스는 감춤으로써 더욱더 의미 있는 것이기 때문이다.

영혼과 정신

인간은 가엾게도 자신이 생각한다는 사실을 알게 되었다! 그리하여 때로는 영혼이라 부르고 때로는 정신이라 부르는 것과 당황스럽게 대면해야 했다. 두 용어가 지칭하는 대상은 불확실하기 그지없다. '정신을 놓는다'고 하면 분별을 잃었다는 뜻이고, '영혼이 돌아가다'라고 하면 목숨을 잃었다는 뜻이다. 오늘날에는 아름답게 여겨지는 그리스 단어 '프시케psyché'가 미신의 시대를 지나며 때가 탄 '영혼'이라는 단어보다 더 많이 쓰이는 것 같다. 프시케 신화 이야기는 어떤 정의보다 한결 더 명확하게

프시케 설화[1]

　옛날에 어떤 왕과 왕비가 있었다. 그들에게는 프시케라는 딸이 있었는데, 그 딸의 미모가 어찌나 출중한지 빈약한 인간의 말로는 도저히 표현할 수도 없고 찬양할 수도 없을 정도였다. 미의 여신 아프로디테는 이 경쟁자를 시기한 나머지, 못된 수단을 잘 써먹는 악동이자 자신의 아들인 에로스를 보내 프시케가 '인간 중에서 가장 못난 남자'에게 열렬한 사랑을 느끼게 만들려고 했다. 그런데 프시케의 용모가 지나치게 아름다운 탓에 되레 구혼자들이 나서지 않았다. 부왕은 딸에게 무슨 저주가 씌인 게 아닌가 싶어서 신탁을 구했다. 그러자 아름다운 프시케를 곱게 꾸며서 높은 바위에 올려놓고 무서운 괴물과 결혼시키라는 명이 떨어졌다. 신탁대로 프시케는 바위 위에 올려졌다. 그런데 그녀가 잠든 사이에 바람이 그녀를 데려가 초록 들판에 내려놓았다. 그곳에서 프시케는 다시 잠들었다. 깨어나보니 그녀는 마법의 궁전에 와 있었다. 프시케는 그곳에 혼자 있게 될까봐 무서웠다. 그런데 무슨 소리가 살짝 나는가 싶더니 얼굴이 보이지 않는 신랑(이 신랑이 신탁에서 말한 무서운 괴물이었을까?)이 침상으로 다가와 프시케와 부부의 연을 맺었다.

　신랑은 해가 뜨기 전에 서둘러 가버렸다. 그는 사실 에로스였다. 에로스는 프시케를 사랑하게 되었던 것이다. 신랑과 신부는 매일 밤 만났지만 신랑은 프시케에게 결코 자신의 얼굴을 보아서는 안 된다고 명했다. 하지만 프시케는 명을 어기고 신랑의 얼굴을 보고 말았다. 그는 자기가 생각했던 괴물이 아니라 신과 같은 우아함을 갖춘 미남자였다. 그런데 바로 그 순간 프시케는 화살통에서 꺼낸 화살 하나에 찔리고 말았다. 이리하여 순수한 프시케는 에로스를 깊이 사랑하게 되었다. 그녀는 순간순간 에로스에 대한 욕망으로 더욱 더 불타올라 그에게 몸을 던졌다. 그 바람에 램프에서 뜨거운 기름 한 방울이 흘러 에로스의 오른쪽 어깨에 화상을 입혔다. 에로스는 화가 머리끝까지 나서 자리를 박차고 일어나 구름 위의 세상으로 날아갔다. 프시케는 에로스의 오른쪽 다리에 매달려 자신도 같이 날아가려고 했지만 결국 추락하여 땅에 쓰러지고 말았다. 이리하여 프시케는 아프로디테에게 모진 구박을 받으면서 오랜 세월 방황을 하게 되었다. 한편, 에로스는 마음을 가눌 수 없는 정념으로 인해 상처를 입고 병이 들어 아프로디테가 마련한 비밀 감옥에서 지내게 되었다.

그러던 어느 날 아름다운 영혼(프시케)이 무서운 시험들을 모두 다 통과하자 제우스는 프시케에게 신들의 음료 암브로시아를 한 모금 마시고 불멸의 존재가 될 수 있도록 허락해주었다.

이 전설은 다음과 같이 끝난다. "프시케는 당당하게 에로스의 것이 되었고 둘 사이에서 '향락'이라는 딸도 태어났다."

이 이야기에서 흥미로운 것은 프시케의 이중적인 본성이다. 프시케는 육욕적이면서도 불멸의 존재가 되었다. 인간 영혼의 신비로운 조건 전체가 여기서 드러난다. 프시케(영혼)와 에로스(사랑)는 불행과 시련으로 점철된 오랜 세월을 보내고 난 후에야 비로소 자유롭고 원만하게 '상대를 서로 통찰하게' 된다. 인간은 그렇게 해서 시련에 종지부를 찍고 불멸로 나아가는 것이다. 영혼의 불멸성은 이리하여 사랑의 불멸성과 조우한다.

이 단어를 사용할 때의 의미를 밝혀준다. 프시케는 '자아'를, 다시 말해 '내 안에서 생각하는 타자'를 뜻한다. 나는 프시케의 위치에서 생각하는 것이다. 프시케는 타자의 욕망을 의미한다. 그 욕망을 토대로 달콤한 쾌락과 타는 듯한 증오가 퍼진다. 아담과 이브가 나무 아래서 주고받은 최초의 대화가 "사랑합니다"였다고 생각한다면 인간 뇌의 역사는 분명히 '에로스'의 역사다. 그래서 아담과 이브는 그렇게나 많은 고통을 당해야 했던 것이다.

두개골에 뚫린 구멍

우리는 선사시대의 두개골에서 구멍들을 볼 수 있다. 그런데 이 구멍들은 어떤 부상이나 손상 때문에 생긴 것이 아니라 천두 시술을 한 흔적이다. 이것은 인간이 자기 머릿속에 감추어 있는 것에 대해 품었던 호기심을 입증한다. 마술적인 습속 때문에 이러한 구멍을 냈을까? 아니면 의학적 목적으로 천두 시술을 한 것일까? 대답 없는 이 질문은 식인 습속에 대한 질문과 뒤섞여 있다. 어떤 문화권에서는 인간의 뇌가 가장 진귀한 먹을거리로 여겨졌기 때문이다.

마음과 이성

사람이 아무리 유물론자를 자처한들 그의 내면에서는 언제나 마음과 이성의 싸움이 있게 마련이다. 이건 과학의 문제가 아니라, 인간의 이중적 본성(육신과 정신)이 유기체적으로 드러나는 표현이다. 육신은 물질에 속하고 정신은 그 자신이 통찰하고자 하나 그럴 수 없는 현상의 영역에 속한다.

인간은 감정의 리듬에 따라 심장이 다르게 뛰는 것을 느낀다. 어찌 보면 고통 받는 영혼의 자리가 심장에 있다고 생각하더라도 그리 놀랄 일은 아니다. 과연 영혼이 어디에 거하느냐를 놓고서 역사적인 분쟁이 이어졌다. 우리의 감정을 좌우하는 심장이 그 자리인가, 아니면 감각기관이 집결되는 머리가 그 자리인가?

고대 중국에서는 심장이 정신의 기관이요, 뇌는 골이 담겨 있는 일종의 바다, 즉 생이 비약하는 원천이라고 보았다. 그런데 여기서 골은 고환이 만들어낸 정자의 변형에 지나지 않았다. 이러한 이론이 바탕이 되어 중국인 특유의 성애 문화가 형성되었다. 중국인은 정자를 아끼는 것이 오래 사는 비결이라고 생각했다. 그래서 하룻밤에 1만 명의 처녀를 범하고도 사정을 하지 않으면 1만 년도 살 수 있다고 가르쳤다!

그러한 흐름은 중국의 영향을 받은 문화권이나 교권지상주의 그리스도교도에게 오늘날까지도 남아 있다. 일본인은 뇌파 검사를 통해 확인할 수 있는 '뇌사'를 개인의 죽음으로 보아야 한다는 주장을 받아들이지 않는다. 심장박동이 멎은 후에야 비로소 그 사람이 죽었다고 할 수 있다는 것이다. 바티칸의 교황청 직속 기구인 생명아카데미는 심장이 뛰는 동안은 아직 영혼이 있다는 이유를 내세워 뇌사상태의 환자에게서 장기를 적출하는 행위를 금지하고 있다. 이러한 교조적 입장 때문에 장기이식이 원활하게 이루어지지 못해 수많은 환자들이 죽음을 맞이하고 있다.

뇌와 심장

영혼이 기거하는 위치를 둘러싼 뇌와 심장의 싸움은 기원전 6세기경 그리스에서 시작되어 무려 2,500년가량 이어졌다. 결국 19세기에 이르러 승리는 뇌 쪽으로 돌아갔다. 지혜의 여신 아테나도 제우스의 머리에서 태어나지 않았던가? 제우스의 허벅지에서 나왔다는 것보다는 그쪽이 더 어울리지 않는가?

의사들은 처음부터 뇌의 우위를 점쳤다. 알크마이온과 히포크라테스

고대 중국인의 성생활

섹스 교과서들은 남성이 절정에 도달하는 순간에 사정을 참아야 한다고 가르친다. 정신적인 극기를 통해서든, 정액이 나오는 길을 손으로 누르는 등의 물리적인 수단을 쓰든 간에 정액이 몸 밖으로 빠져나가지 못하게 해야 한다는 것이다. 그러면 여성의 '음기'를 만나 활성화된 '양기'가 척추를 따라 '상류로 다시 올라감으로써' 뇌와 신체기관 전체가 강건해진다고 한다. 또한 남성이 여성의 가임 기간에만 사정을 한다면 그러한 정자의 손실은 심신이 완벽한 자손을 보는 것으로 보상된다. 우리는 이러한 이론이 부모의 건강뿐만 아니라 자손의 건강과도 밀접한 관련이 있음을 알 수 있다. 이것이야말로 중국적인 우생학의 토대라 할 것이다.

이것의 근본적인 두 가지 개념은 다음과 같다. 첫째, 남성이 지닌 것 가운데 가장 귀한 것은 씨, 곧 정자다. 이것은 건강의 원천이요, 생명 그 자체라고 할 수 있다. 정자의 체외 방출은 그에 상당하는 여성의 음기로 보상되지 않는 한 남성의 생명력을 감소시킨다. 둘째, 남성은 성행위를 할 때마다 여성을 완벽하게 만족시켜야 하지만, 그 자신에게는 앞에서 말한 것과 같은 특정 상황에서만 오르가슴을 허락해야 한다.[2]

는 뇌가 감각과 의식의 중심기관이라고 보았다. 히포크라테스는 '신병(간질)'에 대한 논문에서 뇌는 "의식의 전조"라고 했다. 그는 또한 뇌의 어느 한쪽에 손상을 입으면 신체의 반대편 한쪽에 경련이 일어났다고 했다. 오늘날의 신경학자도 부인할 수 없는 관찰력이다. 최초의 유물론 철학자라 할 수 있는 데모크리토스는 뇌가 섬유막으로 감추어져 있는 신체의 보초병이요, 지성의 파수꾼이라고 했다.

철학의 양대 산맥인 플라톤과 아리스토텔레스는 각자 '뇌 중심주의'와 '심장 중심주의'를 설파했다. 플라톤은 『파이돈』에서 뇌가 인간에게 청각, 시각, 후각 같은 감각을 제공한다는 이론을 밝혔다. 이 이론은 이제 도저히 부정할 수 없는 것이 되었다. 그리고 이러한 감각에서 발생한 기억과 판단이 안정적인 것으로 되면서 지식이 생성된다. 뇌에서 일어나는 연속되어 있는 심리 능력에 대한 단위적 개념화는 오늘날 뇌에 대해 인지학적으로 접근하는 시도들에서 재발견할 수 있다.

아리스토텔레스의 입장은 근본적으로 플라톤의 입장과 대립된다. 그는 감정과 관념의 발생 및 조절에서 심장이 핵심적인 역할을 한다고 보았다. 심장은 '신체의 아크로폴리스'로서 심장을 지배하는 뜨거운 온기에서 인지적 속성이 나온다고 주장했다. 반면에 뇌는 차가운 기관으로서 심장을 식히는 데에만 소용이 있을 뿐이다.

실제로는 그럴 것 같지 않지만, '냉각장치' 같은 뇌는 인간의 뇌가 보여주는 현실과 크게 동떨어져 있지 않다. 해부학자들은 실제로 뇌에 기반을 두고 있는 냉각 시스템을 기술한 바 있다. 이 시스템은 정맥혈과 동맥혈이 서로 온기를 주고받음으로써 작동된다. 두 발로 보행하는 인간이 거대한 뇌를 이끌고 사바나의 뜨거운 햇볕 아래를 걸어 다녀도 과열을 염려하지 않는 것은 이러한 적응 능력 덕분이다.

마침내 갈레노스가 나타나다

데카르트가 출현하기 전까지 갈레노스는 의학의 절대적 스승이었고 그의 가르침은 수세기를 거쳐 이어졌다. 사람들은 감히 그의 이론에 의심을 품지도, 그렇다고 해서 사실임을 입증하려고 하지도 않았다.

이 유명한 의사는 히포크라테스의 시대에서 500년이나 지난 2세기경

그림 1 갈레노스가 설명한 생명의 정기와 동물의 정기

갈레노스가 생각한 생명의 정기와 동물의 정기를 도식화하여 나타낸 그림이다. ① 심장(A)에서 생명의 정기가 만들어지며 뇌로 들어가 동물의 정기로 바뀐다. ② 특수그물(B)이 생명의 정기를 동물의 정기로 확산시킨다. ③ 비어 있는 신경(C와 D)에는 동물의 정기가 들어 있다. ④ 신경(E)은 동물의 정기를 근육(F) 등으로 운반한다. 이런 도식은 당시에 이미 '반사'에 대해 잠재적으로 알고 있었음을 짐작하게 한다. 하지만 이에 대한 정확한 표현은 무려 1,200년이 지나 데카르트와 윌리스가 등장하고서야 가능했다.

에 살았다. 그는 수많은 환자를 돌본 당대의 유명한 의사였다. 그는 또한 검투사들을 치료하는 일도 맡았는데, 검투사들이 입는 다양한 부상과 상처를 바탕으로 대단히 알찬 연구자료를 얻을 수 있었다. 이 자료를 통해 갈레노스는 운동성이나 감각성 같은 뇌의 기능을 미루어 짐작하고 있었다.

갈레노스는 뛰어난 해부학자였지만 정치와 종교적 금지 때문에 실제로 사람을 해부할 수는 없었다. 당시에 검열자들이 내세웠던 근거는 오늘날 인간 줄기세포의 사용을 금지하려는 사람들이 내세우는 근거와 다소 비슷하다. 결국 갈레노스는 소나 돼지의 해부에 만족할 수밖에 없었다. 따라서 인간 해부학에 대한 그의 서술은 동물을 해부한 결과에 근거하여 이루어진 것이다. 그렇기 때문에 1,000년이 넘도록 두개골을 근거로 하는 작은 혈관의 그물망(특수그물)—실제로는 인간에게 있지도 않은 조직—이 인간 해부학에 삽입되어 있었던 것이다. 갈레노스는 이러한 특수그물이 심장에서 비롯되는 생명의 정기를 '동물의 정기'로 확산시킨다고 보았다. 동물의 정기는 뇌실에 쌓여 있다가 머리 신경을 타고 내려가 근육과 감각기관을 물질적으로 연결시키는 역할을 한다(그림 1 참조). 그럼에도 불구하고 영靈 혹은 정기가 '영혼'인지, 아니면 단순히 영혼을 운반하는 역할만 하는지는 확실치 않다. 갈레노스는 나중에 데카르트가 그렇게 하듯이 영혼의 문제를 걷어차버렸다. 그는 이렇게 충고한다. "인간을 이끄는 영$^{ame\ dirigeante}$이 무엇인지 알고 싶다면 예언으로 신의 도움을 구할 것이 아니라 차라리 해부학자에게 물어보라."

중세와 뇌실에 대한 관심

뇌실은 뇌 한가운데를 차지하고 있는 일종의 유연한 구덩이다. 중세의 해부학자들은 특히 뇌실에 관심이 많았는데, 그 이유는 당시에 자유롭게 해부할 수 없던 뇌, 즉 형태도 균일하지 않은 골의 덩어리에서 유일하게 쉽게 알아볼 수 있는 부분이 뇌실이었기 때문이다.

15세기 말에 나온 책 『에피토마코스*』에는 뇌실에 대한 설명이 나타나 있다. 하지만 이러한 설명은 의학적 관찰보다는 사색에 더 의존하고 있다. 이에 따르면, 뇌실은 정신의 특질에 따라 네 개의 구획으로 나뉜다. 상식을 담당하는 제1뇌실, 판단에 관여하는 중간뇌실(지금의 제3뇌실), 기억과 관련된 마지막 뇌실, 그리고 제1뇌실과 중간뇌실 사이의 충부가 그것이다. 플라톤적인 관념과 유사한 일종의 구획이론인 셈이다. 그렇지만 스콜라 철학이 지배적이던 그 시대에는 아리스토텔레스의 생각이 대세였다. 스콜라 철학자들은 신앙의 '율법학자'에게 절대적으로 복종해야 했다. 그래서 모든 감각은 심장이라는 성채를 향해 집중되는 것으로 이해했다. 심장(신체), 그리고 심장에서 태어나는 정념이 행동의 발생에서 제자리를 찾고 사유가 뇌 한가운데로 넘어온 것은 아주 오랜 세월이 흐른 후, 20세기가 다 되어서의 일이다(필자의 『정념의 생물학』 참조).

갈레노스의 '체액'이 머리로 올라오다

갈레노스파 학자는 신체의 기능을 네 가지 체액의 미묘하고도 활발한 작용에 의한 것으로 보았다. 흑담즙, 황담즙, 피, 점액이 바로 4대 체액이다. 이 체액들은 머리의 구멍들에서 밖으로 배출된다. 피는 입에서, 점액은 코에서, 황담즙은 귀에서 귀지의 형태로, 흑담즙은 눈에서 눈물의 형태로 배출된다. 뇌에 넘쳐나는 흑담즙(쓸개즙)은 가엾은 우울증 환자

---

*갈레노스가 해부했던 염소와 같은 유제류에는 있지만, 사람의 뇌에는 없는 구조.

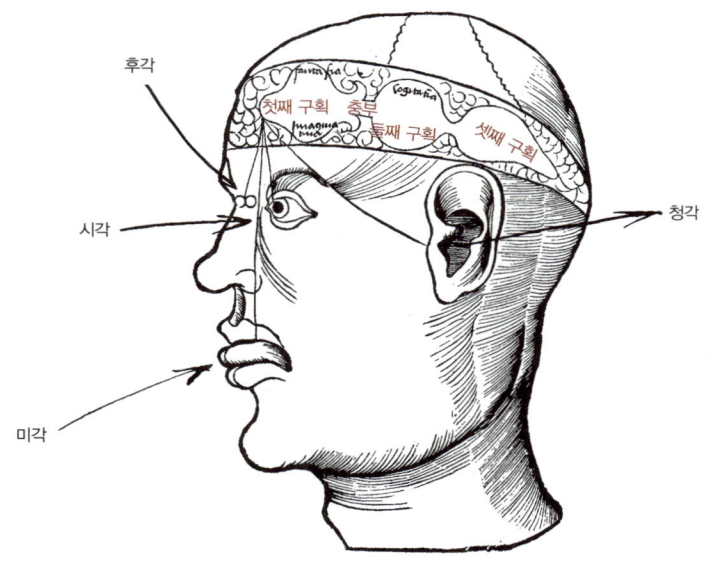

그림 2 구획 이론을 설명하는 대중적인 그림

프라이부르크의 샤르트르회 수도원장이자 막시밀리아누스 1세의 고해신부였던 그레고르 라이쉬는 1503년 '철학의 진주'라는 뜻의 『마르가리타 필로소피카』라는 책을 펴냈다. 이 책은 문법, 과학, 철학을 개괄하고 있어 최초의 현대적인 백과사전이라고 할 수 있다. 이 그림은 『마르가리타 필로소피카』에 여러 차례 등장하며, 다른 책에서도 자주 인용되고 있다. 이 그림에서 첫째 구획은 '센수스 지타티바', 둘째 구획은 '에스티마티바', 셋째 구획은 '메모라티바'로 불린다. 특수감각 기관은 첫째 구획과 연결되어 있고, 첫째 구획과 둘째 구획 사이에는 '충부'가 있다. 이 충부는 순환을 차단할 수 있는데, 현대 해부학이 말하는 소뇌의 정중 부분과는 다르다.

가 흘리는 쓰디쓴 눈물이 아닐까?

  뇌에는 실제로 수력 시스템이라고 할 만한 것이 있다. 제1뇌실과 제2뇌실 사이를 흐르는 액체, 즉 상식과 판단 사이를 지나가는 체액은 벌레 모양의 밸브(충부, vermis)가 닫힘으로써 차단된다. 그리고 이렇게 체액이 차단되면 사고의 흐름도 중지된다는 것이다(그림 2 참조).

  우리가 보았듯이 중세 말의 생리학자들은 상상력이나 체계적 사고에서 결코 뒤지지 않았다. 당시에는 은유적 사유가 과학을 지배했다. 하지만 항상 그랬을까? 사실에 입각한 엄정한 관찰과 실험의 실시는 상상력과 수사학이 들어설 자리를 주지 않았고 그때부터 학자는 연구자가 되었던 것이 아닐까? 가장 멋진 과학적 이론들은 편견의 벽을 뛰어넘고 상식을 꿰뚫는 데 성공한 이론들이다. 주류에 역행한다는 것은 진정한 과학적 두뇌의 표시이다.

레오나르도 다빈치는 조각가로서 연마한 밀랍 형태 뜨기 기술을 활용하여 뇌실을 정확하게 재구성했다. 이처럼 다빈치에 의해 기술과 과학이 처음으로 결합했고, 이 결합은 현대 과학의 토대가 되었다.

르네상스 시대(14~16세기)에 뇌에 대한 지식은 크게 진전되지 못했다. 뇌에 대한 지식 탐구는 여전히 종교적 이유로 금지되었던 듯하다. 그래서 의학 교육의 토대가 되는 대학교에서의 시체 해부나 인간에 대한 해부학의 발전이 실질적으로 이루어지지 못했다. 물론 중세의 서툴고 어색한 해부도 대신에 좀 더 현실적이고 정확한 해부도가 나오기는 했지만 정신의 일에 대한 실험과학—역설적이지만 거추장스러운 정신을 떨쳐버림으로써 이루어질 수 있었던 과학—이 가능하게 된 것은 데카르트(1596~1650)가 등장한 다음부터의 일이다.

데카르트와 자동기계

데카르트는 인간의 뇌에 대해 획기적인 언급을 했다. 프랑스 사람들의 재능 가운데 가장 눈에 띄는 부분, 즉 데카르트적 정신을 성립한 그것을 가벼이 여겨서는 안 된다. 이 위대한 철학자가 제안한 뇌의 표상은 그보다 앞선 사람들이 제시했던 것보다 크게 유별나지 않다. 다음에 이어지는 내용은 내가 미셸 주베와 개인적으로 나눈 이야기를 바탕으로 한다.

데카르트는 영혼과 신체의 관계를 이해하려고 노력했다. 그가 끌어낸 답에서, 생각하는 실체로서의 영혼과 연장을 지닌 물질적 실체를 근본적으로 구분하는 학문적 이원론이 비롯되었다. 데카르트의 "나는 생각한다, 고로 나는 존재한다"라는 명제는 영혼을 신체와는 독립된 실체로서 바라보는 의식의 우위를 표현하고 있다. 이때부터 과학은 연장을 지닌 물질에 전적으로 매달리게 되었다. 영혼은 과학의 소관이 아니며 오직 철학과 신학만이 다룰 수 있는 문제다. 신학자들은 신의 개입을 고려하지 않을 수 없다.

17세기에 차츰 '특수그물' 개념을 버리게 되었지만 데카르트는 여전히 가장 엄격한 정통 스콜라주의에 입각한 해부학과 생리학에 따라 뇌실에 중요성을 부여했다. 뇌실을 제외한 나머지, 즉 뇌 그 자체는 데카르트의 관심을 끌지 못했다.

그는 『인간에 대하여』에서 훗날 '반사'라고 부르는 작용의 기본 모델로 여겨지는 메커니즘을 기술했다. 그는 감각(시각, 청각, 미각, 후각, 촉각)의 지각이 동물의 정기가 송과선을 통해 영혼에 미치는 효과에서 비롯된다고 보았다. 송과선은 뇌의 정중선이라는 이상적 위치에 있기 때문에 정신과 영혼의 전령 역할을 할 수 있다는 것이다(그림 3 참조. 이 그림에서 데카르트는 시각의 예를 들어 설명한다).

이리하여 데카르트는 근사한 기계를 고안했다. 현실주의적이라기보다는 초현실주의자가 만든 것과 더 닮아 있는 기계를 말이다. 자동기계의 메커니즘은 그것을 고안한 사람의 지적 희열을 위해서만 기능한다. 우리는 데카르트가 그의 논문에서 상상했던 한 아가씨의 정체와 마르셀 뒤샹의 〈독신자들에 의해 발가벗겨진 신부〉를 눈여겨보지 않을 수 없다.

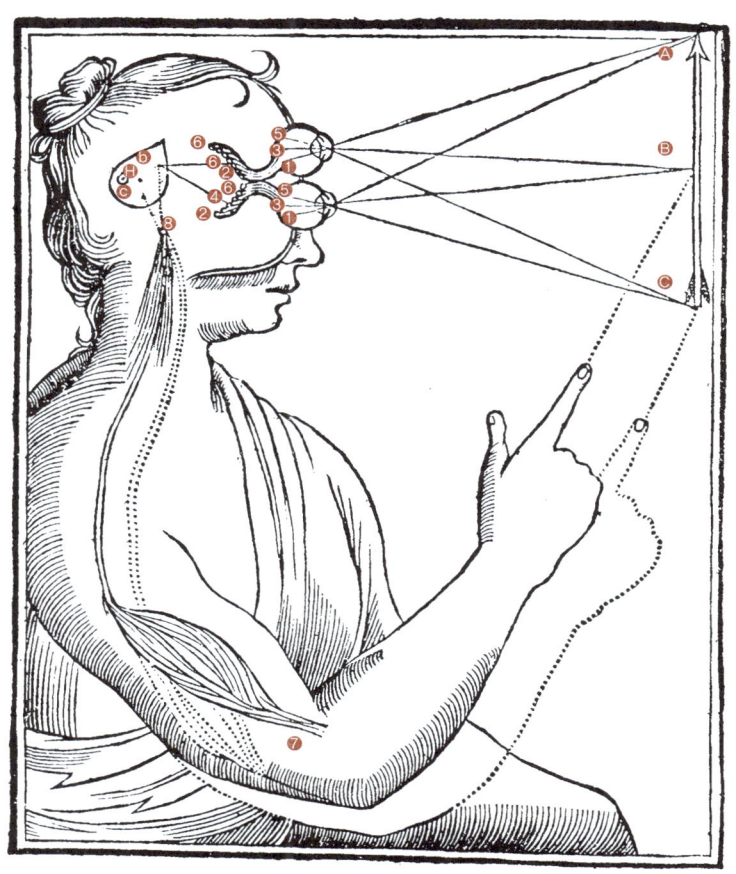

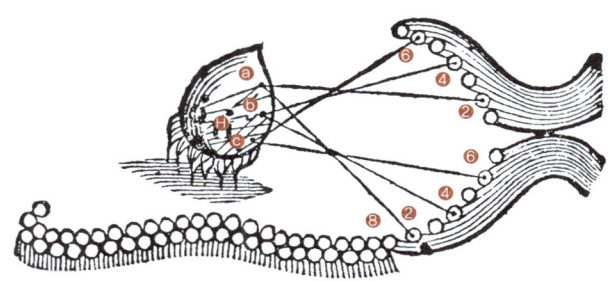

그림 3 데카르트의 『인간에 대하여』에 나오는 그림

위 : 이 그림은 뇌 기능에 대한 데카르트의 역학 이론을 보여준다. 대상(A, B, C)으로부터 나오는 빛은 눈을 통해 들어와 망막에 시각적인 이미지(1, 3, 5)를 만든다. 망막은 시신경을 나타내는 속이 빈 관을 통해 뇌실벽과 연결된다. 이 순환관의 말단은 눈으로 볼 수 있는데 2, 4, 6은 구심성 관이거나 감각자극이다. 메시지는 동물의 정기를 매개로 삼아 뇌실을 통과하고 송과체(그림에서는 H로 표시)에 도달한다. 송과체에서는 운동자극이 일어나고, 뇌실에서 온 동물의 정기는 8에 위치한 입구를 통해 신경 내부로 갔다가 팔 근육으로 전달되어 운동을 일으킨다. 이상의 내용은 반사작용의 토대가 된다. 현대의 반사이론은 구심성·원심성 요소에 대한 데카르트의 원시적인 개념에서부터 시작되었다고 할 수 있다.

아래 : 이 그림은 신경관이 뇌실벽과 이어지는 출구와 송과체에 있는 지점과 연결되어 있음을 보여준다.

미셸 주베는 이렇게 요약한다. "데카르트는 기계를 만들어냈다. 스테노가 보여주게 될 터이지만 이 기계가 해부학과 아무 관련이 없다는 것이 문제였다. 20세기 말 컴퓨터 역학에 근거한 '정신' 기능 모델이 나올 때까지 이러한 사정은 이어지게 된다."[3]

옥스퍼드 출신의 의사 토마스 윌리스(1621~1673)는 인간에게는 '특수 그물'이 없다는 것을 입증했고 뇌실 이론을 폐기했다. 그런데 같은 시대에 데카르트는 뇌실을 자기가 생각한 기계의 핵심으로 보았다. 윌리스는 뇌 깊숙이 있는 선조체가 인간의 상식을 담당할 것이라고 기술했으나 그의 주장을 뒷받침할 만한 논거는 전혀 없었다. 윌리스는 뇌가 동물 정기의 온상이라는 이론을 만들었다. 즉, 정기가 뇌 활동의 결과물이라는 것이다. 그는 뇌의 활동이 모든 초월성과 동떨어져 있으며 피질이 적극적으로 추억의 보전에 관여한다고 보았다.

니콜라우스 스테노(1638~1687)는 그 시대로서는 탁월한 이론적 정합성으로 데카르트와 윌리스의 생리학 개념을 비판했다. 스테노는 아마도 당대에 가장 실력 있는 과학자 중 한 사람이었을 것이다. 그는 해부학자로서 이하선(귀밑샘)의 출구를 발견했고 그때부터 이하선관은 그의 이름을 따서 '스테노관'으로 부르고 있다. 또한 그는 생물학자로서 모든 태생 동물이 알(난자)을 생산한다는 것을 알아냈으며, 지질학자로서 어떤 지역의 지질학적 역사를 재구성할 수 있게 해주는 결정법과 층서학의 토대를 마련하기도 했다. 그는 사제로 임명을 받고 나중에 뮌스터 주교까지 되었던 인물로 루터파의 회심을 위해 헌신했다. 충만한 삶을 살았던 그는 '사후에' 교황 요한 바오로 2세에 의해 성인으로 추대되었다. 그의 생애와 저서는 하느님을 가까이 한다고 해서 반드시 과학자로서 어리석은 우를 범하라는 법은 없다는 것을 잘 보여준다. 스테노는 해부학에 골몰

니콜라우스 스테노

"너무나 즉각적인 주장들을 내놓은 이 사람들은[스테노가 데카르트와 윌리스에 대해서 한 말이다] 여러분에게 뇌의 역사와 각 부분들의 배치에 대해서 그네들이 이 경이로운 기계의 구성에 참여하기라도 했던 것처럼, 그네들이 위대한 설계자이신 하느님의 모든 의도를 낱낱이 꿰뚫고 있었던 것처럼 자신있게 설명을 할 것이다. […]

윌리스 씨는 […] 상식은 '선조체'에, 상상력은 뇌량에, 기억력은 겉질에 있다고 보았다. […] 그러니 우리가 이 세 곳에서 각기 정해진 대로 세 가지 작용이 이루어진다고 믿게 하려면 그는 얼마나 대단한 자신감이 필요했겠는가. […] 물론 뇌량은 우리가 너무나 잘 알지 못하는 것이기에 우리에게 정신이 조금만 있더라도 그것에 대해 하고 싶은 말은 다 할 수 있다. […]

데카르트 씨에 대해서는…… 그는 우리가 인간에 대해 생각하는 역사의 오류를 지나치게 잘 알고 있다. 그래서 진정한 구성을 설명하려는 시도를 하지 못하는 것이다. 또한 그는 인간이 할 수 있는 모든 행동을 하는 기계를 우리에게 설명하려 하지도 않는다. […]

데카르트 씨가 한 말 가운데 송과체가 행동에 이용될 수 있지만 어떤 때는 이쪽으로 치닫고 어떤 때는 저쪽으로 치닫는다고 한 말, 이것은 완전히 불가능하다는 것이 실험을 통해 확실히 밝혀졌다. […]"

하던 시기에 『뇌의 해부에 대한 담론들』이라는 탁월한 저작을 남겼으며 이 책의 몇몇 대목은 현대적인 특성을 뚜렷이 보여준다.

여전히 뇌의 이미지를 바탕으로 근사한 기계를 만들어보고 싶다는 유혹에 시달리는 21세기의 신경과학자들에게 우리는 어떤 더 나은 조언을 해줄 수 있을까?

가엾은 해부학자들! 뇌에 감춰져 있는 인간 영혼의 비밀을 파헤치려는 그들의 노력에도 불구하고 아직 때가 오지 않았다. 이탈리아의 위대한 낭만주의 작가 이폴리토 니에보는 『어느 이탈리아인의 고백』에서 이렇게 썼다. "해부학자들은 시체 해부에 매달리느라 허리만 망가지기 일쑤니! 감정과 사유는 그들의 메스에서 빠져나가 영원과 지성의 신비한 장작불에 잠기고 하늘을 향해 불길 같은 혓바닥을 날름거리는도다."

계몽주의도 밝히지 못한 뇌

데카르트는 정신 없는 신체와 신체 없는 정신을 후세에 남기고 갔다. 영혼이 없는 동안에는, 다시 말해 영혼이 어디에도 없다면 학자들도 신체에 대해 더없이 평온하게 제 할 일을 할 수 있다. 그런 관점을 가지는 순간부터 뇌에 관심을 기울일 필요도 없다. 감성과 행동이 거래되는 이 어두운 상점에 무엇하러 신경을 쓴단 말인가?[4]

하지만 형이상학이 과학의 적이었던 적은 한 번도 없었다. 또 다른 사유의 흐름이 암스테르담을 근거지로 삼아 일어났다. 마음의 지성, 즉 스피노자의 지성이 신체와 정신의 통일성을 구원했다. 영국인은 데카르트의 사고에 강하게 저항했다. 그중에서도 로크는 '생각하는 물질'의 존재를 주장했다. 그의 사도 볼테르는 이렇게 천명하기도 했다. "나는 육체요, 나는 생각한다." 전능한 신께서 인간을 물질로 만드시되 사유와 감정이라는 선물을 줄 수 있는 힘도 있음을 부인하는 철학자의 허영심이 다소나마 없었을까? 데카르트의 운명은 소란스러운 제자들과 분파에게 맡겨진 셈이었으니, 이 무슨 서글픈 운명이런가? 『방법서설』의 저자는 신체의 이면에 매여 있는 허울 좋은 영혼을 내세우는 사제의 악덕에서 스스로를 보호하려던 나머지, 종교의 언저리와 과학의 언저리 모두에서 지극히 편협한 인간들만을 모집한 셈이 되었다.

18세기는 기술의 도약으로 대표되는 시기였고, 이를 기리는 것이 바로 『백과전서』의 편찬이었다. 새로운 도구, 즉 현미경의 발명으로 뇌의 미세구조를 관찰할 수 있게 되었고 기술의 사용은 더욱 확산되었다. 뇌 구조의 미세한 단면을 적출할 수 있다면 그 단면을 고정하거나 착색하는 것도 가능했을 것이다. 시각은 감각 중에서 가장 영향력이 컸는데, 학자들은 자신들이 무엇을 발견할 수 있는지 알지 못했다. 현미경을 발명한 안톤 판 레이우엔훅은 뇌에서 "입자들밖에 보이지 않는다"고 했고, 미세해부학의 창시자인 마르첼로 말피기는 신경절밖에 보지 못했으며, 로이스는 혈관들밖에 보지 못했던 것이다. 동물의 정기, 이따금 신경의 흐름이라고 부르기도 했던 이 정기의 자취는 어디에서도 찾을 수 없었다. 대뇌주름(이랑)을 처음으로 정확하게 파악했던 위대한 해부학자 사무엘 죔머링은 신경의 흐름을 뇌실에 숨어 있는 영혼의 매개체라고 보기도 했다.

18세기는 자유를 만들어낸 세기였다. 모든 인간이 행복해질 권리를 주창한 세기이자 생기론이 태어난 세기이기도 하다. 현대 화학의 아버지이자 유명하고도 애매하기 짝이 없는 플로지스톤 이론의 창시자인 게오르크 슈탈은 생명 현상을 지배하는 것은 물질에 대한 분석 방법으로 접근할 수 없는 '민감한 영혼'일 것이라고 생각했다. 그럼에도 불구하고 이 영혼은 생명체의 직접적인 '수하$_{下}$'인 화학 반응을 주관한다는 것이다. 이 이론은 일단 종교적 경건주의라는 맥락에서 떼어놓더라도 몽펠리에 학파 의학자들에게 수용되었고, 보르되와 그의 친구 디드로 덕분에 물질의 역학적인 고유성과 근본적으로 다른 생명의 속성까지 부여하는 일종의 유물론으로 변질되었다. 디드로의 천재성이 작렬한 저작

『달랑베르의 꿈』은 꼭 한 번 읽어봐야 하는 책이다. 그는 인간 오성의 도구를, 기억력과 감수성을 지니고 있어서 스스로 멜로디를 만들어낼 수도 있고 그러한 멜로디를 해석할 수도 있는 하프시코드에 비유한다. 물론 그가 직접적으로 뇌를 가리키지는 않았다. 하느님이 악보를 만든 것이 아니며, 인간 오성의 도구가 자동기계 같은 피아노도 아니다. 덧붙이자면, 그러한 하프시코드는 감성을 지닌 동물로서 고통과 향유, 배고픔과 목마름을 아는 존재, 즉 인간 오케스트라를 구성하는 다른 하프시코드들과 공유하는 정념을 표현할 수 있는 존재다. 그런데 이 말은 그러한 하프시코드에 물질적 영혼이 있다는 말이 아닐까? 이제 곧 영혼은 인간의 뇌에서 제자리를 찾을 것이며 후대 사람은 그 자리를 탐색하려 들 것이다.

전기로 작동하는 뇌

갈레노스와 그가 제시한 동물의 정기 개념은 끝을 보기 전까지 무려 30세기를 지배했다! 이탈리아의 대학교수 갈바니는 동물에게 전기가 흐른다는 사실을 입증함으로써 결정타를 가했다. 이로써 고대 의학의 수수께끼 같은 개념(정기의 흐름)이 폐기된 모호한 자리를 전기 개념이 대체하게 된다. 과학사에서 종종 그렇듯이, 잘못된 실험이 진리의 문을 열어주기도 한다.

극소량의 전류를 측정할 수 있는 도구(갈바노미터 혹은 검류계)를 사용해 이탈리아의 마투에치와 프로이센의 뒤부아 레몽 —당시에는 유럽이 과학을 주도했다—이 근육의 손상된 안쪽과 표면 사이에 전류가 흐른다

볼타와 갈바니의 논쟁

역사상 처음으로 과학이 분란을 낳았다. 물론 그전에도 코페르니쿠스와 갈릴레이가 논쟁을 불러일으키기는 했다. 하지만 이번에는 성직자와 권력자가 서로 대립하게 됐다. 교회는 철두철미하게 성전과 성스러운 진리를 수호했다. 그런데 계몽주의는 자유의 길을 밝혀주었다. 갈바니와 볼타가 서로 다른 입장에서 대립하게 된 이유는 생명체를 살아 숨 쉬게 한다는 동물의 정기라는 신비로운 흐름 때문이었다. 그런데 '전기'는 이따금 하늘에서 벼락의 모습으로 나타나기는 할지언정 신적인 요소가 전혀 없는, 과학으로 얼마든지 접근할 수 있는 현상이다.

특징이 서로 대비되는 두 현상이 이 논쟁에서 맞붙었다. 논쟁의 한편에는 젊고 영리한 파르마 대학의 물리학 교수 알레산드로 볼타(1745~1827)가 있었다. 그는 야심이 크고 기회주의적인 학자의 전형이었다. 나폴레옹은 이탈리아를 해방시키겠다는 명분으로 장악한 이후 볼타를 전폭적으로 지지하고 대단한 영예를 베풀었다. 실제로 나폴레옹은 그에게 백작의 작위를 주고 원로원 의원으로 삼았다. 일반적인 학자라면 그러한 명예욕이 약점이 되겠지만 전류를 발견하고 자기 이름이 붙은 최초의 전지를 고안한 볼타의 위대한 업적에는 전혀 누가 되지 않았다.

한편, 루이지 갈바니(1737~1798)는 29세의 나이로 볼로냐 대학의 해부학 강의를 맡고 있었으며 귀의 생리학에 대한 탁월한 논문으로 명성을 얻은 후 전기생리학의 창시자가 되었다. 전기생리학은 신경계를 다루는 학문의 모태다. 갈바니는 겸손하고 정직한 사람으로 거만한 볼타와는 여러모로 대조적이었다. 그는 코르시카 섬 출신의 해방자 나폴레옹의 눈 밖에 난 탓에 대학교수 자리와 그 밖의 직책에서 물러나야만 했다. 그 덕분에 갈바니는 학문적 영예도 얻었을 뿐만 아니라 이탈리아의 애국자이자 자유의 영웅으로 여겨지기도 한다.

개구리 뒷다리에 신경으로 연결되어 있는 척수 조각을 구리 갈고리로 철난간에 매달고 실시했던 수많은 실험을 일일이 설명한다는 것은 지겨운 노릇일 것이다. 우리는 그저 외부에서 전기를 가하지 않고도 관찰할 수 있는 근육 수축 현상에 대해 갈바니가 "개구리의 신경과 근육 사이에 어떤 전기 불균형이 있다"는 결론을 냈다는 것만 알면 된다. 그러니까 신경이 음극 상태라면 근육은 양극 상태로 되어 있다는 것, 다시 말하면 전류가 흐를 수 있다는 것이다.

볼타는 지체하지 않고 이에 대항했다. 볼타는 갈바니가 관찰한 전기는 동물에서 만들어진 것이 아니라 서로 다른 두 금속(구리 갈고리와 철 난간)이 접촉함으로써 일종의 전지가 생성되었기 때문에 발생한 것이라고 주장했다. 이러한 볼타의 주장은 옳았다. 하지만 '갈바니의 이론도 정당했다.' 논쟁은 점점 과격해졌고 이데올로기를 끌어들이게 되었다. 갈바니가 사망하자 그의 조카가 배턴을 이어받아 투쟁을 계속했다. 19세기는 갈바니의 손을 들어주었다. 1848년 전기생리학의 개척자 뒤부아 레몽은 "갈바니가 학자들 사이에 불러일으킨 파란은 현대 정치학이라는 장에서 프랑스대혁명이 야기한 동요에 비유할 수 있을 것이다"라고 썼다.

우리가 과학사의 한 일화에서 끌어낼 수 있는 커다란 교훈이 있다. 그건 바로 풍부한 오류가 주는 교훈이며, 인공적 산물이 이론들의 생산에서 차지하는 역할에 대한 교훈이다. 페리에(1808~1864)는 뇌를 자극하는 데 전기를 처음 사용한 사람으로서 옥스퍼드의 형이상학 연구소에 '무지론(불가지론)' 강의를 개설했다. 무지론이란 말 그대로 무지에 대한 연구를 뜻하며, 앎에 대한 이론을 가리키는 인식론에 대립되는 개념이다. 오, 과학의 진보를 밝혀주는 순결한 무지여!

는 것(손상전류*)을 입증한 것은 19세기 중반이 되어서다. 얼마 지나지 않아 연구자들은 신경을 따라 전해지는 현상은 엄밀한 의미에서 전류라기보다 자극 수준에서 형성된 음전하의 파동이 1,000분의 몇 초쯤 신경

---

*신경이나 근육이 부상을 입었을 때 정상면과 부상면 사이에 흐르는 20~40밀리볼트 정도의 미약한 전류를 손상전류 혹은 염전류라고 한다.

섬유를 따라서 지속되는 것임을 알아냈다. 실제로 헤르만 폰 헬름홀츠가 측정한 '활동전위'의 전도 속도는 전기의 전도 속도와 크게 다른 것으로 드러났다. 전기의 전도 속도가 초속 30만 킬로미터인데 활동전위의 전도 속도는 겨우 초속 몇 미터에 불과했던 것이다.

그래서 이러한 질문이 제기되었다. 모든 신경이 동일한 신호를 전달한다면 눈과 뇌를 연결하는 시신경이 시각정보를 전달하는 동안 청각신경은 어떻게 소리를 전달하는 것일까? 뮐러는 뇌가 자신이 받아들이는 메시지를 그 유래에 따라서 '해석'할 수 있을 것이라고 생각했다. 뮐러의 '특수신경에너지설'은 정보에 따른 코드화를 의미하며 뇌에 각각의 감각 유형을 처리하는 특수 영역이 존재함을 미루어 짐작케 한다. 대뇌의 국재성localization이라는 거대한 모험은 이미 시작된 셈이었다.

잘못된 과학이 오늘날의 뇌 과학을 낳다

18세기의 해부학자들은 뇌 표면에서 관찰되는 주름들, "구불구불한 소장"에 비견할 만큼 뒤죽박죽으로밖에 보이지 않는 그 주름들에 일정한 질서를 부여했다. '골상학'이라는 새로운 과학을 정립한 것은 프란츠 요제프 갈과 그의 제자 슈프루츠하임의 공이다. 골상학은 19세기 전반기에 학자들의 연구실에서 사교계 살롱으로 넘어가며 엄청난 대중적 인기를 누렸다. 주베가 강조하듯이, 골상학은 정직한 학문으로 보기에는 너무나 세속적이었지만 학문적 토대는 정확했다. 그 토대는 다음과 같은 것이다. 첫째, 뇌는 사유의 기관이다. 둘째, 정신적·도덕적 능력은 특정한 피질영역에 분포되어 있다. 셋째, 그러한 능력이 각별히 뛰어나거나 부족하다면 그 사실은 뇌를 검사함으로써 파악될 수 있다. 골상학의 취약점은 마지막 전제에서 연유한다. 갈은 두개골의 돌기는 그 부위가 관장하는 뇌 능력을 가시적으로 표현해준다고 보았다(그림 4).

갈의 체계는 스스로 거둔 성공에 의해 희생되었다. 갈은 양심도 없는 모방자와 지나치게 순진한 신봉자에게 치여서 '동물 자기요법'으로 큰 영예를 얻었다가 실추된 메스머와 같은 부류로 치부되고 만다.

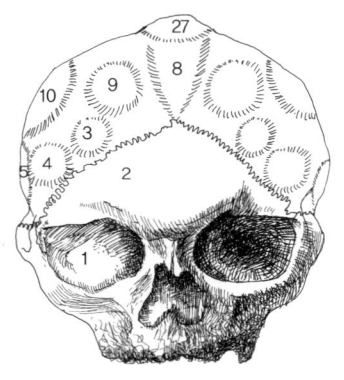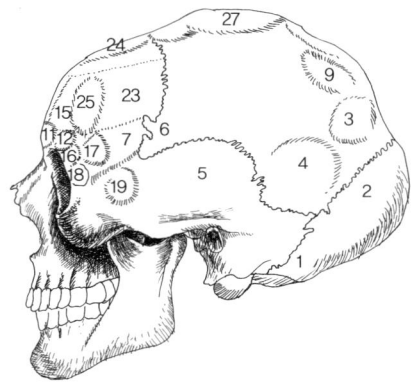

그림 4 갈이 분류한 두개골 돌기(두개골 후면과 측면에서 바라본 모습)

1. 생식본능
2. 후손에 대한 애정
3. 우애
4. 자기방어력과 용기
5. 육식본능, 살인 성향
6. 책략, 능란함
7. 청결함, 탐욕, 도벽 성향
8. 교만, 오만, 거만, 권력욕
9. 허영, 야심, 명예욕
10. 신중함, 선견지명
11. 사물과 사건에 대한 기억력, 학습 능력
12. 장소와 공간에 대한 감각
13. 가까운 사람에 대한 감각과 기억력
14. 단어 기억력
15. 문자언어와 음성언어 감각
16. 색채감각
17. 소리와 음악에 대한 감각
18. 숫자와 수학에 대한 감각
19. 기계와 설계에 대한 감각
20. 현명함
21. 형이상학적 감각
22. 조소와 험담
23. 시적 재능
24. 선, 공감, 도덕성
25. 모방능력
26. 종교
27. 단호한 말투, 고집, 한결같음

갈이 수립한 골상학의 체계

갈의 체계는 그를 떠받들고 추종하는 사람들과 왜곡시키는 사람들에게로 금세 넘어갔다. 처음에 갈은 두개골 돌기가 나타내는 27개의 기관을 기술했다. 하지만 그러한 돌기는 손으로 만져서 파악하기 어려울 때가 많았다.

여기에 슈푸르하임이 8개의 새로운 돌기를 추가했다(총 35개 돌기). 마지막으로, 뉴욕의 존 웨슬리 레드필드 같은 인물들이 '공화주의자의 소양', '지조 있는 사랑', '책임감' 등을 담당하는 돌기를 새롭게 만들어내어 그러한 돌기들이 나타내는 기관의 수가 160개에 이르게 되었다.

이러한 과도함에도 불구하고 골상학은 일부 의학학회에서 여전히 채택되고 있었다. 그래서 1831년 브루세는 매우 완벽한 두개골 측정기를 이용하여 자신의 두개골을 측정했고 그로부터 4년 뒤 도덕과학 및 정치학 아카데미 회원으로 선출되었다. 그는 이 기간 동안 중대한 지적 작업에 매달린 탓에 자신의 '형이상학 융기'(갈이 정수리에서 정중선으로 3센티미터 지점에 있다고 보았던 융기)가 3밀리미터나 더 커진 것을 확인했다고 한다!

브루세는 유명인으로서 파리의 한 병원에 자신의 이름을 남기기도 했다. 850페이지에 달하는 저작 『골상학에 대하여』를 집필하던 당시의 그는 상상력이 결코 부족하지 않았다. 그 책의 짧은 인용문을 소개하지 않을 수 없다. "나폴레옹은 질서 기관이 유난히 발달해 있었다. 실제로 나폴레옹은 질서를 수립하는 데 탁월한 인물이었다. 그는 또한 장소 감각, 공간, 연장, 계산에 대한 능력과 더불어 뛰어난 지능까지 지녔기에 군대에게 가장 효율적인 방식으로 무기를 분배할 수 있었다. 그는 이러한 장점과 뛰어난 판단력을 겸비했다. 이제 곧 보게 되겠지만, 그는 최고 권력자가 되었을 때에 프랑스를 혼란의 신음에서 구해내고 자신의 전제정치에 유리한 선에서 완벽하게 규칙적인 행정부를 출범시키기도 했다."

이 정도면 우리가 사용하는 최첨단 뇌영상 장비들이 시샘할 노릇 아닌가.

피질의 국재성

뇌 내부의 구조에 대한 현미경 관찰을 바탕으로 하는 정확한 해부학, 환자 생전에 연구를 진행하다가 사후에 시신을 부검함으로써 이루어지는 손상과 징후의 비교(임상해부학적 방법), 뇌의 미세 절편에 대한 염색 기법, 피질의 다양한 부위에 대한 전기자극법 등 다양한 기술이 50여 년 동안 집중적이고 체계적으로 활용됨으로써 마침내 대뇌의 국재성이라는 독트린이 분명하게 수립될 수 있었다.

폴 브로카가 뇌 국재성의 발견자라는 데에는 아마 반박의 여지가 없을 것이다. 브로카는 신대륙을 발견한 콜럼버스나 다름없다. 하지만 브로카 이전의 선구자들을 짚고 넘어가지 않는 것은 부당하다. 프랑수아 뢰레는 인간이라는 종의 대뇌주름(대뇌의 이랑과 고랑) 발달을 지능의 발달과 연결시키는 공을 세웠다. 특히 장 밥티스트 부이요는 1825년에 뇌에 위치한 언어에 특정한 운동기능이 있다는 원칙을 수립했다. 또한 소미에르의 의사 마르크 닥스는 말을 하는 능력에 좌뇌가 지배적 역할을 한다는 사실을 파악했다.

나는 루이 그라티올레를 국재론자로 분류하지 않겠다. 그라티올레가 비록 대뇌이랑의 명칭을 정하면서 일종의 명명법 체계를 도입하기는 했지만 말이다. 나는 그라티올레도 브로카와 같은 고향, 도르도뉴 근처의 생트 푸아 라 그랑드라는 작은 마을 출신이라는 점만 말해두련다. 프로테스탄트 성향이 강했던 그 마을에서 브로카의 부친은 목사였지만 그라티올레의 부친은 가톨릭 출신 의사였다. 그라티올레의 부친은 '프랑스의 제네바'라고까지 불리는 그 지방에서 굳건한 입지를 다질 수 없었기 때문에 그를 찾는 환자도 별로 없었다. 하지만 그런 일은 브로카가 그라티올레를 환대하고 보호해주는 데 전혀 걸림돌이 되지 않았다. 그라티올레는 형의 그늘 아래서 의학 공부를 하려고 파리로 올라갔다. 그라티올레는 나중에 국재성의 원리에 맹렬하게 반대하는 입장을 취하면서 브로카와의 인연에 얽매이지는 않았다.

    나는 부이요와 닥스가 그라티올레와 마찬가지로 프로테스탄트였다는 점을 지적한다. 그들이 쌓아올린 위업에 종교가 무슨 역할을 했을까? 이것은 과학에서 이데올로기가 차지하는 비중을 보여준다. 뇌의 기능이 국부적으로 나뉜다는 생각에 대해 가장 신랄한 비판을 퍼부은 사람은 열렬한 가톨릭교도이자 뛰어난 실험가였던 피에르 플루랑스였다. 그는 영혼의 능력이 뇌의 다양한 영역에 퍼져 있다는 사실만 받아들였다. 가톨릭 교회가 그렇듯이 영혼은 유일하고 보편적이라는 것이다. 뇌 지도 제작은 통합주의자들에게 종종 경멸과 거부를 당했다. 그러나 카밀로 골지처럼 현미경 관찰을 통해 뇌의 섬세한 구조에서 광대한 네트워크를 보았던 해부학자들은 그러한 지도 제작을 응원했다. 20세기 초 칼 래슐리는 쥐의 학습능력이 뇌조직이 절제된 위치와는 상관없으며 다만 절제된 뇌의 양이 얼마나 많은가에 따라 영향을 받는다고 주장했다. 그의 주장에 따르면 손상받지 않은 피질영역은 손상된 피질영역의 기능을 대신 수행할 수 있다는 것이다. 이 '분파'의 선봉장이 슈트라스부르크 대학의 프리드리히 골츠 교수라는 사실에는 이론의 여지가 없을 것이다. 그는 대뇌피질을 수술로 제거한 개가 걷고, 방향을 잡고, 잠들었다가 깨어나기도 한다는 것을 입증했다. 그는 확신에 가득 차서 대뇌피질이 제거된 개를 1881년 런던 국제의학대회에서 선보이기도 했다. 그는 이내 큰 호응을 얻었지만 그 승리에 내일은 없었다.

브로카의 발견[5]

대뇌의 국재성이라는 근대적 시대가 진정으로 활짝 열린 것은 폴 브로카 덕분이다. 브로카는 르보르뉴라는 51세 남자의 뇌를 세밀하게 검사했다. 르보르뉴는 비세트르 호스피스에 입원한 21세 때부터 말을 전혀 하지 못하게 된 환자였다.

르보르뉴는 단 하나의 음절을 보통 두 번 혹은 세 번 반복적으로 발음하곤 했다. "탕, 탕…" 그 때문에 그는 호스피스 내에서 '탕'이라는 별명으로 불렸다. 그는 1861년 4월 11일 (오른쪽 다리의 '발에서 엉덩이까지' 완전히 퍼진) 하지 마비 괴저성 봉와직염 수술을 받게 되었다. 그의 실어증 때문에 검사상 여러 가지 어려움이 있었음에도 불구하고 당시에 브로카는 그를 철저하게 검사했다.

르보르뉴는 염증으로 인해 4월 17일 오전 11시에 사망했다. 환자의 사체는 사후 몇 시간 만에 부검되었다. 브로카는 바로 다음 날인 4월 18일 인류학회에서 그의 뇌를 선보였다. 현재 르보르뉴의 뇌는 파리 뒤퓌트랑 박물관에 소장되어 있다.

르보르뉴의 뇌는 좌반구의 비교적 넓은 부위에 걸쳐 뚜렷하게 손상을 보인다. 손상 부위는 전두엽, 보다 정확하게 지목하면 세 번째 대뇌이랑 부위였다. 이 부위에서 '가장 넓은 실질적 손상'과 '뒷부분 반쪽은 완전히 파괴된' 것을 볼 수 있었다. 브로카는 "좌전두엽 세 번째 대뇌이랑 부위에서 환자의 장애가 비롯되었을 가능성이 농후하다"는 결론을 내렸다.

이러한 발견의 필연적 결과로 그는 다음과 같이 주장했다. "정신의 주요한 영역은 뇌의 주요한 영역과 상응한다." 현대 신경심리학이 탄생하는 순간이었다. "갈은 뇌의 기능적 국재성이라는 위대한 원리를 주장했다는 점에서 반박의 여지가 없는 공헌을 했다. 말하자면 그것은 바로 뇌에 대한 모든 연구의 출발점이었던 것이다."

국재론자들이 승리하다

블라디미르 베츠가 롤란도열구 앞쪽에 있는 피질에서 피라미드형 거대세포를 발견한 것은 신경돌기 혹은 세포의 염색기술이 점차 발달하게 된 것과 때를 같이한다. 뇌 피질의 층상 구조에 대한 관찰은 뇌의 설계에 따라 달라지는 피질영역의 경계를 파악할 수 있게 해주었다. 이리하여 코비니안 브로드만은 피질영역을 52개로 나누었고, 이어지는 새로운 세기에는 그 영역에 해당하는 기능을 발견하게 된다.

이것은 전류발생기에 연결된 금속 전극으로 무장한 생리학자들이 일궈낸 성과였다. 연구의 포문을 연 사람은 독일의 구스타프 프리츠와 에두아르트 히치히였다. 그들은 1870년에 대뇌의 국재성에 대해 프랑스에서 연구된 내용들이 잘못되었음을 입증하려 했지만, 개의 전두피질을 자극하면 신체에서 그 반대쪽에 해당하는 사지의 운동이 일어난다는 점을 보여주었다. 과학이 국가주의적 선입견을 물리친 좋은 예라 하겠다. 그로부터 3년 뒤 페리에와 앵글로색슨계 국재론자들은 개의 뇌에서 운동 지점을 알아내는 데 성공했다. 1940년대에는 캐나다의 천재적인 신경외과 의사인 와일더 펜필드가 상향 전두엽 이랑에서 인간 신체의 반대쪽 측면의 대응 지점을 처음으로 파악하고 재구성했다(호문쿨루스). 펜필드는 간질 환자에게 외과적 시술을 행하여 촉각에 무감각한 대뇌피질을 전극으로 자극하는 치료를 주로 하던 의사였다(그림 5 참조).

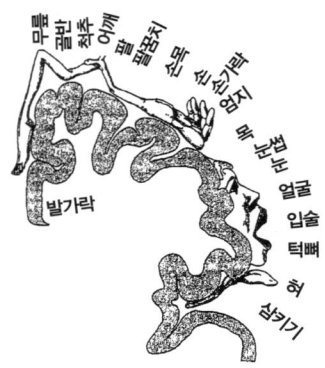

그림 5 호문쿨루스, 마법적 사고에서 생물학적 사고로의 전환

이 그림은 펜필드와 라스무센이 반대쪽 절반 피질에 나타나는 다양한 신체 근육의 지도를 그린 것이다. 여기에서 다양한 신체 부위의 크기는 그 부위의 기능에 관여하는 피질 표면에 해당한다. 운동 영역은 사람에게 기능적으로 얼마나 중요한 부분을 차지하느냐에 비례하여 피질의 표면적을 차지한다. 오른손, 엄지, 안면 근육, 입 근육 등이 다른 부분에 비해 과장되게 표현되어 있다. 뇌의 대부분은 발성기관의 운동을 통제하는 데 할애되어 있다.

신경세포설

이제 인간의 도구적·지적 기능이 분명히 경계가 정해진 영역의 소관으로 밝혀진 이상 '어디'의 문제는 해결된 것처럼 보인다. 그렇지만 '어떻게'라는 문제는 여전히 남아 있다. 뇌가 우리의 비참한 육체에 자신의 제국을 실현하는 수단이나 조직 체계는 어떤 것들인가?

19세기 중반부터 사람들은 생명이 세포라는 기본단위로 구성된다는 것을 알고 있었다. 뇌 역시 이 규칙에서 예외는 아니다. 뇌는 각별히 다양한 형태의 세포로 구성되어 있는데, 이 세포는 나중에 '뉴런'으로 불리게 된다. 그리고 뉴런은 '그보다 못한' 다른 세포들, 즉 주인을 섬기는 하인과 같은 '교세포'를 동반한다는 사실도 알게 된다.

이로써 신경계를 전문으로 다루는 위대한 두 명의 해부학자 이탈리아의 골지와 에스파냐의 라몬 이 카할은 전면적인 갈등에 휩싸였다. 골지는 사진술에 쓰이는 것과 비슷하게 신경조직을 질산은으로 염색하는 데 성공했다. 그는 자신의 이름을 딴 이 기법(골지염색법)을 이용해 뇌의 미세 절편에서 뉴런과 그 세밀한 연결을 관찰할 수 있었다. "예기치 않았던 장관! 완전히 투명한 노란색 바탕에 가늘고 미끈한 섬유들 혹은 두껍고 가시가 돋은 섬유들, 삼각형과 별 모양과 방추형의 검은 모양이 드문드문 나타난다! 투명한 일본 종이에 먹으로 그린 그림 같다." 한때 화가 수업을 받았던 라몬 이 카할은 경이로워하면서 이렇게 썼다.

1906년 노벨상을 공동수상한 이 두 명의 해부학자들은 신경세포의 조직이라는 문제를 두고 팽팽하게 대립했다. 골지는 신경세포가 연속적인 그물 모양으로 이어져 있다고 생각했고, 라몬 이 카할은 그 조직이 불연속적이라고 생각했다. 골지는 세포체에서 무수히 많은 가지가 뻗어 나와서 이른바 '융합체'를 형성하기 때문에 다른 신경세포의 가지와도 단절되지 않고 이어진다고 보았다. 라몬 이 카할은 신경세포가 기능적인 단일체, 즉 '축색과 돌기를 지닌 뉴런'을 이룬다고 주장했다. 그리고 뉴런은 특수한 형태, 즉 시냅스를 매개로 삼아 다른 뉴런과 연결된다고 했다. 격동기의 과학이 으레 그렇듯이 신경생리학도 신조어를 많이 만들어냈고 새로운 이론이 하나 나올 때마다 새로운 용어도 하나씩 추가되었다. 낯선 방문객은 그러려니 생각해주기 바란다. 그런데 어느 쪽 용어가 더 나을까? 하나의 연장인가, 축색인가? 가지인가, 돌기인가? 알기 쉬운 우리말인가, 그리스어에서 온 단어인가?

시냅스는 전기적인가 아니면 화학적인가?

시냅스는 뇌 기능을 이해하기 위한 근본적인 발견 중 하나다. 시냅스라는 일종의 수문을 통해 뉴런이 연결되어 작용하기 때문에 전기신호가 오갈 수도 있고 정보가 처리되고 분배되는 신경회로도 만들어질 수 있다. 시냅스 중에서 가장 단순한 형태는 소위 '단일시냅스'인 반사궁이다. 말초신경계(일반적으로 감각신경)에서 오는 구심성 뉴런은 말초신경계(근육신경)로 돌아가는 원심성 뉴런과 시냅스를 통해 연결된다. 척수에는 이러한 반사궁들이 있다. 그리고 반사궁 덕분에 우리는 근 긴장을 유지함으로써 톱밥 인형처럼 무너지지 않고 자세를 취할 수 있는 것이다. 그 외에도 복잡한 시냅스 회로가 무수히 많이 있는데, 이 회로는 우리 뇌에 있는 수십 억 개의 뉴런과 각 뉴런을 다른 뉴런과 연결하는 수천 개의

꿈에서 얻은 힌트

1920년 10월 15일 밤 오토 뢰비는 어떤 실험에 대한 꿈을 꾸었다. 꿈에서 그는 미주신경의 흥분이 심장의 박동을 느리게 하는 과정에서 어떤 화학물질이 매개 구실을 하는 것을 보았다. 하지만 뢰비는 깨어나서 그 꿈을 기억하지 못했다. 다음 날 밤 그는 같은 꿈을 또 꾸었다. 이번에는 잠에서 깨자마자 더 기다릴 것이 없었다. 그는 나이트캡과 가운 차림으로 당장 실험실로 내려가 실험을 재연해보았다. 생리식염수를 담은 작은 용기에 따로 분리된 채 계속 뛰고 있는 개구리 심장의 미주신경을 전기로 자극하는 실험이었다. 전기자극을 몇 분간 가하고 나서 인큐베이터의 액체를 다른 심장이 들어 있는 용기에다가 부어보았다. 그러자 그 심장에서도 곧바로 박동 리듬이 느려졌다. 뢰비는 이 실험을 통해 미주신경을 자극하면 그 말단에서 어떤 화학물질이 분비되고(아세틸콜린) 그 물질이 용액 속에서 퍼져나간 것이라고 결론을 내렸다.

시냅스들을 이용한다.

  이 이야기를 마치기 전에 1930년대에 이르러서야 겨우 끝을 보았던 마지막 논쟁을 환기하고 넘어가겠다. 바로 신경 전달은 전기적 접촉에 의해 이루어지는가, 아니면 시냅스 한쪽에서 다른 쪽으로 흘러가는 화학적 메신저에 의해 이루어지는가의 논쟁이다. 20세기 초까지 전기 시냅스가 뇌를 지배했지만 결국 화학 시냅스와 신경전달물질에게 자리를 내주고 말았다. 아세틸콜린은 1921년 오스트리아의 뢰비가 심장의 미주 신경 말단에서 분비되는 것으로 처음 확인한 신경전달물질이다. 이 물질은 1937년 헨리 데일에 의해 신경근 접합부에서 다시 한 번 확인되었다. 이 발견에서부터 우리가 오늘날 신경과학이라고 부르는 분야의 진정한 역사가 시작되었다.

신경과학의 눈부신 발전

  신경과학 분야의 과학적 진보에 대한 개괄은 뇌 여행의 지침 노릇을 해줄 것이다. 뇌라는 기관에 대해서 최근에 이루어진 발견은 눈부실 정도다. 언젠가 죽는다는 사실 외에는 확실한 것이 없던 인간은 자기 무덤에 '무無'라는 비문을 남기고 싶은 유혹(일본의 영화감독 오즈 야스지로의 묘비에는 '無'라는 단 한 글자가 새겨 있다)에 저항해야 한다.

  다소나마 희망을 갖기 위해서 뇌 정복에 대한 현대의 발전과 몇 가지 탁월한 진보를 소개하겠다.

  '뇌영상 촬영기법'은 다양한 정신적 과제를 수행하고 있는 분명히 정의된 뇌의 영역이 어떻게 활동하는지 파악할 수 있게 해주었다. 삼차원

재구성과 고속 스캐닝을 통한 핵자기공명 기법을 통하여 인간은 자기 자신의 뇌가 살아 움직이는 모습까지 볼 수 있게 된 것이다.

오늘날 우리는 '세포 수준에서' 신경 유입의 본질을, 또한 뉴런을 흥분시키고 정보의 처리 능력을 가능케 하는 다양한 전기적 현상을 완벽하게 알고 있다. 소위 '패치클램프patch-clamp' 기법이라고 하는 생물물리학 방법은 이온 통로에 대한 직접적인 접근을 가능케 했고, 화학 메신저와 그 수용체의 활동 양상을 이해할 수 있게 해준다.

'분자 수준에서는' 통로, 신경전달물질, 수용체 등의 구조를 파악하는 차원을 넘어서서 연쇄적으로 상호작용을 하는 구성요소의 목록이 밝혀져 쾌락, 통증, 의존성, 기억, 뇌의 인지 지도 작성과 같은 근본적 현상의 기능 및 성분 토대를 이해할 수 있게 되었다. 새롭고 전망이 밝은 분야는 바로 뇌의 발달에 대한 것이다. 뇌의 성장 요인, 뇌 구조의 발생과 통일을 가능하게 하는 구성요소, 그리고 최근에는 뇌 안의 연쇄망과 통로를 조직하는 신경섬유의 이동과 인도에 관여하는 성분까지 밝혀졌기 때문이다. 마지막으로 성인의 뇌에 줄기세포가 존재한다는 사실은 장차 손상되거나 마모된 뇌에 새로운 뉴런을 이식할 수도 있을지 모른다는 가능성을 점치게 한다.

신경과학에서 특히 풍요한 결실을 보았던 유전학은 다양한 신경 기능을 담당하는 효소, 수용체, 단백질에 대한 유전자 계열을 밝혀냈다. 종의 계획에 따라서 뇌의 발달을 책임지는 조절유전자의 발견은 뇌 발달의 이해라는 차원뿐만 아니라 뇌 기능 양상의 이해라는 차원에서도 상당한 시야를 열어주었다. 병리학 분야에서는 신경계의 단세포적 감염에서 유전자의 변이와 그러한 변이의 성격이 확인되었다. 이러한 감염으로 인한 유전자 변이를 가장 두드러지게 보여주는 사례가 바로 헌팅턴병이다.

발전에 숨겨진 그림자

과학적 결과에서 실패를 주목하기란 쉽지 않은 일이다. 미디어는 눈부신 성공에만 관심을 집중하면서 이따금 그러한 성공 뒤에 대실패를 뜻하는 실망스러운 결과들이 뒤따르기도 한다는 사실을 분명히 알리지 않고 그냥 넘어간다. 이러한 사정 때문에 과학적 연구라는 것이 승리를 거두기 위한 경쟁처럼 이상하게 변질되기도 한다.

약학산업과 정부기관에서 '뇌에 처방하는 약'의 개발에 엄청난 노력을 기울였지만 지난 10여 년 동안 사실상 신약 성분이랄 만한 것은 거의 나오지 않았다. 물론 신경전달물질에 대한 수용체를 유전학적으로 파악했기 때문에 잠재적 표적에 대해서는 더 많은 것을 알게 되었고, 환자에게 응용할 수 있는 성분이 수적으로 늘어났으며 그러한 성분은 좀 더 적합한 방향으로 처방할 수 있게 되었다. 신경전달물질의 목록도 길어졌다. 새로운 신경조절계, 즉 내인성 카나비노이드계는 엔도르핀과 더불어 오락가락하는 뇌의 기분과 관련되어 중요한 한 자리를 차지하게 되었다. 하지만 이러한 산발적인 발견을 벌써 수십 년 전에 일어났던 혁명적 발견(최초의 항우울제 성분과 진정제 성분 발견)과 비교할 수는 없다. 더욱이 향정신성 약물 시장에서 몇몇 상품이 거둬들인 대대적인 성공이 과연 실질적인 치료효과 때문인지 아니면 효율적인 마케팅 덕분인지는 의문을 가질 법도 하다.

인공지능은 정보과학, 특히 로봇과 전문기계 분야에서 풍성한 연구가 이루어지는 한 갈래다. 그런데 이러한 연구가 뇌의 인지 기능을 이해하는 데 이바지한 바는 실망스러운 수준이다. 정보과학의 막대한 성과는 아직 기술적인 수준에 한정되어 있다. 예를 들면, 뇌영상 촬영기술이나 전기생리학적 데이터의 처리에 공헌한 정도에 지나지 않는다.

뇌에 대한 의료적 개입도 살펴보자. 파킨슨병이나 심각한 행동장애 같은 뇌의 신경퇴행성 질환에 대해 신경외과적 조치(전기자극)를 취하게 된 후로, 손상 혹은 퇴행으로 문제를 일으키는 뇌 구조에 배아신경세포를 이식하는 형태로 대체 치료 기법이 제안되기는 했다. 그러나 복잡한 문제가 야기되고 장기적으로 어떻게 해야 한다는 후속조치가 나오지 않았기 때문에 지극히 신중한 태도가 요구된다.

유전 질환에 대한 유전학적 해명도 현실적 문제에 봉착했다. 단일유전자 질병이 그리 많지 않고, 병리학적 메커니즘에 대한 이해가 아직 불충분하며, 가까운 미래에 제시할 수 있는 치료적 대안이 없기 때문이다. 가장 확실한 결과는 진단 차원에 속한 것이며 우생학 문제를 직접적으로 제기한다. 게다가 각별히 두드러진 몇몇 성과들만 공개할 경우에 환자들에게 헛된 희망을 품게 할 수도 있으므로 신중을 기해야 할 것이다.

2장

뇌 속에 숨은 풍경

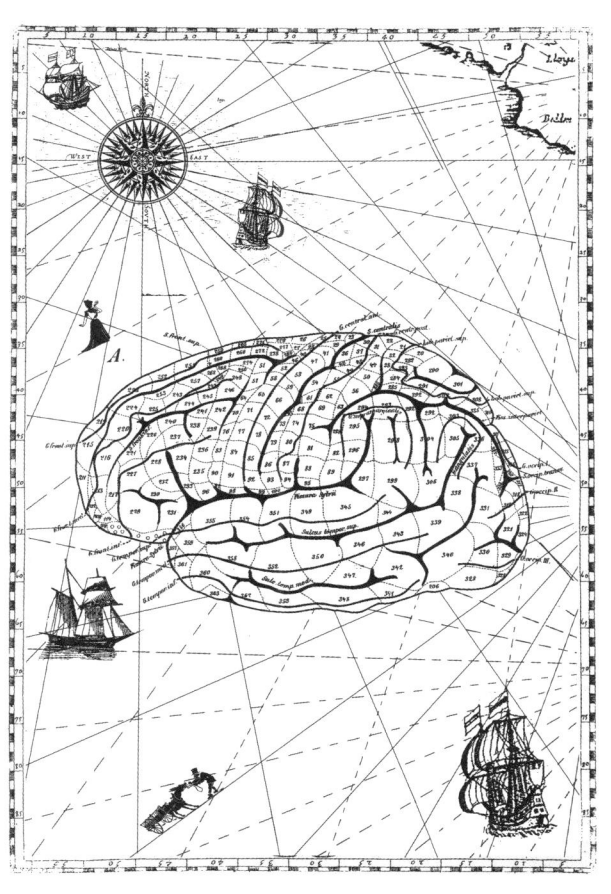

"인간의 특성은 뇌에 있는 것이지 외적 조직에 있는 것이 아니다."
드니 디드로, 『생리학요강』

    뇌의 풍경에 대한 최초의 묘사가 여기 있다. 이 묘사는 바로크적인 뇌의 설계구조를 통해 몇 가지 지표를 보여주며 뇌에 사는 주민의 주요한 특성을 파악할 수 있게 해준다. 물론 이 묘사는 대단히 개괄적이다. 이 책의 나머지 부분들이 그 뼈대에 살을 붙여줄 것이다. 하루 빨리 여행길에 오르고 싶은 독자는 이 장을 그냥 통과했다가 나중에 필요할 때 다시 찾아보아도 좋다. 이 책에는 정해진 노선은 없다. 읽는 이의 취향대로 나아가면 그뿐이다.

    인간의 뇌 무게는 남성의 경우 평균 1,500그램이고 여성의 경우는 그보다 조금 덜 나간다. 이 원칙은 원숭이와 유사한 모든 종에게 적용할 수 있다. 뇌의 무게에 따라 지능이 차이나는 것은 아니며, 다만 암컷의 뇌가 수컷의 뇌보다 크기가 작고 근육이 적을 뿐이다.

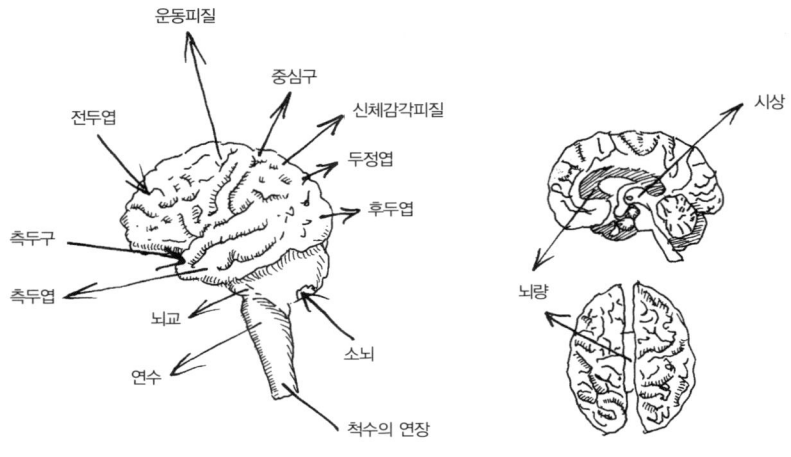

그림 6 인간 뇌의 전반적인 모습

한 인간의 머릿속에는 100억 개의 뉴런과 그만큼이나 많은 신경교세포의 세계가 있다. 이 '뉴런의 별들'은 대부분 오렌지를 둘러싼 껍질같이 두툼한 뇌의 표면(피질)을 차지한다. 어느 여류시인은 대뇌피질을 '영혼의 피부'라고 일컫기도 했다.[1]

대뇌피질을 완전히 펼쳐놓으면 그 넓이가 거의 2제곱미터에 이른다. 어떻게 두개골이라는 옹색한 공간에 이것을 모두 우겨넣을 수 있었을까? 진화가 찾아낸 해결책은 대뇌피질을 접고 접고 또 접는 것이었다. 그래서 뇌는 이랑을 나누는 고랑(구溝)으로 점철되어 있다. 그 때문에 뇌는 '구겨진' 것처럼 보인다. 이는 별들의 우주와 뇌의 유사성을 보여주는 또 다른 한 요소라 할 수 있다(그림 6).*

뇌를 관찰하려면 두개골의 정수리 부분을 톱으로 썰고 뇌를 감싸는 섬

---

* 저자는 우리의 (삼차원) 우주가 구겨져 있다는 학설에 기초하여 이렇게 말하는 것이다.

유막(경막)에 들러붙은 뼈 부분을 분리하여 들어내기만 하면 된다. 일단 뇌와 척수를 연결하는 기둥 부분이 절단되면 두개골에서 뇌를 끄집어낼 수 있다. 세 겹의 뇌막은 양파 껍질을 벗기듯이 벗겨내면 된다. 그러고 나면 우리 눈앞에 뇌의 속모습이 드러난다. 과연 은은한 빛이 도는 거대한 분홍 열매 같은 것이 우리네 영혼의 섬세한 안식처요, 정념의 사원이란 말인가? 우리는 그렇다고 인정해야 한다. 인간은 온전히 이 1,500그램 남짓한 뇌 안에 들어 있으며, 뇌의 표면과 내부에 퍼져 있는 수많은 혈관에 더 이상 피가 돌지 않아 뇌가 죽는다면 그것은 곧 개인의 죽음을 뜻한다.

두 개의 반구

뇌에서 가장 눈에 잘 띄고 면적이 큰 부분은 두 개의 달걀형 반구로 이루어져 있다. 두개골의 바닥에 놓인 반구의 아랫부분은 고르지는 않지만 평평하다. 이 아랫부분은 뒤쪽으로 소뇌를 덮고 있지만 소뇌와 직접 닿아 있지는 않고 일종의 섬유막으로 분리되어 있다(그림 7).

좌뇌와 우뇌는 깊은 열裂, 즉 '세로균열'로 분리되어 있지만 거대한 다리로 이어져 있기도 하다. 가장 중요한 것은 두 반구 사이에 다리를 놓는 두툼한 흰색 띠인 뇌량腦梁이다. 각각의 반구는 세 개의 면을 갖고 있다. 먼저 볼록하게 솟아 있는 외부(그림 7-A)가 있고, 수직으로 평평하게 잘라서 바라본 내부가 있다. 뇌의 내부는 다시 뇌량 위쪽의 자유로운 부분과, 좌뇌와 우뇌를 연결하는 다른 기관들(뇌량, 격막, 뇌궁, 간뇌)에 연결되어 있는 부분으로 나뉜다(그림 7-B). 그리고 마지막으로 뇌의 아랫부분

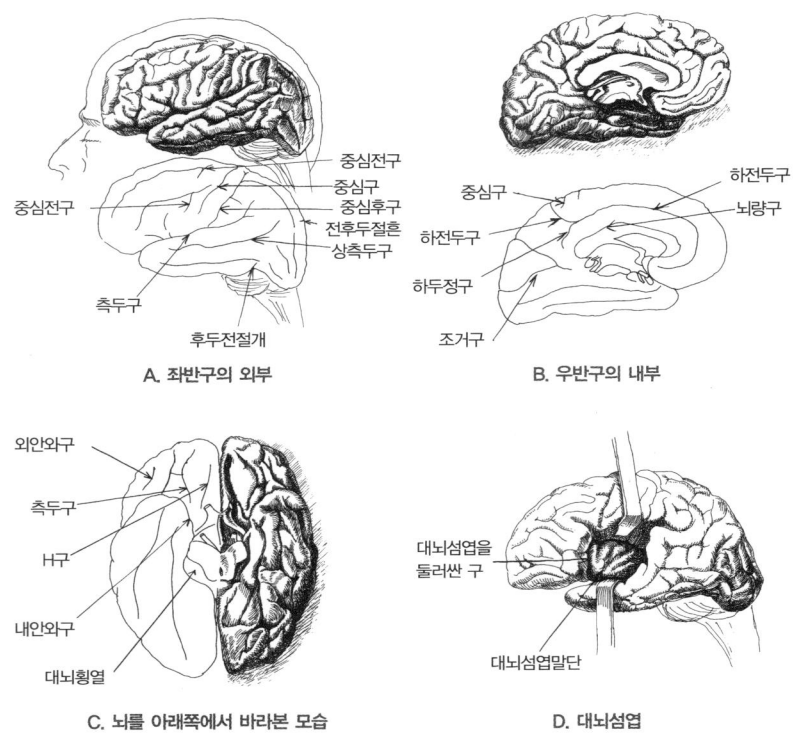

그림 7 대뇌 반구의 다양한 모습

이 있다. 아랫부분은 측두구라고 하는 깊은 열에 의해 둘로 나뉜다(그림 7-C).

뇌 반구의 표면에는 엽과 대뇌이랑을 나누는 수많은 열들이 있다. 엽들은 '구'라고 하는 깊은 열들로 나뉘어 있다. 각각의 엽에는 부수적인 구로 제한되는 상당수의 '이랑'을 보여준다.

우리는 좌반구와 우반구에서 각기 6개의 엽을 볼 수 있다. 전두엽, 두정엽, 후두엽, 측두엽, 대뇌섬엽, 대상회(띠다발)이 그것이다.

전두엽은 뒤로는 중심구(혹은 롤랜도열), 아래쪽으로는 측두구(혹은 실비우스열), 뇌 안쪽으로는 대상구(띠고랑)로 있는 두 부분으로 갈라져 있다.

두정엽은 뇌 외부 중앙의 가장 윗부분에 해당한다. 앞쪽으로는 중심구, 아래쪽으로는 측두구, 뒤쪽으로는 두정후두구로 분리되어 있다.

후두엽은 뇌의 가장 뒤쪽에 해당한다. 후두엽은 삼각형 피라미드와 비슷하게 생겼다. 이 부분은 외부와 내부가 있고 아래쪽으로 조거구(새발톱고랑)까지 미친다.

측두엽은 뇌의 중앙과 아랫부분을 차지한다.

대뇌섬엽은 측두구의 안쪽에 있다. 따라서 측두구를 양쪽으로 벌려야만 대뇌섬엽을 볼 수 있다(그림 7-D).

마지막으로 대상회(띠다발)는 뇌의 안쪽에 있는 뇌량을 둘러싸고 뒤쪽으로는 측두엽의 해마옆이랑과 맞닿아 완전한 고리 모양을 이룬다. 이 고리를 때로는 '변연이랑'이라고 부르기도 한다.

뇌 안에서 무엇을 발견할 수 있는가?

중추신경계의 다른 부분들과 마찬가지로 뇌의 반구는 회백질과 백질로 이루어져 있다.

반구를 이루는 회백질에는 3~4밀리미터 두께로 둘러싼 회백질층, 즉 '피질'이라고 부르는 부분과 피질층과 구분되며 해마이랑 앞쪽에 위치한 작은 회백질 덩어리, 즉 '편도핵'이라고 하는 부분과 기저핵들(꼬리핵, 피각핵, 창백핵)이 모두 포함된다(그림 8).

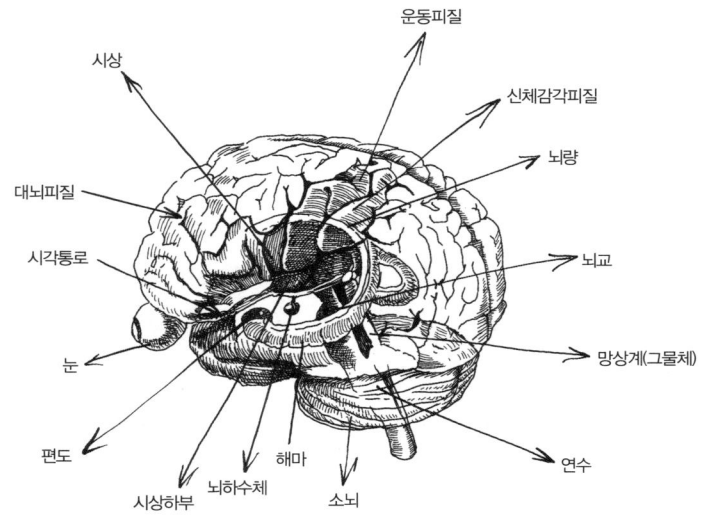

그림 8 뇌의 내부 구조

여기서 우리는 간뇌(사이뇌)의 위치를 파악해야 한다. 간뇌는 뇌 안쪽 깊숙이 있는 중간 부분으로서 시상과 시상하부로 이루어져 있다. 시상은 대칭적인 구조를 띠고 있으며 제3뇌실 측벽의 대부분을 이루고 시상하부와 연결되어 있다. 시상하부는 엄지손가락만 한 크기의 작은 부위지만 인간의 욕구와 욕망, 쾌락과 고통을 관장하는 기관이다.

독자들은 아마도 지금쯤—이렇게 낯선 명칭들로 점철된 책을 읽으면서 끝까지 한 번 읽어보겠다는 투지를 불태운 독자라면—해부대에 놓인 뇌에 대해 생각해보는 정도로 만족할 때보다 더 혼란스러운 기분일 것이다. 뇌간(뇌줄기)에 연결가지들로 붙어 있는 작은 뇌, 즉 소뇌에 대한 설명 덕분에 그러한 혼란은 더할 것이다. 나는 또한 간뇌와 척수를 연결하는 뇌간에 대해서도 그냥 넘어갔다. 여기에는 신진대사(호흡, 혈액순환, 동맥압) 기능을 관장하는 센터들과 뇌신경의 원래 핵들이 포함되어 있다. 이 부분은 나중에 다시 살펴볼 것이다.

그렇지만 뇌의 풍경에서 많은 부분을 차지하는 물에 대해서는 아무 말 없이 지나갈 수 없다. 이 유명한 뇌실들에 대해서는 학자들과 시스템 제작자들의 관심이 정말 오랫동안 쏠려 있었다.

뇌 속의 연못들

1,500그램 남짓한 뇌에는 비어 있는 부분들이 있는데 그 부분들에 차 있는 물만 해도 100밀리리터쯤, 그러니까 부르고뉴 포도주 한 잔쯤 된다. 물이 있는 공간 중 가장 큰 것들은 좌반구와 우반구 한가운데에 있다. 바로 좌뇌실과 우뇌실이다. 두 뇌실은 좁은 구멍을 통해 제3뇌실과 연결된다. 제3뇌실은 시상 안에 파인 깔때기처럼 생긴 중간 연못이다. 제3뇌실은 실비우스도관이라고 부르는 뒤쪽의 통로를 통해 제4뇌실, 종말뇌실(제5뇌실)과 연결된다. 종말뇌실은 마름모꼴의 분지로서 그 바닥은 뇌간의 생명중추를 덮고 있고 천장은 소뇌의 바닥을 이룬다. 다른 쪽 말단은 뇌실상의 세포가 척수를 따라 이어진 척수관과 연결되어 있다.

제4뇌실 아래쪽에 나 있는 구멍들 덕분에 제4뇌실은 뇌와 뇌막 사이의 빈 공간과 통해 있다. 뇌실의 액체(뇌척수액)는 뇌의 볼록한 부분과 바닥, 그리고 척수를 따라 척추까지 퍼진다. 공간에 물을 대어주는 샘들은 측뇌실 안쪽에 있다. 이 샘들, 즉 맥락총들은 수많은 모세관으로 이루어진 상피성 망상구조로 되어 있고 하루에 0.5리터쯤 되는 액체를 분비한다. 이 액체의 구성성분은 신경세포들이 잠겨 있는 환경의 구성성분과 일치한다(그림 9 참조).

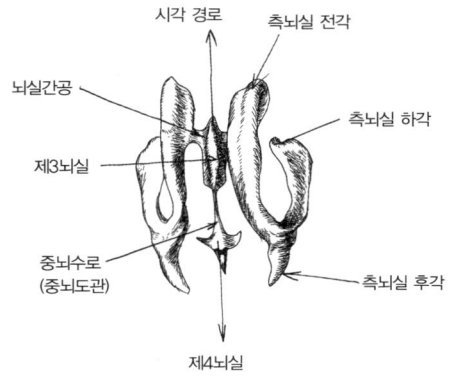

그림 9 뇌실의 구조

견고하지만, 때론 넘을 수 있는 벽들

뇌를 둘러싼 담벼락(혈액뇌장벽)은 혈액이 운반하는 물질 가운데 뇌에 공급되어서는 안 될 것들을 차단하는 구실을 한다. 이 성벽은 뇌에 혈액을 공급하는 혈관과 엄격하게 단절된 칸막이와 뇌막으로 이루어진다. 모든 벽이 그렇듯, 뇌를 신체 속에서 고립시키는 이 벽들도 결코 넘을 수 없는 것은 아니다. 어떤 물질에 한해서는, 혹은 항상 문이 열려 있는 어떤 지대에 한해서는 벽을 넘나들 수 있는 '전달자'가 분명히 존재한다. 뇌막은 지방질이기 때문에 지방에 용해될 수 있는 스테로이드 호르몬을 비롯한 특정 물질은 노크도 없이 얼마든지 들어갈 수 있다. 사실 생명체의 모든 막은 두 개의 지질층이 맞닿아 이루어져 있다. 그 두 개의 지질층은 서로 상반되는 성질을 가지고 있기 때문에 지방에 용해되지 않는 모든 물질을 차단할 수 있다.

입구와 출구

뇌가 세계의 표상이라거나 그 반대로 뇌가 선천적 혹은 후천적 프로그램에 따라 이 세계에 작용한다는 말을 종종 듣게 된다. 이러한 이미지와 프로그램의 안정성은 뇌가 고립되어 있어야만 가능하다. 혈액뇌장벽은 바로 이러한 뇌의 고립에 도움을 준다.

뇌에 들어갈 수 있는 입구는 신경신호의 입구와 체액의 입구, 이렇게 딱 둘뿐이다. 그리고 체액의 입구는 혈액뇌장벽 수준에서 완벽하게 통제된다. 한편, 신경신호의 입구는 특수한 수용체와 감각기관에서 형성되고 수집된 데이터를 뇌에 전달해준다. 이 단계를 통해 벌써 외부세계에 대해서, 세상 속에서 자신의 위치에 대해서, 혹은 내부공간에 대해서 어렴풋하게나마 표상이 이루어진다.

입구와 마찬가지로 출구도 둘이다. 신경신호의 출구는 운동 프로그램의 실현을 가능케 하고, 체액의 출구는 시상하부와 뇌하수체의 교차로라는 특정 영역에 호르몬을 방출하는 형태로 나타난다. 호르몬의 배출은 운동의 실현과 마찬가지로 신체와 환경의 자극에 대한 반응으로, 혹은 중앙 프로그램에 따라 이루어진다. 그러한 프로그램 중 일부는 뇌 안의 생체시계에 따라 조율된다. 이러한 생체시계는 살바도르 달리의 그림 속에 나타난 흐물흐물해진 시계와 같다. 요컨대, 사람의 기분이나 환경에 따라서 빨리 갈 수도 있고 느릿느릿 갈 수도 있는 시계다.

뇌에 사는 주민들

나는 너무도 빤한 시흥詩興에 겨워, 뇌에 있는 수십억 개의 뉴런들을 우주에 퍼져 있는 수십억 개의 별들에 비유했었다. 하지만 사실 이 뉴런들은 유일무이한 본체, 정말로 살아 있는 존재이고 바로 그렇기 때문에 언젠가는 죽기 마련이다. 뉴런들은 줄기세포의 분열로 생겨나 화살표로 표시된 방향에 따라 이동하고 뇌의 특정한 지점에 자리 잡는다.[2] 그렇게 자리 잡은 곳에서 다른 뉴런으로 대체되지 않고 죽을 때까지 제 역할을 다하는 것이다. 어떤 뉴런은 뇌 자체만큼이나 오래됐고, 어떤 뉴런은 비교적 젊다. 또 어떤 뉴런은 그 수가 지나치게 많은 탓에 아주 일찍 죽어 버린다. 세습된 뉴런이 분열되거나 다른 뉴런을 탄생시키지 않고 본래 모습대로 죽을 때까지 유지된다는 학설은 최근 반론에 부딪쳤다. 실제로 성인의 뇌에는 미분화 상태의 줄기세포들이 존재한다. 비옥한 늪지에 숨어 있는 유충이라고나 할까? 그러한 늪지에서 줄기세포들이 분열하고 뉴런으로 분화되어 이동할 수 있을지도 모른다. 측뇌실 벽 안에 위치한 어떤 지대, 시상의 한 영역인 갈고리이랑uncus이 바로 그 늪지에 해당한다. 갈고리이랑은 기억 과정에 관여하는 것으로 잘 알려져 있다.

뇌에 대해 전문적 식견이 없는 독자는 뇌를 방문하여 직접 뉴런을 관찰할 기회가 거의 없으므로, 여기서 간단하게 뇌에 살고 있는 지역주민에 대한 설명을 늘어놓겠다.

뉴런은 현미경으로 보면 정체되고 고정된 모습이지만 실상은 이와 전혀 다르다. 뉴런은 다양한 시냅스의 연결 덕분에 서로 대화를 주고받는다. 그런데 시냅스 연결은 안정되기는커녕 전기·화학적 신호에 따라서 만들어지기도 하고 해체되기도 하고, 열리기도 하고 닫히기도 한다. 셀

수 없을 만큼 많은 유동인구가 끊임없는 리모델링에 따라 우글우글 왔다 갔다 하는 것이다. 요컨대, 이러한 양상은 불확실한 환경의 요구에 따라 계속 발전하기도 하고 퇴행하기도 하는 수십억 개의 톱니바퀴들로 이루어진 '유연한 기계'와 같다고 하겠다.

신경교세포는 뉴런들 사이의 공간을 차지하며 수십 나노미터의 세포 간 틈새와 더불어 조밀한 전체를 이룬다. 교세포들 사이에는 화학적 유형의 시냅스 연결이 전혀 없지만 '간극연결'과 '치밀이음'이라는 특수한 구조를 통해 연결이 이루어진다.

중추신경계와 말초신경계에 퍼져 있는 신경교세포는 5가지 유형으로 구분된다. 중추신경계에 있는 교세포는 '포장'세포(성상교세포, 희소돌기아교세포, 소교세포)든가, 공동의 벽면을 뒤덮은 뇌실막세포(뇌실과 척수관)다. 한편 말초신경계에 있는 교세포는 슈반^{Schwann}세포라고 한다. 슈반세포는 뇌에서 희소돌기아교세포가 담당하는 기능, 즉 말초신경계 섬유에 대한 절연작용을 하는데, 여기서는 더 다루지 않겠다.

성상교세포는 수많은 돌기들을 지닌 작은 세포(직경 10나노미터 정도)들이다. 성상교세포는 두 가지 유형으로 구분된다. 첫 번째 유형은 뉴런과 혈관에 연결된다. 두 번째 유형은 뉴런들에 대해서만 연결되어 있다.

성상교세포 전체는 뉴런을 보호하고 세포 바깥의 환경 구성을 통제하는 역할을 한다. 특히 이 교세포들은 어떤 잠재적 행동이 일어날 때 축색돌기에서 배출되는 이온의 일부를 흡수함으로써 칼륨의 구성 비율을 조율한다.

희소돌기아교세포는 축색다발의 한가운데 있으며 중추신경계 내에서 특정 축색 주위를 둘러싸고 미엘린[3] 수초를 형성한다. 이것이 확장되면 축색 주위에 둘둘 말린 수초가 되는 것이다. 이러한 미엘린 수초는 미엘린이 없는 마디들로 분할되어 있다. 이 마디를 '랑비에 결절'이라고 부른다.

소교세포의 수는 그리 많지 않다. 소교세포는 중추신경계의 교세포 가운데 5~10퍼센트밖에 안 된다. 소교세포는 배아의 발달에 아주 중요한 역할을 하는 것으로 보인다. 소교세포는 배아 단계에서 혈액뇌장벽을 넘어온 단핵구가 분화되어 만들어진다. 이렇게 해서 아메바 운동을 하는 소교세포가 이루어진다. 그다음에 그 세포들이 분화해서 돌기를 지닌 소교세포가 된다. 돌기를 지닌 소교세포들이 어떤 기능을 하는지는 잘 알려져 있지 않지만, 분명히 그 기능은 뇌의 면역작용과 관련이 있을 것으로 보인다.

뇌실막세포들은 뇌실과 척수중심관의 벽면을 감싸는 상피조직을 형성한다. 뇌실막세포들은 치밀이음으로 서로 연결되어 있다. 이러한 치밀이음 때문에 상피조직은 조밀하다. 뇌실막세포 중 어떤 것들은 섬모가 많아서 그 섬모를 뇌척수액에 담그고 있는 반면, 띠모양뇌실막세포라고 하는 것들은 표면에 수많은 미세융모와 기다란 기저돌기가 있다. 이 기저돌기는 모세혈관, 뉴런, 다른 신경교세포들과 연결되어 있다.

시냅스는 신경회로 조직의 기본단위이다. 뉴런들 간의 상호작용은 이 특수한 접합을 매개로 이루어진다. 여기서는 뇌의 신경회로에서 대부분을 차지하는 화학적 시냅스에 대해서만 말해두겠다.

하나의 시냅스에는 그 방향을 결정하는 두 부분이 있다. 즉, 시냅스 이전 부위에서 시냅스소포에 저장되어 있던 신경전달물질이 방출되고, 이 신경전달물질이 좁은 '시냅스 틈새'로 퍼진 후 시냅스 이후 부위에서 '특수한 수용체'에 고정된다.

조작적인 관점에서 보자면, 시냅스는 시냅스 이전의 전기신호를 화학

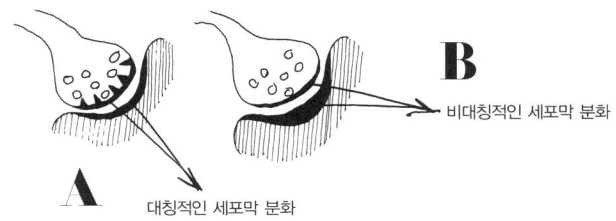

그림 10 두 가지 유형의 화학적 시냅스

신호로 변환하여 시냅스 틈새에 방출하고 시냅스 틈새는 다시 그 화학신호를 시냅스 이후의 전기신호로 변환하는 셈이다. 시냅스소포가 틈새에 대해 열린 후 수용체에 고정되지 못한 신경전달물질은 효소 작용으로 파괴되거나 재흡수된다.

우리는 두 유형으로 정리될 수 있는 시냅스 구조에서 일반적인 통일성을 관찰할 수 있다.

그림 10의 A에서 보이는 첫 번째 유형은 세포막이 대칭적이고 소포의 모양이 다양하다. 이것은 대개 억제성 시냅스이다. 또 다른 유형은 시냅스 전후의 세포막이 비대칭적으로 조밀하다. 이러한 시냅스들에는 둥글고 밝은 색깔의 작은 소포들이 있다. 이것은 일반적으로 흥분성 시냅스이다.

시냅스에서 주목할 만한 특성은 크기가 매우 작다는 것이다. 시냅스는 접합면이 0.5~2나노미터에 지나지 않는다. 그와 대조적으로 개수는 대단히 많다. 대뇌피질의 회백질 1세제곱밀리미터에는 5만 개의 뉴런이 있는데 각각의 뉴런마다 6,000개의 시냅스를 갖는다. 즉, 대뇌피질의 회백질을 구성하는 뉴런은 모두 3억 개의 시냅스를 지닌다는 말이다. 그중 16퍼센트는 A 유형이고 84퍼센트는 B 유형이다. 인간의 대뇌피질 전체에 대해 이와 같은 식의 계산을 적용해본다면 세포의 수는 100억 개, 시냅스의 수는 무려 60조 개이다. 이렇게 무수히 많은 연결이 있기에 뇌라는 좁은 공간 속에서 수십억 개의 미세회로가 작동할 수 있는 것이다.

시냅스의 전달방향은 앞부분에서 뒷부분으로 향한다. 그렇지만 역행 조정이 있을 수 있으며 그런 역행이 예외적인 것만도 아니다. 특히 확산 가능한 메신저들이 작용할 때 그렇다. 가장 좋은 예가 산화질소(nitric oxide, NO)라는 기체다. 산화질소는 확산 가능한 메신저로서 자유롭게 세포막을 통과하여 시냅스 이전부분으로 넘어가 시냅스가 획득한 것을 조율할 수 있다. 이로써 '신경조율'이라는 개념이 도입되었고, 그러한 조율이 시냅스 이전(역행 조율)과 시냅스 이후 수준에서 실제로 이루어질 수 있다. 또 다른 예는 '내인성 카나비노이드(우리 뇌의 수용체가 대마초 같은 마약과 동일한 성분으로 인지하지만 사실은 뉴런이 스스로 만들어내는 물질)'이다.

시냅스의 획득, 다시 말해 동일한 시냅스 이전의 신호에서 비롯된 메신저의 양을 장기적으로 조절하는 것이 가능하다. 고유한 의미에서의 신경전달물질의 효과보다는 훨씬 완만하지만 몇 초에서 몇 시간까지, 나아가 며칠까지도 지속될 수 있다. 기억과정에 개입하는 장기강화처럼 말이다. 또한 어떤 구조(특히 소뇌)에서는 장기기억 억제가 나타나기도 한다.

이렇게 뇌에 대해 전반적으로 개괄하는 이유는 대학생들을 위한 강의를 빙자하기 위함이 아니다. 나는 잠시나마 이 부분을 12음절 시詩로 만들어볼 생각을 했었다.

조급한 시냅스들, 그네들의 영혼을 탐색하고자

그 틈새에서 헤매는 이들이 그 얼마이런가,
수용체를 찾아 나섰으나 결코 돌아오지 못하는 이들이
그 얼마이런가.

하지만 이런 저속한 시구가 따분함을 몰아낼 수는 없다. 아직 이 여행을 포기하지 않은 독자에게는 다른 정보들도 주어지리라.

3장
뇌를 연구하는 방법

> "여행은 실로 유익하다. 여행은 상상력을 발동시킨다.
> 그 외에는 실망과 피곤밖에 남지 않는다.
> 우리들만의 여행은 순전히 상상에 기댈 뿐이다. 그게 우리 여행의 힘이다.
> (……) 그리고 무엇보다도, 누구나 그런 여행을 할 수 있다.
> 그저 눈을 감기만 하면 생의 저편에 가 있다."
> 루이페르디낭 셀린, 『밤의 끝으로 떠나는 여행』

사람은 '자기 자신'하고만 여행한다. 자기 자신이야말로 결코 떼어버릴 수 없는 동행자, 우리가 걸어가는 길모퉁이마다 끊임없이 나타나는 동행자다. 우리의 뇌를 여행할 때에는—단순한 소풍이든 명실상부한 탐사든 간에—더욱더 그렇다. 뇌를 여행하면서는 자기 집에 온 듯할 때가 많으니까. 그렇기 때문에 더 행동거지를 조심해야 한다. 존중도 있지만 비웃음 역시 없으란 법은 없다. 하여 뇌를 여행할 때 염두에 두어야 할 계명은 '너 자신을 알라'이다. 스탕달은 즐겨 말하곤 했다. 우리는 자기 자신만 빼고 모든 것을 알 수 있다고. 그의 말은 틀리지 않았다. 나는 '무지를 밝힘'이라는 말로 우리의 탐색을 정의해볼까 한다.

물론 여기서의 뇌는 자기 자신의 뇌이기도 하지만 타인의 뇌이기도 하다. 인간의 지고한 능력인 자의식은 타인이 무엇을 생각하고 느끼는지를 앎으로써 이루어진다. 그것은 인간에 대한 인간의 한없는 욕망의 표현이다. 어떤 연인, 어떤 정부情婦가 파멸에 빠질 위험을 무릅쓰고서라도 사랑하는 이의 우아한 얼굴 너머에 숨어 있는 뇌를 살펴보고 싶지 않으랴. 처음에는 모든 것이 경이롭기만 하다. 그러나 도취해 있기만 한다면 뇌 자체는 별로 중요치 않다. 첫눈에 반하면 판단은 마비되고 관점은 고약하게 바뀐다. 이들의 뇌는 서로를 위해 만들어졌다고 하나, 어느새 예전 같지 않다. 3년만 지나면, 혹은 그보다 더 빨리 짝짓기는 파국으로 치닫는다.

　타인은 내가 사랑하는 이로서만 존재하지 않는다. 여러분은 생명이 처음 움트던 그때부터 이 낯선 존재들의 어두운 숲 속에서 방황해왔다. 타인의 머리통을 호두 껍데기 깨듯이 쪼개어보고 그 안에 여러분의 것과 똑같은 뇌가 있는지 확인해보고 싶을 것이다. 이 타인의 도가니에서 행여 사라지지 않도록 주의하라. "타인의 입장에 서서는 안 된다. 그랬다가는 자신을 남들이 생각하듯 생각하게 될 테니." 볼테르가 남긴 말이다. 물론 이 말은 내가 앞에서 자의식에 대해 했던 말을 정면으로 반박하는 독설이다. 그렇더라도 뇌 안으로 여행을 떠나기에 앞서서 새겨들을 만한 조언이라 하지 않을 수 없다. 자신에 대해서 남들이 생각하는 것처럼 생각하지 말라. 자신을 너무 타인의 눈을 통해 바라보게 되면 스스로 가증스럽게 여기거나 자신이 불행하다고 생각하게 될 위험이 있는데, 그건 절대로 삶의 의욕을 불러일으킬 만한 일이 아니다.

당신이었기에, 그리고 나였기에

　다행스럽게도 진정한 친구들, 여러분이 즐거워하거나 고통스러워하는 여러분만의 자유를 자기 것처럼 소중히 여겨주는 이들이 존재한다. 몽테뉴는 절친한 벗이었던 라보에티의 두뇌로 인해 너무나 큰 즐거움을 누렸기에 죽는 날까지 그 즐거움을 잊지 못했다. 뇌 여행의 관점에서 보면, 사랑은 확 불타올랐다가 확 꺼지는 짚불과 같아서 절대로 우정에 미치지 못한다. 우정에는 끝이 없다. 우정은 세월에 얽매이지 않는다. 우정은 계산을 하지 않는다. 그러니까 여러분이 이 진귀한 행운을 누리는 사람이라면 친구 혹은 여러 친구들과 더불어 여행을 떠나자. 그들의 뇌와 신체를 함께 누리고 그들의 욕구를 공유해보자. 섹스는 하등 상관없다. 섹스는 지속되지 않으니까. 하지만 마음의 애무는 영원하다.

친구가 없고 동행자 노릇을 해줄 만한 책도 없다면 여러분은 혼자 여행할 수밖에 없다. 하지만 책과의 동행이 항상 편하기만 한 것은 아니다. 생각나는 대로 몇몇 작가들을 예로 들어보겠다. 나는 개인적으로 몽테뉴를 특히나 좋아한다. 그는 엉덩이가 아플 것을 걱정하지 않은 채 말을 타고 여행을 했던 사람이다. 자신을 타인의 기쁨에 내어주며 아무 걱정 없이 함께하는 즐거움이라면 카사노바를 빼놓을 수 없다. 그는 방약 무도한 작가들 중에서도 단연 우뚝하거니와, 끊임없이 쾌락을 좇아 여기저기로 떠돌던 자였다. 그의 펜만큼이나 가벼운 카사노바의 뇌는 동행 자격을 잃거나 병든 뇌의 '이랑'에서 헤맬까봐 두려워하지 않는다. 돌무지와 늪지뿐인 풍경 속으로 도저히 불가능한 여행을 떠난 이야기인 『팔뤼드』는 한층 더 위험하다. 『팔뤼드』의 저자 앙드레 지드는 이 작품을 "여행을 할 수 없는 이의 이야기"라고 말한 바 있다. 위험천만한 등산 같은 작품으로 내가 추천하고 싶은 것은 지옥 유람의 전문가 베르길리우스의 작품이다. 베르길리우스 혼자서, 혹은 정색하고 냉소를 보낼 수 있는 작가 단테와 동행한다면 그들의 유머는 시상하부에서 만나게 될, 그러나 별로 권장하고 싶지 않는 만남들에 대해 보호막이 되어줄 것이다. 제임스 조이스, 일명 디덜러스*와 함께라면 어두운 골목에서 길을 잃게 될 것이다. 그런 골목에서는 신선하지 않은 고기와 맥주 냄새가 풍긴다. 물론 프루스트는 여러분을 기억의 궁전으로 인도할 것이다. 해마에 있는 그곳에서는 번쩍거리는 거울과 샹들리에 때문에 불결한 소굴이 눈에 들어오지 않을 것이다.

마지막으로, 철학자 패거리가 있다. 여러분이 그들의 저서들을 여행용 트렁크에 넣어두면 그들은 그 안에서 한바탕 논쟁을 벌일지도 모른다. 가장 현대적인 철학자들이라고 해서 조용한 것은 아니다. 신인들이 가장 많은 것을 아는 것도 아니거니와, 그들이 무엇을 찾아냈는지 알려면 어차피 옛날 주소들을 뒤져봐야 한다. 다른 이들은 비통한 운명에 굴복하고 말았으므로 그들을 자주 찾을 마음은 좀체 들지 않는다. 나는 최근에 사망한 어느 위대한 사상가를 생각해본다. 그는 그의 정신이 이룬 금자탑을 보며 즐거워하는 젊은이 무리에 군림했다. 그런데 점점 자신의 뇌에 문제를 느끼고 그 해결책으로 아내의 목을 졸랐다. 아니, 제자들에게 미리 언질도 주지 않은 채 정신착란을 일으키고 만 그 샤먼에 대해 생각해보았다고 해야 할까?

물론 정도의 차이는 있을지언정 길잡이들은 존재한다. 그들은 여러분에게 뇌를 안내해주겠노라 나설 것이다. 어떤 이들은 뇌 관리를 맡은 전문가들, 뇌의 정원사들이다. 이따금 진짜 학자들이 이 수수께끼의 기관을 꽤 깊게 파고들기도 한다. 하지만 뇌를 이미지화해서 보여주는 그들

---

*제임스 조이스의 소설 『젊은 예술가의 초상』의 주인공 스티븐 디덜러스를 가리킨다.

을 경계해야 한다. 그들은 카드를 돌리고 마법의 등불을 쓰면서 여러분의 생각을 밝혀주겠다고, 어쩌면 여러분의 운명까지도 밝혀주겠다고 호언장담할 것이다. 핵자기공명장치는 말만 그럴싸한 게 아니라 돈이 많이 드는 훌륭한 기술이다. 여러분이 2 더하기 2는 4라고 생각하는 순간 뇌의 어떤 부분이 어떻게 작동하는지 실제 이미지를 통해 볼 수 있다. 하지만 그런 놀음에 너무 넘어가지는 마라. 그 마법사들이 여러분을 속일 때도 있다. 그것도 속이려고 해서 속이는 게 아니다. 만일 그들이 스캐너에는 도저히 보이지 않는 영혼이 과연 어디에 있는지 밝히지 않고 넘어가면 여러분은 분명 유감을 느끼게 될 것이다.

길잡이 무리

이제 나는 까다로운 주제를 다룰까 한다. 그 주제란 길잡이의 선택에 대한 것이다. 먼저, 의사가 있다. 의사도 참 다양하다. 일반의는 우리가 맨 먼저 진료를 받으러 가는 의사다. 그의 역할은 몇 가지 조언이나 제법 긴 지시를 내리고 "신경이 느슨해져서 그런 겁니다" 따위의 설명을 하는 것에 국한되지 않는다. 그의 진료는 알려진 대로다. 그는 알록달록한 알약을 몇 알 처방해주고 부작용이 없기를, 부수적인 검사들을 받기를, 경우에 따라서는 일을 쉴 것을 당부한다. 무엇보다도 일반의는 환자가 어떻게 불편한지 이야기를 듣고, 눈으로 보거나 촉진觸診을 한다(간, 머리, 폐, 관절 등을). 일반의의 주요한 임무는 겉으로 보이는 모습 너머에 숨어 있는 뇌 기능의 진짜 이상을 간파하고 환자를 신경 분야의 전문의, 요컨대 길잡이 무리 중에서 자격증을 갖춘 이에게 인도하는 것이다(높은 산맥을 동반할 때 동행하는 길잡이 무리를 생각하면 되겠다).

뇌 전문의에는 두 종류가 있다. 신경과 전문의와 정신과 전문의가 그것이다. 이것은 정신과 관련된 모든 것은 뇌 자체와는 상관없다는 시각에서 비롯된 구분이다. 이러한 시각을 고수하는 사람들은 오로지 우리가 생각하기 때문에 존재한다고 생각한다. 그들은 '정신적으로 풍요한' 사람들이다. 우리 신체의 수도首都라고 할 수 있는 뇌의 방문을 그들에게 맡기는 것은 적합하지 않다. 1968년 이전에는 의대에 신경정신과라는 하나의 과밖에 없었다. 하지만 분리를 꾀하는 악마의 유혹은 이미 시작되었다. 1968년 정신의학은 독립을 선언했고 당파 간의 싸움이 그 뒤를 이었다. 정신의학과 그 추종자들, 광기와 상식의 경계를 무너뜨리려는 자유주의적 학문인 반反정신의학, 그리고 오로지 화학적 용어로만 정신 현상을 설명하고 약물이 뇌에 미치는 가공할 만한 효과에 기준하여 측정될 수 있는 생물정신의학이 있었다. 신경외과와 정신과의 분화가 병원 업계에 도입되면서 제도적인 측면에서는 실로 대단한 혁명이 일어났다. 오늘날의 정신과는 철학, 사회학, 인류학, 정치학이 모두 모이는 자유로운 장이다. 지금은 분자생물학과 유전공학에 자리를 내주었지만 한때는 정신과가 뇌를 연구하는 분야였다. 신경과(뇌에 진짜 문제가 있다는 입장)와 정신과(가시적인 문제는 없지만 뇌가 제 기능을 못한다는 입장) 사이의 골은 전혀 타당치 않다. 움직이거나 느끼든, 말하거나 생각하든, 의식하거나 무의식적이든, 기억하거나 잊어버리든 간에, 그 모든 일은 뇌에서 일어나고 있으니 말이다.

정신과 의사든 신경과 의사든 혹은 그 둘을 동시에 다루는 사람이든 간에, 길잡이 한 사람만으로 뇌 여행을 진행하기란 쉽지 않다. 특히 여행하는 당사자, 즉 뇌질환을 앓고 있는 환자 본인에게 위험이 없지 않다.

익살광대들의 싸움

'익살광대들의 싸움'이란 프랑스에서 일어났던 이념 논쟁(1752~1755)이다. 이 싸움에서 장 필립 라모로 대표되는 프랑스 음악을 지지하는 사람들과 루소를 위시하여 이탈리아 오페라를 옹호하는 사람들이 맞붙었다. 전에 없이 과격하게 싸웠던 이 논쟁에서 ― 가엾은 장 자크 루소의 동상은 목이 매달리기까지 했다 ― 한쪽은 절대로 위반해서는 안 되는 엄격한 화성법과 수학을 내세우고, 다른 쪽은 감정이 풍부하고 호소력 있는 멜로디를 중시했다. 요컨대 이성의 수사학과 감성의 수사학이 대결한 셈이었다. 물론 그 배후에는 프랑스 대혁명의 전제들, 그리고 질서를 수호하는 헌병대와 자유의 챔피언이 벌이는 싸움이 있었다.

싸움의 발단은 『정신분석 흑서黑書』라는 책의 출간이었다. 정신분석의 폐해를 신랄하게 고발한 이 소책자는 이른바 행동치료의 우수성을 보여주기 위해 프랑스국립보건의학연구원의 연구조사를 바탕으로 만든 것이었다. 행동치료만이 '과학'의 꼬리표를 달 수 있으며, 심리치료사가 실시하는 치료를 규제하기 위해 모종의 개선을 꾀할 수 있다는 것이다. 이 싸움은 익살광대들의 싸움을 연상시키는 바가 없지 않다. 비록 멜로디를 중시하는 정신분석가와 화음을 중시하는 신경학자를 뚜렷이 가르기는 쉽지 않지만 말이다.

신경과학과 생물학이 정신의 포기를 의미하지는 않는다. 정신에 대한 자연과학적 접근은 반드시 기하학적 정신을 위해 섬세한 정신을 버리는 것이 되어야 하는가? 아름답고도 설득력 있는 '척수반사이론'은 행동주의자에 이르러 '뇌라는 기계'를 벗어난 주체성의 혼란과 자아의 유배로 귀착되었다. 그 후 약학, 분자생물학, 신경정보과학, 그리고 뇌영상 촬영기법으로 득세한 물리주의적 망상은 뉴런의 연쇄망 속에서 심신을 잃어버린 프시케(영혼)를 굴복시켰다.

행동주의의 유물로 치장한 소위 '인지과학'은 정보과학과 가상의 컬러 뇌 영상으로 가득 차 있다. 그러한 인지과학은 행동치료를 내세우는 치료를 다시금 강화하려는 이론적 구실이 되었다. 행동치료는 그날그날의 취향에 맞게 재탕하는 레퍼토리, 파블로프나 스키너의 조건화 반응처럼 제시된다. 물론 그러한 조건화가 일부 강박충동성 정신질환에—좀더 엄밀하게 통제되는 맥락에서—나타내는 효과를 부정할 수는 없다. 하지만 전반적으로 그러한 접근은 인간을 시계태엽 오렌지의 절반으로서만 고려한다.

『정신분석 흑서』는 '효과적인' 치료를 환기시키면서 전체주의적인 낡은 변증법과 투쟁적인 폭력성으로 모든 철학적 논증의 가능성을 닫아버린다. 정신분석이 과용되거나 탈선한 것은 사실일지언정 정신분석에는 그러한 단점을 초월하는 커다란 장점이 있다. 그 장점이란 행동에 대한 정동affect의 우위를 긍정하면서도 인간이라는 실체 안에 정신이 현존함을 주장한다는 것이다. 타인의 내면을 이해한다는 것은 무의식 개념이 우리에게 내리는 명령이 아닌가? 의식이 그 자체로 정동임을 받아들인다면 그것은 역으로 무의식이 언어처럼 기능한다는 것을 받아들이는 셈 아닌가? 프로이트와 라캉의 천재성은 과연 '인지과학을 내세우는 종교재판관들'이 오를 화형대를 준비해놓을 만하다.[1]

그럴 때에는 본인 스스로를 잘 이해하고 돌보기 위해 많은 정보를 보고 잘 아는 것이 중요할 것이다. 계약서에는 치료가 포함되어 있다. 치료는 효과가 있는 것도 있고 위험한 것도 있다. 그리고 쓸모없는 치료도 아주 많다.

정신분석이란 무엇인가?

정신분석가는 정동 영역의 전문가로서 예술사학자와 비슷한 일을 한다. 즉, 그는 어떤 환자의 개인사에서 과거와 현재의 차이를 대조한다. 환자는 적극적으로 직접 자기 사유의 자연스러운 움직임에 따라 정신적 공간을 형성하는 작업을 한다. 정신분석은 말로 하는 치료이고, 치료를 하면서 분석가는 환자의 말을 듣고 자기 삶에 대해 문제를 제기하는 이에게 무의식의 삶을 드러내 보인다. 분석가는 환자에게 무의식적·성적·공격적 충동이 일으키는 현상을 의식하게 함으로써 주체와 세계 사이의 관계를 조건 짓게 한다. 마치 생화학적 반응을 일으키는 촉매처럼 자신을 이해함으로써 외부세계를 이해하고자 하는 사람의 정신에 작용하는 것이다.

분석가는 이러한 효과를 위해 환자가 자신의 반복충동, 변치 않는 태도, 정서적 자동성에서 해방될 수 있게 하는 기법을 적용한다. 환자를 미치게 하는 조건화에서 해방시키는 것이다. 그러한 조건화는 종종 사람을 기계처럼 만들고 비인간화한다. 분석의 목적은 주체가 자신의 인간적인 조건을 확인하게 하는 것이기도 하다.

이러한 의미에서 분석가는 하나의 틀을 정한다. 이 틀에서는 오로지 한 가지 규칙만이 환자보다 우선시된다. '모두 다 말하라'와 '아무것도 하지 마라'는 규칙이다. 다시 말해, 판단 당하는 것을 두려워하지 말고 사유의 자유연상을 좇아 감정을 말로 표현해야만 한다. 이 틀은 사회적인 것이 아니라 항구적이다. 이 틀이 있기 때문에 자기인식에 방해가 되는 나르시시즘이나, 유혹의 장을 넘어서고자 하는 환자와 분석가의 관계가 수립될 수 있다. 분석가는 환자의 말, 특히 환자의 의식적·무의식적 환상과 꿈을 해석하는 사람이다. 이로써 분석가는 저항을 불러일으키고 정서적 전이가 나타나도록 꾀한다. 어떤 이들은 인간 존재는 쾌락보다 고통에 더 매여 있기 때문에 분석에는 저항이 있을 뿐이라고 한다. 그리고 전이가 해소되면 분석을 마칠 것을 생각해볼 수 있다.

정신분석 요법이 정신질환의 치료법으로 제안된다면 정신분석에서 영감을 얻은 심리치료를 사용한다. 사용되는 요법에 따라서 분석가이자 치료사의 중립성은 정도의 차이는 있지만 좀 더 환자에게 호의적인 방향을 취할 수 있다. 다시 말해, 분석가가 환자의 치료에 좀더 능동적으로 참여할 수 있다는 뜻이다. 원래 전통적인 정신분석에서 분석가는 해석을 내릴 뿐 일절 다른 개입을 하지 않으며 오로지 환자가 적극적으로 자기 인격의 취약한 부분을 고려하게끔 되어 있다. 정신분석가는 의사나 간병인 행세를 하지 않으며, 환자에게 공감을 표하고 싶은 유혹을 거부하고, 상식에 준거하여 환자를 돕지 않으며, 환자의 질문에 대해 답을 주지 않고, 대부분의 시간을 말 없이 환자 이야기를 듣기만 해야 한다. 하지만 이렇게 기대에 어긋나는 분석관계가 상징화 활동을 유발하고 구조화하는 것으로 밝혀졌다. 그러한 상징화는 환자의 인격이 계발될 수 있도록, 정신이 확장될 수 있도록 돕는 원천이다.

정신분석적 심리치료의 목적은 분명히 정신적 고통을 경감시키고 환자 혹은 그 주위 사람들이 보이는 징후들을 뿌리 뽑는 데 있다. 그러니까 자꾸만 충동적으로 흐르는 삶을—이를테면 우울증 때문에—환자가 잘 다스릴 수 있도록 돕는다든가, 피학성향으로 변질된 공격충동을 다스리도록 돕는다든가 하는 것이다. 반면, 진짜 정신분석은 순수하고 고달프다. 분석가는 환자의 이야기를 들으며 침묵을 지켜야만 한다. 그래야만 환자는 좌절을 맛보고, 그것이 치료에 대한 저항, 나아가 정신분석 자체에 대한 저항을 낳을 수 있는 것이다. 이러한 의미에서 분석가는 불가능한 일을 하는 셈이다. 그래서 역설적으로 그렇게까지 순수하지 못한 정신분석적 심리치료가 도리어 분석에 발전을 가져오는 경우도 심심찮게 있다.

치료[2]

정신분석과 심리치료를 상반되는 것으로 보는 것도 지나치게 단순하고 잘못된 생각이다. 정신분석을 몇 줄로 요약해서 기술한다면 루브르

미술관을 담배를 꼬나물고 수염까지 있는 모나리자 그림엽서 한 장으로 요약하는 것만큼이나 비속하고 쓸모없는 짓이다. 그러므로 나는 논쟁이나 당파싸움을 벗어나서 뇌를 여행하는 매혹적인 방식과 관련된 것에 한해서 다루고자 한다.

정신분석은 탐구와 방랑을 소명으로 삼지만 심리치료는 그렇지 않다. 심리치료는 '치료'를 할 수 있다고 주장한다. 유럽에서 통용되는 기준과 의료윤리헌장에 적합한 치료사 양성과정이 있는 괜찮은 학교들만 치더라도 이러한 치료요법의 종류는 굉장히 많다.

이른바 '행동치료'는 강박충동성 장애와 심각한 불안증 치료에서 보이는 탁월한 효과 때문에 단연 눈에 띈다. 나는 뇌를 여행하면서 파블로프와 그의 개, 스키너와 그의 쥐와 마주칠 무렵에 다시 이 문제를 다룰 것이다. 파블로프는 러시아인이고 스키너는 미국인이다. 동종업계 라이벌인 이 두 사람은 인간에게 깃든 어두운 충동과 한없는 욕망을 무척 혐오했다는 점에서는 실질적으로 동맹을 맺은 셈이다. 그들은 동물 모델로 정당성을 획득했다. 불안증과 우울증 실험은 바다달팽이의 뉴런 세 개로 요약되었다(이 연구로 에릭 캔들Eric Kandel은 노벨상을 수상했다[3]). 쥐의 조건화된 공포 실험은 외상의 기억과 신경학자 조셉 르두가 체계화한 감정 반응 사이의 몇몇 시냅스들이 공모함으로써 이루어졌다.[4] 행동치료는 자폐증과 정신병 상태에서 나타나는 징후들에 대해서도 성공을 거두고 나자 아주 의기양양해져서 이제 인격장애도 치료할 수 있다고 주장한다. 인격이라는 영역에 대해서는, 인지과학이 정서적·신체적 차원을 더함으로써 행동모델을 더욱 심화시켰다. 그리고 행동치료는 바로 그러한 모델에 기반을 둔다. 미국의 인지심리학자 아론 벡은 현실에 대한 개인적이고 자동적인 해석을 의미하는 '도식schemas'(스키마) 개념을 도입함으로써 행동치료를 병적 감정(패닉 발작, 공포증, 강박충동장애)의 표현과 연결시켰다.[5] 벡은 주체에게 어떤 격렬한 감정을 느낄 때 머리에 떠오르는 생각을 모두 표현하라고 제안했다. 자동적으로 떠오르는 생각의 모습을 만천하에 드러내면 그 도식을 이해하고 평가할 수 있게 된다는 것이다. 그래서 벡은 "감정은 인지의 왕도王道"라고 했다.

'에릭슨 최면요법'은 창시자 밀턴 에릭슨의 이름을 따서 명칭이 붙었다. 정신과 의사였던 에릭슨은 샤르코에게서 최면요법의 바턴을 이어받았다. 샤르코의 최면은 뮤직홀에서 성행하던 쇼의 최면과 크게 다르지 않았다. 프로이트의 정신분석 혁명에서 최면은 분명히 기폭장치 역할을 했다. 암시를 통해 주체의 무의식을 공격하여 주체가 온갖 종류의 희한한 신체적 현상들(극심한 히스테리로 규정될 수 있는 신체마비, 무감각상태, 실어증, 전이 등)을 보이도록 유도하는 것은 절대 안 된다. 하지만 의식에서 너무 멀리 벗어나지 않은 채 무의식을 자유롭게 풀어놓는 가벼운 전이 상태에서 무의식에 직접 말을 거는 것은 가능하다. 요컨대, 치료사와 고통을 겪는 개인은 어디까지나 "암시, 우회적인 비유, 현실에서 벗어나 있는 일화"[6], 즉 에릭슨의 언어를 사용하여 직접적으로 소통한다. 그리고 그러한 소통이 이따금 지속적인 치유 효과를 보인다.

이미 유행에서 뒤떨어졌다고는 하나 칼 로저스가 1960년대에 창시한 인간중심 치료는 치료사와 환자 사이의 공감을 매우 강조한다. 치료의 성공은 두 사람의 파트너가 주체성을 얼마나 잘 전이하느냐에 따라 결정된다. '너와 나', 그리고 '너를 위한 나'가 관건인 것이다. 반면, 아주 최근에 나타난 요법인 안구운동법EMDR은 역설수면(REM 수면) 단계에서 관찰되는 안구의 운동에서 영감을 얻은 것이다. 이 치료는 환자가 왕복 운동하는 치료사의 손을 바라보며 안구를 움직이는 활동과 '수면으로 부각되는' 감정들을 토로하는 활동으로 이루어진다. 간략히 말하면 이것도 프랑수아 루스탕[7]이 정의한 것과 같은 최면요법의 일종이다. 역설수면 상태에 유비적으로 역설각성상태를 꾀한다고나 할까? 꿈을 꾸는 사람은 완전히 내면화된 상태, 세계와 단절된 신체 내 상태에 있다. 하지만 이 요법을 받는 환자는 그와 반대로 자신의 신체와 단절하고 외면화된 상태에 있으므로 자신이 매여 있는 정신과 신체의 악순환을 깨뜨릴 수 있다는 것이다.

공식 길잡이들에 대한 소개를 마무리하면서 프리츠 페를이 '게슈탈트 요법'이라고 불렀던 치료방법에 대해 몇 가지 이야기를 해둘까 한다. 이 요법을 말 그대로 설명하면, '게슈탈트Gestalt'는 독일어로 '형태'를 뜻하므로 개인이 자신의 온전한 형태를—정신적으로나 신체적으로나 건강한 상태를—되찾도록 하는 데 그 목적이 있다 하겠다. 그러기 위해서 감정의 빗장을 풀 수 있도록 신체적 매개를 활용하는 자기계발을 필요로 한다.

이제 가족끼리 떠나는 여행을 생각해볼 차례다. 바로 '가족치료'다. 가족치료는 가족을 그 자체로 하나의 시스템으로 파악하고 치료사가 '가족모임'을 이끌면서 집단의식을 갖게 함으로써 폭력적 갈등이 해소될 수 있도록 유도한다. 청소년기에 곧잘 나타나는 심인성 거식증 같은 심각한 질환의 경우에는 가족 갈등이 원인일 때가 많다.

이렇게 해서 불안한 여행자가 도움을 청할 수 있는 믿을 만한 직업적 길잡이들에 대한 간략한 소개를 마쳤다.

하지만 꼭 알아야 할 것은, 모든 관광지가 으레 그렇듯이 뇌 여행에도 사기꾼, 야바위꾼, 온갖 종류의 의심스러운 스승, 순진해빠진 여행자를 착취하는 비양심적인 인간들이 득시글댄다. 하여 조금만 방심하면 여행자는 그저 돈만 털리는 게 아니라 삶에서 벗어난 깊은 오솔길로 너무 멀리 빠지고 말 것이다.

Focus 1

21세기 신경과와 정신과의 진료 현실은 바뀌게 될 것인가?

이브 아지드
(피티에 살페트리에르 정신병원, 신경과 교수)

신경과와 정신과는 정신적 기능을 다룬다는 점에서 항상 의학에서 가장 고귀한 분야로 여겨졌고 오늘날에는 더욱더 그렇습니다. 또한 최근 이 분야의 연구가 크게 발전했기 때문에 꽤나 매력적이기도 하고요. 이런 이유에서 가장 뛰어난 의대생들이 신경의학과 정신의학을 선택하지요. 이 두 과를 한데 묶어서 생각하는데 그 이유는 연구주제나 조사방법이 거의 동일하기 때문입니다. 지난 30여 년 동안 신경정신과적 질환에 대한 이해와 그로 인한 진단 가능성은 비약적인 발전을 보였습니다. 기본적으로 그러한 발전은 다음의 3가지 방향으로 이루어졌지요.

첫째, 분자생물학을 통해 단일인자유전과 다중인자유전을 막론하고 신경계 유전성 질환의 원인과 그 병인론적 메커니즘에 접근할 수 있게 되었습니다.

둘째, 신경생리학을 통해 주요 신경정신과적 질환의 해부생리학적 토대를 밝힐 수 있게 되었습니다. 그러니까 징후의 원인이 되는 주요한 신경회로의 기능 이상을 확인할 수 있게 된 것이지요.

셋째, 신경영상 촬영기법, 특히 뇌 MRI 촬영과 입체영상 카메라는 신경계의 작은 손상뿐만 아니라 세포 손실로 인해 제 기능을 하지 못하는 신경경로의 위치까지도 대단히 정확하게 집어낼 수 있습니다.

이러한 신경과학적 접근에서 비롯된 발견들은 신경계 질환의 징후학을 더욱 개선했습니다. 결국 우리는 후두공(두개골에 있는 구멍으로서 척수와 연수의 연결부위)까지 알게 됐지요. 그래서 그 주위의 신경, 척수, 뇌간의 손상도 확인할 수 있습니다.

정신과의 경우에는 그 발전 양상이 훨씬 간략합니다. 뇌라는 오케스트라의 지휘자를 고려하지 않은 채 임상적 해석이 이루어지기 때문이지요(아직도 종종 그렇습니다만). 한때는 뇌를 일종의 '블랙박스'처럼 생각했습니다. 하지만 오늘날에는 뇌가 어떻게 기능하는지, 어떻게 고장을 일으키는지 차츰 알게 되었으므로 그렇다고 할 수 없지요. 아무튼 그러면서 진단·예후·치료가 발전했고, 특히 징후학적 지식은 폭발적으로 증가하여 지적 문제(기억, 언어, 지각, 행동전략)와 심리적 문제(기분장애, 불안증, 정신병), 운동능력 문제(신체의 떨림, 행동이 느려짐, 근육의 흔들림, 틱 장애) 등에 대한 진단이 좀 더 쉬워졌습니다. 이러한 데이터들은 임상의에게나 연구의에게나 매우 중요합니다. 인지, 심리, 운동을 막론하고 실제로 관찰되는 징후야말로 뇌의 기능 이상을 가장 잘 반영하는 증거니까요. 그리고 인간은 동물보다 행동이 풍부하고 자신의 경험을 말로 표현할 수 있기 때문에 임상연구는 계속 새로워질 수 있습니다. 신경정신과적 질환은 크게 다음의 두 가지 형태로 나뉩니다.

첫째, 종양, 아테롬성 동맥경화증, 감염, 염증처럼 다른 의과 분야에도 있는 질환.

둘째, 신경과와 정신과에 고유한 질환. 이를테면 알츠하이머병이나 파킨슨병처럼 회백질(뉴런 세포)과 관련이 있거나 다발성 경화증, 간질, 정신병, 우울증, 발달장애(자폐증), 두통처럼 백질(미엘린 수초)과 관련이 있는 신경성 질환.

말초신경에서부터 대뇌피질까지 포함하는 신경계에서 나타날 수 있는 질환은 굉장히 많기 때문에 치료의 표적을 정확하게 확인하는 것이 절대적으로 중요합니다. 하지만 치료법의 혁신은 질환을 나타내는 원인과 메커니즘을 알 때에만 의미가 있지요. 그러니까 환자와 실험 모델(세포배양, 유전자도입동물, 유전자 녹아웃)에 대한 세포 및 분자생물학이 중요한 겁니다. 그렇게 해서 유전자이식, 세포 간 유전형질 도입, 뉴런과 교세포의 상호작용 등 기본적인 과정을 연구하지요. 또한 신경생리학(특히 대뇌피질과 기본적인 회백질 핵들), 신경약학(이온채널, 흥분성 아미노산, 영양인자), 혈액뇌장벽(뇌에 침투할 수 없는 약물은 무슨 효용이 있겠습니까), 그리고 신경과학을 떠받치는 모든 엄밀한 과학 분야(특히 단백질을 연구하는 구조생화학), 수많은 혁신의 원천이 되었던 물리학, 수학(계산신경과학의 발전을 위하여) 등에서의 성과를 수렴하기 위한 노력이 요구됩니다.

그런데 이러한 폭발적인 지식은 순수한 앎을 위한 것이든 공공건강을 위한 것이든 간에 쉽지 않은 정치적 선택을 요구하지요. 하지만 그런 선택은 꼭 필요합니다. 어떻게 해야 우리 의학계가 지적 야심과 재정적 한계(오늘날의 연구에는 돈이 많이 듭니다)를 잘 조화시킬 수 있을까요? 어떻게 산업적 가치(생명공학이 그 예가 되겠지요)와 혁신적 연구 혹은 위대한 발견에 반드시 필요한 자유를 조화시킬 수 있을까요? 후진국에 창궐한 전염병(에이즈, 결핵, 기생충 감염 등)을 몰아내는 데 반드시 필요한 연구를 하려면 선진국의 비싼 기술을 사용해야만 하는데, 어떻게 이것이 가능할까요? 아주 희귀한 질환(헌팅턴병, 근육병증 등)을 치료하기 위해 대단히 어려운 수준의 연구도 해야 하고, 사회에 즉각적으로 타격을 입히는 문제(중독, 아동발달장애, 노인성 질환 등)를 해결하기 위해 공공건강 프로그램도 장려해야 하는데 말입니다.

이런 것들이 임상의—신경과의, 정신과의, 신경외과의—에게 기본적이지만 풀기 어려운 문제들입니다. 임상의는 매일매일의 임상적 업무만으로도 나가떨어질 지경이지요. 앞으로 10년쯤 지나서 이러한 질문을 임상의와 신경과학자에게 다시 한 번 던져본다면 무척 흥미롭겠지요. 지금 내리는 예측이 그때 가서는 너무 단순해빠진 것으로 보이지 않을는지는 확신할 수 없네요.

이브 아지드 대학교수이자 파티에 살페트리에르 파리 제6대학병원의 신경생리학 및 신경학 임상의료과장, 뇌척수연구소 학술부장이다. 특히 신경계 퇴행성 질환과 운동장애(비정상운동) 전문가로서 유명인사들은 물론이고 가난한 사람들도 진료하고 있다.

4장

마음의 기상학

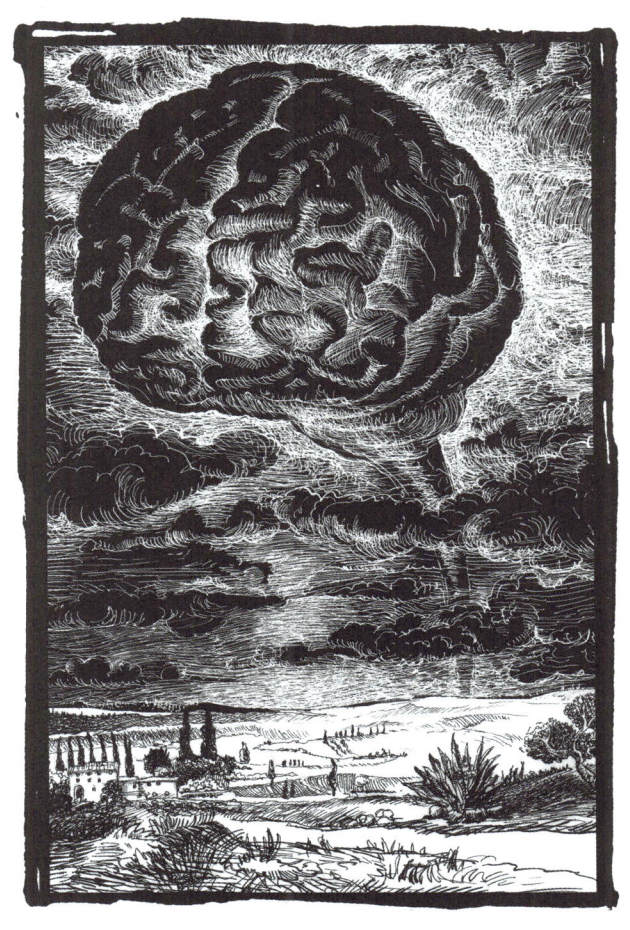

"떨어지는 빗방울마다 결핍된 내 생이 운다.
방울지며 떨어지고, 소낙비가 되어
퍼붓는 나의 혼란에는 그 무엇이 있다.
하루의 슬픔은 그렇게 빗방울이 되고 소낙비가 되어
하릴없이 땅으로 쏟아진다."

페르난두 페소아, 『불안의 책』

뇌도 날씨처럼 사람마다 다른 기후풍토에 조건화된 나름의 성향이 있다. 추위, 더위, 건조함, 습기가 뒤섞여 있는 것이다. 뇌는 갑작스러운 변화를 맞으면 폭우를 불러오는 우울감과 사람을 꼼짝 못하게 만드는 무감각한 상태에 휘둘린다. 결국 뇌는 계절의 변화에, 특히 낮과 밤의 길이가 어떻게 달라지느냐에 민감하다고 볼 수 있다.

온도

뇌의 온도는 36.5도에서 38도 사이로 어떤 부위를 측정하든 비교적 비슷하게 나온다. 뇌는 자신의 온도를 나머지 신체 부분들에도 유지시킨다.

잘 사는 집에서 볼 수 있는 실내온도 조절기와 비교할 수 있는 체온조절장치는 뇌의 시상하부에 있다. 시상하부는 우리가 앞으로 여러 차례 들를 곳이다. 보통은 점잖게 시상하부가 신진대사를 조절한다고 말하지만, 이 부분에 대해서는 그것 외에도 꽤나 해볼 만한 이야기가 많기 때문이다. 인체 시스템이 제대로 돌아가려면 시상하부, 피부, 장기 안에 있는 온도감지기를 통해 체온이 어떻게 변하고 있는지 뇌가 알아야 한다. 체온조절센터는 그 모든 정보를 수집하고 분석한 다음에 체온을 높이거나 떨어뜨리기 위한 적절한 신체적 반응을 일으킨다.

뇌의 온도는 하루 단위로 변하는 리듬을 따른다. 밤의 후반부에는 10분의 몇 도 정도 떨어져서 새벽 3시경에 최저온도를 기록한다. 이러한 체온 변화의 리듬은 수면 리듬을 따라간다. 하지만 갑자기 뇌 속에서 자명종이 울린다든가 하면 체온 변화 리듬과 수면 리듬은 분리될 수 있다. 뇌의 생체시계에 대해서는 다시 언급할 기회가 있을 것이다. 태양 아래 살아가는 생명체는 모두 하루 단위로 리듬을 관장하는, 요컨대 생물학적 사이클이 24시간에 맞춰져 있는 생체시계를 갖고 있다.

황체 호르몬인 프로게스테론은 체온조절장치 바늘을 0.5도 정도 끌어올리는 작용을 한다. 그래서 여성은 배란기 후반에 접어들면 기초체온이 조금 높아진다. 이러한 현상을 이용하여 배란 날짜를 파악할 수 있다. 때로는 온도가 너무 높아져서 우리 몸의 기후조절이 쉽지 않게 되는 경우가 있다. 온몸이 불덩이 같을 정도로 열이 난다면 시상의 체온조절장치가 고장 나서 체온이 일정 범위를 벗어나기 때문이다. 이것의 원인은 감염성 질병이 원인인 경우가 많다. 백혈구는 우리 몸에 침투한 세균을 잡아먹고 나서 파이로젠(발열원)이라는 물질을 배출한다. 이 파이로젠이 시상하부에 작용하여 뉴런에서 프로스타글란딘 E1을 합성하게 한다. 이것의 합성을 차단하는 약이 아스피린이다. 열이 날 때 아스피린을 먹으면 열이 떨어지는 이유가 바로 여기에 있다.

날씨

우리 뇌의 기후는 불확실하다. 기분에 따라 곧잘 바뀌기도 하고 때로는 아주 고약하게 틀어져서 외출도 못하고, 심지어는 살기 힘들어질 수도 있다. 혹은 반대로 너무 행복한 기분에 휩싸인 나머지 터무니없는 방종으로 치달을 수도 있다.

기분이라는 개념은 이해하기는 쉽지만 정의하기란 거의 불가능하다.[1] 뛰어난 정신과 의사 장 들레는 기분을 "감정적이고 본능적인 심급들로 이루어진 근본 성향으로서, 그러한 심급들 때문에 우리의 정신상태는 쾌락과 고통이라는 양극을 오가는 유쾌 혹은 불쾌의 전반적인 정조를 띠게 된다"고 설명한 바 있다.

> 오랫동안 나는 몹시 기분 나쁘게 잠에서 깨어났다. 나는 밤마다 나쁜 꿈을 꾸고 동요했고 아침에 일어나 기지개를 켜도 짙은 슬픔이 묻어났다. 내 뇌의 기후는 멜랑콜리한 검은 태양이 나의 상처 받은 영혼을 비추던 그 기나긴 몇 주 동안 계속 그 모양이었다. 끝없는 눈물로 흠뻑 젖은 그 지독한 날씨를 일생에 단 한 번도 겪어보지 않은 사람은 산다는 것의 불편함을 모르는 사람이다.[2]

그러므로 기분의 메커니즘을 이해하고 싶다면 우리의 정신상태를 알아야 한다. 변동중심상태라는 개념은 인간 심리상태의 끝없이 다양한 변화와 동물적 본성에 입각한 근본적 통일성이라는 상호모순적인 요구에 부응하는 틀로 이용될 수 있다. 혹은 공간을 차지하지도 않고 지속하지도 않는 영혼과 보편적 하나(바흐의 모음곡처럼 몇 가지 변형이 있기는 하지만)인 DNA 분자를 화해시키는 방법이라고나 할까?

변동중심상태

변동중심상태는 하나의 유기체를 그 유기체가 항구적으로 지닌 것을 통해 고려하는 '존재방식'을 가리킨다. 하지만 이것이 정지 관념이나 변화의 부재를 의미하는 것은 아니다. 이 개념은 생성, 유한성, 생명체를 규정하는 역동적 성격을 동시에 나타낸다. 지렁이, 쥐, 개념들을 만들어내는 과학자는 모두 태어나서 죽을 때까지 비평형상태로 존재한다. 변동중심상태의 '중심'은 구매전담기구, 소비자연합, 노조연합 같은 '중심'의 의미도 띠지만 형무소와 같은 '중앙'을 떠올려도 좋겠다. 죄수는 자기 육신에 갇힌 처지지만 육신이 없는 것보다는 낫다. 타자에 매인 처지지만 혼자인 것보다는 낫다! 중심은 주체가 세상에 자기 존재를 나타낼 수 있게 하는 신경계와 같다. 그리고 '변동'은 이 상태가 시간의 흐름에 따라 끊임없이 변한다는 의미다.

변동중심상태는 세 가지 차원에 따라 표현된다. 하나는 '신체적' 차원으로 우리의 몸이 그중 하나다. 그리고 '신체 외적' 차원(현상계)인 개인의 고유한 세계가 있고 '시간적' 차원, 즉 개인이 수태되어 죽음에 이르

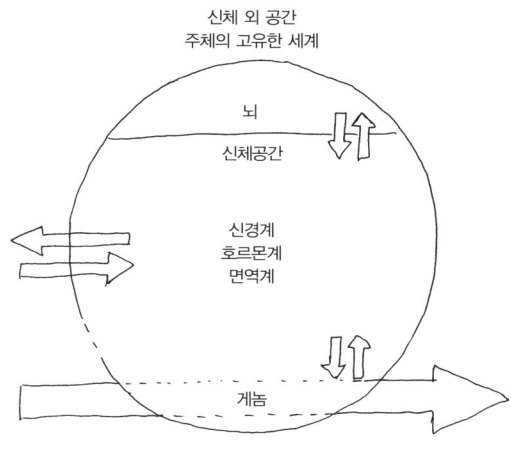

그림 11 변동중심상태의 도식

기까지 발전하면서 쌓아가는 흔적들이 차지하는 차원이 있다. 여기서 시간적 차원은 중앙 프로그램을 가동시키고 성숙과 노쇠를 명하는 유전적 결정론에 속할 수도 있고, 삶의 사건들을 통합하는 역사적 우연성에 속할 수도 있다. 요컨대 모든 것은 주체의 생성에 이바지한다(그림 11).

변동중심상태의 신체 외적 차원은 주체의 고유한 세상이 보여준다. 그 세상에는 주체가 욕망하는 대상들이 포함된다. 주린 배를 채우기 위한 음식, 궂은 날씨에 몸을 보호할 옷과 집, 치장을 위한 장신구, 자신의 권력 혹은 복종의 도구들, 그리고 무엇보다도 인간에게는 공감의 대상이 필요하다. 그 공감의 대상이란 바로 타인이다.

신체적 차원과 신체 외적 차원, 곧 육신과 인간의 세계는 상호작용을 이어나간다. 어떤 대상의 의미는 신체상태에 따라 변할 수 있다. 금식상태에서는 굉장히 먹고 싶었던 음식이, 배가 터질 듯한 과식상태에서는 보기만 해도 구역질이 날 것 같을 수 있다. 이때 대상에 의미(욕망 혹은 혐오)를 부여하는 것은 주체의 신체다.

> 맛있는 냄새에 이끌려 점심시간에 주방문을 밀고 들어갔더니 우리 몫의 요리가 내 눈을 사로잡았다. 아! 푸아그라를 곁들인 토끼고기 파테는 어느 가을 아침의 풍경처럼 황금빛과 붉은빛이 어우러져 너무나 맛있어 보였다. 그거야말로 내 몸의 명령에 복종하는 욕망의 순수한 대상이었다. 내 몸의 세포는 당도가 최저치로 떨어져 있었고, 뇌에서는 도파민과 엔도르핀이 마구 분비되었다. 나는 식욕 그 자체였고 이제 곧 게걸스레 먹을 수 있겠다는 기대 그 자체였다. 두 시간 후에 우리의 성찬이 끝나고 슬슬 소화가 시작되자 나의 혈액 당도는 포화상태가 됐다. 똑같은 요리를 마주하자 이제 그 요리가 혐오의 대상이었다. 위벽과 뇌에서 콜레시스토키닌이 분비되면서 욕지기가 치밀어 오르자 나는 그 맛난 요리를 끔찍하다는 듯 보게 되었다.[3]

변동중심상태는 상태와 행위를 통합한다. 행동을 순수한 반응(넓은 의미에서의 '반사')으로 보는 행동주의자의 견해와는 정반대로, 행위는 어떤 표현 운동에서 비롯된다. 유기체는 자신의 신체나 환경에 일어나는 것에 대해 반사적으로 대응한다. 하지만 표현 운동에서 행위는 상태와 비교하면 이차적인 입장에 있다. 달리 말해, 상태는 행위보다 우선하며 행동주의 이론이 주장하듯이 그 역逆이 아니다. 나는 선한 행위를 지금 막 했기 때문에 기분 좋은 상태에 있는 것이 아니다. 오히려 기분 좋은 상태에 있기 때문에 행위에 앞서 행복감을 예상하고 선행을 실천할 수 있는 것이다. '나'는 행동에 앞서 느끼고 경험한다. 변동중심상태는 이런 주장을 통해 주체성을 펼치고, 뇌 환원주의에 밀려 찬밥이 되었던 주체의 우위성을 회복시킨다. 생각하는 것은 뇌가 아니라 그 뇌를 소유하는 인간이다. 느끼고 행동하고 반응하는 것은 신경계가 아니라 자신이 소속된 세계 내의 주체다.

정신상태

"나는 알지 못하네, 그것이 무엇을 의미하는지

(Ich weiss nicht was soll es bedeuten)

내가 그렇게도 슬프다는 것이

(Daß ich so traurig bin)."[4]

　독일어에서 가장 아름다운 운문으로 꼽히는 이 두 행의 시구는 나의 슬픔을 영혼의 불쾌한 감정으로밖에 표현할 수 없는 무력감을 잘 보여준다. 뿐만 아니라 영혼의 유쾌한 감정인 기쁨도 슬픔 못지않게 말로 표현하기 힘들다. 영혼의 날씨는 예측할 수가 없어서 하나의 뇌에서도 좋은 날씨와 궂은 날씨가 연달아 나타나곤 한다. 뇌를 여행하는 사람은 잔잔했다가 어느새 요동치는 바다의 풍광을 볼 수 있으리라. 그 바다에서 정념의 무수한 함대가 바람 따라 물결 따라 떠다닌다.[6] 우리는 그 바다에서 잔잔하게 움직이지 않는 수면을, 혹은 폭우와 거센 파도에 들썩이는 물 밖에 관찰할 수 없다. 바다가 그 깊은 곳에 무엇을 감추고 있는지는 과학적 탐사 혹은 잠수에 돌입해보아야 알 수 있다.

　오늘날의 신경과학은 영상촬영장비, 피펫, 시험관 등을 내세워 저 깊은 곳에 생명을 불어넣는 흐름과 회로와 동요를 밝혀낸다. 그것들은 더 이상 우리의 기분을 어지럽히는 감정들의 원흉, 바다의 신 넵튠이 부리는 "이마가 넓고 위협적인 뿔로 무장한 사나운 괴물들"이 아니다. 감퇴

우울증 환자들 1

소위 우울증 환자라고 하는 사람을 생각해보자. 우리는 그가 슬픔에 빠질 만한 이유를 전혀 찾지 못할 것이다. 어차피 무슨 말을 하든지 그는 상처받는다. 모욕당하고 불행한 느낌을 수시로 받지만 약은 없다. 여러분이 그에게 불평하지 않아도 그는 이제 자기는 친구도 없다고, 세상에 혈혈단신 자기뿐이라고 할 것이다. 그의 생각은 오로지 질병이 붙잡아놓은 기분 나쁜 상태에 주의를 환기하는 방향으로만 움직인다. 그가 스스로에게 반박하며 슬퍼할 만한 이유가 있다고 생각할 때 그는 정말로 씁쓸하게 슬픔을 곱씹을 수밖에 없다. 우울증 환자는 우리에게 상처 입은 인간의 이미지를 제공한다. 그에게 분명한 것은 슬픔이 병이라는 것, 그 사실이 진실이어야 한다는 것이다. 우리가 그에 대해 어떻게 추론하든지 고통은 더욱더 심해질 수밖에 없고, 어떤 식으로든 우리가 그렇게 추론을 하다 보면 그의 민감한 구석을 건드리게 마련이다.

된 신경전달물질과 궁지에 몰린 뉴런이 우리의 내면을 고통스럽게 할 뿐이다. 이러한 화학물질과 신경세포는 이제 우리와 함께할 길동무들이다. 영혼의 약을 파는 이들의 시대가 온 것이다.

기분을 묘사하는 것은 의사의 임상실험이나 과학자의 객관적 연구보다는 작가나 철학자의 재능에 더 걸맞는 일이다.

어떻게 끊임없는 감정의 변동을 이해하고 그 흐름을 바꿀 수 있을까? 여기서 다시 한 번 바다의 메타포가 등장한다. "바다는 언제나 자기 집에 앉아 생을 혐오하는 이들을 유혹할 것이고, 수수께끼에 대한 끌림은 최초의 슬픔을 넘어선다. 마치 그러한 슬픔을 현실이 충족시킬 수 없으리라는 예감처럼 말이다." 수면 아래 항구적으로 흐르는 이 슬픔을 프루스트보다 잘 묘사한 사람은 없다. 레오파르디는 「야생닭의 노래」에서 태

> ### 바다의 기분[7]
>
> 사람마다의 리듬은 선천적이며 그 사람의 생체 내에 구성되어 있다. 피상적으로 관찰할 때에는 그런 리듬이 '의식적인' 자아의 영향 아래 있는 것처럼 보일 수도 있다. 대서양의 불안정한 바다가 바람과 날씨 때문인 듯 보이는 것처럼 말이다. 그렇지만 사실 바람과 날씨는 파도의 높이와 겉으로 드러나는 모양새만 바꿀 뿐이다. 갑자기 일렁이는 큰 파도의 기운은 수천 마일의 바다를 가로질러 전해진다. 그런데 사실 파도 자체는 관찰자에게는 완전히 '무의식적인' 힘, 즉 지구의 자전 때문에 발생하는 것이다.

양에게 말을 걸어 호소한다. "너는 행복했던 생명체를 단 한 번도 보지 못했니?" 죽음이 인간의 영혼을 끊임없이 괴롭히게 된 후부터 어찌 그러지 않을 수 있겠는가? 차라투스트라는 항상 모든 기쁨은 영원을 원한다고 노래할 수 있을 것이다. 그런데 어떤 인간이 감히 불멸을 자처할 수 있겠는가? 레오파르디처럼 말할 수밖에. "인간은 '그 쾌락'을 욕망하되 그것은 존재치 않는구나. 존재하는 것은 이런 쾌락 저런 쾌락일 뿐." 요컨대, 유한하고 정해진 쾌락밖에 없다는 얘기다. 그리고 바다는 모래사장에 밀려들어 썰물 동안만 유지될 수 있는 이 쾌락들을 지운다. 그런데 인간은 욕망에 떠밀려 끊임없이 쾌락을 추구한다. 인간의 욕망은 선천적이고 제한이 없건만 쾌락은 그 유한성으로 말미암아 필연적으로 고통을 안겨줄 뿐이다. 그래서 바다는 우울증의 음울한 색조를 띤다. 나는 우리의 정동을 다스리는 이 과정에 대해 나중에 다시 언급하겠다.

감정

기분과는 반대로, 그 기분에서 솟아나는 '감정'은 쉽게 확인할 수도 있고 묘사할 수도 있다. 평온해 보이는 기분을 중단시키는 기후의 변화는 학자들의 연구대상이다. 미국의 심리학자 폴 에크먼[8]은 '감정들' 가운데 기쁨, 놀라움, 공포, 분노, 혐오, 슬픔이라는 6가지만을 눈여겨보았다. 어떤 저자들은 여기에 관심과 수치심을 덧붙이기도 한다.

감정이 지닌 시간적 특성은 짧은 지속성에 있다. 감정은 무엇보다도 외부 사건에 대한 반응이다. 외부 사건은 신체 공간에 혼란을 야기하고 뇌는 어떤 표현적 반응을 구성한다. 이렇게 신체는 세계에 영향을 받고, 다시 뇌와 말초신경계 및 호르몬이 관장하는 신체기관들 사이의 왕복운동을 통해서 심리에 영향을 미친다. 감정이 일종의 배출, 심리의 급작스러운 분출이라면, 기분은 우리 정신의 더 포괄적인 흐름이다. 감정은 그러한 기분이 움직이며 파도처럼 솟아오른 것이다.

중심에 배치된 활성화 체계들은 우리가 욕망 혹은 혐오라는 심리적 용어로 지칭하는 것과 생리학적 용어로 '각성arousal' 혹은 활성화라고 부르는 것을 모두 포함한다. 이러한 체계들은 욕망 혹은 혐오의 대상이 무엇이냐에 구애받지 않고 항상 동일한 특징을 띤다. 또한 모노아민계 신경 매개물질을 생성하는 뉴런과 경로를 좌우한다.[9] 이 체계들의 세포체는 뇌간에 분포해 있다.

각성은 다양한 정동상태와 분리될 수 없다. 그리고 정동상태는 뇌의 여러 영역들이 공동으로 관장한다. 체계의 중심은 도파민이 지배한다. 소위 '도파민 뉴런'들이 우리가 느끼는 정념의 지도자격인 이 신경전달물질을 분비한다. 쾌락, 소울메이트, 고통에 대해 논할 때 이 부분을 길

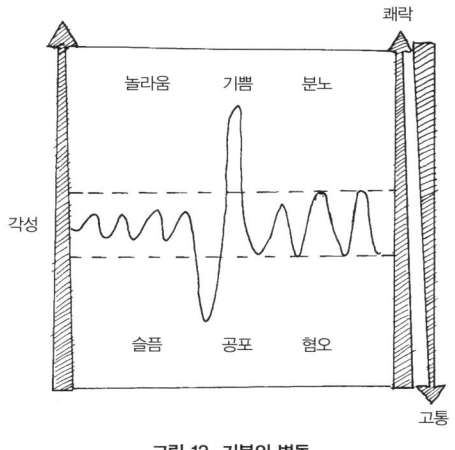

그림 12 기분의 변동

게 부연하겠다. 다음의 도식은 기분의 변화를 시각적으로 파악하게 해준다(그림 12).

주체의 반응성을 나타내는 축에 따라서 기분을 살펴보면 중간 부분에서 완만하게 변하는 폭을 따르면서 시간의 흐름상 연속적인 변동들에 해당하는 기본 수준을 정의할 수 있다. 이 기본 수준이 바로 바다의 물살, 즉, 불확실하고 금방 사라지는 감정의 끊임없는 찰랑거림이다. 바닷물을 높게 일으키는 파도들처럼 감정은 일시적으로 변동을 중단시키곤 한다. 그러나 그러한 감정은 재빨리, 그리고 확실하게 정서적 무력상태로써 차단된다. 어떤 사람들은 이러한 기본 수준이 좌측이나 우측 한편으로 다소 쏠려 있다. 좌측으로 쏠린 경우는 그 사람의 기질이 높은 활성화 수준(최적 수준)에 도달하거나 유지하려는 욕구를 지녔다고 할 수 있다. 그들의 기분은 밀물 때와 같다. 한편 우측으로 쏠린 경우는 정서적으로 둔하고 쾌락에 무관심한 기질, 즉 '쾌감결핍형' 인간이라고 볼 수 있다.

4장 마음의 기상학

그들의 기분은 썰물 때의 바다 같다. 기분장애는 반응성의 양극단에 있다. 한쪽에는 어떤 감정이든 간에 무척 예민하게 지각하는 환자들, 즉 감정적 과민반응이 있고 다른 한쪽에는 감정을 느끼는 능력, 작은 기쁨을 느끼는 능력이 결여된 환자들이 있다. 전자의 경우는 조증, 조울증, 우울증 환자들이 포함된다. 이들은 기분조절제(리튬, 카바마제핀, 밸프로에이트)를 이용하는 치료에 반응을 보인다. 후자의 경우는 정서둔화를 동반하는 우울증인데 주로 심리적 강화를 전담하는 모노아민계를 자극하는 항우울제를 처방하면 효과를 볼 수 있다.

심리의 기상학

"이 도시에 비 내리듯

내 마음에 눈물 내리네

내 마음에 스며드는

이 우수는 무엇이런가."

폴 베를렌

"에덴의 동쪽에서 온 우울증이 차츰 나의 뇌에 다시 다가옵니다. 하늘은 구름이 자욱하고 폭풍을 동반하며 내 마음은 성질 급한 위협에 시달리는군요." 내 기분의 '날씨'는 다른 사람들 기분에도 영향을 미친다. 기분은 날씨만큼이나 변덕스럽고, 영혼의 기상학자들을 골탕 먹이며, 예측하기도 어렵다.

정신의학에서 '우울증'이라는 용어는 독일의 유명한 정신과 의사 에밀 크레펠린(1856~1926)이 처음 사용했다. 그는 의학이 환자의 고통을 덜어주지는 못하는 반면 명명법과 이론이 난무하던 시대에 정신질환들을 분류하고 기술하는 작업을 했던 사람이다.

심리의 기상학에서 우울증이라는 말은 명시적 의미―기압이 떨어졌다는 의미―를 띠나, 의학에서 이 말은 꽤나 애매한 의미로 쓰인다. 순수하게 받아들이자면 심리적 우울증은 기분이 처진 상태를 가리킨다. 기분이 처진다는 것은 '기분이 나쁘다'로 해석되는 게 아니라 의기소침, 욕망의 결여, 신체적으로 나른하고 열의 없음, 일상적 활동과 흥미롭고 재미있는 일들에 대해서도 취미 잃음을 뜻한다. 요컨대 침체상태다! 우울증 전문가 프루스트는 뛰어난 묘사를 한 바 있다. "그는 거의 매일같이 정신적 우울증 발작에 사로잡히곤 했다. 그의 우울증은 여담이나 신소리 같은 적극적 성격을 띠는 게 아니라 제삼자들 앞에서 그들이 있다는 것도, 그들이 준엄한 사람이라는 것도 잊어버린 채, 그가 평소라면 감출 법한 견해들, 이를테면 독일 혐오 따위를 큰소리로 떠들어대는 실수들로 특징지을 수 있었다."[10] 우울증의 징후로는 심리적 이유가 없는 정신적 고통과 종종 볼 수 있는 심각한 죄의식을 추가할 수 있다. 나는 이것을 더 적당한 표현이 없어서 그냥 살고자 하는 본능의 실추라고 부르는데, 여기에 '도덕의식의 과잉발달'이 보조를 맞춘다. 그래서 기분이 침체된 사람은 쓰디쓴 후회를 곱씹으며 힘들어 하는 것이다.[11] 환자는 제대로 사유 활동을 할 수 없는데다가 절대 치유될 수 없을 거라는 생각 때문에 자연스럽게 차라리 죽기를 바라고, 나아가 적극적으로 죽고 싶어 하게 된다.

이따금 아주 심한 우울증은 진짜 사이클론을 몰고 온다. 기분이 정상 리듬에서 벗어났음은 단조롭지만 항상 가시지 않는 크나큰 슬픔으로 알 수 있는데, 이러한 슬픔은 일상적인 절망, 염세주의자의 길동무보다 훨씬 더 강력하다. 환자는 너무 고통스러운 나머지 자신의 자아를 잃어버린 것만 같다. 생각은 무거운 돌덩이들을 단 것처럼 느려진다. 그 돌덩이들이 바로 '과오'와 '불행'이다. 사랑은 마음에서 떠났고 신체 외적 공간에는 욕망이 되는 대상이 아무것도 없다. 우울증 환자의 미래에는 출구가 없다. 좋은 일은 아무것도 일어나지 않을 것 같고, 아무것도 용서받을 수 없을 것 같다.

또한 우울증 환자는 운동이 억제되는데 이 점은 무표정한 얼굴에서도 읽을 수 있다. 환자의 얼굴은 살이 빠지고 괴로움으로 수척하다. 환자는 종종 독이 들었을지도 모른다는 망상이나 죄의식 때문에 음식 먹기를 거부한다. 음울한 생각(옛날 의사들이 '흑담즙'이라고 불렀던 우울함)은 남몰래 자살을 위한 단을 쌓는 이 환자들의 전형적 특징이다. 그들은 사형선고를 받았고, 그 선고는 그들이 저지른 어마어마한 과오로 정당화된다. 가까운 사람들까지 불행해져서는 안 된다는 망상 때문에 측근들을 모두 없애는 경우도 있다. 심하게는 가까운 이들을 모두 죽이고 본인도 자살하는데, 우울증으로 피폐해진 환자의 머리는 그게 정말로 이타적인 행동인 줄 아는 것이다.

이상의 묘사는 우울증 환자에 대한 일반적 묘사다. 반면에 조증 환자의 특징은 이와 상반된다. 우울증 환자가 사이클론, 즉 저기압성 순환이라면 조증 환자는 우리의 심리 기상학에서 안티사이클론(고기압성 순환)쯤 되겠다. 조증 환자는 아무렇게나 행동하므로 비난받을 만한 짓을 저지르기도 한다. 심하게 들뜨고 행복한 기분, 억제의 고삐가 풀린 상태에서 말도 안 되는 계획을 세우거나 심한 낭비를 하는 모습, 피곤을 모르는 불면증, 사고의 비약, 외설적인 단어를 써가며 말을 빠르게 하는 모습이 그 특징이다. 때로는 불결하거나 추잡한 꼴로 끝을 보기도 한다. 공공도로에서 노출사고를 일으켜서 경찰에게 끌려가 정신병원에 수용되는 식으로 말이다. 나 역시 예전에 인턴으로 처음 당직을 서던 날 밤 꽤나 곤혹스러웠던 적이 있다. 어느 가엾은 애덕수녀회 수녀가 벌거벗은 채 잔뜩 흥분해서 나에게 끌려와서는 찬송가를 주구장창 불러댔던 것이다. 냉혹한 무신론자라면 너무 웃겨서 눈물이 날 법한 이야기지만, 사실 심각한 조증 발작이었다. 그녀는 충격요법을 받고 기적적으로 회복되었다. 그녀는 지옥을 살짝 스쳐간 자신의 정신병적 발작은 잊어버린 채 다시 주님의 평화 속에서 차분한 소명으로 돌아갔던 것이다.

심리의 기상학이 심리 기능의 침체와 흥분이라는 대립으로만 파악된다고 생각하면 오산이다. 날씨에서 저기압과 혹서酷暑가 변화하듯이 심리의 기상학에서도 어떤 환자들은 조증과 우울증 상태를 반복적으로 오가면서 여러 가지 기분에 휩싸이곤 한다. 이것을 '양극성 장애'라고 부른다.

오늘날 정신과 의사들은 크레펠린이 1899년에 '조울증'이라고 명명했던 기분장애에 관심을 쏟고 있다. 이 개념은 그렇게까지 드라마틱하지는 않은 양상으로 전개되는 기분장애들에 대해서까지 확장하여 적용할 만하다. 소위 '혼합' 상태에서는 우울증의 징후와 조증의 징후가 동시에 나타나 공존한다. 우리 할머니는 기상전문가도 아니고 정신의학에 조예가 있는 분도 아니었지만 비가 오는 와중에 하늘에서 햇살이 비치면 "악마가 딸을 시집보낸다"고 말씀하시곤 했다. 예전에 우울증은 악마의 정원으로 여겨졌다. 그러나 환자의 영혼을 어둡게 하는 먹구름 사이로 뜨거운 햇살이 종종 비치곤 한다. 이렇게 우울증 환자가 이따금 엄청나게 흥분해서 조증 환자와 별다른 바 없는 행동을 보일 수도 있다. 그는 슬픔과 죄의식에 심하게 사로잡혔다가 나아가 자살을 감행하기도 한다.

이러한 혼합 상태가 존재한다는 점을 강조해야 한다. 혼합 상태가 우울증을 잘못 판단하게 하는 면이 있기 때문이다. 이러한 상태들을 인식하기 위해서 환자들의 감정반응성 수준을 정확히 파악할 수 있게 하는 척도들을 활용해야 한다. 그림 12를 참고하면, 조울증 환자는 높은 활성화(각성) 수준에 위치해 감정을 과민하게 느끼고 반응한다. 반면, 내가 일반적이라고 보는 우울증 환자는 심리적 흥분이 매우 낮은 수준에 있으며 감정에 흔들리지 않는 모습에서 알 수 있듯이 정서적으로 둔화되어 있다. 그런 환자에게 감정이란 썰물 와중에 일렁이는 잔물결에 지나지 않는다. 하지만 혼합 상태에 주의하자. 부주의한 의사는 혼합 상태의 환자를 보통 우울증 환자로 진단하고 항우울제를 처방할 것이다. 숙련의는 항우울제가 환자의 흥분을 증폭시키고 불면증을 낳으며 자살 위험을 높인다는 사실을 관찰하고 놀라게 될 것이다.[12] 의학도 기상학처럼 상식과 경험에서 얻은 지식을 바탕으로 심도 깊고 세밀한 관찰을 동반할 때에만 이로울 수 있다. 어떻게 보면 의학도 '기술'인 것이다. 그러니 모든 정신과 의사에게는 베테랑 선원의 기질이 필요할지도 모르겠다.

우울증의 해부

이 소제목은 로버트 버턴에 대한 오마주다. 1621년에 출간된 『우울증의 해부』는 우울증(멜랑콜리)에 대한 의학적 담론의 정점을 보여준다. 이러한 담론은 기원전 500년경 히포크라테스의 글에서부터 시작되어 오늘날까지 현대 정신의학과 약학의 언어에 그 자취를 남기고 있다. 의학

우울증 환자들 2

역사상 이 영혼의 질병에 걸렸던 환자들이 얼마나 많은지는 알 수 없다. 이 병은 사람을 절망으로 이끄는 마음의 우수이며 놀라운 일들을 실현시키고 아리스토텔레스의 말대로라면 천재성의 표시라고 할 수도 있는 정신적 흥분이다. 우울증은 정말로 인류의 보편적 특징이 아니라 일종의 병일까? 자기 앞날을 경고 받은 인간의 특수한 이 능력이 어떤 이들에게는 비참하게 운명을 끊어버리게 하고, 또 데모크리토스 같은 어떤 이들에게는 모든 것을 비웃게 하는가? 우리는 철학자 데모크리토스와 같은 도시에 살던 이들이 그를 미친 사람으로 여겨 의사 히포크라테스에게 진찰을 받게 했다는 이야기를 알고 있다. 히포크라테스는 동물을 해부하던 데모크리토스를 만나고는 그가 왜 웃는지 이유를 알게 되었다. 그리고 데모크리토스는 제정신이고 세상이 미쳤다고 생각하게 되었다. "병든 줄도 모른 채 병들어 있는 것은 세상이다." "사람들은 우리의 어머니 지구를 적으로 만든다." 데모크리토스는 은둔자로 살면서 무덤을 자주 찾았다. 하지만 그도 이따금 그 지겨운 냉소를 집어치우고 창녀들에게 달려가 질펀하게 술에 취했을 것이다.

신新데모크리토스라고 할 수 있는 로버트 버턴은 이렇게 썼다. "나는 안간힘을 다해 우울증을 피하고자 우울증에 대한 글을 쓴다. (……) 내 머릿속에 일종의 종기가 있었는데 그놈을 무척이나 제거하고 싶었다. 하지만 그보다 더 적당한 배출구를 찾을 수 없었다. (……) 나는 그 병에 가벼운 영향만 받은 게 아니고 (……) 바로 그렇기 때문에 내 문제의 근원에 대해 해독제를 쓰고 싶었다."[13] 여기서 말하는 문제는 번민, 절망적인 기분, 그리고 조소를 낳는 블랙유머다.

윌리엄 셰익스피어 자신의 초상일지도 모르는 햄릿, 이 우울증 환자들 중의 왕자는 부친인 왕의 죽음과 어머니의 뻔뻔한 재혼으로 정신적 외상을 입었다. 세상의 동반자가 그 자신의 존재마저 의심스러워하는 존재가 된 것이다. 햄릿 역시 블랙유머에 빠져서 이제 회한과 조롱의 대상일 뿐인 세상을 의심스러워한다. 그는 자기 자신을 파괴하는 도구인 냉소에 빠져서 자신을 구해줄 수도 있었던 순수한 사랑을 시들게 한다.

그리고 제임스 보스웰도 있다. 그는 18세기의 유명한 스코틀랜드 작가이자 어느 우울증 환자의 일기를 쓴 인물이다. 슬픔을 떠내려 보내는 템스 강에 침을 뱉었다는 버턴처럼, 그 역시 언제나 술을 들이켤 준비, 즐길 준비, 파문을 일으킬 준비가 되어 있는 낙천가였다.

우울증은 뇌의 기능을 변화시키고 정신을 둔화시키지만 버턴의 말에 따르면 이따금 "우울증 환자들이 아주 똑똑하고 판단이 빠를 수도 있다. 그것은 아마도 우울증 기질이 열의에 의해 좀 더 섬세해진 탓일 것이다. 바짝 마른 장작이 제일 밝은 불을 피우듯이, 술지게미가 화끈하고 도수 높은 브랜디를 만들 듯이 말이다. (……) 여기에는 다른 이유들도 덧붙여질 수 있다. 그들이 '피곤을 모르는' 듯 보이는 지적 연습은 습관적 훈련에 의해 자연스럽게 정신의 기민함을 더해준다. 게다가 그들이 과격함에 사로잡히거나 감정에 휘둘리지 않는다면 우울증은 그들이 고찰하는 것에 대한 의심을 심어주고 그로 인해 매사의 무게를 훨씬 더 꼼꼼하고 까다롭게 가늠하게 해준다." 현대의 정신과 의사라면 르네상스 시대의 한 작가[14]가 우울증을 기술한 대목에서 오늘날 '양극성' 기분장애라고 부르는 병의 양상을 읽어낼 것이다.

그러니까 보스웰도 양극성 환자였다.[15] 그는 슬퍼함의 행복을 만끽하고 기뻐함의 불행을 비통하게 여겼다. 양극성 환자인 보스웰은 기쁨과 슬픔 사이에서 어느 한쪽만으로 기울 수 없는 보편적 인간의 모습을 대변한다. 호모 멜랑콜리쿠스, 모든 인간은 그 본성상 멜랑콜리하다.

우울증은 개인의 질병이나 문제를 통해서만 나타나지 않는다. 그래서 우울증 환자에게는 그의 육신이 잠겨 있는 세상의 어두움이 보이고 갈등은 역병이 된다. 위대한 우울증 환자들은 어두운 빛으로 인류 전체를 비추는 등대들이다.

보스웰의 시대에는 흑담즙 이론(4대 체액 가운데 흑담즙이 많으면 성격이 우울해진다는 이론)이 여전히 지배적이었고 나중에 현대 과학이 비로소 이 이론을 의학계의 도서관과 박물관에서 추방시켰다. 그럼에도 불구하고 이 이론은 뛰어난 표현적 가치와 상징적 정당성을 지닌 탓에 여전히 살아 있다. 일반인이 사용하는 말에서만 그런 게 아니라 의사들도 우울증으로 고생하는 환자를 두고 몸짓이 칙칙하고 암울하다는 둥, 어두운 생각에 사로잡혀 있다는 둥 하는 표현을 쓴다. 이 어두움, 이 검은색이 바로 흑담즙을 암시한다. 「깊은 수렁 속에서」라는 시에 나오는 검은색, 보스웰 시대에 유행하던 영국 소설의 검은색, 누아르 시리즈의 검은색이다. 재능 있는 작가 중에서 자신의 펜을 음울한 기분의 검정색 잉크로 적시지 않았던 이를 단 한 사람이라도 들 수 있는가? 술은 그 잉크를 희석한다. 오스트리아의 시인 게오르그 트라클은 『혁명과 파괴』에서 이렇게 말했다. "말없이 나는 한적한 주막에 앉아 있었다. 연기에 찌든 대들보 아래, 술만을 벗하여. 어두운 모양을 굽어보며 좋아하는 시체, 내 발에는 죽은 암양이 산다. 부패한 하늘이 나타나면 내 누이의 창백한 실루엣이 보이고, 피 흘리는 내 입술이 말하는구나, 상처 입혀라, 검은 나무딸기야."[16]

나는 이쯤에서 우울함의 왕자들에 대한 간략한 소개를 마치련다. 여기서 더했다가는 거인의 날개를 지닌 이 우울증 환자들(레오파르디, 보들레르, 베를렌, 랭보, 샤토브리앙, 스탕달, 무질, 횔덜린, 바이런, 키츠) 틈에서 길 잃은 우울한 개미 한 마리에 지나지 않는다는 생각이 들어 슬픔에 무너지고 말 것이다.

계의 용어들에는 아직도 체액(기분)의 흐름이라는 메타포가 깊이 스며 있기 때문이다. 전하는 말에 따르면 버턴은 자기가 죽을 거라고 예언한 날짜를 맞추기 위해서 스스로 목을 매고 자살했다고 한다. 이 이야기는 실화가 아니지만, 초콜릿처럼 달콤쌉싸름한 흑담즙이 어떤 것인가를 잘 보여준다. 더욱이 초콜릿은 슬픔에 잘 듣는 특효약이 아니던가.

너무나도 효과가 형편없었던 옛날 의학에 대한 향수다. 하지만 옛날 의학은 환자의 상상에 말을 걸 줄 알았기에 삶의 절망에 빠진 환자를 도와줄 수 있었다. 하지만 이제 의사가 러시아워의 시내 교통처럼 복잡한 뇌의 센터와 경로를 통해 신경계의 흐름을 해결할 수 있는 시대가 왔다.

그러므로 기분이 흘러가는 메커니즘과 해부구조에 주목하자. 게으른 독자는—게으름은 비밀통행증 같은 미덕이다—게으름 때문에 더 나빠질 일은 없으리라. 그리고 나를 따라오기로 한 독자는 뇌의 기분들을 파악하기 위해서 앞 장의 그림들을 참고하기 바란다.

연구자 입장에서는 기분을 조절하는 연금술을 이해하기 위해 엄격함과 상상력을 겸비해야 한다. 상상력은 좋은 과학의 표시다. 종종 위대한 발견을 낳는 데 작용하는 약간의 우연이 여기에 따라주어야 한다.

연구자들이 제시한 가설은 많지만 그것들이 항상 사실에 대한 관찰과 실험 결과에 부합하는 것은 아니다. 때로는 서로 모순적인 이론들이 팽팽하게 맞선다. 패션에 유행이 있듯이 연구에도 유행이 있다. 그러나 그런 유행은 나중에 사라지고 관념을 확산시키는 데 일조한다. 순진한 방문객은 눈부신 지식의 빛과 마주하게 되리라는 기대를 버려야 한다. 그건 마치 구름 속에서 기상학의 비밀을 발견했노라 자처하는 이와 비슷한 형국이니 말이다.

모든 가설, 모든 이론은 이른바 모노아민계를 둘러싸고 있다. 여행자여, 좀더 애를 써보자. 그대가 영혼을 진정시켜준다는 알약에 의지한 적이 한 번도 없더라도 도대체 그 약이 어디에 작용하는지는 알아두자. 그 신비한 작용을 이해하는 건 제쳐두고서라도 말이다. 모노아민계의 중심은 뇌의 기저(집으로 치면 지하실)에 있다. 감정의 정동을 조절하는 기계실쯤 되는 셈이다. 모노아민계 전체는 이 뇌간에 모여 있는 비교적 적은 수의 뉴런에서 발생한다. 모노아민계는 우선 다발형으로 늘어나서 대뇌 피질과 피질 아래에 분포하는 나뭇가지 모양의 말단으로 끝난다. 여기서 기분 조절에 직접적으로 관여하는 것들만 꼽아보면, 도파민계, 세로토닌계, 노르아드레날린계가 있다.

향정신성 약물

'향정신성 약물'은 말 그대로 영혼, 즉 정신에 작용하는 약을 가리키는데, 이는 다분히 잘못된 명칭이다. 그보다는 단순하게 뇌에 작용하는 약 정도로 해두는 게 좋을 듯하다. 이러한 약물은 비교적 최근에 들어 쓰이게 되었고(약 50년 전부터), 신경정신의 에두아르 자리피앙의 말마따나 "그러한 약물들의 지배적 특성은 연구전략도 전혀 없고, 빼어난 신경생물학적 가설이 개입된 것도 아니다. 우연, 요행, 임상학자들의 약효 관찰이라는 선한 요정들이 손을 써주었을 뿐이다." 정신질환의 동물 모델이 만들어지기 전에는 이러한 관찰들이 사람을 대상으로 이루어졌다. 가엾은 실험용 쥐들은 꼬리부터 매달리고, 미끄럼판을 내달리고, 물속에 처박히거나, 전기충격을 받기도 하는데, 어떻게 이런 취급을 받고 나서 '우울증'에 빠지지 않을 수 있을까? 원수 같은 인간의 고통스러운 영혼을 다스릴 약의 연구를 위해 연구소에서 떼죽음을 당하는 이 희생양들을 가엾이 여기자.

뇌에 작용한 최초의 진짜 약은 리튬이었다. 1949년 오스트레일리아의 존 케이드는 류머티즘에 효과가 있다고 생각되는 물질에 대해 연구했다. 가장 놀라운 일은, 이 물질을 주입당한 동물들이 비정상적일 만큼 평온한 모습을 보인다는 것이었다. 두 번째로 놀라운 일은, 사실 진정 효과를 발휘한 것은 그 물질 자체가 아니라 용매溶媒였다는 점이다. 그 용매에 바로 리튬염이 들어 있었던 것이다. 케이드는 리튬만이 진정 효과의 원인이라고 결론 내렸다. 정신과 의사였던 케이드는 이 발견에 고무되어 흥분성 정신질환자들에게 리튬을 처방할 생각을 했다. 당시에 광기는 갑작스럽게 정신운동의 지독한 흥분상태로 발현하곤 했으므로 환자를 묶어놓을 수밖에 없었다. 최초의 결과들은 확실했지만 리튬은 때때로 죽음에 이르는 부작용을 낳았으므로 사용이 중단되었다. 그러다가 덴마크의 학자 M. 슌이 리튬은 농도가 지나치게 높을 때에만 유해할 것이라는 가설을 내놓았다. 그는 혼자서 몇 년 동안 용량결정법을 연구했고, 그 결과 리튬은 효력을 발휘하되 유해하지 않도록 엄격한 농도제한을 지키는 한에서 다시 사용되었다. 슌은 리튬이 흥분상태에서 효과가 있을 뿐 아니라 지속적으로 복용하면 양극성 기분장애에서 우울증과 조증의 재발을 막아준다는 점도 입증했다. 이리하여 리튬은 기분조절제의 선봉장이 되었다.

거의 비슷한 시기인 1952년 H. 라보리는 수술용 마취제로 쓰이는 '클로르프로마진'이라는 항히스타민제가 심리적 작용을 한다는 점을 알아냈다. 이 약물을 투입하면 환자의 사고와 행동이 느려지고, 주변에 무관심해지고 경험세계와 거리를 두게 된다는 특징이 있었다. 자세히 언급하지는 않겠지만, J. 들레가 이끄는 생 탄 병원의 정신과 의사들이 심한 흥분상태의 환자들에게 클로르프로마진을 사용한 바 있었다. 그러자 성난 미치광이들의 요새 안에는 기적이 일어난 듯 평화가 찾아왔고, 발광하던 환자들은 잠잠해졌으며, 망상은 사라졌고, 침묵과 소통이 시작되었다. 이렇게 해서 신경안정제 '라각틸'이 탄생했고 이 약과 더불어 정신병원에서 약물을 이용한 환자 관리가 시작되었다. 1957년 생 탄 병원의 의사 집단은 이러한 종류의 약물을 지칭하는 용어로 '신경이완제'라는 단어를 제안했다. 현대의 약학산업은 신경이완제를 점점 더 다양하게 개발하면서 떼돈을 벌었다. 이리하여 정신병의 진행 양상을 변화시키는 정신약학의 시대가 열렸다.

또 다른 위대한 발견들 역시 우연과 관찰에 힘입었다. 1957년에는 '이미프라민'이 발견되었다. 이미프라민은 클로르프로마진에서 파생된 분자인데 신경이완 효과는 없으면서, 멜랑콜리에는 좋은 효과를 발휘하는 것으로 밝혀졌다. 같은 해에 N. 클라인을 위시한 미국의 정신과학자 연구팀은 결핵약에 항우울제 성분이 있음을 발견했다. 결핵요양소의 '화기애애한' 분위기는 비단 요양소가 공기 좋은 산 속에 위치하기 때문만은 아니었던 것이다.

이후에도 다양한 항우울제와 진정제가 등장하면서 좀 더 분명한 표적을 좇아 연구가 이루어졌다. 이른바 '약물도안$^{drug\ design}$'이라는 신중하고도 창의적인 의지의 몫이 더 커지고 그만큼 우연이 차지하는 몫은 줄어든 것이다.

뇌에 작용하는 약에 대한 비판적이고 심도 깊은 연구를 접하고 싶은 독자는 에두아르 자리피앙의 책 『광기의 정원사(Les Jardiniers de la folie)』(Paris, Odile Jacob, 1988)를 참조하라.

이러한 아민계 신경경로들은 기분의 해부학적 기저를 이루기 때문에 기분장애 치료에서 특별하게 다루는 표적이다. 아민계의 기능은 그 배후에 있는 구조들의 개입 없이는 이해할 수 없다. 실제로 이러한 신경경로들은 뇌에, 특히 전전두피질, 회백질(복측선조체 혹은 측핵), 변연계(대뇌반구들 안쪽의 대상회[띠이랑], 뇌중격, 해마, 편도를 포함하는 전체)에 넓은 가지를 펼치고 있다. 안정적이면서도 유전적으로 특화된 심층구조와는 달리, 이 영역들은 경험과 중심상태의 변동에 따라 지속적으로 변화한

도파민계[17]

도파민 뉴런들은 그 표현 양상은 다양하지만 뇌에서 아주 좁은 부분에 집중되어 있다. 시상하부에 따로 떨어져 있는 뉴런들을 제외하면, 뇌 안의 도파민은 모두 뇌간의 옹색한 영역, 즉 중뇌에 쌓여 있는 한 줌의 뉴런들에서 나온다. 도파민은 중뇌에서 대칭적인 두 방향, 즉 좌반구와 우반구로 퍼진다. 중뇌에 있는 도파민 뉴런들은 복피개부 중앙에서 일종의 불연속적인 층을 이룬다. 이것이 '흑질 뉴런'이다. 이러한 뉴런들이 연장되어 시상하부 측벽에서 대칭적인 줄기를 이루어 뇌의 같은 쪽 구조물로 올라간다. 세포체와 줄기가 모이는 만큼 도파민 나무의 잔가지들도 뻗어나간다. 세 개의 뇌, 즉 신피질, 변연계, 선조체는 도파민의 신경 분포를 받아들인다. 복피개부의 뉴런들은 전전두피질과 정중선조체로 신경말단을 뻗는다. 좀 더 측면에 있는 뉴런들은 변연계와 측중격핵이 있는 선조변연계로 투사된다. 이러한 해부학적 연속성에 대응하는 것이 기능의 연속성이다. 기능의 연속성은 지각에서 의도를 거쳐 행동으로 나아가는 연속성이다. 더욱이 이러한 신경말단들은 분포 구조를 통해서 특정 시냅스 연결을 이루지 않고 넓게 뻗은 나뭇가지처럼 퍼지면서 공간을 가로지르고 도파민을 공급한다. 이처럼 도파민은 거의 제한되지 않은 해부학적 구조 한가운데에서 투사를 통해 희미한 경계의 기능적 전체를 그리는 듯 보인다. '흐릿한 뇌'라는 용어는 이러한 전제를 매우 잘 가리키고 있다.

다. 요컨대 이 영역들은 불안정하고, 부분적으로는 타고났지만, 대개 후천적인 요인에 지배된다. 인간의 경우에 진화의 압박으로 유난히 발달했다.

오랫동안 기분장애는 아민계 시냅스를 중심으로 설명되어왔다. 길가에 불이 환히 밝혀져 있다는 이유로 집에서 잃어버린 열쇠를 그곳에서 찾아봤자 찾을 리는 만무하다. 이 유명한 '가로등 아래에서 열쇠 찾기'식으로, 신경전달물질이 특정 영역에서 배출될 가능성, 친화성, 수용체의 민감성, 약물의 작용을 비교적 명확하게 설명하는 도식을 쉽게 만들 수 있다는 편의성 때문에 아민계 시냅스에 대해서만 연구가 편향되었던 것이다.

중심적인 가설은, 아민계 신경전달이 부족해서 문제가 일어나는 것이므로 이러한 전달을 다양한 약학적 수단을 통해 복원한다는 것이다. 즉, ① 아민의 방출을 늘린다. ② 효소억제제(대표적인 것이 모노아민산화저해제MAOI)로 아민의 산화를 막는다. ③ 재흡수를 막는다(예를 들어, 노르아드레날린 재흡수를 억제하는 특수제재나 프로작의 성분인 플루옥세틴처럼 세로토닌 재흡수를 억제하는 특수제재를 쓴다). ④ 시냅스 이후 수용체의 효율성을 증가시킨다. ⑤ 억제 효과가 줄어들도록 시냅스 이전 수용체를 탈민감화시킨다.

이러한 효과들에서 나타나는 문제는 효과의 지속시간이 너무 짧다는 데 있다(몇 분, 몇 시간). 반면 치료 작용은 장기적으로 이루어진다(몇 주).

기분장애의 치료

기분장애는 어느 정도 지속기간이 있고, 그렇기 때문에 장기적으로 접근해야 한다. 이를 가능하게 하는 것이 변동중심상태의 시간적 차원이다. 그러한 시간적 차원은 개인의 발달 과정에서 기억으로 축적된 흔적들로 채워져 있다.

기분장애를 보이는 환자들을 대상으로 하는 핵자기공명을 이용한 계량형태학 연구와 사후관찰은, 장기적으로 진행되는 환자들의 질환이 의미심장한 해부학적 이상을 나타낸다는 점을 보여준다. 그러한 이상은 비교대상 피험자들에게서 얻어낸 측정값과 대조하면 뚜렷하게 나타난다. 일단 안구 위와 중간 부분의 전전두피질에 분포하는 회백질의 양이 줄어든다. 또한 해마와 복측선조체가 위축되며 제3뇌실이 팽창한다. 양전자방출단층촬영으로 측정한 뇌의 유량은 우울증이 심할수록 편도 부위에서 많아지고 우울증 징후가 물러나면 눈에 띄게 감소한다.

뇌 조직 차원에서 눈에 띄는 것은, 뉴런의 크기가 줄어들고 교세포가 많아지며 축색을 둘러싼 미엘린 수초가 파괴되며 그러한 축색들도 손실되고 세포가 파괴된 흔적이 보인다는 것이다. 이러한 뉴런의 위축과 감정과 연결된 뇌 구조의 세포 손실이 매우 심각한 기분장애를 보이는 환자들에게서 관찰된다. 이런 현상들은 신체 외적 공간의 발병원인에 저항하고 적응하는 메커니즘에서 나타난 것일까? 아니면 그것들 자체가 환자가 기분장애에 특히 취약한 유전적 소양을 타고났음을 보여주는 것일까, 아니면 그것들은 지나간 발작의 흉터 같은 것이지만 재발의 위험을 높일지도 모른다는 또 다른 가능성일까?

모순적이거나 역설적인 관찰에는 필연적으로 개념의 재고가 뒤따라

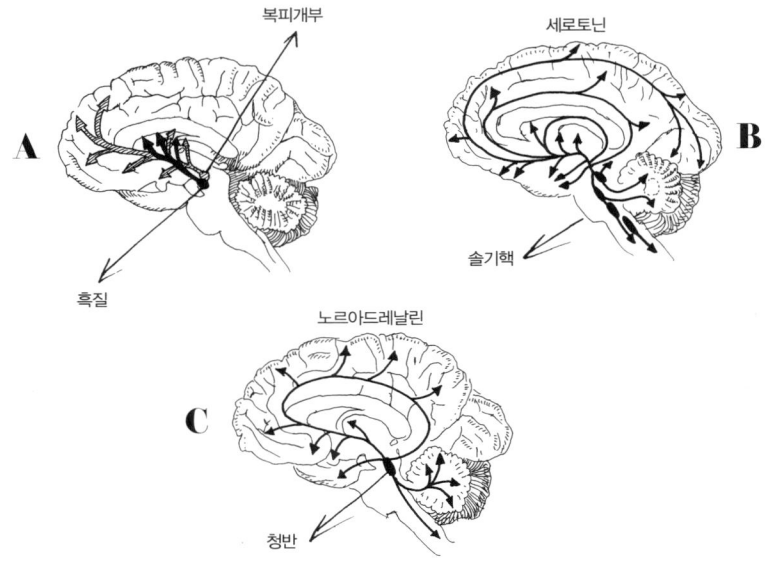

그림 13 뇌의 모노아민계 통로

A. 도파민을 생성하는 두 집단의 뉴런은 뇌간에 위치한다. 흑질 뉴런의 병변은 중심회백질핵들에 영향을 미쳐 파킨슨병을 낳는다. 또 다른 뉴런 집단은 복피개부에 있으며 쾌락과 욕망에 특히 관여하는 중간 변연계를 구성한다.
B. 세로토닌계 뉴런들은 뇌간의 솔기핵에 위치한다. 이 뉴런들은 중추신경계 전체로 세로토닌을 퍼뜨린다.
C. 노르아드레날린을 생성하는 뉴런들은 청반에 위치한다. 이 뉴런들은 변연계 회로와 뇌 전체에 영향을 미친다. 또한 감각수용 조율, 주의력, 경계에 개입한다. 상당수의 향정신성 약물들은 이 뉴런들을 표적으로 삼는다.

야 한다. 변동중심상태의 시간적 차원을 개입시키는 현상들이 가장 중요한 것이다. 항우울제의 치료 작용은 비록 모노아민계 시냅스와 시냅스 틈새에 있는 신경전달물질의 농도에 즉각적인 효과를 불러오지만 실제로 환자 스스로가 효과가 있다고 느끼려면 며칠, 나아가 몇 주는 더 있어야 한다. 또한 신경전달물질(예를 들면 세로토닌)의 비율과 기분이 서로 맞지 않기도 한다. 특히 양극성 기분장애에서의 심각한 우울증 상태에서 뛰어난 효과를 보이는 처방(리튬, 일부 충동억제제, 충격요법)은 시냅스 전달에 전혀 주목할 만한 영향을 미치지 않는다. 오늘날 핵심 연구들은 기분의 흐름을 조절하고 안정화하는 장기적 유연성에 초점을 둔다. 치료의 작용은 주로 세포 내 신호전달 경로를 매개로 이루어진다. 이러한 경로가 뉴런에 강화효과가 있는 유전자의 발현을 조절하는 것이다. 이러한 메커니즘은 학습과정에 작용하는 장기강화 같은 신경적응 현상들에 대해 연구한 결과들과 비교해보아야 할 것이다.

성인의 뇌, 특히 기억과 정서를 관장하는 해마에서 신경세포 형성이 일어난다는 사실은 신경세포 형성과 가소성을 연관을 지으려는 새로운 연구 흐름을 일으켰다.

기질, 기분장애 파악의 귀중한 지표

우리가 가진 뇌는 하나뿐인데 그 뇌는 주체라는 주인님, 자아에만 속해 있다! 레이몽 드보스가 말했듯이 "주체는 자기의 주인이면서도 그 자기에 집착한다." 기분에 개인차가 있음은 히포크라테스 시대의 의사들도 알고 있었다. 19세기 초의 위대한 심리학자 윌리엄 분트는 기질을 네 가지로 분류했는데, 이것은 감정 변화의 정도와 속도를 기본으로 구분한 갈레노스의 분류와 비슷하다. 이러한 유형학은 정서적으로 둔화된 쾌감결핍형 주체들과 그림 12에 나타난 감정 수준에서 지나친 활발함을 보이는 주체들 사이의 대립을 망라한다.

이러한 유형학이 인간에게만 고유한 것은 아니다. 예를 들면 쥐에게서도 발견될 수 있다.[18] 유전적 특성에 따라서 루이스 쥐 같은 동물은 자발적인 탐색 운동을 활발하게 보이는가 하면, 그와 동시에 새로운 것과 스트레스에 대단히 과민하다. 이 쥐들은 측중격핵이 대단히 높은 강도로 시냅스에 도파민을 흐르게 하는 것 같다. 욕망하는 체계의 이러한 높은 반응성은 부분적으로는 타고난 것이고 부분적으로는 신경구조를 '민감하게 만든' 유년기의 사건들과 관련이 있다. 주체가 공격을 입었을 때 부신피질에서 방출된 호르몬(코르티손)은 뇌에 작용하고 사람을 기분 좋게 하면서 자극하는 미덕을 발휘한다. 시합 전에 금지약물을 사용한 운동선수라면 잘 알 것이다. 반대로 피셔 쥐는 루이스 쥐와는 정반대로 주변 환경에 별로 호기심을 갖지 않으며 스트레스나 새로운 것에 크게 반응하지 않는다.

이렇게 다양한 행동양식들은 개인들을 기질에 따라 구분하는 평가척도의 도움으로 객관화할 수 있다. 기질은 분명히 유전적 기원이 있고 어떤 환자가 나타내는 기분장애의 성격을 파악하는 데 귀중한 지표를 제공한다. 나아가 적절한 치료를 선택하고 질환의 진행을 예측하는 데에도 도움이 되지 않을까?[19]

계절과 일시

뇌는 분명히 밤낮의 변화에 가장 민감한 신체기관이다. 뇌 속의 시계는 자연스럽게 25시간 단위로 움직인다. 24시간이 아니라 25시간인 이유는, 아마도 아주 먼 옛날에는 지구가 지금보다 천천히 돌아서 하루가 더 길었기 때문은 아닐까?

생체시계는 시상하부 내의 소위 시교차상핵(SCN)이라고 부르는 부분에 있다. 이곳에서 복잡한 톱니바퀴들이 맞물려 낮 동안에 합성된 분자들과 밤 동안에 합성된 분자들의 상호작용을 도모한다. 두 개의 뉴런 집단들이 25시간 주기를 따라 전반적으로 변동하는 것이다. 시교차상핵이 파괴되면 시계추는 멈추고 만다. 이렇게 되면 하루 단위의 체온 변화와 내분비 순환은 없어지고 동물의 수면과 활동은 시간적으로 안정되지 못한 채 산발적으로 끊어진다. 시교차상핵의 체외배양조직을 얻어내어 시험관에서 생존시키는 것이 가능하다. 체외배양조직에 포함된 뉴런들의 전기생리학적 기록을 살펴보면 그 뉴런들의 활동이 약 25시간 주기의 리듬에 따른다는 사실을 보여준다. 대략 12시간 정도 아주 활발하게 활동을 하고 다시 12시간 정도 활동이 위축된다. 이러한 체외배양조직의 전기활동은 활동 주기가 서로 대립 양상을 보이는 두 집단의 뉴런들을 구분할 수 있게 해준다.

생체 외부로부터의 입력들은 그날그날의 주기 혹은 생체시계 단계를 환경의 제약과 맞추어 조율한다. 일반적 상황에서 이러한 신호들은 25시간이라는 고유한 주기를 24시간이라는 '사회적' 주기에 맞추기 위해 개입한다. 한편, 시차를 경험한다든가 하는 특수한 상황에서는 이러한 신호들이 생체시계 단계를 해가 비치는 시간이나 새로운 환경에서 활동해야 하는 시간에 맞추는 역할을 한다. 동물의 핵심 싱크로나이저는 빛이라는 싱크로나이저다. 실제로 포유류의 시교차상핵 시계는 망막시상하부 경로로 망막에서 들어온 정보들을 받아들인다. 이러한 정보들은 시교차상핵 시계에게 주변의 밝기 정도에 대해 알려준다. 또한 시교차상핵 시계는 시상에서 오는 시각적 정보들도 받는다. 이러한 신호들의 기원에 있는 광수용체들은 원추형일 것이다. 그리고 포유류의 일부 종들에 한해서는 하루 단위의 시계를 다시 맞추는 빛의 신호들이 가시광선대에 속하지 않고 태양광선의 특징인 자외선에 속하기도 한다. 그러므로 태양이야말로 진정 생체시계를 돌아가게 하고 우리의 뇌를 시간에 맞추는 장본인이라 하겠다.

자연적인 인간은 항상 자기 뇌의 시간에 맞춰 살아왔다. 그러므로 인간도 다른 동물들과 마찬가지로 태양의 시계에 자기 시계를 맞추고 매일 아침 해가 뜨는 모습을 볼 수 있는 게 당연하다 생각할 법하다. 그런데 현대 사회는 시계에 역행하여 내달리는 경우가 비일비재하니 이러한 양상이 행여 인간의 기분이나 감정을 체계적으로 망치지나 않을까 우려된다. 스위스 속담에는 '시계를 깬다고 도망가는 시간이 잡히지는 않는다'는 말이 있다.

날이 있듯이 계절도 있다. 어떤 이들은 이제 계절이 예전 같지 않다고 생각하지만 말이다. '선생, 안 됐지만 이제 계절 따위는 없소.' 뇌의 두 번째 시계, 즉 '송과체'는 계절에 따른 생체 기능의 변화를 책임진다. 제3뇌실 뒤 시상상부에 위치한 이 샘(송과선이라고도 하며, 데카르트는 여기에 인간의 영혼이 있다고 생각했다)은 세로토닌 계열 호르몬인 멜라토닌을 분비한다. 어떤 효소가 작용하여 세로토닌에서 멜라토닌이 합성되는 것이다.

멜라토닌의 분비는 빛이 비치는 주기에 달려 있는 일주야一晝夜에서 밤 시간에 이루어진다. 송과선은 시계 기능과 달력 기능 두 가지를 다 한다. 다시 말해, 24시간 주기의 시계 역할(밤낮의 구분)도 하고 1년 주기의 시계 역할(밤과 낮의 상대적 길이를 구분)도 하는 것이다. 멜라토닌이 인간에게 어떤 기능들을 하는지는 아직도 잘 알려져 있지 않다. 멜라토닌은 수면을 돕고 일부 내분비계를 24시간 주기, 1년 주기로 통제하는 데에도 개입할 것이다. 반면, 계절 주기에 맞추어 짝짓기를 하는 동물들에게 멜라토닌이 매우 중요한 역할을 한다는 것은 잘 알려져 있다. 특정 계절에만 짝짓기를 하는 종들의 경우 멜라토닌이 말초신경계뿐 아니라 중추신경계의 생식선 자극을 지배하여, 장차 새끼가 성장하기에 가장 좋은 철에 출산을 할 수 있도록 하는 것이다.

멜라토닌의 분비가 주변 밝기에 따라 분명히 영향을 받는다는 점을 보건대, 여기서도 빛은 강력한 싱크로나이저 역할을 한다. 일부 양서류와 파충류는 송과선을 맞추기 위해 주변 밝기를 감지하는 기능을 시각기관과 구분되는 별도의 기관에서 맡는다. 두정안 혹은 송과안이라고도 부르는 이 제3의 눈은 원추형 세포들로 이루어진 감광기관이다. 하지만 머리뼈 아래 송과체 옆에 위치한 이 눈에는 각막도 없고 수정체도 없다. 하지만 인간은 대뇌반구가 워낙 발달하다 보니 이러한 기능이 불가능하다. 인간에게서는 망막에서 오는 빛 신호들이 망막시상하부 다발과 시교차상핵을 매개 삼아 송과체에 이른다. 이렇게 해서 시교차상핵은 멜라토닌의 분비 리듬까지 좌우하는 것이다.

인간의 경우 계절의 변화가 생식 활동에 어떤 영향을 주는지 입증되지 않았다. 그럼에도 불구하고 봄에 성욕이 유난히 활발하다는 사실을 간과할 수는 없다. 반면, 계절이 인간의 기분에 영향을 미친다는 사실은 잘 알고 있다. 히포크라테스 시대의 의사들에게는 분명히 기후론과 성격론은 상관이 있었다.

정신의학자들은 앵글로색슨계 의사들이 잘 알고 있었던 계절성 우울증을 '계절정동장애Seasonal affective disorder, SAD'라는 명칭으로 기술한다. 해마다 주기적으로 같은 시기가 되면 우울증 상태가 다소 심해지는데, 대개 초겨울에서 다음 해 봄까지가 그런 힘든 시기다. 흔치는 않지만 여름 우울증도 있기는 하다.

계절성 기분장애의 임상적 표시는 일반 우울증 환자들이 겪는 슬픔,

불안, 불안정, 일상 활동에 대한 의욕부진, 사회적 위축, 집중력 부족과 마찬가지다. 하지만 극도의 피로감, 수면과다증, 식욕증가와 체중증가 등의 몇 가지 특정한 징후들도 볼 수 있다. 그리고 여름 우울증은 정반대의 표시(수면부족, 식욕저하, 체중감소)가 나니 놀랄 만하다. 이러한 우울증들은 생체시계가 어긋나고 그 시계가 조율하는 기능 — 이를테면 기분, 수면, 호르몬 분비 등 — 이 겨울에는 느려지기 때문에 나타나는 것이다. 이 경우의 환자들은 태양광선 치료를 통해 햇빛을 많이 받도록 한다. 햇빛의 부족이 우울증의 유일한 원인은 아니며 다른 여타 우울증과 마찬가지로 분명히 외재적 요인들이 있지만, 그러한 요인들이 실제 발병으로 이어지고 환자의 영혼에 어두운 그림자를 드리우게 되는 조건화는 분명히 태양광선 탓이다.

뇌의 기후는 특별히 불확실하다. 우산을 꼭 가지고 다니거나 모자를 쓸 것도 없다. 폭우, 번개를 동반한 소나기, 죽도록 지겨운 단조로움이나 욕망의 베일을 부풀리는 거센 바람은 모두 다 내면에서부터 온다. 뇌를 여행하는 이에게 신중함은 아무리 강조해도 지나치지 않을 것이다. "우리는 결코 자기 집에 있을 수 없다. 우리는 항상 저 너머에 있다. 두려움, 욕망, 소망은 우리를 미래로 내몰고, 우리는 장차 존재할 것을 기뻐하기 위해서, 나아가 우리가 죽고 없을 때를 위해서 지금 존재하는 것에 대한 감정과 생각을 피한다." 프랑스의 사상가 몽테뉴가 남긴 이 말은 장차 집으로 돌아가 지낼 날들을 보장하면서 우리가 절망과 광기의 길에서 헤매지 않도록 이끌어줄 좋은 길잡이다. 뇌 안에서, 뇌를 통하여, 우리 인간은 먹고 마시고 잠을 자니까.

우울증 환자를 다루는 수칙

다음과 같은 때에는 진단이 필요하다

1. 행동이 눈에 띄게 변했을 때. 그 사람은 직장생활, 가정생활, 사회생활에서 주체로서 제 기능을 하지 못할 것이다. 또한 자기표현, 주변세계를 느끼고 지각하는 방식, 사고하고 행동하는 방식도 영향을 받는다.

2. 환자는 대개 굳은 얼굴이나 괴로워하는 표정을 보이고 전반적으로 피곤한 인상을 풍긴다. 그의 감정은 슬픔, 침울함, 무관심 사이를 왔다 갔다 한다. 어떤 환자들은 짜증과 불안을 전면에 내세운 좀 더 기복이 심한 우울증을 보인다. 가장 흔한 경우 생각이 느려지고 방해를 받는 것이다. 이 때문에 환자는 유창하게 말을 하지 못하게 된다. 행동도 피로감 때문에 달라지고 어떤 결정을 내리기 힘들어하게 된다.

어떤 태도로 대해야 할까?

주체의 행동이 위와 같이 변했다면 의사의 도움을 구하는 게 맞다. 사실, 우울증으로 판명된 상태라면 주위 사람들의 호의가 큰 도움이 될 수 없다. 환자는 극도의 고독에 빠져 있는데, 주위 사람들은 환자를 생각해서 뭔가 재미있는 것들을 많이 제안한다. 그래봤자 환자는 즐거움을 느끼지 못하는 자기 자신을 발견하고 더욱더 우울해질 뿐이다. 환자가 예전에도 비슷한 상태를 보인 적이 있거나 기분장애 가족력이 있다면 그만큼 더 빨리 우울증 진단을 받아봐야 한다.

의사가 취해야 할 태도는 무엇인가?

의사는 우울증이 확실한지 진단을 내리고 그러한 상태를 일으킨 신체 원인을 제거해야 한다. 또한 환자의 자살 위험을 체계적으로 평가해보아야 한다. 우울증 상태가 얼마나 심각하냐에 따라서 환자는 입원을 하든가 통원치료를 하면서 규칙적으로 의사와 상담을 해야 한다. 가장 일반적인 치료는 항우울제를 처방하는 것이다. 그러나 환자의 우울증 상태가 어떠하든지 의사는 그

것이 우울증과 조증을 넘나드는 양극성 기분장애에 속하는 한 단계는 아닌지 생각해봐야 한다. 실제로 일부 양극성 우울증은 항우울제 때문에 더 심해지기도 한다. 어쨌거나 양극성 기분장애일 경우 항우울제는 기분조절제와 병행되어야만 한다. 의심스러운 경우에는 이러한 진단 가설을 확인하고 최선의 치료대책을 수립하기 위해 정신의학자에게 특진을 받는 것이 바람직하다.

Focus 2
왔다 갔다 바뀌는 기분에 대하여

마크 루이 부르주아
(보르도 제2대학교 정신과 명예교수)

　오랫동안 정념은 인간의 광기로 생각되었습니다. 정념의 황금시대였던 17세기가 지나자 정념은 정신병리학의 패러다임으로서는 낡아빠진 것이 되었지요. 1827년 알리베르는 『정념의 생리학』에서 정념을 과학적으로 다루어보려고 시도했습니다. 하지만 생물학적 지식이 부족했던 당시로서는 너무 때 이른 시도였습니다. 1986년이 되어서야 신경과학은 '정념의 생물학'을 논할 수 있게 되었습니다. 사랑조차도 '축축한 뇌 속의 분비액, 특히 옥시토신이 일으키는 효과'라는 것이지요. 완전히 생물학적인 시각은 철학자들의 심기를 건드렸습니다. 철학자들에게 정념은 '낡아빠진 철학적 명제'가 되었지요. 그러나 사실 일부 철학자들은 정념에 새로이 관심을 갖기 시작했습니다.
　오랫동안 광기나 정신착란은 이성을 잃은 정신병자들의 것으로 여겨져왔습니다. 그런 사람들은 통제가 불가능하고, 행동에 대한 책임을 질

수 없으며, 형법에 따르면 '실성한 상태에 있기 때문에' 성인이라 해도 범죄와 과실의 대가를 전가할 수 없습니다.

이성은 인간의 전유물이자 자랑이며 정신의 지고한 기능이었지요. 이성을 잃는다는 것은 정신질환을 설명하는 기본적인 말이었습니다. 18세기 계몽주의 시대에 탄생했다고 보는 근대 정신의학이 관념, 의식, 자유의지의 전능함을 절대적인 것이 아니라 상대적인 것으로 보기까지는 참으로 오랜 세월이 걸렸습니다. 그리고 '정동성'이 배턴을 이어받았지요.

독일 정신의학의 시조들 중 한 사람으로 꼽히는 라일이 1803년에 쓴 텍스트를 보면 경이롭기 그지없습니다. 라일을 위시한 그 시조들은 낭만주의 운동에 속하는 '정신의Psychiker' 집단이었지요. 그 텍스트의 끝에서 두 번째 페이지에서 다음과 같은 문장을 보게 됩니다. "인간이라는 유기체는 자극반응성의 내면을 정동성이라는 형태로 정신에게 돌린다. 정동성은 지성의 가벼운 외피 같은 구실을 한다. 정동성을 통해 지성은 외부세계로 내려오는 것이다. 야누스의 얼굴로 인간은 분리된 두 세계에 서 있다. 또한 인간은 정신으로 지적 세계를 바라보고 자기 신체의 감성으로 물질적 세계를 바라본다." 베리우스는 정동성이 정신의학의 주요 분야 중 하나로 정립되지 못했다고 주장했지요. 그에 따르면, 심리 기능으로서의 기분 개념은 20세기가 될 때까지 근대 정신의학에서 설 자리를 찾지 못했습니다. 심지어 클라에펠린조차도 기분에 대해 지금과 같은 위상을 부여하지 않았지요. 크라이턴, 피넬, 에스키롤(1805년의 논문)도 이 문제를 깎아내린 듯합니다(부르주아와 오스트장, 2005).

이제 임상의, 역학연구자, 경제이론가 들은 기분장애를 가장 자주 나타나는 장애, 노동력 상실, 그리고 때 이른 죽음—저 유명한 장애조정생존년DALY—의 원인이자 가장 치료에 돈이 많이 드는 병으로 분류합니다.

세계은행, 세계보건기구, 하버드대학교가 협력하여 실시한 유명한 연구조사에 따르면 앞으로 기분장애 환자들은 20퍼센트가 더 늘어날 거라고 하고요.

기분(humeur, 정신의학계에서 보통 '티미^{thymie}'이라고 지칭)은 아마 우리의 감정을 조절하거나 다스리고 그러한 감정들을 다소간 조화롭게 정신·신체적 기능에 통합시키는 기능으로 정의될 수 있을 겁니다. 모든 형태의 우울증, 조증 및 분노, 짜증 등의 흥분상태는 기분에 이상이 생긴 것으로 이해됩니다. 소위 기분조절제라고 하는 약이 다스리려는 것도 이렇게 이상을 일으킨 기능이고요(기분조절제 하면 가장 먼저 꼽는 것이 리튬이고, 그 밖에도 몇 가지 충동억제제들이 있습니다).

고대 그리스에서 히포크라테스가 말하는 우울질은 네 가지 기본 체액(흑담즙, 황담즙, 혈액, 점액)의 균형이 무너져 생기는 기분이었습니다. 그러한 우울질은 내용이 모호한데다가 정의에 대한 합의를 내릴 수 없었던 탓에 1820년부터 에스키롤이 바라던 대로 "마침내 예술가, 철학자, 정신분석학자에게 넘어가고" 말았지요(에스키롤은 자신이 주창한 리페마니아 lypémanie가 우울질을 대체하기 원했습니다). 우울질 개념은 차츰 우울증으로 대체되었습니다. 소위 항우울제라고 하는 약들이 50년 전부터 등장하여 이러한 우울증 모델들을 승인해주고 있는 셈입니다.

양극성 기분장애인 조울증, 그리고 재발성 우울증은 기분장애의 가장 전형적인 질환입니다. 주기적으로 때로는 일시적으로 발병하면서 진행된다는 점, 그리고 간헐성이 특징이지요. 병의 기복이 있어서 다소 오랫동안 병세가 호전되어 정상적으로 맑은 정신으로 살아갈 수도 있습니다.

보통사람들에게 우울증은 너무 대중적이다보니, 오랫동안 전제주의 이데올로기는 우울증을 인정하지 않았습니다. 마르크스레닌주의 국가들은 우울증을 정치의식이 결여된 반동부르주아의 자기만족이라고 낙인 찍었었지요. 그런 국가들이 등장하기 전에는 로마 가톨릭교회가 신앙이 해이해진 수도사들을 파문하면서 우울증을 무시했고, 19세기 중반에는 브리에르 드 부아몽 같은 정신과 의사들조차 우울증은 '영혼의 연약함', 문명이 타락하고 미풍양속이 파괴된 징후라고 했습니다. 라캉조차도 우울증을 영혼의 연약함으로 보는 관점을 승계했지요.

어쨌든 기분장애는 지금 그리고 앞으로도 오랫동안 정신의학계 연구에서나 역학에서 제일가는 자리를 차지하고 있고, 또 차지할 것입니다. 지금은 생각하는 중에 있는 뇌를 볼 수도 있지요. 뇌영상 촬영기술은 우울증으로 인한 파괴, 해마의 위축, 전전두피질의 감퇴를 사실로 확인해주었고 향정신성 약물이나 심리치료를 통해 그러한 부분들이 재생되는 모습도 보여줍니다.

마크 루이 부르주아 보르도 대학병원의 임상의이자 명예교수이다. 심리학 박사학위도 취득했다. 그는 우울성 장애 치료의 세계적인 전문가다. 그는 양극성 기분장애 연구 및 치료 학회를 이끌고 있다.

5장

수면의 과학

"추억은 어떤 꿈의 이미지,
너무 짧지만 사라지고 싶지 않은 시간의 이미지다."

다미아의 노래

기만적으로 평온해 보이는 잠의 배후에서 추억이라는 불에 타는 뜨거운 꿈의 장작들이 스러져간다. 꿈의 나라로 떠나는 여행은 정신의 수도 빈에서 시작되어 입문자들의 옛 성 리옹으로 이어진다. 바다와 접하지 않은 이 두 도시는 기묘한 짝을 이룬다.

프로이트의 진료실

꿈은 뇌를 여행하는 가장 일반적 방식이다. 두 사람의 길잡이가 우리를 안내하겠다고 나선다. 한 사람은 빈 사람 지그문트 프로이트, 다른 사람은 리옹 사람 미셸 주베다.

이 학자들은 꿈에 대한 지식을 혁명적으로 발전시켰다. 두 사람 다 의

사이기는 했지만 그들의 전문분야는 사뭇 달랐다. 프로이트는 심리학자로서 꿈의 심리적 내용과 잠든 의식의 기만적인 겉모습 아래 떠도는 욕망의 어두운 힘에 관심을 가졌다. 반면에 주베는 생리학자로서 꿈이라는 활동을 떠받치는 뉴런들의 기반과 수면이 어떤 주기들로 이루어져 있는가를 발견했다. 쉽게 말하면, 프로이트는 뇌라는 동굴을 탐험하는 사람이다. 그는 지하수의 흐름을 탐구하는 사람이다. 한편 주베는 지질학자다. 그는 수면의 심층구조와 역학을 탐구한다. 내가 보기에 이 두 사람의 시각은 꽤나 동떨어진 듯 보이지만 나란히 놓고 비교해볼 수도 있을 것 같다.

자신의 사람됨을 개입시키지 않고 꿈에 대해 말할 수 있는 사람은 없다. 꿈은 꿈꾸는 사람의 고유한 것이기 때문이다. 허락도 받지 않고 남의 꿈 이야기를 하는 것은 도둑질이다. '나의' 꿈 중 하나를 말해보겠다. 나는 그 꿈을 결코 잊은 적이 없다. 어쩌면 프로이트의 도시에서 나와 동행했던 사랑스러운 사람을 잊지 못했던 세월 동안 그 꿈은 거짓말로 변해버렸는지도 모른다.

나는 소파에 누워 있다. 프로이트의 진료실을 보여주는 수많은 그림엽서들 덕분에 손쉽게 식별할 수 있는 긴 소파다. 프로이트의 진료실은 우리가 이틀 전에 도착한 도시 빈의 명실상부한 기념비다. 소파는 딱딱해서 기대도 편하지 않다. 나는 짙은 담배 냄새를 맡는다. 내 머릿속에는 단 한 가지 생각밖에 없다. '돈이 얼마나 들까?' A의 손길이 내 이마를 어루만진다. 나는 벌떡 일어나서 몽유병 환자처럼 창가로 다가간다. 어떤 유리창에 새겨진 글자를 읽는다. '너 역시 A를 잊게 될 것이다.' 뒤를 돌아보니 하얀 토끼 한 마리가 페르시아 양탄자 위로 냅다

달아난다. "시간 됐습니다." 한 남자의 목소리가 내 뒤에서 들린다. 그쪽을 돌아보니 두 개의 눈 같기도 하고 안경알 한 쌍 같기도 한 그림이 보인다.

이번에는 같은 날 꾸었던 또 다른 꿈이다.

우리는 전차에 타고 있다. A는 내 팔짱을 꼈다. 한 남자가 안경을 쓰고 우리를 바라보고 있다. 그는 교수처럼 심각한 분위기다. A가 그에게 수선스럽게 인사를 한다. 남자는 모자를 벗으며 그 인사에 답한다. "아가트 양, 어떻게 지내셨습니까?"

프로이트는 새로운 학문의 기원을 마련한 역작 『꿈의 해석』(1900)에서 장차 자신이 완성하고 1939년에 생애를 마감할 때까지 보수와 손질을 계속하게 될 정신분석학의 중심 기틀을 세웠다. 그는 꿈의 해석자가 됨으로써 꿈으로 점을 치는 해몽가로 전락하거나 꿈을 정신의 드높은 수준으로 보는 시인들 무리에 속하게 될 위험에 노출되었다. 하지만 그러한 미신들과 정반대로, 프로이트의 목표는 과학적인 것이었다. 그는 꿈에 대한 이성적인 분석으로 인간 심리 전체에 대한 이해를 획득하고자 했다.

진정성을 보장할 수 없는 내 꿈의 하나를 독자에게 예시로 던져주고 해석해보게 함으로써, 나는 순수함과 크게 다르지 않은 경솔함을 보이는 셈이다. 나란 사람이 원래 그렇지도 않으면서 그런 척하려는 마음은 추호도 없다. 나는 생리학자로서 정신의 표현인 꿈이 그 '발현'을 가능케 하는 뇌 현상들에서 벗어나지 않음을 보여주고자 한다. 꿈은 무의식에서 의식으로 넘어가면서 '드러난 것'이 되지만 그 드러난 것의 실체는 계속 감추어져 있다.

　무슨 소리인가? 그냥 꿈의 작업에 작용하는 메커니즘을 보여준다는 얘기다. 꿈은 잠재적 내용(무의식적인 것)이 표현 내용(의식으로 떠오르는 것)으로 변하는 과정이다. 이 작업은 역설수면 단계에서 일어나는 전기·화학적 뉴런 활동들과 함께 존재한다. 나는 주베의 편에 서 있지만 프로이트의 입장도 함께 고려하며 존중한다.

　그럼 꿈이 욕망의 충족이라는 점을 출발점으로 삼아보자. 그런 면에서 꿈은 일상적인 각성 상태의 행동—진짜 행위든 생각이든 간에—과 크게 다르지 않다. 내가 앞 장에서 간략하게 기술한 욕망 시스템의 활성화가 떠받치는 행동 말이다. 그러므로 꿈의 기원에는 쾌락에 대한 기대, 만족에 대한 약속이 있다. 프로이트에 따르면, 이 특성은 아이들의 꿈에서 아주 분명하게 나타난다. 아이들의 꿈에는 솔직한 구석이 있지만 성인의 꿈에서는 그들의 뇌가 성장함에 따라 검열이 이루어지는 탓에 솔직함이 사라져버린다. 생후 22개월 된 사내아이는 자기에게 거부되었던 희열을 꿈으로 꾼다. 그 아이는 전날 삼촌에게 신선한 버찌 한 바구니를 선물로 받았다. 하지만 어른들은 아이에게 버찌 한 개만 맛을 보라고, 그 이상은 안 된다고 했다. 아이는 잠에서 깨어나자마자 신이 나서 이렇게 말했다. "헤르만이 버찌 다 먹었어." 프로이트는 그 밖의 예들을 들어 보이고 결론을 내린다. "이러한 아이들의 꿈에서 공통되는 요소는 불 보듯 뻔하다. 이 꿈들은 모두 낮 동안 나타나기 시작했지만 이루지는 못했던 욕망을 완성한다. 이 꿈들은 단순하고 감추는 바 없는 욕망의 실현이다. 아이들의 꿈이 지닌 두 번째 특성은 낮 동안의 삶과 맺는 상관관계다. 꿈에서 실현된 욕망들은 낮에 싹텄던 것들, 일반적으로 바로 그날 낮에 생겼던 것들이다. 주의 깊게 생각해보면 그 욕망들은 모두 정서적으로 강렬한 성격을 띤다는 것도 알 수 있다."[1] 성인에게서도 이러한 특성은 지속된다. 꿈에 표현된 내용은 거의 항상 낮 동안에 일어났던 사건들에 대한 추억으로 구성되어 있다. 비록 그 사건들이 지극히 사소한 것일 수도 있지만 말이다. 이러한 '낮의 앙금' 혹은 '잔여분'에 종종 아주 오래된 추억들 —나아가 어린 시절의 추억들까지—과 사물이나 사태, 몸짓 따위가 더해진다. 그런 것들을 해석하려면 상징적 의미를 찾아야 할 것이다.

내 꿈에서 프로이트의 진료실에서 비롯된 낮의 요소들을 지적하는 것은 전혀 어렵지 않다. 그 다음 날 실제로 그 진료실을 방문하기로 예정되어 있었으니까. 반면, A('사랑Amour'의 A)라는 애착의 대상이 있음에도 불구하고 그 꿈에 작용한 욕망은 노골적으로 에로틱하지 않다. 그럼에도 문학에 대한 기억을 더듬어보면 A라는 이니셜이 등장한 경우가 두 가지 생각난다. 아가트Agathe는 빈 출신 소설가 로베르트 무질의 『특성 없는 남자』의 주인공인 울리히의 누이이자 애인이었던 여자의 이름이다. 또한 이상한 나라에서 온 토끼가 매개가 되어 또 다른 이름은 앨리스Alice가 떠오른다. 내 꿈에 나타난 흰 토끼에 대해 더 생각해보고 싶지만 이 토끼의 에로틱한 성격은 명백하지가 않다. 신경생물학자로서의 내 작업은 10여 년 동안 배란기의 신경 메커니즘 연구에 쏠려 있었다. 그래서 토끼의 교미를 통해 배란을 유도한다.* 그런데 내가 실험대상으로 쓰는 토끼는 뉴질랜드종의 크고 하얀 토끼들이었다!

또 다른 꿈의 요소들은 분석 작업을 요구한다. 유리창에 나타난 글씨는 몇 년 전에 보았던 문장으로, 문학에서 빌려온 것이다. 카사노바가 진정으로 사랑했던 유일한 여자 앙리에트는 그를 떠났는데 그들이 뜨거운

---

* 토끼는 배란이 일정하지 않으며, 교미를 하고 일정 시간이 지나야 배란이 일어난다.

암토끼의 꿈[2]

이것은 '세렌디피티'라는 아름다운 예화와 관련이 있다.[3]

수면은 원래 우리의 연구대상이 아니었다. 나의 스승이자 야스퍼스의 제자로서 프랑스 뇌파측정의 개척자인 자크 포르는 신경내분비학이라는 용어가 아직 나오지도 않았던 시대에 벌써 호르몬이 뇌에 미치는 영향에 대해 관심을 가졌다. 그는 일부 간질발작이 성 호르몬의 순환비율에 따라 일어남을 입증했고, 토끼 실험으로 스테로이드와 우리가 알고 있는 몇 안 되는 신경이완제 성분(옥시토신, 바소프레신)이 시상하부와 간뇌구조의 흥분 정도를 변화시킨다는 점도 알아냈다.

나는 토끼가 교미 후에 어떤 전형적 행동 및 뇌파 상태에 빠진다는 점을 관찰했다. 1959년 소이어와 카와카미는 '반응후 EEG(뇌파측정)'이라는 용어로 이 상태를 기술했다. 그들 자신도 우리가 1957년에 관찰했던 것과 동일한 상태를 확인했던 것이다.

수컷과 교미한 암토끼는 잠시 특별할 것 없는 졸음 상태를 보인다. 귀는 축 늘어뜨리고 움찔움찔하면서 몸을 흔들기도 한다. 겉으로 보기에는 깊은 잠에 빠진 것 같은데 뇌파검사를 해보면 주의 깊은 각성상태를 나타내는 신호, 즉 6~9헤르츠를 오가는 정현곡선이 나온다(소위 세타상태). 이러한 활동은 해마와 토끼에게 특히 발달한 후각 구조에서 활발하다. 그러나 이내 이 상태는 갑자기 중단되고 토끼는 충동적으로 코를 킁킁거리거나, 땅을 파헤치거나, 똥을 먹는 등의 행동을 보인다.

나는 1961년에 리옹에 잠시 머물면서 미셸 주베를 만난 바 있다. 그 덕분에 이러한 암토끼의 교미 후 반응이 그가 고양이와 인간에게서 관찰했던 역설수면 단계임을 확인할 수 있었다. 주베와 데망은 이러한 유형의 수면에서 꿈이 나타남을 입증해 보였다.

우리의 암토끼들은 사랑을 나누고 난 다음에 꿈을 꾸는 걸까? 암토끼들은 수면 단계에서 벗어난 후에 거의 환각에 빠진 듯이 OBAGS(후각-구강-항문-생식기-성적) 행동을 보인다. 포르가 기술한 OBAGS 행동으로 미루어 짐작건대, 암토끼들의 꿈은 "몸이 단 암토끼chaude lapine"*라는 표현에 어떤 은유적 의미를 부여하는 에로틱한 꿈일 것이다. 나의 금욕적인 스승님도, 나 자신도 그러한 의인법의 확대적용을 스스로에게 허락할 수는 없다.

여기서 토끼의 역설수면 메커니즘에 관여하는 뇌 신경구조와 성 호르몬, 특히 프로락틴과 배란 호르몬의 영향에 대한 연구 작업을 논하는 것은 마땅치 않다. 나는 다만 『정념의 생물학』에서 다룬 바 있는 변동중심상태 개념(이 책 4장을 참조)의 발생에 이러한 관찰들이 시원적 역할을 했다는 점만 강조해 두련다.

토끼 우리에서 꿈꾸는 나의 암토끼는 변동중심상태 개념의 신체적 차원(뇌와 호르몬), 신체 외적 차원(토끼에게 위협적인 환경, 토끼는 사냥을 당하기 쉬운 동물로서 잠이 들거나 관찰에 빠지면 자칫 위험에 처할 수 있다), 마지막으로 시간적 차원(주체, 그리고 그 주체의 발달과 종의 역사)을 잘 보여준다.

* 프랑스어 표현에서 'un(e) chaud(e) lapin(e)'은 '이성을 밝히는 남자(여자)'를 의미한다.

사랑을 나누었던 그 방 유리창에 바로 그런 문장이 씌어 있었던 것이다. 이 정념의 제사題詞는 제네바의 발랑스 호텔에 고스란히 남아 있다. "너 역시 앙리에트를 잊게 될 것이다." 꿈의 전치가 여기에서 영원히 타오르고 싶은 욕망의 불에 유한성과 망각이라는 위협을 불어넣는다.

응축 과정은 소파의 불편함과 내 머리를 사로잡는 생각('돈이 얼마나 들까?')의 연관성에 작용한다. 돈을 생각한다는 것은 내가 항상 분석에 대해 품었던 저항감을 정당화하는 동시에 '항문성애에서 더욱 특정한 충동들의 치환'으로 '퇴행'시키는 도구다.

마지막으로, '안경을 쓴' 그 시선의 불안한 낯설음이 있다. 그러한 시선은 의사의 진료실과 전차에서 각각 한 번씩, 모두 두 번 등장했다. "학문적 성격이 아니라 사적인 성격의 생각들이 나로 하여금 이 작업을 공개적으로 하게끔 만든다. 나의 비밀로 남는 게 더 좋을 법한 일들을 지나치게 드러내야만 한다. 왜냐하면 내가 그러한 해결로 나아감으로써 나 자신에게도 자발적으로 고백하지 못하는 모든 것들이 내 눈 앞에 명백하게 드러나기 때문이다."

온갖 논쟁들, 그리고 과학의 기치 아래 모순적인 논증이 잔뜩 모여 있음에도 불구하고 프로이트의 작업은 신경과학의 시대에도 그 천재적인 정당성을 간직하고 있다. 프로이트는 정신생물학의 레오나르도 다빈치 같은 존재로서, 반응할 수 있는 불안정한 심리 단위, 소위 신경 집단이라는 것의 활로를 개척했다. 그러한 심리 단위들은 욕망의 한없는 작업과 기억과 정서의 다양한 심급에 따른다. 꿈은 분명히 의식이 무의식의 어두운 기계실로 나아가는 왕도王道다.

하지만 욕망이 그렇듯이 꿈도 프로이트가 생각했던 것처럼 성性을 유일한 목표로 삼지는 않는다. 동물이 충족해야 할 기본 욕구가 무엇이든 간에, 욕망의 강렬함은 어느 것이든 마찬가지다(생존에 필요한 구성요소는 성, 체온, 마실 것, 먹을 것으로 제한된다). 욕망은 우리 행위의 공공도로요, 그 대상이 무엇이냐에 따라 분류된다. 그러니 배타적으로 성만 목표로 하지는 않을 것이다. 우리가 종종 그렇게 생각하고 싶듯이 "인간은 그것 밖에 생각하지 않는다"고 해도 말이다.

프로이트가 제안한 꿈의 또 다른 기능은 오늘날 통하지 않는다. 그것은 바로 '수면의 파수꾼' 기능이다. 사실, 꿈을 동반하는 역설수면은 깊은 수면, 정수면보다 더 깊이 잠든 상태다. 역설수면에 들어간 사람은 근육이 완전히 풀려서 거의 마비되었다고 해도 좋을 정도다. 그래서 동물에게 역설수면은 위험하다. 그렇게 깊이 잠들면 도망칠 수도 없고 자기를 방어할 수도 없으니 말이다. 주베는 꿈이 수면의 파수꾼이 아니라 수면이 '꿈의 파수꾼'임을 암시한다. 뇌가 이미 잠든 상태에서 완전히 안전할 때에만 역설수면이 나타날 수 있다. 주베는 역설수면이 이러한 안전성의 증거요, 그 덕분에 꿈을 꿀 수 있는 거라고 주장한다. 지금까지는 꿈의 문들을 살짝 엿보았으니 이제 잠든 뇌를 방문해보기로 하자.

미셸 주베의 역설수면

"당신은 내게 밤이 친숙하고 해는 본 적도 없다고 하는군요."

1960년대 미셸 주베가 리옹에서 발견한 '역설수면'은 신경생물학 역사상 '뇌의 신대륙' 발견에 못지않은 대사건이었다. 이 미셸 주베를 중심으로 결성된 학파는 신경해부학과 약학은 물론, 진화생물학과 비교생리학에서도 새로운 연구의 길을 열었다.

빈에서 꿈과 꿈의 마법을 발견했으니 이제 잠든 뇌, 도시의 야경처럼 아름답고 신비로운 그곳으로 여러분을 부르련다.

밤이 오면 집들의 덧문이 닫히듯이 여러분의 눈꺼풀이 닫힌다. 거리는 적막하다. 현자가 일찍 자기 처소에 눕듯이 여러분은 일찍 잠자리에 든다. 하지만 누가 아직도 그런 규칙을 따르는가? 인간보다 더 무질서한 동물은 없다. 어떤 사람들은 자정까지 텔레비전을 붙들고 살고, 또 어떤 이들은 새벽 동이 틀 때까지 파티 삼매경이다. 밤에 일하는 화류계 여자들과 그 고객들, 야간 경비, 밤참 먹는 사람, 자기가 지은 죄 때문에 잠을 못 이루는 살인자도 있다. 밤은 그들에게 왕국, 가끔은 지옥이다. 그런 사람들에 대해서는 아무 말도 않겠다. 여기서 나는 바른 잠, 해가 지고 나서 배를 채우고 자기 할 일을 마치면 잠드는 이에 대해 말하련다.

짐승이 자기 굴에서 자듯 사람은 잠자리에서 잔다. 잠자리는 누구에게 찍힐까봐 두려워할 필요가 없는 바로 그런 장소다. 인간은 보통 커튼을 드리운 침실이나 문 달린 침대처럼 폐쇄된 곳을 좋아한다. 오래전 아늑했던 자궁을 떠올리게 하는 탓이다. 주베4의 말에 따르면 잠자는 '곳'은 두 가지 조건을 충족해야 한다. 첫째, 안전해야 한다. 둘째, 지나치게 춥거나 더워도 안 된다.

뇌의 첫 번째 기능은 신체를 각성 상태로 유지하는 것, 다시 말해 신체 외적 공간에서 의무적으로 해야 할 바를 수행할 수 있도록 그 공간에 현존시키는 것이다. 그러한 의무사항은 인간에게만 있는 게 아니다. 먹을 것을 찾고, 그것을 먹고, 성행위의 상대를 찾고, 자기 종에 맞는 방식으로 짝짓기를 하고, 사회를 이루고 사는 동물이라면 동족과 더불어 살고, 여러 가지 위험들, 특히 포식자로부터 제 몸을 보호해야만 한다. 이 의무사항이 모두 충족되면 동물 혹은 인간은 잠들 수 있다. 어째서 어떤 종들은 유난히 잠을 많이 자는지 알 수 있으리라. 일반적으로 포식자는 엄청난 잠꾸러기다. 고양이는 발정기를 제외하면 환한 대낮을 거의 잠으로 때운다.

그와 정반대로 포식자의 먹이가 되는 동물은 적게 자고 때로는 중간에 자꾸 깨면서 잔다. 토끼가 그렇다. 모든 육식동물과 사냥꾼의 표적이 되는 이 동물은 정말 토끼잠밖에 안 잔다. 그러니 내가 젊은 시절에 토끼(신경내분비계학자들이 가장 선호하는 연구대상)를 상대로 수면상태의 뇌파를 검사하고 역설수면 단계를 찾으려 하면서 얼마나 힘들었겠는가. 나의 동료들 중 일부는 꿈은 포식자들의 특권이기 때문에 토끼는 꿈을 꾸

미셸 주베의 잠든 고양이, 펠릭스

미셸 주베는 학자로서의 생애 대부분을 잠든 고양이를 바라보며 보냈다. 그 이야기를 들어보면 어떨까? 여기서 그는 아들에게 말한다. "당분간 우리는 펠릭스가 잠드는 모습을 바라볼 거다. 검은색과 흰색이 섞인 고양이 펠릭스 말이다. 녀석은 밤새 들쥐를 사냥해서는 몇 마리를 문 앞에 갖다놓았단다. 그러고는 졸려서 잠들기 전에 으레 그렇듯이 15분 전부터 제 몸을 핥아댔지. 녀석은 발에 머리를 대고 잠이 들 거다. 더워서 몸을 펴고 하품을 하다가 눈을 감지. 꼬리는 아직도 조금 움직이는데, 특히 무슨 소리가 날 때마다 그러는구나. 그다음에는 꼬리가 더는 움직이지 않고 호흡이 일정해지지. 발에 기댔던 머리가 떨어져 안락의자 끝에 놓이는구나. 시계를 들고 1분에 숨을 몇 번이나 쉬는지 세어보자. 18회, 아니 19회가 나올 게 틀림없다. 18회나 19회나 그게 그거지. 아무 소리 내지 말고 고양이의 눈을 바라보렴. 작은 소리만으로도 고양이는 깰 거다. 펠릭스가 눈을 뜬다. 아주 잠깐이지만 눈이 진회색 막(순막)에 덮여 있는 걸 알아차릴 수 있지. 그 막이 수축하면서 수직의 동공이 엿보인다. 검은 선이 몇 초간 팽창하는가 싶더니 펠릭스는 다시 눈을 감아버린다. 너는 고양이 수면의 안구 신호들—순막과 동공수축—을 알아차렸겠지. 아주 조용하게 수십 분이 지나자 우리가 잘 알아야 할 소소한 신호들이 속속 나타나는구나. 우선 머리가 점점 떨어지면서 의자에서 축 늘어지고 수염(고양이 수염은 감각모라서 절대 자르면 안 되지)과 귀가 움직이기 시작해.

눈을 봐라. 눈꺼풀이 살짝 열리고 눈알이 빨리 돌아가거나, 어디 한 곳을 응시하듯이 다소 느리게 움직이는 걸 볼 수 있다. 순막은 풀렸지만 다시 수축될 수도 있지. 동공은 너무 축소되어 있어서 보일까말까 하는구나. 다만 이번에는 아주 급작스러운 팽창이 일어난 다음이지만 말이야. 너도 봤니? 돋보기로 잘 봐야 한단다. 꼬리가 아주 빠르게 움직이는 걸 봐라. 손가락도 좀 움직이고, 발도 까딱거리는 거 봤니? 그리고 호흡은? 호흡이 아주 고르지 않아. 숨이 멈췄다가 다시 돌아오기도 하고. 한 5분 전부터 이렇게 됐지. 이제 1~2분 안에 모든 게 끝날 거야. 갑자기 펠릭스가 기지개를 켜고 고개를 들며 눈을 뜨지. 하품을 하고 몸을 틀었다가 다시 잠들어.
　그러니까 넌 1시간도 안 되는 동안 펠릭스의 뇌가 세 가지 주요 상태들을 연달아 거치는 모습을 지켜본 거다. 각성상태에서 제 몸을 핥을 때, 잠들었을 때, 그리고 우리가 방금 본 것처럼 6분 정도 지속되는 역설수면상태. 역설수면에서는 영어로 'REM'이라고 하는 빠른 안구운동이 일어나지. 고양이도 이 수면 단계에서 꿈을 꿀 가능성이 상당히 높다. 쥐나 개, 코끼리 같은 동물들도 (거의) 마찬가지고."

지 않는다고 미리 결론을 내리기도 했다. 그러나 나는 감히 말하건대 그러한 규칙은 인간에게 적용되는 것이라고 하겠다. 포식자 인간들(군인, 금융가, 온갖 종류의 도적놈들)은 그들이 착취하는 인간들보다 더 오래 잠을 잔다고.

　수면의 또 다른 조건은 피부, 이마, 뺨, 코의 1밀리미터 단위에서 측정한 온도가 27도라야 한다는 것이다. 동물이 잠들었을 때 이 부위들을 온도계로 측정해보면 외부온도가 영하 40도이든 영상 35이든 간에 항상 일정한 값에 머물러 있다. 다양한 자연적 장비(털가죽)나 인공적 장비(이불), 동물이 취하는 자세(앞발에 머리나 콧방울을 파묻는 자세) 덕분에 추위에서도 체온을 보존할 수 있다.

　일반적으로 사람은 비주기cycle nasal가 결정하는 방향으로 누워서 잔다. 코로 쉬는 호흡은 얼굴의 온도수용체 온도를 높인다. 더위와 싸우며 자야 하는 상황에서 동물은 발한, 호흡, 습도조절 장치들을 이용한다. 에어컨을 발명하기 이전의 인간은 공기의 흐름을 이용할 줄 알았다.

　요약하면, 수면의 두 가지 조건은 안전성과 27도의 피부온도다.
　이 조건들이 충족되면 그 사람은 잠들 수 있다. 눈을 감지만 아직 잠은 오지 않는다. 엄지와 검지로 그 사람의 눈꺼풀을 들어 올리려고 하면 저항을 느낄 수 있고, 그 사람의 동공이 여러분에게 고정된다. 반면, 완전히 잠든 사람의 눈꺼풀은 어떤 저항도 없이 부드럽게 열리고 눈동자가 아래로 넘어가서 흰자위만 보인다. 눈을 감은 채 잠의 욕구가 점점 더 압력을 행사하는 것을 느낀다. 이따금 의미 없는 몇몇 이미지(수면 직전 이미지)들이 머릿속을 스쳐간다. 사람은 점진적으로 잠에 빠지는 게 아니다. 각성상태는 갑자기 사라진다. 의식의 밤으로 순식간에 추락하는 것이다. 첩보요원이 스위치라도 누르듯 대번에 일어나는 일이다. 여기서 스위치는 영어에서 '플립플롭flip-flop'이라는 말로 지칭하는 전기장치에서 흔히 쓰이는 그런 스위치다. 변환기에서 한쪽 경사면을 눌러서 반대쪽 경사면의 억제를 제거해버리면(그림 16), 어떤 안정된 상태에서 다른 상태로 과도기 없이 넘어갈 수 있다. 우리는 이것이 일종의 안전 시스템임을 알게 될 것이다. 자야 할 때가 있고 깨어 있어야 할 때가 있다는 속담처럼, 이 시스템은 수면의 파수꾼이자 각성의 파수꾼이기도 하다.

정수면이라고 부르는 상태에서는 4단계가 차례로 이어진다. 1단계는 리듬이 빠르고 폭이 낮은 뇌파를 보인다는 점에서 각성상태와 비슷하다. 다만 눈을 감은 각성상태에 수반되는 후두피질의 알파파(9~10헤르츠)가 없다는 점만 다를 뿐이다. 2단계는 좀 더 오래 지속되는데 뇌파는 5~7헤르츠로 리듬이 느려지고 모사방적기계의 굴대처럼 생긴 이상한 파장으로 군데군데 끊긴다. 이것이 바로 빠른 주파수(16헤르츠)의 수면방추다. 고립되어 일어나는 큰 뇌파, 즉 케이콤플렉스complexe K도 이 단계의 특징이다. 그다음에는 매우 느리고 폭이 큰 델타파가 수면방추와 뒤섞여 나타나는 3단계다. 마지막으로, 4단계에서는 1~3헤르츠의 아주 느린 뇌파밖에 나타나지 않는다(혼수상태의 뇌파). 이 단계에서 사람

수면을 관찰하는 기계, 폴리그래피

모두가 집에 기록계를 갖고 있는 건 아니다(하지만 집에 들고 갈 수 있는 휴대용 기록계는 분명히 있다). 그래서 수면연구소에서는 '폴리그래프(다용도 기록계)'를 이용하여 밤 동안의 수면을 관찰한다. 폴리그래프는 뇌의 엽들에 상응하는 다양한 부위의 털 난 가죽에 전극을 붙여서 뇌파EEG, 즉 특징적인 폭과 빈도를 보여주는 파장의 형태로 뇌의 전기활동을 측정한다. 한편, 눈 양쪽에 붙인 전극은 안구의 움직임EOG을 포착한다. 턱에 붙이는 전극들은 주체의 근전도EMG를 측정한다. 나는 인간의 오만한 풍모가 턱 근육에 집중되어 있다는 사실이 꽤 흥미로웠다. 또한 콧구멍에 붙이는 반도체 쌍극자와 횡격막의 움직임을 측정하는 시스템을 동시에 써서 호흡도 기록한다. 만약 그 두 장치가 동시에 멈추면 뇌에 원인이 있는 일시적 호흡정지로 볼 수 있다. 그 외에도 동맥압, 심부체온, 마지막으로 역설수면 상태에서 일어나는 발기(남성과 여성의 경우 모두) 등의 요소들도 얻을 수 있다. 뇌는 깨어 있고, 턱은 물렁해지고, 페니스는 발기하고, 이런 게 꿈을 꾸는 남자의 모습이다.

은 깨울 수 없을 정도로 매우 깊은 잠에 빠진다. 물 맑은 호수 가장자리에서 발이 닿지 않는 곳까지 나아가듯이 정수면 1단계에서 4단계로 점진적으로 넘어가다가, 또 다른 변환기가 켜진 듯이 갑자기 새로운 상태로 떠오르기 시작한다. 느린 뇌파는 사라지고 각성상태처럼 빠른 뇌파가 등장하는 것이다. 그런데 역설적으로, 근육 긴장이 완전히 사라지는 것만 보아도 알 수 있듯이 그 사람은 그 어느 때보다도 깊게 잠들어 있다. 이러한 상태 때문에 '역설수면'이라는 명칭이 붙었다. 근육은 꼼짝 않고 몸은 잠들어 있건만 뇌는 깨어 있는 것이다. 또 다른 특징들도 있다. 빠른 안구운동과 발기가 그것이다. 이 단계에서 사람을 깨우면 그는 자기가 꾼 꿈에 대해 말할 수 있다. 하지만 사실 빠른 안구운동은 어떤 계속적 행동에 해당하지 않으며(그렇다면 너무 단순하련만), 발기도 어떤 성적 흥분과 직접적 관련이 없다(이 점은 증명될 수 있었다). 그러니 꿈꾸는 동안의 발기를 어떻게 보는 것이 합당할지 연구하는 걸로 만족하는 게 좋겠다.

> "꿈꾸는 동안에 일어나는 발기는 정신분석학자들을 '매혹해fasciner' 마지않았다. 나는 라틴어 '파스키누스fascinus'가 남성의 성기를 가리킨다는 점을 말하고 싶다. 정신분석학자들은 성을 꿈에 작용하는 욕망의 원천으로 본다. 더욱이 그 욕망이 존재하고자 노력하는 존재의 표현이라면 우리는 이렇게 말해도 좋을 것이다. '발기한다, 고로 존재한다arrigo ergo sum.'"   E. 트로쉬

리옹에 연구차 왔던 미국인 연구자는 다른 포유류와 마찬가지로 쥐도 꿈을 꾸는 동안 '발기'한다는 점을 확증했다. 마르쿠스 슈미트는 역설수면을 취하는 동안에 인간은 스스로를 단련한다고 생각한다. 발기는 골반 부교감신경(음부의 신경)이 활성화되어 페니스의 혈압이 높아짐으로써 일어난다. 그러한 혈압은 페니스 근육 중 일부의 활동과 관련이 있다. 그런데 이 근육들은 안구 근육과 마찬가지로 꿈꾸는 동안에 수축된다. 그러니까 시스템의 쇠퇴를 피하기 위해 근육들을 움직이게 해야 하는 것이다. 피에르 앙리 뤼피에 따르면, 꿈은 이렇듯 종의 생존에 필요 불가결한 과정의 자극제처럼 작용하는 것이다.

정수면과 그에 이어지는 역설수면 전체는 대략 90분간의 수면주기를 구성한다(90분 중에서 역설수면이 차지하는 비율은 10~20퍼센트다). 보통 하룻밤 동안에 5번의 주기가 이어지고 밤이 깊어갈수록 정수면은 점점 약해지고 짧아지지만 역설수면은 길어진다. 그래서 아침 무렵에 꿈에서 깨어나면서 각성상태로 들어가거나, 남성은 '물건이 당당하게 일어선

상태로' 아침을 맞곤 하는 것이다.

수면의 역학

각성과 수면을 다스리는 뇌의 회로장치에 대한 연구는 매년 열리는 파리의 기계산업박람회만큼이나 흥미진진하다. 그러므로 다양한 모델들의 비교검사는 전문가들에게 맡길 일이며, 우리는 그저 지나가면서 구경이나 하자.

언뜻 보기에는 수면기기가 곧 각성기기다. 실제로 수면기기는 먼저 각성기기를 고찰한 다음에만 이해할 수 있다. 잠이란 더 이상 깨어 있지 않다는 것이다! 계기판에는 두 개의 '플립플롭' 차단기가 있다. 하나는 각성, 다른 하나는 수면에 대한 것이다. 이 두 차단기는 서로를 억제한다.

고장을 일으키기를 기다렸다가 분해해서 어디가 망가졌는지 살펴보는 것도 이 기기를 이해하는 한 방법이다. 즉, 우리는 '손상을 통해 기능을 살펴볼' 수 있다. 최초의 데이터들은 프로이트의 동료 콘스탄틴 폰 에코노모가 빈에서 얻어냈다(그림 14). 신경의이자 해부의였던 폰 에코노모의 관찰은 수면중추와 각성중추가 각각 시상하부의 앞과 뒤에 위치함을 보여주었다. 뇌의 방문객으로서 시상하부는 잘 알아두어야 할 장소이다.

생명체에게 깨어 있는 것보다 더 필요한 것은 없다. 제르소니데스는 "살아 있는 물질은 깨어 있는 물질이다"라고 했다. 이것은 '욕망하는 물질'로 이해될 수 있다. 생명체는 항상 결핍 상태에 있다. 결핍은 욕구를 낳고, 욕구는 욕망으로 표현된다. 그러므로 각성이 외적이든 내적이든

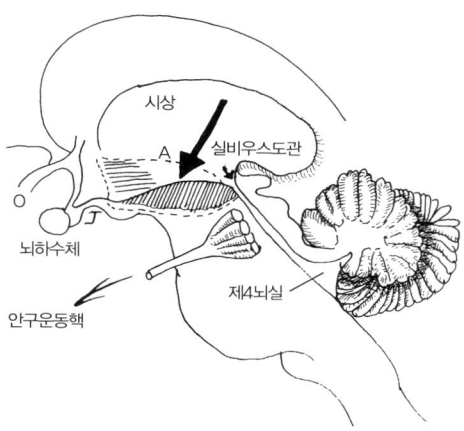

그림 14 폰 에코노모가 그린 인간의 뇌
이 그림은 뇌의 손상 부위들을 보여준다. 하나는 뒤쪽, 그러니까 뇌와 뇌간의 연결부위에 입은 손상으로서 이 경우 혼수상태에 빠지게 된다. 또 다른 손상 부위는 시상하부 앞쪽에 있으며 불면증을 유발한다. 화살표는 두 손상 부위 사이에 있는 후측시상하부를 포함하는 영역을 보여준다.

(꿈이 바로 이러한 내적 각성이다) 욕망과 각성은 따로 뗄 수 없다.

최초의 신경생물학자들은 외부자극이 각성을 환기하고 유지한다고 생각했다. 외부자극은 신경과 감각기관을 통해서, 또한 내장에서 비롯된 체내 자극을 통해서 뇌에 도달한다. 1950년대 시카고에서 활동하던 두 명의 생리학자들이 이러한 영향이 뇌간 중심에서 '뇌교에서 중뇌 말단까지' 물고기 떼처럼 몰려 있는 뉴런 집합으로 수렴된다는 점을 보여주었다. 미국인 호레이스 윌리엄 매건과 이탈리아인 주세페 모루치가 바로 그들이었다. 이 부분은 세포들이 난잡하게 뒤얽혀 있는 듯 보이는데, 그물과 핵의 모양을 띠고 있다는 이유로 '그물체'라는 명칭이 붙었다. 고양이의 뇌간에 철사 끝을 집어넣어 이 부분에 전기자극을 주면 동물의 피질은 각성 상태가 된다(대뇌피질의 전기활성화). 반면, 중뇌 망상체를 응고시켜 파괴하면 동물은 피질의 뇌파가 아주 느리게 유지되는 혼수

각성/수면 혹은 변환기

으레 그렇듯이 실마리는 '자연의 장난'처럼 주어졌다. 여기서 '자연의 장난'이란 전혀 예기치 못했던 사건, 예를 들어 1914~1918년 전쟁 후에 약 400만 명의 목숨을 앗아간 에스파냐 독감에서 추출한 독감바이러스의 변이 같은 사건을 가리킨다. (에스파냐에서 시작되었기에 에스파냐 독감이라고 부르게 된) 이 독감은 전염성 뇌염으로 1920년경 오스트리아 빈에서도 발병했다. 환자들은 입원하여 그리스 출신의 신경학자 콘스탄틴 폰 에코노모의 치료를 받았다. 그는 원래 공군으로 전쟁에 참여했었다. 하지만 그의 형이 전사하자 부모는 그가 병원에서 군의관으로 일할 수 있도록 했다. 그곳에서 만난 환자들은 두 가지 유형으로 나뉘었다. 잠을 못 이루고 시도 때도 없이 소리를 지르는 흥분성 환자들이 있는가 하면, 깨울 수 없을 만큼 깊이 잠든 듯 보이는 혼수상태의 환자들도 있었던 것이다. 이러한 환자들은 상당수가 사망했다. 살아남더라도 몇 년 후, 나아가 몇십 년 후에 파킨슨병(몸이 경직되고 떨리는 증상이 나타나는 병)을 보였다.

콘스탄틴 폰 에코노모는 뛰어난 임상의였지만 그 이상으로 훌륭한 신경병리학자이자 신경해부학자였다. 그는 두 집단의 뇌를 연구하고 1928년 그 결과를 역사적인 한 편의 논문으로 발표했다. 그는 잠을 자지 못하는 환자들은 시상하부의 앞쪽에 뇌염 바이러스로 인해 손상을 입었으며, 이러한 손상이 '수면중추'를 파괴한 것이라는 매우 설득력 있는 결론을 내렸다. 반면 혼수상태에 빠진 환자들은 시상하부 뒤쪽에 손상을 입었다. 폰 에코노모는 이러한 손상이 '각성중추'를 파괴했을 것이라는 가설을 내놓았다.

상태에 빠진다. 이러한 실험들처럼 엄격한 방법론적 정통성(자극/파괴)에 입각하여, 상향성(원심성) 망상체부활계reticular activating system, RAS를 제안하는 망상체 이론을 수립하게 된다. 상향성 RAS는 감각과 내장에서 오는 신호들 전체가 기원의 특수성을 상실하고 각성신호의 성질을 얻게 되는 그물체(망상체)에서 비롯되었다. 그다음에 상향성 RAS는 상향통로를 통해 뇌 구조 전체로 나아간다.

망상체 이론에서 수면은 연쇄상태의 경로가 단절됨으로써 일어나는 수동적 현상이 된다. 전형적인 시나리오대로라면 밤이 되면 빛이 감소하고 소음도 줄어든다. 상향성 RAS의 활성화도 약해지고 각성이 축소되는 것이다. 이로써 세계에 대한 주체의 현존, 나아가 자극이 약화되고 그 때문에 상향성 RAS는 차츰 작동이 정지된다. 사람은 이내 잠에 빠지고, 요란한 각성이 다시금 상향성 RAS를 가동시키지 않는 한 그를 깨우기 힘들 것이다. 우리는 이 멋진 이론의 약점들을 고스란히 볼 수 있다. 이 이론은 대부분의 사람이 아주 갑자기 잠이 든다는 사실과 잠의 욕구가 지닌 절대적 성격, 즉 즉각적인 각성과 불면증, '각성/수면'의 24시간 주기 교차를 모두 고려하지 않으니 말이다.

몇 가지 역사적 여담들을 둘러본 후에 우리의 '각성/수면 기기'로 돌

> 우리 세대의 생리학자들을 중세 장인 정도의 퇴물로 만들어버린 신경과학 기술도 망상체 이론의 풍부한 가치를 완전히 파기하지는 못했다. 매건 박사가 없더라면 주베도 없었을 것이다. 로스앤젤레스 뇌 연구소에 있는 그의 제자들이 아니었더라면 뇌라는 바티칸의 지하실은 지금까지도 사람의 발길이 닿지 않은 곳으로 남았을 것이다.
> 특수한 세포독소를 사용하여 세포체만을 제한적으로 파괴하고 이동통로와 이 영역의 다양한 핵들을 연결하는 접합점들은 남기는 방법으로 신경회로를 해부학적으로 정확하게 파악할 수 있게 되었다. 면역표지들은 관여하는 신경매개물질의 성질을 지시해준다. 우리는 마침내 미세전극을 통해서 혹은 죽은 동물의 조기유전자활성을 측정하여 다양한 수면 단계들에서 뉴런이 어떻게 활동하는지 직접적으로 알 수 있게 되었다.

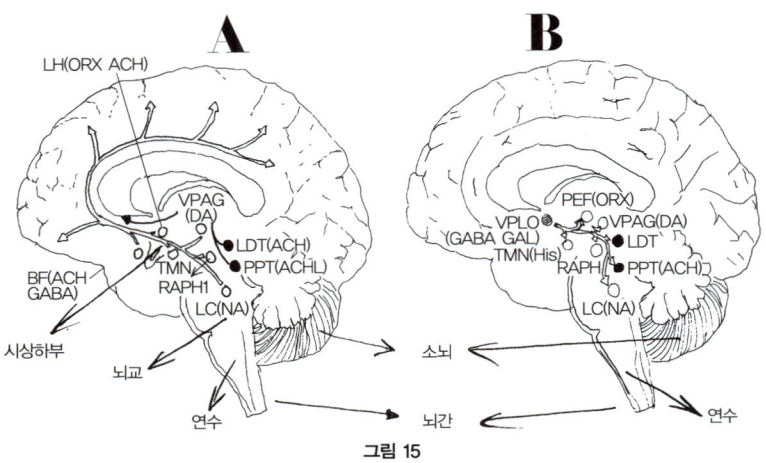

그림 15

A는 상향활성화계이다. 이 시스템은 이중적이다. 콜린계(ACH)는 뇌간에서 비롯된다(PPT, 흑결절속). LTD(측배피막)은 시상과 연결되어 감각전달을 돕는다. 아래쪽 시스템은 모노아민(DA-도파민, NA-노르아드레날린, 5HT-세로토닌, His-히스타민)을 사용한다. 본문에서 말했듯이 다양한 펩티드들이 이 시스템을 다스린다. B는 복측전시각핵에서부터 각성을 조율하는 구조들로의 하향 조정된다.

활성화계

현대의 연구들은 각성을 관장하는 활성화계를 해부학적으로 밝혀냈다. 매우 도식적이기는 하나(그림 15 A) 뇌를 활성시키는 상향경로는 두 가지가 있다. 첫 번째 경로는 매개물질로 아세틸콜린을 사용하고 뇌간에서 시작되어 시상으로 연결된다. 시상은 피질로 올라가는 감각정보들을 분류하는 '정거장' 같은 구실을 한다.

두 번째 경로는 시상을 거치지 않는다. 이 경로는 뇌간 앞쪽과 외측시상하부(LH)에 흩어져 있는 모노아민계(노르아드레날린, 도파민, 세로토닌) 세포들이 쌓여서 만들어진다. 여기에 펩티드를 매개물질(오렉신, 멜라닌 농축호르몬)로 삼는 뉴런들도 추가된다. 이 경로는 변연계피질을 매개로 하여 주로 전전두피질과 대뇌피질 전체에 퍼진다. 또한 척수와 통하며 각성 특유의 근육 긴장을 활성화하는 하향경로도 존재한다.

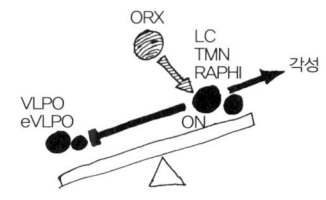

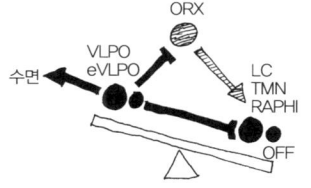

그림 16 변환기 모델을 설명하는 도식

아가보자.

수면을 일으키는 플립플롭은 폰 에코노모가 수면중추라고 불렀던 시상하부 앞쪽에 있다(그림 15 B). 현대 해부학자들처럼 좀 더 정확하게 말하자면, 복외측시각전핵(VLPO)이라고 부르는 곳이다. 이 핵에는 각성 시스템의 활동을 억제하는 매개물질인 GABA와 갈라닌 뉴런들이 있다. 복외측시각전핵은 그 대신에 각성 뉴런에서 오는 억제물질을 받는다. 수면과 각성이 한 상태에서 다른 상태로 매우 빨리 넘어갈 수 있음은 이미 강조한 바 있다(그림 16).

세 번째 파트너의 합류로 조직은 더욱더 복잡해진다. 외측시상하부(LH) 뒷부분에 위치한 뉴런들이 그 파트너다. 그 부분에는 '오렉신('히포크레틴'이라고도 함)'이라는 펩티드가 있다. 이 뉴런들은 주체가 깨어 있으며 탐구적 활동을 할 때 특히 활발하다. 뉴런들은 대뇌피질과 각성 시스템의 콜린성 핵들에 작용한다. 또한 이 뉴런들은 수면 시스템을 억제하지 않으면서도 각성 시스템을 강화하는 듯하다. 우리는 이 뉴런들을 자연스럽게 잠들지 못하도록 각성의 '켜짐' 스위치를 계속 누르고 있는 손가락에 비유할 수 있겠다. 그러니까 변환기가 완전히 차단되어버리는 셈이다. (유전적 이상이나 자가면역의 이상으로 이 뉴런들이 파괴되어서) 오렉신 수용체가 없는 사람은 기면증을 일으킨다. 기면증이란 각성과 수면의 변환기가 고장 나서 과도기도 없이 급작스럽게 역설수면에 빠져버리는 병이다.

주베가 지적했듯이 각성은 동물의 생존에 너무나 중요하기 때문에 진화가 진행됨에 따라 뇌에 얽힌 각성 시스템들은 차츰 더 늘어났다. 각성의 주요한 신경매개물질 중 하나가 '히스타민'이라는 점은 기억해두어야 한다. 알레르기에 처방하는 항히스타민제의 대부분이 졸음을 유발하는 이유도 이제 이해가 될 것이다. 나이 많은 어른들은 옛날에 우는 아기들을 달랠 때 페네르간(가장 오래된 항히스타민제)을 먹였던 기억이 있을 것이다(잠을 못 자서 지친 부모의 비양심적 행위였던가, 약에 대한 무지였던가). 히스타민 말고는 니코틴 수용체에 작용하는 '아세틸콜린'이 있다. 그래서 흡연자들은 담배로 각성효과를 얻는다. 특히 아침에 일어나 처음 피우는 담배 한 개비는 정신을 번쩍 들게 한다. 그 밖에도 노르아드레날린, 도파민, 아미노산(아스파르트산, 글루탐산)도 있다. 이 시스템들의 대부분은 상호작용을 한다. 이를테면 히스타민계는 콜린계를 자극할 수 있고 그 반대 방향의 자극도 가능하다.

이렇게 우리가 깨어 있을 때는 수면과 꿈의 시스템을 제외한 뇌의 나머지 시스템들은 거의 전부 다 활동한다. 주의를 쏟고 있는 동안에는 피질 대부분에서 전기활동과 신진대사가 늘어난다. 40헤르츠 정도의 빠른 리듬을 보이는 뇌파(감마파)는 뇌의 의식 활동을 보여주는 증거다. 해마의 기억 활동도 활발해진다. 해마의 각성은 5~8헤르츠의 정현곡선(세타파)으로 나타난다.

하지만 아직 언급하지 않은 또 다른 각성이 있다. 이 각성은 정수면 도중에 나타나는 역설수면이라는 이름의 내적 각성이다. 주베는 역설수면을 발견했을 뿐 아니라 그 메커니즘까지 파헤쳤다. 본질적으로 그 메커니즘은 뇌간에서 뇌교 혹은 능뇌(마름뇌)에서 전개된다(그래서 한때는 역설수면을 능뇌수면이라고 부르기도 했다).

뇌교에 있는 '스타터'가 꿈 기기를 가동시킨다. 인간의 경우에 꿈 기기는 90분마다 돌아간다. 이것이 소위 초일주기 리듬(주기가 하루보다 훨씬 짧은 리듬)이다. 미국의 수면 연구가 클라이트먼은 주의력이 잠시 활성화되는 상태에서 낮 동안에는 거의 알아차리지 못한 채 지나가는(기본휴식활성주기) 이러한 90분의 초일주기 리듬을 관찰했다. 그럼에도 불구하고 역설수면은 주체의 내면으로만 향하기 때문에 근본적으로 차별화된다.

일단 가동되면 세 가지 시스템이 활성화된다. 나는 다시 주베를 인용하여 설명하겠다.

첫 번째 시스템은 대뇌피질의 활성화에 기원을 둔다. 이 시스템은 각성 시스템과 비슷하다(그렇기 때문에 꿈을 꾸는 깊은 '수면' 동안에 역설적으로 각성과 똑같은 뇌파 활동이 기록된다). 그렇지만 우리는 각성상태에서 나오는 대부분의 신경전달물질(세로토닌, 노르아드레날린, 히스타민, 도파민 등)이 역설수면상태에서 나오지 않음을 알고 있다. 또한 역설수면에서의 피질 활성화에 관여하는 메커니즘, 구조, 신경경로는 각성에 관여하는 그것들과 다르다. 마지막으로 각성상태에서의 기억에 관여하는 해마 같은 구조가 각성상태보다 역설수면상태에서 더 흥분한다는 점도 알아야 한다. 우리는 해마와 그 인접 영역들이 꿈의 이미지, 그리고 어쩌면 피질의 프로그래밍도 책임질 것이라고 생각한다.

두 번째 하위 시스템은 앞의 것과 마찬가지로 뇌교에 있다. 이 시스템은 아마도 수많은 피질 뉴런들을 통제하는 오케스트라 단장에 비유될 수 있을 것이다. 역설수면의 안구운동을 책임지는 것도 이 시스템이다. 하지만 이 안구운동은 꿈에서 보는 이미지들과 무관하다. 이 시스템과 첫 번째 시스템이 공동 작업으로 뇌를 프로그래밍한다고 생각할 수 있다.

세 번째 메커니즘은 아주 중요한 역할을 한다. 이것도 앞의 것들과 인접하여 뇌교와 연수에 위치하며, 척수 수준에서 근육에 관여하는 신경 활동을 차단할 수 있다(단, 호흡에 필요한 근육과 안구 근육은 예외다). 그렇기 때문에 역설수면 단계에서는 전반적인 근육 이완이 나타난다. 이 시스템을 파괴하면 꿈꾸는 사람은 '꿈을 실제로 살게' 될 수도 있다. 자기 아내를 죽이려 한다든가 하는, 꿈에서나 할 법한 행동을 실제로 저지르게 된다는 말이다. 수면장애 문제를 다루면서 이 이야기는 다시 하도록 하자.

그렇지만 역설수면의 메커니즘은 정수면의 메커니즘과 아주 별개의 것은 아니다. 기면증 같은 병적인 경우를 제외하면 역설수면은 항상 정수면 다음에 나타난다.

최근의 해부학적 관찰로 수면중추(즉, VLPO)가 역설수면 시스템을 '꺼짐'으로 억제하는 물질(GABA, 갈라닌)을 보낸다는 것이 밝혀졌다. 더욱이 앞에서 언급한 후측시상하부의 오렉신 뉴런들은 수면중추의 뉴런들을 흥분시키는 효과가 있다. 그러므로 오렉신 뉴런들이 없으면 역설수면을 지배하는 변환기가 비활성화됨으로써 간접적으로 역설수면 시스템의 '꺼짐'을 차단할 수 있다고 생각된다. 이 때문에 기면증의 경우에는 완전한 각성상태에서 정수면은 교란되고 역설수면이 발작처럼 일어나는 것이다.

시동장치

　이 근사한 수면/각성 기기를 보면서 맨 먼저 드는 의문은 이 기기를 가동시키는 원인이 무엇이냐는 것이다. 우리 어머니는 잠자리에 들 시간이면 이렇게 말하곤 했다. "모래장수가 지나가는구나, 이제 잘 시간이다." 모래장수는 자기가 할 일이 무엇인지 알고 있었다. 나는 낮에 어찌나 신나게 뛰어놀았던지 모래장수 소리만 해도 금방 잠들었다. 지나치게 왕성한 활동으로 소진된 에너지는 그렇게 해서 회복될 수 있었다. 나 역시 오랫동안 일찍 잠자리에 들었다. 내 생활의 무질서 때문에 모래장수가 제 할 일을 제대로 할 수 없게 되기까지는 늘 그랬었다. 모래장수와 만나는 약속시각을 자꾸 어겼더니 모래장수가 의욕이 꺾였나보다. 그래서 잠을 자려면 밀수품 모래를 써야 하는데, 그 모래가 늘 품질이 좋지는 않다.

　이 모래를 'S인자'라고 부르자. S인자는 에너지를 쓰면 생기는 것으로, 우리가 깨어 있는 동안에 쌓인다. 세포 활동에 관련된 아데노신3인산^{ATP}이 산화되면서 생기는 아데노신이 바로 그 S인자라고 생각된다. 뇌의 세포 외 공간에 아데노신 비율이 높아지면 세포의 공급원이 차츰 떨어지고 압력이 증가하여 결국 수면기기에 시동이 걸리고 에너지를 회복시키는 느긋한 잠이 시작된다. 커피에 들어 있는 카페인은 아데노신 수용체의 강력한 길항제다. 그러므로 커피를 마시면 잠이 잘 안 오는 것은 너무나 당연하다.

　수면은 또한 낮과 밤의 교차와 24시간 주기라는 뇌의 생체시계(C인자)

에 따른다. 인간은 낮에 활동하는 동물이다. 인간은 밤에 무엇을 보고 활동하기에 적합한 조건을 갖추지 못했다. 인간에게 밤은 잠을 자라고 있는 것이다. 그러나 인간은 불과 인공적인 빛을 발명하여 밤을 환히 비출 수 있는 동물이기도 하다. 우리의 오래된 뇌는 이따금 이러한 올빼미족 생활에 흔들린다.

생체시계(시교차상핵, SCN)이 부여하는 각성/수면 리듬은 너무 많은 외부요인들이 개입하지만 않는다면 비교적 안정적이다. 세상의 빛과 소리로부터 차단되어 (동굴이나 지하참호 등에) 고립된 피험자들을 대상으로 실험해본 결과, 이 사실은 분명히 입증되었다. 그러한 조건에서는 주체들에게 어떤 시간적 지표도 없다. 시계, 라디오, 텔레비전도 없었고 비디오카세트만 돌려볼 수 있게 되어 있었다. 그들은 자기가 원하는 시각에 불을 켜거나 끌 수 있었지만 태양이 어떤 상태인지 알 수 있는 지표가 전혀 없었다. 이 결과로부터 우리는 인간의 생체시계에서 하루가 24시간 20분 정도에 해당함을 알 수 있었다. 피험자들은 첫날 저녁 10시에 잠자리에 들었다. 그다음에는 매일 저녁 20분씩 늦어져서 한 달쯤 지나고 나자(20분×30일=600분=10시간) 그들은 오전 8시(저녁 10시+10시간=오전 8시)에 잠들면서 그때가 저녁 10시쯤 됐을 거라고 생각하게 되었다. 만약 이 실험을 더 오래 끌었더라면 그들이 실험에 참여한 날수가 실제보다 더 적은 줄 알았을 것이다(그림 17).

오늘날 시교차상핵과 수면의 '켜짐' 스위치는 직접적인 관계가 없다고 알려져 있다. 시상하부의 등쪽 내핵과 뇌실옆핵의 복부가 매개로 작용해야만 한다. 그러나 이러한 시상하부 영역에서 헤맬 만한 가치가 있는 것은, 이러한 중추들이 섭식행위, 체온, 모든 종류의 적응행동을 다스리는 역할을 하기 때문이다.

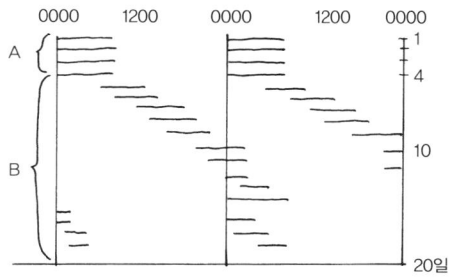

그림 17 미셸 주베가 실시한 고립 실험 결과

　수면욕구의 항상성 조절과 생체시계의 명령에도 불구하고, 수면 역시 변동중심상태의 표현이다. 우리의 잠은 복잡한 조절 시스템들 덕분에 정념, 욕망, 삶의 행복한 사건과 불행한 사건에 따라서 변동한다. 시상하부는 우리의 침대와 비슷하다. 우리는 침대에서 태어나고, 침대에서 따뜻하게 지내며, 침대에서 자고, 침대에서 사랑을 나누고, 침대에서 병마와 싸우다가, 결국 상황이 허락하면 '침대에 누운 채 평온하게 죽는다.'
　역설수면의 시동장치는 무엇이라고 말할 수 있을까? 우리는 모르는 어떤 시계가 인간의 정수면상태에서 90분마다 역설수면을 유발한다. 이 주기는 동물의 종에 따라 다르다(고양이의 경우는 20분이다). 역설수면이 생물의 진화단계상 항온동물(조류, 포유류)에서만 나타난다는 것은 기억해두어야 한다. 정수면을 하는 동안 뇌의 온도가 떨어짐으로써 역설수면에 발동이 걸린다는 가설도 매우 그럴싸하다. 고립 실험에서 역설수면은 뇌 온도의 24시간 주기 리듬과 여전히 결부되어 나타났다. 반면 정수면은 생체시계와 점점 동떨어지는 경향을 보였다. 아리스토텔레스의 "뇌의 유일한 역할은 육체를 식히는 것"이라는 말이 잠깐이나마 내 머릿속을 스친다. 과학적 검증에 연연치 않는 작가라면 이를 과장하고 왜곡하여 "수면은 정신의 온도를 식혀서 꿈이 자유롭게 그 마법을 펼칠 수 있게 한다"고 할 수도 있겠다.

요컨대, 매우 안정성 있는 시계가 정수면이 진행되는 동안 90분 간격으로 역설수면을 일으킨다. 이때 의식에서 벗어난 내적 각성이 외적 각성의 시스템과 구별되는 다른 시스템의 활성화를 통해 일어난다. 이 과정은 피질의 운동명령도 활성화하지만 그러한 명령은 근육에까지 도달하지 못한다. 척수 수준에서 또 다른 시스템이 운동의 실행을 차단하기 때문이다. 그와 동시에 변연계 구조들이 활성화되어 기억을 소집하고 꿈의 이미지를 일으킨다. 주베는 꿈에 대해 질문하는 아들에게 이렇게 답했다. "이 모든 현상들은 너의 주의력이나 의식 바깥에서 이루어지는 거다. 너는 너의 무의식으로 꿈을 꾸는 거지. 꿈의 기기는 네 무의식의 기기야. 그래서 너의 의지로는 꿈에서 아무것도 할 수 없단다." 우리는 지금 리옹에 있는 걸까, 빈에 있는 걸까?

수면의 기능

움직이는 모든 생명체는 휴식으로 에너지를 회복할 권리가 있다. 창조주가 창조를 마치고 쉬었듯이 피조물도 쉰다. 휴식은 근육과 신경의 '피로'를 없앤다. 피로라는 것이 무엇인지 우리는 아직도 잘 알지 못하지만 말이다. 생리학적 해명들과는 상반되게 은유는 넘쳐난다. 과열된 엔진을 식힌다든가, 기운을 회복한다든가, 에너지를 아낀다든가, 억누를 수 없는 수면 욕구에 넘어간다든가, 너무 오래 깨어 있으면서 진 빚을 잠으로 갚는다든가, 이런 것들이 모두 그러한 은유에 해당한다.

잠을 못 자게 하는 실험들에서 나타난 결과로는, 깊은 정수면을 우선으로 잠의 압력이 높아진다. 잠을 못 자다가 잠이 들면 일종의 '리바운드rebound'가 나타나는데, 이 리바운드는 역설수면과는 간접적인 상관밖에 없다. 혼에 따르면,[5] 깊은 정수면은 뇌를 유지하는 기능을 하지만 역설수면은 태아가 자는 잠의 유물과도 같은 쓸모없는 잠이다. 태아와 신생아는 아주 얕은 잠을 잔다. 하지만 아기가 조금 크면 그러한 잠은 진짜 역설수면으로 대체된다.

이 모든 내용이 흥미롭기는 하지만, 잠의 효용을 제대로 설명해주지는 않는다. 잠의 욕구는 사람마다 다르다. 잠을 많이 자는 사람도 있고 적게 자는 사람도 있지만 전자가 후자보다 머리가 좋다고 말할 수는 없다. 대개 나이가 들면 수면욕구가 줄어든다. 그리고 일생의 시기에 따라서도 그럴 수 있다. 그 양상은 종에 따라 다르다. 황제펭귄 수컷은 1~2달 동안 잠자지 않고 똑바로 선 채 알을 품을 수 있다. 그동안 암컷은 먼 바다나 심해에서 먹이를 구해다가 갓 태어난 새끼들에게 먹인다(만화영화 〈해피 피트〉를 보라). 신천옹은 괜히 영웅 취급을 받는 게 아니다. 이 새는 물고기를 구하기 위해 쉬지도 않고 보름간 수천 킬로미터를 날아갈 수도 있으니까. 이러한 종들에게 부분적인 수면이 나타난다는 것도 사실이다. 신천옹은 헌병처럼 한쪽 눈을 뜨고 잔다. 아니, 밤낮이 교차하는 리듬을 따르면서도 좌뇌와 우뇌를 번갈아가면서 잔다고 할까(좌뇌가 잠들면 오른쪽 눈을 감고 우뇌가 잠들면 왼쪽 눈을 감는다). 돌고래는 그 본보기로 삼을 만하다. 돌고래는 자기 의지대로 호흡을 조절한다. 돌고래는 옆으로 난 눈으로 먹잇감과 파도를 동시에 지켜보아야 하기 때문에—호흡 중에 익사할 위험이 있으므로—좌뇌와 우뇌가 번갈아가면서 잔다.

역설수면의 기능은 끝날 줄 모르는 토론의 대상이다. 이러한 내적 각성, 제3의 의식상태는 무슨 효용이 있으며 그에 수반되는 꿈은 또 무슨 효용이 있을까? 일단 꿈의 예지적 기능은 논외로 하겠다. 그런 건 카드 점쟁이나 점성술사나 써먹는다. 사실, 우리는 실제로 이루어지는 꿈과 선견지명은 유난히 잘 기억한다. 그럼에도 불구하고 일부 '의학적' 가설들은 꿈의 적응 기능도 담고 있다. 로버트 스미스에 따르면, 이 적응 기능은 꿈의 내용에 포함된 위험신호들에 천착한다. 그는 심장병 때문에 입원한 환자들의 꿈을 수집하고서 꿈에 죽음이나 이별의 암시가 등장하는 빈도와 그들이 앓는 심장병의 위중함 사이에 상관관계가 있음을 관찰했다. 그로 말미암아 그는 꿈의 내용이 환자의 생물학적 상태에 따라 결정된다는 해석을 내렸다. 이렇게 심각한 병적 상태를 드러내는 꿈은 어떤 경고의 가치를 띨 수 있을 것이다. 심장병 전문의들은 아마도 환자들에게 꿈에 대해 물어보는 일을 무시해서는 안 될 것이다.[6]

가장 진지한 연구들은 역설수면이 기억력, 특히 학습을 강화하는 기억력에 미치는 영향과 관련하여 이루어졌다. 역설수면은 장기기억에 중대한 역할을 할 것이다. 하지만 프랑크 크릭은 정반대 방향의 해석을 내놓았다. 역설수면이 정보의 기억에 이롭다면, 그것은 어디까지나 꿈이 망각을 돕고 뇌를 비우는 구실을 하여 새로 습득한 것들을 더 두드러지게 할 뿐이라는 것이다.

역설수면은 기분을 조정하는 데에도 관여한다. 적응이라는 영역과 변동중심상태의 시간적 차원에 역설수면의 가장 중요한 기능이 있는 듯하다. 주베는 이렇게 조직적이면서도 격리된 활성화가 세상의 부침과 무질서에 노출된 뇌를 재프로그래밍할 것이라고 생각했다. 주체는 그로써 자신의 개체화를 항구적으로 유지할 수 있는 것이다. 동일하게 재생되는 능력(어류, 파충류 등의 변온척추동물에게는 이 능력이 아직 남아 있다)을

꿈의 리듬[7]

토끼는 포식자의 먹이라는 제 운명처럼 불확실하고 금세 도망쳐버리는 꿈을 꾼다. 반면, 고양이는 주인처럼 느긋하게 꿈을 꾼다. 고양이는 포식자답게 오래 자고, 그 잠을 규칙적인 간격으로 끊으며 끼어드는 역설수면 단계도 길다. 쥐는 항상 음식을 훔쳐서 배를 잔뜩 채우기 때문에 잡아먹히는 것보다 먹을 것이 없는 걸 더 불안해한다. 이상의 모든 동물의 해마에서 세타 리듬을 볼 수 있다. 세타 리듬은 깨어 있는 주체가 생존에 반드시 필요한 행위를 수행할 때, 좀 더 자세히 말하면 환경을 변화시키는 작용을 할 때 나타난다. 고양이의 육식성, 토끼가 도망을 잘 가는 습성, 쥐가 탐색에 몰두하는 습성은 각각의 생존에 아주 중요한 요소이다. 예를 들어, 배고픈 쥐는 먹을 것이 주어져도 그것을 먹기 전에 탐색부터 한다. 이때 쥐의 해마와 후각뇌는 세타 리듬의 비트에 따르기 때문이다. 오키프는 해마의 뉴런 활동을 오랜 시간 동안 기록할 수 있게 해주는 전극을 이용하여 쥐가 환경의 특정 영역을 탐색할 때 그중 일부 뉴런에서 전기가 방출됨을 보여주었다. 동일한 영역에 대해서는 항상 동일한 세포들이 활성화된다는 점은 쥐의 세계에 어떤 공간 지도가 있음을 나타낸다. 팔리드와 윈슨은 각성상태에서 활성화되는 공간 세포들이 그에 이어지는 역설수면 단계에서도 아주 왕성하게 재활성화된다는 점을 보여주었다. 생존에 적합한 요소들이 동물의 인지 지도에 기록되고 남겨져야 한다는 듯이, 깨어 있을 때 지각했던 세계를 다시 재현하는 것처럼 말이다. 윈슨은 꿈에서 나타나는 세타 리듬이 해마라는 비교측정기에서 집어낸 데이터와 사건들의 자취를 이렇게 체계적으로 뉴런들 전체에 남길 것이라는 가설을 세웠다. 쥐는 탐색이 중요하니까 특히 공간적 정보들을 남겨야 하지만, 고양이의 경우에는 또 다른 정보가 중요할 것이고, 원숭이나 사람의 경우는 또 사정이 달라질 것이다. 리듬의 역할은 한 번밖에 생성되지 않는 정보를 여러 번 회로에 돌려서 그 자취를 잘 남기게 하는 데 있는 듯하다.

나는 이러한 데이터들로 미루어보건대 꿈은 (적어도 그 생물학적 토대인 역설수면은) 기억을 고정시킨다고 생각한다. 또한 이미 각성상태에서 개인에게 좋

> 고 나쁜 일들의 정서적 가치를 결정하는 역할을 했던 변연계도 그런 식으로
> 앎을 장기화하는 데 관여한다고 본다. 꿈은 '악마'의 작업을 강화하고 활성화
> 한다. 꿈의 역할이 이런 것이라고 지지하는 최근의 증거는 갓난아기가 세상
> 을 발견하고 만들어내고 배우며 거기에 가치를 부여하는 시기에 특히 꿈을
> 많이 꾼다는 사실이다.

상실한 뇌는 환경과 자신의 역사가 부여하는 변화에 적응하게끔 스스로를 재프로그래밍하기 위해 역설수면의 활성화를 이용하는 것이다. 이 가설을 검증하기는 힘들다. 하지만 이 가설이 프로이트의 직관과 그리 동떨어져 있는가? 진정한 정신분석학은 꿈의 작업에 대한 연구에서 언제나 변화하는 과거를 찾듯이 이러한 개체화의 자취들을 찾지 않는가?

수면장애

수면장애는 현재 의학계가 주목하고 있는 화두다. 대부분의 대학병원에는 수면이상을 다루는 연구소나 진료소가 있다. 일부 사설 센터에서도 불면증을 없애준다고, 나아가 여러분의 돈도 챙겨가겠다고 나선다.

프랑스 의료보험금고의 예방처장인 장 피에르 조르다넬라의 연구에 따르면 프랑스 사람 3명 중 1명은 수면장애를 경험하며 그중 10퍼센트는 심각한 불면증으로 고통 받는다. 환자들은 쉬이 잠이 들지 않아 밤을 꼬박 새기도 한다. 이러한 불면증은 대개 불안신경증과 관련이 있다. 혹은 새벽 2, 3시에 너무 일찍 깨고는 다시 잠들지 못하기도 한다. 이러한 징후는 때때로 우울증을 암시한다. 불면증은 낮 시간에 졸음을 수반하

므로 운전이나 직업적 활동에 방해가 된다. 도로교통사고의 20~30퍼센트는 졸음운전으로 인해 발생한다고 한다. 수면의 질이 떨어짐으로써 나타나는 부정적 영향은 동맥의 지나친 긴장,[8] 당뇨병 같은 신진대사 장애가 있다. 섭식행위와 수면은 둘 다 시상하부에서 관장하므로 서로 관련이 있음을 잊어서는 안 되겠다.

나는 오랫동안 수면장애에 대해 진료와 상담을 해오면서 불면증 환자는 수면제를 먹는 환자라고 종종 말하곤 했다. 즉, 수면제는 절대로 불면증을 치료할 수 없다는 말이다. 수면제가 오히려 불면증을 낳거나, 그게 아니면 적어도 수면 결핍을 수면유도제로 대체함으로써 불면증을 고질적으로 만든다. 예를 들어, 바르비투르산제는 정말로 센 약이다. 현대의 수면제는 대부분 GABA(뇌의 주요한 억제성 신경전달물질) 수용체에 작용하는데, 이 또한 결코 위험성이 덜하지 않다. 수면제는 약물에 대한 의존을 낳고 기억력을 감퇴시킨다. 수면제 중에서도 다른 것들보다 좀 괜찮은 것들이 있다. 의사들은 그런 약을 처방할 수 있다. 그러나 어떤 경우에도 수면제를 한 달 이상 지속적으로 복용해서는 안 된다.

심각할 정도는 아니지만 괴롭지 않다고는 할 수 없는 수면 관련 질환들이 있다. 예를 들어, 역설수면에서는 절대 나타나지 않고 정수면(1단계나 2단계)에서만 나타나는 몽유병이 그렇다. 주체는 불완전하게 각성하여 밤중에 돌아다니는 등 멀쩡하게 행동하지만 다음 날 자기가 그랬다는 것을 기억하지 못한다. 이러한 증상은 특히 어린아이들에게 잘 나타난다. 최근에 미국 학자들이 기술한 바 있는 '수면섹스' 몽유병의 변형판이라 하겠다. 환자는 잠이 든 채로 자기 옆에 누워 있는 상대와 섹스를 하거나 강간을 하지만 잠이 깨면 아무것도 기억하지 못한다. 이러한 질환으로 인한 행동이 일으킬 만한 법의학적 문제들을 상상할 수 있으리라.

숙면을 위한 지침

청소년의 수면시간은 평균 8시간이다. 하지만 수면시간은 4시간에서 10시간에 이르기까지 개인차가 매우 크다. 잠을 잘 잤다는 가장 좋은 신호는 낮에 하품을 하지 않는 것이다. 뇌는 수면 부족을 아주 잘 알아차린다. 그래서 제재(교통사고, 무력감, 기분장애, 공격성 등)를 가해서라도 부족분을 채워주기를 요구한다.

잠은 24시간 단위 주기에 맞춰서 자야 하는데, 시차가 있는 곳에 여행을 갈 수도 있으므로 주기를 맞추는 일이 항상 가능하지는 않다. 잠자기 한 시간 전에 멜라토닌을 복용함으로써 시차에 적응하려고 해볼 수도 있다. 이런 식으로 뇌의 시계를 다시 맞추는 것이다.

불면증 현상이 나타날 때에는 수면제를 먹지 말고 아래에 제시된 지침을 따르는 것이 좋다.

1. 습관적으로 잠자리에 들지 말고 아주 졸릴 때 잠자리에 들어라.
2. 자리에 눕자마자 불을 꺼라.
3. 침대에서 책을 읽거나 텔레비전을 보지 말라.
4. 20분이 지나도 잠들지 못하면 일어나서 다른 방으로 가라. 그리고 다시 졸리면 침대로 돌아와라.
5. 4번 지침은 필요에 따라 몇 번이고 반복할 수 있다.
6. 자명종은 항상 똑같은 시간으로 맞춰놓아라.
7. 낮잠을 자지 마라.
8. 전날 잠을 설쳤다고 해서 다음 날 더 많이 자지 마라.
9. 이상의 지침을 몇 주간 실천하면 잘 잘 수 있게 될 것이다.

어떤 사람들은 섹스를 하면 잠이 잘 온다고 하고, 또 어떤 사람들은 잠자기 전에 우유 한 잔을 마실 것을 권장한다. 위스키는 앵글로색슨계 사람들이 가장 선호하는 수면제다. 반면, 맥주는 금지품목이다.

예지몽, 특히 불행한 일을 미리 알려주는 꿈 따위는 없다. 여러분이 꿈에서 행복한 기분을 맛보았다면 또 다른 꿈으로 그 기분을 이어나갈 수 있을 것이다. 나는 밤의 후반부 역설수면에서 나타나는 악몽, 스트레스가 심하면 더 기승을 부리는 악몽은 결코 떠올리지 않았다.

그렇다면 코골이는? 매력적인 침대 상대가 끔찍하게 코를 골아서 끝장난 연애가 한둘인가. 대부분의 코골이는 시끄러워서 문제일 뿐, 해가 되지 않는다. 가장 효과적인 대처방법은 위를 보고 입을 벌린 채 볼썽사나운 꼴로 잠자는 남자를 슬쩍 밀어서 옆으로 눕게 하는 것이다. 코골이는 옆으로 눕혀 코로 공기가 잘 통하게 해주는 게 최고다. 하지만 잠을 자주 깰 정도로 심한 코골이도 있는데, 이때는 마스크를 쓰고 자게 하거나 코골이 수술을 해주어야 한다.

수면섹스와 역설수면 해리를 혼동해서는 안 된다. 알다시피 역설수면은 운동신경을 마비시키기 때문에 꿈에서 하는 행동을 실제로 한다는 것은 있을 수 없다. 주베와 그 동료들은 고양이의 평형반과 연결된 뇌간 부분의 뉴런들을 파괴하여 역설수면 단계에서 운동억제가 일어나지 않게 해보았다. 그러자 고양이는 자기가 꾸는 꿈에 맞게 몸짓을 보였다. 고양이는 멈춰 있다가 갑자기 상상 속의 쥐를 쫓아 내달리고, 쥐를 붙잡고, 희롱하고, 혀로 핥고, 도로 붙잡고 했다. 요컨대, 고양이는 꿈에서 고양이와 쥐 놀이를 했던 것이다. 이러한 비정상적 행태는 인간에게서도 나타날 수 있을 듯하다(60세 이후에). 잠결에 아내에게 달려든다는 남자들은 꽤 많다. 그러다가 남자는 손목 골절을 일으키고 여자는 눈 아래가 주머니처럼 불룩해지지만 말이다. 나는 두 번이나 아내의 목을 조를 뻔했던 보르도 중앙시장 정육점 주인의 사례를 관찰한 바 있다. 그의 아내는 이혼소송에서 승소했고 나는 그 환자가 나타내는 수면장애의 사실성 여부를 법정에서 입증할 수가 없었다. 어쨌거나 아내의 목을 조르는 꿈을 꾸는 사람이 완전히 무죄일 수 있을까? 하지만 다른 한편으로, 꿈의 내용으로 모든 남편들을 심판한다면 도대체 어떤 일이 일어날까?

불면증에 대한 이야기를 마무리하기 위해서 '아그립니아^{agrypnie}', 즉 잠이 완전히 없어지는 아주 특수한 경우를 논하겠다. 이를테면, 모르방 무도병을 앓는 사람은 잠을 자지 않는다. 이러한 사람들은 잠에 대한 욕구를 전혀 보이지 않고 놀랄 만큼 오랫동안 잠을 자지 않고도 버틴다.

여러 가지 수면과다증들도 있다. 앞에서도 말했던 '기면증'이 가장 잘 알려진 예다. 기면증은 완전한 각성상태에서 갑자기 불가항력적으로 역설수면에 빠지는 병이다. 대개 각성상태에서 꾸는 꿈 같은 환각, 각성상태에서의 신체마비, 갑자기 근육 긴장이 완전히 풀어지면서 쓰러지게 되는 강직증과 연결되어 있다. 기면증 발작은 강렬한 감정을 느끼거나 지나치게 웃을 때 곧잘 일어난다. 우리는 이 증상에서 역설수면의 구성 요소들이 평소와 같은 필연적 귀결을 보지 못한 채 서로 분리되어 나타나는 것을 볼 수 있다. 기면증은 주체의 정상적 생활이 힘들 정도의 심각한 질환이다. 우리는 각성을 유지시키는 약물(암페타민, 일부 항우울제와 니페디핀)을 통해 기면증과 싸울 수 있다.

수면과다증의 또 다른 형태는 수면무호흡증에서 관찰된다. 기도폐색이나 신경에 문제가 있어서 호흡이 자주 멈추고 그 때문에 이런 사람은 자다가 자꾸 깬다. 그래서 이런 사람은 밤에 부족했던 수면을 보충하느라 낮에 자꾸 졸게 된다.

나는 여기서 수면장애를 아주 간략하게만 다루었다. 수면장애는 경우를 막론하고 전문가의 상담이 필요하다. 하지만 잘 잔다는 게 과연 뭘까?

친애하는 뇌 방문객이여, 나는 그대가 벌써 세월아 네월아 주워섬기는 나의 지루한 언변에 그만 잠들어버리지는 않았는지 걱정된다. 그대가 침대에 안온하게 누워 있다면 나는 검지를 내 입술에 대고 온 세상에 조용히 하라 명할 터요, 그대에게는 "지금은 주무시오, 그게 내가 바라는 바요"라 할 것이다. 먹고 마실 시간은 내일 또 올 터이니.

Focus 3
잠의 수수께끼들

미셸 주베
(수면학회 회원)

  나는 생물학계열 학과 중의 여왕이라 할 수 있는 비교생리학이 수면의 수수께끼를 풀어줄 것이라 생각합니다. 이 얼마 안 되는 지면에서 나는 우리가 물리적 세계와 생명체의 관계를 이해할 수 있도록 빛을 비춰준 위대한 몇몇 학자들에 대한 기억을 길잡이 삼아서 5억 년에 달하는 여행을 제안하렵니다.
  '첫 번째 시기'는 뉴턴과 우리들의 기억에서 잊힌 두 학자 반트 호프와 아르헤니우스에게 바칩니다. 먼저 뉴턴을 언급한 이유는 지구의 공전과 밤낮의 교차를 설명하는 중력을 발견했기 때문입니다. 육지에 출현한 최초의 척추동물인 양서류와 파충류에게 밤은 추웠고 그들의 몸뚱이 역시 차가웠습니다. 20세기 초에 반트 호프와 아르헤니우스가 입증했듯이, 체온이 떨어지면 신진대사와 운동성이 떨어집니다. 이게 바로 'Q10 법칙'*으로 유명하면서도 사람들은 잘 모르는 법칙이지요.

하지만 두 종류의 육상동물은 추운 밤에도 체온을 유지할 수 있었습니다. 우선 공룡들이 그랬지요. 공룡은 몸집이 워낙 거대해서 밤에도 체온이 다 달아나지 않았습니다. 게다가 먹을 것도 많아서 밤이나 낮이나 실컷 배를 채울 수 있었지요. 나는 공룡이 잠을 자지 않았을 거라고 추측합니다. 그리고 다른 한 종류는 아주 작은 크기의 원시포유류였습니다. 이들은 '항온동물'이었기 때문에 추운 밤에도 살아남을 수 있었지요. 원시포유류는 아마도 어두운 밤에 공룡의 알을 먹고, 낮에는 공룡에 잡히지 않도록 숨어서 잤을 것입니다.

'두 번째 시기'는 대재앙과 맬서스라는 유명한 경제학자로 이야기됩니다. 대재앙은 6,500만 년 하고도 50만 155년 전 9월 13일(우주시간)에 일어났습니다. 지름 30킬로미터의 소행성이 멕시코 유카탄 어딘가에 엄청난 속도로 떨어졌던 겁니다. 어마어마한 먼지구름이 일어나 태양을 가렸습니다. 그리하여 밤만이 계속되는 어둠의 시대가 되었지요. 이제 지구에는 먹을 것도, 공룡도 있을 수 없었습니다.

그러나 태양은 조금씩 다시 나타났습니다. 하지만 어둠의 시대에 조류와 원시포유류는 생존하는 법을 배웠고 식량은 산술급수적으로 늘어나지만 인구는 기하급수적으로 늘어난다는 맬서스의 인구론이 실현되었습니다. 일부 변종들은 경쟁에서 살아남기 위해 일시적으로 에너지를 절약하는 전략을 채택했지요. 적게 먹고 에너지를 덜 쓰기 위해서 잠을 자는 것이지요. 아주 추운 곳에 사는 동물들은 '겨울잠'을 고안했고 덥고 건조한 곳에 사는 동물들은 '여름잠'을 잤습니다(그러면 몇 주간 먹이를 먹을 필요도 없고 체온을 유지할 수 있지요). 조류와 포유류의 종뇌수면은 진화가 이룩한 놀라운 쾌거입니다. 수면에 호르몬 분비와 생체시계가

* 온도가 10도 증가함에 따라 반응속도는 대략 2~3배가 된다는 법칙.

지배하는 진정한 항상성 수립을 결부시킴으로써 이 쾌거는 더욱 완전해졌지요.

'세 번째 시기'는 다윈과 그의 후계자이자 진화의 종합이론을 주장했던 메이어로 대표되는 진화론의 시기입니다. 다양성은 종뿐 아니라 개체와 관련된 진화의 원동력입니다. 메이어는 "개체 간의 다양한 차이들이 영장류의 포식행위나 새끼를 돌보는 행태에서 기술되었다. (……) 그러한 차이들은 경험에 영향을 받지 않으며 개체가 살아 있는 동안 항구적"임을 관찰했습니다.

우리의 뇌는 낮 동안에 환경의 자극을 받습니다. 선천적인 개체의 특징은 그대로이지만 그러한 자극은 새로운 회로를 만들기 때문에 신경의 유연성에 작용합니다. 똑같이 태어났지만 따로 떼어놓고 기른 일란성 쌍둥이들의 뇌도 마찬가지입니다. 어떻게 유전적으로 프로그래밍된 개체화 과정이 보존될까요? 성년에 이르러서도 신경발생이 유지되어 개체의 회로장치가 영구적으로 재정비될 수 있는 변온동물의 경우에는 문제가 전혀 없지요. 하지만 항온동물인 포유류는 성숙에 이르면 신경발생이 멈추기 때문에 영구적이면서 동일한 재정비는 이루어질 수 없습니다. 그러면 이 경우에 개체화를 보전하는 메커니즘은 무엇일까요?

저의 가설은 역설수면이 바로 그 역할을 한다는 것입니다. 뇌간에서 '뇌교' 혹은 '능뇌'라고 부르는 부분에서 추위에 민감한 몇몇 뉴런들이 이러한 목적에 동원됩니다. 이때에 역설수면은 낮 동안에 습득한 것을 유전적 개체화에 걸맞게 지우거나(망각) 강화하는(기억) 일종의 재프로그래머인 셈이지요. 요컨대 우리는 꿈을 꾸는 게 아니라 '꿈꾸어지는' 것입니다. 이렇게 내적 재프로그래밍이 이루어지는 동안에 뇌는 외부와 차단됩니다. 우발적인 접근들은 뇌교 수준에서 발생하는 활성화로 보장

됩니다. 그러한 접근들은 정수면 단계에서 합성된 새로운 시냅스 수용체들을 선별합니다. 이 이론은 면역체계를 설명하는 선택이론과 비견할 만하지요.

100분간의 역설수면이 600분간의 각성에서 비롯된 시냅스 회로장치를 재조작하려면 엄청난 에너지가 필요합니다. 그래서 에너지를 교세포에 글리코겐의 형태로 저장하는 역할을 하는 정수면은 역설수면과 떼려야 뗄 수 없는 관계입니다. 이러한 에너지는 산소와 양질의 미토콘드리아를 필요로 하지요. 따라서 일정량의 역설수면을 취하려면 그 세 배에 달하는 정수면이 필요합니다.

조류는 포유류와 조금 다릅니다. 조류는 그들의 선조인 공룡들처럼 그들의 노래, 곧 발성을 항구적으로 유지하기 위해 신경발생을 이용합니다. 그러니까 그들의 수면은 다른 프로그래밍을 위해 필요한 것이지요. 조류의 역설수면이 아주 짧은 것도 설명이 될 겁니다.

요약해서 말하면, 변온척추동물과 갓 태어난 포유류의 경우에는 신경발생이 유전적 개체화를 보장합니다. 다 자란 조류의 경우에는 역설수면과 신경발생 두 가지 모두가 이 기능을 하고, 다 자란 포유류는 역설수면이 온전히 이 기능을 책임지는 것이지요.

마지막으로, 나는 (위대한 몽상가였음에 분명한) 두 사람의 천재를 거론하고자 합니다. 셰익스피어는 "지나간 것은 서막에 불과하다"라고 했습니다. 그리고 몽테뉴는 "정신은 깨어나 육체의 우둔함을 소생케 하기를, 육체는 정신의 경박함을 멈추어 붙들어놓기를"이라고 했지요.

미셸 주베 리옹제1대학 교수이자 임상의로서 프랑스 과학아카데미 회원이고 프랑스 국립과학연구센터 금메달 수상기도 했다. 그는 역설수면을 처음으로 발견함으로써 수면의 생리학 연구를 완전히 쇄신했고 수면의 뉴런 메커니즘과 기능에 대해서도 탐구했다. 미셸 주베는 시인이자 작가이기도 하다. 『꿈의 성』, 『수면과 꿈』 외에도 여러 작품들이 있다.

6장

뇌 여행도 식후경

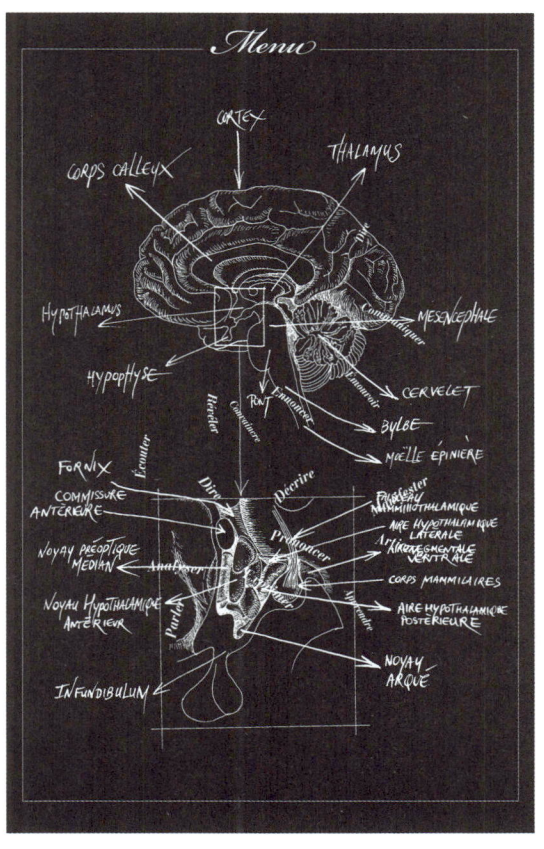

"나의 초는 양끝으로 타네,
저 초가 밤새 타지는 못하리,
하지만 친애하는 벗들이여, 친애하는 원수들이여,
저 초가 타는 모습을 보시라고요!"
에드나 세인트 빈센트 밀레이, 『첫 번째 무화과』

프로이트와 주베는 수면 연구의 길잡이였다. '먹는다'는 행위에 대해서는 환대하는 집주인들 중에서도 가장 붙임성 좋은 이, 앙텔름 브리야사바랭*의 후견을 제안한다.

침실에서 나가 식당으로 건너가기 전에 먼저 이러한 이동이 아주 쉽지만은 않다는 걸 알아두자. 브리야사바랭의 말대로라면 "먹고자 하는 욕구가 있는 사람은 잠들 수 없다. (……) 반대로 식사를 하면서 절제의 선을 넘어버린 사람은 즉시 곯아떨어진다." 잠이 그렇듯이 먹는다는 일도 우선은 에너지 소비의 문제다. 우리는 이것을 '신진대사'라고 부른다. 음식을 먹는 사람의 뇌에서 무슨 일이 벌어지는지 알려면 화학을 약간 알아야 한다. 라부아지에의 촛불처럼 자신의 생명력을 불태우는 인간

---

* 앙텔름 브리야사바랭은 18세기 말의 프랑스 법관으로 유명한 미식가였다. 저서로 『미각의 생리학』이 있다.

신체의 화학에 대해서 말이다.[1]

육신과 음식

"삶이 아니면 우주는 아무것도 아니요, 살아 있는 모든 것은 먹어야 한다."
브리야사바랭, 『아포리즘 2』

'먹는다'는 행위는 먼저 신체의 에너지 소비와 그에 부응해야만 하는 '육신의 요구들'을 참고하지 않는 한 이해될 수 없다. 에너지의 교환과 변형이 없으면 생명도 없다. 동물을 포함하여 모든 생명체는 '열린 체계'다. 다시 말해, 이들은 두 가지 근본 원칙에 입각하여 물질과 에너지를 환경과 상호교환한다. 그 근본 원칙의 첫 번째는 '질량 보존의 법칙'이다. 모든 생명체는 물질을 창조하거나 파괴하지 않으며, 성장기와 체중증가기를 제외하면 들어오는 것과 나가는 것이 동일하다. 두 번째는 '에너지 보존의 법칙'이다. 질량의 경우가 그렇듯이, 들어오는 에너지와 다양한 저장고들로 빠지는 에너지는 거의 같다. 동물의 에너지는 기본적으로 화학에너지에서 비롯되는데, 에너지의 대차대조표와 물질의 대차대조표는 항상 동일하다.

생명을 불에 비유하는 것은 어불성설이다. 생명체에서는 아주 작은 불꽃도 찾을 수 없다. (은유적으로) 그런 불꽃을 찾는다고 해도, 그건 사랑하는 이에게나 사르는 불꽃일 뿐이다. 동물 세포에서는 에너지원에 대한 연소가 그렇게 불처럼 일어나지 않는다. 여기서 배출되는 에너지는 너무나 중요하다. 그래서 에너지가 실제로 사용될 수 있으려면 에너지

배출이 분할되어야만 한다. 이러한 현상은 최초의 에너지원(지질, 탄수화물, 단백질)의 잠재적 화학에너지가 차츰 아주 적은 에너지를 실은 분자로 전이됨으로써 이루어진다. 이러한 분자들은 다시 특정 세포들(근육 세포, 분비세포, 뉴런 등)의 요구에 따라서 지엽적으로 소량의 에너지를 배출한다. 마지막으로, 동물은 다른 동식물이라는 생명체를 먹음으로써 이미 정교하게 조직된 생체 분자의 화학에너지를 취한다. 우리는 이러한 성질을 '종속영양'이라고 한다. 반면에 식물은 스스로 생체분자를 만들어내는 '독립영양'의 방식을 취한다. 동물의 생체는 식물이 만들어낸 에너지를 주로 살덩이의 형태로 자기 안에 채우고 나머지 일부는 노동의 형태로 돌린다.

 에너지 전달물질의 역할은 ATP가 맡는다. 이 분자는 인을 기본으로 하는 화학적 연결과 풍부한 에너지 연결을 담당한다. 그 연결이 끊어지면서 세포는 자기가 필요로 하는 에너지를 공급받는다. 에너지 물질과 산소는 각각 영양과 호흡에 동원된다. 동물의 왕국에서 먹기와 숨쉬기는 공통적인 최우선 과제다. 영양과 호흡이라는 두 파트너는 서로 차별된 관리를 받는다. 산소가 결핍되면 생명이 끊어지지만 영양 공급이 중단되어도 세포들은 몸 안의 저장고에서 에너지 물질을 계속 끌어올 수 있다. 동물의 생체는 항상 자신이 소비하는 것을 감당하기 위해 저장고를 뒤진다. 영양을 공급하는 행위는 '주기적으로' 그 저장고를 채운다. 이러한 주기성은 연료 사용의 두 단계, 즉 식후의 '포만'과 '단식'을 조건화한다. '단식'이라는 용어는 아주 적절하지 않다. 아까 먹은 것이 아직도 위장에 있는데 단식이라고 말할 수 있는가? 식후 단계에서 음식물은 소화관을 거쳐 포도당, 트라이글리세라이드, 지방산, 아미노산 등의 '양분'의 형태로 혈관에 들어간다.[2]

영양 흡수 단계에서 생체는 포도당을 즐겨 사용한다. 혈관 내 포도당의 농도는 안정되어 있으며 낮 동안에 아주 약간씩만 변동한다. 뉴런을 비롯한 일부 세포들은 연료로서 포도당밖에 '때지' 않기도 한다. 또한 우리는 뇌에서 포도당의 소비를 측정하고 뇌가 다양한 기능을 수행하는 동안 그 양상이 어떻게 변하는지 관찰할 수도 있다. 일례로 수면상태의 뇌에서는 포도당 소비가 급격하게 떨어진다.

여분의 당은 세포 사이의 글리코겐[3] 형태로 쌓이거나(특히 간이나 근육에), 트라이글리세라이드로 변하여 저장된다. 포도당이 지방으로 변하는 것은 간이나 지방세포[4]에서 일어나는 일이다. 섭취한 단백질이 소화되면서 발생한 아미노산은 세포 구조, 특히 근육세포 구조를 항구적으로 쇄신하는 데 쓰인다. 아미노산의 잉여분도 간에서 변형되었다가 저장고의 트라이글리세라이드 합성에 참여한다. 마지막으로, 동물이 섭취한 지방에서 발생한 트라이글리세라이드는 그 상태 그대로 지방세포에 쌓인다. 요약하건대, 식사 후 단계에서 인체는 먹은 것을 '소비'하고 '저장고를 채운다.'

이 단계를 췌장에서 분비하는 호르몬인 인슐린이 다스린다. 인슐린은 기본적으로 세포에 포도당과 아미노산이 들어갈 수 있도록 문을 열어주는 역할을 한다. 이렇게 해서 세포 간 상호작용이 포도당과 아미노산을 개입시키고 탄수화물, 지질, 단백질 거대 분자들을 합성할 수 있도록 돕는 것이다.

인슐린은 전반적으로 포도당과 금세 산화되거나 저장될 목적의 작은 분자들의 사용을 도모한다. 역으로 인슐린은 거대 분자에서 그러한 작은 분자들이 만들어지는 작용은 억제한다. 이것이 바로 저혈당이다.

혈당이 높아지면—특히 식사 후의 영양 흡수 단계에서—췌장의 베타세포가 인슐린을 분비한다. 그러니까 인슐린은 식후 시간에 나오는 에너지 저장 호르몬이다. 인슐린이 나오지 않으면 혈당이 높은 것이다. 포도당이 사용되고 제대로 저장되지 않아서 오줌으로 당이 배출되기도 한다. 혈당이 어느 선을 넘어가버리면 이러한 당뇨가 나타난다. 고혈당과 당뇨는 췌장 내분비 이상으로 인슐린이 분비되지 않아서 일어나는 당뇨병의 주요한 두 가지 생체 신호다. '당뇨병'이라는 용어는 이 질환이 소변양의 증가를 동반함을 의미한다(인체는 높은 혈당을 희석하기 위해 당이 섞인 소변을 많이 배출하게 된다).

단식기에는 생명과 병존하는 에너지 흐름을 유지하기 위해 상황이 역전된다. 이때에는 우리가 흔히 '지방'이라고 부르는 축적된 지질을 사용하고 아미노산으로 포도당을 합성하는 것이 관건이다. 지방과다는 과체중, 나아가 그보다 심각한 비만으로 이어진다. 물론 단식기에 분비되는 호르몬들도 있다. 그중 대표적인 것은 췌장에서 분비되기는 마찬가지지만 인슐린과 정반대의 작용을 하는 글루카곤이다. 글루카곤은 지방을 동원하여 노동시장에 포도당을 내어놓는 역할을 한다.

방문객은 뇌를 구경할 심사로 왔는데 육신과 음식에서 헤매는 꼴이 되었으니 이러한 분자들 이야기가 싫증날 법도 하다. 나는 이제 무르고 보드라운 지방에 파묻혀볼 것을 제안한다. 그 보드라움이 이따금 비극의 전조가 되기도 하지만 말이다.[5]

지방에 대하여

"지방은 여성의 몸에 남성의 몸과는 다른 매혹적이고 푸근한 곡선을 그린다. 지방은 여성의 무릎에 고유한 요철을 그리고, 엉덩이의 곡선을 그리며, 옆구리의 홈을 채우고, 허리의 마름모꼴과 목에 우아하고 둥그스름한 느낌을 더한다. (……) 지방의 정상적인 축적은 형태를 에워싸거나 통통하게 만든다."

알프레드 비네, 『여성의 몸매』

지방은 여성의 곡선미를 그려내고 남성의 애욕을 부채질한다. 추위에 얼얼해진 몸을 다시 데워주는 따사로운 지방. 우리네 미각을 매혹하는 작은 멧새고기와 큼지막한 크리스마스용 수탉 요리의 촉촉한 지방. 하지만 비만환자를 순교자로 삼고 우리의 세포를 못 쓰게 망치는 죽음의 지방도 빼놓을 수 없다.

지방은 그저 동물성 기름이 아니다. 설화석고처럼 하얀 돼지기름으로 정육점의 예술가들은 '걸작'을 조각한다. 지방은 다이어트로 치워버려야 할 거추장스러운 잉여분이 아니다. 지방은 메커니즘에 따라 기능하는 명실상부한 하나의 조직이고 기관으로 간·신장·폐와 어깨를 나란히 할 수 있다. 그리고 뇌는 그러한 신체 메커니즘에서 중심을 차지한다. 마지막으로, 지방조직은 혈액에 '렙틴'이라는 호르몬을 배출하는 내분비샘이기도 하다. 렙틴은 여러 가지 작용을 하는데, 그중 하나가 식욕 조절이다(뒤에 나오는 상자글 참조).

지방조직은 소위 '아디포사이트(지방세포)'라고 하는 거대한 세포들로 이루어져 있다. 지방조직은 신체 여러 부분에 있다. 피부 밑에 있는 지방조직은 육감적인 여성의 몸매를 만든다. 지방은 비너스의 신체기관이라고 해도 과언이 아니다. 눈 아래 애교살을 만들고, 가슴을 봉긋하게 부풀리며, 골반을 둥글게 하는 것이 모두 지방의 재주다. 또한 인간의 전유물인 배腹도 지방으로 이루어져 있다. 지방조직은 여성의 피부 밑에 고루

우리 몸의 지방조절기, 렙틴

렙틴은 사이토카인계열에 속하는 단백질이다. 렙틴은 1994년 J. M. 프리드먼의 연구팀이 비만 쥐를 대상으로 유전학적 연구를 하던 중에 처음 발견했다. 주로 백색지방조직에서 분비되는 이 호르몬은 시상하부와 생식기관에 있는 OB-R 수용체에 결합하여 작용한다.

렙틴은 일종의 '지방조절기'처럼 작용한다. 지방질이 커지면 렙틴도 늘어나서 에너지 투입을 떨어뜨리고 아디포사이트의 지방 함유량이 줄어들면 렙틴도 감소한다. 그러니까 뚱뚱한 사람은 렙틴이 많이 분비되고 거식증 환자는 렙틴이 적게 분비되는 것이 당연하다. 반면에 뚱뚱한 사람은 렙틴이 많이 분비되는데도 여전히 음식을 많이 먹게 된다는 점은 꽤나 역설적이다. 뚱뚱한 사람의 경우에는 렙틴에 저항하는 (반응하지 못하는) 어떤 과정이 작용할 수도 있겠다.

렙틴은 시상하부 생식선 축에 작용하여 성욕 조절에도 개입한다. 렙틴이 많이 분비된다는 것은 에너지가 충분히 쌓여 있으므로 생식 활동이 가능하다는 신호다. 그러므로 렙틴은 성욕에 이롭다. 이로써 자연 상태에서는 다소 뚱뚱한 사람이 성적인 면에서 유리하다는 사실을 엿볼 수 있겠다.

운반물질을 통해 혈관뇌장벽을 넘어온 렙틴을 우리는 시상하부에서 다시 살펴보게 될 것이다.

퍼져 임신으로 인한 에너지 손실을 보충한다. 태아 때 영양을 충분히 공급받지 못하면 나중에 비만이 된다는 주장에 귀를 기울여보자. 인간에게 배는 즉시 써먹을 수 있는 에너지 저장고다. 인간의 조상은 사냥꾼이었으므로 언제나 써먹을 수 있는 비상식량을 잘 싸서 가지고 다녀야 했다. 실제로 복부지방은 피하지방보다 세 배는 더 빨리 사용되고 대체될 수 있다.

성년에 이른 인간에게 지방이 너무 많다는 것은 아디포사이트의 크기가 그만큼 커졌다는 뜻이다. 뉴런이 그렇듯이 아디포사이트도 일단 태어나고 나면 더 이상 분화되어 수가 늘어날 가능성은 없다.[6] 신경계에서처럼 지방조직에도 없어진 아디포사이트를 대신할 수 있도록 분화 가능성을 계속 간직하는 일부 줄기세포들이 있다. 그럼에도 지방세포들이 어느 무게 이상으로는 지방을 저장할 수 없다는 말은 사실이다. 이 지방조직이 어떤 식으로든 넘쳐버리면 잉여지방산이 근육세포와 간세포에 붙어서 인슐린에 저항하는 유해한 효과를 일으킨다. 이러한 인슐린은 제2형의 당뇨병을 일으키는 원인이다. 이러한 치명적 당뇨병은 비만이 가는 곳마다 따라다니는 그림자와 같다(186쪽 '비만에 대하여' 참조).

지방덩어리는 성인 몸무게의 15~20퍼센트를 차지하며 영양 공급량과 에너지 소비량 사이에는 항상 괴리가 있게 마련임에도 불구하고 대단히 안정적인 비율을 유지한다. 결국 오랜 기간에 걸쳐 계산하면 영양 공급량과 에너지 소비량은 거의 동일한 셈이다. 지방은 영양 공급이 중단되었을 때 (사람이 먹기만 하면서 살 수는 없으므로) 손실분을 보충하는 에너지 저장고이자 영양이 과도하게 공급될 때 잉여분을 축적하는 역할을 한다. 일종의 완충장치라고나 할까?

에너지 대차대조표의 조율을 이해하기 위해서는 하루하루의 통제와 장기적으로 행사되는 통제를 나누어 생각하는 게 좋겠다. 우선 하루하루의 통제는 인슐린의 작용에 근거한다. 앞에서 보았듯이 인슐린은 세포 내 당의 침투와 사용에 관여한다. 인슐린은 아디포사이트에 저장고를 만드는 데에도 관여한다. 인간은 낮에 활동하는 동물이고 인슐린은 무엇보다도 낮에 개입한다. 낮에는 호르몬 수용체의 민감도가 높아진다. 식사가 중요한 이유는 식사와 식사 사이의 임의적 간격을 조건화하기 때문이다. 그러한 시간적 간격을 두는 동안에 인슐린은 식사를 통해 공급된 연료를 사용하고 저장하는 이중 작용을 펼친다. 반면, 밤에는 세포의 인슐린 감도가 약해지고 에너지에 대한 요구도 줄어든다. 생체는 더 이상 저장을 하지 않고 낮 동안 축적해놓은 지방을 방출한다.

'자연적 흐름', 다시 말해 컴컴한 지하 동굴에 갇혔을 때처럼 시간적 지표가 완전히 사라진 상황에서는 식사 시간이 자연스럽게 식사량과 식사 후의 공백기에 따라서 이루어진다(우리가 흔히 생각하는 것처럼 그 반대가 아니다).

식사 시간을 잘 지키는 습관은 아마도 '프랑스인들의 역설'—프랑스 사람들은 식도락을 즐기지만 다른 나라 사람들처럼 비만 인구가 심각하지 않다—의 숨은 비결일 것이다. 밤새 아무것도 먹지 않지만 아침은 아주 조금 먹고, 오전이라는 비교적 짧은 간격을 두고 점심을 먹는다. 정오에 대체로 푸짐하게 점심을 먹고 다소 긴 간격을 둔 후에 밤이라는 긴 공백기를 준비하듯이 성대한 저녁식사를 한다.[7] 르 마냥에 따르면 "식사와 식사 후 공백기를 조절하지 않는 것이 인간의 섭생 조절 실패의 원인이 될 수 있다"고 한다. 십이지장 점막세포에서 분비되는 호르몬 콜레시스토키닌은 미주신경 반사를 일으킨다. 이는 곧 음식을 먹게 하는 신호들을 강력하게 억제하는 역할을 한다는 뜻이다.

지방질에 대한 장기적 조절은 렙틴의 발견으로 이해할 수 있게 되었다. 아디포사이트는 지방 함유량에 비례하여 렙틴을 혈액에 방출한다. 이 호르몬의 가장 주된 효과는 우리가 곧 방문하게 될 시상하부의 식욕중추를 억제시킨다는 것이다.

지방질 조절에는 그 밖에도 여러 요인들이 직접적으로 혹은 시상하부를 매개로 관여한다. 그러한 요인들은 시상하부에서 식욕을 자극하여 생명체가 음식을 먹도록 직접적으로 작용할 뿐만 아니라 지방 분해를 억제함으로써 지방 형성에 작용하기도 한다.

그렐린은 새롭게 발견된 펩티드다. 그렐린은 식욕을 자극하는 유일한 호르몬이며(식욕증진 효과) 체중을 증가시킨다. 28개의 아미노산으로 구성된 이 호르몬은 위장벽과 내장벽 세포에서 분비된다. 그렐린은 소화운동성과 배가 고프다는 감각에 작용하여 뇌가 이제 식사를 할 시간이라는 신호를 보내고 생명체로 하여금 음식을 찾게 한다. 장기적으로 그렐린이 체중에 미치는 실질적 조율 작용은 아직 잘 알려지지 않았다. 어쨌든 그 작용은 인슐린과 렙틴의 식욕부진 효과와 상반된다. 마지막으로 그렐린은 비만치료에서 위 절제수술이 왜 좋은 효과를 가져올 수 있는지 해명해준다. 사실 위 절제수술은 우리가 언뜻 생각하는 것처럼 음식물을 잘 흡수하지 못하게 해서 효과가 있는 게 아니라, 위가 줄어든 만큼 그렐린의 분비량이 떨어지기 때문에 효과가 있는 것이다. 적어도 오늘날 풍보 소리를 듣는 가엾은 여성은 먹는 걸 참아서 날씬해지기는 너무나 힘들지만 외과수술이라는 극약처방이 인생을 무겁게 짓누르는 지방덩어리를 덜어준다는 사실을 알고 있다. 알약 한 알로 비만이라는 재앙을 해결할 수 있게 될 그날이 오기 전까지는 말이다.

비만에 대하여

비만은 신체적·의학적 현실이지만 타인의 시선을 결정짓는 동시에 그 시선에 의해 결정되는 겉모습이기도 하다. 이러한 의미에서 여성의 몸과 남성의 몸은 동일한 사회적 대우를 받는 게 아니다. 뚱뚱한 사람들이 있는 게 아니라 뚱뚱한 남자들이 있고 뚱뚱한 여자들이 있다! 프랑스의 사회학자 클로드 피슐러는 『식인』에서 그 다양한 표상들을 섬세하게 분석했다. 그는 '순둥이 뚱보'와 '못된 뚱보'를 구분한다. 순둥이 뚱보는 왠지 호감이 가고 '덩치만큼 마음도 넉넉한' 뚱보다. 못된 뚱보는 뚱보에 찍힌 사회적 낙인들을 몽땅 짊어지는 사람이다.

우리의 식도락가 브리야사바랭은 이미 19세기 초에 뱃살 두둑한 부르주아 뚱보와 비만이 지닌 사회적 의미들을 분별할 줄 알았다. 그는 쾌락과 그로 인한 의존성의 역할을 보여주고 그때 이미 그 자신이 질병으로 생각하던 것들의 유전학적 원인을 강조함으로써 처음으로 원인론적 분석을 전개한 인물이다(당시에는 '유전학'이라는 낱말 자체가 없었다). 농담을 할 줄 알면서도 준엄하기 그지없었던 이 행정관은 비만을 의학적 시선으로 바라보았다. "각 사람이 그 정확성을 확인할 수 있는 일련의 관찰들에 따르면, 비만의 주요 원인을 지적하기란 어렵지 않다. 첫 번째 원인은 개인의 타고난 기질이다. 비만 인구의 대부분은 특정한 체질을 타고난다. 그들의 생김새를 보면 그러한 체질의 자취가 있다. 폐병으로 죽은 사람 100명 중 90명은 갈색머리에 얼굴이 길고 코끝이 뾰족하다. 뚱뚱한 사람 100명 중 90명은 얼굴이 짧고 눈이 동그랗고 코끝이 뭉툭하다. 그러므로 살이 찌기 쉬운 체질은 분명히 존재하며 그런 사람의 소화 능력은 다른 사람보다 체지방을 더 많이 만들어내게끔 되어 있는 것이다."[9]

오늘날 지나친 비만으로 인한 사망은 비단 선진국뿐만이 아니라 전 세계를 후려치는 대재앙이 되었다. 21세기형 인간에게 '식욕은 별로다.' 게다가 비만은 '식욕이상'의 유일한 형태도 아니다. 거식증과 신경성 과식증과 그 밖의 다양한 섭식장애들은 오늘날 어엿한 심리적 질환으로 여겨지고 있다.

비만은 비만도BMI가 얼마나 높은가로 정의된다. 비만도는 키를 제곱한 값에 대한 체중의 비율이다. 비만은 종종 심혈관계 질환이나 제2형 당뇨병과 함께 나타난다. 이 문제에 대해서는 신진대사 이상, 즉 과체중, 인슐린 저항성, 높은 혈압, 제2형 당뇨병과 관상동맥성심장질환을 일으키기 쉬운 환자의 체질 등을 이해하는 조건을 논할 수 있다. 이러한 질환을 앓는 인구 비율은 미국과 유럽에서 특히 위험한 수준에 도달해 있다. 미국의 경우에는 1999년부터 2000년 사이의 조사에서 성인 인구의 30퍼센트가 비만이었고(비만도 30 이상), 60퍼센트 이상이 '과체중'(비만도 25 이상)이었다. 세계보건기구는 전 세계에 과체중 인구가 10억 명 이상이라고 추산한다. 그중 적어도 3억 명은 임상적 의미에서 비만 인구다. 최근의 연구는 비만이 평균수명을 상당히 감소시킨다는 사실을 보여주었다. 비만 위험은 과체중에 접어들면서부터 나타나고 비만도가 높아질수록 커진다. 이렇게 불안한 역학적 상황은 청년 인구에서 청소년 인구까지 점차 확대되고 있는 비만을 중대한 공공보건 문제로 부각시킨다.

시상하부 레스토랑에서 할 이야기를 미리 꺼내보자면, 비만의 드라마는 지방보다는 뇌에서 펼쳐진다고 하겠다. 물론 지방은 합병증과 관련해서 가장 주요한 집행자이기는 하다. 신체 공간의 소리에 끊임없이 귀 기울이는 뇌는 결국 우리 정신이 포섭하는 물체(지방, 간, 근육)와 하나일 뿐이다. 나는 우리의 육체를 관리하는 '기름진 뇌'에 대해 이야기해볼 것을 제안한다. 우리의 정신적 존재는 다른 뇌가 다스리는 것처럼 말이다.

시상하부는 에너지 신진대사 '조절의 모母장치'다. 음식물을 통해 섭취하는 칼로리와 궁극적으로는 육신의 생산으로 귀결되는 에너지 소비의 균형을 맞추는 것이다. 어째서 섭생행위는 그토록 통제하기가 힘들까? 중추신경계와 말초신경계의 복잡함을 고려하건대, 통제하기가 쉽다면 오히려 그게 더 놀랄 노릇이다. 대부분의 성인이 평생 어느 정도 적절한 몸무게로 살아간다는 사실은 차라리 기적이다. 진화는 이를 위해 다양한 호르몬 신호들을 마련했다. 그러한 신호들은 혈액을 통해 혹은 미주신경을 매개로 전달되고 미주신경은 시상하부에 영양소의 존재 여부와 지질저장고의 상태에 대한 정보를 준다. 오늘날에는 혈당수용체와 아미노산수용체 세포 개념을 끌어들여 뇌 그 자체에 당분과 지방산의 물질대사를 포함하는 신진대사 신호들이 있다는 사실도 밝혀냈다.

비만의 시상하부 회로에서는 '멜라노코르틴'이 주역이다. 이 뉴로펩티드의 수용체인 MC4R 유전자에서 일어난 변이가 유전성 비만의 가장 흔한 원인이다. 뉴런의 가소성 현상과 연관된 멜라노코르티코트로프 회로의 시냅스 개편도 일부 비만의 원인이 되곤 한다.

지나치게 높은 농도의 렙틴 분비도 렙틴 저항성(렙틴에 정상적으로 반응하지 않는 것)의 원인일 수 있다. 제2형 당뇨병에서 인슐린 길항작용이 나타나는 것처럼 말이다.

오늘날 중추신경계와 말초신경계의 내인성 카나비노이드에 대한 연구는 그러한 물질이 섭생행위의 통제와 에너지 소비에 어떤 역할을 미치느냐에 집중되어 있다. 치료 목적으로 카나비노이드의 수용체인 CB1R에 대해서만 작용하는 길항제를 사용한 결과, 음식을 먹는 행위는 급속하게 줄어들고 과다체중이 안정적으로 감소하여 신진대사 이상에 놀랄 만한 개선 효과가 나타났다. 리모나반트라(SR 141716)는 이 길항제는 현재 '아콤플리아'라는 상품명의 약으로 나와 있다.

마지막으로, 먹는다는 행위가 쾌락의 원천이자 보상체계의 강력한 활성제라는 점은 무시할 수 없다. 이 말인즉슨, 먹는다는 행동에 중독될 수도 있다는 말이다. 게다가 비만과 쾌락의 관계는 항상 동일하지 않다. 너무 많이 먹고 뚱보가 되는 것과 죽도록 쾌락을 누리는 것 사이에는 결코 넘을 수 없는 간극이 있다. 맛난 것을 좋아하고 사는 게 즐거운 '마음씨 좋은 뚱보'는 의사들이 우리에게 경계하라고 가르치는 비만의 이미지와 정반대다. 그러나 모든 의사들이 다이어트를 코란처럼 내세우는 테러리스트들은 아니다. 뒤에 나오는 포커스에서 제라르 슬라마 박사는 여러분에게 오히려 그 반대 이야기를 들려줄 것이다.

어느 한쪽으로만 치우치지 않기 위해서 여러분에게 부분적 혹은 전체적 지방손실로 인한 질환들도 논했더라면 좋았을 것이다. 이러한 환자들은 단순히 말라빠진 정도가 아니라 체지방이 아예 없다. 다시 말해 뼈와 가죽과 근육만 남아서 괴물 같은 형상이 되어버리는 것이다. 역설적으로, 이 환자들도 비만 환자들과 똑같이 인슐린 저항성과 제2형 당뇨병을 보인다. 그들에 대한 연구는 어떻게 해서 비만 환자들의 경우나 지방손실 환자들의 경우나 마찬가지로 지방산이 적절한 저장고를 찾지 못하여(비만 환자들의 경우에는 지방이 포화상태이기 때문이고 지방손실 환자들의 경우에는 지방이 아예 없기 때문이지만) 근육세포와 간세포에 쌓이고 나아가 그 세포들이 인슐린에 반응하지 않는 지경에 이르게 하는지 이해하게 해준다.

뇌의 방문객이여, 식탁에 앉을 시간이니 나는 이만 물러난다. 이제 여러분을 슬라마 교수에게 맡기겠다. 휴머니스트이자 식성 좋은 의사인 그는 나와의 우정을 생각해서 상당히 뛰어난 글을 써주었다. 지방성 당뇨병을 다룬 경험에서 우러난 글이기는 하지만 그렇다고 해서 그 글이 여러분의 밥맛을 떨어뜨리지는 않을 것이다.

Focus 4
당뇨병은
진화의 막다른 골목을 보여주는
사례인가?

제라르 슬라마
(파리 오텔 디외 병원, 의대 교수)

이미 드러난 재앙들에 편승하는 새로운 역병이 인류를 위협하는 듯합니다. 바로 당뇨병의 유행입니다. 예견되었던 대로, 당뇨병은 영양 섭취에 원인이 있고 비만과 관련이 있기 때문에 주로 선진화된 산업국가들에 퍼져 있습니다. 그런데 발병인구의 비율로 보아서 선진국 수준은 아닐지라도 개발도상국이나 후진국에까지 이 병이 퍼져 있다는 사실은 일견 더욱 놀랍습니다. 개발도상국이나 후진국으로 갈수록 인구가 많기 때문에 결과적으로 전 세계 당뇨병 인구는 굉장히 많습니다. 현재 전 세계 당뇨병 환자의 수는 1억 5,000만 명에서 2억 명 정도로 추산되며 2025~2030년에는 3억 명에서 3억 2,000만 명 수준으로 늘어날 것으로 전망됩니다. 우리는 당뇨병이 10~15년 정도 진행되면 개인에게 끔찍한 장애(실명, 신체절단, 신장부전)를 초래하며 심혈관계 질환(심근경색, 급사, 뇌혈관질환)의 사망률을 높인다는 것을 압니다. 그러므로 당뇨병은 개인과 그 가족에게, 또한 사회적으로나 건강비용이라는 면에서나 매우 무거운 짐입니다.

제2형 당뇨(옛날에는 성인 당뇨, 지방성 당뇨 혹은 인슐린 비의존형 당뇨라고도 불렀지요)는 비록 생리병리학적 메커니즘은 완벽하게 밝혀지지 않았을지언정 그 결정요소들이 충분히 확인되었기 때문에 특히 중요합니다. 그 결정요소들을 살펴보면 다음과 같습니다.

- 인슐린을 분비하는 췌장 세포의 기능을 조건화하는 데 중요한 역할을 하는 유전성입니다. 아마도 특정 유형의 비만 체질이라고 할 수 있겠지요.
- 농촌 인구의 대대적인 도시 유입도 하나의 결정요소입니다. 이에 따라 늘 앉아 있기만 하고, 고된 육체노동은 감소하게 됐지요.
- 서양에서 대대적으로 생산되고 남아도는 식품을 수입함으로써 얻게 된 식생활의 편의성도 결정요소 중 하나입니다.
- 마지막으로, 평균수명이 계속 늘어남으로써 빚어진 인구노령화입니다.

이상의 것들이 가장 중요한 요인들입니다. 이러한 요인들이 모두 합쳐져 과체중은 명백한 비만으로 진전되고, 나아가 인슐린 저항성이라는 위험한 현상을 보이는 고도비만에까지 이르게 되는 겁니다. 혈액 내 포도당 농도가 높아지는 현상은 오로지 인슐린 분비가 잘 되지 않기 때문에 일어납니다. 그러므로 당뇨는 두 가지 이상으로 발생하는 것이지요. 혈당조절 호르몬인 인슐린 분비에 이상이 있거나, 그 인슐린의 작용에 생체가 저항을 하여 세포들이 그 저항을 극복하려면 훨씬 더 많은 일을 해야 하지요. 더 많이 일해도 완전히 극복할 수도 없고요.

당뇨병 치료는 모든 국립 의료단체 및 국제단체에서 말하는 대로 무엇보다 생활습관을 고치는 것이 중요합니다. 영어식으로 말하자면 '라이프스타일'을 바꿔야 하고, 프랑스식으로 말하자면 '당뇨 관리 수칙'을 따라야 하는 겁니다. 이건 다소 엄격할 수도 있고 선택적일 수도 있지만 결국 절제할 것을 절제하여 과체중을 막아야 한다는 뜻입니다. 어떤 경우에서든지 식습관을 고치고 실내에만 처박히는 생활을 '건강을 위해 움직이는' 활동적 생활로 바꾸어야 합니다(흡연자라면 담배와의 전쟁이 심혈관계 질환을 예방하는 기본이자 인슐린 길항작용을 바로잡는 데에도 기본이 될 것입니다). 이러한 설교로 부족하다면 혹은 너무 늦었기 때문에, 그런 수칙만으로는 너무 불완전하기 때문에, 그 수칙들을 제대로 지키지 않았기 때문에 부족하다면, 나날이 풍성해지고 있는 약(경구용 당뇨 치료제, 인슐린 피하주사, 고지혈증 치료제, 고혈압 치료제)에 기대야만 합니다. 당뇨병이 유행할 것이라는 예측은 많은 연구를 낳았으며 제약회사들은 새로운 성분을 점점 더 비싼 값의 약으로 내놓고 있습니다. 신약을 개발하려면 연구비가 많이 들고 권위 있는 학회 등에 등록도 해야 하니까요. 시장이 발전의 원동력이 되는 것은 인정하겠습니다만, 과연 누가 이 모든 발전의 혜택을 누릴 수 있을까요?

당뇨병은 진화의 막다른 골목일까요?

우리가 보았듯이 제2형 당뇨병은 유전적 기질과 상황에 맞지 않은 사회적·영양학적 행동양식 때문에 발생합니다.

● **당뇨병이 되기 쉬운 체질은 인류의 유전적 선택이 낳은 결과일 것입니다.**

당뇨병의 유전적 특징은 꽤 많은 사람들이 지니고 있는데요, 아마 전체 인구의 30퍼센트는 족히 될 겁니다. 하지만 그러한 체질이라고 해서 모두 살아가는 동안 반드시 당뇨병으로 발현되지는 않으며 상황에 따라 다릅니다. 유전적 토대를 분명히 지목하지 않으면 병에 걸리는 비율을 정확하게 추산하기는 힘들지요. 게다가 제2형 당뇨병은 확실히 여러 가지 원인이 작용하는 병입니다. 이 점을 확인할 수 있는 증거를 들면, 섬에 살거나 넓은 땅에서 자급자족과 족내혼을 하는 어느 소수민족의 경우에 당뇨병 발생률이 전체 인구의 25~30퍼센트, 60세 이상 인구에서는 60~70퍼센트까지 나타납니다. 유럽을 예로 들면, 65세 이상 인구의 25~30퍼센트에게 당뇨가 있지요. 이러한 데이터로 미루어 보건대, 당뇨가 되기 쉬운 체질은 종의 생존에 유리하다는 가설을 세울 수 있습니다. 오늘날에는 질병 취급을 받지만 아주 오래전에는 체중이 떨어지지 않고 불어나기 쉽게 함으로써 먹을 것이 없는 기간에도 생존에 유리하게 작용했던 게지요. 이러한 의미에서 '절약유전자$^{thrifty\ gene}$'라는 설명적 가설이 나왔습니다. 원래는 유리한 유전적 기질이었지만 수백만 년 동안 인간이 진화하면서 오늘날에 이르러서는 당뇨라는 무서운 병에 걸리기 쉬운 기질이 되었다는 것이지요.

- **인구노령화의 이면도 고려해야 합니다.**

당뇨병은 우리가 보았듯이 노년층이 걸리기 쉬운 병입니다. 인간은 지속적으로 평균수명이 연장되어왔고 지금처럼 인간이 오래 산 적은 없지요. 그러니까 진화라는 관점에서 보면 아주 짧은 기간 동안, 그것도 지극히 상대적으로 인류는 질병이나 노쇠로 인한 죽음의 자연적 선택이라는 법칙에서 부분적으로 벗어난 셈입니다. 노선이 수정되어 이 법칙이 슬슬 다시 적용될까요? 선진국에서 평균수명이 다시 떨어지게 될까요?

● 수천 년 동안 인간은 배가 고프다고 해서 일상적으로 음식을 먹을 수 없었습니다. 하여 먹을 수 있을 때 먹어두는 것이 살아남기 위한 수칙이었지요.

까마득한 옛날부터 인간은 싸워야 했습니다. 때로는 필사적으로 주변의 위협을 피하고 그날그날의 양식을 구하고자 싸워야 했지요. 먹을 것이 풍성한 철에는 채집과 수렵으로 살았지만 그렇게 사정이 좋지 않은 계절이나 척박한 지역에서 먹을 것이 없는 시기가 꽤 길어지면 굶어죽을 수도 있었습니다. 인간은 정착하고 경작을 하거나 가축을 키워서 보다 안정적인 해법을 찾았습니다. 하지만 산다는 건 그리 호락호락하지 않았고 그 해법도 항상 통하지는 않았기에 탐욕과 전쟁이 일어났습니다. 대체로 제2차 세계대전까지는 개인은 먹을 수 있는 한 최대한 먹어두는 게 중요했습니다. 음식이 귀하고 비쌌기 때문에 먹는 행위는 일상이 아니었던 겁니다. 게다가 선택의 여지가 있는 한, 칼로리가 높고 저장하기 쉬운 음식, 가능한 한 지방질이 풍부한 음식을 선호했지요(비계와 기름이 희귀상품이던 시절이었습니다). 선사시대 인간의 영양 토대는 주로 곡물, 씨앗, 열매로 이루어져 있었고 풍족할 때에는 들짐승과 물고기도 가세했지요. 지방이 차지하는 비중은 일상적으로 섭취하는 칼로리의 25퍼센트를 넘지 않았습니다(하지만 지금은 45~55퍼센트에 달합니다).

1950년대부터 시골의 농업은 공업 활동으로 대체되었습니다. 반면 농업생산성은 2배, 아니 4배까지 높아져서 밀과 그 밖의 곡식, 고기와 우유, 식물성 기름이 남아돌 정도로 생산되었지요. 1900년대에 햄 한 조각을 얻는 데 1~2시간이 걸렸다면 지금은 고작 몇 분으로 충분하다는 말입니다. 인류 전체가 풍요로운 영양을 누릴 수 있게 되었습니다. 오늘날에는 사회기반시설이 부족한 나라, 사욕을 채우는 데 급급하거나 최악의 경우에는 대량살상을 낳을 수 있는 행동을 하는 정치적 지도자의 나라에서 사는 사람이라면 모를까, 흉년이라는 게 별 문제가 되지 않지요. 비만은 모든 국가, 모든 사회계급, 나아가 역설적으로 가장 빈곤한 나라 국민의 문제입니다. 찰스 디킨스에서 빅토르 위고에 이르는 19세기 문학에서 묘사한 가난한 사람들의 굶주림을 생각해보십시오. 그런데 오늘날에는 배척, 불안정, 문화적 빈곤이 문제가 되기는 해도 정말로 배고픔이 문제가 되는 경우는 드물지요(물론 가난한 사람들이 자기 취향대로 먹고 싶은 것을 다 먹을 수 있다는 뜻은 아닙니다). 비만은 점점 더 어릴 때부터, 유년기부터 나타나고 있습니다. 유럽, 아프리카, 아시아, 아메리카 등의 산업화된 국가들이라면 어디서나 볼 수 있는 현상입니다(오세아니아라고 왜 아니겠습니까!). 음식물의 다국적 유통과 미디어를 채우는 광고들, 대형 마트의 판촉상품은 아주 최근에 나타났지만 심각하기 그지없는 비만 문제를 더욱 무겁게 만들지요. '칼로리가 높은 것을 최대한 먹기', 이것은 과거에 생존을 위한 무기였지만 이제 건강을 해치는 행위가 되어버렸습니다.

- **과거에는 살기 위해 신체적 에너지를 보존해야 했습니다.**

초원을 달리는 말, 방석에 웅크리고 잠든 고양이, 나무그늘 아래서 오랫동안 조는 사자 등등 성년기에 이른 동물을 관찰하기만 해도 인간은 수백만 년 동안 정말로 필요한 때를 위해 에너지를 비축해야 했을 거라는 가설을 세울 수 있습니다. 그렇게 에너지가 필요한 때는 얼마나 많았겠습니까? 사냥감을 잡으러 오랜 시간 걸어야 했고, 척박한 땅을 일구어야 했고, 화재와 야수와 상대편 전사의 위협에서 도망쳐야 했으니까요. 위험이나 욕구 때문이 아니더라도 '탈 것을 부리기 위해' 수고는 가능한 한 절감해야 했습니다. 그런데 힘든 노동은 모두 기계화되고, 자동차가 대중화되며, 엘리베이터와 그 밖의 이동기구가 보급되면서 신체적 수고는 극도로 줄어들었고 그에 발맞추어 영양 흡수의 필요성도 많이 줄어들었지요. 이제 인간은 조용히 집에만 처박혀 지내게 되었습니다. 인간에게 이것은 완전히 새로운 상황이고, 육체적 수고를 절감하는 메커니즘은 이제 부메랑이 되어 돌아옵니다. 이제 살기 위해서가 아니라, 외부세계의 강제에 의해서가 아니라, 자발적으로 움직이고 운동을 해야 합니다.

● **북반구에서도 여름에 춥다고 하고 겨울에 덥다고 하는 세상입니다!**

50년 전, 그리고 그전에는 추운 겨울에 잠자리에서 와들와들 떨지 않는 유일한 방법은 이불을 탕파로 덥히는 것뿐이었습니다. 집 안에서도 밤에 입김을 불면 유리창에 성에가 끼는 세상이었습니다. 인간은 항상 에너지를 써가면서 추위와 싸웠고 그 때문에 영양분을 많이 취해야만 했습니다. 그러나 난방이 지나치게 잘 들어오는 아파트에서 살아가는 오늘날은 더 이상 그렇지 않지요. 이젠 도리어 에어컨을 너무 세게 틀어놓은 상업공간이나 주거공간에서 추위와 싸울 판이니까요! 여기서도 필요는 사라져버렸습니다. 추위와 싸워야 할 필요, 그 필요는 적절한 영양 적응으로 보상해야 하는 것인데 말입니다.

● **적게 먹기는 실현 불가능한 목표일까요? 지금은 뇌가 제대로 적응하지 못하고 있는 걸까요?**

'내적 환경'의 균형을 이루는 데 고유한 메커니즘 전체는 다양하고 풍부한 통제의 피드백에 의해 세밀하게 통제됩니다. 그래서 칼슘, 나트륨, 포도당, 단백질, 호르몬 비율을 조절하는 복잡다단한 현상들이 있는 것이고요. 체중, 에너지 저장고의 포화도, 섭생행동에 대한 조절은 가장 복잡한 현상 중 하나라고 할 수 있으며 불과 몇 십 년 전부터 조금씩 그 면모가 드러나고 있는 실정입니다. 뇌는 다양한 호르몬 및 신경 변화에 대한 정보를 전달받고 잘못된 것을 바로잡는 방향으로 작용함으로써 그 중심적인 역할을 차지하지요. 겉으로 보기에 별것 아닌 이상이 중기간, 나아가 장기간에 걸쳐 지속된다면 엄청난 결과를 부를 수 있습니다. 이론적으로, 성인이 매일 필요한 칼로리에서 빵 두 조각(탄수화물 15그램) 정도만 더 먹어도 1년이면 2만 5,000칼로리, 요컨대 지방으로 2.5킬로그램이 쌓입니다. 실험에 따르면 대부분의 경우 개인의 체중은 본인이 느낄 정도로 빠르게 늘지 않습니다. 인간 신체는 장기에 걸쳐서 에너지 흡수를 정확하게(24칼로리/2,500, 즉 1퍼센트) 조절할 수 있는 겁니다. 그러므로 비만 환자가 살을 빼려면 이런 본의 아니고 '아주 적은' 조절의 변동을 날이 바뀌고 해가 바뀌어도 매일같이 의식적이고 부단한 행동으로 바로잡아야 합니다. 이게 실현 가능할까요? (물론 그렇습니다.) 해볼 만은 할까요? 일상생활을 기반으로 한 실험에 따르면 그렇지만은 않은 사람들도 많습니다.

이를테면 호흡 리듬의 조절중추를 파괴하는 바이러스에 감염된 환자에게 신체의 자동성을 자기 의지로 조절해보라고 요구해볼 수 있을까요? "당신은 초시계를 가지고 다니면서 규칙적으로 숨을 쉬어야만 합니다. 휴식을 취할 때는 분당 16회 리듬으로 숨을 쉬고, 어떤 일을 하거나 주변 온도에 따라서, 혹은 열이 날 때에는 몇 회 리듬으로 숨을 쉬어야 하는지는 나중에 또 알려드리겠습니다." 하지만 신진대사 이상을 일으킨 비만 환자, 당뇨병 환자에게 요구하는 것은 이런 게 아니라 음식과 관련된 겁니다. 여기서도 진화의 메커니즘은 희박한 에너지를 고려한 무기를 인간에게 주었지만 지나친 풍요의 결과는 예측하지 못했지요.

막다른 골목에서 벗어날 대안은 없을까요?

우리는 신진대사 이상이나 당뇨병에 연루된 혈관계 위험요인을 바로잡기 위해 여러 대안들이 제기되었다는 것을 압니다. 우리는 최소한 생명체, 특히 인간의 진화가 마련한 메커니즘과 상충된다는 점은 말할 수 있습니다. 우리는 늘 환자들에게 말합니다. "적게 드세요. 양보다 질로 드세요. 운동하세요. 그걸로 안 되면 약을 드리겠습니다."

- **적게 먹어야 합니다.**

이건 넘기 힘든 산, 아주 장기적으로는 도달하기 불가능한 목표입니다. 15초 동안 숨을 참는 건 쉽고, 잘하는 사람은 몇 분도 참을 수 있겠지만 평생을 그렇게 의식적으로 호흡을 조절하고 살 수는 없지요. 의사가 다이어트를 하라고 하면 때로는 아주 쉽게 그 지시에 따르지만, 우리의 목표는 그걸 '수도 없이' 반복하는 겁니다. 거기까지 밀고 나가는 사람들은 극소수지요. 과체중은 인류의 역사상 아주 최근에 나타난 불균형의 결과입니다. 필요는 줄어드는데 공급은 낮아지지 않고 그대로이니까 균형이 맞지 않는 겁니다. 이 결정적 문제를 풀려면 (한 예로) 아이들이 아주 어릴 때부터 집에서나 학교에서나 식습관을 제대로 가르쳐야 합니다. '해로운 음식'과 설탕과 지방이 잔뜩 든 과자류(아이스크림, 초코바 따위)보다는 영양학적으로 균형 잡힌 음식을 즐겨 먹게 해야 하지요. 여기서도 치료보다 예방이 먼저라는 히포크라테스의 원칙이 고려되어야 합니다. 그럼에도 불구하고 힘든 시기를 보내고 이제 겨우 살 만해진 개발도상국 국민에게 전 세계적으로 돈을 벌어들이려는 다국적기업들이 제시하는 유혹에 저항해야 한다고 말하기란 쉽지 않습니다.

이미 비만이거나 비만 관련 질환을 앓는 사람들에게는 너무 비싸지 않고 위험한 부작용 없는 약이 도움이 되기를 바랍니다(사실 이건 해답이 없는 문제입니다만). 그러므로 마지막 구원의 수단은 아이들에 대한 바른 식생활 교육뿐입니다.

● **식생활의 양보다는 질이 중요합니다.**

잘 먹는다는 것은 혈당을 낮출 수 있는 식이섬유가 풍부한 곡물과 과일을 더 많이 먹고, 하루에 몇 번으로 나누어 규칙적으로 식사를 하는 겁니다. 동물성 단백질, 특히 생선을 적당량 섭취하고(하지만 이제 해양자원은 바닥을 드러내고 있지요), 다양한 경로의 식물성 단백질을 섭취하되 지방, 특히 생선류의 지방을 제외한 동물성 지방은 적게 먹어야 합니다. 프랑스의 경우에는 치즈도 좀 더 적게 먹어야 합니다. 이것이 어느 정도 안정된 생활 기반을 지닌 사람들이 가장 지키기 쉬운 수칙입니다. 좀 더 형편이 좋지 않은 사람들은 거대 유통체인에서 보급하는 싸고 풍부한 음식의 유혹을 뿌리치기가 힘들지요. 또한 가난한 국가에서는 자국에서 생산되는 농산물이 종종 대량 수출되곤 합니다. 지속가능한 개발, 공정무역은 단지 유행어로만 남을까요? 역시 교육, 교육만이 희망입니다.

● **운동은 언제나 중요합니다.**

지금 우리는 도시에서 사람들이 대개 빽빽하게 밀집된 주거단지에서 사방으로 오염된 공기와 물을 마시는 모습을 볼 수 있습니다. 우리는 끊임없이 그런 인상을 받고, 때로는 그렇게 살고 싶지 않다고 생각할 때도 있으며, 적어도 무감각하게 집에만 틀어박혀 있고 싶지는 않을 겁니다. 운동이라는 대안은 화석연료의 고갈 위협으로 좀 더 힘을 얻고 학제의 변화와 (재미없는 혼자만의 운동이 아니라 좀 더 다양한 활동을 제안하는) 운동공간의 설립으로 더욱 부상했을 겁니다. 관장을 꼭 해야 하는 상황처럼 운동도 마지못해 할 것이 아니라 재미있게 해야 합니다. 심신의 조화로운 개발과 재미를 위해 하는 운동도 아주 어릴 때부터 첫발을 떼고 꾸준하게, 절대로 너무 긴 공백기를 두지 않고 추구해야 합니다.

실내생활에 익숙하고 음식을 절제하지 못하는 사람이 50대가 되어 신체 활동을 다시 하기란 매우 어렵지만, 그럼에도 충분히 가능하고 바람직한 일입니다. 매일 30~45분 정도 걷는 운동이 이상적이고, 그중 10분 정도는 기차를 놓칠까 봐 종종걸음치듯이 빨리 걷기와 아주 빨리 걷기를 병행하는 것도 좋습니다. 또 항상 환자들에게 권하는 것은 하루에 몇 번씩 한 층, 두 층 정도는 에스컬레이터나 엘리베이터를 사용하지 말고 계단을 걸어서 오르내리라는 겁니다. 긴급하게 권고하고 싶은 것은 텔레비전, 컴퓨터, 비디오게임 중독과의 싸움입니다. 모니터 앞에서 그냥 흘려보내는 시간은 운동부족 및 비만과 직접적 상관관계가 있습니다. 이러한 싸움도 아주 어릴 때부터 시작해야지요. 텔레비전 앞에서 보내는 시간은 엄격하게 정해서 그 시간만 보게 해야 합니다.

● **약은 최후의 수단입니다.**

일부 혈관에서 아테롬(일종의 종양)이 나타나거나 혈당이 계속 높아져서 당뇨가 자리를 잡는 등 혈관의 위험요소들이 나타났을 때 약은 무척 유용할 뿐만 아니라 반드시 사용해야 합니다. 그리고 가능한 수단을 총동원해서라도 담배를 끊어야 합니다. 의사들이 현재 처방하는 약은 혈지질이상을 다스리는 성분(스타틴과 피브레이트계열의 콜레스테롤 저하제)으로서 효과가 아주 좋습니다. 한편 동맥고혈압 치료제도 효과가 뛰어나고 부작용이 없지요. 당뇨 치료제에는 여섯 가지 종류가 있는데 그중 일부는 경구복용이고 일부는 주사로 처방합니다. 그 가운데 인슐린을 제외하면 그 어떤 치료제도 단독으로 처방하여 당뇨병을 평생 동안 다스릴 수는 없지만 병행 사용하면 꽤 효과가 좋습니다. 특정 메커니즘에 관여하여 비만을 바로잡는 약에서부터 담배를 쉽게 끊을 수 있게 도와주는 약까지 있습니다. 이 모든 성분은 잘 쓰면 효과가 있습니다(그렇지 않다면 약으로 나오지 않았겠지요!). 이 약들은 대개 다량으로 사용하도록 처방됩니다. 그래서 보건비용에서 이 약값이 차지하는 비중이 높습니다(프랑스에서 당뇨병 환자는 전체 인구의 3퍼센트인데 국민보건비용의 10퍼센트 이상을 잡아먹고 있지요). 어쩌면 이 약들이 지금 우리에게는 부득이한 해결책이겠지만 우리보다 가난한 많은 국가들은 이마저도 부족한 상황에 시달리고 있습니다. 그러니 효과적인 건강교육으로 그 결실을 거두어들이지 못하는 한 당뇨병 치료제라도 충분하다는 혜택에 감사해야 할 것입니다. 인간 전체가 연루될 확률이 높은 자연의 조절이 우리에게 미치지 않는다면 말입니다.

제라르 슬라마 르네 데카르트 파리 제5대학에서 내분비학, 당뇨, 신진대사 질환에 대해 가르치고 있다. 오텔 디외 국립병원에서 당뇨병학과 진료를 담당하고 있다.

7장 섭생의 비밀, 시상하부 레스토랑

> "레스토랑이 있는 지하실은
> 간이의자, 발판, 의자, 탁자가 널브러져 있는 크고 길쭉한 방이었다."
> 빅토르 위고, 『레미제라블』

    오늘 저녁 나는 식욕이 무척 동한다. 나는 2인분, 아니 3인분도 먹을 테지만 혼자서만 먹겠다. 이제 우리는 자신과 더불어 식사를 할 줄 모른다. 아! 자리를 안내하는 종업원의 경멸, 다른 손님들의 안 됐다는 듯한 시선, 식당은 유배지가 된다. 그 유배지에서 전자레인지로 데운 주문요리 혹은 부랴부랴 따놓은 통조림보다 더 끔찍한 건 없다. 고독한 기쁨처럼 부끄러운 주방 탁자에서의 식사, 소화관에서 나는 민망한 소리와 트림소리만 뒤엉킨 채 단 한 마디도 오가지 않는 저녁식사는 더 비극적이다. 자발적인 고독은 왕자의 사치, 속된 인간은 그 가치를 모르는 사치다.
    뇌의 여행자여, 오늘 저녁 나는 그대를 위해 먹겠다. 그대를 내가 제일 좋아하는 식당에 데려가겠다. 그 식당의 이름은 '시상하부 레스토랑'으로 뇌 안에서 '좋은 자리'에 위치한다. 그대는 내가 먹는 모습을 구경해도 좋고 나를 따라와도 좋다. 단 한 가지 조건이 있으니, 신중해주기를.

그러기만 하면 나의 기쁨은 그대의 기쁨이 되리니.

레스토랑의 입구에서

주의 깊은 손님은 식당의 외관에 속지 않는다. 겉에서만 봐도 그 안에서 무엇을 먹을 수 있는지 알 수 있다. 눈은 침이 넘어갈 만한 음식을 파악하고 벌써부터 내가 얻게 될 기쁨이 무엇인지 알려준다. 코는 먹음직스러운 냄새를 담은 공기의 떨림을 간파한다. 입은 경이로움 그 자체다! 어떤 동물의 아가리도 사람의 입에는 견줄 수 없다. 쉬지 않고 여물을 씹어대는 암소의 입도, 살점을 찢는 야수의 입도, 뼈에 붙은 고기를 뜯어먹는 개의 아가리도 비할 바가 못 된다. 인간의 입은 미소를 지을 수 있고, 뜯을 수 있고, 씹을 수 있고, 빨을 수 있고, 다질 수 있고, 둘둘 말거나 펼칠 수도 있다. 입술 주위의 근육이 잘 움직일 뿐만 아니라 혀라는 복잡한 기관이 있기 때문이다. 이러한 얼굴의 놀라운 운동성은 약 40쌍에 달하는 근육 덕분이다. 7쌍의 얼굴 근육이 있어서 인상을 찡그릴 수 있는 침팬지도 인간에 비하면 명함을 못 내민다. 이러한 운동성은 인간이라는 종의 근본적인 특징, 즉 '잡식'하는 본성에 부응한다.

브리야사바랭이 말했듯이 "먹을 수 있는 모든 것은 인간의 광대한 식욕에 종속된다." 그 직접적인 결과로, 인간은 자기가 먹을 수 있는 전체 음식물에 비례하여 맛을 보는 능력도 발달했다. 인간이라는 잡식성 두 발동물은 얼굴 근육 덕분에 기쁨, 슬픔, 놀라움, 초연함, 찬탄, 혐오, 공포, 분노 등의 다채로운 표정을 나타낼 수 있는 최고의 배우이기도 하다. 그래서 우리는 식당 입구에서부터 음식과 감정이 결합됨을 볼 수 있다.

이름이 기억나지 않는 어떤 철학자가 했던 말대로 "호모사피엔스는 잠을 자면서 세계의 실재를 꿈꾸었고, 음식을 먹으면서 그러한 실재를 사유했다." 동물에게는 오로지 음식을 먹기 위한 통로인 것이 인간에게는 언어를 말하는 기관이기도 하다는 점은 놀라울 것도 없다. 식사는 그 기관이 벌이는 기념의식이고, 그 기념의식을 중심으로 인간 사회가 구성된다. 끝으로, 그 식당의 외관에 대해 이러한 기술을 남기련다. 이마와 얼굴의 눈, 입, 힘줄, 뼈가 진화론적 기원이나 배아발생으로 따져보면 뇌와 원래 하나라는 사실로 보건대, 인간의 머리통은 뇌로 가득 차 있을 뿐 아니라 그 외관도 참으로 근사하다고 하겠다.[1] 눈과 코는 좀 더 나중에 다룰 문제인데, 여러분이 다음 방문지를 기다리며 입에 침을 잔뜩 머금고 있기를 바라는 마음으로 맛있는 테린(잘게 다진 고기를 차게 식힌 뒤 얇게 썬 음식)이나 멧토끼 훈제요리에 대해 말해보련다.

레스토랑 로비에 들어서면

레스토랑에서 어쩌다 한 번씩 오는 손님들도 만나게 될 것이다. 그들은 입으로 시끄러운 쾌락, 외설스러움을 맛본다. 더러움은 구름이 되고, 더위 때문에 그 구름은 땀으로 변한다. 주방장은 앞치마에 손을 닦으면서 흠잡을 데 없는 미인의 숭고한 이미지를 떠올린다. 시상하부 레스토랑은 모든 정념들이 드나드는 곳이다. 시상하부 레스토랑의 로비에서는 곰팡내와 먼 바다의 바람 냄새가 함께 난다. 상반된 것들이 그곳에서 서로 만난다. 섹스, 체온, 폭력, 배고픔과 갈증, 쾌락과 고통 등이 모두 뒤섞이고, 마주하고, 격돌하고, 연합한다. 손톱 하나 크기가 될까 싶은 뇌의 옹색한 구석에 세상의 그 모든 것들이 기거한다. 기억하겠지만 우리는 이미 수면, 각성, 꿈을 일으키는 버튼들을 찾아보며 시상하부를 지나친 바 있다. 레스토랑의 로비에 해당하는 이 식욕의 사원을 보완하는 부록들이 있다. 그것이 바로 '편도'와 '변연피질 구조'다(2장을 보라).

20년 전만 해도 섭생에 대한 뇌의 조절은 비교적 단순하게 보였고 다만 외측시상하부(뇌궁 주위)에 있는 식욕중추[2]와 복내측 영역, 즉 시상하부의 바닥 쪽에 있는 포만중추가 서로 균형을 이루는 활동으로만 요약되었다. 우리는 이미 앞에서 도파민의 핵심 역할을 강조했다. 외측시상하부로 흐르는 도파민계 섬유에 이상이 생기면 갈증을 느끼지 못하고, 음식물을 제대로 삼키지 못한다. 이 부위를 수술로 제거했을 때에도 같은 결과가 나타난다. 이는 욕망의 시스템들이 전반적인 손상을 입기 때문으로 생각될 수 있다(앞의 내용을 참조하라). 더욱이 편도의 측면은 섭생행동에 개입하기 때문에 쥐를 사용한 실험에서 이 부분을 손상시키면 이상 식욕과 비만이 나타나고, 편도의 중앙 부위를 손상시키면 음식물을 삼키지 못하는 현상이 나타난다.

우리는 이 중앙집권적인 부분을 살펴보면서 신체가 섭생행동의 중심적인 조절에 관여함을 확인했다. 우리는 복내측시상하부를 손상시키면 췌장에서 인슐린 분비가 증가하고, 반대로 그 부분을 자극하면 분비가 억제됨을 이해했다. 그러므로 신진대사에 대한 작용이 중심이요, 굶주림에 대한 작용은 적어도 부분적으로는 간접적이고 이차적이다. 일단 뇌에서 췌장을 연결하는 미주신경을 절단하면 복내측시상하부를 손상시켜도 비만이 일어나지 않는다. 복내측시상하부는 현재 신진대사와 섭생행동 모두에 핵심적인 역할을 하는 것으로 알려져 있는데, 이 영역에 대해서는 뒤에서 다시 다룰 기회가 있을 것이다. 외측시상하부와 이 영역의 '식욕중추' 역할에 대해서도 같은 지적을 할 수 있다. 시상하부의 측면을 전기자극하면 인슐린이 분비되는데, 이것이 허기를 불러일으키는 원인이다.

1990년대에 일군의 뉴로펩티드들이 발견되면서 시상하부에서 펼쳐지는 드라마는 더욱더 복잡하게 꼬이기만 했다. 그 드라마의 줄거리(섭생행동과 비만)는 이제 명명백백한 현실적 문제가 되었다. 내인성 카나비노이드 시스템은, 행동적 차원인 동시에 신진대사적인 지방질의 중추·말초신경계적 조절과 불가분의 관계에 있음을 분명히 함으로써 이 문제를 더욱더 복잡하게 만들었다. 리모나반트를 사용해 내인성 카나비노이드 시스템을 봉쇄해버리면 실제로 식욕을 결정하는 감각지각과 정서지각에 변화가 일어나서 같은 음식을 보아도 식욕을 자극하는 정도가 달라진다. 리모나반트는 음식을 덜 먹게 할 뿐만 아니라 말초신경계 신진대사에도 작용한다. 섭생행동 차원의 효과는 금방 사라지기 쉽지만, 신진대사 차원의 효과는 아주 오래 지속된다.

오래전부터 관찰되어온 바로 미루어 통합 수준의 복잡다단함을 짐작할 수 있다. 정신활성약물인 니코틴과 카나비스의 주요 제재(THC)는 섭생행동에서 서로 상반된 효과를 낳는다. 니코틴은 음식을 덜 먹게 하는 반면, THC는 식욕을 증진시킨다. 그런데 리모나반트는 두 약물에 대한 충동성에는 똑같이 길항작용을 하는 것으로 보인다.

나는 체중이 체지방의 양에 따라 달라진다는 다소 지나치게 단순화된 전제―뚱뚱한 사람은 지방이 너무 많다―를 벗어나 말해보겠다. 이것은 분명히 근육량을 고려하지 않은 것이다. 근육량은 신체 질량을 논할 때에 그 지표로 치지도 않는다. 다시금 말하건대, 체중 증가는 음식 섭취량의 증가와 에너지 소비의 감소가 결합하여 나타나는 결과다. 아무리 말

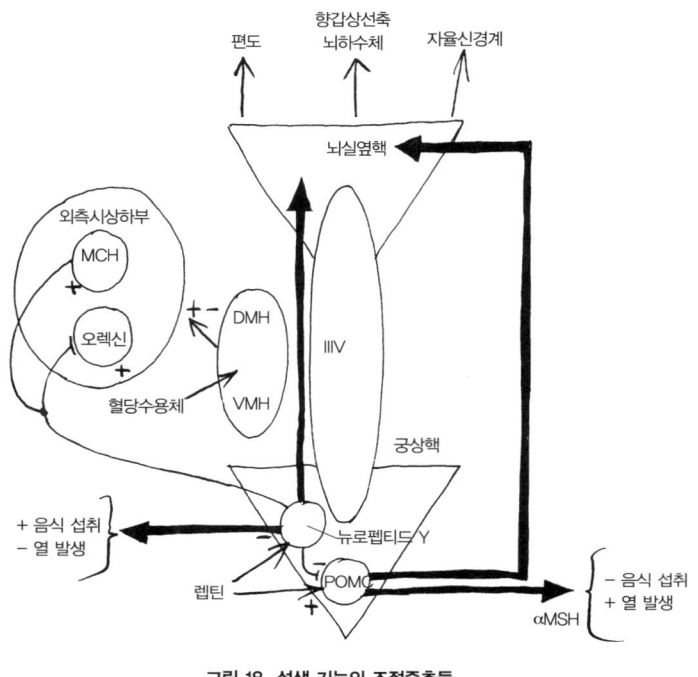

그림 18 섭생 기능의 조절중추들

해도 지나치지 않겠지만 그 두 메커니즘은 긴밀하게 연결되어 있으되 다소간 개별적으로 조절될 수 있다.

이제 여러분과 레스토랑 로비에서 만날 수 있는 매력적인 주요 인사들을 살펴보려 한다. 떠밀리거나 부딪칠 수 있으니 조심하라(그림 18).

외측시상하부

뇌궁을 둘러싸고 있는 외측시상하부(LH)에는 수천 개의 뉴런들이 있고, 이 뉴런들은 우리가 수면에 대해 살펴볼 때 이미 보았던 오렉신 또는 히포크레틴이라고도 불리는 펩티드를 분비한다. 오렉신 뉴런들은 오렉신과 유사하게 기능하고 유사하게 조절되는 멜라닌농축호르몬(MCH)이라는 펩티드를 분비하는 뉴런들 덕분에 사실상 배가된다고 할 수 있다.

이 뉴런들은 한편으로는 궁상핵에 존재하는 뉴로펩티드Y(NPY) 뉴런으로부터 구심성 신경입력을 받으며, 다른 한편으로는 등쪽 내핵(DMH)과 배쪽 내핵(VMH)에 있는 뉴런들으로부터 신경입력을 받는다. 이 뉴런들은 물질대사수용체로 볼 수 있다. 어떤 것들은 에너지원의 감소에 민감하고 어떤 것들은 에너지원의 증가에 자극을 받기 때문이다(시상하부의 온도수용체와 비교해볼 수 있겠다).

외측시상하부 뉴런들은 GABA계 뉴런들에 의해 억제된다. GABA계 뉴런들은 오렉신과 멜라닌농축호르몬 뉴런들에 대해 지속적인 억제작용을 한다. GABA계 말단에는 CB1수용체가 아주 많이 있다. 오렉신 및 멜라닌농축호르몬 뉴런들이 내인성 카나비노이드를 방출하면 역행적으로 GABA 방출은 없어지고 그 때문에 다시 시상하부 뉴런들은 활발해져서 음식물을 많이 먹게 된다(니코틴수용체가 활성화되어 GABA계 전달이 증가하면 음식을 덜 먹게 되는 것과 대조적이다. 그림 19를 보라).

오렉신 뉴런들은 궁상핵의 뉴로펩티드Y 뉴런에 신호를 보내기도 하지만 역으로 바로 그 뉴런들의 구심성 흥분 작용을 받아들이기도 한다. 오렉신 뉴런들은 고립로핵에 신경을 뻗고 있다. 고립로핵은 식욕에 개입하며 내장에서 오는 감각신호들에게 아주 중요한 연결지점이다. 오렉신은 청반과 등쪽 솔기핵에 작용하기 때문에 수면 메커니즘에서 결정적인 역할을 한다. 동물의 오렉신 유전자를 비활성화하면 기면증이 일어나고, 기면증이 있는 사람의 경우에는 청반과 솔기핵에서 오렉신 비율이

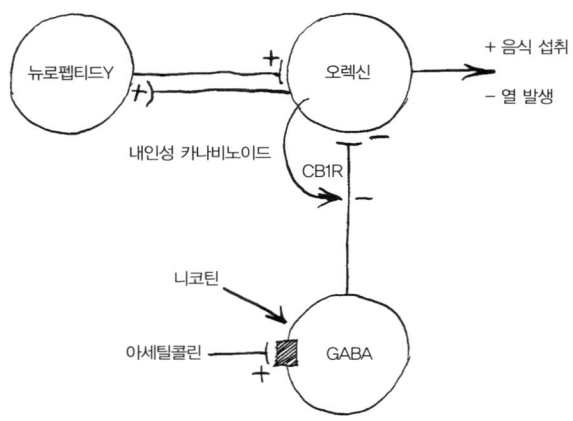

그림 19 섭생 통제의 조절 피드백

아주 낮다는 점을 주지시키는 바이다. 오렉신 뉴런과 멜라닌농축호르몬 뉴런들은 단일 시냅스로 뇌의 수많은 지점들, 특히 전전두피질, 편도, 운동작용을 관장하는 뇌간의 아민계 구조들과 연결되어 있다. 이렇게 해서 이 뉴런들은 배고픔에 대한 감각과 음식물을 찾는 활동에 동시에 관여할 수 있는 것이다.

궁상핵

궁상핵은 시상하부 바닥을 차지하며 음식물 섭취와 에너지 방어를 통제하는 중요한 역할을 한다. 이 핵은 뇌실 구멍과 아주 가까이 있고, 중간에 튀어나온 부분으로 지나가는 모세혈관은 시상하부와 뇌하수체 뒤쪽에 직접 연결된다. 사실상 궁상핵 수준에서는 뇌혈관장벽이 없다. 궁

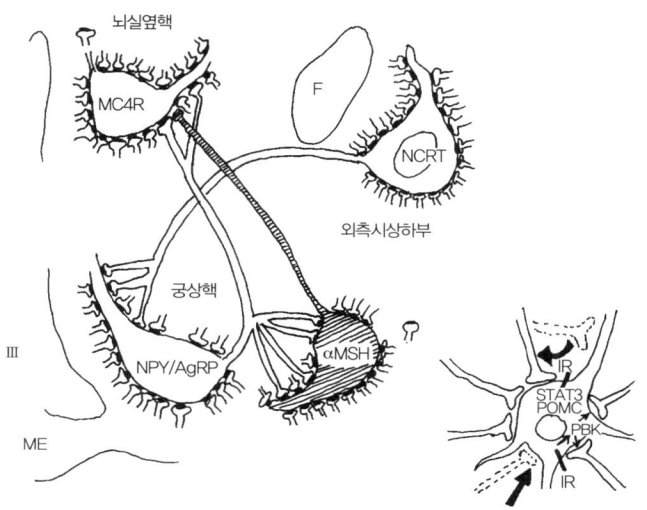

그림 20 멜라노코르틴계에 대한 도식적 이해

상핵의 뉴런들은 렙틴이나 그렐린처럼 아디포사이트에서 비롯된 호르몬들과 접촉하고 있기 때문이다. 그러므로 궁상핵이 신진대사 조절의 가장 중요한 중추로 꼽히는 이유도 설명된다. 이러한 작용을 하는 뉴런들은 두 종류다. ① 뉴로펩티드Y와 부수적으로 아구티유사펩티드(AgRP)를 담고 있는 뉴런들, ② POMC(pro-opiomelanocortin) 유전자의 산물을 만들고 이것이 잘려져 αMSH를 축색 말단에서 방출하는 뉴런들이다(그림 20).

뉴로펩티드Y는 뇌에서 발생하는 성분 가운데 가장 강력한 식욕촉진제다. 이 물질의 역할은 갈증과 물을 마시는 행동의 관계에서 앤지오텐신II가 담당하는 역할과 비교할 수 있겠다. 뉴로펩티드Y 뉴런은 에너지 균형이 맞지 않을 때에, 특히 강력한 식욕촉진 호르몬인 그렐린에 의해 활성화된다. 반면, 아디포사이트가 분비하는 렙틴은 뉴로펩티드Y 뉴런을 억제한다.[3] 렙틴은 POMC 뉴런을 활성화하여 신경말단에서 분비되는 αMSH를 매개로 삼아 음식 섭취를 강력하게 억제하고 갈색지방조직의 풍부한 신경분포를 활용하여 에너지 소비를 늘린다.

2005년 호르바스 교수 팀은 뉴로펩티드Y 뉴런과 POMC 뉴런의 신경말단이 주로 뇌실옆핵(PVN)에서 교차된다는 점을 근거로 삼아 단기적인 시냅스 가소성이 렙틴의 작용으로 궁상핵 수준에서 일어난다고 주장했다. 그들은 한편으로는 식욕촉진 인자들과 식욕억제 인자들 사이의 균형 변화를, 다른 한편으로는 동화작용과 이화작용 사이의 균형 변화를 이해할 수 있었다. 리모나반트의 섭생행동에 대한 효과가 사라진 후에도 신진대사에 대한 효과가 지속되는 이유도 아마 이러한 시냅스 가소성과 그로 인한 적응 현상들에서 찾아야 할 것이다.

뇌실옆핵

제3뇌실을 둘러싼 뉴런들의 총체 중 일부는 신경전달물질을 생성하는 커다란 세포로 되어 있고 다른 일부는 좀 더 작은 뉴런들로 되어 있다. 전자의 뉴런들은 바소프레신과 옥시토신을 만들며 그 축색 말단을 신경뇌하수체(M세포 시스템)로 뻗고 있다. 후자의 뉴런들(P세포 시스템)은 다양한 뉴로펩티드들이 모여 있으며 축색이 뇌의 여러 구조들과 연결되어 있다. 이 영역은 뇌 속에서 소화에 관여하는 일종의 '미니' 뇌를 구성한다(그림 18).

쥐의 경우에 뇌실옆핵이 손상되면 이상식욕이 나타난다. 이 부분이 섭생행동의 조절 역할을 한다는 점을 증명하는 셈이다. 궁상핵의 POMC

뉴런의 축색이 뇌실옆핵에 뻗어 있고, 이곳에 αMSH의 수용체인 MC4R이 발현한다는 점을 감안하면 억제작용을 이해할 수 있다. 뇌실옆핵 뉴런들이 신진대사를 일으키는 자율신경계의 절전 뉴런들에 신호를 보낸다. 뇌실옆핵은 향갑상선 축에서 POMC 뉴런을 억제하는 연결점 구실도 할 것이다. 향갑상선 축의 역할은 에너지대사 조절에 결정적이다.

동시에 뇌실옆핵은 궁상핵과 외측시상하부에서 각각 뉴로펩티드Y와 오렉신 뉴런의 작용을 받아들인다. 뇌실옆핵은 편도를 매개로 삼아 기저선조체 및 중변연도파민계와 연결된다. 또한 음식의 쾌락적 성격이나 구미를 자극하는 정도를 조절하는 전전두피질과도 연결되어 있다. 특히 전전두피질과의 연결회로들은 욕망과 쾌락이라는 한 쌍, 섭생 조절의 알파와 오메가로 우리를 이끈다.

시상하부 레스토랑이라는 공간이 이런저런 것들로 혼잡하기 그지없음은 쉽게 알아볼 수 있다. 외측시상하부에서 앞쪽으로는 수면 및 체온 조절의 출입이 끊이지 않고, 뒤쪽으로는 각성, 식욕, 갈증이 그런 형편이다. 뇌실을 둘러싼 혼잡은 이를 데 없다. 하나의 핵에서 성욕과 식욕이 뒤섞이고(등쪽 내핵) 체온 조절과 포만이 뒤엉키는 까닭이다(배쪽 내핵). 뇌실의 바닥(궁상핵)에서 우리는 성선자극호르몬(GnRH) 분비 뉴런을 찾아볼 수 있다. 이 호르몬은 시상하부-뇌하수체-성선을 잇는 생식내분비 축을 자극한다. 또한 에너지 균형을 조절하는 데 관여하는 NPY와 POMC 뉴런들도 찾아볼 수 있다. 강력한 식욕촉진제인 그렐린은 이 뉴런들에 작용하여 생식기능을 억제한다. 그리고 렙틴은 그렐린과 정반대의 효과를 가져온다. 최근에 새로 발견된 호르몬 '키스펩틴'은 생식기능을 자극하고 사춘기가 시작되도록 신호를 보내는 것으로 알려졌다. 키스펩틴은 분명히 체중이 일정 수준 이상으로 증가하면서 분비될 것이다.⁴ 그러니까 뇌의 이 미세한 영역이 소녀를 여자로 만들고 소년을 사랑의 길에 오르게 하는 셈이다. 이 영역이 어린 애인들을 뚱뚱하게도 하고, 마르게도 하고, 이따금 사랑의 번민으로 죽게도 한다. 시상하부는 파우스트가 목을 놓아 노래하는 악마의 영역이다. "나에게 쾌락을, 어린 애인들이여! 나에게 그네들의 애무를, 나에게 그네들의 욕망을!" 우리에게는 진미를! 시상하부를 통해 우리는 먹는다.

입과 코에서 우리는 식욕에 주어지는 욕망의 대상들을 다룰 것이다. 악마에게 바치는 천사들의 요리를!

구강감각

"나는 후각이 없으면 음식의 맛을 완전히 느낄 수 없다는 견해에 동감할 뿐 아니라, 후각과 미각은 하나의 감각이라고 믿고 싶은 심정이기까지 하다. 그 둘은 하나다. 입이 그 감각의 연구소라면 코는 그 감각의 굴뚝인 것이다. 좀 더 정확하게 말해서, 미각이 구체적으로 닿을 수 있는 것을 가늠한다면 후각은 기체를 가늠한다는 차이가 있을 뿐이다."

브리야사바랭

독일의 뛰어난 해부학자 루트비히 에딩거⁵는 입에서 종합적으로 감지되는 후각과 미각의 기능 전체를 가리켜 '구강감각'이라는 용어를 사용했다. 갓난아기가 손을 쓸 수 있기 전까지 입이 세상—먹을 수 있는 세상—을 이해하는 첫 번째 신체적 도구다. 그러므로 뇌에서 이 구강감각의 표상들은 생명체에게 근본적인 '영향'을 미친다.

요컨대 구강감각은 우리가 보통 미각이라고 부르는 것, 다시 말해 음식이나 음료를 입에 넣었을 때에 느끼는 감각이다. 이 감각은 모든 감각을 통틀어 가장 덜 이기적이다. 다섯 가지 맛을 지각하는 미각에 더하여, 수많은 냄새들을 지각하는 후각은 당연지사요, 질감과 통증과 온도를 가늠하는 촉각, 심지어는 시각과 청각까지 동원한다.[6]

맛을 느끼는 뇌

우리가 맛있게 먹거나 마시는 것의 비밀은 입이나 코에서 찾을 수 있는 게 아니다. 의사결정은 뇌에서 이루어진다. 하지만 음식의 질적 속성이 부여되고 분류되는 것은 입의 영역에서다. "목구멍이 제안하면 뇌는 매듭을 짓는다."

잡식성 두 발 동물인 인간은 불에 구운 고기를 먹으면서 인류 전체를 무너뜨릴 행동을 완수하는가 하면 '분자 요리'를 발명하기도 한다. 구운 고기 냄새는 사실 피라진계에 속하는 질소 분자에서 기인한다. 육즙에 들어 있는 아미노산이 당과 작용하는 '마이야르 반응' 때문에 먹음직스러운 냄새가 나는 것이다. 고기 굽는 이는 이따금 희생을 바치는 이가 되어 제물을 둘로 나누어 한쪽은 손님에게 대접하고 다른 한쪽은 그윽한 냄새를 즐기는 신들에게 올린다. 이렇게 해서 먹을 것과 신성한 것은 함께한다.

맛은 다섯 가지다. 짠맛, 단맛, 쓴맛, 신맛, 그리고 우마미旨味. 냄새의 종류가 수없이 많다는 점을 생각하면 맛의 종류는 얼마 안 된다. 맛은 섬세함이나 세밀함을 잃는 대신 정서적 힘이라는 차원에서 보충된다.

단맛은 쾌락이나 감미로움과 동의어나 다름없으며, 우리는 이 맛에 중독될 수 있다. 쓴맛은 인상을 찡그리게 하고 자연스레 음식을 뱉게 한다. 이탈리아인의 변태적 취향이 아니고서야 페르네트브랑카*나 아마로**를 좋아할 수는 없다. 짠맛은 자연적 욕구(소금에 대한 식욕)에 부응한다. 우마미는 필수아미노산의 하나인 글루탐산(글루타메이트)과 관련된 맛이다. 마지막으로, 신맛은 짠맛과 마찬가지로 체내 수분 신진대사의 균형을 바로잡는 요소들 가운데 하나이다. 이러한 맛들은 후각에 섬세하고 보이지 않는 결정체가 세워질 수 있도록 굳건한 기반을 구성한다. 목구멍은 '기적의 궁전' 내부와 비슷한데 그 벽면에는 수백만 개의 미뢰들이 있다. 미뢰들은 술잔 같기도 하고, 버섯 같기도 하고, 나뭇잎 같기도 하다. 미뢰는 방문객에게 어떨 때는 "쓰니까 뱉어라, 독이 들었단 말이야"라고 하는가 하며, 어떨 때는 "달콤하고 맛나니까 삼켜라" 하기도 한다.

입은 맛의 기하학이 그려진 양탄자처럼 혀를 펼친다. 단맛을 느끼는 자리는 혀끝, 짠맛이 그다음, 신맛은 양쪽 가장자리, 쓴맛이 가장 안쪽에 위치한다. 그러나 사실 혀의 이쪽이나 저쪽이나 맛을 감지하는 데는 큰 차이가 없다.

맛보기의 복잡다단함은 미뢰 수준에서 멈추지 않는다. 미뢰는 양파에 돋아나는 수백만 개의 싹들을 닮았고, 구멍을 통해 입 안의 액체와 접촉한다. 그 각각의 싹(미뢰)에는 100여 개의 감각세포들이 있다. 유의할 것은, 이 세포들은 후각세포 같은 뉴런이 아니라는 점이다. 미뢰의 감각세

* 쓴맛이 아주 강한 이탈리아 아로마 에센스.
** 주로 식후에 마시는 씁쓸한 맛이 강한 이탈리아 술.

포들은 피부세포처럼 짧게 살다 죽는다(약 열흘 정도). 여러 가지 공격에 노출되어 있어서 지속적으로 쇄신되어야 하기 때문이다. 이 세포들이 목구멍에 융모를 형성하고, 그 융모들의 막에 다섯 가지 맛을 수용하는 분자들이 있다. 융모의 근간에 분포하는 감각신경은 이 시스템의 복잡성을 한층 가중시킨다.

미각세포와 연결된 신경섬유들은 세 개의 신경에 속한다. 그중 하나는 안면신경이라고 불리는 제7번 뇌신경의 가지인 고막끈tympanic cord이다. 우리가 흔히 미각신경이라고 부르는 것은 바로 이 신경의 잔가지들이다. 다른 두 개의 신경은 설인신경이라 불리는 제9번 뇌신경과 제10번 뇌신경, 즉 미주신경이다. 세 개의 신경들은 뇌 뒷부분에 있는 '고립로핵'에서 만난다. 이곳에서 미주신경은 내장에서 들어온 메시지들을 보낸다. 신경섬유는 여러 감각세포들에서 뻗어 나온 잔가지들을 받아들이고, 하나의 동일한 세포가 여러 섬유들과 접촉하는 것도 가능하다. 마지막 난관, 그리고 둘째가라면 서러울 난관은 각 세포마다 딱 한 가지 수용체밖에 포함하지 못한다는 점이다.

이러니 시스템이 무엇을 위해 이렇게 복잡한지 의문을 제기할 만도 하다. 솔직히 나도 그 답은 모른다고 고백한다. 왜 그런지, 어떻게 그런지, 아무것도 모른다. 코드화를 이해하기 위해서 여러 가지 이론들이 제안되었다.[7] 정해진 노선(맛의 노선) 혹은 조합의 코드화 말이다. 뇌가 제일 큰일을 한다는 데에는 모두 동의한다. 뇌는 인식하고, 분류하고, 명령하고, 수량화한다. 물론이다! 하지만 쓴 것은 쓴 것이고, 단것은 단것이다. 내가 쓰다고 하면 여러분은 그게 무슨 뜻인지 알지만 내가 느끼는 쓴맛이 결코 여러분이 느끼는 쓴맛일 수는 없다. 맛에는 결코 표현할 수 없는 무엇인가가 있고 그렇기에 식도락은 결코 엄밀한 학문이 될 수 없다. 식도락이 가끔 '요리'라는 예술에 봉사하기 위해 '미식철학'이라는 철학을 자처하기는 하지만 말이다.

요리 천재들이 이끄는 이러한 심미적 방탕에 이르기 전에, 먼저 맛 분자들이 목구멍에서 '다시 인식되는 커다란 즐거움'을 만끽한다. 수용분자들은 어떤 맛 분자가 가까이 도달하면 그 '친화성'을 바탕으로 맛을 파악한다. 친화성이 크면 클수록 만남이 이루어질 확률도 크다. 친화성이 약할 때에는 맛 분자가 더 많아야 관계가 이루어질 수 있다. 아예 친화성이 없다면 만남도 없다. 그러므로 어떤 성분의 맛을 느낄 수 있으려면 입 속의 액체에 충분히 농축되고 혼합되어 그 맛을 알아보는 수용체와 접촉하고 그 수용체에 결합해야 한다. 트로쉬 삼촌은 "사랑이 질료를 얻는 것, 그게 바로 생명이다"라고 즐겨 말하곤 했다. 그건 바로 유기분자들이 서로 만나고, 연결되고, 대단한 친화성을 띠는 것이다. 맛 분자가 수용체에 결합하면 수용체가 활성화되어 세포에 폭포 같은 작용들을 불러일으킨다. 이것이 세포막의 전위를 바꾸어 전류가 흐르게 만든다. 그러한 전류는 감각세포와 연결된 신경섬유 시냅스를 매개로 전달된다. 하나의 감각세포에는 수천 개의 수용체들이 기회를 엿보고 있다. 하나의 세포가 어떤 유형의 맛만 전적으로 담당하지도 않는다. 세포들의 90퍼센트는 적어도 2가지 이상의 맛에 반응한다.

'다섯 가지 맛에서 첫 번째는 쓴맛', 눈물의 맛이다. 쓰디쓴 독배는 소크라테스를 죽음으로 인도했다. 쓴맛은 후회와 회한의 맛이기도 하다. 쓰다는 말은 신체의 독과 영혼의 독 모두에 해당한다.

오늘날 우리는 쓴맛의 수용체를 수십 가지나 알고 있다. 수십 가지 수용체들은 그만큼이나 많은 유전자들의 발현이다. T2R 유전자에 속하는 이러한 수용체들은 G 단백질과 결합하며, 7개의 세포막통과 도메인을 갖고 있는 수용체 대가족에 속한다. T2R계 수용체를 발현하는 세포들의 대부분은 구스트두신이라 부르는 특정한 유형의 G 단백질을 발현한다는 사실이 이미 밝혀졌다.

우리는 이러한 질문을 던질 수 있다. 왜 한 가지 맛에 대해 그렇게나 많은 수용체가 필요하단 말인가? 다시 한 번 말하지만, 쓴맛은 종종 그 물질에 유해한 성분이 있음을 암시한다. 동물이나 어린아이도 아주 일찍부터 쓴맛을 선천적으로 느낄 수 있다. 갓난아기 혀끝에 키니네(말라리아 치료제로 맛이 쓰다)를 한 방울 떨어뜨리면 아기는 배운 적이 없어도 인상을 쓸 것이다. 진화가 생체에 유해한 물질의 구조적 다양성과 다수성을 고려하여 수많은 수용분자들을 만들어놓았을 가능성도 있다. 중요한 것은, 그 물질이 무엇인지 확인하는 것이 아니라 생체에 해가 될 물질은 삼키지 않는 것이다.

단맛은 쓴맛과 달리 쾌락과 결합한다. 단맛은 식품의 에너지 가치가 높음을 의미한다. 하지만 쾌락을 불러오는 것들이 으레 그렇듯이 단맛에도 그늘이 있으니, 단맛은 의존성과 남용을 낳는다. 이는 과체중을 부르고, 과체중은 건강, 특히 어린이와 노인의 건강에 치명적이다. 우리의 미식철학자는 이러한 단맛의 이중적 본성을 놓치지 않았다. 그는 쾌락주의자로서 한마디 금언으로 논쟁에 종지부를 찍어버렸다. 오늘날에도 건강의 이름으로 이루어지는 검열에 맞서는 사람들은 그 금언으로 응수하곤 한다. 흡연이나 술이나 과도한 섹스를 즐기는 사람들 말이다. 이제 숨겨진 악행들의 시대가 왔는가? 이 시대가 더 악한가? 자유도 결코 남용해서는 안 되는 약물이나 마찬가지다.

"단맛은 약제사들의 조제실에서 세상으로 나왔다. 그러니 단맛은 약에서 중요한 역할을 했음에 틀림없다. 그래서 뭔가 꼭 있어야 하는 것이

G 단백질 결합 수용체(GPCR)

 이 수용체들은 '7개의 세포막통과 도메인을 갖고 있는 수용체'라고도 부른다. 이 수용체들은 세포 외 신호(리간드)를 세포 내 신호(G 단백질 활성화)로 변환시키는 세포막에 삽입된 단백질들의 계열에 속한다. GPCR은 단백질 중에서 가장 큰 것으로 알려진 계열을 이룬다. 이것들은 세포 내 커뮤니케이션에서 감각신호의 전달까지, 실로 다양한 기능에 개입한다. 이러한 기능적 다양성은 리간드 장場의 광대함하고나 비교할 법하다. 그중에서 로돕신(GPCR의 원형)에 의한 광자, 히스타민 같은 작은 분자들에서 케모카인 같은 단백질들에 이르기까지 그 계열을 이루는 구성원들이 알려져 있다. GPCR은 그 생물학적 기능이 보이는 다양성 때문에 수많은 질병에 관여한다. 따라서 현재 시장에 나와 있는 약의 절반 가량이 GPCR을 표적으로 삼는 이유도 충분히 납득할 만하다.

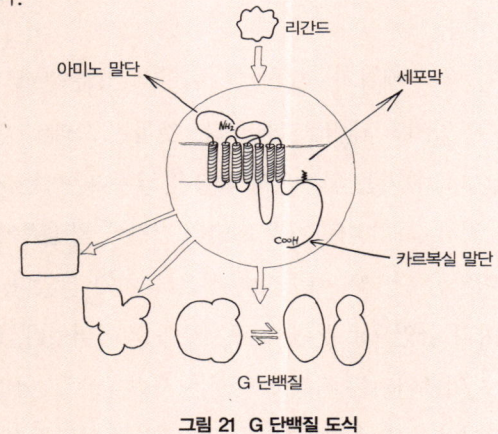

그림 21 G 단백질 도식

없을 때 '감초 없는 약방'이라고 하는 것이다. 감초가 없는 약방은 믿을 수 없다. 어떤 이들은 단것을 많이 먹으면 변비를 일으킨다 하고 또 어떤 이들은 단것이 심장에 나쁘다고 한다. 단것이 뇌일혈을 일으킨다고 하는 사람들도 있다. 하지만 중상모략은 언제나 진실 앞에 꽁무니를 빼는 법이니, '단맛의 해악은 주머니 사정에만 미치는 법이다'라는 기억할 만한 금언이 나온 지도 80년이 넘었다"(브리야사바랭말).

단맛에는 아마도 T1R1, T1R2, T1R3이라는 고작 세 가지 유형의 수용체만 있을 것으로 생각된다. 이 수용체의 구조는 쓴맛수용체나 후각적 수용체의 구조와 비견할 만하다. 또한 단맛수용체의 민감한 정도는 개인차가 있다(어떤 물질에서 단맛을 느끼는 사람이 있는가 하면 못 느끼는 사람도 있다).

단맛은 질적 차원에서는 별 차이를 보이지 않아도 당^{糖}의 성격에 따라서 그 정도가 달라진다. 당의 달콤함은 그 생물학적 가치, 그리고 희한하게도 자연에서의 풍부함과 결부되어 있다. 자당(우리네 식탁에 오르는 설탕)에 대한 단맛수용체의 친화성은 그 당이 식물, 그것도—결코 우연이 아니게도—인간이 경작할 수 있는 식물(사탕수수, 사탕무)에 많이 들어 있음을 나타낸다. 아마도 이렇게 민감도가 다른 이유는 감각세포 내에서의 양적 분포와 D1R2와 D1R3(이합체)라는 두 수용체의 결합 때문일 것이다. 당 자극이 어떤 강도 이상으로 넘어가면 그 자극에 해당하는 반응이 줄어들고 나아가 불쾌감까지 자아내게 되는데(그림 22의 분트 곡선 참조), 이는 아마도 수용체의 탈민감화에 따른 포화 가능성의 효과를 나타내는 것이리라.

희한하게도 단맛은 포만감도 허기도 불러일으키지 않는다. 단맛은 원초적 욕구에 부응한다. 진짜 배가 고프지 않을 때에도 단것은 잔뜩 먹을 수 있다. 목이 마르지 않아도 술을 많이 마실 수 있는 것과 마찬가지다. 단맛의 구미를 당기는 힘은 그만큼 단맛이 의존성을 쉽게 낳기 때문에 나온다. 단맛의 유혹은 약물중독자가 자꾸만 약을 찾게 되는 '갈망', 그

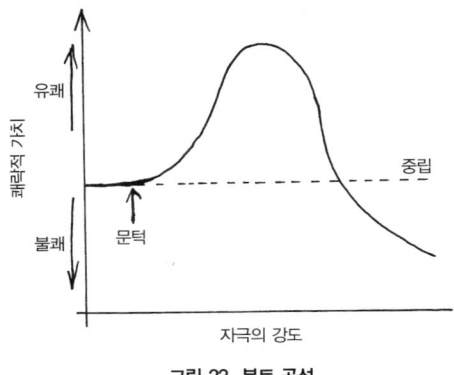

그림 22 분트 곡선

채울 수 없는 욕구와 그리 다르지 않다. 단맛에 대한 무절제한 갈망을 가장 잘 치료할 수 있는 의사들은 디저트에 우아함과 균형을 더하여 지나친 단맛으로부터 식도락가를 보호하는 요리사와 제빵사다. 뚜쟁이의 천박함과 모리배의 상스러움을 동시에 겸비한 소위 '초코바' 제조업자에 대해서는 아예 말을 않겠다.

전통적인 네 가지 맛에 새롭게 첨가된 또 다른 맛이 바로 '우마미'다. '우마미ぅまみ'는 일본어로 '맛있다'는 뜻인데, 동양 요리에 많이 쓰이는 염, 즉 글루탐산염의 맛을 가리킨다. 맛이란 그 맛을 지칭할 단어가 있을 때에만 존재한다는 점을 기억해두자. 우마미는 단백질로 결합하기 위해서 자연계에 존재하는 20여 개의 아미노산 가운데 단 한 가지에 대한 맛이다. 두 개의 단맛 수용체 D1R1과 D1R3이 결합하여 하나의 수용체가 되면 더 이상 단맛을 느끼지 못하고 오히려 대부분의 아미노산들에 대해서 반응을 하게 된다.

글루탐산은 특정 수용체에 특수한 위상을 누린다. 아마도 그 수용체는 이 아미노산의 없어서는 안 될 특성을 뇌의 활동을 위해 써먹는 듯하다.

글루탐산염은 단순히 단백질의 구성요소일 뿐만 아니라 아스파르트산염과 더불어 중추신경계 시냅스의 주요한 흥분성 신경전달물질이기도 하다. 뉴런들은 신경전달물질을 방출함으로써 소통한다. 그러한 물질 중 하나인 글루탐산염은 이 아미노산의 아주 낮은 농도에도 민감한 수용체들을 활성화한다. 그 수용체들의 일부는 이온 통로요, 글루탐산염은 그 통로의 문을 여는 열쇠다. 한편, 다른 일부는 7개의 세포막통과 도메인을 갖는 수용체(대사자극성수용체)다. 대사자극성수용체의 하나인 mGluR4는 미각 감각세포에 들어 있다. 그 분자의 일부를 제거하면 글루탐산염의 맛을 덜 느끼게 되고 음식물에 아주 진한 농도로 들어 있을 때에만, 이를테면 우리가 시냅스에서 관찰할 수 있는 농도의 100배에서 1,000배까지 진해져야만 활성화된다. 미각세포의 60퍼센트에서 우마미 수용체가 활성화되면 (G 단백질을 매개로) 세포막의 분극과 유입의 감소가 나타난다. 다시 말해 우리가 단맛수용체와 쓴맛수용체에서 관찰할 수 있는 것과 정반대의 현상이 일어나는 것이다. 나는 작고 내밀한 주방에서 만들어내는 이 맛, 하나의 동일한 감각세포 안에 있는 이 모든 수용체들과 더불어 자아내는 맛을 방문객의 상상에 맡기련다.

근본적인 두 개의 맛인 짠맛과 신맛에 대해서도 말해보겠다. 짠맛은 여러 종류의 이온에서 나오는데, 그중에서도 가장 중요한 것이 나트륨이다. 우리는 보통 소금이라고 부르는 것을 먹고 싶어하는 욕구가 실제로 있는데 이는 생체가 음식을 통해 소금기를 보충할 필요가 있음을 입증한다. 소금의 맛은 나트륨 이온의 선택적 세포막 통로에서 기인한다. 이 통로는 '아밀로라이드'라는 물질로써 차단된다는 고유한 성질이 있다. 이는 여러 개의 단백질 단위들로 구성되며, 그 단백질 단위들은 풍부한 나트륨 이온이 세포에 유입되는 이온 통로의 경계를 설정한다. 전기를 띤 미세한 입자인 이온의 운동에서 전류가 발생하고, 그 전류는 수용체세포와 미각섬유 사이의 시냅스를 활성화시킨다.[8]

신맛을 포착하기 위해서는 여러 메커니즘이 관여한다. 그중 하나의 메커니즘은 짠맛 수용체의 경우와 유사하게 이온 통로를 끌어들인다. 하지만 여기에 관련된 이온들은 음식물의 신맛이 제공하는 수소 이온들이다. 또 다른 메커니즘에서는 수소 이온(H^+)이 통로에서 순환하면서 작용하는 것이 아니라 다른 타입의 이온, 특히 칼륨 이온(K^+)이 흐르는 통로의 투과성을 통제함으로써 작용한다.

마지막으로 지질은 특정 수용체와 작용하지 않는 것으로 보이지만 그럼에도 연구자들은 아직 확실한 결론을 내리지 못하고 있다. 지질의 맛은 입에 또 다른 기원을 갖고 있다. '엄밀한 의미에서의' 미각이 아닌 또 다른 감각들, 특히 후각은 그 감각들과 더불어 가공할 매력을 발휘한다.

입의 활동

혀는 맛을 보는 감각세포들만 분포하는 곳이 아니다. 혀는 근육이기도 하다. 음식을 지배하는 것은 혀이지만 주방에는 모든 감각들이 부름을 받는다. 혀는 음식물에 대한 최초의 '촉각'이다. 제5번 뇌신경(3차신경)의 촉각 말단 덕분에 혀는 음식의 질감을 파악하고 고체와 액체를 구분하며 촉촉함, 끈적끈적함, 섬유질감을 느끼고 치아와 조응하여 알갱이의 크기를 알아낸다. 그리고 닿으면 자꾸 달아나지만 그럼에도 존재감이 뚜렷한 젤리 같은 느낌도 있다. 이 모든 것들은 3차신경이 뇌에 전달한다.

온도도 맛을 결정하는 요소다. 구강점막에 있는 신경말단들은 더위와 추위의 수용체처럼 기능한다. 이 신경말단들은 일련의 온도 변화에 맞추어 반응한다. 그 기준 내에 있느냐 그 기준을 벗어나느냐에 따라서 온도에 대한 감각이 통증이 되기도 한다.

입안에서 퍼져 있는 3차신경의 말단들은 다양한 화학자극들을 느낄 수 있다. 어떤 것들은 그냥 자극을 받는 정도지만, 어떤 것들은 찌르는 느낌, 뜨거움, 차가움, 활활 타는 것 같은 느낌 등으로 고통스럽다. 특히 '캡사이신'이 들어 있는 고추류는 통증의 신경뿌리에 대한 천연자극제 쯤 된다. 캡사이신은 성분 P라고 부르는 일종의 펩티드다. 약간 자극적인 맛에 대해서는 사탕이나 치약 성분으로 쓰이는 '멘톨(박하향)'도 있다. 이러한 물질들의 상당수는 미각과 후각에 동시에 작용한다. 떫은맛은 좀 특수한 경우의 감각이다. 떫은맛은 타액의 단백질이 타닌(주로 포도주에 들어 있는) 때문에 변성되어 나타난다. 여기서 포도주는 비단 음료에 지나는 게 아니라 대단히 에너지원이 높은 식품이기도 하다는 점을 유념하자. 게다가 포도재배자들 말마따나 포도주에 들어 있는 유기성분 중 어떤 것은 상당히 건강에 이롭다. 바로 이 타닌 덕분에 포도주가 숙성되면 떫은맛 대신에 육감적인 느낌, 혀끝에 남는 벨벳 같은 느낌을 낳는 것이다.

나는 여러분에게 시각에 대해, 즉 위장의 눈에 대해 말할 수도 있을 것이다. 시각은 음식물에 대한 선호에 아주 일찍부터 작용한다. 우리의 시각적 상상계는 어린 시절에 경험했던 맛들을 통해 구성된다. 크리스마스 음식을 보고 홀린 듯한 아이의 시선, 월귤나무 열매 같은 눈동자에 비치는 샴페인 기운 등등. 욕망들이 한데 뒤섞이고 영혼이 육체와 공모하는 은총의 순간들이다.

색깔과 맛이 항상 좋은 호응만을 이루어내는 것은 아니다. 사탕이나 스낵에만 사용이 한정된 인공색소가 이제 성인을 위한 식품에도 폭넓게 사용되고 있다. 인공색소는 단순히 자연을 모방하기 위해서가 아니라 색깔이 음식에 미치는 가치를 최대한 끌어내기 위해서 사용되고 있다. 이때 신맛은 초록색으로, 단맛은 푸른색으로, 떫은맛은 붉은색으로 표현한다.

나는 냄새들의 층위로 넘어가기 전에 시인 랭보를 흉내 내어 맛을 노래하는 시를 읊어보련다.* "다섯 개의 모음, 다섯 가지 색깔, 다섯 가지 맛, A는 어둡고 검은 만의 씁쓸함, E는 바다 거품의 하얀 짠맛, I는 우마미가 토해놓은 붉은 피, U는 신맛으로 부르르 떠는 초록색, O는 단맛의 밝고 지고한 푸른빛이여."[9]

냄새들

"내가 규정했던 냄새는 나로 하여금 후각에 속한 권리들을 민감하게 생각해보고 후각이 맛의 판단에서 우리에게 얼마나 중요한 도움을 주는지 인정하게끔 했다."
브리야사바랭

후각이 생명과 더불어 시작되었다는 말은 괜히 멋 부려 하는 말이 아니다. 가장 단순한 형태, 가장 오래된 형태의 생명체조차도, 이를테면 단세포동물조차도 주위 환경을 후각으로 파악한 성분들로 구분하고 '그것

---

*프랑스의 시인 랭보의 시 〈모음들〉을 패러디한 것이다.

들이 좋아서' 다가갈 것인지 '그것들이 싫어서' 도망갈 것인지 구분할 수 있다. 엄밀히 말해 여기에 작용하는 것은 일종의 화학적 감수성이며, 진짜 후각은 육지에서나 하늘에서 공기를 마시며 사는 동물들에 대해서나 논할 수 있을 것이다. 영장류의 진화사에서 진짜 코다운 코가 나타난 것은 원숭이류의 출현과 때를 같이한다.

   원숭이는 뇌도 우수하고 지능도 좋다, 하지만 원숭이는 코 때문에라도 주목할 만하다. '이 봉우리, 이 반도'는 감각의 최전방에 있다. 후각은 모든 감각 중에서 첫째간다. 그 이유는 후각이 실로 존재론적인 기능을 담당하기에, 거칠게 말하면 그 존재로서 살아가게 하는 기준이 되기 때문이다. '냄새 맡다(sentir, 냄새를 풍기다, 느끼다)'라는 단어의 다의성만 보아도 알 수 있다. 나는 우선 이 동사가 타동사이자 자동사라는 점을 주목하고 싶다. 인간은 자신의 후각수용체를 통해 냄새를 맡기도 하지만, 한편으로 좋은 냄새나 나쁜 냄새가 인간에게 다가오는 것이기도 하다. 그러니까 후각은 인간에게 이중적으로 작용하는 셈이다. 그에게 악취가 나느냐 기분 좋은 냄새가 풍기느냐에 따라서 타인과 거리를 두는가 하면 사람들이 찾는 존재가 되기도 한다. 갓난아기에게 후각은 호흡과 더불어 맨 처음 활동하는 기능이다. 갓난아기는 후각과 생물의 첫째 활동인 미각을 혼동한다. 세상에 대한 앎은 입과 콧구멍을 통해 맨 처음 이루어진다. 시각은 훨씬 나중에, 구강감각이 있고 난 다음에야 온다.[10] 사르트르는『존재와 무』에서 "앎을 얻는다는 것은 눈으로 먹는 것"[11]이라고 말했다.

   냄새 맡고 맛을 보는 주체는 판단하기 시작한다. 보거나 듣는 것으로 내려지는 판단에 비해 그 판단은 더욱 위압적이다. 후각과 미각의 판단에는 취할 것이냐 거부할 것이냐라는 문제가 달려 있기 때문이다. 만족을 기대하며 미소 짓든지 인상을 쓰고 거부하든지 둘 중 하나일 뿐이다. 게다가 후각과 미각이 일찍 발달하고 선천적인 면이 크다는 점을 감안하면 미리 판단되어지는 것이라고 해도 좋겠다. 미각은 특히 더 그렇다. 후각은 선천적인 면이 미각만큼 크지는 않다. 후각 통로들은 피질에 일찍부터 대량으로 존재하기 때문에(가장 일찍 열리는 통로들이다) 어떤 면에서 우리가 세상에 대해 내리는 최초의 판단들은 후각적인 것이라 해도 좋을 것이다. 식도락은 벌써부터 존재하고, 사람은 그러한 심미적 범주들에 입각하여 판단을 내린다.

오늘날 과학은 우리가 '향기'라고 부르는 것을 구성하는 화학적 분자들을 세밀하게 분석할 수 있게 해주었다.

우리가 냄새 혹은 향기라고 부르는 이 휘발성 발산물은 우리의 신경계와 상호작용하여 어떤 '형태'를 만들어낸다는 속성이 있다. 때로는 순수한 분자 그 자체가 공기 중에 상당량 퍼지는 경우도 있기는 하지만 그건 어디까지나 예외다. 냄새라는 말은 대개 어떤 복잡한 형식적 구조를 가리키며, 그 구조의 구성요소들이 분리되면 전체로서의 정체성은 남지 않는다. 즉, 프리지아 꽃의 아름다운 향기는 20여 가지의 흔한 분자들(리나롤, 메틸안스라닐레이트, 베타요논 등)이 섞여 만들어진 것이지만, 모든 성분들이 정확하게 배합되어야만 바로 그 향기가 나온다. 또 다른 예를 들면, 방향제로 가장 흔하게 쓰이는 것 중 하나인 재스민 향도 무려 200가지 분자의 조합으로 만들어지며 그중 단 하나라도 빠지면 그 향이 나오지 않는다. 그러니까 우리가 향연[12]을 베풀 때 마시는 포도주는 포도 블렌딩에 따라 다르겠지만, 결국 수백 가지 향기들의 카탈로그라고 해도 좋을 것이다.

음식물 이야기로 돌아가면, 냄새 없는 음식은 거의 없다. 음식은 저마다 복잡한 냄새들의 아우라에 싸여 있으며, 대개 그 냄새로 미루어 맛을 짐작할 수 있다. 요리는 이러한 음식의 풍미들과 깊은 관련이 있다. 앞에서도 언급한 바 있는 저 유명한 마이야르 반응은 온갖 종류의 냄새분자들을 활짝 꽃피웠다. 냄새분자들은 그 구조 내에 대여섯 개 원자들로 구성된 다각형이 있는데, 그 원자 중에서 적어도 한 개는 탄소가 아니다. 나는 모든 그럴싸한 레스토랑들이 주방에 루이 카미유 마이야르의 초상화를 걸어둘 것을 제안한다. 그는 알제리 의과대학교의 화학교수였는데 실험용 약물중독으로 파리에서 사망했다. 이 위대한 학자는 아마도 현대 요리, 분자 요리, 과학적인 요리의 개척자로 꼽혀야 할 것이다. 날것은 날것대로 냄새가 있지만 대개 시간의 흐름과 세균의 번식에 초토화되곤 한다. 유산균의 작용은 카망베르 치즈 특유의 구린내를 더해준다. 그 냄새는 상당 부분 '이소발레릭산' 때문이다. 한편, 퐁 레베크 치즈는 유황 성분 때문에 냄새가 나며, 로크포르 치즈(양젖 블루치즈)는 두 개의 '케톤'과 아홉 개의 탄소원자가 결합하여 냄새를 풍긴다.[14]

현학자들이여, 내 친구들이여, 이만하면 됐다고? 다음에 이어질 내용도 꽤나 어려울 수 있다. 이쯤에서 마들렌이나 몇 개 맛보면서 이 책을 계속 읽기 바란다. 나는 아직까지 미각과 후각에 대해서 프루스트의 저 유명한 마들렌 일화보다 더 잘 묘사한 책을 보지 못했다. 그런 뜻에서 나는 여러분에게 마들렌을 추천하는 것이다.

후각적 이미지로 표상되는 냄새분자들

나는 오랫동안 연구자들이 간과해왔던 후각생리학의 세 가지 측면을 강조하겠다. 이 학문도 최근에는 분자생물학과 전기생리학, 기능영상촬영기법이라는 분야들의 노력이 결합하여 많은 성과를 거두어들였다. 첫 번째 강조점은 냄새가 '이미지'의 형태로 나타나는 방식에 있다. 그러한 이미지는 후각적 지각의 신경 기반을 이룬다. 두 번째 강조하고 싶은 것은 인간에게 고유하며 후각과 미각이 융합되는 원인이기도 한 후각재생 과정의 중요성이다. 마지막으로, 맛의 지각이 갖는 다중양식적 특성과 그것이 정동, 쾌락, 의존성과 어떤 관계가 있는지를 강조하고자 한다.[15]

우리가 방금 본 바와 같이 '후각적 장면'은 시각적 장면과 동일한 특성으로 정의될 수 없다. 눈으로 보는 장면에는 윤곽, 공간적 방향성, 정면, 두께, 질감, 색깔이 있는 대상들이 있다. 또한 청각적 장면에는 소리에 대한 지각, 음조, 음의 고저, 리듬이 있다. 이런 것들은 그 경계가 불분명한 고체와 액체의 조합이다. 동시에 일종의 직접적인 대상과의 밀착, 거의 원초적인 밀착도 있다. 냄새의 좋고 나쁨을 떠나서, 냄새나는 대상들을 둘러싼 분자들, 즉 냄새분자들은 그 대상들 자체와 물질적으로 동일하다. 냄새는 시각이나 청각처럼 길이가 서로 다른 파장 따위를 매개로 전달되는 게 아니다. 내가 냄새 맡는 것, 내가 느끼는 것은 아무 매개 없이 내 몸에 직접 부딪친다. 후각은 촉각과 더불어 가장 직접적인 감각이다. 또한 가장 느끼기 쉽고(100만 분의 1로 희석해도 느낄 수 있을 만큼), 가장 부정확하면서 가장 속기 쉬운 감각이기도 하다.

후각은 감각 중에서 가장 내밀하다. 후각적 장면은 여러 메타포를 통해서 다른 사람들에게도 기술하고 설명해줄 수 있을지언정 후각의 영역은 냄새를 맡는 주체의 뇌에 한정되어 있다. 남들이 코끝으로 느끼는 바를 객관적으로 입증할 수는 없다. 시각, 청각, 촉각에는 남과 공유할 수 있는 객관적 기준이라는 게 있지만 후각에는 그런 게 없다. 어떤 사람에게 냄새 맡는 능력이 없다고 해도—이른바 후각상실증—남에게 전혀 들키지 않을 수 있다. 사람들은 귀머거리를 안 됐다 하고, 맹인을 보면 열차에서 자리라도 양보해준다. 하지만 후각상실증 환자는 어떠한가? 장애인 등록증이나 발급받을 수 있는지 모르겠다. 하지만 그러한 장애는 분명히 세계를, 냄새들의 세계를 박탈해버린다.

브리야사바랭이 지적했듯이 코는 경이로운 화학적 도구다. 비강은 일종의 크로마토그래피(분리분석법 중 하나) 역할을 하고, 그 덕분에 휘발성 분자들은 기체 단계와 액체 단계 사이에서 포착된다. 이것은 층상구조로 이루어진 감각표면 위의 공기 상태를 의미하지만 이 사실을 확증하기란 불가능하다. 포유류의 경우에 후각수용체 기관은 비강의 뒷부분에 있는 후각 점막이다. 인간에게서는 이 점막이 콧구멍 천장에서 중앙과 측면으로 2~3제곱센티미터 남짓한 표면을 이루고 있다. 호흡을 하면서 들이마신 공기 중의 냄새분자들이 이 부분에 도달하는데, 냄새를 맡을 때는 이러한 활동이 더 잘 일어난다. 하지만 숨을 내쉰 다음에 삼키는 동작을 하면 코 뒤쪽 통로를 통해서 이러한 활동이 일어날 수도 있다.

냄새를 풍기는 분자는 먼저 몇 십 마이크로미터 두께의 점액층을 지나고 그다음에 후각 점막에 위치한 수용체들과 만난다. 점액은 그 근처를 지나가는 공기 중의 냄새분자를 포착하고 모은다. 그다음 그 분자들을 전달하여 수많은 수용체들에 접근할 수 있게 해준다. 점액은 또한 세포를 보호하고 냄새분자와 수용체의 상호작용이 있은 후에 점막을 청소하는 역할도 한다. 점액은 끈적끈적하고 습하고 이질적인데 그 구성성분은 정확히 알려져 있지 않다. 그래도 나트륨 이온과 칼륨 이온, 단백질, 당이 들어 있다는 정도는 알 수 있다. 코샘에서 분비되는 후각자극제결합단백질은 냄새분자들과 결합할 수 있고, 쉽게 용해되지 않는 냄새분

크로마토그래피의 원리와 코

물질을 밀폐용기에 담는다. 증발의 법칙에 따라서 물질에서 기화된 분자들이 용기 속을 채우기를 기다린다. 일정 시간이 지나면 물질에서 나온 분자들과 물질로 돌아간 분자들 사이에 평형이 이루어진다. 그러한 평형상태에 도달하면 공기 중에 물질의 분자들이 실리고 '헤드스페이스headspace'에는 우리가 찾는 휘발성 성분들이 있다. 엄밀한 의미에서의 분석은 이러한 분자들의 분리 다음 단계에서부터 크로마토그래피를 이용하여 이루어진다. 이 장비는 기본적으로 '칼럼'이라고 부르는 길고 미세한 관으로 이루어져 있다. 이 칼럼 입구에 가스 주입으로 헤드스페이스에서 채취한 샘플을 넣는다. 칼럼은 샘플에 들어 있는 성분들을 각각의 물리적 속성에 따라 오래 잡아놓기도 하고 일찍 내보내기도 한다. 그래서 칼럼의 출구 부분에서 휘발성 성분들은 (운이 좋으면) 하나하나 분리되어 빠져나가거나, (그렇게 운이 좋지 못해도) 소그룹으로 나뉘어 빠져나간다. 특수한 감지장치는 이러한 '크로마토그래피 정점'을 알려준다. 시간이 흐름에 따라 정점들이 다소 크게 이어진다. 그다음에는 이렇게 해서 분리된 성분들을 확인하기만 하면 된다. 칼럼 내에 머무는 시간을 측정하거나 좀 더 정확성을 기하기 위해서 크로마토그래피 결과에 '질량 스펙트로그래피'라는 또 다른 분석장비를 동원하기도 한다.

크로마토그래피의 원리는 입과 코의 작용에 비교해볼 만하다. 여기에는 '흡수'라는 똑같은 물리적 상호작용 현상이 관여하기 때문이다. 흡수는 분자들이 칼럼에서 빠져나가는 속도를 늦추고, 입과 코에서는 향기를 포착하거나 음식물 내에서 그 향기가 이동하는 것을 막거나 감각수용체로 그 분자들을 받아들이도록 관여한다. 향기를 지닌 모든 물질들을 확인하는 것 자체만도 어려운 작업이지만 그 작업만으로는 충분치 않다. 분자들의 화학적 성질과 그것들이 낳는 감각을 연결하는 작업도 해야만 한다. 이를테면 메테인싸이올에 대해 어떤 치즈와 함께 구운 양배추 같은 냄새가 난다고 한다든가 하는 식으로 말이다. 이렇게 기민한 과정이 마치 크로마토그래피 칼럼 출구에서 물리·화학적 감지장치가 활약하듯이 코를 활약하게 만든다. 감지장치가 물리학적인 것이라면 코는 감각적이라는 차이가 있을 뿐이다. 분자들이 몰려오면 감지장치는 정점을 알려주고 우리의 코는 그 순간 우리에게 다가오는 감각이 어떤 것인지 파악한다.

물론 실제로 이렇게 간단하기만 한 것은 아니다. 이따금 대대적으로 분자들이 몰려옴을 알리는 정점들에서 아무 냄새도 감지할 수 없을 때도 있다. 또한 아주 크기가 작은 정점들인데 냄새는 지독할 때도 있다. 이건 겉보기에만 역설적일 뿐이다. 휘발성 분자들이 똑같이 집중되어 있어도 후각세포에 대한 자극활동은 전혀 달라질 수 있으니까 말이다. 음식물에 존재하지 않으며 화학적 분석장비를 동원해도 아주 미약하게 그 자취를 볼 수 있는 성분들이 후각을 크게 자극할 수도 있는 반면, 아주 많이 들어 있는 성분인데도 후각적 효과는 미약할 수 있다는 말이다. 또 다른 어려움도 있다. 금방 달아나는 후각적 감각을 정확하게 확인하고 명명한다는 것은 굉장한 정신적 집중을 요한다. 그러한 집중은 분석이 이루어지는 동안 일부러 신경을 쓰고 수고를 들여 유지하지 않으면 안 된다.

치아가 음식물을 분쇄하는 동안에 입과 코에는 헤드스페이스에 비유할 수 있는 공간이 생긴다(노즈스페이스, 마우스스페이스). 연구자들은 헤드스페이스를 분석할 때 사용했던 방법을 그대로 써서 이 부분의 샘플을 채취하고 분석할 수 있다.

자가 전달될 수 있도록 도와준다. 그러므로 이런 단백질이 없으면 후각 작용 자체가 위협당할 수 있다. 그럼에도 이 단백질들이 전달, 여과, 비활성화 혹은 보호 중에서 정확하게 어떠한 기능을 하는지는 정해지지 않았다.

분자는 그것의 냄새를 느낄 수 있는 수용체가 존재할 때에만 냄새가 난다고 할 수 있다. 자극은 시각이나 청각을 좌우하는 파장처럼 연속적으로 변하는 물리적 척도가 아니라 '냄새결정기^{odotope}' 원자들의 집합에 고유한 입체적[16] 조합이다. 여기서 냄새결정기는 면역체계의 결정원인 항원결정기^{epitope}에 비유할 수 있다. 화학과 향기를 결합하기란 매우 어렵다. 예를 들어 똑같은 분자가 그 농도에 따라서 어떤 때는 다른 냄새가 난다. 또 어떤 때는 같은 분자의 2개 광학이성체異性體*들이 각기 다른 냄새를 내기도 한다. D-카본은 민트 향이 나지만 L-카본은 커민 향(톡 쏘는 쓴 향이다)이 난다.

분자의 형태와 연결된 척도들은 그 반대로 아주 중요한 역할을 한다. 비록 이러한 연결이 고대 '원자론자'들이 내세웠던 가설들과는 맞지 않지만 말이다. 원자론의 대표격인 에피쿠로스는 분자(물론 당시에는 '원자'라고 불렀지만)의 형태가 뾰족하면 톡 쏘는 냄새가 나고, 그 형태가 둥그스름하면 부드럽고 기분 좋은 냄새가 난다고 생각했다.

공간적으로 정해진 후각의 장場도 없고 후각을 수량화할 수 있는 물리적 척도가 없으므로 수천 개의 냄새분자들을 인식하는 특수성은 그만큼 많은 수용체들의 존재에 기대고 있다. 오늘날에는 그러한 수용체들의 성질에 대해서도 알 수 있게 되었다.

이 수용체들의 발견에는 과학사의 통쾌한 성취가 숨어 있다. 1980년대 초 과학자들은 냄새분자가 후각감각세포의 선단막과 만나서 제2 매개체인 사이클릭 AMP(환식 아데노신모노포스페이트)를 통해 전기신호로 변환된다는 것을 알았다. 그다음에는 GTP와 결합하는 단백질을 개입시키는 변환과정이 있음을 발견했고, 미국의 신경생물학자 린다 벅과 리처드 액슬은[17] 이것을 얼개 삼아 멋진 전략을 수립함으로써 결국 냄새분

---

* 서로 거울에 비친 관계의 구조를 갖는 화합물로 화학적·물리적 성질은 같아도 평면편광의 편광면을 반대 방향으로 회전시키는 2개의 이성체를 가리킨다.

자수용체들을 발견하고 2004년 노벨상까지 수상하는 쾌거를 누릴 수 있었다. 그 두 사람의 연구 덕분에 우리는 오늘날 냄새분자수용체들의 구성이나 기능에 대해 제법 많은 것들을 알고 있다. 후각수용체들은 세포막에 존재하는 단백질인데, 설치류의 경우에는 1,000개, 인간은 330개 정도이다. 수용체들의 활동이 합쳐져 사이클릭 AMP 형성에 관여하며, 감각뉴런의 탈분극을 책임지는 이온 통로가 통제된다. 그러므로 냄새분자들로 인해 단백질 수용체가 특정하게 활성화됨으로써 냄새는 형태를 갖추게 되는 것이다(GPCR에 대해서는 222쪽 상자를 참조).

이러한 발견이 있은 후에 역설적인 상황이 빚어졌다. 실제로 쥐의 경우에는 1,000여 개의 수용체들이 있다는 것을 알지만 실질적으로 그 수용체에 고착되는 냄새분자들은 하나도 알지 못하는 상황이 된 것이다(어떤 수용체하고만 특정하게 결합하는 분자를 '리간드' 혹은 '배위자'라고 한다). 인간의 경우도 문제가 되는 유전자들의 수는 더 적을지언정(350개 수준) 상황은 마찬가지다.

여기서 방문객들이 조금 쉬어갈 수 있도록 브리야사바랭 식으로 교수와 주방장이 나누는 대화를 잠깐 삽입할까 한다. 교수가 학자 특유의 현학적인 태도를 벗어던지지 못하는 점에 대해서는 독자에게 양해를 구하는 바이다.

인간의 경우에는 후각수용체의 수가 제한되어 있다는 점으로 다시 돌아가겠다. 후각수용체의 수로 따지자면, 쥐나 개처럼 냄새를 잘 맡기로 이름난 동물들에 비해 인간은 그 절반에도 미치지 못한다. 종의 진화에서 가장 잘 보전된 감각이 인간에게서 쇠퇴한 것은 두 발 보행과 시각의 중요성이 대두했기 때문일 것이다. 인간은 두 발로 걷게 되면서 땅과 거리를 두게 되었다. 그런데 동물적 기원으로든 식물적 기원으로든 후각

교수와 주방장의 대화 – '쥐와 인간'

주방장 그러니까 인간은 후각에 관한 한 쥐만큼 풍부한 도구를 갖지 못했군요. 그렇지만 쥐를 우리 레스토랑의 단골손님으로 모실 수는 없다는 걸 이해해주시겠지요.

교수 쥐는 코에 의지해서 온 세상을 돌아다니는 동물이지요. 그런 쥐를 볼 때, 인간이 가진 수용체도 꽤 많은 겁니다. 뇌에서 발현되는 유전자들 전체에서 1~2퍼센트에 해당하니까요. 이러한 성향은 다른 감각체계가 따르는 전략과는 차별화된 전략입니다. 시각, 청각, 촉각 정보를 분석하는 각각의 체계들은 감각표면에 퍼져 있는 한정된 수의 수용체들만을 사용해요. 그래서 그에 관련된 정보 코드화의 일부는 자극에 의해 활성화되는 수용체들이 국부적으로 해결하지요(공간적 코드화). 그런데 후각체계는 그렇게 작용하지 않습니다. 왜냐하면 후각 자극은 공간적으로 한정되어 있지 않을 뿐 아니라, 그 척도들도 감각표면의 두 차원에서 정확하게 옮기거나 코드화하기에는 그 수가 너무 많거든요. 수용체들이 매우 다양하고 많은 분자들을 다룬다는 사실에서 우리는 이러한 가설을 세우게 됩니다. 하나의 특정한 냄새분자는 수많은 수용체들 중에서 특정 유형 혹은 어떤 우세한 것에 의해 인식될 것이라는 가설 말입니다.

주방장 그 추론에는 좀 이상한 부분이 있군요. 우리가 느낄 수 있는 냄새가 수십만 가지나 될 거라고 하면서, 다른 한편으로는 수용체들이 500개에도 훨씬 못 미치는데 그것도 굉장히 많은 것처럼 말씀하고 계시니 말입니다.

교수 옳은 지적입니다. 그러니까 하나의 수용체가 여러 가지 냄새 물질을 파악할 수 있다고 봐야겠지요. 화학적 유사성에는 정도의 차이가 있을지언정 어떤 친화성이 있는 물질이면 파악이 가능하다고요.

주방장 우리의 정념 한가운데에는 항상 그런 전기적 친화성이 있지요. 꽃향기를 맡거나 사랑하는 여인의 속내를 알아내려면 그런 친화성이 있어야 되는 겁니다.

교수 그렇지만 그 친화성이 지나치지 않도록 조심하셔야 합니다. 수용체가 리간드에 지나치게 노출되면 결국 그 수용체는 둔감해지고 마니까요. 후각수용체들도 예외가 아닙니다. 너무 지독한 향기는 어느새 느껴지지 않게 되지요.

주방장 너무 지독한 사랑도…….

교수 쉽사리 떠오르는 비유는 피하시지요. 진한 향수 냄새는 우리를 괴롭힙니다. 하지만 그런 향수를 뿌리는 여자들은 자기들의 '수용체'도 우리네 수용체만큼 무감각해졌다는 걸 인정하지 않으려 들어요. 냄새 이야기로 돌아가서 좀 더 의미를 확장하고 다른 감각체계들과 비교해서 말해본다면, 우리는 하나의 수용체가 파악하는 유사한 분자들의 전체를 '수용장'이라고 부를 수 있을 겁니다. 하나의 감각뉴런에 단일 유형의 수용체들이 상응한다는 가설은 수용체들과 그 수용체들을 표현하는 세포에 대해서 수용장은 동일하거나 매우 비슷할 것이라는 의미지요. 그에 대한 증거로, 후각수용체 세포의 특성과 그 세포의 발현 결과를 확인해보면 각각의 감각뉴런들은 그 유전자들 중에서 단 하나만을 발현합니다. 나는 이 점을 강조하고 싶어요.

세계의 가장 중요한 부분은 땅에서 나온다. 예일대학교의 신경생물학 교수인 고든 셰퍼드[18]는 이러한 냄새에 대한 멸시에 강력하게 반발했다. 사실 칸트는 후각을 "인식의 저급한 능력의 찌꺼기"로 보지 않았던가? 하지만 인간은 후각수용체의 수는 적을지언정 향기의 정방향 및 역방향 전달이라는 이중적 기능을 구사할 수 있다. 인간은 잡식동물이기 때문에 먹을 수 있는 음식의 종류가 다양하다는 사실과 이러한 기능을 연계하여 생각할 수 있겠다. 우리는 이러한 현상과 관련지어 맛을 다루는 피질구조들의 중요성을 고찰해야 한다. 인간의 뇌는 구강감각에 둘러싸여 있다고 할 수 있다. 뇌는 앞으로는 역방향 후각의 향기를 전달하는 후각신경(제1번 뇌신경)에 연결되어 있고, 뒤쪽으로는 뇌간에서 뇌로 접근하는 미각 관련 뇌신경들(제9번, 10번, 11번)에 연결되어 있다. 그 신경들이 나란히 만나는 곳은 뇌 앞쪽, 특히 전전두피질이고, 그다음에는 기억구조들로 이어져 '진수성찬의 감동적인 추억들'은 오랫동안 아로새겨진다.

서둘러 식사를 하거나 잠자리에 들어야 할 방문객이 후각기관의 구조를 알고자 한다면 좀 더 기다려야 한다. 뇌의 모든 구조들이 그렇듯이 여기에도 여러 층위가 있다(그림 23).

후각기관의 첫 번째 층은 감각세포들이라는 한 종류로만 이루어져 있다. 감각세포들은 자극 수용, 변환, 주변 감각 메시지의 전달이라는 기능을 담당한다. 이것들은 세포체가 후각상피에 들어 있는 뉴런들이다. 이 뉴런들은 아주 특별한 해부학적 성질을 띤다. 지지세포들에 박힌 하나뿐인 수상돌기의 말단이 불룩 튀어나와 있고, 그 튀어나온 부분에는 점액에 잠긴 섬모들이 있다. 이 섬모들 덕분에 세포가 사용할 수 있는 표면은 훨씬 더 커진다(그림 23).

수용체들은 세포막 수준에 있다. 전기감각복합체(수용체들과 통로들)가 국부적으로 집중되어 있는 이유는 매우 낮은 농도의 리간드에 의해서도 중요한 전류의 변화가 가능하게 하기 위해서다. 하지만 이 뉴런들의 가장 독창적인 면은 그 수명이 고작 몇 주로 한정되어 있으며 줄기세포에서 계속적으로 뉴런 발생이 일어나 퇴화된 뉴런들을 대체한다는 데 있다. 최근에는 이러한 줄기세포들을 손상된 신경계 복구에 이용하려는 연구가 진행되고 있다.

이처럼 지속적으로 뉴런들이 쇄신되기 때문에 감각정보들이 기억으로 유지되는 방식에 대해 의문이 제기된다. 후각체계의 복잡하고도 여전히 수수께끼에 싸여 있는 기능을 이해하기 위해서는 전체 조직을 2개 수준으로 나누어보는 것이 좋겠다. 첫 번째 수준은 후각상피 내의 후각체계 주변에 위치하며, 냄새분자가 점액 근처에 도달하여 감각뉴런이 그에 상

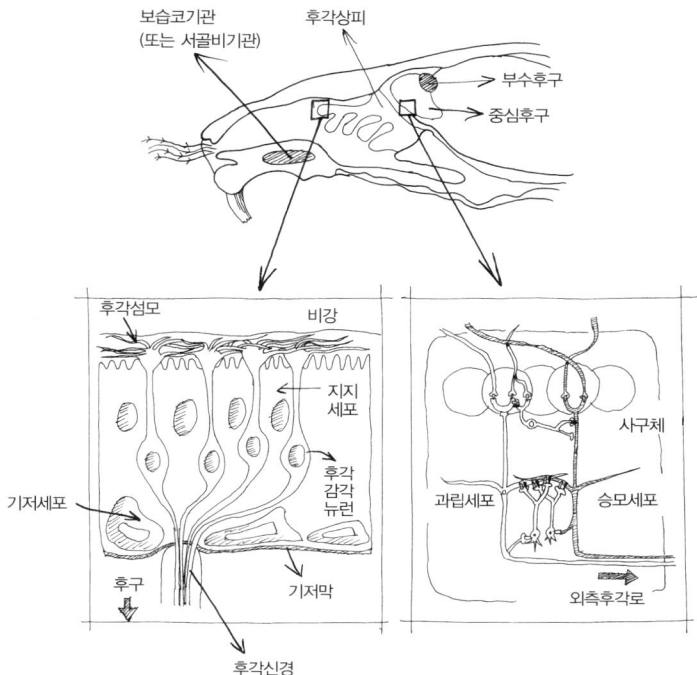

그림 23 쥐의 후각체계의 해부학적 구성

응하는 신호를 보낼 때까지로 한정된다. 두 번째 수준은 뇌의 앞쪽 아랫부분에 있는 작은 부위인 후구에서 이루어지고 피질영역으로 이어진다. 여기에서는 지각과 냄새 인식을 낳는 신호의 처리가 이루어진다.

수용체들에게 뚜렷한 공간적 특성이 없는 반면 후각상피와 후구에 대한 투사는 매우 분명하게 조직된 절차에 따라 이루어진다. 감각세포들의 축색은 다발 형태로 묶여서(1번 신경) 구멍 뚫린 판 같은 뼈를 가로지른다. 이것이 후구의 가장 바깥쪽 층을 이루고 지름 100나노미터 정도의 작은 구球들, 즉 사구체에서 끝난다. 사구체들은 후구의 두 번째 층을 이른다. 사구체에서 이루어지는 후각 정보들의 수렴(한 개의 사구체에 2만 5,000개의 감각뉴런의 말단이 모임)은 대단히 중요하다.

각각의 후구에는 아래쪽과 옆쪽으로 수천 개의 사구체들이 들어 있다. 원칙적으로 하나의 사구체에는 같은 수용체를 갖는 감각뉴런들이 분포한다. 그러므로 여기에서 대대적인 집중 현상이 일어나는 것도 당연하다. 축색 말단은 제2의 뉴런, 즉 승모세포와 연결된다. 승모세포는 후구의 출구 쪽에 있는 뉴런들로서 후각피질과 직접 통한다. 여기서 두 가지를 특히 눈여겨보아야 한다. 첫째, 다른 감각 정보들은 대뇌피질까지 도달하기 위해 세 번의 연결점을 지나가야 하지만 후각 정보는 두 번만 거쳐도 된다. 둘째, 수평적인 조직이 존재한다는 점이다. 인접해 있는 사구체들이 서로 관계할 수 있도록 해주는 국부적 개재뉴런[19]들이 있으므로 사구체들의 상호작용이 가능하다. 승모세포들을 둘러싸고 있는 개재뉴런들을 '과립세포'라고 하는데, 이 과립세포들은 승모세포들을 가로 방향으로 연장하여(부수적인 돌기처럼) 미세회로 형태를 만들며, 외측억제 현상과 정보 흐름의 국부적 동기화 현상이 가능한 이유이기도 하다. 어떤 표준 구성이 있으리라는 가설은 관찰을 통해 더욱 굳어졌다. 바로 방사능 표식과 기능성 자기공명영상(fMRI)을 이용한 관찰로서, 좌측 후구와 우측 후구에서 똑같이 대칭적으로 감지될 수 있고, 어떤 동물에게든 동일한 냄새로 접근할 수 있는데, 자극의 성격에 따라서 위치, 형태, 차원 같은 특성들이 달라지는 모티프들(눈으로 볼 수 있는 모티프들처럼)이 나타난다.

이러한 구성은 대뇌피질, 소위 조롱박피질에 대한 후구의 투사 수준에서 관찰된다. 이렇게 해서 어떤 냄새에 의해 활성화되는 후구 뉴런들의 분포도가 나온다. 이른바 후각이 대표하는 일종의 모형이라고나 할까.

우리는 후구에서 이루어지는 후각적 이미지들의 존재에 대해 다시 다룰 것이다. 아직 할 일은 태산이고, 그 일은 모두 뇌에서 떠맡는다.

맛이 머리에 도착할 때

우리가 어떤 냄새를 느끼고 맡을 때 해부학자들은 그 정당한 경로를 좇을 수 있다. 후구 출구에 있는 축색은 짧은 길을 거쳐 조롱박피질에서 끝난다. 아마도 지각은 무의식적으로 작용했다가 그다음에 기억을 처리하는 해마로 들어갈 것이다. 해마로 들어가기 전에 변연피질에 속하는 내후각피질을 거치기는 하지만 말이다.[20] 이렇게 해서 냄새는 뇌에서 두 명의 길동무들—기억 및 감정—과 합류한다. 마지막으로, 냄새는 오로지 인식될 때에만 존재한다. 그러자면 다소 의식적으로 기억들에게 도움을 청하지 않을 수 없다. 그런데 기억이란 정서적 잠재력을 통해서만 존재하는 법이다. 그러니까 냄새를 맡는다는 것은 감각 그 이상이다. 그것은 일종의 '감정'이다!

뇌에서 냄새들이 이용하는 길에는 과거에 맡았던 냄새들에 대한 기억들이 잠들어 있다. 잘생긴 왕자님이나 악취를 풍기는 괴물이 자기들을 깨워주길 기다리면서 말이다. 그리고 그 기억들은 살면서 겪었던 행복했던 사건, 비참했던 사건들과 관련이 있다.

냄새에 반응하여 일어나는 안와상피질 뉴런들의 전기활동은 그 냄새들이 전해주는 쾌락의 정도와 좋은 냄새가 암시하는 음식의 맛 여부에 따라 달라진다. 이러한 정확성에도 불구하고 자극들은 뚜렷하게 구획지어지지 않는다.[21] '장미의 정령'* 같은, 그냥 일종의 혼백이나 정령이라고나 할까. "죽을 수밖에 없는 존재로서 영원의 정수를, 한없는 장미 향기를 한순간이나마 뿜어내는 것보다 더 치명적인 것이 무에 있으랴? 하나의 사물이 죽고 그 사물이 제 끝에 이를수록 그 사물은 이 말과 이 비밀을 발산하나니!"[22]

하지만 이게 참말일까? 형태 없는 형태를 식별한다는 게 가능한가? 그러면 나는 붉은 포도주 한 잔의 냄새를 맡으면서 그 술이 '샤토 페트뤼스'라는 것을 어떻게 알 수 있단 말인가? 1,003가지 향수들 중에서 우리 어머니가 쓰는 향수가 랑방의 '아르페주'라는 것을 어떻게 식별할 수 있단 말인가? 냄새를 식별하는 능력은 인간의 뇌가 친한 사람의 얼굴을 알아보는 능력을 연상시킨다. 그런데 뇌의 특정 부위가 손상을 당하면 가까운 사람들의 얼굴을 못 알아보게 된다(의사들의 용어로는 '안면인식장애'라고 한다). 이런 뇌의 활동은 복잡한 형식들을 읽어낼 수 있도록 프로그래밍된 컴퓨터와 비슷해 보인다.

뇌와 음식물

일단 입술이라는 관문을 넘어서면 냄새라는 추상적 영역을 떠나 입이라는 아주 물질적인 영역으로 들어서게 된다. 그 성분들은 이미 요리된 것일 수도 있고 자연이 부여한 단순한 장치에 그냥 깃들어 있기만 할 수도 있다. 이제 향기는 시각의 뒷받침을 떨쳐버린다. 고기 굽는 냄새가 모락모락 올라오는 먹음직스러운 음식의 모습, 혹은 '그대 뺨처럼 붉은'

---

* 베를리오즈가 작곡한 가곡의 제목이자 발레 제목이기도 하다.

장미꽃의 모습은 이제 없다.

요리된 음식의 향기는 입에서 폐의 더운 공기에 떠밀려 코로 올라간다. 입안에서 올라오는 이 냄새들에는 물질적 기원이 있다. 입안에 있는 음식물의 존재감이 확실하기 때문에 그 기원은 분명하다. 입의 민감성은 뇌에 복잡한 촉감을 제공하지만, 음식을 둘러싼 세상만큼 모호하지는 않다.

나는 입의 방문객들을 뇌 입구, 그러니까 고립로핵 내의 뇌간에 남겨두겠다. 입에서 느낄 수 있는 능력이 그 다양한 구성요소들과 더불어 제공한 정보들이 바로 이 지점에 집중된다. 고립로핵은 뇌를 향해 나아가는 출발점이기 이전에, 음식물의 소화경로를 따라 이어지는 소화관(위장, 창자)에서 오는 정보들이 서로 만나고 통합되는 첫 번째 층위이기도 하다. 먹고 난 다음의 활동이 식욕과 포만감에 지대한 영향을 미치는 것이다.

다른 감각들이 그러하듯이(후각은 예외) '시상의 복측 후방외측핵(VPL)'에는 두 번째 연결점이 있고 마지막으로 미각통로의 제3뉴런을 통하여 신피질로 연결된다. 인간에게서 피질영역은 상대적으로 넓은 편이다. 그 피질영역은 뇌성과 뇌섬의 앞쪽 덮개(전두개)까지 포함된다. 그 정도면 음식물의 미학자인 인간에게 맛이 차지하는 중요성과 관련지어 생각해볼 만한 면적이다.

1차 영역에서부터 맛의 경로는 우리를 전전두 하안와 영역까지 이끈다. 이곳에서 미각은 입에서 빠져나오면서 헤어졌던 후각과 재회한다. 교차로와 같은 이 영역을 분석중추, 평가중추(좋다, 나쁘다를 구분하는), 행동개시중추(먹을 것인가, 버릴 것인가), 나아가 음식에 대한 탐닉이 병적인 의존성으로 변질되는 지점으로 보아야 할 것이다. 이 영역의 뉴런들 역시 통합기능을 하는데, 신경생리학자들은 뉴런들을 음식의 질감, 음식의 온도,

음식의 (구미를 당기는) 겉모습 등과 결부시켜 그 활동을 기록함으로써 그러한 통합기능을 평가할 수 있다. 또한 지방의 용량, 특히 음식을 먹는 사람의 식욕 혹은 포만 상태에 따라서 뉴런 활동들을 기록하고 연구할 수도 있다. 식사를 시작할 때 전기활동을 일으켰던 동일한 뉴런이 배가 더 이상 고프지 않게 되면 활동을 중단한다. 방문객은 이 상황을 요약적으로 보여주는 두 개의 간단한 다이어그램을 찾아보아도 좋겠다.

나는 이 방문의 마지막을 위해 전전두피질(감각들을 요리하는 주방장)과 시상하부 레스토랑의 홀(먹는 행위가 이루어지는 무대)을 연결하는 마지막 주요 통로를 남겨두었다. 이 통로는 쾌락의 뒤안길, 정념들의 회랑이다. 방문객들에게 이곳을 지날 때에는 각별히 조심해야 한다고 말해주고 싶다. 물론 그곳에서 호감 가는 쾌락주의자, 밝은 얼굴의 향락주의자들도 마주칠 수 있다. 하지만 어떤 이들은 무리한 밤을 보낸 탓에 납빛 얼굴을 하고 있을 것이다. 키스를 나누는 연인들을 못 본 체할 수도, 엄마와 아이가 서로 미소 짓는 광경을 보고 흐뭇해할 수도 있을 것이다. 하지만 방문객은 술집 단골들과 비열한 딜러들도 만나게 될 것이다. 그는 가엾은 약물중독자들이 약을 구하려고 안달하는 꼬락서니를 못 본 체할 것이다. 다시 한 번 말하지만, 쾌락은 주식중개인들이 말하는 핵심주주들의 집단과도 같다.

친애하는 뇌의 방문객이여, 이 쾌락의 뒤안길은 죽음이 삶의 지평에 있음을 끊임없이 일깨워줄 것이다. 하지만 그렇다고 해서 이제 만족하였으니 그만 먹고 그만 즐기겠다 하겠는가? 무한은 바보들에게, 영원은 게으른 이들에게 통하는 말이다. 그러니 살아야 한다. 삼시 세끼의 리듬에 자신을 내맡겨야 한다.

방문은 끝나지 않았다.

Focus 5
후각은 언제나 젊은 감각!

피에르 마리 레도
(CNRS 연구소장, 파스퇴르 연구소 '지각과 기억' 팀장)

    1969년 미국의 생물학자 조셉 앨트먼은 성년에 이른 쥐의 뇌에서도 뉴런들이 증식한다는 사실을 처음으로 밝혀냈습니다. 당시에 이러한 연구결과는 신경생물학이 받아들이고 있던 믿음, 즉 뇌는 성년에 이르면 뉴런들을 잃기만 하고 새 뉴런들을 얻지는 못한다는 믿음에 정면으로 위배되는 것이었지요. 1980년대에 들어서야 성년의 뇌에서도 뉴런이 생성된다는 개념이 받아들여지게 되었습니다. 성체 카나리아를 대상으로 한 실험에서 최초의 성과가 나왔고, 또 다른 조류인 금화조를 실험대상으로 삼아 같은 결과를 얻어냈지요. 그때부터 이 두 종류의 새들은 이 영역의 표준모델이 되었습니다. 그 후에 설치류와 영장류에도 성체의 뉴런 발생이 있음이 기술되기는 했지만, 이 새들이 노래를 학습함에 따라서 뉴런이 기능적으로 발생하는 결과를 가장 명확하게 보여주었기 때문입니다.

성체의 뇌에서 탄생한 뉴런들은 기존의 뉴런들에 추가되거나 퇴화된 뉴런을 대체합니다. 오늘날의 신경생물학자들은 이러한 현상을 폭넓게 인정하고 있지만 15년 전만 해도 상상할 수 없는 일이었지요. 뉴런의 수는 출생 당시에 최대치에 이르렀다가 그 후에는 계속 줄어들기만 하는 것으로 생각되었으니까요. 성인의 뇌는 그렇게까지 고정된 것은 아니라고 생각되었습니다. 물론 일단 성숙이 끝나면 뇌는 점점 경험을 통해 배운 것들을 굴절시키게 됩니다. 하지만 여러 종의 동물들에서 뉴런망은 나이와 상관없이 그 흔적을 남길 수 있을 정도의 유연성을 유지하지요. 이러한 '유연성'은 오로지―적어도 사람들이 생각했던 바로는―뉴런들의 시냅스 연결 중 일부가 변화됨으로써 나타날 수 있었습니다. 그런데 성체의 뇌에서 뉴런이 증식한다는 사실을 발견함으로써 이러한 시각이 뒤집혔지요. 배아가 발달하는 동안의 일차적인 뉴런 발생과 대조적으로, 성체에서 이렇게 이차적인 뉴런 발생이 있다면 뉴런망은 새롭게 쇄신될 수도 있다는 뜻이니까요. 그런데 이러한 이차적인 뉴런 발생이 기능적인 관점에서는 어떤 효용이 있을까요?

새들이 학습을 통해 노래를 부르는 데 관여하는 체계들을 신경생리학적으로 연구한 결과 이 영역에서 연구 활로가 폭넓게 열렸습니다. 새들의 노래는 봄이 머지않았다는 신호지요. 동물행동학자는 새들의 노래가 기본적으로 생식을 위한 적응행동이라고 봅니다. 일반적으로 수컷이 이성을 유혹하기 위해서, 또한 자기 영역을 나타내고 경쟁상대인 다른 수컷의 접근을 막기 위해서 노래를 부르니까요. 새들의 노래는 인간의 언어 학습과 유사한 발성 학습의 결과물인데, 일단 어린 수컷은 자기와 같은 종에 속하는 성체의 노래를 듣고 기억하는 단계를 거칩니다. 일단 그 노래를 자기 것으로 만들면 새는 자신의 롤모델과 똑같은 방식으로 그 노래를 실제로 부르는 법을 배웁니다. 실제로 그 방식은 정확히 똑같습니다. 여러 가지 감각 및 운동 습득에서는 비교적 표준적이라고 할 수 있는 이러한 유형의 학습(인간의 언어 습득이나 쌍안시각 습득도 그 예이다)은 신경망의 중대한 형태적 변화를 불러오지요. 그런데 카나리아 같은 특정 조류들은 해마다 새로운 노래를 다시 배워야만 합니다. 성체가 이렇게 해마다 새로운 학습을 한다는 것은 뇌 조직이 변한다는 뜻이지요.

그래서 1970년대에 새가 노래를 학습하는 신경생리학적 메커니즘을 확인하기 위한 야심찬 연구 프로그램이 시작되었습니다. 뉴욕 록펠러 대학교의 페르난도 노테봄은 연구를 시작할 당시에 자신이 발견하게 될 형태학적 변화의 폭을 상상조차 하지 못했지요. 그의 연구에서 첫 번째 단계는 운동 학습과 노래 부르는 법 학습에 관여하는 뉴런 집단들을 파악하는 것이었습니다. 그다음에는 그 뉴런들의 형태학적·기능적 조직의 특징을 상세하게 파헤쳤지요. 이리하여 노테봄 박사는 노래를 부르는 데에는 두 개의 회로가 관여하고 그 회로들은 '상위발성중추'라고 하는, 뉴런들의 핵에 의해 통제된다는 사실을 밝혀냈습니다. 한편으로는 노래 부르기를 조율하는 운동 경로가 있고 다른 한편으로는 청각적 정보들을 통합하는 조절 피드백이 있기 때문에 새는 자기가 실제로 부르는 노래를 자기 기억 속의 노래와 비교할 수 있다는 겁니다.

이상에서 요약한 전반적인 연구는 상위발성중추에서 일어나는 뉴런의 쇄신이 학습 공식에 포함됨을 암시합니다. 뉴런이 새로 발생하기 때문에 새에게 새로운 노래를 배울 수 있는 가능성이 주어진 셈이지요. 하지만 이러한 결론은 모순에 부딪쳤습니다. 새로운 노래를 배우지 못하고 평생 똑같은 노래만 부르는 새들(금화조의 경우)도 미약하지만 규칙적으로 뉴런이 새로 만들어지거든요. 더 놀라운 사실도 있습니다. 카나리아 암컷은 노래를 부르지 않는데도 그들의 뇌에서 이차적인 뉴런 발생을 관찰할 수 있단 말입니다. 이 두 경우에서 어째서 뉴런들은 아무 쓸모도 없이 새로 만들어지는 걸까요?

1999년 금화조의 수수께끼는 부분적으로 해결되었습니다. 마사카즈 코니시가 이끄는 캘리포니아 공학연구소팀이 금화조도 아주 특수한 상황에서는 노래를 바꾸어 부른다는 사실을 입증했기 때문입니다. (금화조가 노래를 할 때 잡음에 해당하는 짧은 음절들을 들려주며 훼방을 놓는다든가 하는 방법으로) 새에게 자기 노래가 부정확하다는 '암시를 주면' 금화조는 자기가 지각하는 비정상적 음을 수정하는 방향으로 노래를 바꾸어 부릅니다. 이 사실은 금화조가 자기 노래를 들으면서 기억 속에 있는 표준 노래와 계속 비교한다는 것을 보여주지요. 실험자들이 청각적인 '속임수'를 쓴 결과 금화조가 부르는 노래는 차츰 변했습니다.

그렇지만 이 변화는 되돌릴 수 있습니다. 금화조가 자기 노래를 정상적으로 들을 수 있는 상황으로 돌아가면 몇 달 후 그 노래는 원래 상태로 돌아갑니다. 조절 시스템과 관련된 뇌의 핵들이 변하지 않은 상태라는 조건이 붙기는 하지만요. 어릴 때의 발성 학습 단계가 결정적인 역할을 하고, 성체에서의 조절 시스템은 청각적으로 거꾸로 통제되어 이미 습득한 노래가 달라지는 것을 막는 겁니다. 그러니까 어떤 식으로든 이 시스템은 노래와 관련된 뉴런들과 상호작용을 하겠지요. 하지만 그 방식은 어떤 걸까요? 캘리포니아 연구팀은 조절 시스템을 파괴해버리면 노래와 관련된 상위 발성중추의 뉴런들의 쇄신이 감소함을 보여주었습니다. 그러므로 조절 시스템은 아마도 새롭게 만들어지는 뉴런들의 분화에 영향을 미칠 것입니다.

성체 조류의 뉴런 쇄신이 지닌 잠재력과 그 기능적 결과들에 대한 증명은 1980년대에 여전히 수수께끼였습니다. 나아가 어떤 일반성을 띠지 못한 채 그저 척추동물 중에서 예외적인 사례로 여겨지기도 했고요. 물론 조셉 앨트먼의 선구자적인 연구는 1960년대부터 성체 포유류의 일부 대뇌 구조들—특히 후구, 해마, 대뇌피질—에서도 뉴런 발생이 일어난다는 입장을 표방했습니다. 하지만 학자들은 인간의 뇌가 계속 재생될 수 있는 기관이라고 보기를 매우 주저했습니다. 그렇게 보면 딜레마에 빠질 수밖에 없거든요. 정보의 저장에 기여하는 신경생물학적 지지대가 계속 새롭게 바뀐다면 어떻게 기억의 자취가 그토록 정확하게 계속 보존될 수 있겠습니까? 기술적 한계들도 있었습니다. 뉴런의 성격을 입증하는 구체적인 형태학적 규준이 없었으므로 오랫동안 뉴런 생성을 명실상부하게 증명해보이는 것 자체가 어려웠던 겁니다. 이상의 이유들 때문에 앨트먼의 발견은 오랫동안 논쟁에 시달렸습니다. 그래도 1990년대에 이르자 중대한 기술적 진보들이 여러 방면에서 이루어짐으로써 포유류의 뉴런 생성에 대한 기존관념들은 결국 무너지고 말았습니다.

1993년에는 성체 설치류의 후각 체계에서 이차적인 뉴런 발생이 있다는 사실이 공식 증명되었습니다. 하지만 그때만 해도 그러한 현상이 기능적으로 어떤 결과를 낳는가에 대해서는 예측하지 못했지요. 그러나 필자의 연구소에서는 새로운 뉴런들의 변화가 생쥐들의 후각 활동에 중대한 변화를 일으킨다는 사실을 최근에 밝혀냈습니다. 뉴런전구체들이 효율적으로 후구로 이동하지 못하는 돌연변이들의 경우 생쥐가 서로 다른 두 가지 냄새를 구분하는 데 어려움을 보입니다. 반대로 새로운 뉴런들이 후구에 많이 몰린 경우에는 후각능력이 성장하는 것을 볼 수 있지요. (40일 동안 매일매일 다른 천연향을 맡으면서) 후각 자극이 풍부한 환경에서 키운 정상 성체 생쥐들의 경우가 바로 그렇습니다. 그러한 환경에서 자란 생쥐들은 일반 환경에서 자란 생쥐와 비교할 때 새로 발생하여 후구에 집중되는 뉴런의 수가 2배에 달하고 냄새에 대한 기억력도 훨씬 더 뛰어납니다. 이러한 결과들을 전체적으로 보건대, 새로운 뉴런의 생성과 특정 인지능력의 신장에는 모종의 관계가 있을 겁니다.

이러한 가설은 새로운 기억의 구성에 관여하는 뇌 영역, 즉 해마에 대한 여타의 연구 결과들과도 맞아떨어집니다. (인간을 포함하는) 영장류 해마의 이차적인 뉴런 발생은 1998년에야 겨우 증명되었습니다. 지금 이 현상은 매우 활발한 연구의 중심이 되어 있지요. 생명체의 경험과 활동에 따라 이차적 뉴런 발생이 조율된다는 점이 특히 흥미로운 면입니다. 예를 들어, 포식자의 체취를 맡게 하는 방법으로 극심한 스트레스에 노출시킨 쥐는 뉴런 발생이 감소합니다. 반대로 신체 활동이 왕성한 쥐는 뉴런 발생이 증가하지요. 그러면 이러한 뉴런 발생은 어떤 역할을 하는 걸까요? 조류의 경우에는 발성중추의 뉴런 발생과 노래의 통제라는 두 현상 사이에 인과관계가 뚜렷하게 나옵니다만, 인간의 해마에서 일어나는 뉴런 발생이 어떤 기능을 하느냐에 대해서는 아직 가설들만 난무합니다. 물론 뉴런 증식을 방해당한 쥐는 학습 능력이 떨어집니다. 그래서 뉴런 발생과 기억력 증진 사이의 상관관계를 여러 방향으로 점치기는 하지만, 현재로서는 어떤 인과론적 관계도 뚜렷하게 수립되지 않았습니다.

사실 그러한 관계에 대한 가설은 과학계를 꽤 난처하게 합니다. 왜냐하면 기존에 있던 뉴런들의 수에 비해서 새로 만들어지는 뉴런의 수는 매우 적어 보이거든요. 그렇지만 2001년 미국국립보건원의 헤더 캐머런과 론 맥케이가 발표한 연구는 우리가 처음 생각했던 것보다 그 수가 꽤 많다고 지적한 바 있습니다. 성체 쥐의 해마에서는 매달 25만 개의 뉴런이 추가된다고 하는데, 이 수는 이 영역에 몰려 있는 뉴런들의 6퍼센트에 이릅니다. 매일매일 만들어지는 9,000개의 뉴런들은 그날그날 습득한 다양한 기억들을 설명해줄 수 있을까요? 이 가설은 꽤나 매력적이지만 그에 반하는 다른 가설들도 많습니다. 기억의 자취들이 각각의 개별적인 뉴런보다는 뉴런망의 활동에 있다는 점을 생각한다면, 새로 만들어진 뉴런들이 보완적 기억을 책임지기보다는 전혀 다른 일에 관여할 거라는 가능성을 배제할 수가 없지요.

1960년대에 신경생물학자 데이비드 허블과 토르스튼 위즐(1981년도 노벨의학생리학상 수상)의 연구가 토대를 닦은 이래로 연구자들은 뇌가 출생 이후에 발달하고 성숙하는 데, 또한 특정한 인지·행동 능력을 발현하는 데 경험과 환경이 얼마나 중요한 역할을 하는지 끊임없이 확인하고 있습니다. 경험과 환경은 신경연결을 개편하고, 그러한 개편은 우리의 신경망에 고유한 자취를 아로새깁니다. 하지만 이차적인 뉴런 발생에 비춰본다면 성체 조류와 성체 포유류의 신경계 적응능력은 분명히 시냅스 연결의 변화에서만 비롯되지 않습니다. 그러한 능력은 아주 특정한 몇몇 영역에서 뉴런의 일부가 새롭게 만들어지고 쇄신된다는 사실에도 근거하는 것입니다. 그 몇몇 영역들은 학습 혹은 기억과 관련된 기능을 한다는 공통점이 있고요. 이러한 맥락에서 이차적인 뉴런 발생 역시 생명체의 개인적 경험이 신경망의 주기적인 형태학적·기능적 개편으로써 자취를 남길 수 있게끔 돕는 것으로 보입니다. 성체의 뉴런 발생은 그것이 생명체의 개인적 경험과 그 주체와 환경이 나누는 상호작용에 따라 좌우되는 극도로 유연한 메커니즘이니만큼 개체화의 부가적 메커니즘일 가능성이 큽니다. 커다란 차이를 안고서 평생 작동하는 메커니즘이랄까요.

피에르 마리 레도 프랑스의 신경생물학자. 프랑스 국립과학연구소의 연구팀장이며, 파스퇴르 연구소의 '지각과 기억' 팀을 이끌고 있다. 신경계와 신경내분비계의 유연성 현상을 이해하는 데 큰 공을 세웠다. 후각 감각의 신경 메커니즘에 관심이 많으며 처음으로 성인의 신경계에서 새로운 뉴런이 형성되는 현상을 기술하는 데 성공했다.

8장

수분밸런스를 위해 드는 축배

> "재산가는 불평했다네,
> 하느님의 돌보심으로
> 먹고 마시는 일을 돈으로 해결하듯이
> 잠자는 일도 해결할 수는 없다고."
> ― 라퐁텐, 「구두 수선공과 재산가」

마시기는 동물이 수행해야 할 가장 중요한 행동 중 하나다. 이것은 단순히 신체의 3분의 2를 차지하는 수분을 보충하기 위해 갈증을 느끼고 물을 들이켜는 것을 두고 하는 말이 아니라, 존재와 그 구성요소 사이의 내밀한 친교 혹은 어떤 순수한 파장을 살아 있는 물질로 바꾸는 연금술을 두고 하는 말이다. 무언가를 마시는 순간 평화와 몰입의 시간이 찾아오고, 그때 동물은 머리를 땅으로 떨어뜨린 채 주둥이를 물에 담근다. 암컷과 수컷, 피식자와 포식자가 맑은 시내를 함께 공유하는 공생의 시간이다. 인간에게 마시기는 성스러운 행동이다. 인간은 물을 담아 제 입으로 가져가기 위해 두 손을 모아 하늘로 쳐들어야 한다. 인간의 손과 점토의 만남에서 항아리와 잔이 태어난다. 물과 불은 인간에게 예속된 것들이다. 인간은 아폴론의 가호 아래 우물을 파고 화덕에 불을 피운다. 하지만 한편으로 마시기는 도취의 순간으로, 디오니소스가 인간에게 선사한

술의 시간이기도 하다. 마시기는 인간이 이성의 한계를 넘어 법열의 힘을 발견하는 불법佛法적 순간이다.

타는 목마름

나는 비가 내리지 않는 땅에서 자라는 식물처럼 인체의 수분 부족이 불러일으키는 것 같은 강렬한 욕망의 불을 달리 알지 못한다. 갈증은 일종의 자연적인 중독상태로 물에 대한 의존성을 나타낸다. 아주 심한 갈증은 약을 쓰지 못하는 마약 중독자가 겪는 상태와 견줄 수 있다. 여기서 말하는 갈증은 알코올 중독자가 느끼는 그것이 아니다. 흔히 '목마르지 않아도 마시는 사람(boit-sans-soif, '술고래'라는 뜻의 프랑스어)'이라고 하는 알코올 중독자는 일반적인 약물중독자 범주에 들어간다. 하지만 신체는 위험한 지경에 이르면 '수분 밸런스'라고 부르는 수분 신진대사 균형을 잡기 위해서 아주 강한 욕망을 동원한다. 수분 밸런스는 프랑스의 생리학자 클로드 베르나르가 '내부 환경의 항상성'이라고 불렀던 개념의 주요한 구성요소다. 일반적으로 마시는 행위는 먹는 행위를 동반한다. 두 행위는 공통의 욕망을 이룬다. 시상하부 레스토랑의 메뉴에는 물도 포함되어 있다. 쥐의 외측시상하부를 제거하면 그 쥐는 마시는 행위와 먹는 행위를 동시에 중지한다. 그러나 쥐에게 충분한 기간을 두고 인공적으로 영양을 투여하면 다시 섭생행동을 하기 시작한다. 쥐는 먹기와 마시기를 동시에 하지만 쥐에게 자발적으로 물을 마시는 능력은 사라지고 없다. 마시는 행위가 자율적인 욕망에 부응하지 않고 그냥 먹는 행위에 기계적으로 따라붙는 결과가 되어버리는 것이다. 그러므로 외측시상하부를 차지하는 욕망의 시스템들 중에서 갈증은 어떤 특수성을 띠는 듯하다. 배고픔의 시스템에 비해 갈증의 시스템은 잘 알려지지 않았다. 반면 갈증의 생리학적 메커니즘에 대해서는 꽤 잘 알려져 있다. 우리는 그러한 메커니즘을 참조하여 갈증을 '세포 내 갈증'과 '세포 외 갈증'으로 나누어볼 수 있다.

알다시피 물은 체중의 70퍼센트를 차지한다. 뼈와 막을 제거하면 몸의 점성은 크레이프 반죽과 비슷하다. 우리의 인체는 피부, 폐, 신장을 통해 계속 수분을 빼앗긴다. 음식과 음료에 들어 있는 수분이 이러한 손실분을 보충해주어야 한다. 시상하부 M세포 뉴런들이 만들고, 뇌하수체에서 혈액으로 분비하는 호르몬이 오줌관의 개폐 수위를 조절하여 수분의 손실을 좌우한다. 그 호르몬이 바로 항이뇨 호르몬인 '바소프레신'이다. 바소프레신은 뇌에서 분비되는 호르몬 중에서 제일 먼저 알려진 것이기도 하다. 바소프레신은 자신의 소울메이트인 옥시토신과 마찬가지로 일종의 뉴로펩티드다. 음료를 마시는 행동은 수분의 체내 투입을 조절한다. 소변보기와 마시기는 불가분의 관계에 있다. 한쪽이 조절되면 다른 쪽의 조절에도 영향이 미친다. 바소프레신을 분비하는 신경세포들이 파괴되는 병이 있다. 이 병에 걸리면 신장에서 더 이상 수분을 붙잡아놓지 못하기 때문에 환자는 하루에 2리터 이상 소변을 보게 된다. 당뇨병에 걸려도 소변을 많이 보게 되는데 그 경우에는 소변으로 당이 배출된다. 반면, 이 병의 경우에는 소변량은 많지만 당은 없다. 그 때문에 '무미 당뇨'라는 병명이 붙여지기도 했는데, 17세기의 의사들은 소변의 맛을 보는 방법을 통해 이 병을 쉽게 판별할 수 있었다.

수분은 세포 안과 밖에 고르게 퍼져 있지 않다. 액체를 머금은 두 부분, 즉 세포 안과 세포 밖은 세포막으로 분리되어 있다. 세포 바깥의 삼투압이 높아지면, 다시 말해 짠 것을 많이 먹는다든가 증발 혹은 소변 배출 때문에 수분을 손실해 세포 바깥에 녹아 있는 물질들의 농도가 진해지면 두 구획의 수분 밸런스를 유지하기 위해 세포 안에 있던 물이 세포막을 넘어온다. 이 때문에 세포의 수분 손실이 일어나는 것이다. 세포 외 환경의 삼투압(삼투압 농도)이 높을수록 세포 내 수분 손실은 심화된다. 세포 내 수분 손실은 우리에게 목이 마르다는 느낌, 삼투압 농도를 원인으로 삼는 이른바 '세포 내 갈증'으로 신호를 보낸다. 그런데 출혈 등으로 인해 세포 외 환경의 용적이 줄어들 때는 삼투압이 변하지 않는다. 다시 말해, 수분 대비 그 수분에 녹아 있는 물질의 비율은 변하지 않는다. 이때 세포 외 용적이 줄어들었다는 신호도 목이 마른 느낌, 즉 '세포 외 갈증'으로 이루어진다.

목마른 인간이 자신의 갈증에 대한 느낌만을 분석해서는 그것이 세포 외적인 것인지 세포 내적인 것인지 구분할 수 없다. 하지만 이 두 가지 경우 신체 내부 환경의 동요와 그로 인한 조절들은 완전히 다르다. 그러므로 갈증은 단순한 감각 정보들로만 환원될 수 없고 신체 공간 전체와 관련지어 고찰해야만 한다.

혈장의 삼투압이 높아지면 음료를 마시는 행동이 나타나고 항이뇨 호르몬인 바소프레신이 분비되어 신장에서 물을 붙잡게(재흡수하게) 된다. 행동 반응과 호르몬 반응을 조화시키기 위해서 연합이 필요하다. 뇌는 바로 이 연합을 책임진다. 뇌는 신체 내에 있는 삼투수용체 덕분에 세포가 수분을 얼마나 보유하고 있는지 안다. 뇌 안에 생체감지물질이 있다는 생각은 신경생리학에서 매우 중요한 개념이다.

그러나 오직 뇌만이 혈액의 삼투압 농도 변화를 감지할 수 있는 것은 아니다. 삼투수용체는 소화관을 따라서, 즉 입, 위, 창자, 특히 창자에서

삼투수용체

1930년대 말에 신경계는 척수와 신경으로 축소되어 생각되었다. 당시에 '옥스포드의 고양이들', 즉 셰링턴과 에이드리언,* 데일과 그 밖의 인물들은 반사 신경 등에 대해 연구했다. 대뇌피질, 곧 형이상학적인 둥근 지붕은 자신의 능력을 펼쳐 보였다. 버니**의 연구 덕분에 몸은 우리의 정념들이 나른하게 잠자는 고귀한 예배실에 입장할 수 있었다. 뇌는 생체 기능들을 조직하는 '마스터'로 등극했다. 뇌는 시상하부에 있는 삼투수용체에 힘입어 세포의 수분 정도를 알 수 있다. 1937년부터 버니는 혈액삼투압 농도의 변화를 전기적으로 감지할 수 있는 신경세포들이 있을 거라고 예측했다. 처음으로 뇌가 체내 환경의 물리적 척도들의 변화를 감지할 수 있음이 입증되었던 것이다. 개의 대뇌 순환계에 피보다 더 짠 농축액을 주사하자 개는 배뇨량이 줄어들었다(항이뇨 호르몬이 분비되고 수분을 섭취하려는 행동이 나타났던 것이다). 버니는 경동맥의 여러 곁가지들을 관찰함으로써 뇌의 아주 좁은 영역, 즉 시상하부 앞부분만이 혈액삼투압 농도가 높아지는 현상을 감지할 수 있음을 보여주었다. 그는 바로 이 영역에 혈장삼투압을 '측정'할 수 있는 신경세포들이 있다고 결론을 내렸다. 그리고 얼마 지나지 않아 에른스트와 베르타 샤러는 '신경 분비', 다시 말해 뉴런의 호르몬 분비 현상을 발견했다. 특정 기관에서—이 경우에는 신경뇌하수체에서—뉴런들은 그들이 생산한 것을 혈액으로 배출한다. 1950년대에는 뒤비노가 가장 먼저 알려진 두 가지 신경호르몬, 즉 항이뇨 호르몬인 바소프레신과 자궁수축 호르몬인 옥시토신을 동정하고 합성하는 연구를 진행함으로써 더 많은 발견들이 가속화되었다. 바소프레신과 옥시토신은 9개의 아미노산으로 구성된 작은 단백질(펩티드)이다. 기유맹의 발견으로 인해 뇌는 호르몬 분비샘으로서의 위상을 획득했다. 뇌의 시상하부에서 여러 호르몬이 분비되고 뇌는 그 호르몬들 덕분에 생체의 분비 활동 전체를

---

*영국의 생리학자이자 노벨상 공동수상자였던 C. S. 셰링턴 경과 E. 에이드리언을 가리킨다.
**1940년대에 체액 삼투압이 바소프레신의 분비를 조절한다는 사실은 처음으로 입증한 학자.

관장할 수 있는 것이다.
 항이뇨 호르몬은 시상하부의 M세포핵(시삭상핵, 뇌실옆핵)에서 만들어지는 것으로 알려졌다. 이제 항이뇨 반응의 원인이 삼투수용체들이 신경분비세포 그 자체에 있느냐 시상하부의 다른 곳에 있느냐를 알아내는 일만 남은 상태였다. 헤이워드와 빈센트는 학계의 지배적 가설과는 상반되는 결과, 즉 삼투수용체 뉴런들이 신경분비 뉴런들과는 별개이고 시상하부의 앞쪽에 몰려 있음을 밝혀냈다. 그 후의 연구작업들은 삼투수용체 영역이 제3뇌실의 앞벽 혹은 선단을 차지한다는 것을 보여준다. 뇌에서 이 부분은 대뇌의 혈액순환과 신체 전체의 혈액순환을 직접적으로 연관 짓는 역할을 한다. 그리고 몇 년 후에는 (묶어두지 않고) 자유롭게 움직이는 원숭이의 외측시상하부 뉴런들의 전기활동을 기록함으로써 그 뉴런들 중 일부가 선택적으로 혈액 내 삼투압 증가에 반응한다는 것을 알아냈다. 반대로, 원숭이의 입에 물이 들어가면 비록 혈액 내 삼투압 그 자체는 변할 겨를이 없지만 '삼투수용체' 뉴런들의 활동이 분명히 억제되는 것을 볼 수 있었다. 그러므로 갈증을 유발하는 어떤 불균형이 시정되기도 전에 포만상태에서 개입하는 일종의 예측 메커니즘이 있는 것으로 보인다. 이 짧은 과학사 이야기가 뇌를 찾아준 손님들에게는 매우 불충분하고 흥미롭지도 않을지 모르지만, 그렇더라도 나는 여기서 두 가지 가르침을 끌어내린다. 첫째, 뇌는 수용체들로 가득하다(삼투수용체, 당수용체, 온도수용체, 호르몬수용체 기타 등등). 뇌는 그러한 수용체들 덕분에 항상 신체의 소리를 들을 수 있다. 둘째, 뇌의 예측 능력이다. 뇌는 맹목적으로 신체의 요구들을 실현하는 데 급급한 것이 아니라 예측하고 지시를 내릴 수 있다. '왔노라, 보았노라, 이겼노라'라는 모토는 우리의 정념들을 지배하는 카이사르가 부당하게 차지한 것이 아니다.

간으로 이어지는 혈관벽에도 있다. 결국 우리 몸 전체는 변동중심상태라는 통일성으로 집중되는 정보들의 네트워크라고 할 수 있다.
 세포 외 갈증은 이러한 통일성을 보여주는 또 다른 예이다. 뇌는 신체의 경험들을 통합한 후에 신호를 보낸다. 행동, 호르몬 분비, 신체 장기의 메커니즘이 여기에 긴밀하게 서로 얽혀 있다. 조슬랭과 플로에르멜 사이에 있는 미부아 광야를 지나는 여행자는 30인 전투*를 기념하는 화강암 기둥을 보게 될 것이다. 그 일화는 아직도 인구에 회자된다. 팔다리와 얼굴에 부상을 입은 장 드 보마누아는 싸움을 멈추지 않은 채 먹을 것을 달라고 했다. 그러자 거칠고 상스러운 전우가 대꾸하기를, "네 피를 마셔라. 그러면 갈증이 가실 터이니!"라고 했다. 눈에는 보이지 않는 일종의 출혈은 심한 갈증으로 나타나곤 한다. 이것이 '저혈량증', 삼투압의 변화 없이 세포 밖 수분량만 줄어드는 상태다. 보마누아는 부상으로 피를 흘렸고 그 때문에 앤지오텐신Ⅱ 호르몬이 분비된 것이 갈증의 직접적 원인이 되었을 것이다.

이러한 항상성의 드라마가 어떻게 진전되는지 요약해보자. 혈액의 손실은 순환하는 수분의 양을 감소시킨다. 저혈량증은 신장의 '레닌' 분비를 자극하는데, 레닌이라는 효소는 간 단백질 '앤지오텐시노젠'을 '앤지오텐신'으로 바꾼다. 이 호르몬이 혈관에 작용하여 줄어든 혈량에 맞게 혈관 흐름을 수축시킴으로써 동맥압을 회복시키는 것이다. 또한 앤지오텐신은 '알도스테론'이라는 부신피질 호르몬의 생성도 자극한다. 알도스테론은 물과 염분을 붙들어놓음으로써 혈량을 복구한다. 하지만 혈중 앤지오텐신은 뇌에도 작용한다. 뇌 안쪽에 있는 신경수용체들을 자극하여 갈증을 일으켜서 물을 마시게 하는 것이다.[1] 이렇게 행동 반응과 장기 반응은 모두 균형을 되찾는 데 집중된다. 뇌는 주변의 혼돈들을 수동적으로 지켜보기만 하는 목격자가 아니다. 뇌는 자신의 보호 장벽 내에 있

---

*프랑스 왕의 지원을 받는 블루아의 샤를과 잉글랜드 왕의 지원을 받는 몽포르의 장이 브르타뉴 공작령의 계승권을 두고 벌인 전쟁의 전투 중 하나이다.

으면서도 전신이 관여하는 드라마를 재연한다. 뇌는 저혈량증에 영향을 받고 심혈관계의 혈량변화수용체를 통해 정보를 얻어 뇌 고유의 앤지오텐신을 분비한다. 이렇게 분비된 호르몬은 뇌의 아주 특정한 부위에만 적용되어 물을 마시는 행동, 높은 동맥압, 바소프레신 분비로 연결된다. 바소프레신은 혈중 앤지오텐신에 가세하여 동맥압을 회복하는 데 일조한다. 이 복잡한 사안에서 갈증은 그저 많고 많은 여러 요소들 중의 하나, 중심상태가 변동을 멈추고 침몰하려고 하는 순간에 작용하는 잉여적 요소들 중의 하나일 뿐이다.

하지만 일상에서는 어떠한가? 삼투압과 혈량 변화에 대한 생체의 감수성은 균형이 위협에 처하기도 전에 먼저 대책부터 마련할 수 있도록 해준다. 정상적인 상황에서 세포 내 수분 손실과 저혈량증은 그 보조를 같이하며 지각되지 않을 정도로 미미한 체내 신호들을 보낸다. 그러한 신호들과 체외 신호들, 일시적 변수들이 합쳐져서 음료를 마시고 싶은 욕망을 조절하는 것이다. 마치 생체는 '목마르기 전에 마시자'라고 말하는 듯하다. 하지만 갈증은—그 갈증을 해소할 물만 있다면—얼마나 큰 쾌감을 주는가! 갈증은 채울 수 없을 때에만 고통스러운 정념이다. 하지만 갈증을 너무 채우다 보면 갈증을 모르게 될 소지가 있다. 이러한 모순에 쾌락의 경제가 깃들어 있다.

술을 곁들이는 식사

먹기와 마시기는 함께 간다. 그리스인들의 경우에나 먹기를 마치고 난 다음에 마실 뿐이다. 하지만 그러한 행태가 그리스인의 전유물만도 아니다. 마시기는 구강 능력의 가장 기초적인 표현이고(빨기, 마시기), 중심 변동상태가 활성화되면 그에 대한 반응으로 머리에 떠오르는 행동이다. 배고픈 동물에게 아주 적은 양의 음식을 1~2분 간격으로 계속 주면 그 동물은 음식이 나오는 사이마다 물을 마시는 행동을 보인다. 또한 그러한 간격이 반복될 때 물을 마시는 행동은 점차 길어진다. 음식 공급이 끊어질 때마다 물을 마시는 행동은 너무 일찍 좌절된 쾌감에 대한 반응이다. 동물행동학자들이 부르는 '전위轉位, displacement활동', 혹은 포크가 기술한 바 있는 '보조행동'이 작용하는 것이다. 조절상황과 무관하고 부적절한 행동(동물은 배가 고픈 것이지 목이 마른 것이 아니므로)은 충족 상황이 돌연히 중단되었기 때문에 반대 상태가 표현된 것이다. 로버트 단처는 이러한 전위활동을 개인이 갈등을 겪으면서도 긴장수준을 조절할 수 있도록 해주는 중요한 활동의 돌파구라고 보았다.[2] 마시기는 그러한 보조행동들 중에서도 가장 공통적으로 관찰되는 것이다. 어떤 실험 상황들에서는 동물들이 '심인성 조갈증'을 보이는 결과가 나오기도 했다. '심인성 조갈증'은 학자들의 용어인데 사람으로 치자면 목마르지도 않은데 마셔대는 사람, 즉 '술고래'쯤 될 것이다.

인간이 개발한 음료들은 먹기와 마시기의 혼란을 더욱 가중시킨다. 예를 들어 맥주와 포도주는 음료인 동시에 음식이기도 하다. 에너지원으로 따지자면 맥주와 포도주는 어지간한 지방덩어리 못지않다. 맥주의 고장 바바루아 사람의 뱃살과 포도주의 고장 부르고뉴 사람들의 이중턱이 그 증거다. 음식과 관련하여 다루었던 미각과 후각은 음료에도 적용된다. 음료가 맛이 있고 없음은 생체에 그 음료가 주어졌을 때의 의미와 특성에 달려 있다. 입은 에너지원에 대해서 그렇듯이 음료에 대해서도 앞으로의 욕구와 만족을 동시에 예측하면서 공급과 산정을 모두 떠맡는다. 우리는 먹기와 마시기에 대해서 얼마나 정확한 계산을 작용해 에너지원과 수분원에 대한 몸의 욕구들을 뇌가 어떻게 충족시키는지 보았다. 하지만 이러한 '몸의 지혜'는 귀중한 부산물, 즉 쾌감까지 갖는다. 가끔은 부산물인 쾌감이 제 혼자 잇속을 차리고자 몸의 지혜를 배반하기도 한다. 그래서 먹기에서 오는 건전한 쾌감이 식도락(죄악!)과 과식(중독)이 되고, 마시는 즐거움이 엑스터시(만취)가 되거나 반복을 거쳐 술주정(중독)이 되는 것이다. 가엾은 인간들, 내 형제들이여, 우리는 쾌락에 빠지면서 파멸하거나 실추될 염려를 접을 수는 없는 것인가?

자, 이제 방문객은 겁내지 말고 나를 따라 포도주 창고로 가자. 취기라도 그것을 이용할 줄 아는 소수의 인간들에게는 감미로울 수 있으니까. 지나친 술을 사양할 줄 아는 것은 꼭 배워야 할 미덕이다. 쾌락을 피하기보다는 절제 있게 누리는 법을 배우라. 이번에 들어설 곳은 문이 다소 낮으니 부딪치지 않도록 고개를 숙여주기 바란다.

포도주

"성스러운 법은 술을 욕하나 술은 맛있네,
미녀가 따르는 술은 너무나 맛있고
쓴 술, 금지된 술조차도 내게는 너무 좋네,
예로부터 금지된 것일수록 달콤한 게지."

오마르 카얌, 『루바이야트』

쾌락의 오솔길에 가장 아름다운 장미들이 피어난다. 그런 장미들이 가장 위험한 가시를 지니는 법이다. 하지만 조심하기만 하면 된다. 좀 더 뒤에서 나는 알코올 중독에 대해 말해보련다. 알코올 중독은 흰개미들이 억센 나무를 망치는 것보다 더욱 확실하게 뇌를 망친다. 그전에 두려워할 것 없이 포도주 시음에 접근해보자. 포도주를 술잔에 3분의 1이 채 되지 않을 정도로 약간만 따른다. 우리가 냄새를 맡을 때 어떤 용기를 사용하느냐가 냄새의 특성에 지대한 영향을 미친다는 사실은 이미 입증되었다. 크리스털 잔에는 음료를 담는 달걀형 부분과 받침과 이어지는 다리 부분이 있다. 포도주 잔은 반드시 아랫부분을 잡아야 한다. 그래야 포도주를 빛에 비춰볼 수도 있고 벽에 음료가 부딪치도록 휘휘 돌릴 수도 있다. 이렇게 해서 포도주가 산소와 맞닿아야만 향기들이 피어날 수 있다. 포도주를 음미할 때에는 다양한 감각적 양상들이 연속적으로 혹은 동시에 개입하는 과정을 따라야 한다. 이 과정은 네 가지 단계를 연달아 거친다. 먼저 눈으로 보는 단계가 있고, 코를 쓰는 단계, 입을 쓰는 단계, 마지막으로 마시고 난 후에 작용하는 감각들을 지각하는 단계가 있다.

'시각적 평가'는 포도주의 유동성, 점착성(기름기), 색상, 투명도 등의 성질들을 가늠하고 기포가 있지는 않은지 살펴보는 것이다.

'후각적 평가'는 코로 포도주의 향을 조금씩 들이마시면서 콧구멍 안에 소용돌이치는 냄새들을 맡는 것이다. 여러 번 냄새 맡기를 주저할 필요는 없다. 매우 강렬한 향들 때문에 후각이 피곤해질 때까지 냄새를 계속 맡아야만 비로소 가장 섬세한 향들을 포착할 수 있다.

'미각적 평가'는 대략 20밀리미터 정도를 마신 다음 숨을 가볍게 들이쉬어 포도주에 공기가 들어가게 한다. 이렇게 하면 입의 점막에 술이 골고루 퍼질 뿐 아니라 향기가 올라와서 후각적 판단도 쉬워진다. 이렇게 포도주를 입에 넣고 맛을 가늠하는 시간은 10~15초 정도다. 경우에 따라서는 예상하거나 기대했던 미묘한 특성들을 확실히 파악하기에 그 정도 시간으로 부족할 수도 있다. 그럴 때는 한 번의 테이스팅을 질질 끌기보다는 10초 정도 쉬었다가 다시 한 모금을 마셔보는 것이 더 좋다. 직업적인 감식가들은 대개 맛을 보고 난 다음에 바로 뱉어낸다. 나는 이런 짓은 '하다가 마는 성교(피임을 위한 질외사정)'나 마찬가지라고 생각하기 때문에 그다지 권하고 싶지 않다. 성행위도 그렇지만 포도주를 마실 때에도 감각들의 완전성을 추구해야 한다. 행위를 중간에 그만둔다면 그 다음에 오는 감각에 대해서는 어떻게 판단할 수 있단 말인가? 입에서 느껴지는 감각들은 대단히 복잡하다. 어떤 사람들은 그러한 감각들을 쉽게 분석하지만 자기가 바라는 만큼 정확하게 감상을 밝히지 못하는 사람들도 꽤 많다. 포도주의 향기들은 냄새와 관련된 원칙의 영향력 아래에 있다. 맛은 그와 별개의 것으로 여겨지며 이미 나와 있는 해법들을 따라 착실하게 공부하면 비교적 쉽게 배울 수 있기도 하다. 그리고 일반적인 화학적 느낌들(떫은맛, 활활 타는 것 같은 느낌 등)의 대부분도 학습을 통해 배울 수 있다는 점에서는 마찬가지다.

  감식가는 포도주를 삼킨 후에 '나중에 작용하는 감각들에 대한 평가'를 해야 한다. 대부분 처음 맛이 지속되는 가운데 어떤 오묘한 뒷맛이 느껴질 수가 있다. 특히 품질 좋은 포도주는, 분석의 이전 단계에서 이미 나타났던 감각적 양상들이 모두 다 개입한다. 향기는 처음의 강렬함을 넘어서서 한동안 지속되다가 좀 더 약하게 수십 초까지도 남곤 한다. 또한 흔히 뒷맛이라고 말하는 새로운 구강감각들에 주목을 할 수도 있다. 그러한 뒷맛은 포도주의 특정한 구성요소들과 사람의 타액이 만나서 빚어지는 반응으로 볼 수 있을 법하다.

이것은 여러 종류의 성질들 중에서 이른바 '조화'라는 것을 구성하는 어떤 특성과 관계가 있다. 그러한 관계는 연구대상이기도 하다. 질적으로 우수하다 또는 저급하다는 개념에서 벗어나서, 한쪽에는 성질들이 있고 다른 한쪽에는 균형 개념이 있다면 동시적으로 혹은 연속적으로 검사하는 다양한 성질들 사이의 질적·양적 관계가 나타나게 마련이다.
　맛 감별에서는 이 균형이 가장 명시적으로 설명하기 힘든 개념이다. 아주 극단적인 경우들을 제외하면 균형이란 순전히 주관적인 것이고, 감식가가 스스로 조심하지 않는 이상 감별 당시의 감정과 무관할 수 없기 때문이다.
　냄새에 대해서, 좀 더 광범위하게는 감각과 관련된 모든 것에 대해서 논할 때 우리는 정확한 물질적 성질들에 대한 정보가 아니라 '미학적 체험'을 서로 교환해야 한다. 우리는 표현이 불가능한 성격을 상대하는 것이기 때문이다.
　친애하는 뇌의 방문자여, 바로 여기에서 냄새를 설명하는 어려움이 빚어진다. 내가 여러분에게 권하는 이 포도주를 앞에 둔 채 최초의 향기에 대해 말해보겠다. 검은 과실은 낡은 가죽과 금빛 담배의 육감적인 냄새들이 폭포처럼 넘실대는 가운데 차츰 그 윤곽이 희미해진다. 여기에 후추와 정향 같은 향신료들이 끼어들고, 마지막에는 우아하면서 도드라지지 않는 송로버섯 향이 느껴진다. 검은 과실의 향기들, 지옥의 심판관이 입은 옷인 양 검푸른 그림자가 감도는 진홍빛 옷자락이 어떻게 배합되는지 보라. 무엇보다도 뱉어내서는 안 된다! 한 모금 더, 가볍게 숨을 들이마셔서 술에 공기를 불어넣고 목구멍의 점막에서 물결치게 하라. 그렇게 해서 다시금 향긋한 기운들이 콧구멍으로 돌아오게 하라. 부끄러워하지 마라. 맛을 감식한다는 이상한 행동을 하는 여러분은 연못에서 헤엄치는 오리 떼와 비슷해 보일 것이다. 입안의 풍부함을 감상하라. 지방은 크림처럼 부드러운 액체감과 거의 역설적일 정도의 가벼움을 불러일으키고, 다시금 느껴지는 부케(포도주가 발효, 숙성되면서 생기는 향)에서는 육감적인 향이 우세하다. 이제 막 여러분이 맛본 포도주가 바로 1989년산 샤토 페트뤼스다.

우리가 보았듯이, 다른 감각들에 대해서는 수십 가지 단어들을 동원할 수 있지만 냄새들에 대해서, 특히 포도주의 향에 대해서는 적합한 표현 수단이 없다.

사람들은 여러 측면이나 등급에 대해 논한다. 포도주에 대해서는 나무, 동물성, 향신료, 식물성 등급들을 흔히 들먹거린다. 보졸레 누보의 특징인 바나나 향기는 즙과는 조금도 상관이 없다. 오히려 진부해빠진 이소아밀아세테이트 때문이다. 물론 우리 중에서 가장 박식한 이는 냄새들을 그에 공헌하는 순수한 물질들로 지칭한다. 산, 알코올, 에스테르, 알데히드, '모든 양'으로. 그런데 이것이 실질적으로는 불가능하다. 그런 바나나 향을 내려면 40여 가지 분자들이 있어야 하기 때문이다. 나는 신선한 과일, 붉은 과일, 동물 냄새, 노루사향, 고양이사향, 가죽, 사냥감, 물에 젖은 개 등에서 풍기는 냄새를 망라하는 분자들에 대해서는 말하지 않겠다.

후각과 관련된 구조들로 돌아갈 것도 없이, 나는 후각의 결정적 성격이 쾌락적 소비성에 있다고 하겠다. 신경학적 제약들을 다시 생각해보자. 뇌의 오래된 구조들에 속하는 후각피질 영역은 언어와 지각의 의미 작용을 책임지는 신피질 영역과 직접 연결되어 있지 않다. 우리는 냄새를 느끼고 감정에 연루될 뿐이다. 냄새를 범주화하는 유일한 방식은 '결과적으로' 그 냄새가 좋다 나쁘다를 말하는 것뿐이다.

지하창고를 나서기 전에 양조업자들에게 존경의 표현을 바치고 싶다. 양조업자들은 그들이 경작하는 밭(테루아르)의 창조자들이다.

생테밀리옹에는 미스터리가 하나 있다. 포도나무들이 줄지어 자라는 그 땅은 자갈, 점토, 약간의 모래와 돌덩이들, 고대의 규토, 철분을 함유한 사암까지 있다. 끊어진 테라스들, 언덕들이 다닥다닥 붙어서 이루어진 산등성이, 이것이 생테밀리옹의 테루아르다. 화학자들과 미생물학자들은 그들의 과학적 지식을 총동원해서도 어떻게 하늘과 땅의 '마리아주(프랑스어로 '결혼'이란 뜻이다)'가 이루어지는지 완전히 알아내지 못한다. 하늘의 영광스러운 아들 이카루스는 우리의 뇌에 자신의 비행을 완성하러 온다. 뉴런, 시냅스, 상안와전두피질로써! 그 이카루스가 아마도 포도주의 영이 아닐까!

프랑스어의 '마시다^{boire}'라는 단어에는 두 가지 의미가 있다. 모든 음료를 마시는 행위를 총칭하는가 하면, 술을 과하게 마신다는 뜻으로도 쓴다. 일반적으로 어떤 사람을 가리켜 "그 사람은 마신다$^{il\ boit}$"라고 하면 '과음'을 하는 사람이라는 뜻이다. 친구들의 건강에 축배를 드는 사람, 술을 마시면서 자기 건강을 망치는 사람, 그 둘은 동일인인가? 그 점을 알기 위해서 나는 여러분을 한 술집에 초대하는 바이다. 그래도 즐김이 지나쳐서는 안 된다. 어떤 이들은 결코 돌아오지 못하는 강을 건너기도 하니까.

9장

죽을 것 같은 목마름

뉴욕 파라다이스

"들어오려는 자, 모든 희망을 내려두고 가라."

단테, 「지옥편」, 제3곡

"들어오려는 자, 모든 희망을 내려두고 가라." 어느 날 저녁 나는 뉴욕의 음습한 동네 선술집 문에 이 글귀가 새겨져 있는 것을 보았다. 블랙유머의 일환일까, 혹은 내가 이름이 뭐냐고 물었을 때 '버질리오*'라고 대답했던 그 단테 애호가의 제안이었을까? 카운터 주위의 말 없는 술꾼 몇 명과 주크박스 바로 옆 탁자에 앉아 있던 한 노파가 나에게 자기들과 어

---

* 단테의 「신곡」에서 길잡이 역할을 하는 베르길리우스(Vergilius)를 패러디한 이름으로 보인다.

울려 지옥으로 내려가자고 했다. 오! 짧은 내리막길. 길잡이들은 그런 말을 하지 않는다. 그들은 절대로 섹스와 나쁜 음료에 홀린 관광객들, 맥주에서 토사물 맛이 나는 술집에 죽치고 사는 이들, 색채는 요란하지만 주정뱅이 낙오자들 때문에 오명을 면치 못하는 이국취향의 애호가들, 도시의 길거리에 좌초된 낡은 범선 같은 사람들에 대해 말하지 않는다.

버번위스키 두 잔, 삶은 달걀 한 개를 먹으며 버질리오와의 대화를 끝내고, 나는 한 시간쯤 뒤에 노파의 끔찍한 눈길을 받으며 술집에서 나와 맨해튼 남부, 1번가의 어두운 숲에 왔다. "떨림 가득한 밤이 깊었다. 아까 편지를 부치고 있던 그 끔찍한 노파가 광산 안에서 그의 옆에 있는 바로 그 노파였을까? 그는 술집으로 돌아가 자리를 하나 골랐다. 종업원은 위스키를 한 잔 가져다주었다. 하지만 그는 술집에 들어가서도 관찰당하고 있는 느낌을 떨칠 수 없었다. 나중에 그는 술잔을 든 채로 일어나서 술집에서 제일 어둑한 구석자리로 옮겼다. 그곳에서 태아처럼 웅크리고 모두의 시선에서 벗어났다."[1] 그것은 우연이 아니었다. 벨뷔 병원의 괴물 같은 형상을 보았던 그때 나는 취해 있지 않았다. 영원한 술주정뱅이 말콤 로리의 유령이 그곳에서 나를 기다리고 있었다. 검은 배 한 척이 표지등을 모두 켠 채로 조용히 이스트리버를 올라오고 있었다.

내가 방문객에게 보여주려는 곳은 우리 뇌의 가장 깊숙한 영역이다. 우리 아버지가 잠들어 계신 무덤처럼, 나를 잉태한 자궁처럼 깊숙한 곳. 그곳은 한 사람씩 개인적으로 방문해야 한다. 술의 지옥에는 길동무가 있을 수 없다. 술은 고독의 약이 아니라 고독 그 자체. 말콤 로리는 벨뷔 병원에서 인턴으로 일한 후 『질산은』이라는 소설을 썼다. 당시에 그는 뉴욕의 지저분하고 옹색한 집에 처박혀 아무도 만나지 않고 오로지 술 마시고 소설 쓰는 데에만 전념했다. 알코올 중독에서 벗어나려는 그의 노력이 실패했던 것은 아니다. 그런 실패는 죽음처럼 프로그램화되어 있었다. 경비가 "이보게, 자네는 이제 이게 필요 없을 거야"라고 말하면서 위스키 병을 돌려주었지만 그는 그 술병을 내버렸다가 결국 속에서 활활 타는 불을 어찌지 못하고 쓰레기통을 뒤져서 되찾기도 했다. 그는 그렇게 찾은 위스키를 선원들이 드나드는 술집에서 완전히 비웠다. "그는 기품을 되찾고는 화장실로 가서 남은 술을 마저 들이켰다. 술병을 둘 곳을 찾던 중에 누군가가 분필로 여자의 몸을 외설스럽게 그려놓은 낙서에 눈길이 갔다. 그는 설명할 수 없는 분노에 사로잡혀 그 그림에 술병을 내던졌다. 그리고 곧장 사방으로 날아오르는 유리 파편을 피하느라 비켜서야만 했다. 그는 지금 막 자신이 이 땅의 모든 추잡함, 잔혹함, 가증스러움, 하찮음, 불의에 일격을 날린 것만 같았다." 그리고 다시 태아처럼 웅크린 자세를 취하는 걸로 한바탕 주정은 끝난다. 그러한 주정의 반복은 욕망처럼 그 끝을 모른다.

뉴욕은 일종의 소우주, 세상의 축소판이며 천사들이 죽으러 오는 대형 병원이기도 하다. 뉴욕 아닌 다른 어떤 도시에서는 이렇게 길가에서 술집들을 많이 볼 수는 없다. 그 술집들은 사변문학과 추리소설에서 묘사된 것과 같은 타락의 공간이 아니다. 술집들은 요양원, 탁아소, 퇴행의 공간이다. 그곳에는 숨겨진 욕망의 대상인 술이 있다. 술은 도수로 측정되며(술의 도수는 백분율로 나타낸 에탄올 함유량이다), 영혼을 미혹시키는 장신구들로 본모습을 감춘다. 부드러운 모피 같은 맥주 거품, 벨벳 드레스 같은 포도주 잔, 낡은 가죽 망토 같은 위스키, 서글픈 스트립쇼처럼 그런 치장들이 떨어져나간 후에는 벌거벗고 꿈틀대는 맨살, 희생자의 육체를 사로잡는 맨살밖에 남지 않는다.

뉴욕은 쥐들의 도시이기도 하다. 하수구와 빈민가의 쥐, 알코올 중독자들의 판타지 속 쥐, 하얀 가운을 입은 사람들이 기르는 실험용 쥐.

쥐들은 술을 좋아하지 않는다. 쥐들은 술을 질색한다. 목마른 쥐에게 술을 탄 물은 쥐도 안 먹는다. 그런데 실험자가 술에 쥐가 특히 좋아하는 감미료를 타서 주었더니 쥐가 술을 싫어하면서도 먹을까 말까 망설이는 모습을 볼 수 있었다. 알코올이 든 음료를 이런 식으로 맛을 감추어 계속 습관적으로 마시게 했더니 쥐는 자기도 모르게 술에 맛을 들였다. 그래서 나중에는 감미료를 넣지 않아도 술을 물에 타서 주면 마실 수 있게 됐다. 쥐는 술의 양이 점점 늘어나도 잘 받아마셨을 뿐 아니라 나중에는 그냥 물과 술을 탄 물 두 가지를 주고 알아서 선택하게 해도 술을 탄 물을 더 선호했다. 쥐의 복막에 카테터를 삽입하고 신체에서 알코올에 대한 충동이 일어날 때마다 알코올 희석액을 주입하는 장치를 연결해보았다. '기본적으로 술을 싫어하는' 쥐조차도 '알코올 의존증'에 빠져버렸다. 그러니까 연구자들이 인위적으로 알코올 중독을 유도한 쥐와 술집 문간에서 비틀거리는 취객은 아무 차이도 없을 것이다. 만약 그렇다면! '술 취한 쥐'는 본성을 잃어버린 동물이요, 취객은 병자다. '알코올성 질환'은 때때로 죽음을 부르는 지경까지 가며, 그렇지 않더라도 인간 본성을 떠받치는 영혼을 좀먹게 마련이다. 여러분은 여기서 말하는 영혼은 도대체 뭐냐고 다시 한 번 물을 참인가? 나는 지금도 영혼이 무엇인지는 모르지만 그 영혼에 대해 하는 말은 들어봤다. 몸의 음성이 들려준 그 말은 이따금 비명으로 바뀌곤 한다. "나를 고통에서 풀어줘. 내 갈증을 채우고 쾌감을 느끼게 해줘"라고 청하는 목소리다.

알코올성 질환

술의 겉모습은 금빛 찬란하다. 인류학자, 역사학자, 사회학자, 예술가들은 여러분에게 다양한 음주 방식들과 음주의 사회적 유용성을 묘사하면서 좋아한다. 포도주 마시는 법은 수십 가지 음주 방식들 중 하나에 지나지 않는다. 또한 음주는 입문의식, 연회, 집단에 대한 소속감을 고취시킨다는 사회적 유용성을 띤다. 만취는 술꾼을 시인으로 만들고 주정뱅이를 천재로 만든다. 보들레르는 "인간이 술을 만들지 않게 된다면, 우리가 술 때문이라고 말하는 온갖 지나침보다 더 끔찍한 건강과 지성의 공백, 부재, 뒤틀림이 생겨날 것이다"라고 말했다. 하지만 빛나는 거울의 이면은 그리 밝지 않다. 심각한 과음이 빚어내는 가정폭력, 주먹다짐, 교통사고, 자살 때문이기도 하고, 고질적인 음주벽이 신체기관을 망가뜨려 본래의 소임을 잃은 육신이 뇌의 폐허들 속에서 떠돌게 되는 까닭이다.

술로 인한 뇌의 손상을 설명하려면 먼저 술에 포함된 두 가지 대사산물인 '아세트알데히드'와 '프리래디컬'을 피고석에 앉혀야 한다. 아세트알데히드는 다른 여러 분자들과 관련된 활성분자로서 특히 단백질, 그중에서도 간 단백질과 관련된다. 프리래디컬은 주위의 전자층에서 짝을 이루지 못한 채 하나의 전자만을 갖고 있는 화학적 성분이다. 프리래디컬은 가까이 있는 단백질, 지질, 핵산과 결합하여 아주 유해한 성분이 된다.[2] 프리래디컬의 유해성은 완충물질, 다시 말해 항산화제(글루타시온, 슈퍼옥사이드디스뮤타제)가 있으면 완화될 수 있다. 프리래디컬이 너무 많아서 항산화제가 힘을 못 쓰면 이른바 '산화 스트레스'가 일어난다. 이런 단어가 술꾼의 의욕을 앗아가면 좋겠지만 별로 그렇지는 않다.

'호모사피엔스 알쿨리쿠스(술 마시는 인간)'라는 표현은 지나친 것이 되겠으나, 당을 발효시켜 알코올성 음료를 만드는 작업이 인간이 개발한 최초의 생물공학 가운데 하나라는 점에는 의심의 여지가 없다. 역학조사에 따르면 성인남자의 65퍼센트와 성인여자의 30퍼센트가 일정 간격을 두고 술을 마신다고 한다. 인구통계 기준(연령, 직업, 주거환경, 사회적 조건, 관습, 기후 등)에 따라 이러한 수치는 달라진다. 그러니 '알코올 중독에 빠진 뇌'를 선입견 없이 방문하려면 그러한 통계수치 따위는 잊어야 할 것이다. 남용과 중독을 다루는 만큼 적당한 술은 약이 된다는 말도 제쳐두어야 한다(이런 말도 사실 주로 술을 즐겨 마시는 사람이 한다). 만성적으로 술에 취하면 알코올성 질환을 논하게 되고, 만취가 유쾌함과 시정의 선을 넘어가면 심각하다고 하는 것이다.

술을 지나치게 많이 마시면 금세 술에 의존하게 된다. 이리하여 술꾼은 술의 노예가 되고 술은 노예에게 가차 없는 주인으로 행사한다.[3] 내가 보기에 심리적 의존성과 신체적 의존성의 구분은 일관되지 않다. 알코올성 질환은 몸과 마음을 가리지 않는 존재 자체의 병이니까. 다만 알코올 중독자가 술을 끊을 때 나타나는 '금단현상'에서 관찰되는 문제들은 신체적 의존성으로 볼 수 있겠다. '진전섬망'은 이러한 금단현상 가운데 가장 잘 알려진 증상이다.

알코올성 질환에 대한 임상적 기술은 두뇌 관광 가이드북에 들어설 자리가 없다. 친애하는 여행자여, 우리는 즐거웠다. 가장 좋은 요리와 가장 귀한 술을 마시고 나서 잠도 잤다. 우리의 새벽은 향기로운 꿈들이 차지했고 우리는 사랑과 인식의 길로 나설 태세였다. 그런데 지금 우리는 '쾌락에 취해 죽다'를 모토 삼아 깊은 구렁에서 서성대고 있다.

프로이트는 "술은 약간의 주정酒精과 대단한 쾌감으로 어른을 진짜 아

어느 알코올 중독자의 초상

M. G.는 부인을 동반하고 나에게 상담을 받으러 왔다. 그는 아내가 오전 내내 자기 기침 소리를 들으며 걱정을 했다고 했다. 그는 분명히 호감가게 행동을 했고 상담 받으러 온 것에 양해라도 구하는 사람 같았다. 그는 57세이고 위탁판매사원으로 일한다고 했다. 그래서 사람을 친숙하게 대하는 요령이 있었다. 그의 인생철학에 대해 들어본즉슨 그는 쾌락주의자가 분명했다. 운동도 좋아하고, 사냥도 가끔 나가고, 아내와 두 자녀와 애완견을 사랑하는 사람이었다. 반면 뭔가 주저하는 듯한 걸음걸이는 그가 몸을 제대로 가눌 수 있는지 다소 의심을 품게 했다. 균형을 잘 잡지 못하고 비틀대는 모습에서도 신체 자세를 똑바로 유지하는 데 겪는 어려움을 엿볼 수 있었다. 그는 뺨이 푹 꺼지고, 콧방울에 실핏줄이 터진 모양이 비쳤으며, 귀밑샘이 부풀어 있기는 했어도 꽤 잘생긴 남자였다. 한편 손과 팔에 나 있는 흉터나 시퍼런 멍은 그의 행동거지가 불편함을 보여주었다. 게다가 그토록 자신감이 넘치는 남자가 몸을 심하게 부들부들 떤다는 것도 놀라웠다. 신체검사를 해보니 몸은 비쩍 마르고 창백한데 여성형 유방이 도드라져서 늙은 복장도착자처럼 보이기도 했다. 아킬레스건에서 반사운동이 일어나지 않는다는 점으로 보아 말초신경계에 문제가 있음이 확실했다.

심문을 해보니 M. G.의 허위는 들통 났다. 그는 "모두들 그렇듯이 한두 잔의 술을 마신다"고 했다. 하지만 음주량을 명확하게 밝히기 위해 내가 계속 추궁했더니 그는 잼을 손가락으로 찍어 먹다가 들킨 아이처럼 곤혹스러워하면서 이렇게 대답했다. "네, 아마 가끔씩은 조금 지나치게 마시는 편일 겁니다. 하지만 절대 혼자 술을 마시지는 않고 이따금 어쩌다 보니 많이 마십니다." 나는 그의 입장을 헤아려주는 뜻에서 "설령 당신이 알코올 중독자가 아니더라도 지금 건강이 아주 쇠약해져 있다. 이런 게 물론 당신 잘못은 아니지만 아무리 지금 술을 적게 마시더라도 그 술도 끊어야 한다. 안 그러면 정말로 건강을 심각하게 해치게 된다"라고 말해주었다. 이렇게 좋은 말로 타일렀더니 그는 고맙다고 하면서 분위기 좋게 상담을 마쳤다. 그의 미소가 나를 비꼬는 것이었는지, 나를 속여서 의기양양했던 것인지는 모르겠다. 혈액검사를 해보니 그가 알코올성 질환을 앓고 있음은 분명히 드러났다.

그 후 그는 2년간 드문드문 진찰을 받으러 왔지만 그때마다 간과 중추신경계(소뇌) 및 말초신경계(하지의 다발성 신경염) 손상이 점점 더 심해지는 양상만 확인했을 뿐이다. 그는 가벼운 수술을 받느라 갑자기 술을 끊었는데 말린 증후군(악성 신경마비 증후군)과 진전섬망증을 보였고 몇 달 후에는 결국 끊임없이 그의 목을 죄어오던 죽음을 맞이하고 말았다.

이로 만든다. 그렇게 아이가 되어 논리적 제약에 연연치 않고 자신을 생각의 흐름에 맡김으로써 쾌감을 얻는 것이다"[4]라고 했다. 술 취한 사람에게는 모든 것이 기만이고 거짓이다(가짜 오이디푸스, 가짜 동성애, 가짜 나르시시즘). 술은 비단 억제에만 속하지 않으며 승화까지도 망친다. 사랑의 실패, 질투에 사로잡힌 에로스는 사랑하는 대상을 죽일 수도 있다. 자아의 죽음, 위뷔 왕* 만세다. 또 어떤 이들은 '언어로 표현되지 못하는 자아의 일부를 거절하는 심리적 조직의 골'에 대해서, '죽음에 대해서밖에 말할 수 없다고 느끼는 또 다른 자아의 일부'[5]에 대해서 말한다. 이상적 자아와 자아의 이상, 폭음과 절제를 조화시키지 못하기 때문에 불안과 서서히 다가오는 죽음에 대한 공포에 이르게 되고 종국에는 파멸의 신호와 맞닥뜨리는 것이다.

* 알프레드 자리의 희곡 「위뷔 왕」에 등장하는 주인공.

폭음과 악천후

"술꾼들은 영원이 한순간에 지나지 않음을 안다.
뇌의 체액들이 이루는 검은 물결에 너무 무거운 잔이 떠다닌다."

E. 트로쉬

술을 계속 마시던 사람이 갑자기 술을 끊으면 뇌에 악천후가 몰아친다. 중심상태는 이제 변동하는 것이 아니라 고삐 풀린 듯 날뛴다. 정신의 일대 혼란 때문에 시간감각, 공간감각도 잃어버리고 신체의 떨림, 환각, 환청, 소양증, 경련성 발작 등 온갖 문제들이 터지고 만다. 볼 만한 광경이지만 치명적인 상황까지 가는 경우는 드물다. 비록 환자는 엄청난 고통에 시달리고 발작이 일시적으로 소강상태에 들어가면 또다시 폭음이 시작되지만 말이다. 그러는 사이에 있는 듯 없는 듯한 손상들은 뇌의 요충지대(소뇌나 전전두피질)에 차차 자리를 잡고 그 부위들을 못 쓰게 만든다. 고전적으로 금단증상은 지방을 용해하는 액체인 알코올의 존재와 관련된 시냅스 수준에서 세포막 변화가 일어나기 때문으로 설명되었다. 알코올이 수용체 환경을 유동시키다가 금단현상이 일어나면 그 환경이 경직되고 신경전달물질에 대한 수용체들의 친화성을 높인다는 것이다. 하지만 오늘날에는 이러한 가설이 폐기되고 알코올이 수용체들에 직접 작용한다는 가설이 더 우세하다. 알코올의 작용이 지속되는 한 적응 메커니즘은 시냅스의 이상기능을 보완해야만 한다. 그런데 갑자기 술을 끊으면 더 이상 중독의 효과들을 상쇄하기 위한 과정들이 필요 없이 계속 가동되므로 정말로 시냅스 차원의 폭풍이 한 차례 휩쓸고 가는 것이다.

폭음은 장기적으로 알코올에 대한 내성을 점점 키워서 결국 술에 의존하게 만든다. 이러한 의존성에서부터 알코올 중독자로서의 경력은 시작된다. 알코올 중독자의 괴로움은 신경전달물질의 작용으로만 말할 수가 없다. 비록 신경전달물질이 중심상태의 과도한 변동을 일으키는 주범이라고는 하지만 말이다. 폭음은 상처 받은 영혼의 고통으로 표현될 수밖에 없다. 변동중심상태의 기능이상에는 이 상태의 세 차원이 모두 관여하고 상호작용한다.

알코올 중독자의 변동중심상태에서 '신체 외적 차원'은 다양한 분야들, 다양한 연구들에 영감을 주었다. 이 연구들은 모두 이러한 유형의 인간을 그 복잡한 환경을 고려하여 생각하지 않는 한 결코 이해할 수 없다고 인정한다. P. 푸케[6]는 에코시스템 개념에 대해 말하면서 '알코올-인간'을 언급했다. 환경은 개인을 제약들의 전체 속에 가두고, 그러한 제약들은 개인이 술과 맺는 관계를 조건 짓는다. 그리고 여기서 개인적 요인들과 사회적·문명적 요소들이 서로 뒤엉킨다. 그로 인한 변수들의 다양성은 알코올 중독자 한 사람 한 사람을 특별한 사례로 생각하게 하되 역설적으로 그러한 사례의 독자성이 일반성과 기존 관념을 축적하게 한다. 푸케는 다섯 가지 기본 척도들을 집계했다. ① 인종적 요인들. 한 인구의 유전성은 이 요인들을 통해 교육적 요소와 균형을 맞춰야 한다. 일본인의 예는 너무 자주 등장하니 굳이 부연할 필요도 없을 것이다. ② 부부생활 및 가정생활의 상태. 부부관계에서 느끼는 환멸을 술로 푸는 경우가 많다. ③ 재정적 상태. ④ 직업 수준. ⑤ 사회적 지위. 이러한 환경적 조건이 신체적 차원에서만이 아니라 치료를 얼마나 책임 있게 받느냐에도 영향을 미치는데, 그러한 조건이 환자의 환경에 의해 결정된다는 점 또한 명백하다.[7]

변동중심상태의 '신체적 차원'은 알코올 중독이라는 드라마가 펼쳐지는 무대, 즉 뇌로 우리를 인도한다. 처음에는 내성이 생기고, 그다음에는 의존성이 생긴다. 나는 뇌를 제외한 신체 나머지 부분이 어떻게 서서히 망가지는가에 대해서는 다루지 않겠다. 술이 신체적 재앙에 미치는 영향은 뇌가 망가지는 양상에 비해 결코 덜하지는 않지만 어쨌든 우리의 관심사는 뇌에 국한되어 있으니 말이다.

도파민과 세로토닌이라는 두 개의 모노아민은 알코올 중독 입문자가 서서히 빠져들게 되는 광란의 춤을 이끄는 두 물질이다. 우리는 '뇌의 기후'를 다룬 장에서 이미 도파민과 세로토닌을 만난 적이 있다. 일반적으로 이 두 모노아민은 피질과 피질하에서 정보를 처리하는 데 관여하는 흥분성 신경전달물질(글루탐산염)과 억제성 신경전달물질(GABA)의 기능을 조절한다. 그러한 뉴런들은 뇌간에 모여 있다. 도파민성 뉴런은 복피개부, 세로토닌성 뉴런은 솔기핵에 모여 있다. 이 뉴런들이 아래쪽으로 투사되는 통로들은 비교적 산발적이며 세로토닌은 피질영역에, 도파민은 피질하의 측중격핵에 있다.

술은 측중격핵에서 도파민 분비를 유발한다. 술은 복피개부 세포체에 직접 작용하고 그 효과를 통해 다시 간접적으로 모르핀수용체, GABA수용체에도 영향을 미친다. 그리고 궁극적으로는 노르아드레날린계 억제성 뉴런의 억제를 나타내는 활성화에도 기여한다. 측중격핵에서 도파민이 많이 분비되면 쾌감이 일어난다. 이로써 뇌, 특히 피질영역이 느끼는 신체·감각적 표현을 가능케 하는 일련의 뉴런망이 활성화되는 것이다. 세로토닌의 작용은 좀 더 복잡하고 도파민의 작용처럼 명확하게 한정하기가 어렵다. 도파민이 쾌감 상태와 연관되는 반면, 세로토닌은 감각지각이나 인지와 행동에 관여하는 신경회로들의 기능을 조절한다. 달리 말해서 세로토닌은 피질영역에 퍼져 있는 통로들을 통해 인간의 정서적 상태와 행동이 맺는 관계를 지휘한다고 하겠다. 뇌척수액에 대사물질의 농도가 감소함으로써 뇌에 세로토닌이 부족해지면 술을 즐겨 마시는 사람에게 알코올 의존증이 일어나는 중요한 원인이 된다.

술은 복피개부와 측중격핵을 연결하는 중변연 도파민계를 이용하여 쾌감을 제공하는 역할을 할 뿐만 아니라 스트레스와 불안을 진정시키는 작용을 하는 것으로도 잘 알려져 있다. 스트레스와 불안은 '대뇌 편도'에 집중된 회로를 통해 작용한다. 술은 중추 신경핵의 뉴런들에게 세포 내 다단계 연쇄반응을 불러일으켜 일종의 펩티드인 뉴로펩티드Y를 분비시킨다. 뉴로펩티드Y는 술 마시는 사람의 불안을 없애주는 동시에 그 사람을 점점 더 술에 의존하게 만든다. 그래서 갑자기 술을 끊으면 사는 게 너무 괴로워지고 다시 술을 찾게 되는 것이다.

알코올의 이러한 작용들에서 공통분모를 찾는다면 시냅스에서 신경전달물질이 분비되는 시냅스 전 측면과 그러한 신경전달물질의 수용체가 있는 시냅스 후 측면을 살펴보아야 한다. Y. 리우와 W. 헌트[8] 같은 연구자들은 '술 취한 시냅스' 개념 혹은 '취해서 비틀거리는 시냅스' 개념[9]을 제시한 바 있다. 나는 술이 시냅스에 미치는 효과들을 정리하는 차원에서 랭보의 「취한 배」를 인용하고 싶다.

  냉정한 강물을 따라 내려가면서
  이제 항해사들이 나를 인도해주지 않는다고 느꼈다.
  소란스런 인디언들이 항해사들을 과녁 삼아
  가지각색 기둥들에 벌거벗긴 채 못질했던 것이다.

시냅스 이후 단계에서 술은 친화성이 매우 낮지만 일종의 '결합주머니' 수준에서 GABA수용체들에 직접적으로 결합한다. 그러므로 코카인이나 모르핀 같은 다른 약물들과는 달리, 술로 이러한 작용을 보려면 매우 많은 양을 마셔야 한다. 술은 GABA수용체들의 (억제성) 반응을 상승시킨다. 그러므로 술을 만성적으로 마시면 일종의 '하향 조절', 즉 수용체 감소를 통해 이러한 상승작용을 상쇄하려는 적응 현상들이 나타난다. 글루탐산염(흥분성) 시냅스에 대해서는 이러한 현상들이 반대 방향으로 일어난다. 글루탐산염 시냅스는 술에 의해 억제되기 때문에 수용체를 '상승 조절'해야 균형을 맞출 수 있기 때문이다. 그래서 술을 갑자기 끊음으로써 글루탐산염의 억제가 사라지면 수용체들은 마구 엇나가고 금단증상에서 나타나는 자율신경의 폭주에 일조하게 된다.

근면하고 끈기 있는 방문자여, 만약 그대가 아직 나의 지겨운 신경시냅스 타령에 질려서 여행을 그만두지 않았다면 마음을 다스리기 위해 일단 한 잔 마시라. 우리에게는 알코올 중독자의 변동중심상태를 시간적 차원으로 살펴보는 일만 남았으니까. 알코올 중독자의 이력은 시간 속에 펼쳐지고, 만남과 우연과 사고로 점철되어 있는 유일무이한 사연이다. 유전적인 내력은 그러한 사연을 겪으면서 제 갈 길을 찾는 것이다. 알코올 중독이 숙명으로 정해진 유전자 따위는 없다. 하지만 대개의 경우 알코올 중독에 유독 빠지기 쉬운 유전자는 있다고 하겠다. 예는 한 가지만 들겠다. 이 예에는 떼려야 뗄 수 없는 관계이기 쉬운 알코올 중독과 폭력성이 모두 나타나 있다. 17번 염색체에 있는 세로토닌 운반단백질(트랜스포터)을 코드화하는 유전자의 다형성이 이미 관찰된 바 있다. 이 유전자 프로모터의 활동이 미비하면 알코올 중독(소위 제2형 알코올 중독)과 폭력충동이 나타나기 쉽다.

'잠, 먹기, 마시기'의 왈츠가 곧 끝나면 우리는 대답보다 더 많은 의문을 품게 될 것이다. 폭음은 왜 일어나는가? 인간의 진화라는 측면에서 보면 폭음 현상은 이해될 수가 없다. 이토록 과도한 취향의 쾌락이 무슨 소용이 있단 말인가? 생물학의 중심에 자기파괴의 욕구가 숨어 있다고 인정하지 않는 한, 이 문제를 납득할 도리가 없다. 나는 여러분에게 창백한 새벽 여명에 비추어 폐허들을 바라보라고 권한다. 과음으로는 둘째 가라면 서러운 사람의 뇌를 바라보란 말이다. 광대한 피질영역에 널려 있는 닳아빠진 회백질, 쓰러져가는 백질, 과거에는 앎의 궁전이었으나 이제는 부서진 전전두피질, 심각하게 파괴되어 인지 및 운동 기능의 참상을 일으키는 소뇌, 기억의 궁전이었으나 이제는 가물가물한 기억의 황무지로 변해버린 해마.

이제 잠자리에 들 시각이지만 마지막 한 잔은 비우고 가야 한다. 내일 우리는 쾌락의 계곡을 둘러볼 것이다.

10장

쾌락의 계곡

"신은 두려워할 것 없고
죽음은 근심을 일으키지 않으니
선이 얻기 쉽다면 악은 참기 어렵도다."

에피쿠로스,「테트라파르마코스」

쾌락은 취하는 것, 주어지는 것이다. '쾌락을 취하다'라는 표현은 주체의 의지(욕망)를 나타내며 쾌락이 그것을 취하는 자에게 속함을 의미한다. 어떤 이들은 쾌락을 제공함으로써 스스로 쾌락을 얻고, 어떤 이들은 쾌락을 거래하며 즐거워한다. 쾌락은 살 수 있는 것, 훔칠 수 있는 것이다. 쾌락은 사용할 수도 있고 남용할 수도 있다. 쾌락은 고갈되거나 부족해지기도 한다. 쾌락의 과잉과 결핍은 신체의 경제에 커다란 혼란을 불러온다. 그러한 혼란은 쾌락을 잘 관리함으로써만 피할 수 있다. 이 모든 명제는 쾌락이 재화이자 선善이라는 관념으로 귀결된다. 쾌락은 인생을 길게 보지 않는 쾌락주의자들에게 소비재요, 행복을 추구하는 현자에게는 지고선至高善이다.

앵글로색슨계 철학자들은 존재의 위엄과 그 상업적 가치를 혼동하여 쾌락을 공리주의적 개념으로 생각했다. 쾌락은 생체의 욕구를 만족시키기에 적절한 소비와 예의범절에 연관된 활동의 보상으로 여겨졌다. 이런 식으로 정의되는 쾌락은 본능적 갈망(욕망)과 소비를 동시에 의미한다. 자연적 조건에서 신체와 정신의 조화로운 기능은 유용한 것과 기분 좋은 것을 하나로, 쾌락을 욕구 충족과 하나로 만든다. 이것이야말로 주님의 가장 큰 영광이다. 선한 인간은 만족한 인간이다. 우리는 이러한 쾌락의 '항상성' 개념을 생물학적 유물론과 종교적 청교도주의를 역설적으로 결합시켰던 심리생리학자들의 저작에서 찾아볼 수 있다.

쾌락의 장소로 나아가려는 이 순간에, 나는 뇌의 여행자가 지혜까지는 아니더라도—지혜는 규율을 오랫동안 따름으로써 얻어지는 것이므로—약간의 신중함을 보여주기를 바란다. 신중함 없는 쾌락은 위험하기 때문이다. 절도 없이 유혹에 무너지다가는 정신적 파탄에 이를 수 있다. 우리는 쾌락을 세 가지 범주로 구분하다. 첫 번째는 쾌락의 '신체적 표현'과 관련이 있다. 쾌락을 취할 때 몸에서 무슨 일이 일어나느냐, 즉 신체 장기의 상태는 어떠하며 체액의 다양한 분비는 또 어떻게 이루어지느냐가 관건이다. 17세기 프랑스의 의사이자 철학자인 퀴로 드 라 샹브르[1]는 "신체 부분들에서 흐르며 그 부분들을 어루만지고 간질이는 따뜻하고 절제된 온기"라는 표현을 썼다. 이러한 신체적 현상들이 일어나는 것을 정신도 반드시 안다. 두 번째 범주는 존재가 타인과 맺는 관계 안에서 그 존재에게 영향을 미친다. 주체는 그러한 관계를 통해 자신이 '경험한 세상'을 타인에게 알린다. 이러한 범주는 상호주관적 소통과 정서의 공유라고 할 수 있는 공감의 토대이다. 세 번째 범주는 존재의 근본적 정념으로 여겨지는 쾌락이다. 이 마지막 범주는 앞의 두 가지 범주들도 포함하지만, 그 범주들을 초월하여 어떤 존재론적 의미를 획득한다. 이러한 차원에서 세 번째 범주는 그 이면, 즉 고통과 불가분의 관계에 있다. 사랑과 미움이 분리될 수 없듯이 존재론적 의미의 쾌락도 고통과 떼어놓을 수 없는 것이다. 에피쿠로스는 '몸의 소리'에 대해 말하기를, 몸은 영혼과 분리되지 않고 영혼에 무감한 쾌락이나 고통은 있을 수 없다고 했다. "그러므로 어떤 경험은 일종의 선택이기도 하다. 제일 중요한 것은 육신을 고통에서 해방시키고 쾌락에 도달하게 하는 것이다"(에피쿠로스,「격률 29」).

고대 이래로 모든 철학자들은 쾌락에 관심을 보였다. 키레네의 아리스티포스처럼 쾌락을 지고선으로 찬양하는 이가 있는가 하면, 쾌락을 포기하거나 억누르려는 이들도 있고(스토아학파의 성 아우구스티누스), 쾌락을 궁극적 목표인 행복(에우다이모니아)에 도달하기 위한 수단으로 보는 이들도 있다. 특히 마지막 입장은 에피쿠로스와 그 제자들이 보여주었던 자세이기도 하다. 에피쿠로스주의는 쾌락주의 유형의 행복론이라 하겠다.

우리가 욕망에 사로잡혀 하는 행동은 쾌락에 대한 기대 혹은 불쾌에

에피쿠로스[4]

에피쿠로스(기원전 341~270)는 자유로운 사고와 어조로 살아생전에는 물론이고 죽어서도 세기를 뛰어넘어 파란을 일으켰다. 적대자들은 그가 무식하고 상스럽다고 비난했지만 그것은 에피쿠로스가 당대 지식의 틀을 깨고 모든 문화적 전통들을 비판적인 시선으로 바라보았기 때문에 나온 비난이었다. 그의 철학은 단순하나 지극히 엄격한 실천으로 뒷받침되어 있었고, 각 사람에게 행복을 실현할 가능성을 주고자 했다. 에피쿠로스가 남긴 글들은 육신의 고통과 영혼의 동요를 뛰어넘어 얻게 되는 평정심을 가르침으로써 오늘날에도 우리에게 생각할 거리를 던져준다.

쾌락의 경제학[3]

미셸 카바낙은 쾌락을 다양한 동기들, 때로는 서로 모순적인 동기들 사이의 교환과 타협을 가능케 하는 '공용화폐'라고 본다. 우리는 쾌락의 극대화와 불쾌의 최소화를 통해 두 축의 산술적 합을 고려하면서 우리가 취해야 할 행동방식들에 대해 우선순위를 정한다는 것이다. 카바낙은 생물학에서의 쾌락 개념을 경제학에서의 '유용성' 개념과 흡사한 것으로 이해했다. 그는 영국의 철학자 존 스튜어트 밀의 논증을 인용한다. "이 문제에 대해서 전혀 아는 바가 없는 사람들도 에피쿠로스에서 벤담에 이르기까지 유용성 이론을 옹호했던 모든 사상가들이 쾌락의 추구와 고통의 회피에서 전혀 다를 바 없는 주장을 펼쳤다는 점은 인정했다." 카바낙은 정신물리학적 실험을 통해 고통과 보상의 갈등 속에서 내리는 선택의 타협 곡선이 '한계대체율 체감'이라는 경제학적 원리와 완벽하게 맞아떨어짐을 보여주었다. 쾌락을 이처럼 흥미롭게 설명한 것은 어느 정도 한계 내에서 받아들일 만하다. 특히 앵글로색슨계 청교도주의자들의 경우에는 상당히 잘 들어맞는다.

대한 두려움에 종속된다. 그러므로 쾌락은 욕망의 원동력이다. 스피노자의 저 유명한 금언을 생각해보라. "기쁨은 정신을 보다 큰 완전함으로 나아가게 하는 정념이다."[2] 이 금언은 쾌락을 그 역동적 성격을 통해 긍정적으로 조망한다. 욕망의 존재인 인간은 '쾌락을 위해 태어났고, 그 자신도 그것을 알기에 어떤 증거도 원치 않는다.'

나는 에피쿠로스 철학에서 욕망에 대한 분석만을 취하려 한다. 그 이유는 그 분석이 유물론적이면서도 결코 환원주의적이지 않고, 몸을 고려하면서 영혼에까지 말을 거는 까닭이다. 에피쿠로스 철학의 분석은 근본적으로 삼분법에 기초해 있는데, 여기에 따르면 욕망은 '자연스럽고 필연적이거나', '필연적이지는 않지만 자연스럽거나', '자연스럽지도 않고 필연적이지도 않거나' 세 경우 중 하나다. 그리고 자연스럽지도 않고 필연적이지도 않은 욕망은 사물의 본성에 근거한 것이 아니므로 '공허하고' 충족될 수도 없다.

자연스럽고 필연적인 욕망은 욕구(먹고, 마시고, 추위나 더위를 피하려는 경향)에 부응한다. 그러한 욕망은 행복, 안녕, 생명의 유지(항상성)에 기여한다. 반드시 개선시킬 필요는 없지만 자연스러운 욕망인 것이다(좋은 술, 안락한 주거, 몸에 잘 맞는 옷에 대한 추구). 자연스럽지 못한 욕망은 과도하고 격렬하나 결코 만족시킬 수가 없다. 그러한 욕망이 중독, 결핍, 의존성(명예, 부, 잠시 효과가 지속되는 모든 종류의 약물들)을 낳는다. 이러한 유형의 욕망을 통해 우리가 나중에 살펴보게 될 역방향의 과정이 일어난다.

쾌락과 행복을 혼동해서는 안 된다. 쾌락은 신체의 일시적인 상태다. 쾌락은 그 쾌락을 낳은 욕망과 떼어놓을 수 없거니와 그 욕망과 더불어 고갈된다. 내가 의지를 갖고 노력하여 사랑하는 여인의 품에 안긴다면 이 행위의 동기는 내가 기대하는 쾌락 때문일 것이다. 우리의 영혼에는 잠재적인 쾌락의 무한한 컬렉션이 있어서 기회만 주어지면 그러한 쾌락을 취하고 싶은 욕망이 발현되기에 충분하다. 길가에 피어 있는 꽃들, 카페 테라스에서 우연히 마주친 이의 미소, 진열장 안의 귀여운 강아지 등등. 이 리스트는 끝이 없다. 그러한 욕망의 잠재적 대상은 마치 체액의 바다에 둥둥 떠다니는 물건들과도 비슷하다(5장 참조).

행복은 그것과는 별개의 범위에 속한다. 행복은 개인적으로 어떤 선택을 지지한 결과요, 그와 반대되는 과정에 저항한다. 지나침은 행복의 적이다. 그것은 '자기의' 행복이 아니다. 행복으로 보일 수도 있겠지만 자의식은 고독할 수가 있으므로 개인적인 것이 아니라 일반적인 것, 타자를 향한 것이다. 그렇게 되면 되레 행복의 부정, 한없는 슬픔의 근원이 되어버린다. 행복은 육신의 고통이나 병을 마음대로 부리는 법을 터득하는 것이다. 그러니까 어찌 보면 행복은 건강의 상위에 놓이는 표현이라 하겠다. '건강한 병자'를 자처했던 몽테뉴는 우리에게 본보기가 되어 준다. 행복은 비루함과 쳇바퀴 같은 일상적 삶의 반대말이다. 행복은 인간에게 가치 있는 유일한 모험이다. 행복을 통해 우리는 죽음을 궁극적인 욕망의 대상으로, 타인의 마음에 자신의 삶을 맡기는 열락으로 여길 수도 있다.

지금까지도 나는 신경생물학자들보다 철학자들이 쾌락에 대해 더 많은 것을 가르쳐준다고 생각한다. 소설가 미셸 우엘벡은 『어느 섬의 가능성』에서 장 디디에라는 생물학자에게서 다음과 같은 관찰을 빌려왔음을 고백한다. "그런데 각성상태의 쥐는 무엇을 하는가? 냄새를 맡는다." 나는 여기에 부연을 달지 않을 수 없다. 실험용 쥐는 이런저런 레버들을 건드리거나, 미로를 종횡무진 돌아다니거나, 어두운 곳을 피하거나, 전기자극을 받거나, 수영장에서 헤엄치거나, 완자를 먹거나, 교미를 하면서 쥐로서의 한평생을 보낸다. 우리네 인간의 삶과 그리 다를 것은 없으나, 상상력을 펼치거나 소설을 쓰거나 하는 차원은 전혀 없다는 것이 다르다. 반면 인간에게 제공된 쾌락의 상점에는 물건이 떨어질 일이 없어 보인다. 자질구레한 쾌락, 금지된 쾌락, 순수한 쾌락, 기만적 쾌락, 사악한 쾌락, 육신의 쾌락, 지성의 쾌락, 대화의 쾌락, 사냥의 쾌락, 낚시의 쾌락, 사랑의 쾌락, 의무를 수행함으로써 얻는 쾌락, 극단적인 쾌락, 선한 쾌락, 덧없는 쾌락, 고통의 쾌락, 비열한 쾌락 등등. 우리는 이 모든 쾌락의 근간에서 쥐와 인간에게 동일한 구조, 동일한 신경전달물질, 동일한 호르몬, 동일한 신경회로를 찾아볼 수 있다. 하지만 쥐와 인간은 얼마나 다른가! 언어의 대양과 바로크적 영혼은 예속에서 행복을 찾고 살인에서 예술을 보기도 한다. 다행히도 인간에게는 쥐가 모르는 '기쁨'이 있다. "기쁨의 상태를 제외하면 모든 상태에는 잔혹함이 있다. '남의 불행을 고소하게 여기는 기쁨'은 그 자체가 이치에 맞지 않는 단어다. 해를 끼치는 것은 쾌감을 줄 수 있지만 기쁨이 되지 못하는 까닭이다. 기쁨은 세상에 대한 단 하나의 승리며, 본질적으로 순수하다. 그러므로 기쁨은 쾌락으로 환원될 수 없다. 쾌락은 언제나 그 자체로, 그 표현들로 인해 의심스럽기 때문이다." 『태어났다는 불편함』에서 소설가 에밀 시오랑은 이렇게 옳은 말을 했다. 기쁨은 순수하며 자라투스트라의 노래처럼 영원을 지향한다. 하지만 쾌락은 비틀려 있다. 쾌락은 맹그로브의 뒤엉킨 뿌리 같아서 욕망과 결코 따로 분리할 수 없다. 쾌감은 행동에 있는 것이지 행동의 산물이 아니다. 칼릴 지브란의 말마따나 "쾌락은 자유의 노래이지만 자유는 아니다. 쾌락은 여러분의 욕망이 피우는 꽃일 뿐, 열매는 아니다. 그것은 높이를 논할 수 있는 깊이지만 높은 것도 아니요, 깊은 것도 아니다"(『예언자』중에서). 마지막으로 쾌락은 절대로 고통 없이 있을 수 없다. 고통은 쾌락의 분신이다. 쾌락은 절대로 순수하지 않기 때문에 종종 고통과 뒤섞여 있기도 하다. 그렇지만 인간은 쾌락이 없으면 결코 인간이라고 할 수가 없다. "우리는 쾌락이 행복한 삶의 처음이자 끝이라고 말한다. (……) 우리는 쾌락이 궁극적인 목표라고 말하지만 우리의 교의를 모르거나 그 교의에 동의하지 않는 사람들, 악의적으로 해석하는 사람들이 말하는 것처럼 그 쾌락이 타락한 이들의 쾌락, 물질적 희열에 집착하는 이들의 쾌락은 아니기 때문이다. 우리가 바라보는 쾌락은 신체적 고통과 영혼의 동요가 없는 상태라는 특징이 있다"(에피쿠로스, 『메노이케우스에게 보내는 편지』중에서).

하지만 우리는 이해할 것이다. 우리가 아는 모든 화학성분들의 조합, 쥐를 상대로 한 실험, 뇌를 멋지게 촬영한 컬러 영상을 동원하더라도 쾌락의 우연한 현신과 괴상한 경로를 알아내기에는 역부족이라는 것을. 그러므로 쾌락을 느끼는 뇌를 방문하는 이는 지금부터 내가 들려주는 정보를 수중의 현금 정도로만 여겨야 할 것이다.

쾌락을 느끼는 뇌

수백만 개의 뉴런들은 시냅스에서 분비되는 글루탐산염 때문에 흥분하거나 GABA 때문에 억제된다. 흔히 '쾌감의 신경전달물질'이라고 부르는 도파민 같은 마법의 묘약이 그 하청업자들(아민, 펩티드 따위)을 줄줄이 불러온다. 하지만 뉴런은 즐기는 것도 아니고 생각을 하는 것도 아니다. 뉴런에는 영혼이 없다. 여러 뉴런들이 집합·회로·투사경로를 이루어 몸이 쾌감을 느끼게 할 뿐이다. '재미를 보는' 것은 몸이다. 몸은 즐거이 뛰놀며 과거·현재·미래에 동시에 존재하며 포착할 수 없는 정신, 추상의 극치인 정신을 끌어들인다.

쾌락을 측정하는 방법

동물의 욕망과 쾌락은 간접적으로만 평가할 수 있으며 이 둘 사이는 일종의 순환논리적 특성이 없지 않아 있다. 먹고 싶다는 욕망과 그에 수반되는 쾌락을 알아보고자 할 때, 우리는 보통 동물에게 순수한 물과 특정 물질을 점점 더 많이 녹인 물을 주고 그 사이에서 선택을 하게 한다. 그리고 특정 물질을 탄 물과 순수한 물 가운데 무엇을 더 많이 마시는가를 보면서 선호도를 나타낸다. 그러한 선호도는 동물이 그 물질을 '좋아해서 먹는다'는 전제를 깔고 있다. 하지만 거꾸로 동물이 그 물질을 먹기 때문에 좋아한다고 말할 수도 있을 것이다. 독일의 심리학자 분트의 일반적 모델에 따르면, 단것을 점점 더 많이 타서 줄 경우 선호도는 최대치까지 높아졌다가 점점 떨어지면서 나중에는 싫어하게 된다. 그런데 동물의 식도에 관을 삽입하여 동물이 입으로 삼킨 음식을 가로채면 이 동물은 식욕이 아주 왕성해져서 식사와 식사 사이에 간격을 두지 못하게 된다. 이때에는 아주 단것에 대한 선호 곡선이 떨어지는 법 없이 계속 높아지기만 한다. 이러한 결과는 전혀 놀랄 것이 못 된다. 그 동물에게서 입을 제외한 나머지 신체 기관들은 섭생행동을 전혀 하지 못하고 있으니까 말이다. 신체와 단절된 뇌는 더 이상 쾌락을 알지 못한다. 대개의 경우 연구자들은 동물이 어떤 행동을 얼마나 자주 취하거나 회피하는가를 관찰함으로써 그 동물의 쾌락에 대한 평가를 내리곤 한다. 그러한 행동은 그 동물이 취하는 쾌감 혹은 불쾌를 간접적으로 드러내기 때문이다.

 인간의 쾌락을 측정할 때에는 소위 '정신물리학적' 방법들을 쓴다. 이러한 방법들은 인간이 자신의 정서적 경험에 대해 갖고 있는 의식과 중립적 상태를 비교하여 긍정적·부정적 가치의 척도를 통해 의식을 양적으로 평가할 수 있다는 가능성에 근거하고 있다. 최초의 정신물리학적 실험은 쾌락의 강도와 자극의 강도를 연결하는 분트 곡선에 요약되어 있다(224쪽 그림 22 참조).

 이러한 방법들의 장점은 어떤 주제에도 갖다 붙일 수 있는 일반적인 결론들을 엄정하게 제시하면서 과학적인 태도를 한껏 뽐낼 수 있다는 데 있다. 이런 식으로 어떤 감각의 정조(情調)는 중심상태를 반영한다고, 또한 중심상태에 따라서 똑같은 자극도 기분 좋을 수 있는가 하며 혐오스러울 수도 있다고 여겨졌다. 피험자는 금식상태에서 달콤한 물 한 모금을 긍정적으로 여기지만 이미 단것을 배가 터지도록 먹고 난 상태라면 부정적으로 여길 것이다. 이러한 '쾌감전도' 현상[6]은 비단 자연스러운 생리적 상태만을 뜻하는 것이 아니며 지속적으로 나타날 수도 있다.

그러므로 우리는 모든 쾌락이 양의 문제, 그리고 피험자의 몸과 이력

쾌감의 전도[5]

실험 참가자들에게 칼로리가 높은 음식을 섭취하는 식이요법을 써서 체중을 늘리기로 했다. 이렇게 해서 '(전에는 뚱뚱하지 않았지만) 뚱뚱해진 사람들'에게 음식의 맛에 대한 평가를 내리게 해보았다. 그러자 전에는 좋지도 않고 싫지도 않다고 했던 설탕물을 아주 질색하거나 부정적으로 평가하는 반응을 보였다. 몇 달 후 실험 참가자들은 다이어트를 통해 다시 살을 빼고 평가에 임했다. 똑같은 설탕물에 대해 이번에는 아주 긍정적인 반응들이 나왔다. 이러한 실험들을 계속적으로 추진한 결과, 음식이 식욕을 돋우는 정도는 피험자의 그 당시 신체항상성 욕구와 직접적으로 연관되지는 않았다. 살이 쪘든지 살이 빠졌든지 간에 피험자는 실험 당시에 영양적 균형을 이루고 있었다. 하지만 음식이 식욕을 돋우는 정도는 체중 같은 데이터와 분명히 관련이 있었다. 여기서 체중은 전체로서의 개인, 그리고 앞에서 세 가지 차원으로 나누어 살펴보았던 피험자의 중심상태로서 파악한 개인을 의미한다. 카바낙이 음식에 대한 피험자의 구미가 달라지는 기준 체중을 정의하기 위해 사용한 개념 '폰데로스테이트'는 변동중심상태의 한 측면을 앞에서 문제시되었던 활성화 수준이라는 관점에서 잘 보여준다 하겠다.

에 기준한 중심상태의 문제임을 알 수 있다. 분트 곡선에서 경험되는 쾌감(혹은 불쾌)이 양의 문제요, 동일한 쾌락적 자극이 자연스러운 어느 선 안에서는 유효하다가 그 값이 지나치면 혐오를 불러일으킨다는 점은 명백하다. 나는 도파민계 분석을 미리 끌어오지 않고 최근의 한 연구에 대해서만 언급하겠다.[7] 그 연구는 보상에 대한 민감도sensitivity to reward로 측정한 음식 섭취의 '쾌감 긴장도'와 신체 질량 지표의 관계를 다룬 것이다. 쾌감 긴장도가 높은 사람들은 식욕도 왕성하고 음식 섭취도 많았다. 음식 섭취 자극을 강화하는 성격이 약하면 분트 곡선이 혐오 쪽으로 떨어지지 않고 쾌락이 최대화될 수 있다. 반면, 과식을 하는 비만인 사람들의 경우에는 음식물이 강한 약물로 변하면서 불쾌감을 수반하는 현상을 관찰할 수 있었다.[8] 이러한 관찰들은 선조체의 도파민수용체 수치가 낮은 사람이 쾌감을 잘 느끼지 못하며 강화작용이 두드러지는 센 약물에 탐닉하기 쉽다는 연구결과와 일맥상통한다. 또한 욕망 시스템에서 가용할 수 있는 도파민 수치가 높은 사람들(쾌감을 잘 느끼는 사람들)은 아주 적은 도파민 자극도 굉장히 기분 좋은 것으로 느낄 수 있지만(자연스러운 강화), 지나치게 강한 자극(약물이나 과도한 음식 섭취 같은 자연스럽지 않은 강화)은 외려 기분 나쁘게 느낄 수 있음을 미루어 짐작할 수 있다.[9]

하지만 이 모든 정신물리학적 실험들은 다소 사태를 단순화하며 쾌락의 애매성을 고려하지 않는 듯한 면이 있다. 로마의 철학자 루크레티우스는 "쾌락의 원천에서도 씁쓸함이 나오며, 그러한 씁쓸함이 쾌락의 정원에 불안을 심는다"고 말한 바 있다. 아주 소량의 식초가 도파민의 투명한 흐름을 뒤흔드는 것처럼 말이다. 우리는 쾌락을 맛본다 싶은 바로 그 순간에 쾌락에 대한 역겨움을 느낀다.

욕망 혹은 쾌락의 시스템

이러한 시스템은 쥐, 원숭이, 인간을 대상으로 각기 비교해볼 만하다. 종들 간의 진화는 기본적으로 뇌 영역(지적 과정과 표상 작용을 관장하는 감각운동피질과 연합영역들)에서 이루어졌다. 뇌간에 있는 신경세포들은 다양한 구조들로 재편되고 그 말단에서 신경전달물질을 분비한다. 아미노산, 생체아민(카테콜아민, 히스타민, 세로토닌), 아세틸콜린, 엔도르핀을 위시한 여러 가지 펩티드가 바로 그러한 신경전달물질이다. 이렇게 널리 알려진 신경전달물질 외에도 내인성 카나비노이드를 추가해야 할 것이다. 내인성 카나비노이드는 화학적 성격(지질성), 기원(세포막), 작용 방식(역행적)을 통해 명실상부한 내분비조절 시스템을 이룬다. 우리는 이 시스템의 다양하고 복잡한 역할에 대해서 이제 겨우 조금씩 알아가고 있다.

도파민은 이상의 시스템들 한가운데에서 조절작용 전체를 아우르는 중심 역할을 한다. 욕망은 쾌락처럼 '하나'이지만 그 욕망을 특화하는 대상에 따라서 다양하게 분화된다. 음식물에 대한 욕망(허기)이나 음료에 대한 욕망(갈증), 성욕 등으로 분화되는 것이다. 욕망과 비슷한 정동들로는 '주의력', '운동의도', '행동유지' 등을 꼽을 수 있겠다. 도파민 뉴런들은 이러한 과정에 관여하는 뇌의 여러 영역에 대해 보급을 지원한다.

우리는 쾌락을 생물학적 차원에서 적절하게 정의할 수 없다. 쾌락과 뗄 수 없는 욕망에 대해서도 마찬가지다. "활과 화살을 과녁과 따로 떼어 생각할 수 없는 것과 마찬가지다." 고통에 관해서도 동일한 문제가 제기된다. 고통의 상태는 신체에서 온다. 심신이 평온할 때에는 맥박과 호흡이 느려지고, 동맥압이 낮아지며, 동공은 수축되고, 타액이 무리 없이 분비되며, 신체 기관들이 하나같이 평화롭다. 하지만 심신이 불편할 때에는 맥박과 호흡이 빨라지고, 동맥압이 높아지며, 신체 기관들이 동요한다. 어쨌든 고통에 대해서는 어떤 신체적 증상(팔다리가 아프다, 배가 아프다, 머리가 아프다 등)을 결부시킬 수 있는 반면에 쾌락에 대해서는 그렇게 말하기가 훨씬 더 어렵다. 쾌락은 신체의 어느 한 부분으로 소급하여 말할 수 없다(단, 성적 쾌락만은 예외다. 우리는 몸 전체로 섹스를 향유한다. 이것을 쾌감이라고 말할 수 없다면 적어도 생식기에서만이라도 쾌감을 느낀다). 그리고 동물의 경우에는 행동에 대한 관찰만으로 그 동물의 상태를 판단할 수밖에 없다. 접근과 반복의 행동이 보이면 쾌락으로 해석되고 회피, 은둔, 중지 등의 행동은 불쾌로 해석되는 것이다. 인간은 공감을 통해 타인의 고통이나 쾌감을 알 수 있다. 다른 사람들이 실제로 어떻게 느끼는가를 시각적 시뮬레이션을 통해 아는 것이라고나 할까? "너의 고통, 너의 쾌감에 대한 앎은 나에게서 비롯된다." 물론 고통과 쾌감은 말로 표현할 수 있다. 하지만 그 의미학적 내용은 불충분하며, 가장 중요한 것은 거기에 담긴 정서다. 오늘날 우리는 주관성에만 근거해 있는 자기 평가척도를 사용하고 있다. 하지만 어떤 주체를, 다시 말해 '정동에 휘둘리는' 한 개인을 어떻게 언어를 매개해야 하는 주관성의 도움 없이 연구할 수 있단 말인가?

쾌락의 생물학은 1954년 미국의 심리학자 제임스 올즈[10]가 소위 '자기자극' 실험들을 실시함으로써 시작되었다. 사실만을 간략하게 말하자면 이렇다. 쥐가 스스로 레버를 누르면 그 쥐의 뇌 깊숙한 곳에 외과수술을 통해 장치한 전극에서 전기자극이 주어졌다. 그런데 그 전극이 뇌의 어떤 위치에 장치되었을 경우에 쥐는 자발적으로, 그것도 반복적으로 지치지도 않고 레버를 눌러댔다. 오만 가지 장애물(레버 앞에 전류가 흐르는 바리케이드를 쳐놓는다거나)에도 굴하지 않고, 그야말로 식음을 전폐한 채 고집스럽게 레버를 눌렀던 것이다. 이 최초의 실험 관찰이 있고 나서 몇 년 후 우리는 그 전극이 붙은 자리, 즉 '쾌락 통로'가 해부학적으로 중변연계의 도파민 경로라는 사실을 알게 되었다. 그때부터 중변연계 도파민 경로가 자기 혼자 관여하는 것은 아닐지라도 보상 시스템의 필수적인 한 요소라는 점에는 의심의 여지가 없었다. 중변연계의 도파민 경로에 전기자극을 주면 측중격핵의 활동이 커지는데, 모든 마약도 이와 같은 결과를 낳는다. 이 점은 '미세투석'이라는 새로운 기술을 이용하여 공식적으로 증명될 수 있었다. 미세투석은 도파민, 세로토닌, 노르아드레날린 같은 세포 외 신경작용물질은 물론 쾌락 시스템 조절에 작용하는 엔케팔린이나 콜레시스토키닌, 다이노르핀, P물질 등의 뉴로펩티드 농도도 아주 미세한 수준까지(마이크로리터 단위까지) 측정할 수 있다.

나는 이러한 관찰들에서 쾌락에 대한 것과 욕망에 대한 것을 구분하기 어렵다는 점을 보여주는 몇 가지 데이터만을 끌어들이겠다. 미세투석 기법으로 측정해보면, 자극을 수반하는 새로움(새로운 공간, 새로운 음식)은 측중격핵의 도파민 분비를 촉진시킨다. 반복은 습관을 만들고, 습관은 도파민 분비량을 떨어뜨린다. 예를 들어, 암컷 쥐와 처음 교미하는 수컷 쥐의 뇌에서는 도파민이 많이 분비된다. 그런데 5번쯤 연달아 교미하고 나면 수컷은 암컷에게 흥미를 잃고 뇌에서도 도파민이 더는 분비되지 않는다. 쥐의 성욕을 다시 부채질하고 싶다면 다른 암컷과 짝을 지어주기만 하면 된다. 그러면 다시 쥐의 측중격핵에서는 도파민이 샘솟듯 솟아날 것이다.[11]

도파민은 쾌락과 욕망의 물질이지만 자극을 통한 동기 부여를 확대하는 특성이 있으므로 조건화된 학습에도 관여한다. 도파민은 단기기억과 최근의 일들을 떠올리는 기억, 좀더 일반적으로 인생의 주요 사건들에 가치를 부여하는 역할까지 한다. 실제로 테스트를 통해 전전두피질에 있는 도파민이 그러한 역할을 한다는 사실이 확인되었다. 기억과 쾌락은 연결되어 있다. 개인의 과거에 뿌리 내리지 않은 쾌락은 있을 수 없다. 그에 대한 문학적 증언들은 너무나 많기 때문에 수많은 인용문들로 독자를 넌더리나게 할 수도 있다. 물론 아름다운 문장들을 그대로 베끼는 쾌감이 이따금 나에게 위대한 작가들의 재능을 공유한다는 작위적 희열을 느끼게 하기도 하지만 말이다.

쾌락의 학교에서

앵글로색슨계 심리학자들은 쾌락을 좀체 다루지 않는다. 반면 그들은 '보상reward'이라는 표현을 쓴다. 나와 동시대를 사는 사람들에게 이 단어는 서부영화 속 무뢰배를 잡은 사람이 얻게 될 현상금 고지 포스터를 떠올리게 한다.

'보상'과 '처벌'은 학교를 연상시키기도 한다. 하지만 이 책에서 다루는 보상과 처벌은 신체의 쾌적한 상태 혹은 그렇지 못한 상태를 의미할 뿐이다. 학교에서 그랬듯이 처벌은 어긋난 행동에 대한 징계요, 보상은 좋은 행동에 대해 내리는 특혜다. 삶의 이상은 이런 식으로 만들어지고 우리를 학교에서 훨씬 벗어난 곳까지 이끈다. 처벌을 피하고 보상을 축적하는 것이 모든 이가 따라야 할 공화국의 이상이다.

미국의 철학자 존 롤스[12]는 이 개념들을 다음과 같이 정의한다. "보상은 피하거나 도망치고자 하는 모든 것을 의미한다." 이 사람 말에 따르면 모든 감정은 보상과 처벌이 부추기는 상태들로 정의될 수 있다. 그러한 감정은 행동과 마찬가지로 자극에 대한 반응으로서 나타난다. 어떤 자극이 주체가 되풀이하고자 하는 보상을 유발하는 것을 '긍정적 강화'라고 한다면 주체가 회피하는 처벌을 유발하여 다시 일어나지 않게 하는 자극에 대해서는 '부정적 강화'라고 할 수 있다.

그러므로 중요한 것은 자극(사건 혹은 대상)의 보상적 가치 혹은 처벌적 가치다. 뇌, 특히 상안와전두피질은 그 값들을 고정시킨다. 이 영역은 자극의 값 그리고 그와 관련된 행동의 값을 결정하는 경매평가사쯤 되겠다. 이러한 시각에서 보면 쾌락과 고통은, 좀 더 광범위하게는 모든 감정들이 주체의 신체가 언제나 참조할 수 있는 결산표처럼 행위의 유용 실효성에 따라 정해진 여러 값들에 지나지 않는다. 좀 과장해서, 우리의 행동은 시장법칙에 따른다는 결론이다. 우리의 쾌락이나 아픔도 시장법칙에 입각한 수익과 손실인 것이다.

희화하는 말이 아니라, 성적 행동의 즉각적인 결과인 희열은 자연선택에 의해 채택되었다고 말할 수 있다. 그 이유는 희열이 생식 활동을 북돋아주고 그로써 종의 번성에 이바지하기 때문이다. 맛있는 음식에 기대되는 쾌락은 신진대사를 유지시킨다. 옷을 입는 쾌락은 체온조절에 기여한다. 고통은 위험을 멀리하게 하거나 신체 회복을 위해 거동을 삼가게 한다. 이러한 이론적 입장들은 지나치게 소급적이고 단순화된 것인데도 그리 명확하지 못하다. 지극히 단순한 경우들에서도 정동상태(쾌락 혹은 고통)는 행동 다음에 온다. 정동상태는 행동의 직접적인 상벌이고, 행동의 반복 혹은 회피를 낳는다. 강화의 플러스 또는 마이너스를 문제시할 때(예를 들어, 부정적 강화의 감소 혹은 중지를 긍정적 강화와 등가적인 것으로 본다든가) 우리는 강화작용을 하는 것이 무엇인지 더 이상 제대로 구분할 수가 없다. 과연 강화작용을 하는 것은 자극인가 아니면 행동인가?

마지막으로, 보상과 처벌이라는 용어들은 도덕적 함의를 담고 있기 때문에 애매함이 없지 않다. 성행위의 정서적 보상은 무엇인가? 자식을 여럿 두었다는 만족감인가, 사랑을 나누었다는 쾌감인가? 다른 예를 들어 보자. 처벌은 도대체 무엇인가? 밥을 먹지 못하게 했다는 것인가, 그로 인해 배가 고파서 괴롭게 만든 것인가? 이러한 반박들을 마주하면 행동을 정동상태에 종속시키는 이론적 입장을 취하는 것으로 되돌아 가는 것이 나을 것 같다. 주체의 생각과 행동에 깊이 새겨져 있는 '정서적 의미로서의 값'은 그 주체의 내적 상태 변동과 관련이 있다. 그리고 그 내적 상태의 표현인 쾌락과 고통은 기본감정(정동)으로서 "우리 신체의 행동 능력"(스피노자, 『에티카』)을 지배한다.

쾌락과 중독

"(……) 고통에 가까운 쾌락은 입술이 꿀벌처럼

그것을 빨아들임에 따라 독으로 변하니,

그렇다, 희열을 느끼는 순간조차도

감춰진 우울증의 드높은 제단은

사라지지 않나니."

존 키츠, 「우울증에 대한 송가」

뇌 안의 대립은 희열을 한창 느끼는 그 순간에도 극악의 고통을 준비한다. 우리는 술집에서 그 고통을 만난 바 있으나(8장 참조) 고통은 쾌락이 설치는 도처에 있다. 아래의 상자글은 '대립 과정 이론'을 설명한다. 이 이론은 도파민의 영향과 생명현상에 미치는 반응을 보여준다.

이처럼 대립 과정의 시스템은 두 방향으로 작용한다. 하지만 코미디가 때로는 비극으로 돌변하는 법이다. 어떤 주체들은 처음에 너무 쉽사리 쾌락을 얻기에 나중에 그 빚을 청산할 의무에 매이지 않을 수 없다. 그들

우리의 욕망을 관리하는 쾌락과 고통이라는 쌍[13]

"우리의 가엾은 육신은 한없는 탐욕으로 쾌락과 고통을 모두 취한다." 프랑스의 소설가 베르나노스는 『사탄의 태양 아래서』에서 작중인물 도니상 사제의 입을 빌려 이렇게 말했다.[14] 태어난 지 5시간쯤 되는 병아리에게 움직이는 암탉이나 그 밖의 움직이는 대상(모터로 돌아가는 하얀 철제 상자)을 보여주면 병아리는 잔뜩 흥분한 듯한 모습으로 쫓아다닌다. 그리고 나서 1~2분쯤 어미닭이나 그 대체물을 치워버리면 병아리는 혼란을 느끼고 동요하면서 새된 소리로 탄식을 토한다. 도니상 사제의 몸뚱이와 닭의 몸뚱이에는 공통점이 있을까? 그게 아니면, 그들의 존재는 동일한 정동상태를 취하는 걸까? 사랑하는 대상—그 대상이 하느님이든지 하얀 철제 상자든지—을 따르는 기쁨은 빛과 그림자가 함께하듯이 이별의 고통과 함께하는가?

대립 과정 이론은 우리 행동의 상당수가 정념에서 파생된 것이며 '쾌락/고통'이라는 짝은 우리 욕망의 표현을 관리한다는 주장에 근거해 있다. 이 이론은 우리의 행동이 선천적 혹은 후천적 동기에 따라 이루어진다는 고전적인 심리생리학 이론들을 뒤집어놓는다. 일례로, 개는 뱀의 눈을 보면 선천적 동기에 따라서 겁을 내고 도망가게끔 되어 있다. 반면 어떤 사람이 경찰을 보고 겁을 낸다면 그것은 후천적으로 얻은 동기 때문일 것이다. 후천적으로 획득하거나 파생된 동기는 일반적인 반사 이론의 틀에서 볼 수 있는 조건화 및 연

상 과정의 결과다. 반사 이론은 주체성을 막다른 골목으로 몰아넣는다. 정동 상태를 어떤 행동에 종속시키는 것이다. 그러니까 행동의 원동력은 항상 종의 타고난 욕구를 충족시키기 위해서라고 여겨지고 만다. 하지만 어떤 조절이나 유용성이 개입할 여지도 없고, 그런 이유로 정당화되지도 않는 행동이 있다. 그러한 행동을 두고서도 과연 우리가 생명의 욕구냐 학습된 행동이냐를 논할 수 있을까?

1970~1980년대 솔로몬이 개발한 대립 과정 이론은 의존 현상에 대한 관찰에 근거하고 있으나, 이 이론의 설득력은 약물에 대한 의존의 범위를 훨씬 넘어서 지옥의 문을 여는 인간의 모든 행동(섹스, 게임, 식도락, 권력 등에 대한 지나친 탐닉)에까지 미친다. 그리고 고전적 이론들과는 정반대로, 이 이론은 행동을 정동상태에 종속시킨다. 신체-주체 그 자체가 고유한 동기가 된다고나 할까.

하지만 주체성에 너무 매몰되다보면 자칫 언어적 일탈의 위험에 빠질 수 있다. 행동신경생물학은 화학과 약학에 매달린다. 신경생물학은 쾌락과 혐오의 길항작용과 그 기저에 있는 메커니즘들을 이해할 수 있도록 정보들을 제공한다. 여기서 신체에 의한 제약에 대한 모든 것이 문제시될 수 있다. 나는 지금으로서는 이 이론을 전반적으로 설명하는 정도로 만족하겠다. 대립 과정 이론은 정동의 대조, 내성, 중단 혹은 결핍이라는 세 가지 현상에 대한 관찰에 토대를 둔다.

"기쁨은 언제나 아픔이 지나고 온다." 이게 바로 '정동의 대조'다. 쾌락이 중단되면 불편함이나 고통이 나타나고 그다음에는 다시 기분 좋은 상태가 된다. 우리는 이러한 감정에서 한 가지 법칙을 끌어낼 수 있다. 그 법칙을 말하자면 심리학자들의 담론에 자주 등장하는 용어들을 써야 한다. 우리는 '행동 반응'을 야기하는 모든 사건 혹은 대상을 '자극'이라고 부른다. 행동 반응이 주체에게 '보상'이 되면 주체는 자꾸 되풀이하려 하고(긍정적 강화), 행동 반응이 '처벌'로 다가온다면 주체는 그러한 반응이 다시 일어나지 않도록 피하려 한다(부정적 강화). 문제의 법칙은 다음과 같다. "어떤 자극이 긍정적 강화의 기분 좋은 상태 A를 유발한다면 그 자극의 중지가 부정적 강화의 불쾌

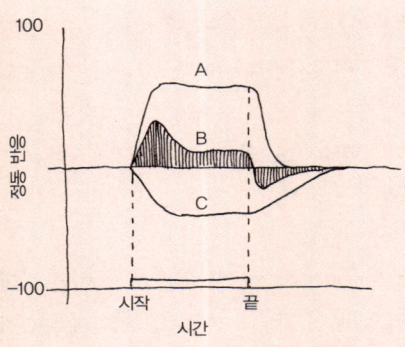

그림 24 대립 과정

한 상태 B를 유발한다. 그러한 상태 B는 차츰 완화되어 결국 기본 상태로 돌아간다."

지금부터 내가 기술하려는 실험은 1970년대 초 연구소에서 개들을 대상으로 하여 이루어졌었다. 당시에는 그런 종류의 실험에 사람보다 동물을 이용하기가 지금보다 쉬웠다. 파블로프 장치에 개를 묶어놓고 뒷다리에 반복적으로 전기충격을 주면서 그때마다 개의 심장박동이 어떻게 변하는지 측정해보았다. 전기충격을 입을 때마다 개의 심장박동은 무섭게 빨라졌다. 그다음에는 차차 안정된 리듬을 찾기 시작했지만 그렇더라도 전기충격이 있기 전에 비해서는 계속 빠른 편이었다. 반면 전기충격이 중지되면 심장박동이 뚝 떨어지는 후반응이 나타났고 그다음에 아주 서서히 기본 수준으로 돌아왔다. 전기충격의 강도를 높이면 이 같은 심장 반응이 더욱 두드러졌을 뿐만 아니라 충격을 중지했을 때의 후반응도 좀 더 뚜렷하게 대조를 이루며 나타났다. 우리는 심장박동이 개의 정동상태를 반영하고 빨라지는 심장박동이 개가 다리에 입은 전기충격 때문에 고통스러워한다는 사실을 반영한다고 가정한다. 여기서 정동의 대조는 A라는 불쾌한 상태와 B라는 기분 좋은 상태로의 이행을 나타낸다. 우리가 앞에서 보았던 상황, 즉 하얀 철제 상자가 있을 때 좋아하던 병아리가 그 상자가 없어지자 비탄에 빠지고 말았던 상황을 뒤집어보는 셈이다.

앞에서 기술한 실험에서 며칠 간격으로 반복을 실시했더니 '정동 순화(습관화)'를 볼 수 있었다. 이미 뒷다리 전기충격 실험을 여러 번 받았던 개의 심장은 다시 전기충격을 가해도 빨리 뛰지 않았다. 개에게 '내성'이 생긴 것이다. 그러면 후반응도 사라져야 말이 되지 않겠는가 생각할 것이다. 그런데 정반대 현상이 일어났다. 전기충격을 중단하자 심장박동이 떨어지고 아주 느리게 기본 수준으로 돌아왔던 것이다. 그러니까 순화는 정동 반응을 점진적으로 약화시키면서 후반응은 오히려 증폭시킨 셈이다.

'금단증후군'은 충격에 내성이 생긴 개가 충격이 중지되었을 때에 두드러지게 보이는 후반응에 상응한다. 금단증후군은 정동 반응이 반복될 때 자리 잡는 대립 과정이 얼마나 끈질긴가를 잘 보여준다 하겠다.

이러한 관찰을 기술하기 위해 사용한 용어들은 좀 더 깊은 생각을 깔고서 선택한 것들이다. 이 용어들은 약물과 그로 인한 폐해를 연상시키지만, 사실 개인이 살아가는 동안 접할 수 있는 모든 정동 자극의 총체에도 적용된다. 그러니까 나는 대립 과정을 전반적으로 제시하고 있는 것이다. 그러한 과정은 어떻게 심장이 쾌락 혹은 고통을 겪으면서 적응을 하고, 어느새 시들해지고, 그러다가 다시 비약하는지 보여준다. 단 한 가지 차이가 있다면 인간의 기쁨과 고뇌의 장은 팔딱팔딱 뛰는 것밖에 모르는 근육덩어리 심장이 아니라 뇌라는 점뿐이다. 뇌는 모든 형태의 정서적 활성화 혹은 정동상태를 서로 대립시키고 묵살할 수 있게끔 조직되었다. 그러한 정동상태는 유쾌하거나 불쾌하거나 둘 중 하나이고, 긍정적 강화이거나 부정적 강화이거나 둘 중 하나다. 앞의 그래프에서 보았듯이 대립 과정은 기본 정동 반응보다 훨씬 더 오랜 잠복기를 보이며 자리 잡는다. 대립 과정의 두드러진 관성 때문에 자극이 중지되고 난 후에도 대립 과정은 오랫동안 연장되는 것이다. 대립 과정은 반복을 통해 증폭되지만 시간이 흐른다고 해서 약해지지는 않는다. 개인의 정동상태는 기본 과정과 대립 과정의 산술적 합이다. 기본 과정은 정동 반응의 파장을 제한하고(적응) 결국은 반복을 통해 반응을 지워버린다(순화). 그러니까 그만큼의 반응을 얻으려면 자극이 점점 더 세져야 한다(내성). 그러다가 자극이 중단되면 그때는 대립 과정만 남기 때문에 정동의 대조와 금단증후군이 나타난다.

 이 이론은 감미롭고 기분 좋은 흥분을 낳는 모든 자극에 적용된다. 육체적 자극이든, 맛있는 음식이든, 금욕이나 권력욕에 대한 자극이든 다 해당된다. 후반응 혹은 결핍은 주체가 자신이 처한 기분 나쁜 상태를 깨뜨리기 위해서 다시금 긍정 자극을 찾아 나서게 몰아붙인다. 이리하여 '의존성' 혹은 '습관성'이 빚어지고, 자신이 좋아하는 쾌락원은 내성 때문에 점점 더 실효성이 떨어지고 만다. 그러니까 더 많은 섹스, 더 맛있는 음식, 더 많은 돈, 더 큰 권력을 자꾸만 찾는 것이다.

 하지만 이 이론은 강화 자극이 부정적이고 불쾌한 정서를 야기하는 반대 상황 또한 납득할 수 있게 해준다. 이때 후반응은 주체가 반복하고자 하는 긍정적 자극이다. 미국의 생리학자 엡스타인은 자유낙하를 실시하는 낙하산부대원들을 관찰했다. 맨 처음 뛰어내리는 순간부터 낙하산이 펴지기 전까지 부대원들은 극심한 공포와 불안의 신호들을 온전히 내보였다. 눈이 뒤집히고, 심장은 미친 듯이 뛰고, 호흡이 가빠지고, 땀이 비오듯 흘렀다. 일단 육지에 내려와서 잠시 멍한 순간을 보내고 나면 낙하산부대원들의 얼굴에는 기쁨이 번졌고, 그들은 열심히 몸짓도 하고 말도 하면서 굉장히 행복한 기분을 맛보았다. 자유낙하를 몇 번 해보고 나자 순화가 일어나 처음과 같은 반응의 기분 나쁜 효과들은 없어졌다. 반면, 상륙에 성공하고 난 다음에 그들이 느끼는 기분 좋음은 그러한 반복에도 불구하고 지속되었고 생생한 성적 희열과 점점 더 닮아갔다. 그들은 땅에 발을 디딜 때의 쾌감이 모든 위험을 정당화해준다고 말했다. 사우나의 효과도 이에 비견될 수 있다. 아주 뜨거운 곳에서 땀을 흘리고 난 다음의 상쾌함이 사우나의 괴로움을 자발적으로 받아들이는 이유다. 사우나에 길들여진 사람은 사우나를 처음 하는 사람이라면 기겁을 할 정도로 높은 온도에서도 잘 참는다. 그러나 밖으로 나왔을 때의 행복감은 표현할 수가 없다. 약간의 음료를 곁들이면 그런 행복에 자극적인 맛까지 더할 것이다. 죽을 둥 살 둥하면서 마라톤을 완주하는 가엾은 주자들은 그다음에 올 낙원을 추구한다. 여러분은 그 사실이 믿어지는가?

 희열의 변화와 고통의 변화에 이처럼 대칭적인 움직임이 있다는 점에서 우리는 선과 악이라는 도덕의 두 공모자를 떠올린다. 하지만 도덕은 그런 것을 개의치 않는 반면, 뇌는 그 둘을 대립시키기 위해 존재한다. 뇌가 마주하는 것의 가치가 무엇이든 간에, 긍정적이든 부정적이든 간에 말이다. 그렇기 때문에 동물은 그냥 살아가건만 인간은 말을 한다. 선악을 말할 수 있는 존재는 오로지 인간뿐이다.

은 억제할 수 없는 탐닉에 말려든다('중독'의 어원이 되는 라틴어 'addictus'는 '채무를 상환하지 못하여 채권자에게 매이게 된 노예'를 뜻한다). 내가 이미 언급했지만 이러한 쾌락의 경로들에는 두 가지 자연스러운 경향이 있다. '첫 번째 경향은 순수한 욕망의 차원'으로, 탐나는 대상에 대한 기대, 나아가 어떤 대상이 없는 쾌감이다. '두 번째 경향은 소비와 욕구 충족에 관련된다.' 하지만 이 두 경향을 분리하기는 어렵다. 이를테면 사랑의 쾌락은 순수한 욕망과 관련된 것인가, 욕구 충족에 관한 것인가? 어떤 성적 욕구가 아니라 타자가 없으면 결핍을 느끼게 되는, 그런 타자에 대한 표현할 수 없는 욕구가 문제다.

 이러한 길항 시스템은 어떻게 기능하는가? 아마도 역행적으로 작동하는 브레이크가 욕망/쾌락 경로와 혐오/고통 경로에 모두 작용할 것이다. 이 두 짝들이 동원하는 물질이 도파민이고, 도파민이 정서적 기질들의 한가운데에 개입한다는 점—그 기질들이 어떤 방향으로 작용하느냐를 막론하고— 을 기억하자. 그리고 억제성 신경전달물질인 GABA가 관여한다. 하지만 GABA성 신경말단에 카나비노이드수용체가 엄청나게 많다는 점을 감안하면 아마도 내인성 카나비노이드 체계가 대립 과정을 통제하는 데 중대한 역할을 하는 듯하다(아직 완벽하게 입증되지는 않았다).

마리화나와 뇌

'대마'라는 녹색식물은 환자의 고통을 달래주고 긴장을 풀어주며 식욕이 없는 사람에게 식욕을 돋우어준다. 그러나 이것은 다양한 형태로 취급되는 해로운 식물이기도 하다(멕시코인은 마리화나처럼 잎을 건조시켜 사용하는가 하면, 아랍인은 해시시처럼 수액 상태로 마시기도 한다). 대마는 수많은 악마들이 거하는 인공낙원의 문을 열어주는 강력한 마약이다. 그 문 안에 존재하는 황홀한 유혹에는 컴컴한 구렁들이 숨겨져 있다.

마리화나가 뇌에 미치는 작용은 주체의 변동중심상태와 관련이 있고, 그 효과들은 마약을 할 당시의 뇌 기후에 따라 달라진다. 일반적 경향은 개인의 기질, 그 당시의 기분, 인격적 특성을 강조하고 부각시키는 편이다. 그러니까 우울한 사람이 약을 하면 슬픔에 푹 빠지게 되고 낙천적인 사람들은 제 성에 넘치도록 너그러워진다. 마리화나는 우리 기분의 기후에 귀속되어 푸른 하늘을 더욱 청명하게 하는가 하면, 폭풍의 먹구름을 더욱 위협적으로 보이게도 한다. 딱 잘라 말하면, 마리화나는 항우울제가 아니며 그 작용을 억제한다고 해서 우울감이 생기는 것은 더더욱 아니다.

현대의 마리화나 연구는 1964년부터 시작되었다. 그해에 예루살렘 히브리 대학교의 라파엘 메슐럼이 이끄는 연구팀은 처음으로 대마에서 문제의 활성 성분 테트라하이드로카나비놀(THC)을 분리해냈다. 이 물질은 지방류에 속한다. THC는 그 밖의 많은 약물들이 그렇듯이 수용체들 및 생체의 표적세포들(간, 췌장, 지방세포, 면역체계)과 결합하여 효력을 발휘한다. 두 유형의 수용체 중에서 CB1수용체는 뇌에 대대적으로 흩어져 있다. 모르핀수용체의 발견에 뒤이어 뇌가 스스로 만들어내는 내인성 모르핀(혹은 모르핀과 같은 작용을 하는 성분이라고 해야겠지만)의 발견까지 이룩한 찬란한 과학사는 천연의 THC를 두 가지 성분 형태로 분리하는 데까지 이어졌다. 그중 하나는 아난다마이드로서, '더없는 행복'을 의미하는 산스크리트어 '아난다'에서 그 명칭이 유래했다. 다른 하나는 세포막에서 만들어지는 2-아라키도닐-글리세롤(2-AG)이다. 이 두 성분이 바로 내인성 카나비노이드이다. 내인성 카나비노이드와 그 수용체들은 금세 치료 목적의 연구 표적이 되었다. 그러한 성분이 마리화나와 같은 효과를 낸다는 점에서 연구가 이루어지는가 하면, 수용체를 차단하는 길항제 관련 연구도 활발했다. 특히 후자에서 지난 10년 동안의 가장 큰 연구성과가 나왔다. 제약업체인 사노피아벤티스의 연구소 제라르 르 퓌르 연구팀이 찾아낸 리모나반트는 CB1수용체와 선택적으로 결합함으로써 내인성 카나비노이드 억제제로 작용하는 것으로 밝혀졌던 것이다. 시스템 차단은 어떤 음식물을 얼마나 먹고 싶은가를 결정하는 감각 및 정동 지각에 작용하여 식욕을 변화시킨다. 리모나반트는 그런 식으로 음식 섭취를 제한하는 동시에 관련 신진대사에도 작용하는데, 식욕 억제 효과가 금방 사라지더라도 신진대사에 미치는 효과는 지속된다. 리모나반트는 변동중심상태의 세 가지 차원, 즉 신체적 차원, 신체 외적 차원, 시간적 차원에 모두 작용하는 전형적인 약물이다.

오늘날 우리는 대립 과정의 뿌리가 메커니즘의 전반적인 틀 안에서 바라본 신경세포 그 자체에 있음을 안다. 그러한 메커니즘을 '신경적응'이라고 부른다. 신경적응은 한편으로 흥분 및 억제수용체에서 나타나는 세포의 내성에 관여한다. 시냅스에 축적된 도파민수용체의 친화도가 점점 떨어지는 것이다. 그리고 다른 한편으로는 소위 '역내성逆耐性' 혹은 '민감화(생물체에 어떤 항원을 넣어 그 항원에 대해 민감해지는 것)'라고 부르는 현상으로 신경적응이 나타난다. 그러한 현상은 쾌락의 주관적 효과에 대한 것이 아니라 운동성과 쾌락 대상에 대한 맹렬한 추구('갈망'이라고 하는)라는 수준에서 일어난다. 우리는 이미 알코올 중독의 경우를 통해 이러한 메커니즘을 살펴보았다(6장 참조). 이 메커니즘은 여타의 향정신성 약물(코카인, 암페타민 등)에도 적용된다. '갈망'이 무엇을 의미하는지 알고 싶은 사람은 그러한 갈망이 활발한 장소들을 잘 살펴보라. 엘리베이터 안, 건물 계단, 가끔은 어둡고 후미진 공중변소 등에서 가엾은 마약 중독자들이 한때는 쾌락의 대상이었으나 이제는 그 대상의 머나먼 추억일 뿐인 약에 취해 있을 테니까.

중독 개념은 광범위하게 보아야 한다. 특히 대립 과정 이론의 틀에서 바라보는 중독은 쾌락 혹은 그 반대를 가져다주는 모든 자극(대상 혹은 행동)에 적용된다. 마약은 물론이고, 음식물, 에너지원으로서의 유용성과 약물의 성격을 결합한 모든 음료들(술, 다양한 강장제), 게임, 감각적인 추구, 섹스, 폭력, 권력, 과도한 부채 등이 다 포함된다. 이런 대상들은 심리학적·생리학적 차원에서 공통점이 있기 때문에 급기야는 '중독학'이라는 새로운 전문 분야가 만들어지기에 이르렀다.

도파민과 결합물질

미국 국립보건원의 로이 와이즈의 연구 이래로 도파민을 '쾌락 메신저'[15]라고 부르는 것은 간단한 문학적 표현 그 이상이 되었다. 도파민이 특히 선호하는 영역은 중변연계다. 중변연계는 중뇌 복피개부의 도파민성 뉴런들에서 기원하며 기저 선조체에서 기본적으로 교차된다. 1968년 이후로 중독에 대한 이론들이 앞다투어 나왔지만 그중 어떤 이론도 결정적인 것으로 인정받지는 못했다. 그 이유는 서로 모순적인 결과들이 너무 많았기 때문이다. 그 결과들은 단순한 가설들로 이어질 수 없었다. 뇌 구조의 다양성, 그리고 다양한 메신저들이 기여하는 억제, 억제의 흥분이라는 다채로운 작용에 근거하여 도파민성 뉴런들의 변화 폭이 매우 크기 때문이다.

여기서 영어를 프랑스어로 번역하는 과정에서 나타나는 몇 가지 용어상의 문제점을 다시 논할까 한다. 앞에서도 약간 드러났지만 '갈망craving'의 적합한 프랑스어 번역어를 찾기가 힘들었다. '쾌락'이나 '보상'은 상응하는 단어를 쉽게 찾을 수 있지만 일부 영어 용어들은 사정이 그렇지 못하다. 어떤 자극이 주체가 반복하기를 원하는 행동을 유발할 때 이것을 '긍정적 강화'라고 했다. 이때 행동은 기대하던 쾌락에 결부된 것으로 가정할 수 있다. '부정적 강화'라는 용어는 앞의 경우와 대칭적이며, 어떤 자극이 주체가 반복을 피하고자 하는 처벌을 몰고 올 때 해당한다. 이상의 용어들은 쾌락(영어식으로는 보상reward) 혹은 고통(영어식으로는 처벌punishment)에 대한 정동을 욕망(영어식으로 추동drive, 혹은 동기motivation)과 분명하게 구분하지 않는다. 운동 측면에서 '전방이동운동forward locomotion'이라는 용어는 오직 욕망의 행동적인 표현에만 해당한다. 만약 특정 대상에 대한 욕망이 문제라면 프랑스어 'appétit(식욕, 육욕)'를 쓸 수 있을 것이다. 그리고 운동이라는 차원에서는 프랑스어 'approche(접근)'과 'évitement(회피)'를 쓸 수 있다. 영어의 'incentive(자극, 유인)'는 프랑스어 'désirable(탐나는 것, 끌리는 것)'이라는 말로 완벽하게 번역되지 않는다. 이러한 의미학적 부정확성 때문에 개념의 윤곽과 내용을 파악하는 데 어려움이 있다.

중독에 대한 몇 가지 가설

첫 번째 가설은 와이즈가 세운 것으로서 도파민 중변연계에 완전히 초점을 맞추고 '두 개 뉴런 모델'만을 끌어들인다. 중독성 약물은 직접적으로 중변연계 말단 부위에서 도파민 시냅스에 작용하든가(코카인, 암페타민), DA 뉴런 세포체에 작용하든가(아편), 억제성 노르아드레날린 뉴런의 억제를 일으킴으로써 작용한다(술, 벤조디아제핀, 바르비투르산).

이 이론의 약간 다른 버전은 중독성 약물이 도파민성 중변연계를 매개로 정신운동 활성화를 낳을 수 있다는 점에 주목한다. 욕망과 접근이 긍정적 강화를 낳아 중독의 원인이 된다는 것이다. 그러니까 여기서는 정동이 아니라 행동이 우세하다. 하지만 이 버전은 너무 상반되는 결과들이 많이 나와서 폐기되었다. 특히 정신운동 활성화나 접근 행동 없이도 긍정적 강화는 얼마든지 일어날 수 있다는 사실은 가장 강력한 반박 근거가 되었다.

중변연계 도파민 이론은 뉴런들의 유연성과 관련된 시간적 차원이 추가됨으로써 좀 더 완전해졌다. 쾌락을 처음 느꼈을 때의 기억이 저장됨으로써 '쾌락에 대한 기대'가 의존성과 반복을 낳는 강화의 주요한 요인으로 부상한 것이다. 이러한 메커니즘이 마약을 '무조건적으로 욕망하는 대상'으로 만드는 셈이다.

옌체와 그 동료들이 주장한 이론에서는 전전두피질의 억제 작용이 중독을 발생시키는 데 중요한 역할을 한다. 이 연구자들은 중독자가 음식, 물, 섹스, 그 밖의 모든 자연적 보상을 추구하도록 강요하는 내적 상태가 선조-전두의 능동적인 통제에 의해 조절된다고 주장했다. 전전두피질의 도파민 결핍과 선조 혹은 측중격핵에서 피질하 도파민이 활성화됨에 따라 욕망을 자극하는 정도가 증폭되는 현상이 상승작용을 하여 강박적으로 약물을 찾게 된다는 것이다. 그러므로 전체적으로 보아서는 전전두피질의 억제 상승이 욕망을 낳는 피질하 중변연계에 영향을 미친다는 점이 중요하다.

그 밖의 연구자들은 '약물 그 자체가 원인'이 되어 약물을 '강박적으로 찾게 되는 행동'이 나온다고 주장했다. 이 이론에서 신경신호들은 전전두피질 내측(앞쪽 띠다발)으로 집중되는데 이 부위는 글루탐산염의 신경 말단이 뻗어 있어서 측중격핵을 활성화한다. 기저외측 편도도 스트레스 인자들의 입구로 동원된다. 그러한 스트레스 인자들은 측중격핵의 주변부를 매개로 삼아 중변연계에 들어갈 것이다.

전부를 아우르지 못하는 이상의 몇 가지 정보들만으로도 도파민 중변연계를 둘러싼 복잡다단함을 가히 알 수 있으리라. 어떤 종합적 시각을 갖기가 어려운 것은 기본적으로 두 개의 개념들 때문이다. 첫 번째 개념은 변동중심상태에 포함되는 시공간적 접근의 필요성과 관계가 있다. 중변연계는 일단 개인의 환경 맥락(주체의 신체 외적 차원)을 벗어나서 연구하면 아무 의미도 없다. 주체는 항상 그러한 환경 맥락에 적응해야만 한다. 그리고 시간적 맥락에는 신경구조의 가소성이 있다(기억). 반복, 재발, 결핍이 중독을 정의한다.

두 번째 어려움은 메신저와 그 활동지점이 너무 많다는 데 있다. 도파민에게는 어떤 때는 도움이 되었다가 어떤 때에는 방해가 되는 길동무들이 천지에 널렸다.

중독이 되면 어떤 일이 벌어지는가

동물과 인간의 중독 행동은 환경에 대한 개체(개인)의 적응이 잘못되었음을 뜻한다. 도파민 쪽으로는 두 가지 내인성 화학물질 체계들이 개입한다. 일단 글루탐산염(흥분성)과 GABA(억제성)라는 고전적인 신경전달물질 뉴런들이 있다. 그리고 신경조절 펩티드(P물질, 콜레시스토키닌, 아편유사제, 항아편유사제)와 신경조절 지질(내인성 카나비노이드)이 있다. 개인이 처한 각각의 상황은 적응이라고 하는 어떤 감정 상태(쾌락, 고통, 공포 등)의 안정화를 불러올 것이다. 그렇게 안정화된 상태가 깨지면 스트레스를 받고 불안해진다. 이러한 갈등상태가 화학물질에 대한 반응성을 변화시킨다.

이리하여 개인의 뇌에는 특수한 신경망의 안정화를 통하여 자신만의 독특한 정서적, 사회적, 문화적 이력이 입력된다. 여기에는 프루스트의 마들렌 일화처럼 자연스럽고 단순한 쾌락도 관계된다. 『잃어버린 기억을 찾아서』의 화자에게 마들렌은 행복한 추억의 보편적 패러다임이 되어버렸다. 기능성 자기공명촬영 분야의 최근 연구는 테스트 내에서 어떤 보상을 예측하면 이미지 신호들을 단순한 숫자 테스트(나중에 금전적 보상이 주어지는)와 결부시키게 되고, 그로써 실제로 중뇌-선조 복합체는 물론, 해마까지도 활성화된다는 사실을 보여주었다. 여기서 해마는 예상되는 보상에 대한 기억을 더욱 공고히 하는 데 개입하는 것이다. 우리는 여기서 프루스트의 해마가 과거에 느끼고 그토록 기분 좋은 자극은 없었다고 생각했던 쾌락을 환기하는 데 작용했을 거라고 추론할 수 있다.

강박적 행동, 특히 약물을 남용하는 행동은 깨어진 적응 균형을 회복시키기 위한 시위다. 시위의 성공은 반복(약물남용)으로, 나아가 중독으로 이어진다. 술을 지나치게 많이 마시는 사람을 잘 살펴보면 이러한 적응 성격을 쉽게 파악할 수 있다. "기분이 꿀꿀해. 한 잔 마셔야겠어."

스스로 약을 먹음으로써 얻는 자극이라는 면에서 내가 여기서 모체 내 스트레스, 사회적 박탈감과 갈등의 역할을 강조할 생각은 없다. 오늘날 실험용 쥐들을 이용한 중독에 대한 연구가 가능해졌다. 특히 기능성 자기공명촬영이 큰 도움이 된다.

도파민 중변연계의 조직

　남용의 소지가 있는 모든 약물(아편, 코카인, 각성제, 술, 마리화나, 담배, 벤조디아제핀 등)이 도파민 중변연계의 양쪽 끝을 자극한다는 것은 명백하다. 측중격핵 혹은 배쪽 선조체(주변 부분)가 그중 한쪽 끝이요, 반대편 끝은 복피개부다. 복피개부에는 도파민 뉴런들이 모여 있는데, 그 뉴런들의 축색은 측중격핵 주변부분에서 끝난다(그림 25).
　DA 뉴런들이 도파민을 분비하는 것은 측중격핵에서다. 도파민은 일련의 신경망을 활성화함으로써 신체장기의 감각들을 뇌가 기분 좋은 쾌감으로 느끼게 한다.
　복피개부 뉴런들의 활동은 그 뉴런들 자체에서 분비하는 도파민 때문에 중단된다. 이러한 부정적 통제는 개재 뉴런이 분비하는 GABA 때문에 한층 더 강화된다. 개재 뉴런 그 자체는 아편유사제를 분비하는 뉴런에 의해 부정적으로 통제된다. 결국 이 아편유사제들이 '억제에 대한 억제'를 통해 쾌락을 강화한다고 하겠다(필립스와 그 동료들).
　내인성 카나비노이드가 역행적으로 GABA 분비를 차단하고 아편유사제의 작용을 강화할 수도 있다. 술과 니코틴도 그에 비견할 만한 작용을 한다. 아편유사제 체계는 약물에 대한 의존성의 중심에 있는 것으로 보인다. 내인성 카나비노이드 체계의 역할에 대해서는 뒤에서 다시 다루겠다.
　쾌락의 중추 밖에 있는 대뇌 구조들은 쾌락 중추의 관리에 개입한다. 전

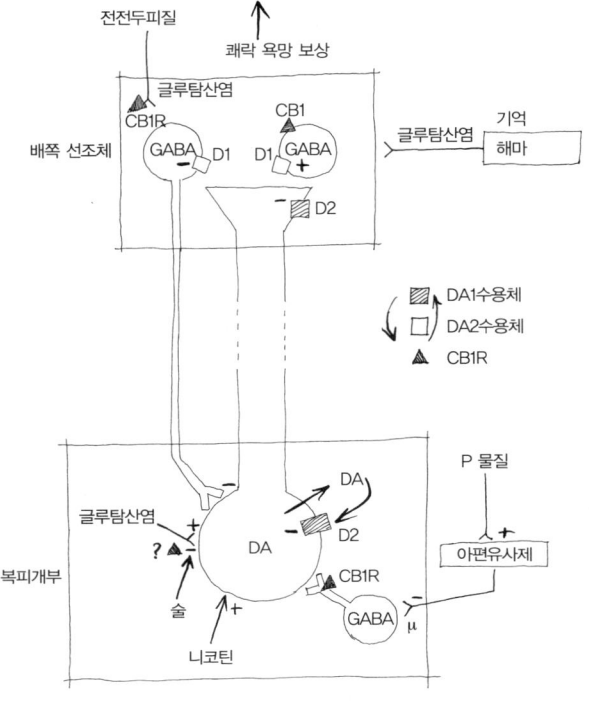

그림 25 중변연계의 쾌락 체계 도표

 전두피질(앞쪽 띠다발, 전변연피질, 안와전두피질)과 기저외측 편도를 포함하는 하나의 회로가 약물에 대한 억제할 수 없는 욕망(갈망)에 관여한다.
 약에 대한 충동의 원인이 되는 실행회로가 있다. 여기에는 측중격핵, 배쪽 창백핵, 시상, 안와전두피질이 포함된다. 측중격핵은 연결장치 겸 조직책 역할을 한다. 측중격핵 욕망이 행동으로 실행될 수 있게 하고 편도의 보상 기능과 선조체-시상-피질 피드백을 연결한다. 반대로 선조체-시상-피질 피드백은 전전두피질을 충동적 행동의 원인이라 할 수 있는 운동피질과 연결해준다.

내인성 카나비노이드는 뇌가 분비하는 자연성분으로서 뇌 속의 카나비스수용체를 알아볼 수 있다. 물론 이러한 내인성 카나비노이드는 쾌락에 일조한다.

내인성 카나비노이드의 작용 지점들은 ① 복피개부로서, 복피개부에 원래부터 존재하는 GABA 뉴런들의 축색 말단, ② 측중격핵으로 뻗어 있는 GABA 뉴런들의 축색 말단, ③ 복피개부 바깥에 있는 글루탐산염성 신경말단이다. 복피개부 도파민 뉴런들의 세포체에서 분비되는 내인성 카나비노이드는 역행적으로 CB1수용체들에게까지 퍼진다. CB1수용체는 도파민 뉴런들과 시냅스를 이루는 억제성 말단(GABA)과 흥분성 말단(글루탐산염)에 위치한다.

이러한 모델(루피카와 그 동료들)에서 내인성 카나비노이드 체계는 도파민 뉴런들의 흥분과 억제 밸런스를 맞추는 조절책 역할을 한다.

그럼에도 불구하고 이 모델로는 어째서 복피개부에 소량의 카나비놀을 주입하더라도 측중격핵의 도파민 분비에는 미치는 영향이 없는지 이해할 수가 없다.

측중격핵 수준에서 바라본 또 다른 모델은 앞의 모델을 아무 모순 없이 보충해준다. CB1수용체들의 일부는 뻗어 있는 GABA 뉴런들의 곁가지 말단들과 그곳에 세포체가 있는 GABA 개재 뉴런의 곁가지 말단에 있다. 다른 일부는 신피질, HPC, 편도에서 유래하는 GABA 뉴런들의 축색 말단들에 있다. 뻗어 있는 GABA 뉴런에서 내인성 카나비노이드가 분비되고 그러한 내인성 카나비노이드는 역행적으로 글루탐산염성, GABA성 신경말단에 있는 CB1수용체에게로 확산된다. 이리하여 뻗어 있는 GABA 뉴런의 활동은 억제되고 이를 매개 삼아 도파민 뉴런의 활동은 증폭되고 쾌락도 더욱 강력해진다. 나는 여기서 이러한 작용이 억제에 대한 억제라기보다는 일종의 조절이라는 점을 강조하고자 한다(그림 25 참조).

나는 이미 중독 현상에 기억의 메커니즘이 개입한다고 서술한 바 있다. 기억에 대한 도파민의 개입에 어떠한 메커니즘들이 깔려 있는가에 대해서는 부연하지 않겠다(레이놀즈와 위킨스의 연구 참조). 다만 도파민과 내인성 카나비노이드가 연루된 작용이 쾌락의 시스템과 욕망의 대상을 지정할 때 나타나는 가소성에 중요하다는 사실만을 강조하련다.

쾌락은 온전히 제 작업에 매달려 쉬지도 않고 뇌의 부드러운 점토를 주물러댄다. 그 점토를 통하여 쾌락은 욕망이 내세우는 형상을 만들어내는 것이다.

11장

웃을 수 있는 축복

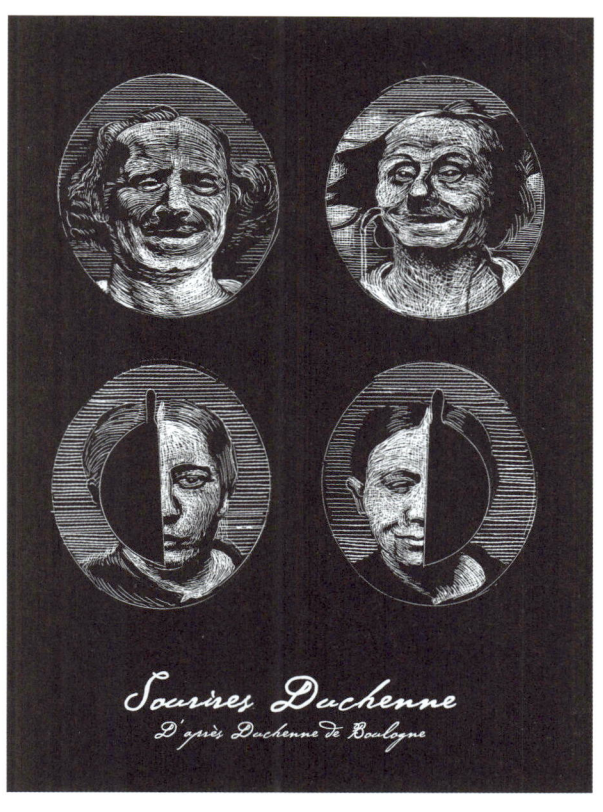

어째서 뇌에서 쾌락의 장소들을 방문하기를 그만두지 않는가? 이번 방문은 갑자기 터지는 폭소와 부자연스러운 씁쓸함을 동시에 남길 것이다. 하지만 일단은 유머감각과 미소에 대해 생각해보자.

유머

모든 사람이 유머를 자랑하며 스스로 유머감각이 있다고 생각한다. 유머가 없는 사람일수록 이렇게 떠벌리기를 좋아한다.『로베르』사전은 유머가 일종의 재치로 현실을 제시하되 엉뚱하고 유쾌하며 이따금 부조리하기까지 한 측면들을 드러내는 것이라고 정의한다. 이때의 태도는 초연함이 두드러지고, 대개 형식을 존중하며, 자기 자신에 대한 문제의식을 포함하는 태도이다.

유머는 뒤에서 다시 보게 될 '거울효과'를 수반하는 자의식의 재미있는 형태다. (비록 자의는 아닐지라도) 타인을 끌어들이지 않는 유머는 있을 수 없다. 침묵의 유머도 있지만 유머는 확실히 와 닿는 몇 마디 말로 곧잘 나타난다. 유머에 깃든 재치는 날카로운 화살처럼 신랄할 수도 있지만, 그렇더라도 빈정대는 말처럼 노골적으로 상처를 주려는 의도는 없다.

유머라는 기질에는 체액이 관여하며, 이 점은 독자들에게 전혀 놀랍지 않은 사실일 것이다. 유머감각이 넘치는 그림을 보고 있는 동안에 그 사람의 뇌를 자기공명영상으로 살펴보면 우리의 오랜 친구 도파민과 그 신경 근간(복피개부, 측중격핵)이 활성화되는 것을 볼 수 있다.[1] 쾌락 시스템 전체가 좌측 대뇌피질의 측두엽과 두정엽 경계부위, 방추회, 편도, 보조운동영역과 더불어 관여한다. 보조운동영역은 웃음을 다루면서 다시 살펴보게 될 것이다.

유머는 대뇌피질로 보자면 좌측, 특히 전측두엽 뒤쪽과 관련된다. 유머에 힘입어 이 구조 안에서 편도가 활성화되고 도파민의 위력이 커진다는 사실은 우울증 환자에게서 관찰되는 도파민 분비 위축을 막기 위한 믿을 만한 수단이 되리라.

자, 어서 유머를 약간 발휘해보라, 그럼 훨씬 기분이 좋아질 테니! 이 세상의 암울함에 찌들어 있는 가엾은 이의 편도에서 분비되는 도파민이 바닥을 긴다면 그는 유머감각을 발휘하기가 매우 힘들 것이다. "유머는 절망의 예의다." 심지어 대립 과정조차도 유머감각을 지닌다. 프로이트는 "유머는 농담이나 코믹한 것들이 그렇듯이 해방적인 면을 띠고 있을 뿐만 아니라 승화된 그 무엇까지 지니고 있다"라고 말했다. 약간의 도파민으로 이 모든 것이 가능하다!

미소

미소의 종류는 천 가지도 넘는다. 미소는 타인에게 건넬 수 있는 가장 신비로운 메시지이다. 미소는 영혼이 피우는 꽃이다. 미소는 아직 태아에 지나지 않는 아기의 얼굴에서도 피어난다. 태아의 정신은 이제 겨우 얼개가 그려질까 말까 하여 양수를 통해 전해오는 세상의 소란을 제대로 감지하지 못하는 데도 말이다. 수태한 지 일곱 달만 지나도—특히 역설수면을 취하고 있을 때—태아는 미소를 지을 수 있다. 태아는 무슨 꿈을 꿀까? 미셸 주베는 초등학생들이 복습을 하듯이 태아도 유전적으로 프로그래밍된 가르침을 복습한다고 말한다. 무대에 오르기 전에 하는 대사 연습이라고나 할까. 혹은 자기 인격에 대한 아기의 조숙한 주장이라고나 할까(5장 참조).

출생 직후의 10~20일 동안은 아기가 아무 상대도 없는데 미소를 짓곤 한다(배냇짓). 하지만 그 미소에 의미가 없다는 뜻은 아니다. 아기의 뇌에는 '미소'라는 행동에 내재된 표상이 이미 들어 있다. 미소를 지을 때 사용하는 근육들에서 오는 정보들은 이런 안면 동작에 대한 아기의 지식을 더욱 강화시켜주고, 아기는 자신의 기분 좋고 편안한 상태와 미소를 결부시키게 된다. 아기는 얼굴에 떠오르는 미소를 인식하기 전에 자기 내면의 고유한 미소를 먼저 알아차린다. 몸의 미소가 내면의 미소와 완전히 일치하게 되기까지는 2~3주의 시간이 필요하다. '사회적' 미소는 이보다 훨씬 더 늦게서야 나타난다(생후 4~5개월 즈음). 어른이 아기를 대할 때 자연스럽게 취하는 얼굴 표정이나 새되고 높은 목소리를 접하면 아기는 사회적 미소를 짓는 것이다.

아이는 처음에 엄마의 미소를 알아보고 오로지 엄마에게만 웃어준다.

나중에는 다른 사람들에게도 웃어주지만 모두에게 미소를 보이는 것은 아니다. 아기도 나름대로 생각하는 머리가 있다. 생후 5개월 되는 아기는 벌써 상대를 고르고 자기가 어떤 유형의 미소를 지을 것인지 — 조급한 미소, 만족스러운 미소 등 — 선택하거나 조율할 수 있다.

연구자들은 얼굴 모양의 여러 가지 미끼를 써서 아기의 미소를 유발하는 연구를 했다. 하얀 원반에 까만 점 두 개를 눈처럼 그려 넣고 생후 6주 되는 아기에게 보여주는 것만으로도 아기의 미소를 끌어내기에는 충분했다. 생후 2개월 된 아기를 웃음 짓게 하기 위해서는 눈썹까지 그려야 했고, 생후 5개월 된 아기에게는 입을 나타내는 가로 방향의 선까지 그려야 했다. 하지만 그 어떤 것도 엄마의 미소 짓는 얼굴만큼 강력한 촉발제가 되지는 못했다.

아이의 미소는 어떤 반응을 기대한다. '세상에 대한 아기의 존재'는 엄마의 정서적 몸짓을 통해 발달한다. 그러한 몸짓은 차차 형태를 갖추게 될 조각품의 뼈대(영혼)라 할 수 있다. 아무 반응도 없고 타성에 찌들어 있는 얼굴을 대하는 아이는 활력을 잃고 축축한 점토처럼 늘어져버린다.

변화무쌍하여 포착할 수 없는 것들 가운데 미소는 가장 진실하고 확고하다. 미소는 주체의 내면에 뿌리를 내리고 있다. '얼굴의 심리학자' 폴 에크먼은 그러한 미소를 '뒤셴의 미소'라고 불렀다. 19세기에 사진술과 전기를 이용하여 미소를 연구했던 신경학자 기욤 뒤셴의 이름을 딴 것이다. 그는 미소를 지을 때 관골근이 수축하면서 입꼬리가 올라가는 현상을 안구를 둘러싸고 있는 표면근육, 즉 '눈둘레근'과 연결지었다. 이 근육 때문에 진짜 미소를 지을 때에는 보석이 빛을 발하듯 눈도 웃게 된다. 하지만 중요한 것은, 뒤셴의 미소에서는 눈가 주름 가운데 측면 부분만이 수축한다는 사실이다. 이 작은 근육의 움직임이 미소의 의미 전체를 좌우한다. 이런 종류의 미소는 기분이 좋거나 재미있어하는 내면 상태와 연관된다. 우리는 웃기 때문에 기분이 좋아지는지, 아니면 반대로 기분이 좋기 때문에 웃는 것인지 확실히 말할 수 없다. 존재와 현상은 전적으로 융합하기 때문이다.[2]

'진실한' 미소 외에 또 다른 미소들도 있다. 단순히 입꼬리만 올라가는 미소가 그렇다. 입과 눈둘레근이 '완전히' 수축되는 미소도 있다. 치아가 드러날 정도로 활짝 웃는, 가장 사회적이지만 가장 진정성은 떨어지는 웃음도 있다. 눈썹을 치켜뜨며 눈둘레근을 수축시키는 세속적인 미소, 한쪽 입꼬리만 올라가는 미소도 있다. 이 모든 웃음은 어떤 임의적인 정동상태에 결부되는 것이 아니며 때로는 모순적인 감정을 감추고 있을 수도 있다. 이를테면 슬픔에 빠진 주체가 억지로 미소를 지으려 하는 식처럼 말이다. 뒤셴의 미소는 의지로 나오는 게 아니지만 그렇다고 해서 전혀 통제가 불가능한 것은 아니다. 이 미소에서는 행동을 상태와 분리할 수 없다. 미소를 자기 의지로 억제하면 행동과 상태가 직접 연결되어 있기 때문에 기분 좋은 감정마저 없애버리게 된다. 그런 감정은 다른 미소들과도 종종 뒤엉켜 있다.

입을 벌리고 활짝 웃는 행동은 10~18개월 이전의 아기에게서는 보이지 않는다. 10~18개월쯤 되어야 비로소 사회적 작용들이 발달하기 때문이다. 6~7세 이전의 아이에게는 뒤셴의 미소와 여타의 웃음들이 모두 즐거운 정서적 내용을 띤다. 6세 아동에게 재미있는 광대놀음을 보여주면서 웃음을 억지로 참아보라고 하면 그 아이는 웃음을 참느라 재미를 아예 느끼지 못하게 된다. 이런 식으로 체험과 표현의 직접적 연계는 증명된다. 좀 더 연령대가 높은 8~10세 아동에게 같은 요구를 해보면 이 아이는 재미라는 내면의 만족감은 느끼면서도 미소와 웃음을 완벽하게 차단할 수 있다. 존재와 현상이 이처럼 분리되는 것은 아이가 자신의 감정을 감추거나 사회화할 수 있는 능력을 습득했기 때문으로 해석된다.

마스터스 그룹[3]은 미국 정치인들의 표정과 다양한 정치체제에서의 표정이 미치는 작용에 대해 체계적으로 연구한 바 있다. 프랑수아 를로르와 크리스토프 앙드레[4]는 그들이 멋지게 공동집필한 핸드북을 통해 이 연구작업에 대해 설명해주었는데, 특히 재미있는 것은 민주정에서는 선거후보의 얼굴 표정만 분석해보아도 누가 승리할 것인지 예측할 수 있다는 것이다. 그들은 첫 번째 예로 실력 없는 희극배우와 민주주의 소양이 부족한 정치인의 표정을 든다. 이런 사람들의 미소는 '공허'하다. 광대뼈까지의 관골근만 웃고 눈은 무표정한 것이다. 슬로보단 밀로셰비치*의 표정이 딱 그랬다. 두 번째 예는 그럭저럭 괜찮은 희극배우와 능수능란한 정치인의 표정이다. 그들의 미소는 '가짜'다. 관골근이 수축되는 것은 물론, 눈둘레근 '전부'가 웃음을 짓는다(눈을 찡그리다시피 하면서). 미국의 대통령이었던 리처드 닉슨의 미소가 그 예다. 세 번째 예는 높은 경지에 오른 희극배우의 예다. 그런 배우는 정말로 '즐거워하는 연기에 빠져서' 그 자신도 자기가 정말로 즐거워한다고 믿을 정도다. 이 표정이 바로 뒤셴의 미소, 관골근이 수축되고 눈둘레근의 측면 일부만이 수축되는 미소다. 이때에는 눈과 입이 함께 웃는다. 빌 클린턴의 미소가 이런 경우였다.

인간의 경이로운 모방능력을 개입시키는 또 다른 해석이 있다. 주체는 미소를 마주하면 자연스럽게 상대의 행동을 따라하게 된다. 이렇게 모방된 미소는 다시 역행하여 모방자 겸 관찰자에게 그러한 상태가 자기

---

*1989년 세르비아 대통령으로 선출된 유고슬라비아의 정치가. 세르비아 민족주의를 내세워 유고연방의 내전을 촉발해 인종 청소를 자행해 '발칸의 도살자'라는 추악한 별명을 얻었다.

신체에서 스스로 우러난 것 같은 기분이 들게 한다. 다시 말해, 남이 미소를 지어서 나도 미소를 짓고 기분이 좋아진다는 얘기다.

인간의 미소는 현재의 영장류과 원숭이들과 공통되는 조상의 미소에서 파생된 진화의 산물이다. 그렇다면 미소의 화석을 어떻게 찾을 수 있을까? 나는 옛날에 친구처럼 가깝게 생각했던 침팬지가 있었다. 녀석의 이름은 조였는데, 두툼한 입술 사이로 하얀 치아를 드러내며 잘 웃곤 했다. 하지만 6개월 정도 만나는 동안 조는 결코 '미소'를 짓지 않았다. 침팬지에게는 미소를 짓게 하는 안면근육이 없기 때문이다. 하지만 조가 입술을 트럼펫처럼 만들고 "오-오-오" 소리를 내며 웃는 모습은 인간인 내가 절대로 따라할 수 없는 것이었다.

나는 앞에서 우리 조상의 미소를 찾기란 불가능하다고 했다. 그런데 이 말이 완전히 참인 것은 아니다. 미소의 화석은 존재한다. 조각가들의 능숙한 손길로 돌에 새겨져 있다. '원시적인' 미소는 모든 문명의 탄생기 조각품들에 남아 있다. 이제 막 태어난 아기의 얼굴에 떠오르는 미소가 그렇듯이, 미소의 표현은 예술가의 유전 프로그램에 선천적으로 입력되어 있는 것 같다. 예술가의 내면을 표현하는 얼굴 조각상은 변화하는 세상 한가운데에서 존재가 취하는 경이로운 균형감을 잘 보여준다. 그래서 앙드레 말로도 이런 글을 썼다. "그리스 예술은 아직 이집트와 연결되어 있던 시대에 미소를 발견했다. 그로써 예술은 신체의 새로운 균형을 발견했던 것이다."[5]

결론적으로, 나는 미소가 인간을 인간으로 만드는 공감의 가장 미묘하고 효과적인 도구라고 생각한다. 또한 미소는 무엇과도 비교할 수 없는 사랑의 원동력이다. "사랑에 빠진 남자는 자기가 사랑하는 대상의 눈을 바라본다. 단 한 번의 미소만으로도 그는 행복의 절정에 이르고 끊임없이 사랑하는 이의 미소를 얻어내고자 한다."[6] 미소는 함께하는 행복을 주는 것이다. 이따금 속임수 미소가 있기도 하지만 말이다.

웃음

웃음은 안면과 흉부의 리듬감 있는 움직임에 동반되는 소리 표현이다.[7] 일반적인 형태의 웃음은 우습다고 여겨지는 요인에 대한 반응(비교적 전형화된 반응)에 속하며 대개의 경우 주체의 의지나 통제가 개입하지 않는다. 그럼에도 불구하고 웃음이라는 현상은 단순한 반사운동으로 볼 수 없다. 왜냐하면 베르그송이 말했듯이 웃음은 의식적이며 일시적으로 감정을 마비시키는 순수지성의 격발에 상응하기 때문이다. 웃음을 통해 정신의 계산·분석적 기지는 현실의 음험한 불투명성과 맞부딪치며 깨져버린다. 인간만이 소리내어 웃을 수 있고 남을 웃길 수 있다. 웃음은 인간에게 특정한 표현방식이다. 대상은 그 대상을 사용하는 사람이 서툴 때, 대상이 대상의 사용자에게 저항하거나 결탁할 때, 오직 그럴 때에만 웃음을 유발할 수 있다. 동물이나 직업적 희극배우는 친근하거나 잘 알려진 개인의 특징을 표상함으로써 웃음을 불러일으킨다. 그리고 웃는 사람은 자신의 지적 능력을 발휘하여 그 특징을 알아보고 웃는 것이다. 베르그송의『웃음』을 큰소리로 낭독하면 남들을 웃길 수 있다. 콜레주 드 프랑스 특유의 현실착오적인 어조로 낭독하기만 하면 된다. 아마 웃겨서 참을 수 없을 거다.

로버트 프로빈은 자연상태에서의 미국 남녀 1,200명의 웃음을 기록·조사함으로써 웃음에 대해 전면적인 학술적 연구를 실시했다.[8] 그의 관찰은 주로 웃음의 사회적 기능에 대한 것이었다. 웃음의 20퍼센트 이하는 웃기고자 하는 상대의 의식적 노력에 대한 반응이었다. 웃기는 이야기에 아무도 웃지 않을 때처럼 어색하고 끔찍한 상황도 없다. 관습적 웃음에서 가장 큰 비중을 차지하는 것은 진지한 코미디가 아니라 되레 별것도 아닌 지적이 아주 유쾌하고 즐거운 분위기, 어떤 집단감정 상황에서 나올 때이다. 모두들 친구들과 모여서 정말 별것도 아닌 일에 배가 아프도록 웃었던 기억이 있으리라. 실제로 웃음은 주로 음향적 현상에 근거하여 쉽사리 감염된다. 그냥 남의 웃음소리를 듣기만 해도 사람들은 웃음이 터질 수 있다. 프로빈은 인간에게 청각감지장치에 해당하는 신경회로가 있어서 고유한 웃음 발성을 민감하게 감지할 수 있을 것이라고 생각했다. 그리고 그 신경회로가 주체 쪽에서 웃음을 터뜨리게 하는 운동신경회로와 연결되어 있을 것이라고 보았다. 인간의 뇌에 장치된 일종의 행동 재연이라고나 할까?

로버트 프로빈은 웃음과 관련된 오만 가지 잡다한 관찰들을 망라했다. 여기서 그것들을 전부 다루지는 않겠지만 한 가지만 밝히면, 여자는 남자보다 더 많이 웃는다고 한다. 그래서 프로빈은 웃음이 복종의 표시일 수 있다는 가설을 세웠다. 웃음의 리듬이나 음향적 조직이라는 관점에서도 웃음은 철저하게 연구되었다.

웃음은 일반적인 원칙에 따르면 어떤 말이 끝난 다음에 나오며 말을 중간에서 끊지 않는다. 그러므로 신경학적 메커니즘이 말과 관련하여 웃음을 어떤 위치에 놓을 것인지 조절하는 듯하다. 하나뿐인 발성 통로에서 우선권은 웃음이 아니라 말에 주어진다. 그럼에도 불구하고 웃음과 말이 뒤섞이는 형태, 즉 말을 하면서 중간에 웃는 모습도 어렵잖게 볼 수 있다. 그런 웃음은 의식적으로 통제된 것이다.

눈여겨볼 사항은, 인간이 웃을 때 소리가 분절되는 현상은 숨을 내쉬면서 공기 흐름이 차단되기 때문에 일어난다는 것이다. 침팬지들에게도 프로빈이 '웃음'이라고 보았던 고유한 형태의 발성 표현이 있다. 인간의 웃음처럼 침팬지의 웃음도 소리와 그 소리의 휴지(休止)로 이루어져 있지만 침팬지는 숨을 내쉴 때 소리를 내고 숨을 들이마실 때에는 소리를 멈추는 식이다. 그러니까 침팬지는 숨을 내쉬는 동안에 공기 흐름을 조절할 수 없는 것이다. 그래서 침팬지는 인간에 비해 웃음과 울음의 경계가 그다지 분명치 않다.

인간의 뇌에서 좌반구의 안면 안쪽, 이른바 보조운동영역이라고 하는 곳이 웃음과 관련되어 주목을 받았다. 이 영역을 전기자극하면 주체가 기분 좋을 때 웃는 것과 같은 웃음이 발생한다. 치료 목적으로 신경외과 수술을 통해 환자를 웃게 만들 수도 있다. 이때 환자는 외부 자극이 어떤 것이든 간에 매번 웃음으로 반응을 했다. 웃음과 주관적 인상의 강도는 전기자극이 얼마나 세게 주어지느냐에 비례해서 나타났다. 원숭이의 피질에는 이런 영역이 없는 듯하다. 그렇다고 해서 이 부위를 인간의 웃음 피질 중추라고 부르기도 뭣하다. 그보다는 웃음으로 표현되는 쾌감의 한 형태에 개입하는 신경회로들 중 어떤 전략적 영역에 해당할 것이라고 보는 편이 좋겠다. 우리는 이 보조운동영역이 유머에도 개입된다는 것을 이미 살펴보았다.

미칠 듯이 터지는 웃음, 제어하기 어려운 웃음에 대해 한마디 하면, 그러한 웃음은 아마도 간질발작을 일으키거나 오르가슴을 느낄 때와 비슷하게 피질구조들이 작렬하여 발생하는 것으로 보인다. 일반적으로 그런 과격한 웃음도 '마음을 달래주고' 우리에게 유익하다. 로버트 프로빈은 탄자니아의 한 학교에서 과격한 웃음이 병처럼 퍼졌던 사례를 인용한다.

그 병 때문에 그 학교는 잠시 마비될 정도였다고 한다.

무엇보다도 웃음은 소통의 한 방식이다. 웃음을 소통이라고 말하는 것은 이미 한 말을 또 하는 중복의 우를 범하는 셈이다. 웃음에서는 발신자가 곧 수신자다. 인간의 뇌에는 웃음을 파악하는 부위가 있다. 청각영역과 '뇌섬'이 이에 해당한다. 특히 오른쪽 영역이 왼쪽 영역보다 더 활성화되는 듯하다. 우리는 자극의 정동성과 일관되는 결과들을 관찰할 수 있다. 웃음 현상에는 두 개의 편도가 동시에 관여하되, 왼쪽이 좀 더 우세한 듯하다.

웃음 연구의 데이터들은 웃음의 유일무이한 성격을 잘 보여준다. 웃음은 전적으로 감정 영역 혹은 감성 영역에 속하지 않으며 생리적 기능으로만 설명하기는 더욱더 무리가 있다. 생리학으로 따지자면 웃음이 정확하게 무슨 기능을 하는지 입증하기가 무척 곤란할 것이다. 웃음이 생체방어력을 자극하여 증강시킨다고 말할 수 있겠지만 그렇다고 해서 웃음이 면역기관인 비장을 팽창시킨다고 보기는 어렵다. 나는 그냥 웃음이 우리에게 이롭다는 말만 하겠다. 웃음은 긴장을 깨뜨린다. 그 때문에 근육 긴장이 풀어지고 스트레스에 대처하는 데에도 좋은 효과를 낳는다. 웃음은 전염성이 있어서 사람들을 가까워지게 하고 정서적으로 융합할 수 있게 한다. 비록 가끔은 가엾은 이의 등 뒤에서 웃음이 이런 작용을 하기도 하지만 말이다.

그래서 나는 웃음의 공감적인 측면을 떠올리게 되었다.[9] 우리는 타인과 더불어 웃지만 타인에 대해 웃기도 한다. 이런 웃음은 공감이 아니라 잔인함이다. 웃음에 동반되는 자기만족은 잿빛을 띠고, 거기서 좀 더 진해져서 아예 시커먼 웃음이 될 수도 있다. 이때의 웃음은 공감이 아니라 반(反)공감의 도구가 되어버린다. 타인에 대한 혐오와 증오의 쓴 액, 회한을 담은 비웃음이 되는 것이다.

 이 감성 영역에서 웃음은 미소와 크게 다르지 않다. 미소도 웃음처럼 기쁨이나 즐거움과 괴리될 수 있고, 어떤 씁쓸함을 동반할 수 있기 때문이다. 전기자극 실험을 통해 우리는 다만 전류를 더 세게 흘려보내는 것으로 미소를 웃음으로 진행시킬 수 있다는 것을 알아냈다.

 혼자서 소리 내어 웃는 일은 드물다. 혼자 있으면서 자기 자신에 대해 웃는 사람은 웃어넘기고 싶은 타자가 지금이라도 당장 나타난 것처럼 자기 이미지를 스스로에게 투사하는 것이다. 그러니까 그는 그렇게 등장한 낯선 이에 대해 웃는 것이요, 그의 웃음은 그를 집어삼킬 듯한 우스꽝스러움을 깨뜨리는 셈이다. 자기 자신을 웃음거리로 삼을 수 있는 사회는 그 사회를 구성하는 개인들에게 평화로운 삶을 보장한다. 이따금 폭소가 터지는 와중에 평화가 유지되는 것이다. 나는 프랑스를 권태에서 구해냈던 1968년 5월의 그 거대한 한바탕 웃음이 그 증거라고 생각한다.

 이것으로 뇌에서 쾌락을 담당하는 장소들을 모두 둘러보았다. 우리는 이따금 중독의 고통과 그 무엇보다 비참한 불행을 목도하곤 했다. 하지만 그것이 쾌락을 금지할 이유가 되는가? 유혹 없는 인간의 삶은 과연 무엇일까? "쾌락이 우리에게 금지된 것들 속에 있다면 유일한 명령 대신에 열 가지 금지된 것들을 바라마지 않으리."[10] 그러면 우리네 인생은 마음이 열리고 술이 흘러넘치며 내일을 기약하지 않는 도취로 충만한 축제가 되리니. 우리의 뇌에는 저 성스러운 도파민 대신에 꿀물만이 영영 흐르리니!

성스러운 웃음

나는 로드니 하워드 브라운*이 인도하는 예배를 녹화한 비디오테이프를 볼 수 있었다. 그는 성스러운 웃음의 발명가이자 스타였다. 그는 자신이 성령의 바텐더라고 선언하고는 성스러운 웃음의 '새 술'을 따랐다. 그리고 자기 집회에 참석한 많은 신도들이 '성령에 취하도록' 이끌었다. 많은 이들이 비틀거리고 여기저기로 뛰어다녔다. 어떤 이들은 바닥에 데굴데굴 구르면서 제 몸을 후려치고, 신음하고, 킬킬대며 웃고, 우리가 상상할 수 있는 온갖 동물들의 소리로 말을 했다. 이 예배의 권능이 어찌나 대단하던지 어떤 이들은 주차장에서까지 난리였다.

하워드 브라운의 예배의 웃음은 처음에는 그의 유머감각 때문에 터져 나왔다. 그다음에는 자연스럽게 웃음이 감염되면서 '웃음의 나이아가라 폭포'를 이룬 것이다. 웃고 싶다는 마음으로 집회에 참석했던 이들은 하워드 브라운이 웃음으로 초대하자 열광적으로 빠져들었다. "그 배에서 생수의 강이 흘러 넘치게 하라." 그렇다면 하워드 브라운의 배는 그 자신에게도 하나의 도랑을 제공했다. 그는 자기 농담에 대해서도 선뜻 웃었고, 다른 사람들이 폭소를 터뜨리면 그 자신도 그 웃음에 감염되어 웃음으로 답했다. 하워드 브라운이 구사하는 웃음의 재료들은 별다를 것이 없었지만, 그는 웃음의 감염 효과를 이용하는 기술에 관한 한 대가의 경지에 올라 있었다. 사실 그러한 웃음의 감염 효과야말로 '미리 계획된 웃음', '웃음을 주는 프로그램'의 토대다. 그러니까 하워드 브라운은 일종의 영적인 웃음제조기였다고나 할까? 어떤 코미디언도 남을 웃기는 웃음의 잠재력을 그토록 능란하게 다루지는 못했다.

----
* 남아프리카 출신의 목사로 집회에서 많은 이들에게 웃음을 불러일으키는 능력을 지닌 것으로 유명했다.

12장

파블로프 반사 대로

"우리는 호루라기가 울리는 대로 따를 뿐이다."

표도르 솔로구프, 『논설』(1922)

'파블로프 대로'는 뇌에서 가장 통행량이 많은 동맥들 중 하나다. 5번가와 네프스키 거리*를 합쳐놓은 것 같다고 할까? 우리는 그 길에서 뇌의 영광에 이바지한 영웅의 동상들을 보게 된다. 러시아의 이반 파블로프는 한 마리 개의 모습으로 등장한다. 영국의 찰스 스콧 셰링턴은 해부대에 묶여 있는 고양이 한 마리를 손가락으로 가리키고 있다. 에스파냐의 산티아고 라몬 이 카할은 현미경 앞에 앉아 있다. 미국의 존 브로더스 왓슨은 공장을 배경으로 서 있고, 죽기도 전에 동상이 건립된 유일한 인물 에릭 캔들은 오른손에 무엇인가를 들고 있다. 한눈에 알아보기 어려운 그것은 축 늘어진 토끼인가, 거대한 아펠슈투르델(오스트리아식 사과파이)인가? 이 대로의 건물들 중에는 공산당의 낡아빠진 건물 외에도 수많

---

* 러시아 작가 고골리의 작품 제목.

12장 파블로프 반사 대로

파블로프와 조건반사[1]

'타액의 조건반사'라는 중대한 발견은 러시아의 생리학자 이반 파블로프 덕분에 이루어졌다. 이 이론은 1903년 마드리드 의학협회에서 처음 발표되었으며, 이듬해 파블로프에게 노벨상을 안겨주었다. 파블로프는 1896년부터 소화샘에 대해 연구하다가 '후천적 반사'의 본보기라고 할 수 있는 '심리적 분비' 현상을 발견했다. 개의 혓바닥에 고기 분말을 묻혔더니 그 개가 침을 흘렸다면 그건 자연스러운 반사다. 그런데 파블로프는 어떤 자극을 주기 전에 반복적으로 흥분 요소(종소리 등)를 제시해도 같은 유형의 반응이 '조건화'된다는 것을 알아차렸다. 파블로프는 그의 연구소에 '침묵의 탑'이라는 별명이 붙을 정도로 조용하고 신중한 분위기를 조성할 줄 알았다. 만약 그렇게 만전을 기하지 않았더라면 개는 하얀 가운을 입은 실험자가 다가오는 것만 보고도 구역질을 일으키며 역설적인 '자유반사'를 보이며 실험대에 묶이지 않으려 발버둥을 쳤을 것이다. 파블로프는 1905년부터 30여 년 동안 제자들(바브킨, 크레체프스키, 바이코프)과 연구에 매진하여 조건반사 법칙을 수립했다. 이것은 그의 스승이었던 세체노프의 '뇌의 반사작용' 연구를 계승하고 연장하는 연구였다. '반사학'은 자극의 강도 외에도 그 자극의 영향이 지니는 정동적 가치들이 개입하는 다양한 반사들의 명실상부한 학문이 되었다. 이렇게 해서 어떤 반응은 그 반응과 연관된 자극이 기분 좋은 것인지 불쾌한 것인지에 따라 흥분 혹은 억제를 유발하는 무차별적인 신호로 일반화될 수 있다. 조건화는 긍정적일 수도 있고 부정적일 수도 있다. 상반된 효과들을 일으키는 두 가지 자극이 서로 간섭할 수도 있다. 그 자극들의 상대적 강도가 두 자극들이 일으키는 경쟁의 결과를 결정한다. 위대한 생리학자 셰링턴은 어떤 실험을 지켜보면서 실험대상인 개가 전기충격의 고통 때문에 도리어 '탈조건화'되는 현상을 관찰했다. 개에게 먹이를 줄 때마다 신호로 전기충격을 주었기 때문이었다. "나는 이제 순교자들의 생리를 이해할 수 있다." 이것은 부정적 조건화에 대한 '외부 억제'의 한 예이다. 조건반사는 절대적인 자극의 개입으로 일시적으로 강화되지 않는다면 '내부 억제'에 의해 사라지고 만다. 이

> 때 우리는 개가 무관심해지거나 잠들어버리는 현상을 볼 수 있다. 파블로프
> 는 인간의 조건반사도 입증해보였다. 그는 언어의 습득을 2차적 신호에 대한
> 반응으로 설명했다. 파블로프의 연구에서 중요한 것은 극도로 복잡다단한 행
> 동방식들이 대뇌 좌반구와 우반구의 통합을 요구한다는 사실이다.

은 인지치료 연구소들이 눈에 들어온다. 신속히 재건한 공장 두세 곳, 그리고 사람들이 자주 드나드는 노벨상 카페도 보인다. 연령은 제각기 다르지만 학생들, 특히 미국 학생들이 카페 손님의 대다수를 차지한다. 그들은 금빛 맥주와 아콰비트(스웨덴의 민속주)에 취하러 온다. 연구소들 중에는 불안증 연구와 치료에만 전적으로 매달리는 곳이 하나 있다. 우리가 주의 깊게 살펴볼 곳이 바로 그 연구소다.

종 치는 자 혹은 백성 없는 왕

조건반사는 20세기에 통용되던 학습 이론을 거의 모두 지배했다. 그러한 학습 이론은 반사 이론과 관념의 연합이라는 교의를 종합하여 보여준다. 관념의 연합은 존 로크와 데이비드 흄이 구상하고 1749년에 이르러 영국의 심리학자 데이비드 하틀리가 신경생물학적으로 공식화했다고 볼 수 있다. 하틀리는 '인간에 대한 관찰'을 통하여 심리적 연상을 신경들 가운데 서로 상응하는 진동vibration의 결과로 볼 것을 제안했다. 그리고 한 세기 후에 철학자 허버트 스펜서는 하틀리의 발상을 이어받아 저서 『생리학의 원칙들』에서 "신경계를 공부하는 이라면 알고 있듯이 인상 혹은 운동, 혹은 그 둘 다의 전체 조합은 어떤 신경절을 개입시키고, 바로 그

신경절에서 다양한 관련 신경섬유들이 연합된다"고 주장했다.

다음 장에서 보게 되겠지만 존 로크의 연상을 통한 학습 규칙은 그의 원리 그 자체, 이른바 '헤브 원칙'에서도 찾아볼 수 있다. 오늘날 헤브 원칙이 신경과학 분야에 끼친 영향은 비견할 대상이 없을 정도다.[2] 신경과학 도처에 연상주의가 깔려 있다는 사실은 얼마든지 들추어내고 입증할 수 있겠지만 그래도 나는 라몬 이 카할의 제자 아리엔스 카퍼의 명언을 인용해볼까 한다. "뉴런 간의 연합을 결정하는 관계들은 동시에 일어나는 기능적 활동이거나 즉시 연속적으로 일어나는 기능적 활동들이다." 그러한 활동들은 조건반사를 결정짓는 조건 자체이기도 하다.

파블로프가 이러한 유형의 조건화에 대해 기술한 다음부터 수많은 형태의 조건반사들이 기술되었다. 그 조건반사들은 모두 '누구에게(어떤 주체에게) 조건자극(종소리)이 먹히느냐'라는 의문을 부각시켰다. 조건반사 이론은 연상주의에서부터 제기된 파국에 쐐기를 박았다. 이때부터 심리주의는 쓸모없는 부속물처럼 여겨졌다. 그 부속물에게 유일한 쓸모가 있다면 나의 문제, '성찰하는 의식'을 확증하는 데에나 도움이 된다고 할까?

이른바 '조작적' 조건화에서 뇌는 자극(19세기라면 '인상'이라는 용어를 썼겠지만)을 연결하는 대신에 반응을, 다시 말해 행동을 연결한다. 예를 들어, 레버를 누르는 행동—그러한 행동은 우연히 나올 수도 있고 동물이 자신의 환경을 탐색하는 와중에 나올 수도 있다—은 어떤 보상(음식이나 음료)을 불러온다. 이것이 '강화'다. 이른바 '손다이크의 법칙'은 '효과의 법칙'이다. 이 법칙은 다음과 같다. "강화를 불러오는 모든 행동은 그 행동의 결과가 이로울 때 반복 발생할 확률이 높고, 결과가 나쁠 때 반복 발생할 확률이 줄어든다." 미국 심리학자 벌허스 프레더릭 스키너는 1940

년대부터 이 이론을 대중화하여 교육 및 재교육에 적용하고자 했다. 어린아이나 범죄자를 말 잘 듣는 기계로 만들 수 있다는 것이었다.

파블로프의 반사학은 스키너의 시대가 오기 전에 이미 존 브로더스 왓슨이라는 미국 심리학자에게 일종의 계시가 되어주었다. 왓슨과 행동주의의 등장으로 개인과 주체성의 분리는 완전히 끝났을 뿐만 아니라 주체는 아예 뇌에서 추방당하기에 이르렀다. 하지만 뇌 그 자체에 대한 연구는 여전히 유예상태였고 뇌는 일종의 블랙박스처럼 여겨졌다. 행동주의 주창자들이 의식의 존재를 반박한 것은 아니다. 그들은 다만 정신과 사유라는 개념을 떨쳐버리지 않는 한 결코 넘을 수 없는 인식론적 장애물을 방치한 셈이다.

행동주의자들을 계승한 인지주의자들은 '정신에 대한 자연과학적 접근'을 제시하며 이 어려움을 피해나갔다. 하지만 이러한 시도는 좀 더 철저하게 현실을 저버린 게 아닐까? 정신은 그 자체로 자연적이다. 사유도 존재의 본성에 속한다. 그런 것을 자연과학적으로 접근한다는 것은 이미 푸른 바다를 (바다 그림이 아니라 진짜 바다를) 푸른색으로 칠하려 하는 것만큼이나 허망한 일이다. 중국의 한 시인이 자신이 그린 강물에 빠져 죽었다는 이야기가 있다. 트로쉬는 정신을 자연과학의 대상으로 삼는 것은 야생동물을 박제로 만드는 거나 마찬가지라고 곧잘 말하곤 했다.

우리는 이 정신이 불안의 메커니즘에 작용하는 것을 보게 될 것이다. 특히 에릭 캔들은 그의 연구의 대부분을 불안의 '축소된 모델'인 아플리시아(군소 혹은 바다달팽이)에 할애했다. 이 연구를 살펴보며 주체의 문제와 반사 이론이 신경생물학적 사유에 대해 지니는 함의를 다시 한 번 생각해보자.

왓슨과 행동주의의 탄생[3]

왓슨은 그의 나이 25세였던 1903년부터 시카고 동물심리학연구소 소장으로 있었다. 그는 이 연구소에서 미로에 빠진 쥐들의 행동방식을 연구했다. 그는 쥐가 훈련을 통해 두 가지 색깔을 구분할 수 있다면 어떻게 특정한 색깔로 표시한 막다른 길을 피하고, 다른 색깔로 표시한 길을 선택할 수 있는지 등에 대해 실험했다. 왓슨은 파블로프와 마찬가지로 동물심리학에서 모든 의인화를 몰아냈다. 우리는 동물이 '초록색'을 어떻게 느끼는지 모른다. 다만 동물이 색깔이라는 빛의 특정한 파장에 대하여 일관성 있게 반응한다는 사실만을 알 뿐이다. 왓슨은 처음에 내적 성찰이나 그 비슷한 것들을 모두 배제하고 이 같은 '객관적' 방법론을 인간에 대한 연구에도 적용해보면 흥미로울 것이라고 생각했다. 그는 심리학을 "생체가 환경에서 오는 객관적으로 관찰 가능한 자극에 대해서 나타내는, 객관적으로 관찰 가능한 반응에 대한 연구"로 정의했다. 그때까지 심리학은 의식, '내면의 인간'을 대상으로 하는 학문이었다. 그런데 그러한 심리학이 필스버리의 표현대로 "행동과학" 혹은 "반응심리학", "생체의 전반적인 반응에 대한 학문"이 된 것이다. 하지만 왓슨이 '심리학의 데카르트'로 불렸던 이유는 그가 미국 심리학에 산재해 있던 관념의 흐름을 정의하고 통합할 수 있었기 때문이다. 이 새로운 태도는 다음과 같은 의문으로 표현되는 '기능적이고' 역학적인 관점을 도입한다. "특정 개인은 어떻게 행동하는가? 어떤 동기부여에 의해 그렇게 행동하는가?" 교육, 광고, 일반적인 인간행동 등이 제기하는 실천적 문제에 심리학을 적용하고자 하는 사람에게 이런 의문은 매우 중요하다. 행동주의는 전형적인 미국의 심리학, 변호사와 기업가와 대중을 상대하는 홍보 및 광고 대행사들에게 봉사하는 심리학이다. 왓슨은 사업을 위한 가르침과 연구에 매진하느라 1924년 시카고 대학교에서 나오기도 했다. 그리고 1913년부터 '방법론적 행동주의'를 채택하기 시작했다. 그는 그때까지 의식을 부정하지 않았으며 다만 의식을 빼놓고 생각했을 뿐이다. 그후 1919년에는 조건반사 이론의 영향을 받아 급진적인 행동주의 혹은 '존재론적' 행동주의를 표방했다. 이때부터 왓슨은 모든 중심 기원의 이미지가 그렇듯이 의식의 '존재'는 아무리 암묵적인 것이라 해도 물질적 자극의 반응이 될 수는 없는 것으로 보았다. 이리하여 사유는 "말뿐인 현상"에 지나지 않게 되었다. 우리의 인격은 삼중조직(손 조직, 장기 조직, 후두 조직)의 결과이며 말 그대로 환경의 영향하에 이루어지는 것으로 여겨졌다. "인간은 구성되는 것이지 태어나는 것이 아니다." 우리 안의 그 무엇도 유전적이지 않다. "우리가 그렇게 생각하는 것은 출생 이전의 조건화의 결과일 뿐이다." "자유라는 것도 오스트레일리아 원주민의 부메랑처럼 한없이 달아나다가 그 구성의 원칙에 따라 원점으로 돌아오는 것이다. 왓슨은 레이너와 함께 털 있는 짐승에 대한 갓난아기의 공포 같은 정동 반응도 조건화될 수 있으며 실험자가 어떻게 하느냐에 따라 탈조건화되기도 한다는 것을 보여주었다. 우리의 모든 반응은 이런 식으로 습득된 것이다. 잘 교육받고 자란 인간은 뭐든지 할 수 있다. 이것이 바로 '왓슨의 내기'다. 왓슨의 내기는 인간의 미래에 대한 낙관적인 생각들로 우리를 이끈다. 올더스 헉슬리의 『멋진 신세계』를 읽는다면 그 미래를 조금은 미리 맛볼 수 있을 것이다.

불안한 연체동물

빈에서 태어난 유대교와 정신분석학에 심취한 미래의 학자가 아홉 살 때부터 뉴욕의 유대인공동체에서 살아가다가 아플리시아라고 부르는 해양연체동물과 만나게 되리라는 운명을 읽어낼 수는 없었다. 학자는 아플리시아에 대해 이렇게 말했다. "당당하고 매력적이고 분명히 꽤나 지적이지 않은가?" 물론 이렇게 말한 장본인은 에릭 캔들이다. 그가 아플리시아를 어떻게 묘사하는지 조금 더 들어보자. "아플리시아는 대(大) 플리니우스의 방대한 저작『박물지』에서 처음으로 기술되었다. 이 책은

1세기경에 씌어진 대작이다. 2세기경에는 갈레노스가 아플리시아에 대해 다시 한 번 언급한다. 이 박식한 현자들은 아플리시아를 '레푸스 마리누스', 즉 '바다토끼'라고 불렀는데, 그 이유는 아플리시아가 꼼짝 않고 수축해 있을 때의 모양이 토끼와 비슷하기 때문이다. 나는 직접 아플리시아를 살펴보고 —나 이전의 관찰자들도 그랬듯이— 녀석이 보라색 잉크 같은 것을 뿜어내는 현상을 발견했다. 아플리시아는 성가시거나 언짢은 일이 있을 때 이런 물질을 방출한다. 과거에는 아플리시아가 뿜는 이 액체가 황제들이 사용하는 자주색이어서 로마 황제의 토가에 두르는 띠를 염색하는 데 쓰였을 거라고 생각했지만, 그것은 사실이 아니다(사실 그 자주색 염료는 뿔고둥에서 추출한다). 아플리시아는 분비물을 엄청나게 많이 뿜어내는 경향이 있기 때문에 고대의 몇몇 박물학자들은 아플리시아를 신성한 것으로 생각하기도 했다."[4] 솔직히 말하면, 나와 아플리시아의 인연도 꽤 오래되었다. 우리는 1940년 아르카숑 연안에서 처음 만났다.[5] 그해 우리 부모님은 바람도 쐬고 좋은 시간을 보내라고 나를 바닷가의 한 어부 집으로 여행을 보내주었다. 나는 매일매일을 굴 양식장에서 껑충껑충 뛰어다니며 소일했다. 그때 나는 바닷가에서 발견한 낯선 동물들에 매혹되었다. 특히 흐물흐물하고 모양새가 또렷하지 않은 벌레 같은 것에 관심이 가서 곧잘 내 손바닥에 올려놓아보기도 했다. 어부들은 그 동물을 '식초오줌싸개'라고 불렀다. 녀석은 수동적인 놀이동무였지만 일단 불그스름한 액체를 분비하고 나면 친절해졌다. 오늘날에야 그 별명이 아플리시아에게 얼마나 잘 어울리는 것이었는지 알겠다. 그 유명한 연체동물은 스톡홀름에서 노벨상을 받고 나서 불안의 생물학적 모델로 등극하지 않았는가?[6] 불안한 동물이 아니고서야 어떻게 식초오줌을 싼단 말인가?

그것은 가장 단순한 동물에서 고도로 복잡한 동물에 이르기까지 모든 동물이 환경의 위협에 대한 도피와 방어기제를 대립시키는 보편적 표현이다. 정신이 없는 것처럼 보이는 동물에 대해 불안이나 공포를 운운할 수 있을까? 물론 윌리엄 제임스는 이렇게 말했다. "나는 뛴다. 도망간다. 그러므로 나는 무서워한다." 이 말은 객관적으로 받아들일 수 있다. 하지만 무서워하는 '주체'는 어디에 있는가? '뇌의 무의식'을 논할 수도 있다. 하지만 위협을 당하는 신체에 영향 받는 의식—나는 정신이라는 용어를 더 선호하지만—이 없다면 그러한 무의식은 별 의미가 없다. 아플리시아는 매우 뛰어난 지성이 있음에도 불구하고 로봇에 지나지 않는다. 아플리시아는 다른 개체들과 공유할 수 있는 감성이나, 운동작용이 개입함으로써 나타나는 감각을 제외한 다른 감각들이 없기 때문이다. 독자들은 나에게 반문할 것이다. 그걸 당신이 어떻게 아느냐고 말이다. 그 지적에는 나도 동의한다. 나는 아플리시아의 신경계에 있는 신경절 내부를 들여다볼 수 없으니까. 하지만 아플리시아의 신경계 배쪽 결절(이 결절은 크기가 웬만큼 되는데다가 전극을 꽂기도 쉽다) R2 세포에 정신이 깃들지 않는 이상, 나는 뉴런이나 시냅스에도 정신이 깃들 공간이 없다고 본다. '정신의 뉴런'을 표방했으며 현대 신경과학의 시조라 할 수 있는 존 에클스의 연구도 이 막다른 골목에 부딪혀 그 이력을 마감했다.

반사 이론은 내가 앞에서 말했듯이 지금도 근본적인 패러다임으로 유효하다. 이 이론은 하나 혹은 여러 자극들과 반응들만을 끌어들인다.[7] 그러한 반응들이 조직되는 구조들 가운데 이중 작용('나')이 들어설 자리는 없다. 주체성은 신경의 개체성에 대해 이질적인 것으로 남고, 그러한 신경의 개체성은 환경과의 말없는 대화에만 근거할 뿐이다.

캔들과 학습기계[8]

캔들이 보는 불안은 자연스러운 것이든 실험실에서 학습된 것이든 간에 파블로프 식의 조건반사라는 일반적인 틀에 들어가 있다. 조건반사에는 '습관화'와 '민감화' 현상이 추가되고, 이것들은 생체가 무엇인가를 배우면서 이용하는 과정들에 포함된다. 심리생리학자들이 '학습'이라고 부르는 과정 말이다.

아플리시아, 이 글을 읽는 독자, 그리고 나, 이렇게 우리와 우리 모두의 공통되는 조상 사이에는 수억 년의 세월이 놓여 있다. 그 고대의 동물이 영영 멸종되지 않고 우리에게 어떤 위협에 대한 공포 반응(불안)을 일으키게 하는 신경 조직을 물려주었다. 진화는 자연선택을 통하여 적대적인 세상 속에서 동물이 생존하는 데 꼭 필요한 이 프로그램을 보전할 수 있었다. 불안은 그 동물이 느끼는 것(19세기 식으로 말하면 '인상')에 해당하고, 공포는 그 동물이 불안을 행동으로 나타내는 것에 해당한다(그림 26 참조).

프랑스 아르카숑 아플리시아는 에릭 캔들이 실험용으로 사용했던 캘리포니아 아플리시아와 마찬가지로 2만 개의 뉴런으로 구성된 신경계를 가지고 있다.[9] 척추동물과는 달리 아플리시아의 경우에는 뉴런들이 하나의 뇌에 모여 있지 않고 서로 연결되어 있는 여러 개의 신경절들로 흩어져 있다. 각각의 신경절은 서로 다른 기능을 통제한다. 이러한 축소 모델은 신경망의 기본 메커니즘을 연구하기에 더없이 좋다. 구조에서 기능으로의 이행은 그만큼 정체를 부른다. 다윈은 동물에게나 인간에게나 감정들이 일관된다는 점을 잘 보여주었다. 아플리시아가 느끼는 공포도 검증 가능한 듯 보인다. 비행기에서 내 친구가 입과 사지가 오그라든 채

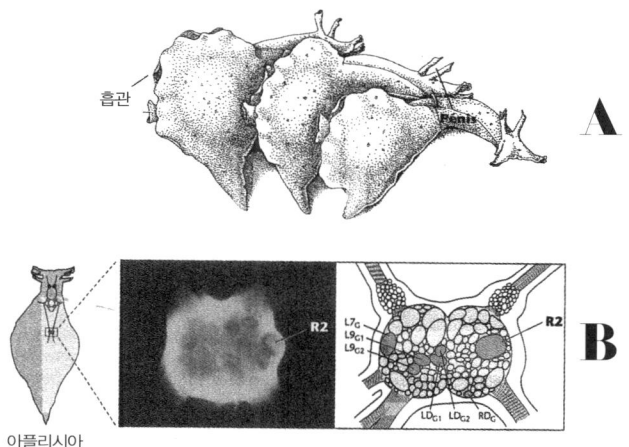

그림 26 에릭 캔들이 실험용으로 사용한 아플리시아의 모습
에릭 캔들은 아플리시아를 통해서 신경 세포의 전달과 원리에 대해 연구했다. 그 결과 2000년 노벨생리의학상을 수상했다. A는 아플리시아가 고리 모양을 이루며 교미하는 모습이고, B는 아플리시아의 배쪽 신경절을 나타낸 그림이다.

좌석에 딱 붙어서 벌벌 떠는 모습을 보았을 때 나는 아플리시아를 떠올리지 않을 수 없었다. 하지만 아플리시아의 성적 행동에 대해서는 그렇게 말할 수 없다. 아플리시아는 암컷인 동시에 수컷일 수 있는 자웅동체로서 염주 같은 고리 모양을 이루며 교미를 한다. 그러니까 뒤에서 인간의 성(性)에 대해 살펴보게 되더라도 아플리시아의 모델을 참조할 필요는 없을 것이다. 감정의 영역에 머무는 한에서 아플리시아의 슬픔에 대해 말하기란 어렵다. 아플리시아가 움직일 때의 낭만적 우아함이나 파도를 따라 사는 그 영혼이 올랭피오의 슬픔*을 떠올리는데도 말이다.

캔들의 연구는 진화가 신경계의 기본 메커니즘을 이루는 기초 형태를

---

*〈올랭피오의 슬픔〉은 빅토르 위고의 시 제목이다.

그대로 보전해왔다는 원칙에 근거하여 학습과 기억의 생물학적 토대를 이해할 수 있게 해주었다. 약한 자극, 흡관을 살짝 두드리는 것만으로도 반사적인 방어가 나타난다. 그러한 방어의 신경회로들은 배쪽 신경절에서 전부 다 확인할 수 있고, 그 덕분에 다양한 세포구성체들의 전기생리학 및 생화학 연구도 가능했다.

배쪽 신경절에 포함된 신경회로들은 6개의 '운동' 뉴런들과 24개의 '감각' 뉴런들로 압축된다. 운동 뉴런들은 아가미의 수축을 명령하고 촉각에 민감한 감각 뉴런들은 운동 뉴런들과 단일 시냅스로 '연결되어' 있다. 여기서 반사궁은 가장 간단한 형태로 축소되어 있다. 그냥 두 개의 뉴런이 하나의 시냅스를 통해 소통하는 것이다(그림 26). 하지만 뇌에서는 단순한 게 아무것도 없다. 아플리시아의 뇌조차도 그러하다. 감각 뉴런들은 흥분성 혹은 억제성 개제 뉴런을 매개로 운동 뉴런들과 간접적으로 이어져 있다. 그게 전부다! 이처럼 경직되고 불변하는 듯 보이는 체계가 어떻게 그토록 다양한 행동방식들을 낳는 걸까? 해답을 쥐고 있는 키워드는 '가소성'이다. 가소성이라는 속성은 시냅스 전달의 효율성과 직결된다. 그 전달이 감각 뉴런과 운동 뉴런을 연결하는 기본 시냅스를 통해 직접 이루어지든지, 연합 뉴런을 통해 조절작용이 일어남으로써 간접적으로 이루어지든지 간에 말이다.

이렇게 해서 우리는 기본 시냅스 수준에 위치하는 순화의 '단기억제'와 연합 뉴런을 동원하고 세로토닌이라는 신경전달물질의 생성을 개입시키는 '단기(소통)촉진'을 구분할 수 있다. 인간의 뇌를 살펴보면서 세로토닌은 이미 여러 차례 맞닥뜨린 바 있다. 이 모든 현상은 시냅스 수준에서 일어난다.

또한 시냅스가 장기적으로 '기억'을 하며 세포핵과 핵산을 개입시키는 '장기촉진'도 있다. 이때 세포핵과 핵산은 새로운 시냅스 연결을 늘리거나 리모델링하는 역할을 하는 새로운 단백질 합성을 이끌어낸다. 시냅스를 핵과 연결하는 (신호전달의 연쇄작용에 속하는) 모든 연결고리를 이해하기가 쉽지 않다. 이 문제와 관련된 학술용어를 충분히 숙지하고 있지 않은 방문자라면 길을 잃고 헤매게 될 위험이 있다. 그러니까 이제 아플리시아와 헤어지자. 여러분이 바닷가에서 아플리시아를 한 마리 마주치게 되거든 바다에 살며 식용으로 취할 수는 없지만 기억에 대한 지식에 그토록 많은 공헌을 남긴 이 동물을 감동적으로 생각해주기 바란다. 아플리시아의 공헌은 프루스트의 마들렌이 끼친 영향력에 비견할 만하니까.

공포의 교차로

모든 동물은 공포가 솟아오르는 것을 느끼면 위험을 맞닥뜨렸을 때와 비슷하게 행동한다. 그런 상황에서 동물은 몸이 굳어지고, 호흡이 가빠지며, 혈관 내 아드레날린 수치가 높아진다. 그리고 그와 더불어 심장은 폭풍처럼 몰아치고, 혹시나 취해야 할 수도 있는 반응(도망치거나 대결하거나)을 위해 온몸의 기력이 총동원된다. 이러한 공포는 조상 대대로 내려온 것이며 선천적이다. 이러한 공포는 종의 기억에 속하며 포식자들이나 그 밖의 위험들―독거미, 육식동물, 뱀, 어두운 곳이나 천둥번개―을 파악하게 해준다. 공포는 조건화를 통해 배우는 것이다. 이 말은 우리가 탈조건화를 통해 공포를 치료할 수도 있다는 뜻이다.

공포의 학습은 일종의 고전적인 조건화다. 이러한 학습은 그 자체로 중립적인 조건 자극(마음을 진정시키는 이미지나 대상)을 무조건 자극(정신적 외상을 입힐 수 있는 전기충격 등)과 함께 반복적으로 제시하여 결국 그 이미지나 대상을 보는 것만으로도 공포가 일어나게끔 한다. 인간을 대상으로 한 공포의 조건화 가운데 가장 유명한 예는 바로 행동주의의 아버지 존 왓슨과 그의 동료 연구자 로잘리 레이너가 앨버트라는 꼬마를 대상으로 실시한 실험이다. 앨버트는 생후 11개월 된 남자아기였는데 보통 아기들과 다름없이 갑자기 시끄러운 소리(무조건 자극)가 나면 무서워했다. 또한 보통 아기들과 다름없이 털 인형과 비슷하게 생긴 흰쥐를 보더라도 특별히 무서워하거나 싫어하지 않았다. 흰쥐들이 다가오면 앨버트는 오히려 그것들을 잡으려는 듯한 몸짓을 하곤 했다. 왓슨과 레이너는 앨버트의 요람 뒤에 숨어서 흰쥐들이 등장할 때마다 커다란 망치로 철판을 쾅 하고 내리쳤다. 이렇게 조건 자극과 무조건 자극을 연결시켜 일곱 번 연달아 제시하자 앨버트는 흰쥐를 보기만 해도 무섭다고 비명을 지르기 시작했다.

공포는 인간을 정말로 병들게 한다. 미국의 정신과 의사들은 그러한 병을 『진단 및 통계 편람』에 망라해놓았다. ① 공황발작. 갑자기 예기치 않게 심장박동이 빨라지고 식은땀이 나며 구토, 경련이 일어나고 호흡이 가빠지며 죽음에 대한 공포, 현실을 제어할 수 없다는 공포에 휩싸인다. ② 외상후 스트레스 증후군. 최근에 아주 무섭거나 끔찍한 사건을 경험했거나 목격한 사람들이 종종 겪는다. ③ 광범위한 종류의 공포증과 사회불안증후군. 특정한 공포의 대상(비행기 탑승, 군중, 동물 등)이나 평소와 다른 상황에 처했을 때 나타나는 병적 현상 등을 그러한 병으로 볼 수 있다.

공포와 불안이 이처럼 현저하게 드러나는 동안에는 뇌 안의 작은 영역이 개입함을 알 수 있는데, 이 영역은 아몬드 모양으로 생겼다고 해서 '편도amygdalum'라는 이름이 붙었다. 사태를 지나치게 단순화해서 말하고 싶지는 않지만 이 편도는 아플리시아의 배쪽 신경절에 해당한다고 말할 수 있을 것이다. 커다란 뇌의 측두엽 깊숙이 박혀 있는 작은 뇌라고나 할까. 아니면 우리가 공포를 일으키는 것을 만나는 곳이자 우리 심장의 반응들이 조직되는 곳, 우리 오성의 설명과 이유, 그리고 기억이 만나는 교차로라고나 할까. 우리가 공포를 느낀 사건들에 대해 간직하고 있는 기억은 우리의 상상과 추론방식을 만들어내는 데 일조할 것이다.

뉴욕 대학교의 조제프 르두와 쥐의 편도는 에릭 캔들과 아플리시아만큼이나 긴밀한 관계를 맺고 있다. 조제프 르두는 편도 측핵의 감각 시상을 매개로 삼아 조건 자극(소리, 빛)과 무조건 자극(전기충격)을 연결하는 신경 통로들에 대해 연구했다. 그러한 감각 시상은 시상하부를 매개로 감정적 반응들이 이루어지는 중추 신경핵으로 이어진다. 이것은 가장 전형적인 조건반사의 하나다. 이 조건반사에 관여하는 신경회로와 신경전달물질은 이미 르두가 연구한 바 있었다. 이 반응은 즉각적이고 무의식적이기 때문에 이성적인 통제로 중단하려고 해도 중단할 수 없다. 이처럼 억누를 수 없는 공포와 비교하여, 우리는 편도가 전전두피질 같은 연합 구조들과 기억에 관여하는 해마로 정보를 보낸다는 사실에 주목하지 않을 수 없다. 불안은 이런 식으로 정신적 삶의 거대 작용에 참여한다. 편도는 타인의 얼굴이나 행동을 보고 공포를 읽어낼 수 있다. 이것이 공포에 감염되기 쉬운 이유들 중의 하나일 것이다.

그러면 우리가 공포와 불안에 관여하는 신경회로들의 내면을 화학적으로 파악하고 계산할 수 있다면 공포, 불안, 근심도 정복할 수 있을까? 나는 이런 식의 낙천적 기대를 다시 한 번 에릭 캔들에게 떠넘기는 바이

불안의 치료

불안의 임상적 형태는 매우 다양하게 나타날 뿐 아니라 그 심각성도 경우에 따라 다르므로 불안을 보편적으로 치료할 수 있는 약물은 없다. 정상적인 생활이 불가능할 정도의 불안이라면 대개 인지행동치료와 약물치료를 병행할 것을 권고받는다. 역설적인 것은, 약물치료의 경우에 GABA수용체에 작용하는 '항불안제'를 처방하는 것이 아니라 세로토닌 재흡수를 억제하는 항우울제계열 약물을 처방한다는 점이다. 세로토닌과 노르아드레날린의 재흡수를 동시에 억제하는 벤라팍신은 특히 사회불안증 환자들에게 처방된다.

행동치료는 탈조건화 기법을 동원한다(공포에 대해 학습한 것을 잊어버리도록 '탈학습화'하는 것이다). 다양한 이완요법, 호흡조절 훈련 등이 여기에 결부된다. 항불안제는 약물에 대한 의존성을 낳기 때문에 단기간에 한해 보완치료 차원에서만 사용되어야 한다.

공포의 탈학습화는 인지적 능력을 동원해야 하는 작업, 자기 자신에 대해 오랫동안 실시해야 하는 작업이다. 환자는 언제나 자기 자신의 가장 좋은 치료사다.

다. 에릭 캔들은 지금도 그와 관련된 연구에 열을 올리고 있다. "오늘날에는 더 이상 특정 질병만이 뇌를 생물학적으로 변화시켜 정신상태에 영향을 준다고 믿을 수 없다. 그러므로 정신의 모든 과정이 생물학적이라는 가르침이 새로운 정신과학을 떠받친다. 그러한 과정은 모두 다 생체를 구성하는 성분들과 '우리의 머리통 안에서' 실행되는 세포들의 과정에 따라 좌우된다. 그 결과, 이러한 과정의 장애나 변화는 모두 생물학적 기원에서 비롯된 것으로 보아야 한다."

살아가는 동안에 죽음의 존재에 대해 회의하는 형이상학적 관심, 존재 한가운데 도사리고 있는 무^{無}에 대한 관심, 인간이 동물과 다른 특징들 중 하나로 꼽히던 그 관심이 참으로 가소롭고 하찮은 신세가 되었다. 그 관심은 모든 사유—그 사유가 어떤 학파에 속하느냐를 막론하고—의 시초가 되지 않는가? 아플리시아의 신경절을 관찰함으로써 하이데거의 주장에 코웃음 치게 될 날이 멀지 않았는지도 모른다. "불안은 우리로 하여금 무에 직면하게 하는 근본적 경향이다." 그래도 참을 수 없는 불안으로 우리의 삶이 지옥으로 돌변할 때면 파록세틴이나 세트랄린 알약에 손을 뻗지 않을 수 없으리라.

Focus 6
생물학의 실증주의에 대하여

알랭 프로시앙츠
(콜레주 드 프랑스 교수)

뛰어난 학자들이 이미 오래전부터 시작되었던 논쟁에 엄청난 에너지를 쏟아 붓고 있다고 합니다. 생리학을 생화학이라는 기반으로 환원시키는 것이야말로 엄청난 사안이자 최후의 전쟁이라고, 이 과업을 완수하지 않으면 생기론자나 다름없다고, 그런 사람은 생리학자로서 파문을 당해야 한다고 확신하면서 말입니다! 이런 이야기를 들으면서 어떻게 꿈이 아닌지 자기 볼을 꼬집어보지 않을 수 있겠습니까? 유물론적인 단 하나의 과업이 생명체를 분자 차원으로 환원하여 수학적으로 기술하는 것뿐이라니 말입니다.

오늘날의 생물학을 이론을 통한 투쟁의 무대처럼 바라보는 이 시각을 받아들이지 않는 한 우리는 지금 생물학에서 일어나고 있는 일들을 이해할 수가 없습니다. 한편 베르나르 헤켈과 그 밖의 여러 인물들을 통해 이룩된 오랜 전통이 발달유전자 개념을 중심으로 이론화되고 있습니다.

이 이야기는 나중에 다시 하겠지만, 발달유전자는 생리학을 발달과 진화라는 문제에 연결시켰고, 진화라는 것을 실험과학의 장으로 끌어들였지요. 다른 한편으로 우리는 그와 평행선상에 있는 이론, 나아가 대립적이기까지 한 이론을 인정하고 있습니다. 이 이론은 생물학의 이론적 독립성을 부정하고 물리학에서 이식한 이론들을 부여하며 생물학을 생물학 그 자체의 바깥이라는 서글픈 위치로 전락시키는 철학적 전통에 근거해 있습니다.

고전적 실증주의의 선상에 있는 이러한 또 다른 개념화는 물리학을 생명과학의 지평에 두고 수학적 처리를 과학성의 궁극적인 규준으로 삼지요. 이러한 개념화에서 생물학은 생명 형태들의 재생산과 진화를 다루는 이상 일종의 형이상학으로 남습니다. 빈 학파가 제창하고 확대한 실증주의라는 사조는 수학적 논리법칙의 보편성에 근거하여 형이상학과 심리주의적 자기반성을 거부했지요. 생물학에서는 '빈 학파 선언'이 행동주의자들에 의해 과학성의 현대적 규준에 부응하는 독트린으로 환영을 받았습니다. 그러한 양상이 1940년대 초까지 계속되었는데, 그 짧은 기간 동안에 자극-반응에 대해 순수하게 논리적인 접근이 너무나 빈약했기 때문에 베르나르의 주장대로 인간의 대뇌피질을 해부해야 한다는 필연성은 분명했습니다.

그리고 아마도 이러한 방향이 좀 더 탄력을 받게 되었던 것은, 전쟁과 암호 해독이라는 시대적 상황 때문에 계산 시스템들 — 튜링과 폰 노이만의 천재성이 발휘된 기계들 — 이 뜻하지 않게 출현했다는 이유도 있을 겁니다. 그러한 계산 시스템들은 수학적 논리를 토대로 하여 구성되었고, 그 수학적 논리는 빈 학파가 철학과 과학의 준거로 삼았던 바로 그것이었지요. 그때부터 '생각하는 기계들'은 뇌의 모델처럼 제시되어왔습니다. 그 기계들은 논리적 법칙에 따라 기능하고, 살아 있는 뇌 기계들도 마찬가지라는 추론이 나온 것입니다. 뇌를 기계와 동일시하면서 수많은 허점들이 나타나기 시작했음에도 불구하고 많은 과학자와 철학자가 이 상황을 단초 삼아 컴퓨터를 뇌의 표상으로 볼 수 있다고 확신했습니다. 게다가 컴퓨터는 뇌의 이중적 표상으로 볼 수 있었지요. 뇌가 사용하는 논리가 기계가 사용하는 논리와 일치하는 동시에, 뉴런들의 연결이라는 뇌의 '배선'이 컴퓨터의 배선에 일치한다고 보았던 겁니다. 이러한 시각에 대해 신중해야 한다는 견해들은 생명체의 복잡다단함을 비롯하여 수많은 근거들을 제시했지만 철학의 행보는 분명했습니다. 전문가들은 인공지능적인 기계들에 대해서도 뉴런망이라는 (생명체의 뇌에 고유한) 용어를 그냥 쓸 정도였지요.

실제 기계나 생명체를 철저하게 해부해야 할 필요성은 다시금 실증주의 프로그램에서 뒤안길로 물러났습니다. 그보다는 동물의 행동을 연구하는 방향으로 쏠렸고, 이제는 '인공동물'의 행동방식에 관심을 갖게 될 것입니다. 컴퓨터나 그 밖의 실제 혹은 가상 기계에 털을 갖다 붙이기만 하면 뇌 이론가나 생물학자가 될 수 있다고 생각할 만큼 무지하거나 순진해빠지지 않고서야, 그런 컴퓨터라는 '표상'이 생명을 지닌 뇌의 모델 혹은 이론이 될 수 있다고 믿을 수 있습니까?

생명체의 이론이란 무엇입니까? 수학과 물리학 이론과 비교하여 독립적인 생물학 이론이 설 자리가 있기는 한가요? 생물학의 이론적 독립성을 주장한다는 것이 생명체의 연구와 어떤 생명 원칙의 수립에서 수학과 물리학 및 화학 이론의 적용을 거부한다는 뜻이라는, 이런 흔해빠진 흰소리를 납득할 수 있습니까? 우리는 물리적 환원주의의 테러리즘에 직면하여 생물학 이론을 역사적으로 정의하는 특정하고 적절한 개념의 구성을 포기해야만 할까요?

  이 논쟁에 달려 있는 철학적·과학적 관건은 수십 년 전부터 부상하고 있는 '인지과학'이라는 분야를 통해 잘 드러납니다. 이 '학문'은 꿈과 같은 다중학문을 지향하는 거대한 계열통합학문이 아닙니다. 다른 학문 계열들이 그렇듯이 인지과학도 결집과 배척을 동시에 행사하며 존립할 뿐입니다. 그리고 배척당하는 것들은 아주 분명하지요. 논리적 경험론을 거의 종교적으로 맹신하지 않으면 배척당하는 겁니다. 그게 이 학제간 결집의 가르침입니다. 전성기의 변증법적 유물론이 그랬듯이 오늘날의 인지과학은 스스로 주장하는 과학성에 근거하여 인지학문들의 영역, 솔직히 말하면 모든 과학의 영역에서 치안을 장악하고 최종판결을 내리고 있습니다.

알랭 프로시앙츠 콜레주 드 프랑스 교수이자 프랑스 과학학회 회원이다. 뇌 발달에 작용하는 분자 메커니즘의 이해를 혁명적으로 바꾸어놓았다. 생명체와 발달생물학에 대한 그의 이론적 접근은 많은 저작들의 주제가 되었다. 작가이자 연극인이기도 하다. 『사유의 해부』 『기계-정신』 등의 저서가 있다.

13장

사랑의 길

> "내 사랑의 길들아,
> 난 항상 찾아 헤매지
> 이제는 너희를 잃지 않아
> 너희의 메아리가 들리지 않아
> 절망의 길들
> 추억의 길들
> 첫날의 길들
> 사랑의 성스러운 길들아."
> 장 아누이의 연극 『레오카디아』에 나오는 왈츠

사랑은 영원히Amour, toujours, 아마도 프랑스 시詩에서 이보다 진부한 압운押韻은 없을 것이다. 하지만 단어들은 절대 우연히 이렇게 연결된 게 아니다. 사랑과 더불어 인간의 지평에 등장하는 것은 분명히 영원이다. 『영원은 지나침이 아니다』는 프랑수아 쳉[1]의 멋진 연애소설 제목이기도 하다. 우리의 뇌는 시간의 지배자다. 뇌는 우리에게 함께하는 사랑을 통해 지상에서 누리는 영원한 삶을 알려준다. 비록 우리의 발은 죽음의 길로 우리를 질질 끌고 간다고는 하지만 말이다.

뇌는 사랑의 기관이다. 나는 관능적인 사랑을 두고 말하는 것이지만 사랑의 지고하고 천상적인 모습들—일곱 번째 하늘이 그런 사랑에 해당한다는데—도 예외는 아니다.

사랑의 길을 따라가면서 우리의 뇌 여행은 지금까지 둘러본 방향에서 벗어날 것이다. 우리는 지하실, 복층, 현관을 떠나 고귀한 위층들과 그곳에 있는 장소들을 구경할 것이다. 그곳에서 우리의 본능은 감정의 옷을 덧입고, 인상과 감각은 지각과 표상이 되며, 대상과 사실마저 손질과 관리를 받고, 우리의 행동, 지극히 사소한 행동마저 조정을 받을 것이다. 그곳은 기억과 지식의 장이다. 우리를 '호모사피엔스'로 만드는 본거지라고 해야겠다.

사랑은 뒤집힘의 순간이다. 그 순간에 인간은 사물의 의미를 받아들이는 대신[2] 스스로 의미를 부여한다. 신화를 만들기 좋아하는 인간이 타자와의 결합이라는 이 신성한 수수께끼를 설명하기 위해 무엇인들 만들어내지 않겠는가? 그 자신으로만 제한을 두지 않는 것은 인간의 근본적인 특성이되, 역설적이게도 인간은 개체화를 그 극단까지 밀고 나간다. 사랑의 도약은 그를 자기 아닌 타자에게로 인도한다.

인간은 스스로 두 가지 의문을 제기한다. 그와 동족인 타자의 문제. 그리고 수직성의 문제다. 인간 신체의 수직성은 신체와 신체의 맞닿음, 타인의 눈에 비치는 자기 이미지에 대한 시각을 부여한다. 인간은 직립보행을 통해 신체의 윗부분으로 눈높이가 옮겨감으로써 짝짓기의 본성이 근본적으로 바뀌어버렸다. 사랑을 통하여—그 사랑이 몸을 섞어 이루어지느냐 마느냐는 별로 중요치 않다—"인간은 돌연 어떤 경이로운 자연의 아름다움을 감지하게 될 것이다." 장 피에르 베르낭이 지적한 대로 에로스는 아름다움 그 자체를 충격적으로 보여준다. "한 인간에게 그 순간은 인생의 모든 수고와 맞바꿀 만한 가치가 있다. 그 순간에 인간은 미 그 자체를 관조하는 것이다."[3]

플라톤이 보는 에로스는 아름다움과 참됨의 창조자다. 사랑이 있기에 그를 통해 아름다움이 나올 수 있고, 그래서 우리의 뇌 여행도 아득하고 어두운 곳들을 벗어나 시각이 지고의 자리를 차지하는 대뇌반구 상부로

도약한다.

  나는 이미 타자에 대한 욕구를 강조한 바 있다. 욕구라고 하면 욕구라 할 수 있고, 결핍이라고 하면 결핍이기도 하다. 그리고 지하실에서 만났던 오랜 길동무 '욕망'도 다시 한 번 만나게 될 것이다. 욕망은 결핍의 표현으로, 그것은 불가피하게 소유욕이 되어버린다. 소유욕은 색욕의 지옥에서 관능을 불태우기를 거부하는 신성한 사랑을 파괴한다. 이기적인 소유의 극치는 자기 이미지에 대한 나르키소스적인 사랑이다. 가엾은 나르키소스는 자기 자신과 별개의 존재일 수 없어서 불행한 자다. 자기 자신을 향한 불가능한 욕망의 희생자다.

  사랑에는 항상 동물성의 나락으로 곤두박질할 위험이 있다. 내 친구 중 한 명은 나르키소스가 빠져 죽은 것은 물에 비친 자기 얼굴에 다가가려다가 그런 게 아니라, 자신의 탄탄하고 젊은 엉덩이에 다가가려다가 그런 거라고 농담을 한 적도 있다. 요컨대 좌욕을 좀 하려다가 잘못되어서 그랬을 거라면서 소크라테스도 얼굴을 붉힐 만큼 한바탕 박장대소로 결론을 내렸다.

  인간은 몸과 몸을 맞붙이는 섹스를 얼굴과 얼굴을 맞대는 사랑으로 대체했다. 두 사람은 얼굴을 보며 시선을 보냄으로써 서로를 꿰뚫고 서로를 이해한다. 육체적으로 타인의 신체를 경험하는 것은 여전히 동물적이고 생물학적인 제약을 벗어날 수 없다. 하지만 인간이 욕망하는 대상 중에서 첫째가는 것은 인간이다. 그래서 욕망은 곧 서로에 대한 이해와 통찰이 된다.[4] 이러한 이해는 입에서 나오는 말, 혹은 어떤 식으로든 말로 표현되는 것을 통해 이루어지는 것이 보통이다. 레비나스는 "얼굴을 본다는 것은 더 이상 시각적인 활동이 아니라 듣기와 말하기다"[5]라고 말하지 않았는가? '얼굴로 드러나는' 나의 존재는 타자에게 말을 걸고 그

사랑을 정의한다는 것[6]

 "사랑은 즐기는 것"이라는 아리스토텔레스의 지적은 어쩌면 항상 참이라고 보기에는 허울 좋은 말일지도 모르겠다. 아라공은 "행복한 사랑은 없다"고 탄식한다. 나는 "사랑은 외적 원인의 관념을 동반하는 기쁨이다"라는 스피노자의 말에 기꺼이 동의한다. 이 말은 단순한 욕망이 아니라 사랑에 대한 정의임을 분명히 명시한다. 여기서의 외적 원인은 '타자', 사랑하는 이의 영혼에 각별한 존재다. 나는 이러한 사랑과 기쁨의 융합 ― 기쁨의 길을 좇는 사랑 ― 을 특히 강조하고 싶다. 그러한 융합은 타자를 통해 성취된다(혹은 소진된다고 해야 할까). 우리는 자기애에 대해서도 말할 수 있다. 자기애는 욕망이 회귀하는 한 형태로, 타자를 여의고 자기 자신의 육체로 침잠하는 사랑, 슬픈 사랑이다. 그러한 사랑의 사막에 기쁨이 들어설 자리는 없을까?

 사랑을 기쁨과 결부시켜 정의한다면 아마 지나치게 미화되어 솔직하지 못한 정의라고 생각할 것이다. 이러한 정의는 존재가 열망하는 영원을 지향하지만, 실제로 나의 영혼은 동요하고 의심에 쌓이기 때문이다. 실제로 나는 영원이라는 기나긴 시간 동안 권태가 싹트지는 않을지, 그래서 차라리 죽음을 아쉬워하지는 않을지(이른바 '죽을 것 같은 권태') 두렵다. 물론 니체의 가르침대로라면 우리는 순간에도 영원을 담을 수 있다. 하지만 다음 순간은 어떻게 되는 건가?

 플라톤이 『향연』에서 내리는 사랑의 정의는 보다 현실적이다. 왜냐하면 그는 결핍에 근거를 두기 때문이다. 사랑은 욕망이고 욕망은 결핍이다. 플라톤에 따르면 "우리가 갖지 않은 것, 우리가 아닌 것, 그런 것들만이 욕망의 대상이고 사랑의 대상이다." 디오티마는 소크라테스에게 에로스(사랑)의 본성을 그 출생 기원을 따져 설명해준다. 에로스는 신도 아니고 인간도 아닌 중간의 매개적 존재, 즉 '다이몬'에 불과하다. 그래서 에로스는 불멸의 존재들과 필멸의 존재들 사이에 있다. 에로스는 아프로디테의 생일에 태어났기 때문에 아름다움에 몰두한다. 또한 페니아('가난, 결핍'이라는 뜻)를 어머니로 삼기 때문에 에로스는 언제나 가난하며 도움을 구걸한다. 그러나 파로스('수완이 좋음'이라는 뜻)를 아버지로 두었기 때문에 창의적이고 꾀가 많다. '욕망/결핍'이라는 측면에서 우리는 행동보다 상태가 우선함을 다시금 보게 된다. 나는 플로티누스의 "사유를 낳는 것은 욕망"이라는 말에 동의한다.

사랑을 통해 표현되는 욕망은 그 대상이 주체와 동시에 존재함을 의미한다. 타자는 물질적 욕망의 대상이 그렇듯이 완전히 무심할 수가 없다. 타자는 자신만의 정신세계가 있고, 사랑하는 주체인 '나'는 그가 자신의 신체 내에서 경험하는 정신세계를 인정한다.

사랑의 욕망은 결핍을 자양으로 삼는다. 그러한 결핍은 타자에 대한 욕구로 인해 지속적으로 생긴다. 그런 점에서 사랑의 욕망은 내가 앞에서 생리학적 메커니즘을 통해 기술했던 욕망, 동물적으로 표현되는 욕망과 다르지 않다. 반면 '부재'라는 범주는 인간에게 특정한 것이며 쥐나 원숭이에게서는 뚜렷이 나타나지 않는다. 실제로 부재와 결핍은 큰 차이가 있다. 부재는 바로 이곳에서의 존재를 무화하는 것이라면, 결핍은 욕구를 통해서만 말할 수 있는 것이다. 부재는 욕망을 억누르고 고통을 드러낸다.

나는 아주 특수한 경우를 통해 육체와 정신 사이의 불분명한 경계를 눈여겨볼 수 있었다. 약물 중독자에게 결핍이 일어나면 뇌에서 대립 과정이 일어난다. 하지만 약물 중독자의 참을 수 없는 고통은 오히려 부재라는 표현이 어울릴 것이다. 약물이라는 사랑하는 대상의 부재, 그토록 욕망하는 상상적 타자의 부재 말이다.

사랑이라는 항목에는 그리스인이 '필리아^{philia}'라고 부르던 것도 포함된다. '필리아'는 보통 커플과 가족을 모두 포함하는 '우애, 우정'으로 번역되곤 한다. 그런데 필리아는 결핍 없는 사랑이다. 말하자면 상냥한 사랑이라고 할까? 우애는 공감의 다른 형태들이 그렇듯이 서로에 대한 통찰의 원칙에 따른다. 일방통행하는 우애는 있을 수 없다. 우애는 결핍이 아니라 공유로 인해 작동한다. 타자에 대한 앎을 바탕으로 자신을 내어주고 교환함으로써 우정이 굴러갈 수 있는 것이다. "그 사람이었기에, 나였기에." 하지만 항상 어떤 상반된 요소가 끼어든다. 그건 바로 타자가 고유하게 지닌 것을 소유하고 싶은 마음이다. 그러니까 모든 우정에는 서로 오가는 시기심이 개입되어 있다. 우정은 사랑보다 달콤하나 사랑만큼 너그럽지는 못하다.
　최초의 기독교도들은 사랑의 세 번째 형태를 만들어냈다. 이웃에 대한 사랑, 다시 말해 온 세상과 원수를 포함하는 모든 이에 대한 사랑이다. 그들은 이러한 사랑은 '아가페agape'라고 불렀다. 이 말은 '소중히 여기다'는 뜻의 그리스어 동사 'agapan'에서 왔는데 라틴어로는 'caritas', 즉 '자선charity'의 어원에 해당하는 단어다. 이것이 세 가지 향주삼덕向主三德 '믿음, 소망, 사랑'에 속하는 바로 그 사랑이다. 자신의 이익을 구하지 않고, 결핍도 없고 육욕도 없는 사랑이다. 생리학적 유용성도 없고 육신을 초월한 기쁨과 연결되기에, 욕망을 넘어서 있기에 이 사랑은 순수하다. "주체도 없고 끝도 없는 기쁨일지니."7 콩트 스퐁빌은 알튀세를 패러디하여 이렇게 말한 바 있다. 내가 한마디 덧붙이자면 꼬리도 없고 머리도 없다고 할 수 있겠다.

타자는 나의 말에 귀를 기울인다. 사랑하는 이들은 서로에게 말을 건다. 사랑의 말을 통해 육체는 비로소 존재감을 갖는다.

사랑에 빠진 신체

　사랑의 뇌를 방문한 일에 낭만적인 국면을 더하는 뜻에서 나는 엘로이즈와 아벨라르가 교환한 서신들 중 일부를 발췌하여 제시할까 한다. 엘로이즈와 아벨라르는 12세기경에 살았던 유명한 연인이다.* 그들의 편

---

* 아벨라르는 원래 노트르담 참사회원의 조카딸 엘로이즈의 가정교사였다. 두 사람은 사랑에 빠져 엘로이즈가 아벨라르의 아들을 낳고 비밀결혼을 하기에 이른다. 이 사실을 알고서 분노한 엘로이즈의 친족들은 아벨라르를 붙잡아 거세시켰다. 이후 아벨라르는 생 드니 수도원의 수도사가 되었고 명망 높은 신학자이자 철학자의 반열에 올랐다. 엘로이즈도 수녀가 되었고 아벨라르와는 평생 동안 서신을 교환했다. 두 사람은 죽어서 파라클레 수도원에 나란히 묻혔다. 엘로이즈와 아벨라르가 주고받은 편지들은 두 사람의 관계를 주제로 삼은 방대한 문학의 일부가 되었다.

지를 읽어보면 신체에서 벌어지는 자연스러운 일들이 정숙함에 위배된다는 것도 받아들일 수 있을 것이다.

저는 활활 타는 듯한 심신의 긴장을 느끼며 당신을 어떻게 불러야 하는가를 오랫동안 고민해왔습니다. 아름다운 보석 같은 이여, 하지만 어떻게 불러도 마뜩찮을 것이 예상된다는 어려움 때문에 지금까지 저의 감정이 의도하는 바를 미루어오기만 했지요.

모든 어둠을 몰아내는 환한 달빛에게 나는 말합니다. 당신이 없으면 아무 빛도 없을 저 달이 이렇게 유독 환히 빛나는 것을 보지 못했습니다 끊임없이 빛나십시오. 그리고 축복의 빛이 커지는 것을 끊임없이 기뻐하십시오.

우리는 '너무나 현명한 엘로이즈와 거세당하고 수도사가 된 생 드니의 피에르 아벨라르'가 어떻게 되었는가를 잘 안다. 수도사가 된 아벨라르는 심오한 영성의 세계에 푹 빠졌고 중세 철학과 신학의 귀감이 되었다. 그러다가 다른 수도사들에게 박해를 받고 철학적 성찰에 완전히 몰두하게 되었다. 철학자에게는 남성 호르몬이 없는 쪽이 사상의 무게를 더해준다고 하면 좀 무례한 말일까? 어쩌면 그쪽이 가엾은 엘로이즈를 희생하게 되더라도 하느님에게 봉사하기에는 더 낫지 않을까? 엘로이즈는 파라클레 수녀원의 대수녀원장이 되었지만 여전히 아벨라르를 향한 관능적 사랑에서 헤어나지 못했다. 그녀의 편지에 나타나는 뚜렷한 명암을 보라.

하느님은 내가 오직 당신이라는 사람에게만 관심이 있음을 아십니다. 내가 욕망했던 것은 당신, 오로지 당신입니다. 잘 아시다시피 나는 결코 결혼이나 약혼을 당신에게 바란 적이 없습니다. 나는 결코 나의 욕망이나 바람을 채우려 들지 않았고, 오로지 당신을 만족시키고자 했었던 것입니다. 아내라는 이름이 더 적절하고 고귀할 수 있겠지만 나로서는 애인이라는 이름을 더 달콤하게 여겼고, 심지어 당신을 욕되게 하는 것만 아니라면 정부情婦나 암캐로 불려도 좋았습니다.

그런데 아벨라르의 답장은 냉담하고 소원하기만 하다. 그는 엘로이즈에게 자신이 그녀에게 어떤 도움도 될 수 없으며 하느님의 섭리만으로도 그녀의 욕구들을 달래기에는 충분할 거라는 뜻을 담은 인용문들을 잔뜩 적어 보냈다. 애인의 모습으로 남아 있는 그녀가 유일하게 바라는 것은 그가 다시 애인이 되는 것—그러나 이제 거세당한 그의 몸으로는 불가능한 일—임을 짐짓 모르는 체하면서 말이다.[8]

아벨라르가 실험용 쥐였다면 연구자는 왜 이 쥐의 성욕이 사라졌는지 그 원인을 어렵잖게 알 수 있었을 것이다. 그는 한때 엘로이즈를 열정적으로 사랑하던 애인이었고, 비밀리에 그녀와 혼인하여 아스트랄라브라는 아들까지 낳지 않았던가. 철학자의 체액 중에서 남성 호르몬(테스토스테론)이 사라졌기 때문에 그는 정념의 사유에서 해방되었다. 철학적 사유가 육체의 열정이라는 굴레를 벗어난 것이다. 그로 인해 아벨라르는 육체로서의 주체가 지닌 우발성에서 벗어나 모든 현실주의에 근본적으로 반대되는 입장을 취하게 되었다.

성 호르몬

성 호르몬은 생식선(남성의 고환, 여성의 난소)에서 만들어져서 혈액으로 분비된다. 이 호르몬은 지방성이기 때문에 아무 어려움 없이 용해되어 세포막을 통과할 수 있다. 남성(수컷)에게서 분비되는 안드로겐(고환의 테스토스테론, 부신 안드로겐)과 여성(암컷)에게서 분비되는 난소 스테로이드(에스트라디올, 프로게스테론)는 대체로 서로 대립되는 작용을 한다. 이러한 호르몬들은 남성 혹은 여성 고유의 신체와 속성을 만든다. 어쨌든 성 호르몬의 차이에 힘입어 남성과 여성은 서로의 성별을 대체로 한눈에 알아볼 수 있다.

성 호르몬은 신체 내에서 자유롭게 순환하지만 신경계의 특정 장소들에 대해서만 작용한다. 그런 장소들에는 스테로이드[9]를 선택적으로 감지할 수 있는 뉴런들이 있다. 그런 뉴런들은 주로 뇌 아래쪽의 시상하부와 그 주변에 분포한다. 이른바 '시각교차앞구역'이라고 부르는 배쪽 앞 영역이다. 변연계(특히 편도와 뇌중격), 전전두피질, 뇌간, 나아가 골반척수 안에서까지 이러한 뉴런들이 고착된 지점들을 볼 수 있다. 트로쉬의 표현을 빌리면 "헬멧 아래와 허리띠 아래"에 있는 셈이다.

태아의 호르몬과 산모의 호르몬은 뇌의 신경회로를 구성하는 데 결정적인 역할을 한다. 개인의 성 기능, 특히 남성 혹은 여성으로서의 행동방식을 결정하는 것은 신경회로 구성에 달린 문제다. 나는 성 호르몬이 놀라울 정도로 이중적인 작용을 한다는 점을 강조하고 싶다. 테스토스테론은 뉴런 내부에서 에스트라디올로 변형되어 남성화 기능을 수행한다. 테스토스테론은 남성의 성 활동과 여성의 성 활동을 모두 자극하는 작용을 한다.[10] 반면, 여성 호르몬인 프로게스테론은 남성의 성 활동을 억제하지만 특정한 조건에서는 도리어 그러한 성 활동을 자극하는 것으로 알려졌다. 그래서 프로게스테론 분비가 정점에 이르는 밤에 남성의 성욕도 고조되는 것이다.

불쌍한 아벨라르의 경우(거세로 인해 남성 호르몬 분비가 중지된 경우)를 대부분의 종들에 대해 일반화할 수 있다. 수컷은 거세를 당하더라도 성적 활동이 아주 서서히 하향곡선을 그린다. 마치 좋았던 옛 시절에 대한 기억이 오랫동안 남는 것과 비슷하다고나 할까? 개는 거세수술을 받은 지 1년이 넘어도 암컷과 교미하는 듯한 외설적인 몸짓이나 태도를 버리지 않는다. 거세수술을 받는 연령이 늦으면 늦을수록 성욕에 미치는 효과는 낮다. 자연적으로 불임이 되고 생식선이 말라버린 노인네가 이따금 못 말리는 색정광 노릇을 할 수도 있다는 말이다. 아벨라르가 과연 고환을 잃어버리고 나서 사랑스러운 애인의 매력에 완전히 싫증을 느꼈는지는 확실히 말할 수 없는 얘기다. 요컨대 테스토스테론은 남자의 몸을 지배하지만 완전히 다스리지는 못한다. 여성의 경우에는 성 호르몬의 분비가 사라지면 분명히 여성적 성 활동성, 여성적 매력, 여성적 감수성 등에 영향이 미친다.[11] 그래서 에스트라디올 주사를 맞으면 몇 시간 동안은 성욕이나 여성으로서의 유혹이 회복되는 것을 볼 수 있다. 에스트라디올 주사 다음에 프로게스테론 주사를 맞으면 좀 더 서서히 감수성에 대한 효과가 강화되는 상승작용이 일어난다. 이때 프로게스테론은 성적 포만상태(성적으로 싫증난 상태)의 요인으로 작용한다.

영장류에게서는 성 호르몬의 효과가 사람에게서처럼 그렇게 뚜렷하게 나타나지는 않는다. 긴꼬리원숭이 암컷은 난소를 절제해도 교미하는 몸짓을 유지하는 경우가 가끔 있다. 하지만 여성은 난소를 제거해도 분명히 성욕에는 별 영향이 없다. 인간에게 발정기가 따로 없다는 사실이 인간에게는 성적 행위가 생식 기능과 직접적으로 연결되어 있지 않다는 주장의 근거가 되곤 하는데, 난소 없는 여성에게 성욕이 있다는 사실도 그 근거가 될 수 있을 것이다.

하지만 긴꼬리원숭이 암컷의 난소 절제 후 눈에 띄게 나타나는 현상은 이성에 대한 매력이 현저하게 떨어진다는 것이다. 이것은 뇌의 문제가 아니다(적어도 그 암컷의 뇌 문제가 아니다). 문제는 체취다. 이러한 암컷에게 에스트라디올을 주사하면 질 분비물이 다시 나오고 다시 그 분비물의 냄새로 수컷에게 매력을 어필할 수 있다.

원숭이 암컷과 인간 여성의 리비도를 조절하는 것은 여성 호르몬이 아니라 난소와 부신에서 분비되는 남성 호르몬(테스토스테론과 안드로스테네디온)이다. 그러니까 역설적이라고 해야 할지 애매하다고 해야 할지, 여성의 성욕은 적어도 부분적으로는 남성 호르몬이 뇌에 미치는 작용에 부응하는 셈이다.

결국 생식을 위한 기관들은 사랑의 본질이 아니며 그저 사랑으로 재미를 볼 뿐이다. 동물이나 인간이나 그러한 기관이 있어야 자손을 낳고 성행위를 즐길 수 있으니 말이다. 거대한 섹스 상점들과 동물들의 슬럼가를 돌아봤다. 사랑의 모든 길들은 우리를 뇌로 인도한다.

시상하부는 '에로스 센터'

이제 성욕이 만들어지는 곳이 어디인지 알아보자. 그곳이 바로 에로스 센터다. 사랑을 나누기에는 밤이 더 어울린다는 게 일반적인 생각이지만 사실 에로스 센터는 밤이나 낮이나 항상 열려 있다. 사실, 우리는 이미

잠, 먹기, 마시기와 관련하여 그곳을 살펴보았다. 바로 시상하부다.

정중시각교차앞구역(mPOA)은 시상하부 앞쪽에 있으며 남성적 행동을 하게 만드는 핵심 역할을 한다. 이 '중추'는 모든 감각에서 입수한 정보들을 받아들이고, 욕망의 불을 꺼뜨리지 않도록 여러 가지 자극적인 이미지를 통합한다. 또한 여성이 페니스를 받아들이기로 합의했거나 그럴 만한 상태에 이르기만 하면 남성의 신체를 성교 전 단계로 준비시킨다. 이러한 사실들은 쥐의 정중시각교차앞구역을 파괴하거나 전기자극을 입히는 실험들을 통해 증명되었다.

도파민은 정중시각교차앞구역을 활성화하는 주요한 신경전달물질이다. 유념할 할 점은, 이 도파민이 쾌락의 일반적인 회로에 개입하는 뇌간이나 복피개부에서 오는 것이 아니라(7장 참조) 제3뇌실 옆의 등쪽 시상하부에 있는 작은 도파민 핵들로부터 나온다는 것이다. 이 도파민계는 섹스에만 관여한다. 이를 고려하면 성적 쾌락이 비교적 다른 쾌락들과 동떨어져 있는 것도 납득이 간다. 이곳이 따로 독립된 이유 중 하나는 성적 쾌락이 종의 진화에 아주 중요한 역할을 하므로 특별한 체제로 보호할 필요가 있기 때문이다. 그 예로 마리화나의 주요 수용체를 억제하는 길항제는 우리의 쾌락 전반을 관리하는 중변연계의 활성화를 차단하지만 그런 와중에도 성욕만큼은 도리어 아주 왕성해진다. 테스토스테론은 정중시각교차앞구역을 부분적으로 활성화하고 도파민 분비를 강화함으로써 성 관계의 흐름을 주도한다.

정중시각교차앞구역은 혼자서 작용하는 것이 아니라 흑질선조체계와 밀접하게 연관되어 있다. 흑질선조체계는 앞에서 욕망과 쾌락에 중요한 역할을 하는 것으로 확인되었던 중변연계와 더불어(9장 참조) 성적 자극에 대한 운동반응을 원활하게 한다. 정중시각교차앞구역은 기억, 감정

등 사랑에 의미를 부여하는 것들의 개입을 뒷받침하는 정중전전두피질에서 오는 정보들을 받아들인다.

마지막으로, 정중시각교차앞구역은 편도와 연결되어 있으며 편도를 매개 삼아 방대한 후각 정보를 받아들인다. 편도는 섹스에 불안이라는 측면을 더해준다(11장 참조). 그래서 인간 남성은 항상 자신의 리드에 대해 확신을 가질 수 없는 것이다.

배쪽내측핵(VMH)은 여성의 성적 행동에 관여하지만 꼭 성과 관련된 행동만을 다루지는 않는다. 배쪽내측핵은 섭생행동을 통제하는 기능도 하고(5장 참조) 좀 더 일반적으로는 혐오스러운 동물적 행동들과도 관련이 있다. 난소를 절제당한 암컷의 배쪽내측핵에 에스트라디올을 주입하면 난소 절제로 인해 사라졌던 성적 행동들이 되살아난다. 하지만 거세당한 수컷의 배쪽내측핵에 에스트라디올을 주입하면 그 수컷은 암컷이 성행위를 할 때에 취하는 자세(척추를 앞으로 구부리는 자세)를 취하고 다른 수컷들을 파트너로 받아들이려 한다!

도널드 파프[12] 연구팀은 최근 일반적인 각성상태에서 성 활동에 기여하는 세 가지 화학물질을 밝혔다. 그 세 가지가 바로 각성의 신경전달물질인 히스타민, 노르아드레날린, 엔케팔린이다. 엔케팔린은 시상하부에서 분비되는 물질인데 성행위가 야기할 수 있는 신체적 고통을 막는 효과가 있다.

성행위를 할 때 암컷과 수컷의 생식 구조는 각기 어떤 몫을 담당할까? 암컷과 수컷이라는 생식 구조가 운동이라는 차원에서 먼저 성적 행동들을 야기하는가? 아니면 우리가 보았듯이—그리고 좀 더 그럴싸하게—감각과 성애의 몸짓들을 통합하는 좀 더 고차원적인 수준이 개입하는 걸까? 이 물음에 대한 답은 아직 확실하게 나오지 않았다. 어디까지나 가

뇌와 섹스[13]

섹스하는 뇌는 시상하부에서 남성 중추와 여성 중추가 대결하는 양상으로 단순히 요약될 수 없다. 두 방향으로 순환하는 정보의 흐름은 심층구조(편도와 뇌중격)를 매개로 하여 시상하부와 대뇌피질을 이어준다.

피질영역이 성욕에 모두 같은 정도로 관여하는 것은 아니다. 원숭이와 인간의 경우, 측두엽 앞쪽 부분이 손상되면 '클루버 버시 증후군'이 나타난다. 이 병은 일종의 정신적 실명과 정서 둔화로 인해 엄청난 과식증(음식이 아닌 것도 무조건 입에 넣으려고 함)과 통제 불가능한 성적 활동(세탁기, 빗자루, 진공청소기 등 전혀 엉뚱한 것들을 성적 대상으로 삼음)을 특징으로 한다. 전두엽이 손상된 이러한 환자들은 종종 음란한 말이나 극도로 뻔뻔하고 외설적인 행동을 보이지만 실제 성행위는 불가능한 양상을 보인다. 나는 이 문제와 관련하여 유명한 피니어스 게이지의 예[14]를 들겠다. 그의 두개골은 하버드 의학박물관에 보존되어 있다. 그의 사례는 연구자들의 상상력을 끊임없이 자극했다. 그는 원래 소박하고 사람 좋은 건설현장의 관리팀장이었다. 그러나 강철봉이 그의 이마를 뚫고 나가는 대형사고가 일어나는 바람에 그의 뇌 앞부분은 심각하게 손상되었다. 그러나 그 외에는 아무 이상이 없었다. 그러나 사고 이후 그는 거칠고 품행이 좋지 않은 사람으로 인격이 완전히 변해버렸다.

신경외과의들이 뇌가 입은 타격을 완화하기 위해 처치하는 과정에서 뇌중격이 자칫 파괴될 수가 있는데, 이러한 뇌중격의 파괴는 환자의 성욕과다를 초래했다. 쥐 실험을 통하여 뇌중격이 성적 행동을 억제하는 작용을 한다는 사실이 밝혀졌다. 그런데 모순적인 것은, 심각한 간질환자에게 신경외과적인 시술을 실시하면서 뇌중격에 전기자극을 가하면 (마취를 하지 않고 이 시술을 받은 환자들의 증언에 따르면) 성적 각성과 오르가슴이 나타난다는 사실이다. 그러한 성적 각성과 오르가슴은 진짜 간질발작처럼 보이기도 한다. 그러한 예외적인 경우들에 대해서 뇌파검사를 해보면 뇌중격 영역에서 자파(못 모양으로 날카로운 뇌파가 짧은 기간 동안 나타나는 것, 간질의 전형적인 증상)가 나타나는 것을 볼 수 있다.

> 이번 방문을 마무리하면서 나는 편도의 역할을 강조하고 싶다. 다시 한 번 말하지만 편도는 변연계의 핵심 그 자체다. 변연계는 우리의 감정을 관리하는 기능으로 특화되어 있다. 간질환자의 뇌에 전극을 설치하여 살펴본 결과, 편도를 자극하면 발기가 일어나거나 반대로 발기가 억제되었다. 범죄적이고 공격적 행동성향을 보였던 사람들의 뇌에서 이 영역을 파괴하더라도 별다른 성욕의 변화는 나타나지 않는다. 반면, 우르바흐 비테 증후군으로 고통 받는 환자에 대한 최근의 관찰 결과는 주목할 만하다. 이 환자들은 양측 편도들이 완전히 손상된 후에 어떤 감정을 얼굴의 표정과 일치시키지 못했다. 공포의 몸짓도 식별하지 못했으며 다른 감정들의 표정과 공포에 질린 표정을 구분하지도 못했다. 편도는 타인의 얼굴에서 감정을 읽어내는 역할 때문에 사랑의 관계에서도 중심적인 위치를 차지한다고 할 수 있겠다.

설이지만, 나는 암컷과 수컷이라는 두 개의 구조가 하나의 양팔저울에 달린 두 개의 접시라고 생각한다. 그리고 그 접시들 중에서 더 무겁기 때문에 내려가는 쪽이 개인의 성 정체성을 결정할 것이라고 생각한다. 즉, 그 사람이 남성에게 더 끌리는지 여성에게 더 끌리는지 판가름할 것이라고 말이다.

남자와 여자는 쥐처럼 구성되어 있다

방문객은 이 소제목을 보고 우리가 '섹스 투어'에서 주로 만나게 될 대상이 우리에 갇힌 실험용 쥐들과 연구자들의 불경한 호기심에 희생당하는 동물들의 기묘한 표본들이라는 사실에 놀랄 수도 있겠다. 동물의 성적 행동에 대한 연구의 역사에서 인간이 아닌 실험 대상들이 보여준 결과를 인간에게 명시적으로 일반화하려고 한 적은 별로 없었다. 왜냐하면 인간이 아닌 다른 종들의 성적 행동은 거의 맹목적으로 호르몬의 작용에 좌우되며 매우 전형적이기 때문이다.[15] 인간의 성적 행동은 전혀 그렇지가 않다. 또 다른 이유는 인간의 침실에 연구자의 측정도구들이 파고들기가 어렵기 때문이다. 침실은 인간의 성행위를 위한 사적 장소다. 그런데 '객관적'인 연구는 실험을 통해 암시적인 이미지를 보여주는 정도로 제한될 수밖에 없다. 하지만 여러분을 안심시키고자 말하는바, 우리 인간은 쥐들과 크게 다르지 않기도 하다. 엄밀한 관찰 조건과 설치류의 사생활을 존중하는 선에서 오늘날 실험용 쥐는 명실상부한 모델로 인정받을 만하다.

수컷 쥐와 암컷 쥐의 성욕은 그 행동방식에서나 관련되는 기관의 구조 및 성분에서 인간의 성욕과 매우 다르다. 인간은 기꺼이 '성욕'을 논하지만 생물학자들은 동물실험을 하면서 '동기부여'라는 용어를 좀더 즐겨 쓴다. 그러나 쥐들에게도 낭만적인 신방과 유곽에 관여하는 '사랑의 방'들이 있다(그림 27). 그러한 방들이 정해져 있기 때문에 우리는 욕망에 귀속되는 것과 그렇게 특정하지 않은 운동에 귀속되는 것을 구분함으로써 성적 동기부여의 정도를 측정할 수 있다. 이를 측정하기 위한 실험장치에서 수컷 쥐는 레버를 누르기만 하면 암컷 쥐와 만날 수 있다. 성적 파트너들끼리는 서로를 보고 냄새를 맡을 수 있지만, 그것이 곧바로 성행위로 넘어갈 가능성은 없다.[16] 이러한 모델은 쥐와 인간 사이의 비교를 가능하게 한다. 이러한 비교는 특히 발기부전이나 불감증의 약물 치료에 엄청난 함의를 지닌다. 또한 일부 향정신성 약물이 성기능에 미치는 위험을 입증해준다. 어디까지나 사례일 뿐이지만 실험용 쥐에 대한 관찰은 세로토닌 재흡수를 억제하는 특정 약물(프로작 유형 약물)이 인간의

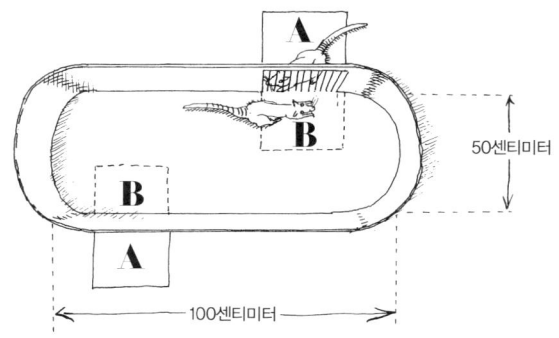

그림 27 성적 동기부여를 알아보기 위해 사용한 실험장치

그림에서 A로 표시된 부분은 쥐들의 우리이다. 그곳은 트랙 경기장 모양의 100×50센티미터 구획 바깥쪽에 위치해 있다. 이 우리는 손쉽게 분리할 수 있어서 위치를 임의로 바꿀 수 있다. 또한 우리는 철창으로 만들어져 있어서 실험대상이 되는 쥐들이 그들을 선동하는 쥐들의 모습을 바라볼 수 있다. 그림에서 B로 표시된 부분은 21×29센티미터의 가상지대이다. 이곳에 오는 횟수, 그곳에서 보내는 시간, 쥐들의 이동 거리, 이동 속도, 실험을 진행하는 동안 움직이지 않고 있는 시간 등에 대해서는 비디오 트랙 시스템이 모든 정보들을 측정하여 알려준다.

성욕에 지대한 영향을 준다는 사실을 증명했다. 성욕 감퇴가 혐오의 조건화 현상과 관련 있다는 관찰도 있다. 성의학에서 이루어지는 행동치료의 관건은 허약한 성욕을 회복시키는 것이자, 성도착자의 지나치게 과도하고 빗나간 욕망을 절제하는 것이다. 암컷 쥐도 인간 여성의 성욕 감퇴에 대하여 임상적으로 쓰이는 뷰프로프리온 같은 성분을 개발하는 데 모델이 되었다.

인간의 성은 더 이상 터부시되는 영역이 아니다. 비아그라를 위시하여 레비트라, 시알리스 등의 발기부전 치료제가 기대 이상으로 엄청난 성공을 거둔 것이 결정적 요인이었다. 성 기능 개선제의 성능은 크게 향상되었을 뿐 아니라 돈푼깨나 있다는 사람들이 그러한 약들을 손에 넣기 위해 엄청난 대가를 지불하게 되었다. 2004년 한 해 동안에만 미국인이 실데나필, 베르다나필, 타달라필 성분을 함유한 약품에 지출한 비용이

25억 달러라는 사실이 이를 잘 보여준다. 발기를 돕는 성분이 이렇게 각광을 받는다면 성욕을 변화시키는 약이 개발될 경우에도 이 정도 호응이 없으리라는 법이 없다. 실제로 역학 조사에 따르면 과소성욕으로 문제가 되는 여성의 수가 발기부전으로 고생하는 남성의 수보다 훨씬 더 많다고 한다. 이것은 그러한 문제를 치료할 수 있는 약의 잠재된 시장이 엄청나게 크다는 뜻이다.

게다가 사회적으로 보나 개인적으로 보나 도저히 용인될 수 없는 성적 행태를 보이는 남성들도 일부 있다(뒤의 내용을 보라). 성도착자도 그런 사람들에 속한다. 그들에게는 지나치게 높은 성적 동기부여를 감퇴시키는 약학적 치료가 이루어지는 것이 바람직할 것이다. 이런 식의 추론이 성적 동기부여를 선택적으로 높이거나 낮출 수 있는 신약 개발 연구에 자극을 주었다. 이런 이유에서 믿을 만한 동물 표본들이 있어야 한다. 우리는 쥐가 아니다. 하지만 성적 행동이라는 면에서 우리는 쥐들과 크게 동떨어져 있지 않다.

사랑과 공간의 기하학

인간은 세상에 태어나 처음으로 자신을 품에 안고 웃어준 사람을 사랑한다. 얼굴과 얼굴을 마주한다는 것은 온 생애에 걸친 사랑의 탐색을 알리는 일종의 전주곡이다. 인간은 그것밖에 생각 안 한다. 인간은 사랑을 나누는 행위를 하기 전부터 그에 대한 생각을 한다. 아마 동물들도 사랑을 할 수 있으리라. 실제로 동물들도 몸을 섞을 줄 안다. 하지만 그들에게는 사랑을 말하는 언어가 없다. 사랑하는 상태는 한 사람이 타자에게

품는 욕망의 증거다. 그 상태는 필연적으로 육체의 중개를 거친다. 욕망하는 육체와 욕망당하는 육체의 만남—그 둘의 역할이 얼마든지 서로 바뀔 수 있는—이 있어야 하는 것이다. 그러자면 타자와 타자의 소통이 절대적으로 필요하다. 모든 형태의 언어는 서로 얽혀 있는 두 척의 작은 배들처럼 함께 흘러가는 두 중심상태들의 표현이다. 하지만 뇌에 프로그래밍되어 있는 길은 언어뿐만이 아니다. 욕망하는 육체에서 그 욕망을 실행하는 육체로 넘어간다. 그럼에도 불구하고 욕망이 반드시 실행으로 귀결되란 법은 없으며, 실행이 반드시 만족을 안겨준다는 법도 없다. '진화된' 원숭이 두 마리가 자기들끼리 은밀한 곳에서 몸을 섞는다고 한다면, 이건 완전히 외설적인 짓이다. 원숭이들에게는 불쾌한 일이고 적절하지 못한 성행위인 이 사태가 아주 잘 성사되면 에로스의 신비로운 의식이요, 그 의식을 통해 동물적 자아는 에로스의 영광을 위해 희생된다. 에로스라는 신은 눈으로 볼 수 있는 신이 아니요, 섹스를 통해 만나는 신이다.

각각의 커플은 사랑의 공유에 바탕하는 '기본단위'다. 내가 비록 신경생물학 연구자다운 선입견에 기울어 있다고는 하나, 사랑과 욕망의 차이에 대해서는 충분히 강조했으므로 이 문제를 다시 짚어볼 필요는 없다고 생각한다. 헬렌 피셔의 연구팀[17]은 성관계가 수립되기까지 세 개의 단계 혹은 매혹의 수준을 거친다고 보았다. ① 성욕(리비도)은 성적 만족에 대한 강한 욕구를 특징으로 하며 반드시 어떤 특정 대상이 있어야만 하는 것은 아니다. ② 어떤 이성에 대한 아주 특별한 끌림, 우리의 관심과 에너지를 온통 앗아가는 이런 끌림은 행복감, 시도 때도 없이 일어나는 그 특정인에 대한 생각, 그 사람과 정서적으로 결합되고 싶다는 억제할 수 없는 바람이 특징이다. 이게 바로 사랑이다! ③ 장기적인 애착 혹

타라, 엘리, 그리고는 모두 타인들[19]

타라는 자신의 오빠를 처음 만나는 순간에 날것 그대로의 생생한 정념을 느꼈다. 자신과 피를 나눈 가족을 아무도 몰랐던 그녀는 친오빠를 만나는 순간에 그런 감정을 느끼리라고는 전혀 기대치 않았다. 우리는 아무도 첫눈에 반한다는 말을 믿지 않았지만 그녀가 느낀 감정은 분명히 그런 것이었다. 그녀는 야생마들도 우리를 갈라놓을 수는 없을 거라고 부연했다. 이야기를 들어보자. 엘리는 누이동생을 인터넷으로 찾았고 타라는 너무나 기뻐했다. "나는 나에게 오빠가 있는 줄도 몰랐어요. 하지만 엘리가 문간에 서 있는 걸 보자마자 거울을 들여다보는 것 같은 기분이 들었지요. 우리는 굉장히 닮았어요. 사고방식도 아주 비슷하고, 어떤 면에서는 체취마저 비슷했지요. 나는 오빠에게 중독되었어요. 싫증을 낸다는 건 있을 수 없었지요."

타라와 엘리는 일종의 강력한 유전적 성적 매혹을 느꼈던 것이다. 유전적 성적 매혹은 전문가들도 쓰기 시작한 지 얼마 안 된 용어인데, 생물학적으로 한 가족인 사람들이 입양으로 인해 함께 살지 못하다가 첫 대면과 함께 성욕과 사랑을 느끼는 감정을 말한다. 어떤 이들의 말에 따르면, 그러한 근친상간의 감정에 굴복하고 마는 사람들도 꽤 많다고 한다. 또한 어느 정도 성장한 이후에 자신과 피를 나눈 가족을 처음 만나는 사람들의 50퍼센트가 그 가족에게 어느 정도 성욕을 느낀다고 한다. 런던 대학교의 인류학과 교수 롤랜드 리틀우드는 근친상간을 범하고 만 사람들 20명을 대상으로 설문조사를 실시했다. 그는 프로이트의 이론이 설명하는 대로 우리 모두에게도 근친상간의 욕망은 꽤 강하기 때문에 강력한 문화적 터부가 있어야만 한다고 한다. 하지만 또 다른 시각에 따르면 근친상간이 진짜 문제가 되지는 않는다고 한다. 매우 광범위한 데이터가 입증하고 있듯이 어린 시절을 함께 보낸 가족에 대해서는 성욕이 자연스럽게 차단되기 때문이다.

은 고착은 동물의 경우에는 둥지를 짓고 자기의 영역을 방어하거나, 상대의 먹이를 구해주는 등 서로 보살피는 행동으로 나타난다. 인간도 전반적으로 동물과 비슷한 행태를 보인다. 이 단계에서 두 파트너의 목표는 물론 자녀의 교육이다.

나는 지금까지 성욕에 대해 다루었는데 그중 두 번째 단계에 대한 치밀한 연구로는 뤼시 뱅상[18]의 저작을 읽어볼 것을 권하는 바이다. 특히 이 저작은 성적 파트너를 선택함에 있어서 '닮음'이 얼마나 중요한 역할을 하는지 분석하고 있다. 두 파트너의 관계와 애착이 어떻게 발생하느냐에 대해서는 뒷부분에서 알아보고자 한다.

관계의 화학[20]

뇌의 기반에는 두 개의 펩티드가 있다. 바로 바소프레신과 옥시토신이다. 시상하부의 거대 뉴런이 만들어내는 이 두 펩티드는 매우 비슷한 형태를 지닌다. 바소프레신과 옥시토신은 뇌하수체의 후엽(신경뇌하수체)에 저장되었다가 생체 내에 분비되어 여러 가지 기능을 수행하는 호르몬들이다. 특히 바소프레신은 신장을 통해 체외로 빠져나가려 하는 수분을 붙잡는 기능을 하고, 옥시토신은 포유동물이 분만할 때 자궁수축을 일으키며 수유할 때 젖의 방출을 일으킨다. 이 두 호르몬들은 특정 상황에서 뇌의 특정 영역들이 분비하는 신경조절물질이며, 관계 혹은 애착을 발생시키는 역할을 담당한다. 엄밀히 말하면 고유한 의미에서의 사랑은 아닐지라도 같은 종의 두 개체들을 하나로 묶어주는 끌림이 있다. 엄마와 아이 사이의 끌림, 성적 파트너들 사이의 끌림, 혹은 친구 사이의 끌림도 해당된다.

자기에게 쏟아질 비난에 개의치 않는 생물학자라면 그 정도만으로도 주저하지 않고 '사랑'이라는 표현을 쓸 것이다. 중세에도 레몽 륄 같은 사람은 벌써 "짐승들의 사랑은 찬탄할 만한 것이다"라고 하지 않았던가? 그래도 나는 옥시토신을 '사랑의 호르몬'이라고—도파민에 대해 벌써 그런 표현이 쓰이기는 했지만—딱 잘라 말하지는 못하겠다. 우선 사랑과 애착은 동의어가 아니기 때문이다. 그리고 못 말리는 낭만주의자 취급을 받을 게 틀림없지만 그래도 사랑과 성욕을 같은 것으로 보고 싶지는 않기 때문이다. 그럼에도 불구하고 사실은 사실이므로 나는 이렇게 말할 수밖에 없다. 생물학자들이 가장 많이 다루는 종들, 즉 쥐, 들쥐, 명주원숭이도 몸을 섞음으로써 애착이 싹트고, 그러는 동안에 뇌의 기저부에서 옥시토신이 분비된다고 말이다. 사랑을 나누는 두 개체가 오르가슴을 느낄 때 옥시토신이 시상하부에서 분비되고, 바로 그 시상하부에서 옥시토신이 도파민과 더불어 쾌락/욕망의 신경화학적 이인조를 이룬다는 사실을 어떻게 주목하지 않을 수 있겠는가? 트리스탄과 이졸데도 코르누아유로 향하는 배의 선교^{船橋}에서 애틋하게 사랑을 나누었지만, 결국은 '짐승과 다를 바가 없었던' 것이다.

신화는 일회적 성교를 치지 않는다. 일회적인 성교는—비록 같은 파트너와 몇 번 더 반복될지라도—일시적이고 하찮은 일로 남을 뿐이다. 신화는 성행위를 시간적으로 지속시키게 하고, 나아가 영원까지 남긴다. 바그너의 오페라에서 절정에 도달한 두 연인은 이런 말들을 주고받는다. 트리스탄은 "당신은 트리스탄, 나는 이제 트리스탄이 아니라 이졸데입니다!"라고 말하고 이졸데는 이졸데대로 "당신은 이졸데, 나는 이제 이졸데가 아니라 트리스탄입니다!"라고 답한다. 트리스탄의 신화는 커플의 신화가 된다. "당신과 나는 지고한 행복으로", 가장 완전한 공감을 나타내는 하나의 의식으로 영원히 하나가 된다는 신화.

다원주의 진화론적 시각에서 보는 사태는 훨씬 더 단순하고 덜 신비스럽다. 일부일처제, 아니면 적어도 커플 관계는 인간의 특권이 아니다. 성적 파트너가 아주 풍부하지 않은 조건에 있는 종들은 으레 그러한 관계를 맺는다. 하나에게 충실할수록 그 하나를 잘 지켜서 자손을 볼 확률이 높기 때문이다. 앞으로 우리가 살펴볼 모든 예들이 그런 경우다.

암컷과 수컷의 교미가 지니는 궁극적인 목적이 생식이라고 받아들인다면 지나친 독단주의라고 할 수도 있다. 암컷과 수컷에게는 새끼를 보호하고 먹을 것을 책임져야 한다는 부담이 따른다. 그러니까 교미의 목적은 하느님의 명령대로 '생육하고 번성하는 것'(『창세기』 1장 28절), 다윈의 법칙(가장 적응이 뛰어난 개체들이 자손을 남기는 데 성공한다)에 따라 종의 증식을 책임지는 것이다. 그럼에도 불구하고 성행위의 직접적이고 자기중심적인 원인은 유전자가 아니라 욕망이 부채질하는 쾌락에 대한 추구라는 가설이 수립될 수 있다. 그러한 욕망은 타자가 접근하고 그 모습을 나타냄으로써 일어난다.

욕망을 함께 나누는 한 형태로서 엄마와 갓난아기의 만남을 들 수 있다. 여기서 양자의 애착관계를 맺어주는 것은 쾌락이다. 암양의 경우는 훨씬 더 볼 만하다. 암양이 새끼를 낳는 동안에 일어나는 질 팽창은 반사 통로를 통해 옥시토신을 혈액과 뇌에, 특히 후각영역에 분비한다. 암양이 새끼를 낳으면 그 새끼 외에는 바라는 것이 없어진다. 어미 양은 냄새로 자기 새끼를 알아본다. 최근에 암양의 질과 뇌를 인위적으로 자극하여 이루어진 실험 결과, 암양은 자기 새끼에 대한 애착을 그대로 간직한 채로 자기가 낳지 않은 다른 새끼 양도 애정으로 받아들일 수 있었다. 쾌락(인간의 손으로 빚어진 쾌락)을 느낀 어미 양은 뇌에 옥시토신이 넘쳐흐르기 때문에 자기가 낳지 않은 새끼도 자기 새끼처럼 사랑할 수 있게 된 것이다. 이건 성경에서 말하는 것과는 무관하다!

매우 치밀하게 연구된 바 있는 미국들쥐의 사례는 자세히 다루지 않겠다. 미국들쥐는 두 종류가 있는데, 한 종류는 대평원에 살면서 수놈은 한 암놈 외에는 다른 짝을 맺지 않고 암놈도 새끼들을 잘 키우고 가정을 잘 꾸리는 현모양처 노릇을 톡톡히 하는 반면, 다른 한 종류는 척박한 산중에 모여 살며 암수 모두 변덕스럽고 바람을 잘 피우며 새끼를 잘 돌보지도 않는다. 이렇게 차이가 나는 이유는 두 번째 종(산에 사는 미국들쥐)의 암컷 뇌에는 제대로 자리 잡은 옥시토신수용체가 없기 때문으로 보인다.

일부일처제를 이루고 사는 동물 중에서 나는 인간과 아주 가까운 명주원숭이의 예를 특히 주목한다. 이 원숭이들은 무엇으로 소일하는가? 물론 생명을 유지하는 일이 중요하다(먹기, 마시기, 잠자기). 하지만 이네들은 주로 파트너들끼리 서로 이를 잡아주고 작은 관심을 나누며—몸을 비비고, 만지작거리고, 뽀뽀하고—교미를 하면서 한세월을 보낸다. 이러한 성적 활동은 사회적 위상이나 생식기능과 무관하다. 인간 여성이 그렇듯이 명주원숭이 암컷의 배란기는 겉으로 보아서는 알 수 없고, 수컷은 암컷의 가임기가 아니더라도 성적으로 매우 왕성하다. 파트너 사이의 관계가 느슨해지거나, 잠재적 위험이 있거나, 잠깐 헤어진 다음이나 새끼를 잃고 난 다음에는 암컷과 수컷의 교미 횟수가 더 늘어난다. 애정과 섹스가 충만하면 어떤 불행이나 위협도 약화시킬 수 있다는 듯이 말이다. 여기서 우리는 이런 의문을 제기해봄직하다. 왜 그렇게 섹스를 많이 하는 걸까? 사회생물학자라면 암컷의 배란이 공개되어 있지 않으므로 수컷은 같은 암컷과 가능한 한 많은 섹스를 해서 자손을 볼 확률을 최대화하려는 것이라고 결론을 내릴 것이다. 우리는 동일한 논증을 인간에게도 적용할 수 있을 것이다. 게다가 명주원숭이 암컷은 인간 여성과 마찬가지로 낯선 수컷에 대해 배란이 감추어져 있다. 긴꼬리원숭이의 경우에는 수컷에게 배란기, 즉 가임기를 알려주는 간접적인 표시들(예를 들면 후각적 표시)을 갖고 있다.

사실 섹스의 직접적 이익은 다른 데 있다. 나의 가설을 다시 한 번 상기시키자면 그 이익이란 두 파트너가 느끼는 쾌감이다. 규칙적인 섹스 파트너가 있으면 쾌감을 얻을 가능성이 그만큼 커진다(적어도 초기에는 그렇다). 명주원숭이들이 처음 관계를 맺고 나서 섹스를 많이 하는 것도 애착을 수립하고 강화하기 위해서일 것이다. 수컷의 경우 다른 경쟁자 수컷이 있으면 암컷과의 교미를 더 자주 시도한다. 암컷도 질투를 모르지 않는다. 암컷은 다른 암컷의 체취를 맡으면 성적 교태를 훨씬 더 많이 부린다.

애착에서 사랑으로, 인간의 경우

인간의 섹스에서도 옥시토신은 한몫을 차지한다. 뇌에서 분비된 옥시토신은 욕망/쾌락의 힘에 따라 상승한다. 시상하부에서 혈액으로 분비된 옥시토신은 생식기 근육의 리드미컬한 수축을 낳으며 그러한 수축은 다시 옥시토신의 분비를 촉진한다.

남성의 경우 생식기가 붉게 부어오르는 충혈 단계가 지나면 요관이 수축하면서 요동치는 오르가슴과 같은 상태가 오고 그다음에는 점점 근육 경련이 강하게 일어나면서 고환이 올라간다. 여성의 경우에는 거의 비숫한 수축 운동에 따라 생식기의 활동이 일어나고 자궁에서 목으로 진동이 퍼져나간다. 쾌락이 절정에 이르면 1분당 호흡 횟수가 때때로 30회를 넘어서고 심장박동 수도 120~140회에 이른다. 여성의 경우에는 특히 오르가슴의 강도가 사람마다 매우 다양하게 나타나서 동맥압을 가리키는 수은주가 최대 20센티미터를 넘어갈 수도 있다. 남성의 오르가슴은 대개 사정과 동일시되는데 이것은 잘못이다. 남성도 사정 없이 오르가슴을 느낄 수 있다. 오르가슴 없는 사정도 있을 수 있고 그 역도 얼마든지 성립 가능하다. 오르가슴은 쾌감을 느끼고 생체에서 표현되는 현상들을 관리하는 뇌의 소관이다. 강력한 진통 성분은 성기들이 만나서 기계적으로 운동함으로써 빚어지는 섹스의 폭력적이고 아픈 부분을 차단한다. 그러한 진통 성분 덕분에 고통은 침묵하고 희열만이 자유롭게 표현될 수 있는 것이다. 남성과 여성은 잠시 동안 성의학자들의 현학적인 기술들을 경멸한 채로 "경련 속의 신비로운 기하학" 안에서 하나가 된다. 비록 사랑에 빠진 여성은 자기가 사랑하는 남성의 희열을 자기 몸으로 완전히 경험할 수 없고, 남성 또한 여성의 쾌감을 알 수는 없기는 마찬가지지만 두 존재 사이에는 실제로 진정한 융합이 일어난다. "나는 남자, 그녀가 내게 말한 것을 알 수가 없어라." 가르시아 로르카는 『집시의 노래』에서 이렇게 노래했다. 내 생각에 세상의 그 어떤 동물도 그런 종류의 희열을 경험할 수 없는 것 같다.

폭발적인 절정 이후에는 해소의 국면이 온다. 이 국면이 남성에게는 몇 분 정도, 여성의 경우는 그보다 좀 더 길다. 현대 성의학 분야의 논문은 이 단계를 동맥압, 심장의 리듬, 호흡이 정상으로 돌아오는 국면이라고 기술한다. 오르가슴을 느낀 후에도 숨이 가쁘기 때문에 콧구멍은 벌렁거린다. 이처럼 '제정신이 돌아오는' 단계는 감각적 도취의 끝을 의미한다. 침샘이 마르고 입이 건조해지는데, 눈망울은 반대로 촉촉해진다(기쁨의 눈물).

다양한 성행위 관계들이라는 주제는 아무리 써먹어도 마르지 않는 샘 같다. 친애하는 여행자들이여, 물론 여러분은 사회적 관계를 맺는 데(직장에서, 휴가지에서 등등) 애착과 섹스가 얼마나 중요한지 스스로 확인할 기회가 있을 것이다. 데이터는 지천에 널려 있고 논쟁도 끊임없이 벌어졌으니 나는 이 미개척지를 여러분 스스로 탐색해보라고 하겠다. 이 미개척지에는 선입견과 함정이 너무 많아서 내가 자칫 여러분을 잃게 될지도 모르겠지만 말이다. 그러므로 우리의 방문이 불륜이나, 더 나쁘게는 통음난무로 엇나갈 가능성은 생각할 것도 없다. 신중하고 덕망 높은 여행자들이여, 우리는 사랑의 길을 따라가는 등반을 마치면서 마지막으로 뇌에서 고귀한 피질 영역들이 담당하는 역할을 살펴보고자 한다. 필요한 만큼의 점잖음은 지키되, 감히 성욕에 빠진 정신이 저지르는 일탈과 기행을 알아볼까 한다. '성도착'이라고 부를 만한 짓들 말이다.

피부와 피부가 맞닿는 순간이 오기 전까지의 사랑은 '알아봄'의 문제다. "내 몸과 하나가 되기 전에 당신은 이미 내 머릿속에 있었다. 당신의 몸과 얼굴은 하트 모양의 향기로운 컬러 지도에 그려져 있었다. 나는 오랫동안 이 '사랑의 지도'를 이정표처럼 간직하고 있었다. 나는 여러 번 당신을 알아보았다고 생각했고, 환상이 깨지면서 심장은 금세 찢어지곤 했다. 그리고 마침내 내 사랑, 내 형제 그대를 찾았다. 꼭 맞붙은 우리 둘의 육체는 이제 하나일 뿐이다." 이 소설의 한 대목은 '사랑의 지도'(그림 28)를 언급한다. '애정의 지도'란 영어의 신조어 '러브맵lovemap'과 거의 같은 의미다. 미국의 위대한 성의학자 존 머니는 개인의 뇌 안에서 상대방의 매력, 선택, 성적 행동을 다스리는 표상들 전체를 가리키는 의미로 '러브

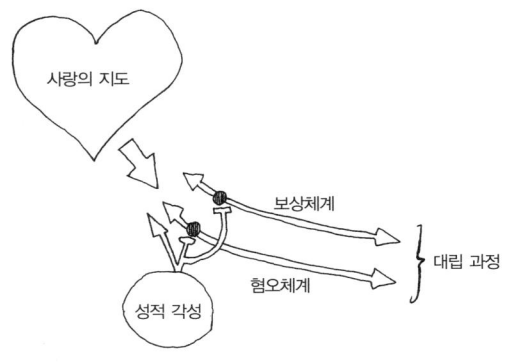

그림 28 사랑의 지도

맵'이라는 용어를 사용했다. 그런데 사랑의 지도는 사람이 태어날 때부터 있는 게 아니다. 자연언어처럼 개인이 태어난 후의 몇 년 동안에 서서히 발달되어가는 것이다. 이 지도는 개인의 뇌 속에서 구성되어가는 일종의 표상 혹은 모형으로서 특정화된 감각들의 수용에 따라 달라진다. 사랑의 지도는 사랑하는 이상형의 이미지를, 나아가 커플이 되었을 때의 낭만적이고 성애적이고 이상적인 관계를 통해 어떤 것을 함께할 것인가를 기술한다. 러브맵은 일차적으로 정신적 상상, 꿈, 환상에 존재하지만 나중에는 어떤 파트너와 취하게 되는 행동으로서 나타날 것이다.

머니는 자신의 이론에서 내가 '인지적 지도'라고 부르는 특별한 형태를 기술했다. 모든 사회적 동물 가운데 인간의 아이처럼 오랫동안 타자와 환경의 영향에 노출된 채 성장하는 동물은 없다. 인간의 아이가 마주하게 되는 일련의 사건과 상황이 그 아이의 뉴런에 고유한 사랑의 지도를 새겨 넣는다. 그의 지도는 타인의 지도, 즉 그의 이상적 파트너의 지도를 음화(陰畵)로 그려낸다.[22]

대부분의 경우 사랑의 지도는 이성애적으로 수립된다. 복잡할 것도 별로 없다. 유전자들이 호르몬을 매개로 종에 따른 암컷과 수컷의 성적인 뇌신경 회로들을 각기 다르게 배선하기 때문이다. 양의 예가 그렇듯이 그러한 종들 중 상당수가 호르몬으로 조종당하는 로봇 같은 양상을 보여준다. 그들은 생식행동을 세 단계에 걸쳐 나타내며 출생 이전에 마련된 뇌의 호르몬 프로그래밍에 철저하게 지배당한다. 그러므로 출생 이후에 일어난 일은 그 프로그래밍을 전혀 수정할 수 없는 것이다. 설치류와 영장류는 성적인 프로그래밍이 완성되지 않은 상태의 뇌를 가지고 태어난다. 성인으로서의 삶을 살아가는 데 길잡이가 되는 지도는 각각의 개인이 겪은 소란스럽고 복작대는 기나긴 삶의 귀결이며 우리의 뉴런에는 그러한 삶의 자취들이 남아 있다. 뇌 중추들, 호르몬들이 서로 대립하거나 모순을 일으키는 가운데 사랑의 지도는 섹스의 모순들이 표현되기에 좋은 영역을 가르쳐준다.

원숭이류, 특히 침팬지는—인간이 그렇듯이—사회적 환경의 중요성을 잘 보여준다. 침팬지 새끼는 사랑을 어떻게 배우느냐에 따라 성적으로 완성된 성체가 될 수도 있고 구제불능의 멍청이가 될 수도 있다. 침팬지 새끼를 혼자 우리에 가두어 길러서 다른 침팬지들 사이에 놓아주면 암컷이 성적 신호를 보내도 그에 부응하지 못한다. 되레 암컷을 공격하거나 저만치 가서 자기 혼자 웅크리고 자위행위에 몰두하는 것이다.

위대한 동물학자도 침팬지들의 주체성을 완전히 통찰한다고 자신 있게 말할 수는 없다. 하지만 자연에서의 침팬지들을 관찰하거나 그들의 행동을 보고 추론하여 다음과 같은 결론을 내릴 수는 있을 것이다. 암컷과 수컷을 서로에게 끌어당기고 상대에 대해 참을 수 없는 욕구를 느끼게 하는 것은 일차적으로 시각, 후각, 청각에 속하는 '어떤 것'이요, 촉각적 감각은 그다음에야 오는 것이라고 말이다. 머니는 포획상태의 침팬지 커플을 그 예로 들었다. 이 커플은 교미를 전혀 하지 않았기 때문에 동물원 관계자들은 새끼를 얻지 못할까봐 무척 안달하고 있었다. 그런데 침팬지들의 교미 장면을 찍은 에로틱한 영화를 보여주자 이 냉담한 침팬지 커플도 격정에 사로잡혀 성적 무기력상태에서 벗어났다.

사랑을 나누는 행위는 일종의 지식, 처세술이기도 하다. 말하기나 걷기처럼 섹스도 배워야 하는 것이다. 아이가 자신의 사랑의 지도를 만들기 위해서는 본보기들이 필요하다. 만 4~5세경의 아이는 최초의 성행위 연습에 들어간다. 색안경을 끼지 않고 아이들의 놀이를 바라본다면 아이가 가족 내에서 형제자매들끼리, 때로는 부모들과도 여러 가지 성애적 실험들을 하고 있다는 것을 알게 될 것이다.

유년기와 사랑의 관계는 다른 모든 행동들, 이를테면 말하기와의 관계와 마찬가지다. 아이는 유년기에 주위 사람들을 흉내 내면서 자신의 말할 수 있는 능력을 자연스럽게 발견한다. 사회가 정한 문법 규칙들을 학교에서 배우는 것은 그다음의 일이다. 그처럼 아이는 유년기에 본능적으로 자신만의 독창적인 사랑의 지도를 만들어나간다. 물론 그러한 지도 제작은 온갖 위험에 노출되어 있다(말하기를 제대로 배우지 못하듯이 사랑하는 법을 제대로 배우지 못할 수도 있다). 특히 만 5~8세경 아이의 사랑의 지도는 머니가 '야만성'이라고 했던 것에 취약하다. 폭력, 제약, 지나친 엄격함, 참을 수 없는 딜레마 등은 사랑의 지도를 뚜렷하게 만들기는 커녕 심하게 훼손하고 망쳐버린다. 그런 지도를 가지고 자란 아이는 청소년기에 접어들면 성의 가장 끔찍한 영역으로 빠지기 쉽다. 사춘기 이후에 나타나는 모든 병적인 성행위는 사랑의 지도가 망가졌기 때문에 일어난 결과다.

나는 여기에서 동성애에 대해서는 다루지 않겠다. 동성애는 '병'이 아니고 성도착이나 변태의 범주에 들어가지도 않는다는 점을 강조하기 위해서다. 프랑스어에서 '사랑amour'이 남성과 여성을 모두 가리킬 수 있다는 사실은 의미심장하다. '연인'이라고 하면 그뿐, 이성 커플인지 동성 커플인지 굳이 밝힐 필요가 없다. 나는 그 외의 변태적인 사례는 커플로 치지 않으니까 여기서 더 나갈 것도 없다.

미성년자에 대한 금지

이제 우리는 뇌의 한정된 영역 중에서 감수성이 예민한 사람들은 입장을 삼가야 할 만한 곳을 둘러보고자 한다. 이 영역은 무척이나 어두침침해 좋지 않은 꼴을 보게 될 위험도 적지 않다.

어린 시절에 작성된 사랑의 지도는 두개골 아래 대뇌 이랑들 가운데, 다른 여러 인지지도들 틈에 끼여 정리되어 있다. 개인적 특성을 지닌 사랑의 욕망들은 그 사랑의 지도에서 자기만의 성향에 부응하는 동기와 자극을 찾아낸다. 물론 그러한 성향은 각 사람이 타고난 기질이나 살아온 이력에 따라 만들어진 것이다. 내딛지 말았어야 할 한 걸음, 한 번의 실수, 한 번의 상처, 한 번의 잘못된 만남만으로도 얼마든지 위태위태한 균형이 깨지고 악순환의 고리가 생길 수 있다. 다음의 내용은 악마와 육체의 관계를 다룬 필자의 책에서 발췌한 내용이다. 부드럽고 연약한 육체는 사랑의 욕망을 다스리는 지도와 같다. 우리 뇌에서 음탕한 육욕이 걷는 길은 여러분도 얼마든지 들어설 위험이 있는 길이다.

악마의 몫[23]

우리의 케케묵은 이원론적 문화는 사랑과 음욕의 갈등을 결코 해결할 수 없었다. 우리가 가진 사랑의 지도에는 모두 그 흔적이 남아 있다. 그래서 여성은 마돈나 아니면 창녀, 남성은 순정파 아니면 난봉꾼이다. 성스러운 사랑은 아무 흠 없이 허리띠 위를 차지한다. 반면에 허리띠 아래쪽은 더러움과 죄가 차지한다. 음욕은 어두운 밤이나 유곽의 혼란스러운 조명을 뜻한다. 하지만 사랑은 태양처럼 눈부신 빛이다.

아이는 호르몬 분비가 늘어남에 따라서 욕망의 체계가 가하는 압력에 시달리고 그러한 모순을 해결하지 않으면 안 된다. 인생사가 순조롭게 풀리고 주위 사람들이 조심스럽게 아이와 보조를 맞춰준다면, 사랑의 지도는 정상적으로 욕망을 공급해줄 것이다. 욕망을 떠받치는 대립 과정이 너무 심하게 동요하거나 충동의 심연에 처박히는 일은 없을 것이다.

그런데 사랑의 지도에서 육체와 사랑이 분리되어 있다면 문제가 발생한다. 성적 무력, 불감증(혹은 섹스리스)의 경우에는 누군가를 사랑하거나 애정관계를 유지하는 것은 가능하지만, 그 사랑에 대해 성 기관을 제대로 사용하지는 못한다. 색정광(섹스중독)의 경우는 정반대다. 성 기관의 활발함이 사랑을 희생시킨다고나 할까? 변태적인 성욕 해소(성도착)의 경우에는 유년기에 사랑의 지도가 파손되고 잘못 작성되어 타락한 애정과 음탕한 육욕이 뒤엉켜 있는 상태. 대립 과정의 충동 리듬에 따라 과열된 욕망 체계가 맹목적으로 성의 샛길과 막다른 골목길로 치닫는 꼴이다.

어떤 경우에는 변태적인 두 사람이 서로의 지도를 교환하고 상상을 보완하면서 관계를 형성하기도 한다. 하지만 그건 어디까지나 예외적인 경우다. 대부분 둘 중 한 사람만이 변태이며 그의 잘못된 지도는 결코 애정을 통한 두 사람의 공존을 이끌어내지 못한다. 이따금 겉으로 보기에는 정상적인 부부생활과 은밀한 성도착 행위 사이에 엄청난 간극이 생기기도 한다. 이리하여 멀쩡한 신사가 밤의 제왕이 되어 자신의 수동적인 교미도구에 지나지 않는 부인의 품에서 온갖 상상을 실제로 옮기기도 하는 것이다.

그런데 이따금 변태와 변태행위의 희생자 사이에 기이한 공범의식이 싹트곤 한다. 이러한 현상은 반복적 조건화로 인해 내성이 생기는 현상과 매우 흡사하다. 그래서 희생자는 자기를 괴롭히는 사람을 떠나지 못하고 자꾸만 더 심한 고통을 요구하는 셈이 되는 것이다. 사디스트 남편에게 시달리던 부인은 주위의 도움으로 그 남편에게서 해방되더라도 다시 남편의 쇠사슬과 채찍으로 돌아갈 것이다. 변태에게 시달린 아이는 나중에도 그 변태의 감옥을 버릴 수 없을 것이다.

유괴당한 사람과 유괴범 사이에 혹은 인질과 테러리스트 사이에 이러한 애착관계가 생기는 것을 '스톡홀름 신드롬'이라고 한다. 스톡홀름 신드롬은 한 스웨덴 여성이 은행 강도에게 인질로 잡혔다가 풀려난 후에 약혼자와 파혼하고 감옥에 들어간 그 강도와 결혼한 사연에서 비롯되었다. 또한 언론의 엄청난 관심을 불러일으켰던 또 다른 여성의 사례를 들자면 패티 허스트가 공생해방군이라는 극좌파 게릴라에게 납치되었다가 자발적으로 그 단체에 적극적으로 가담한 일이 있다. 스톡홀름 신드롬은 매 맞는 여성과 학대당하는 아이에게서 훨씬 더 보편적으로 관찰된다. 대립되는 두 개의 체계, 즉 가해자의 체계와 희생자의 체계가 서로 공명을 일으키는 현상이라고나 할까. 볼티모어의 소아성애 살인범이었던 아서 구드는 자기가 납치한 한 소년과 함께 살았는데 그 소년은 구드의 범죄에 대해 아무것도 몰랐다고 한다. 끔찍한 재난에서 살아남은 생존자가 자기가 죽지 않고 살았다는 사실을 계속 기리게 되듯이 변태는 객관적인 비극을 주관적인 승리로 바꾸어 생각한다. 그의 사랑의 지도는 망가졌기 때문에 욕망에게 두 번째 기회를 주는 새로운 지도를 만든다. 하지만 그렇게 되기 위해 얼마나 엄청난 대가를 치르는지! 사랑과 음란 사이의 간극 때문에 그러한 음란은 반복적인 충동에 빠질 수밖에 없다.

변태성욕에는 중독성이 있다. 욕망의 대상은 유일무이하고 특수하기 때문에 빛난다. 사교계 여성에게는 평판 나쁜 술집에서 남자를 꼬드기는 일이 될 것이요, 또 어떤 사람에게는 공공장소, 사우나, 축제의 무대에서 벌이는 음탕한 짓이 될 것이다. 하나의 예를 들어보자. 화장실에서 그 짓을 하다가 들킨 적이 한두 번이 아닌 동성애자가 있었다. 그는 의사와 상담을 하면서 자신은 거대한 페니스에 중독된 사람이라고 밝혔다. 5살 때 아버지가 누나에게 거대한 페니스를 들이대는 모습을 목격하면서 그의 사랑의 지도는 심하게 훼손되어버렸던 것이다. 그는 거대한 페니스에 대한 욕망을 결코 만족시킬 수 없었다. 어린아이의 눈으로 바라본 성인 남성의 페니스에 비견할 만한 것은 결코 찾을 수 없었기 때문이다.

성도착자들이 하는 짓들을 나열하자면 지루하기 짝이 없다. 변태행위들, 특히 남이 하는 변태행위들은 지루하다. 도덕주의자나 철학자의 용기가 없고서야 소돔에서의 120일을 권태에 빠지지 않고 지낼 도리가 없다. 사랑의 지도에는 집계와 분류를 요하는 50여 개의 원형原形이 분명히 존재한다. 사디즘과 마조히즘은 특정 성도착 행위들—채찍질, 고문 등—을 망라하는 불분명한 집합들을 가리킨다. 앙갱 공작처럼 에스파냐식 문고리에 매달리는 사람들은 비닐봉지에 머리를 처박고 질식하고, 자기 목을 자기가 조르고, "몸을 꽁꽁 묶고" 결국은 죽음인지 오르가슴인지 모를 것을 맞이한다. 신체적 폭력성을 수반하는 변태행위, 오줌이나 똥에 집착하는 변태행위, 신체를 절단하거나 해체하는 변태행위, 신체를 비벼대는 것으로 만족을 얻는 변태행위, 다른 사람과 방금 성행위를 한 상대하고만 재미를 볼 수 있는 변태행위 등등 그 양태가 너무도 다양하다. 게다가 누군가를 납치하는 행위에서만 만족을 얻는 사람도 있다. 범죄를 통해 성적 만족을 느끼는 사람들, 이른바 '보니 앤 클라이드 신드롬'도 존재한다. 변태적인 전화를 걸고 만족을 느끼는 사람, 관음증과 노출증 환자, 구두·속옷·체취 등 특정 대상에 집착하는 물신숭배자, 관장으로 쾌감을 얻는 관장도착증 환자, 복장도착자, 소아성애 환자, 80대 노인만을 강간하는 노인성애 환자, 동물성애자와 시체애호자도 있다. 그 밖에도 수많은 성도착 가운데 일부만 언급하면 신체 일부가 잘려나간 상대와의 섹스에서만 오르가슴을 느낄 수 있는 신체절단 페티시, 개미나 그 밖의 작은 곤충을 성기에 올려놓고 성적 흥분을 일으키는 개미애호증도 있다.

이 모든 성도착들은 사랑의 지도가 망가졌음을 증명한다. 변태들에게도 사랑의 지도가 결함이 있을지언정 있기는 있는 것이다. 섹스 중독에는 외설적으로 까발려진 섹스 외에는 아무것도 없다. 색정광은 마약 중독자가 코카인에 중독되듯 섹스에 중독된다. 남성들끼리 모여서 자신이 얼마나 지치지 않고 섹스를 해대는지 자랑하는 섹스 선수들은 자기가 얼마나 마약주사를 많이 놓는지 자랑하는 병자들과 똑같다.

감옥은 성도착자들이 이르게 되는 당연한 결과다. 그들이 타인에게 얼마나 큰 상해를 입혔느냐에 따라 감옥에서 보내는 기간이 결정된다. '정신 차리고 치유하는 것'이 이상적인 행보가 되겠지만 당사자의 자유를 박탈하지 않는 한 정신을 차리기가 힘들고 꼭 완치되리라는 보장도 없다. 야만화된 사랑의 지도를 대체할 수는 없다. 항안드로겐 스테로이드 및 그 밖의 성분을 처방함으로써 뇌에서 성적 각성이 일어나지 못하게 막을 수는 있다. 그러한 약물 처방의 결과는 꽤 고무적이지만 그런 방법이 '화학적 거세'라는 부적절한 용어, 즉 성경에서 말하는 성기 절단형을 떠올리게 하는 것은 어쩔 수 없다. 개인 혹은 집단을 대상으로 하는 심리치료의 결과는 성도착 중독의 심각성과 사랑의 지도 훼손 정도에 따라 다양하게 나타난다. 행동치료도 이따금 좋은 효과를 나타낸다. 그렇지만 행동치료를 성도착자들에게 실시하는 데에는 어려움이 따른다(스탠리 큐브릭 감독의 〈시계태엽 오렌지〉*를 보라). 결국 심판하는 이들에게는 '이해'라는 가장 힘든 임무가 주어진다.

---

* 앤서니 버지스의 『시계태엽 오렌지 CA Clockwork Orange』(1962)를 1971년 영화로 만든 작품. 폭력과 외부의 힘에 의해 태엽이 감겨야만 움직일 수 있는 인간상에 대한 반성을 주제로 한 작품이다.

14장

'본다'는 행위 뒤에 숨은 뇌과학

"Demandez à un crapaud
ce que c'est que la beauté, le grand Beau,
le tò Kalon! Il vous répondra
que c'est sa crapaude (...)" Voltaire

> "주여, 당신이 지으신 모든 생물에게
> 특별히 내 형제 태양에게 찬미 받으소서,
> 태양은 낮이요, 그로써 당신은 우리에게 빛을 주시니
> 태양은 아름답고 커다란 광휘로 빛나며
> 지극히 높으신 당신을 닮았나이다."
> 아시시의 성프란체스코, 「태양 형제의 노래」

아름다움이여, 우리를 어디로 인도하는가? 뇌의 가장자리, 그곳에 시선이 멈춘다.[1] 우리는 여행을 하는 내내 한가로이 거닐었고, '욕망의 기상천외한 기계실'[2]에서 한참을 머물렀다. 그러는 와중에 모든 욕망과 쾌락이 교차하는 시상하부에서 길을 잃을 뻔한 적도 있었으나 결국 사랑의 길을 따라 걸어올 수 있었다. 하지만 우리는 잘 안다. "우리가 말하는 사랑은 아름다움에 대한 욕망으로 이해하면 된다."[3]

안심하라, 나는 여러분에게 아름다움에 대한 일장 연설을 늘어놓을 생각은 없으니까. 그에 대해서는 플라톤 이래로 모든 철학자들이 저마다 한 마디씩 했으니 여러분은 얼마든지 찾아볼 수 있다.

칸트는 "아름다움은 개념 없이 보편적으로 만족을 주는 것"이라고 정의했다. 그럼에도 불구하고 아름다움에 대해서 '횡설수설'하지 않고 단 하나의 객관적 정의를 내리기란 실로 어렵다. 볼테르는 『철학사전』에서

모든 정의를 거부하는 근본적인 주관을 옹호한다. 볼테르의 증명은 비록 칸트와 같은 사유의 경지에 이르지는 못하지만 항상 유머라는 장점을 갖고 있다. "시험 삼아 두꺼비에게 미가 무엇이냐고, 대단한 미녀가 누구냐고 물어보아라. 아마 그 두꺼비는 돌출한 커다란 눈, 귀밑까지 찢어진 입, 누리끼리한 배를 뒤뚱거리는 암두꺼비를 가리키며 아름답다고 할 것이다. 다음은 기니의 흑인에게 물어보라. 그는 미의 기준으로 번들번들한 검은 피부, 푹 파묻힌 눈, 납작코를 들 것이다."[4]

아름다움이 세상에 대해 존재의 현존을 계시한다고 생각하는 사람들이 있다. 또 어떤 이들에게는 아름다움이 그저 뇌의 산물에 지나지 않는다. 카바니*가 생각한 것처럼 간에서 담즙이 분비되듯 뇌에서 아름다움도 분비된다고 생각하는 것이다. 이러한 두 가지 사고방식은 서로 분리될 수 없으면서도 상충된다.[5] 고통 없는 쾌락을 생각할 수 없듯이 추함은 아름다움을 그림자처럼 졸졸 따라다닌다. 그러한 대립 과정은 우리를 다시금 뇌로 인도한다.

"아름다움은 사방에 있다. 우리가 볼 수 있는 아름다움이 부족한 게 아니라 아름다움을 알아보는 우리 안목이 부족한 것이다." 오귀스트 로댕은 예술가이기에 이렇게 말했다. 예술가는 모든 형태의 아름다움을 연구하고 그 아름다움을 눈으로 볼 수 있도록 만드는 사람이다. 이건 절대로 가시적인 것을 재생산(재연)한다는 의미가 아니다. 아름다움에 대한 접근은 자연스럽게 우리를 시각에 대한 연구, 그리고 이러한 감각이 어떻게 예술작품을 낳는가를 이해하고자 하는 시도로 이끈다. 생물학자인 프랑수아 자코브는 자신이 생각하는 예술의 가장 중요한 기능을 이렇게

---

*18세기 프랑스의 생리학자이자 철학자.

표현했다. "예술은 어떤 의미에서 세계의 개인적 표상이 지니는 특정한 면모들이다."[6] 달리 말하면, 예술가는 자신이 보는 것을 남들도 보게 하는 사람이다.

예술과 소통

"그리고 그는 미지의 기술(예술)에 마음을 쓰고자 한다."

오비디우스, 『변신 이야기』

"나는 결코 세상에 나타나지 않는 아름다움을 포용하고 싶다."

제임스 조이스, 『율리시즈』

예술은 언어와 더불어 오직 인간의 뇌만이 만들어낼 수 있는 특수한 산물이다. 예술은 타인을 향할 수밖에 없는 행위이다. 다시 말해 인간은 예술을 받아들이는 감수성을 지닌 존재다. 감각을 통해 표현되는 것은 쾌락과 고통의 모순 아래 놓여 있다. 극과 극의 정서들이 정신생물학자들이 '대립 과정'이라고 부르는 것으로 통합되고, 어떠한 한 방향의 기본적인 정동 과정(쾌감 아니면 혐오)이 일어날 때마다 신경구조 내에서는 그와 상반되는 작용이 발달한다. 이러한 상황이 반복되면 결국 습관, 결핍, 의존이 생기는 것이다[7](10장 참조).

에르네스토 그라시는 이렇게 말한다.[8] "감각들을 통해 드러나는 세계가 우리의 원래 세계다. 무대의 막을 올리는 것은 감각들이요, 그 무대에서 우리는 관객인 동시에 배우로 등장한다. 의미와 지시의 기능이 있는 목소리가 심연 같은 현실의 깊이와 쾌락을 관통하여 등장한다. 마치 이전도 없고 이후도 없고, 원인과 결과의 구분도 없으며, 이유도 없는 즉각적이고 불가해한 현현顯現처럼 나타나는 목소리인 것이다."

예술은 내가 '표상'이라고 부르는 것의 한 형태이지만, 비단 이성적이고 유사함을 내세우는 표상에만 그치지는 않는다. 인간의 뇌가 환경에 대해 아는 지식은 결코 인간이 그 환경에 영향을 미치는 행동의 도식들과 분리될 수 없다. 연주자가 악보를 해석하는 행위가 그렇듯이 예술은 세상에 취하는 행위다. 예술은 감각들을 주관하는 감성의 총체 내에서, 욕망의 원천에서 분출된다. 예술은 정서적 요소들을 표현함에 따라 비장함과 감동을 자아낸다. 그러한 정서적 요소들이야말로 논리적 요소들 못지않게 인간의 본질을 결정한다. 예술 안에서 지극히 인간적인 방식으로 동물성이 뿌리 뽑히고 기쁨과 고통이 작렬한다. 기쁨과 고통이야말로 세계 안에서 존재가 보이는 가장 기본적인 양상들이다.

예술은 인간이 기쁨과 고통을 분출함으로써 동물성에서 벗어나는 가장 오래된 방식이다(글쓰기와 분절언어가 생기기 이전에도 예술은 있었다). 이러한 '기본적인' 양상은 기원전 5만 년부터 이미 눈에 띄는 흔적들을 남겼다. 인간은 그때 이미 형이상학적 동물이라는 위상을 획득하고 있었을 것이다.

언어의 출현도 그렇지만 예술의 출현도 '빅뱅' 같은 방식은 아니었다. 우리 몸에는 화석으로 남을 수 없는 부분들이 있듯이, 예술이라는 분야도 흙이나 돌에 어떤 구체적 흔적이 남지 않았을지언정 그 역사가 오래되었음을 굳이 입 아프게 말할 필요는 없지 않을까? 어쩌면 뒤뷔페 같은 오늘날의 예술가들이 만든 작품이 예술 계통에서의 발생반복으로서 진화의 단계들을 재연하고 있을지도 모르지 않는가? 현대 미술사는 소위

'원시 미술'이라고 부르는 것과 최첨단 현대 미술의 풍요로운 중첩을 확증해준다. 우리의 신체에 생명체의 진화사가 완벽하게 깃들어 있는 것과 마찬가지로, 각각의 예술가는 작품을 통하여 예술의 모험을 되풀이하며 과거를 표현한다.

시각예술

지표면에서 인간이 없어진다면 예술도 사라질 것이다. 대성당은 여전히 우뚝 서 있을 수도 있겠지만 그곳을 장식하는 아름다운 벽화는 버려질 것이다. 동상은 녹아내리고 녹지는 야생림으로 변할 것이다. 예술 작품을 사랑하는 인간의 시선이 없다면 그 모든 작품은 전혀 살아남지 못할 것이다. 예술은 인간의 뇌에 의해서만 존재한다. 인간의 뇌야말로 예술이 말을 거는 대상이자 예술을 받아들이는 주체이기 때문이다.

특히 회화는 이러한 측면에서 시사하는 바가 많다. 모든 회화 작품은 어떤 표상을 타자를 위해 구체화한 것이다. 작품은 실재에 대한 이해이자 재구성이다. 실재와의 관계가 상실될 수도 있고 자발적으로 숨겨질 수도 있지만 말이다. 그림은 무엇보다도 시각에 의해 '보이는 것'이다. '본다'는 단순한 행동은 신비로운 작용이다. 눈은 망막의 감각세포들에 힘입어 보이는 세계의 구체적인 정보, 즉 세계를 구성하는 대상의 형태, 색상, 움직임, 공간적 배치 등을 수집한다. 그러나 단순히 이러한 정보들을 정확하게 갖고 있다고 해서 세계를 알 수 있는 것은 아니요, 세계를 해석할 수 있는 것은 더욱더 아니다.

어떤 대상의 색깔은 그 대상에서 나오는 것이 아니라 그 대상의 표면에서 반사되는 빛의 파장에 따라 주어지는 것이다. 이러한 반사력은 매 순간 변하지만 "희미한 새벽 미명의 장밋빛은 그 그림자가 불그스름해지는 저녁이 오기 전까지는 여전히 장밋빛이다."

대상의 형태도 보는 각도에 따라 달라지지만 우리 뇌에서 그 대상의 표상은 한결같다. 입체파 화가들은 다양한 각도에서 대상을 동시에 바라봄으로써 그 대상의 본질에 도달한다고 주장했지만 그건 착각이었다. 그들은 이미지를 모호하게 만들었을 뿐이며 너무 단순하게 뇌와 경쟁한 셈이었다. 하지만 역설적으로 그들의 작품은 서투른 폭력을 뇌에 가함으로써 묘한 심미적 감흥을 불러일으킬 수 있었다. 예술 분야에서 시각의 독보적인 역할은 변하지 않았다. 세상이 전하는 감각 정보들에 일관성을 부여하는 것이 바로 시각이다. 시각은 끊임없이 변하는 정보의 흐름 속에서 존재와 사물의 범주를 정할 수 있는 것들만을 선별하고 추출한다.

시각적 표상

영국의 신경생물학자 세미르 제키는 시각의 대뇌 메커니즘을 기술하면서 다음과 같은 마티스의 말을 인용했다.[9] "본다는 것 자체가 이미 노력을 요하는 창조적 작업이다." 이 창조는 대뇌피질영역(V)에서 이루어진다.

뇌는 V1 영역(일차시각피질영역)에서 수집한 정보들을 이용하여 대상의 일관된 이미지를 구성한다. 그 이미지는 화가가 작품을 완성하기 전에 화폭에 그리는 밑그림쯤 되겠다. V1 영역이 파괴되면 주체는 세계에 대한 의식적 시각을 완전히 상실한다. 이것이 대뇌피질성 실명失明이다.

　V1의 주요 영역은 주위를 둘러싸고 있는 부분들에 신호를 보낸다. V4 영역은 이미지에 색상을 더한다. V4영역이 없는 환자는 모든 것이 흑백으로 보인다. 따라서 그런 환자가 야수파 작품에 감흥을 느낄 가능성은 거의 없다. 반면 V5영역이 파괴되면 주체는 대상의 움직임을 파악할 수 없다. 그는 콜더의 모빌 작품을 보아도 아무 감동이 없을 것이다. V2·V3 영역들은 형태를 인식하게 해주고, V3a라는 또 다른 영역은 그러한 동일시에 수반되는 행동을 준비하게 해준다. 마지막으로 지금까지 보았던 영역들과 긴밀하게 연결되어 있는 가장 앞쪽 영역들이 있는데, 이 영역들은 기억 과정에 관여한다. 그래서 당장 눈앞에 대상이 없더라도 뇌 속에서 어떤 이미지를 떠올릴 수 있는 것이다. 이미지를 상상할 때 활성화되는 영역들은 대상을 직접 지각할 때 관여하는 영역들과 동일하다. 그래서 V4영역을 잃어버린 사람은 현실만 흑백으로 보는 것이 아니라 상상도 흑백으로 한다.

　주체가 세계에 대해 갖는 표상은 뇌에 미리 형식이 정해져 있지 않다. 물론 V1·V2·V3영역 등이 어떤 부위와 기능을 담당하느냐는 유전자에 의해 결정되어 있다. 그렇지만 출생 직후의 결정적 시기에 시각적 신호들에 노출되지 않으면 시각의 신경세포들이 형태, 색상, 움직임 등의 시각적 특징을 인식할 수 있게끔 조직되지도 않는다. 예를 들어, 고양이 새끼를 오로지 가로 줄무늬만 볼 수 있는 공간에서 기르면 그 고양이는 성체가 되어서도 세상의 수직적인 차원을 지각하지 못한다.

　한마디로 뇌는 본능과 교육에 의해 현실에 대한 인식을 얻는 것이다. 현실이 뇌를 가르친다고나 할까? 이러한 교육은 어떤 정서적 맥락에서 이루어지는데, 사실 그러한 맥락이 교육의 조건 그 자체다.

교육의 첫걸음은 얼굴, 바로 엄마의 얼굴이다. 갓난아기는 시력이 장님 수준이지만 그 엄마의 모습을 '본다.' 선도 없고 색깔도 없고 움직임도 없는, 순수하게 정서적인 시각인 셈이다. 일종의 맹목적인 시각, 이제 막 싹트는 사랑의 시선이다.

시각의 생리학

시각적인 뇌를 방문하기에 앞서 인간에게 특히 발달한 이 감각에 대해 몇 가지 생리학적 정보들을 알려주고자 한다.

나는 눈 그 자체에 대해서는 별로 말할 것이 없다. 그것은 우리의 '뇌 여행'에 포함되어 있지 않기 때문이다. '마음의 창'이라는 눈, 카인의 무덤이라는 눈은 그냥 제쳐두겠다. 다만 지나가는 말로 묻고 싶은데, 눈알 없는 눈구멍과 눈구멍에서 튀어나온 눈알 중에서 어느 것이 더 무서운가? "나는 하느님의 눈을 찾았으나 깊이를 가늠할 수 없이 광대하고 컴컴한 눈구멍밖에 보지 못했네."[10]

다음에 이어질 내용을 이해하는 데에는 시각적 정보들이 모이는 망막이 '신경절세포'를 매개로 한다는 점을 알아두는 것으로 충분하다. 신경절세포들의 축색이 바로 시신경을 이루고 있기 때문이다. 신경절세포는 세 가지로 나뉘고 그래서 시각체계에는 서로 다른 세 가지 경로들이 있다. 첫 번째 경로는 거대 세포(M세포)로 구성되어 있다. 두 번째 경로는 작은 세포(P세포)에서 비롯된다. 세 번째 경로는 세포의 크기로 구분되는 것이 아니라 말단이 퍼져 있는 양상으로 구분되는데, 이것을 K경로(그리스어로 '먼지'를 뜻하는 'konis'에서 따왔다)라고 부른다. 망막에서 나온 이

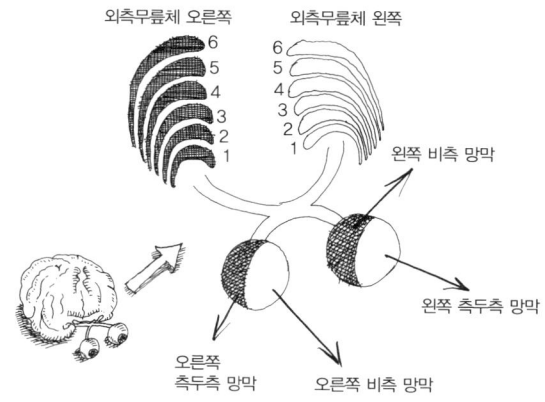

그림 29 외측무릎체의 층 구조

미지는 서로 겹쳐 있는 세 개의 필터들을 통과한다. 필터들은 시각적 이미지의 속성(형태, 색상, 움직임)을 파악할 수 있는 각각의 신경절세포들을 통해 작용한다. 그러한 속성은 제각기 시신경 내의 특정한 섬유다발을 타고 이동한다. 형태라는 속성은 주로 P경로, 색상은 P경로와 K경로, 움직임은 M경로를 취하는 것이다.

망막섬유들은 어디로 가는가

감각계의 일반적인 특징 중 하나는 수용기관의 지역적 명령을 중앙투사지대에 보전한다는 것이다. 단, 후각은 예외다. 그래서 망막섬유들은 앞으로 보존될 차트(이른바 망막시각 차트)들을 릴레이 배턴처럼 넘겨주고 또 넘겨주어 대뇌피질까지 이르게 한다(그림 29).

눈에서 시작되는 세 개의 경로들은 90퍼센트가 외측무릎체에 도달한다(그림 30). 여기서 원래 눈에서 온 것과 M, P, K라는 경로에서 온 것으로 두 개의 섬유층이 분리된다. 이런 섬유층들은 겹쳐 있다. 외측무릎체에서 나온 뉴런 축색은 시각 방사를 통해 일차시각영역 V1의 후두피질로 뻗어 있다. 겹쳐 있는 섬유층들은 여전히 분리된 상태다. 게다가 눈에서 비롯된 시각섬유와 그 밖의 시각섬유는 이른바 '시각우세원주'를 이룬다. 시각우세원주는 엄밀하게 한쪽 눈의 정보만을 담당하는 층4를 방해하지 않는다. K세포 말단들은 층1, 층2에 모여 있는 구획들, 소위 '방

V1의 조직 양상[11]

일차시각영역의 조직 양상은 다음과 같이 요약할 수 있다.

표면에는 양쪽 눈에서 각각 나온 섬유들로 구성된 그 반대쪽 시력들이 절반씩 차지하고 있다. 이러한 망막시각 차트는 전반적으로 양쪽 눈에 관여하지만 특정 부위, 특히 층4에서는 한쪽 눈에만 관여하는 차트 두 개가 서로 얽혀 있는 형태이다.

망막시각이 이런 식으로 구성되어 있기 때문에 피질의 한 부분, 지역 단위가 해당 피질 반대쪽에 위치한 시각공간의 제한된 지대와 연결된다. 이 단위는 시각우세원주들의 인접한 두 영역들을 넘어서 방향원주들 전체를, 360도 차원의 모든 가로, 세로, 사선 방향들을 포함하게 될 것이다.

게다가 인접해 있는 두 개의 시각우세원주들에 모여 있는 방울부분들 속에는 방향이 정해지지 않는 뉴런들이 모여 있다. 이 뉴런들이 직접적으로는 K경로를 통해서, 간접적으로는 $4C\alpha$ 밑층에 배열되어 있는 M경로를 통해서 작용한다. 이러한 피질 뉴런들은 순환수용장을 가지고 있으며 그중 상당수가 중심과 주위의 색채 대립을 보여준다. 심지어 어떤 뉴런들은 색채의 대립과 공간적 대립을 동시에 보여주기도 한다.

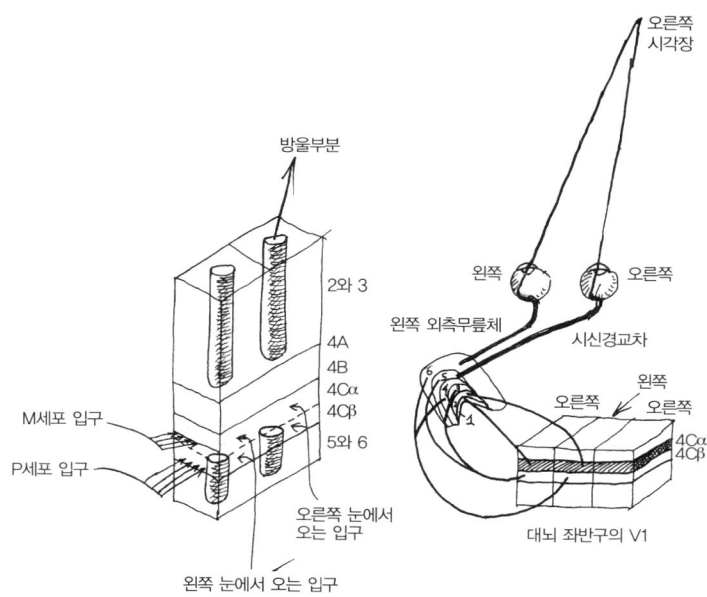

그림 30 시각피질영역(V1영역)

울부분'에서 이루어진다(그림 30). 일차시각영역의 구성은 앞의 상자글에서 간략하게 제시했다.

시각영역의 다양성

나는 앞에서 시각에 관여하는 피질영역들을 기술했다. 그러한 영역들은 V1영역을 중심으로 매우 다양하게 배치되어 있다. 그림 31의 도식에는 기능적 시각피질 아래쪽에 위치한 감각운동영역들과 연결해주는 피질 사이의 연결이 나타나 있다. 브로드만은 영장류의 뇌를 해부하

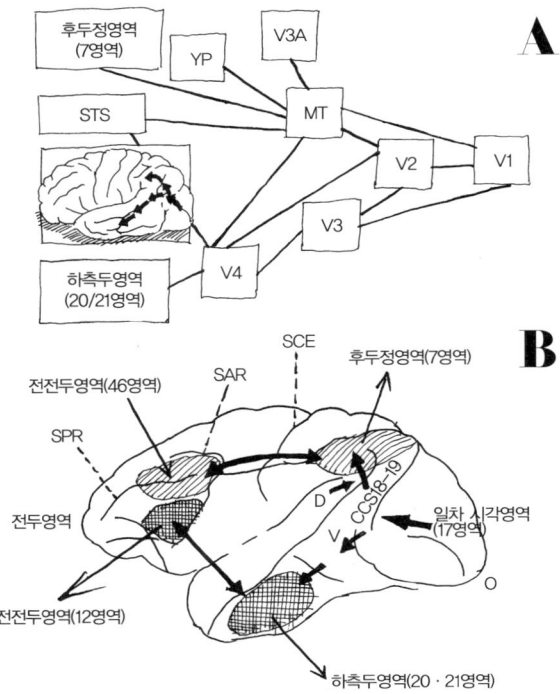

그림 31 다양하게 분포하는 시각영역

A는 가장 뒤쪽에 있는 17영역(V1)에서부터 주변 영역들로 시각적 메시지를 전달하는 경로를 나타낸 그림이다. B는 등쪽 경로(D)와 배쪽 경로(V)를 보여주는 그림이다. 브로드만의 구획에서 후두정영역은 7영역에 해당하고, 전전두영역은 46영역과 12영역에 해당한다. 하측두영역은 20영역과 21영역에 해당한다.

고 영역들에 고유한 번호를 매겼지만 최근의 핵자기공명연구나 양전자 방출 단층촬영을 통해 입증되었듯이 그러한 분류는 인간에게도 적용될 수 있다.

  기능 실험과 해부학적 관찰을 통해 다양한 시각영역들은 등쪽과 배쪽이라는 두 개의 넓은 길로 나오는 것으로 알려졌다. 미국의 신경생리학자 모티머 미슈킨과 레슬리 웅거라이더는 마카크원숭이를 대상으로 한

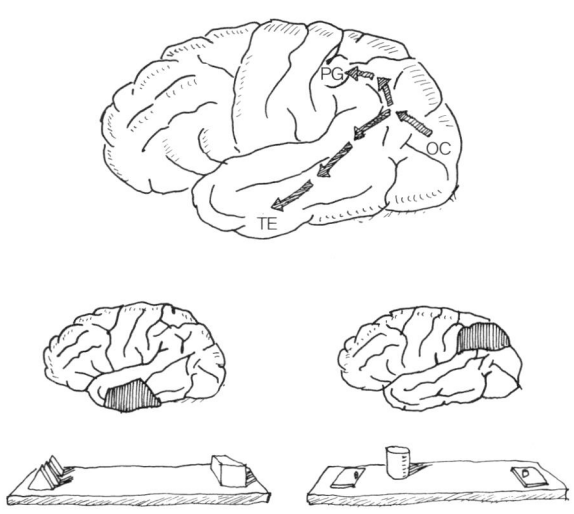

그림 32 마카크원숭이를 대상으로 한 미슈킨과 웅거라이더의 실험
위에는 배쪽 경로와 등쪽 경로가 표시되어 있다. 가운데에 있는 뇌에서 검게 표시한 부분은 손상 부위를 가리킨다. 왼쪽 뇌가 '시각적 인식(알아봄)'의 결함을 가져온 반면, 오른쪽 뇌는 '위치 파악'의 결함을 보였다.

실험들을 통해 시각 메커니즘의 이해에 기본이 되는 사항들을 관찰했다 (그림 32).

세계에 대한 표상작용은 세계에 대해 행동하는 것

아이의 뇌는 엄마의 미소를 표상함과 동시에 자신의 미소와 관련된 운동영역들을 활성화한다. 그러므로 표상작용(엄마의 미소)과 행동(아이의 미소)은 불가분의 관계에 있다. 1960년대 리처드 헬드가 새끼 고양이들을 대상으로 실시한 실험들은 이러한 측면에서 시사하는 바가 크다. 새

웅거라이더와 미슈킨의 실험[12]

두 사람은 마카크원숭이가 시각적 형태만을 토대로 대상들을 인식한다는 것을 알게 된 후 원숭이의 측두엽 아래쪽에 있는 대뇌피질에서 제한된 영역을 제거해보았다. 수술을 받은 원숭이는 여러 가지 물체들 중에서 자기가 이미 본 적이 있는 물체를 알아보지 못했다. 그런데 사물을 형태를 기반으로 알아보는 것이 아니라 다른 사물들과의 관계를 바탕으로 그 배치를 통해 알아보도록 가르친다면 두정피질의 제한된 부위가 제거된 원숭이도 계속해서 사물을 알아볼 수 있다. 측두피질을 절제당한 첫 번째 원숭이는 두정피질을 절제당한 두 번째 원숭이가 못하는 일을 할 수 있다. 반면, 두 번째 원숭이는 첫 번째 원숭이가 알아보지 못하는 사물을 아무 어려움 없이 알아볼 수 있다. 이 실험은 매우 잘 알려졌고 수많은 논쟁을 불러일으켰다. 이 실험에서 제기하는 관념에 따르면 우리의 시각 뇌는 (최소한) 크게 두 개의 체계로 나뉘어 있다. 그중 한 체계는 대상의 형태를 알아봄으로써 '그것이 무엇인가'라는 물음에 부응한다. 다른 한 체계는 대상들의 위치를 파악함으로써 '그것은 어디에 있는가'라는 물음에 부응한다. 오늘날 이러한 도식은 그 전체적인 얼개가 수정되지 않은 채 좀 더 풍부한 내용과 새로운 사항들을 담게 되었다. 지금은 '무엇'의 경로와 '어디'의 경로라는 표현을 잘 쓰지 않고 배쪽 경로, 등쪽 경로라는 표현을 쓴다. 하측두영역으로 이어지는 배쪽 경로는 형태 인식, 특히 형태적으로 확인하기에 좋은 대상(기하학적 도형, 사람의 얼굴 등)을 인식함으로써 '지각을 위한 시각'의 신경학적 토대가 된다. 반면에 정두피질영역으로 이어지는 등쪽 경로는 무엇을 할 것인가, 보이는 것을 어떻게 할 것인가, 다시 말해 '행동을 위한 시각'을 다룬다.

끼 고양이들은 컴컴한 어둠 속에서 자랐고 하루에 몇 시간 동안만 두 마리씩 짝을 지어서 햇빛을 구경할 수 있었다. 이때 한 마리는 매우 활발하게 움직일 수 있었던 반면, 다른 놈은 그렇지 못했다. 활발한 새끼 고양이는 자유롭게 움직일 수 있었지만, 그렇게 움직일 때마다 일종의 수레 같은 것을 끌게 되어 있었다. 수동적인 새끼 고양이는 그 수레에 타고 있었다. 이렇게 4주 동안을 양육한 결과, 활발한 새끼 고양이만 시각운동 반응을 제대로 나타낼 수 있었고 수동적인 고양이는 그러한 반응을 보이지 못했다.[13]

예술은 이같은 감각운동의 결합을 입증한다. 에른스트 곰브리치도 말했듯이 "그리스인은 예술과 기술을 동일한 개념 '테크네^{tekhné}'로 아울렀다. 예술의 역사는 그 정의상 기술의 역사이기도 하다." 장 클레르는 이러한 정의를 기준으로 무엇인가를 한다는 것, 만든다는 것이 작품의 발생에서 담당하는 역할을 크게 강조했다. 우리는 흔히 손과 눈의 조응력에 대해 말하는데, 사실 시각과 몸짓을 융합하는 것은 우리의 뇌다.[14] 괴테의 유명한 문장으로 결론을 내리면 "내가 그리지 않은 것은 내가 보지 않은 것이다."

그러므로 예술의 유년기가 아기의 시선과 손짓에 해당한다는 사실은 전혀 놀랍지 않다. 아기의 시선과 손짓에 활력을 불어넣는 열정이 젊은 예술가를 모방과 소통이라는 거대한 프로그램 속에 집어넣는 것이다.

2~3세의 아이는 넋을 잃고 관찰할 만한 대상이다. 아이는 어떤 동물을 알아보고 그 동물의 이름도 안다. 아이는 그 동물을 그려내려고 애쓰면서 삐뚤삐뚤한 선들을 긋고는 아주 만족스러워한다. 아이의 손동작에서 동물을 나타내는 모양을 어렴풋이 감지할 수는 있지만 아이가 그려낸 선들을 보아서는 무슨 동물을 그린 것인지 알 수 없다. 그렇지만 그림을

그리는 아이와 아이의 작품을 지켜보는 어른이 함께 나누는 공감에 분명히 의미는 있다.

우리가 보았듯이 뇌는 세계를 해석한다. 그러한 해석은 감성과 행동의 열정적인 이중주에 근거한다. 하지만 예술은 또 다른 이원성을 갖고 있는데, 바로 좌뇌와 우뇌의 이원성이다. 다소 대략적인 설명이 되겠으나 편의를 위하여 좌뇌와 우뇌가 분리되어 있고, 각각의 뇌는 신체 반대쪽의 기능과 그에 해당하는 공간을 관장한다고 해두자. 그러니까 좌뇌는 신체 오른쪽을, 우뇌는 신체 왼쪽을 맡는다.

소위 우세한 뇌로 일컬어지는 좌뇌는 음성언어와 문자언어의 구사, 정확성과 집중력이 요구되는 운동, 계산 등과 관계가 있다. 즉, 좌뇌는 계열적이고 논리적인 사고를 하고 사물과 사태 사이의 인과관계를 수립한다. 반면에 우뇌에서는 신체가 움직이는 전체적인 차원에 대한 지각이 우세하다. 우뇌는 눈과 손의 공간적 탐색을 이끌어 공간에 대해 전체적이고 직관적인 이해를 갖게 한다. 또한 사람들의 모습과 목소리를 알아보는 것도 우뇌의 소관이다. 마지막으로 우뇌는 좀 더 현실적이고 감성적으로 세계를 해석하고 세계에 대한 해석에서 비롯되는 기분들 중에서 가장 음울한 기분을 느끼는 것으로 보인다.

하지만 이렇게 인위적으로 좌뇌와 우뇌를 갈라놓으면 양쪽 뇌들의 정상적인 기능을 이해하는 데에는 도리어 방해가 된다. 실제로 좌뇌피질이 우뇌피질의 기능을 통제하고 의식의 통합 작용을 담당한다는 것은 이미 입증된 사실이다. 게다가 놀랍게도 뇌수술을 받은 환자들은 의식상태와 신체능력에 아무 변화를 보이지 않고 지적으로도 전혀 위축된다는 느낌을 받지 못한다. '분할된 뇌' 연구 분야에서 대부분의 성과를 이룩해낸 연구자 마이클 가자니가의 주장을 따르면 인간이 통합적인 뇌를 가지고 타고난 언어의 심급에서 존재를 이해할 수 있는 것도 좌뇌피질이 특히 우수하기 때문이라고 한다.

서양의 가장 아름다운 회화 작품들이 그러한 의식에서 나왔다. 안토넬로 다메시나가 그린 「수태고지를 받는 성모」가 그 예이다(그림 33). 얼굴, 손, 한 권의 책이 작은 화폭에 모여 있다. 이 세 개의 형상들은 존재와 시원적 세계의 열정적인 만남을 보여준다. 그림은 성모라는 인물의 세로축에 완전히 집중되고 보는 사람의 좌뇌와 우뇌를 똑같이 강렬하게 잡아끈다. 성모는 몸을 살짝 오른쪽으로 틀고 있는데 거기에 놓인 한 권의 책이 우리의 좌뇌에 직접적으로 어필하는 것이다. 반면에 성모의 시선은 말할 수 없이 심오한 내면을 간직한 채 살짝 왼쪽을 향하고 있다. 그림 아래쪽에 놓인 오른손 —아마도 회화사를 통틀어 가장 아름답게 그려진 손이라 해도 과언이 아니다— 은 세상을 붙잡기 위해 화폭에서 튀어나올 것만 같다. 이 그림을 홀린 듯 바라보는 감상자는 성모에게 수태를 고지하는 천사의 위치에 서게 된다. 그리고 이러한 수태고지 앞에서 내가 표상과 행동의 융합, 시선과 손짓의 융합, 아이와 엄마의 만남에서 분출하는 예술의 원천에 대해 말했던 모든 것이 환히 드러난다.

요컨대, 이러한 단편적 정보들은 지각이 감각과 직접적으로 이어져 있다면 표상, 특히 심미적으로 표현되는 표상은 본질적으로 타인을 향한 것일 수밖에 없음을 잘 보여준다. 그러한 표상은 '정신의 원인'이다. 신경생리학은 이미 '거울 뉴런'을 발견했고 '모방운동 이론'을 수립했다.[15] 이러한 성과들은 심미적 표상이 타인을 향한 것이라는 주장을 더욱 공고히 뒷받침한다.

그림 33 안토넬로 다메시나, 「수태고지를 받는 성모」(캔버스에 유채, 45×34.5cm, 1475년경, 팔레르모 국립미술관 소장)

현실의 표상

미학에서 중요한 물음 하나가 지난 한 세기 동안의 온갖 예술이론들과 표상의 현대적 위기를 이끌었던 '학파들'의 난립을 거치고도 여전히 풀리지 않았다. 어째서 표상에는 역사(문명사를 동반하거나 그에 선행하는 역사)가 있는가? 어째서 인류는 현실과 닮은 허상을 만들어내는 시각적 효과들을 구사하는 데 그토록 오랜 세월이 필요했던가?

넓게 보아서 예술사는 겉으로 드러나는 것들의 표상이 점진적으로 거쳐온 발견의 역사다. 나는 '의식'도 겉으로 드러나는 것이라고 생각한다. 의식은 드러날 때에만 존재하기 때문이다.[16] 무의식은 겉으로 드러나는 것들 아래 감춰진 것, 나타나지 않는 것이다. 신석기 시대부터 19세기까지 인간은 겉으로 드러나는 것들을 차츰 정복해갔다. 1400년대 인류는 원근법을 통해 공간이 시각적으로 드러나는 양상을 발견했다. 인상파는 색채를 더했다. 입체파는 움직임을 더했다.

'표상된 것'과 '보이는 것'을 동일시하는 것은 착각이다. 어떤 아이든 마음속에 그리는 엄마와 실제로 보는 엄마는 일치하지 않는다. 역사적으로 그런 예를 쉽게 찾아볼 수 있지만, 미리 그려본 것들이 장차 하나의 규칙으로 굳어지곤 한다. 예를 들어 마들렌 문명*에서는 실제 사물과 닮은 표상을 그렸다. 이때의 관습은 현실에 근접하는 것이었다. 소의 뿔, 낯짝, 혹, 발이 현실적으로 보이게 함으로써 개념을 끌어내야 했기 때문이다. 이러한 방식은 지각에 현실을 통합시킨다.

---

*유럽 후기 구석기시대의 석기 제작 및 예술 전통을 지칭하는 용어. 에스파냐 알타미라 동굴에 있는 들소 벽화가 대표적인 작품이다.

도식화·개념화는 자연스러운 경향이다. '원시적' 인간은 개념화의 예술가였다. 그래서 사물이 그려지는 크기는 그 사회적 중요성에 비례했다. 그들이 그린 나무들은 오늘날의 지도에서 산림을 표시하는 기호와도 같았다. 중요한 것은 나무들이 거기 있다는 것이지 어떻게 보이느냐가 아니었던 것이다. 원근법은 사회적 산물이다. 15세기 피렌체나 네덜란드의 사회에서 현실을 표상하려는 의지와 상업적 현실주의가 만났기 때문에 원근법이 먹힐 수 있었던 것이다. 상업적 차원의 욕구와 눈의 기능과 기하물리학이 잘 만났던 셈이다.

마지막으로, 오늘날 개념화의 예술은 지각을 희생하면서 표상을 장악하는 원시주의(일종의 근본주의?)라고 하겠다.

아름다움이 지나가는 곳

나는 제프 쿤스의 기념비적 작품 「풍선개」가 안겨준 특별한 심미적 충격을 환기하면서 이번 장을 마치고자 한다. 풍선개는 대운하 곶에 툭 튀어나와 있고 대운하 맞은편에는 카 레조니코가 있으며 티에폴로의 아름다운 벽화, 현실을 승화한 쾌거가 물에 비친다. 수많은 이들이 그 다가갈 수 없는 세계를 바라보고 있다.

어쩌면 예술의 진리는 겉으로 드러나는 것들이 낯설고 불안하게 스쳐 지나가는, 바로 여기에 있는지도 모른다. 과연 아름다움은 어디로 지나가는가?

Focus 7
음악과 뇌

미셸 묄더
(루뱅가톨릭대학교 신경생리학과 명예교수 겸 학장)

    이 책의 다른 장들을 읽은 독자 여러분은 이해하겠지만 뇌의 가상공간을 둘러보는 일은 결코 쉽지가 않습니다. 이번에는 상상의 산책을 통해 소리와 음악의 신비로운 세계에 발을 들여놓으면 어떨까요? 이러한 시도가 성공하려면 소리를 따라서 그 소리를 듣는 사람의 귀 주변, 나아가 그 사람의 뇌까지 이어지는 신경통로까지 소리의 의식적 지각을 가능하게 하는 영역들을 살펴보아야 할 겁니다.

    대범한 방문객이 음악 소리를 따라 일단 귀 한가운데에 들어오면 처음에는 별다른 어려움 없이 앞으로 나아갈 수 있을 겁니다. 하지만 고막을 넘어선 다음부터 고실의 잔뼈들을 따라가보면 엄청난 난관에 부딪칠 것입니다. 자기 혼자 덩그러니 거대한 달팽이 발치에 서 있는 꼴이 될 테니까요. 그곳이 바로 내이^{內耳}의 달팽이관이지요. 그 나선형 관은 여러분의 길동무였던 아름다운 클라리넷 소리를 삼켜버리고 염치없이 그 소리를 기본음과 화성으로 뚝 나누어 주파수로 바꾸어버리지요. 그러면 신경의 유입으로 그 주파수가 감지되는 겁니다. 여러분의 길동무는 이렇게 신경자극으로 변해버렸지만, 용기를 잃어서는 안 되겠지요. 방문객은 거대한 청신경을 따라 뇌간으로 갑니다. 그다음에는 해부학자들이 설명해준 대로 드넓은 대로를 따라가야지요. 그 길에서 뉴런들의 연결 구간들을 몇 번 지나가면 이른바 뇌의 청각영역이라는 곳에 도착할 겁니다. 음악 소리가 변해서 만들어진 신경자극은 이곳에서 드디어 클라리넷 소리로 다시 인정받게 됩니다.

그런데 불행히도 실제 사태는 지금 말한 것보다 훨씬 더 복잡합니다. 방문객은 애를 써봤자 그리 대단한 것은 배우지 못할 겁니다. 왜냐하면 내이 달팽이관에서부터 대뇌피질까지 이르는 경로에 대한 심도 깊은 지식도 소리를 듣는다는 사태에서는 빙산의 일각일 뿐이니까요. 사실 음악을 지각하는 과정을 이해한다는 것은 뇌 안을 산책하는 것만으로는 될 일이 아닙니다(그 산책이 아무리 지적 산책일지라도). 소리와 의식 사이에는 근본적인 변형이 있습니다. 소리는 고막에 울리는 기압의 진동일 뿐입니다. 그런데 그 소리가 신비롭고 긴 여정을 거쳐 정신적이고 주관적이며 어떤 물리적 수단으로도 가늠할 수 없는 일종의 표상이 되는 겁니다. 이것이 음악을 지각한다는 것이지요. 이런 과정을 이해한다는 것은 이상한 나라의 앨리스처럼 거울 너머에 있는 것을 보는 작업이지요.

그렇다면 과연 약간의 정신생리학과 인류학을 끌어들이지 않고서 음악과 뇌를 논한다는 게 가능하기나 할까요?

음악은 인간의 고유성

음악은 호모사피엔스에게 필요 불가결한 만큼 정의하기도 어려운 것입니다. 생물학자로서는 어째서 인간 아닌 영장류에게는 없었던 음악이 진화의 압력을 받아 인류에게 나타났는가를 이해하는 것도 커다란 수수께끼고요. 인류에게 음악을 출현시킨 진화의 압력이란 우리의 오랜 조상들에게 언어와 반성적 사유를 낳았던 압력에 비견할 만하겠지요. 음악이라는 현상이 나타난 이래 전혀 변하지 않은 것은 음악이 우리의 의식적 이성과 무의식(일종의 각성상태의 꿈)에 감정적인 동요를 일으킨다는 사실입니다. 그리고 그러한 동요가 우리의 정신세계에 직접적으로 미치는 결과는 위안이나 불편한 감정, 흥분, 우울함, 쾌감, 불쾌감 등이 될 겁니다.

인류학자 클로드 레비스트로스가 말했듯이 음악은 알아들을 수는 있지만 번역이 불가능한 모순적 성격들을 망라한 언어입니다. 그래서 음악을 만드는 사람은 신과 같은 존재지요. 음악 그 자체는 인간의 모든 학문들의 지고한 수수께끼, 그 학문들이 발전할 수 있는 비결을 간직한 수수께끼입니다.

음악적 감각은 어디에서 오는가

음악의 천재들은 흔치 않습니다. 그런데 모든 아이들은 노래를 할 수 있는 능력을 선천적으로 타고납니다(발성기관의 문제를 예외로 치면). 이자벨 페레츠 같은 연구자는 정상 아동과 어른의 뇌에서 음악적 데이터의 처리가 언어 처리처럼 특정 신경망을 통해서 이루어진다고 보았습니다. 게다가 언어적 능력과 음악적 능력은 오로지 인간이라는 종에게서만 찾아볼 수 있지요. 페레츠는 언어의 경우가 그렇듯이 음악도 어떤 생물학적 욕구에 부응하는 것이므로 절대로 문화적 산물로 치부될 수 없다고 주장합니다. 요컨대, 음악은 개인에 의해 만들어진 것이 아니며 모든 사회에서 자연스럽게 살아남은 것이지요. 게다가 음악은 비단 종교음악의 범주에 속하지 않더라도 집단의 소속의식과 결속을 강화하기 때문에 개인의 적응을 돕기도 합니다. 음악은 인간 역사의 초기부터 등장했으므로 인간이 유전적으로 음악을 타고난다는 주장은 좀 더 그럴듯해 보입니다. 음악에 관련된 신경망은 아마도 언어에 관련된 신경망처럼 선천적이고 인간이 아주 어릴 때부터―엄마의 목소리를 접하는 순간부터―점진적으로 조직화되는 것이겠지요.

음악을 들으면서 지각하는 것

우리는 음악을 들으면서 무엇을 지각합니까? 물론 고립시킨 소리는 오보에 소리나 클라리넷 소리로 들릴 겁니다. 하지만 일종의 현상에 비견될 수 있는 그 소리를 넘어서 일련의 소리들을 묶어놓으면 완벽하게 알아들을 수 있는 문장과도 같은 '멜로디'로 들리지 않습니까? 우리는 멜로디에서 무엇을 지각합니까? 음악적 형식만을 우선시하는 사람들은 "음악은 표현력이 넘치는 장르"라고, "음악은 의미작용을 하지 않는 예술"이라고 말할 겁니다. 반면에 민속음악학자 부알레는 특정 맥락에서 악기 연주가 완벽하게 식별될 수 있는 음악적 시니피에(의미)를 전달한다는 사실을 해당 지역 토박이들을 대상으로 설문조사하여 입증했습니다. 음악을 "인간의 체험에 침잠해 있는 대상"으로서 다룬다면 "바그너가 동원했던 철학적 체계들의 관점에서 혹은 오케스트라 단장의 연출이라는 관점에서 바라볼 때 '4부작'은 다양한 수준의 의미작용을 한다"는 것을 느낄 수 있습니다. 그래서 우리는 음악에 대한 지각이 현실적으로 대단히 복잡하다는 것을 인정하지 않을 수 없지요. 음악은 직접적으로 나타나는 시니피에가 없는 순수 형식으로 제한되어 있으면서도 언어적,

감정적, 나아가 종교적 시니피에를 얼마든지 담을 수 있습니다.

음악적 소리에 대한 뇌의 처리는 어떠한가

앞에서 보았듯이 인간의 뇌만이 음악을 처리할 수 있습니다. 그리고 그 뇌 안에서도 음악적 정보들을 처리하는 신경회로는 따로 있습니다. 이 회로는 언어의 억양 등을 위시한 일반적인 음성 정보를 처리하는 회로와 별개입니다. 그러므로 음악적 뇌는 비교적 자율적이라고 할 수 있지요. 그래서 언어표현이 매우 유창한 사람이 음악에 완전히 무관심한가 하면, 자폐아 중에 음악적 재능이 대단히 뛰어난 경우도 있는 겁니다.

페레츠가 제시한 모델에 따르면 귀에 들어온 청각적 정보들은 중추신경계에 들어와 여과된 다음에 대뇌피질에 위치하는 네 개의 분석 모듈로 나란히 인도됩니다. 첫 번째 모듈은 음성학적 조직에 할애된 것으로 음성언어를 이해합니다. 두 번째 모듈과 세 번째 모듈은 음성학적으로 유입된 것들의 시간적 구성요소들을 처리합니다. 이를테면 하나, 둘, 셋, 하나, 둘, 셋 하는 세 박자 리듬의 율격 분석, 강박과 약박의 교차, 박자와는 별개로 일정한 지속시간 동안의 시퀀스 리듬 분석 등이 이루어지는 것이지요. 네 번째 모듈은 소리 그 자체의 조직과 관련이 있는데, 특히 우리가 흥미를 갖고 지켜볼 만한 부분입니다. 이 마지막 모듈은 세 개의 하위 모듈로 다시 나누어볼 수 있습니다.

첫 번째 하위 모듈은 어떤 소리가 그 앞에 나왔던 소리보다 높은지 낮은지를 파악함으로써 '윤곽'을 분석합니다. 이 하위 모듈에 따라 두 번째 하위 모듈의 활동이 조건화됩니다. 두 번째 하위 모듈은 소리를 음계 속에 위치시키지요. '도'가 다장조의 기본음이라면 '솔'은 5도 음정, '미'는 3도 음정입니다. 이 하위 모듈에 따라 세 번째 하위 모듈의 활동이 조건화됩니다. 세 번째 하위 모듈은 멜로디를 실은 소절을 파악합니다.

아리스토텔레스의 제자 아리스토제노스는 "음악적 지성은 감각과 기억이라는 두 요소에서 비롯된다"고 했습니다. 피타고라스는 이러한 견해와 반대로 화음의 간격을 계산하는 것이 중요하다고 보았지요. 그렇지만 그러한 계산으로 멜로디를 파악할 수 있는 것은 아닙니다. 이미 알고 있는 멜로디를 알아듣는 경우, 이를테면 생일축하 노래를 듣고 알아들을 수 있으려면 먼저 첫 부분의 3~6개 음표들을 알아들어야 합니다. 이 간단한 기억 과정의 평균 지속시간은 3초쯤 되지요. 이렇게 노래를 알아들으려면 '음악적 어휘'라고 부르는 보완적 모듈을 동원해야 합니다. 그래야 기억 과정을 통하여 우리가 경험한 바 있는 수많은 멜로디 중에서 감지되는 것을 떠올릴 수가 있습니다.

정상인과 뇌 손상을 입은 환자들에 대한 신경과학적 연구의 목적은 피질 혹은 뇌의 다른 부위에서 어디가 어떤 기능을 관장하는지 확인하려는 것만이 아닙니다. 우리는 브로카가 언어 메커니즘이 존재한다고 보았던 언어중추 같은, 어떤 '중추'를 찾는 게 아닙니다. 물론 청각섬유다발 중 상당수가 들어가는 측두엽이 음악을 지각하는 데 중요한 역할을 한다고 볼 만한 근거는 충분합니다. 실제로 측두엽 구조에 치명적인 손상을 입은 환자들은 대개 음악적 감상이나 표현에 문제가 발생하기도 하고요. 하지만 현재 우리는 뇌의 수많은 다른 구조들도 음악 활동에 관여한다는 사실을 잘 알고 있습니다. 여기에 관련된 메커니즘의 이해에서 가장 중요한 것은 특정 기능을 담당하면서도 위계를 갖춘 종합적 체계의 일부인 모듈들을 연결하는 신경망을 규명하는 것입니다.

협화음과 불협화음

지금 연구자들의 관심을 끄는 것은 협화음이 아닙니다. 오히려 불협화음의 지각에 대해서 최근 흥미로운 연구 데이터들이 나왔지요. 독일의 생리학자 헬름홀츠는 불협화음을 서로 인접한 두 개의 가청주파가 부딪치면서 일으키는 불쾌감이라고 심리학적 차원에서 설명했습니다. 그의 이론은 아직도 유효하지만 신경학은 이 이론과는 별개로 의미심장한 두 가지 사실을 밝혀냈습니다. 우선 주어진 어떤 화음에 대하여 고전적인 화성법을 어길 경우에 청각유발전위를 통하여 전두엽 아래쪽에서 폭넓은 양측 기대파가 나타난다는 사실입니다. 또 하나는 마이크로 전극을 인간과 원숭이의 양측 상측두영역에 설치하여 뇌파검사를 해보았더니 청각 뉴런 집단들이 불협화음을 들을 때에는 반응하지만 협화음을 들을 때에는 아무 반응도 하지 않더라는 사실입니다. 이 현상을 설명하기 위해서 측두피질 양측에 심각한 손상을 입은 환자의 사례를 들어봅시다. 환자는 예전부터 잘 알던 모차르트의 선율을 알아들을 수 있었고, 장조에서 단조로 넘어가는 부분이 유쾌함에서 서글픔으로 이행하는 정서적 흐름을 띠고 있다는 것도 충분히 이해할 수 있었습니다. 그런데 똑같은 멜로디를 반음 높게 연주하여 차마 듣기가 거북한 불협화음을 자아내었더니 환자는 아무 반응도 보이지 않았습니다(불협화음을 인식할 수 없었던 게지요). 우리는 여기에서 환자가 입은 뇌 손상 때문에 불협화음을 감지하는 장치들이 사라졌거나 더 이상 제 기능을 하지 못하게 되었으리라고 추론할 수 있습니다.

음악적 정서

윌리엄 제임스는 음악을 들으면서 느끼는 쾌감에는 두 가지 수준의 정도가 있다고 보았습니다. 그중 하위 수준은 순전히 인지적 차원입니다. 이것은 작곡의 형식적 특성과 관련된 판단의 차원으로서, 구조적 결함이 있느냐 없느냐에 크게 좌우되지요. 이러한 판단의 결과와 관련된 쾌감은 실질적이기는 합니다만 상위 수준의 쾌감과는 무관합니다. 상위 수준의 쾌감은 의식할 수 있으며 마음에서 우러나는 전형적인 정서적 표현들을 수반하게 마련입니다.

이 분야에서 신경과학이 이룩한 연구 작업은 극히 드뭅니다. 대부분의 관찰과 실험은 처음부터 뇌가 정서적 편견을 배제하고 정보를 처리하는 기계라는 전제에서 출발하니까요. 더욱이 음악적 정서라는 것이 개인차가 굉장히 크다는 점을 고려하건대, 그러한 정서는 체계적인 연구에 장애물이 될 수밖에 없습니다.

주로 부분적 뇌 손상을 입은 환자들을 관찰함으로써 얻어낸 데이터들에 근거하자면 앞에서 설명한 청각적 지각의 피질 모듈들은 정서적 표현을 분석하는 기능도 합니다. 페레츠와 콜트하트의 연구는 그러한 분석이 음악이 전달하는 정서를 인식하고 표현하게 해준다고 하지요. 이렇게 정서의 분석은 소리의 지각에 관여하는 피질영역에서 직접적으로 이루어질 수 있으므로 피질하 변연구조와는 직결되지 않습니다. 정서적 표현의 분석 모듈은 이렇게 해서 특정한 음악적 형식에 대해—이를테면 장조인가 단조인가, 템포가 빠른가 느린가—강렬한 정서적 반응을 일으키게 할 수 있는 것입니다. 사실, 그런 음악적 형식들은 그 자체로 음악의 한 소절을 알아듣는 데에는 크게 영향을 주지 않는 듯 보이지요.

그러니까 자기가 아는 음악을 식별하는 능력을 잃어버린 환자들이 여전히 음악에 대해 정서적 반응을 보일 수 있는 이유도 여기에 있는 겁니다. 한 환자는 뇌 손상을 입기 전에 그렇게나 좋아하던 토마소 알비노니의 아다지오를 들어도 이제 그게 무슨 곡인지는 모르게 되었습니다. 그런데도 그는 미리 생각해둔 것도 아니고 무슨 말을 하려고 애쓴 것도 아닌데 그 곡의 첫 소절을 듣자마자 즉시 슬픈 느낌이 든다고 말했다고 합니다.

음악은 어떻게 학습하는가

음악을 연주하는 법을 배우기까지는 까다로운 메커니즘들이 허다하게 개입합니다. 물론 이 지면에서 그러한 메커니즘들을 다루지는 않습니다. 그렇지만 최근의 연구들은 이 주제에 특별한 관심을 비치고 있는데, 그 이유는 그러한 메커니즘들이 음악을 실제로 연주하거나 만드는 작업이 피질구조와 밀접한 연관이 있음을 밝혀주기 때문입니다.

두 가지 모델에 대해서는 여기서 언급할 가치가 있을 것 같습니다. 우선 음악가의 뇌와 음악가가 아닌 사람의 뇌를 양전자방출 단층촬영으로 관찰해보면 어떤 차이를 발견할 수 있습니다. 음악을 하는 사람은 뇌의 혈액 공급량이 증가하고 음악 활동과 관련된 피질영역의 뉴런 활동도 크게 증가합니다. 그다음으로, 파스쿠알 레오니는 『음악을 만들어내고 음악에 의해 변화하는 뇌』에서 뇌 전자기자극 실험을 통하여 사람의 손가락 하나하나에 해당하는 운동피질이 피아노 연습을 며칠 동안 하고 나면 상당히 늘어날 수 있음을 보여주었지요. 게다가 그 같은 동작을 머릿속으로 연습하기만 해도 실제 피아노를 치면서 연습하는 것에 필적할 만한 효과가 있다고 합니다.

마무리를 대신하여

여러분도 느낄 수 있었겠지만 지각 혹은 음악 창조의 톱니바퀴 장치를 찾아서 뇌라는 가상공간을 둘러본다는 것은 대단한 일입니다. 하지만 결론적으로 말하면 이 일은 실패로 돌아간 셈입니다. 빅토르 위고가 말했듯이 방문객은 뇌에 들어서자마자 "고양이가 헝클어뜨린 실타래와 흡사한, 골목길과 교차로와 막다른 길이 뒤엉킨 미궁"에 발을 들여놓은 셈이 되지만 꼭 그 이유 때문만은 아닙니다. 수많은 분석 모듈들로 나 있는 길들은 많고 많은데 그와 동시에 음악의 지각 혹은 표현이라는 결과까지 고려해야 하니 방문객은 동시에 여러 곳에 있어야만 제대로 된 관찰을 할 수 있는 셈입니다. 결국 방문객은 홀린 듯한 방문길에서 모든 곳에 존재하는 의식이라는 것은 만나지도 못하게 됩니다. 그리고 아무리 청각적 뉴런 활동이 활발한 해부학적 장소들이 있을지언정 의식을 안다는 것은 그런 장소들에 대한 앎으로 축소될 수도 없지요. 우리의 용감무쌍한 방문객이 자신의 목표를 달성하려면 앨리스처럼 거울 저편으로 넘어가 형이상학적 훈련에 천착해야만 할 겁니다.

미셸 뢸더 루뱅가톨릭대학의 신경생리학과 명예교수 겸 학장. 전 벨기에왕립의학아카데미 회장을 역임했고 국립의학아카데미의 외국인 회원이기도 하다.

15장

추억의 다락방

> "나는 생클루 문 극장의 흥행영화에
> 레다 케르가 나왔던 것을 기억한다."
>
> 조르주 페렉, 『나는 기억한다』

    나는 신경생물학연구소에서 국립학술연구원의 자료조사원이었던 조르주 페렉을 기억한다.[1] 나는 그와 친구가 되고 싶었지만 그는 내성적이고 수줍었다. 그는 「토마토와 가수」[2]라는 가짜 논문을 쓰기도 했는데 그 글을 보고 연구자들이 얼마나 배꼽을 잡고 웃었는지 모른다.

    사랑과 아름다움을 담당하는 뇌의 고귀한 층들을 살펴본 우리는 어느덧 추억의 다락방으로 올라가는 사다리 앞에 서 있다. 나는 우리 할아버지가 야곱의 사다리에 대해서 말씀하시고 내가 너무나 귀여운 꼬마천사라고 하셨던 것을 기억한다. 나는 오래된 옷가지, 가족사진, 우리 어머니가 어릴 때 썼다는 망가진 장난감이 잔뜩 들어 있던 등나무 궤짝들을 기억한다. 나는 눈알이 한쪽밖에 남지 않았던 인형을 기억한다. 나는 병원 놀이를 하면서 나를 가지고 놀다시피 했던 약국 집 딸내미를 기억한다. 나는 벌거벗은 여자들이 나오던 책들을 기억한다. 나는 몰래 숨어서 그

책들을 읽었다. 우리 모두는 기억의 소재를 공급하는 추억의 다락방에 죽는 날까지 숨어 산다.

프루스트에 대한 오마주

마르셀 프루스트의 『잃어버린 시간을 찾아서』는 문학이 기억의 영광을 기려 세운 위대한 기념비다. 우리는 최근 50년 동안의 임상적 연구와 심리학의 주요한 발견들을 설명하기 위해 숱한 인용문들을 늘어놓을 수 있다. 그중에서도 저 유명한 마들렌 일화는 빼놓을 수 없다. 나는 신경생물학자이자 기억 분야의 전문가로서 여름휴가를 항상 프랑스에서 보내는 미국인 한 사람을 알고 있다. 그는 해마다 일리에르 콩브레를 순례하는데, 한 번은 어떤 기념품 가게에서 이른바 '레오니 이모의 마들렌'을 샀단다. 그는 자기 연구소를 찾아오는 사람들에게 대접할 생각으로 그 마들렌을 철제 상자에 넣어서 미국으로 가져갔다. 하지만 그 마들렌은 먼지를 타고 곰팡내까지 풍겨서 도저히 먹을 수 없었다. 결국 그 미국인은 프루스트라면 질색을 하게 되었다.

사실 되찾은 시간이 꼭 행복한 시간이라는 법은 없다. 우리는 조건화된 혐오라는 흥미로운 현상을 실험용 쥐에게서 발견할 수 있다. 이 실험에서는 새로운 맛의 음식물, 이를테면 우유나 달콤한 사탕 같은 것에 유해 물질—이를테면 염화리튬—을 타서 줌으로써 동물이 음식물을 먹고 난 다음에 고통을 느끼게 했다. 그 결과, 동물은 그 음식물을 먹지 않으려고 회피하는 반응을 보이게 되었다.[3] 독극물을 먹고도 살아남은 쥐는 결코 그 독극물이 들었던 음식을 다시는 먹지 않는다. 이것은 고전적 조건반사가 아니다. 왜냐하면 음식물과 신체적 불편함이 단 한 번만 관련되어 있더라도 혐오 반응이 나타나기에는 충분하기 때문이다. 또한 조건화라는 관점에서 보았을 때 음식물이라는 자극과 불편함 사이에는 몇 시간 정도의 간격이 있다는 점도 주목할 만하다. 이 같은 현상이 우리의 입맛과 습관을 형성하는 데 어떤 역할을 한다는 점을 굳이 말할 필요가 있을까? 어떤 내적 상태와 자극이 단 한 번 연관되어도 그 자극에 대해 결정적인 혐오를 품게 될 수 있다. 이것이 우리가 만나는 첫 번째 유형의 기억이다. 이러한 기억은 쥐에게나 인간에게나 다같이 적용된다. 기억은 뇌의 도처에 있으나 기억에 너무 바짝 붙어서 따라가다보면 도리어 잃어버릴 위험이 있다.

기억의 실추

사람들은 거의 항상 자신의 기억력을 탓한다. 기억력으로 빚어지는 장애들이야말로 우리에게 기억에 대해 가장 많은 것을 가르쳐준다. 기억의 가벼운 결함이나 그로 인한 다양한 불편함을 가리키는 '기억착오' 혹은 진짜 장애에 해당하는 심각한 수준의 기억장애, 즉 '기억상실'이 이에 해당한다.

기억착오

기억 전문가 다니엘 샥터[4]는 이러한 기억착오들을 '일곱 대죄'라고 부른다. 그 일곱 대죄는 도주, 부재, 차단, 무시, 암시성, 편견, 고집이다. 맨 처음의 세 가지 죄는 기억이 '생략(누락)'됨으로써 빚어진다. 당사자는 가엾게도 기억에 의존하여 자기가 기억하고자 하는 사태, 사건, 생각을 올바르게 재구성하지 못한다. 나머지 네 가지 죄는 기억은 보존되었으되 '중개'에 의해 부정확해지거나 통제에서 벗어나는 경우이다. 기능성 핵자기공명 촬영은 뇌의 결함이나 실책을 어느 정도 관찰할 수 있게 해준다. 샥터가 차용한 일곱 대죄의 메타포를 계속 따르면 우리는 핵자기공명 검사가 뇌로 하여금 자신의 과오를 고백하고 해부학적으로 죄의 책임을 물어야 할 부분들을 드러낸다고 말할 수 있을 것이다. 하지만 주기도문 세 번, 성모경 세 번으로 죄를 사함 받을 수 있으리라 생각하기는 어렵다.

사실 기억상실과 기억착오(일곱 대죄)를 구분하는 경계는 너무 작위적이다. 나는 감히 이 경계가 업종에 따른 분류일 뿐으로 전자가 신경학자의 용어라면 후자는 심리학자의 용어라고 말하련다. 기능성 핵자기공명 촬영은 뇌의 작용이 이루어지는 과정, 다시 말해 실제 과업을 수행하는 정신의 시간적 추이를 따라갈 수 있게 해주는데 여기서도 그러한 작위적 구분을 다시 한 번 확인할 뿐이다.

기억상실

기억이 달아나는 정도가 너무 심하다고 여겨질 경우에는 아예 기억상실로 간주된다. 그중 한 예가 H.M. 병이다. 이 병은 너무도 유명해서 짚고 넘어갈 만한 가치가 있다. H.M.은 기억이 너무 빨리 달아나기 때문에 어떤 고정된 추억이 있을 수 없고 그래서 이 병을 앓는 사람은 과거가 없는 사람이 되어버린다.

1953년 8월 23일 미국의 신경외과의사 윌리엄 스코빌은 내측 측두엽 간질을 앓고 있던 27세의 젊은이 H.M.의 뇌수술을 집도했다. 수술을 받고 난 환자는 간질발작이 눈에 띄게 줄어들었다. 뇌수술은 성공을 거둔 셈이었다. 하지만 환자는 곧바로 "최근 기억을 잃어버리는 심각한 장애"(그를 수술한 의사가 사용했던 표현을 그대로 따온 것)를 보였다. 1957년 윌리엄 스코빌과 브렌다 밀너[5]가 논문을 발표했다. 우리는 그 논문에서 소위 '전행성' 기억상실증의 세세한 묘사를 찾아볼 수 있다. 내측두엽이 절제된 다음부터, 그러니까 뇌수술을 받은 다음부터의 기억이 사라졌다는 말이다. 문제의 환자는 2010년 현재 82세이지만 수술 이후의 기억은 전혀 없다. H.M.은 100여 개 프로그램의 연구대상이 되었다. 그는 1966년 몬트리올 신경과학연구소에서 연구대상이 된 것을 시작으로 MIT 연구소, 미국 케임브리지 연구소 등을 거쳤다. 그는 연구자들의 애정과 감사를 한 몸에 받았음에도 불구하고 자신이 얼마나 유명한지 알지 못한 채 생애 말년을 보내고 있다.

H.M.의 전행성 기억상실증은 전반적인 것이었다. 기억력을 보여주기 위해 활용한 테스트가 어떤 것이든 간에(자유연상 테스트, 기억을 일깨우는 지표를 제공하는 테스트, 예와 아니오로 대답하는 테스트, 다지선다형 테스트 등), 테스트에 사용된 자극이 어떠한 것이든 간에(단어, 숫자, 문장, 얼굴, 형태, 상투어구, 역사적이거나 유명한 공적, 개인적 사건 등), 정보가 주어지는 감각의 범주가 무엇이든 간에(시각, 청각, 신체감각 등) 그의 기억상실은 뚜렷하게 나타났다.

H. M.의 지능지수는 평균치를 약간 웃도는 수준이다. 그는 방금 들은

숫자 목록을 다시 한 번 반복하는 데에는 아무 어려움도 겪지 않았다. 심지어 일고여덟 개의 숫자들로 이루어진 목록을 재구성하는 작업도 할 수 있었다. 그러니까 '연상' 능력으로 보면 정상적인 사람들에게 결코 뒤떨어지지 않았다.

또 다른 유명 사례는 1970년에 섈리스와 워링턴이 보고한 바 있다.[6] 이 사례에서는 K.F.라는 환자가 낮 동안에 경험했던 일들의 단기 기억에는 아무 문제를 보이지 않은 반면, 다소 긴 시퀀스를 보내고 난 다음에는 숫자 하나 이상은 전혀 기억하지 못하는 양상을 보였다. 그런데 K.F.는 H.M.과는 반대로 해마에 아무런 손상도 입지 않았고, 다만 왼쪽 전두엽의 뒷부분이 파괴된 상태였다. 그의 경우는 언어와 계산을 바르게 구사하는 데 없어서는 안 될 단기 기억에 문제가 생긴 것이었다.

기억 '차단'이라는 대죄를 보여주는 예로는 L.S.라는 환자가 있다. 그는 사람의 이름을 도무지 기억할 수 없었다. L.S.는 뇌에 심각한 외상을 입고 왼쪽 전두엽과 측두엽의 여러 부위에 손상을 입은 환자였다. 그러나 그의 인지능력은 거의 그대로였다. 지각, 기억, 지능에 아무 영향도 입지 않은 듯 보였던 것이다. 반면에 L.S.는 고유명사를 떠올리는 능력을 완전히 잃다시피 했다. 하지만 보통명사를 사용하는 데에는 아무 문제가 없었다. 가까운 사람들을 만나서 그들의 얼굴을 알아보더라도 이름은 기억해낼 수 없었다. 그 이름들이 그의 기억에 여전히 남아 있었지만 떠올릴 수가 없었던 것이다. 그런데 그에게 유명인사의 사진을 보여주고 다지선다형 답안에서 그 사람의 이름을 고르라고 하면 그는 문제를 맞힐 수 있었다. 의사들은 그의 사례를 '고유명사 기억상실증'이라고 부른다. 고유명사들이 "금방이라도 입에서 튀어나올 것 같고" 답이 무엇인지 들으면 맞는지 틀리는지를 구분할 수도 있지만, 절대로 스스로 떠올리지는 못하는 것이다. "금방이라도 입에서 튀어나올 것 같다"[7]는 표현에서 우리는 L. S.가 별로 크게 피해될 것은 없는 기억력 문제—칵테일파티나 연회 등에서 아는 사람들을 소개시켜줄 때 종종 겪곤 하는—를 심각한 형태로 앓았음을 알 수 있다. 누구나 노안경을 쓰기 시작하는 나이가 되면 아는 이름들이 생각나지 않아서 불편을 겪거나 골치 아픈 문제에 빠지곤 한다.

기억상실의 원인은 다양하다. 어떤 것들은 기억 메커니즘에 이바지하는 뇌의 부위가 손상되었기 때문에 일어난다. 또 어떤 것들은 일시적이거나 지속적인 뇌의 기능장애 때문에 일어난다.

'코르사코프 증후군'은 중증의 알코올 중독자에게 나타나는 말초신경의 손상과 심각한 기억장애가 결합한 병이다. 이때의 기억상실은 전적인 '전행성'이지만 부분적으로 '역행성'도 나타난다.[8] 코르사코프 증후군은 어떤 대상을 잘못 알아보거나 기억상실을 감추기 위해 기억을 날조하는 특징을 띤다. 하지만 기억을 필요로 하지 않는 지적 활동에 대해서는 얼마든지 정상적인 기능이 가능하다.

뇌 손상(간질수술, 행동장애를 치료하기 위한 정신병수술)으로 인한 기억상실은 앞에서 보았던 H. M.의 예에서도 알 수 있듯이 뇌에 대한 연구에 많은 성과를 가져다주었다. 뇌혈관성 우발증후, 뇌종양, 퇴행성 질환 등에 대해서는 이미 잘 알려진 알츠하이머병, 간질, 두개골외상, 약물 중독 등의 다양한 원인들이 기억에 대한 우리의 이해를 돕는다.

나는 여기서 '문학적 기억상실'이라는 것을 별도로 다루고자 한다. 이것은 소설가와 영화감독이 혹할 만한, 짐 없는 여행자라는 테마에 해당한다. 어떤 사람은 자기가 어떤 사람인지 모르는 채 과거 없는 사람으로 등장한다. 역행성 기억상실이 거의 전면적이지만 전행성 기억상실은 보이지 않는 것이다. 목격자나 측근이 어떤 정서적 외상 혹은 사소한 두개골외상을 확인한 시점에서 그러한 상태가 며칠, 나아가 몇 년까지도 계속될 수 있다. 이러한 기억상실은 심인성 기억상실증으로 분류되며 샤르코 식의 '심한 히스테리' 환자가 최면에 걸렸을 때 보이는 기억상실과도 매우 비슷하다.[9] 장 캉비에[10]에 따르면 이러한 예외적 사태들은 우리로 하여금 망각을 활성화하는 메커니즘과 그러한 메커니즘이 정서적 삶에 내리고 있는 뿌리를 주목하게 한다. 의식적 기억과 무의식적 기억을 가르는 경계는 정신상태에 따라 달라질 수 있다. 이러한 주장은 정신분석에서 영감을 받은 심리치료 방법들을 정당화한다. 추억들로 제한된 세계는 무의식적 기억이라는 무제한의 세계로부터 떠오른다. 이러한 관점에서 우리는 기분장애를 보이는 환자들(4장 참조)에게서 일단 경험했던 사건들이 그때와 비슷한 기분이 되었을 때에 다시 나타나는 현상을 볼 수 있다.

인간 기억의 다양한 측면

나는 여기서 종의 기억, 사회적 기억(인간 집단이 공유하는 신앙, 사건, 지식의 총체)은 제쳐두고 한 개인에게 고유한 기억, 개인의 자유의 도구라고 할 수 있는 기억에 대해서만 다루겠다. 우리의 추억들을 삽으로 그러모을 수 있다면 그 추억들은 장기간 저장이 가능한 구획들로 나누어 정리될 수도 있다. 그러한 추억들이 이른바 '영원한 기억'을 구성한다.

영원한 기억의 구획들은 그 내용물에 따라 분류된다.[11] 어떤 칸들은 의식적으로 접근할 수 있고 그때그때 추가할 수도 있는 내용물에 할애되어 있다. "지나간 것에 대한 추억은 종종 새로워짐으로써 생각하기에 감미로운 것이 된다"(내 기억이 맞다면 롱사르가 한 말이다). 이러한 기억은 소위 '선언 기억'에 해당한다. 그 밖의 내용들은 의식적이지 않고 자동적인 방식으로 접근될 뿐이다. 이러한 형태의 기억은 '절차 기억'이다.

선언 기억은 다시 의미 기억과 일화 기억으로 구분할 수 있다. 의미 기억은 단어, 상징, 개념, 단어들을 조합하는 규칙('통사법') 등을 총망라한 일종의 사전 혹은 좀 더 광범위하게는 도서관이다. 이러한 기억은 다른 사람들과 단어 및 상징을 편리하게 교환하고 서로 이해할 수 있게 하는 데 이바지한다. 또한 의미 기억에는 우리가 아는 나름의 세상(신체 외적 공간)에 대한 지식도 포함되어 있다. 기억의 이 구획은 우리가 평생 메고 가야 할 책가방과도 같다. 욕망이라는 이름의 책가방, 배우고자 하는 욕망은 죽음이 찾아올 때에야 비로소 스러질 수 있다(다음의 상자글 참조).

일화 기억에는 시간 축에 위치한 사건, 일화밖에 없다. 그러한 사건과 일화는 모두 주체가 겪은 경험에 준거한다. 그것들은 두 번 다시 발생하지 않는 정보, 반복되지 않는 정보다. 그러한 정보들이 고착되고 계속 남느냐는 정서적 맥락에 달린 문제다. 전쟁 선포, 암살 사건(1963년 10월의 케네디 암살), 잊을 수 없는 테러 사건(9·11 테러) 등과 같은 정서적 맥락은 다른 사람들과 공유될 수 있다. "나는 기억한다. 사람들은 거리에 있었고 나는 내 차에 있었다. 나는 길이 들지 않은 새 신발을 신고 있었기 때문에 발이 몹시 아팠다." 감정적 상태는 그러한 감정이 없었더라면 쉽게 잊히고 말았을 사건들에 대한 기억의 자취를 고착시킨다. 다르게 표현하면, 의미 기억의 사용은 일화 기억을 고착시키는 데 도움이 된다. 이미 말했던 일화는 침묵 속에서 지나가버린 사건에 비해 기억에 남을 확률이 더 높다. 또 다른 경우에는 심상을 동원하는 것이 필요한데, 이때에

교육과 기억

교육은 인간의 보편적이자 자연스러운 기능이다. 교육은 문화와 떼려야 뗄 수 없는 관계이며, 문화는 어떤 공동체가 공유하는 표상들과 행동양식들의 총체로서 마치 유전자가 전달되듯이 '밈(meme, 리처드 도킨스의 문화유전자 개념)'이라는 단위의 형태로 한 세대에서 다음 세대로 전달될 수 있다고 정의된다. 이러한 유전자의 비유를 좀 더 확장하면 우리가 유전자를 다음 세대로 전달하는 과정이 '생식'이라면, 밈을 다음 세대로 전달하는 과정은 '교육'이라고 할 수 있겠다.

교육은 여러 가지로 정의되어왔다. 그중에서도 뒤르켐의 정의는 가장 단순하다. 성인들이 자손에 '대하여' 혹은 자녀와 '더불어', 그들을 공동체에 편입하고 문화를 전달하기 위해 실시하는 모든 행동이 교육이라는 것이다.

교육은 인류의 역사만큼이나 오래되었다. 하지만 우리가 교육해야 할 각각의 아이만큼이나 아직 어린 것이 교육이기도 하다.

인간은 그 존재의 모든 차원들이 다소간 사회적 영역에 속해 있다는 점에서 보건대 극도로 사회적인 동물이다. 주체로서의 동물을 정의하는 변동중심 상태라는 차원에서도 그렇다. 인간이라는 동물의 신체 외적 공간은 온전히 '타자들'이 만들어내고 지배한다.

진화의 역사에서 교육이 등장한 것은 집단생활, 노동, 예술, 요컨대 인류의 사회적 존재가 등장한 때와 일치한다. 인간 존재는 인간 존재의 구성물이다. 일종의 자기생산인 셈이다. 칸트가 말했듯이 인간은 두 번 태어난다. 한 번은 동물(자연적 존재)로서 태어나고 두 번째는 문화적 존재로서 (생활하기 위해서) 태어나는 것이다. 그러므로 인간은 교육받는 동물이며, 교육의 목적이 동물성을 제한하는 것임을 감안한다면 이러한 명제가 대단한 모순을 담고 있다고 말할 수 있다. 칸트의 '문화인류학'을 좀 더 인용하면 인간은 오로지 교육을 통해서만 인간이 된다. 교육의 효용은 오직 그뿐이다. 인간은 인간에 의해서만 교육될 수 있으며 교육을 받은 인간만이 다른 인간을 교육할 수 있다는 사실을 주목해야 한다. 교육은 부정적 성향을 포함하며 훈육은 지나친 동물성을 제거한다. 칸트가 강조했듯이 인간은 동물이지만 자기와 같은 종에 속하는 개인들과 더불어 살 때에는 자신의 자유를 동족에게 지나치게 행사할 수 있기 때문에 스승을 필요로 한다.

이러한 인간의 자연적인 비유한성은 이 기이한 동물의 타고난 욕구(물, 설탕, 산소, 비타민을 필요로 하듯이)와 같이 타자를 필요로 한다는 욕구를 통해 나타난다.

기억은 교육의 도구다. 주체가 지식을 얻기 위해서는 뇌가 정보를 저장하고 재구성하는 능력이 필요하고, 그러한 지식에 근거하여 주체의 '노하우', 좀 더 폭넓게는 전반적인 '처세술'이 수립될 수 있다는 점에 대해서는 모두들 동의할 것이다.

도 여러 가지 형태의 기억들이 상호작용을 한다고 볼 수 있다. 여기에서 시각적 기억과 청각적 기억이라는 일반적인 구분이 나오지만, 사실 신경심리학 차원에서 그러한 구분은 별 의미가 없다. 다만 눈여겨볼 것은, 어떤 사람들은 그들이 받은 교육이나 종사하는 직업에 따라서 특정 감각과 관련된 기억력이 특히 비상하게 발달한다는 사실이다. 유전적 기질이 일부 작용하기는 하나 우리는 맛 감별사, 화가, 음악가로 태어나는 것이 아니라 그렇게 성장하는 것이다.

절차 기억

절차 기억은 암묵적이고 자동적이며 대단히 무의식적이다. 우리는 습관, 관행, 노하우 등이 절차 기억에 속한다고 본다. 배움은 필연적으로 반복을 요하고 그러한 반복은 자동화되어 더 이상 의식의 적극적인 개입을 필요로 하지 않게 된다. 의식은 오히려 일종의 장애가 되어 의식이 개입함으로써 출발점으로 되돌아오거나 아예 실패나 어떤 사고를 당하게 되기도 한다. 예를 들어 서커스 곡예사들이 '불발'에 걸리는 것을 들 수 있겠다. 곡예사들이 의식적으로 곡예를 하려고 들면 그 순간 머뭇거리다가 추락해서 치명상을 입곤 한다.[12]

절차 기억은 잘 잊히지 않는 걸로 유명하다. 스키를 탈 줄 안다거나 자전거를 탈 줄 안다거나 하는 식의 앎은 쉽게 사라지지 않는다. 하지만 이러한 주장은 상대적인 것으로 받아들여야 한다. 연주의 명인은 솔리스트로서의 경력을 쌓으면서 줄곧 연주해왔던 콘체르토를 계속 반복적으로 익힌다. H.M.도 절차 기억은 전혀 문제가 없었고 새로운 기술도 반복을 통해 익힐 수 있었다(비록 자기가 그 기술을 배웠다는 사실 자체는 잊어버렸지만 말이다).

우리가 볼 수 있듯이 손상을 입은 뇌 영역이 무엇이냐에 따라서 다양한 기억들을 분리하여 생각해볼 수 있다. 그러므로 장기 기억은 존재하지 않는다. 기억의 다양한 체계들 가운데 각각의 것들이 손상을 입은 뇌의 제한된 한 영역과 관련된다. 작업 기억이라고도 부르는 단기 기억(혹은 일시 기억)은 대뇌피질 전체에 퍼져 있으므로 이러한 경우에 해당하지 않는다.

단기 기억

단기 기억은 뇌를 이루는 모든 것과 수억 개의 뉴런들에 잠재해 있다. 뇌는 시간을 빻는 놀라운 맷돌이기에 인간은 "나는 이러이러한 이력을

선언 기억의 특수한 경우: 공간 기억

특정한 영역에서 우리는 동일한 표상에 일련의 일화 기억들을 통합함으로써 서로 다른 일화들이 일종의 '유사성'을 갖게끔 종합하여 선언 기억을 형성한다. 나는 할머니가 살아 계실 때 할머니가 사는 마을에서 여름방학을 보내곤 했던 기억이 있다. 이모도 가끔 그곳에 와서 지냈던 것도 기억난다. 내가 바칼로레아 시험을 치르던 날의 아버지의 모습도, 어린 나를 격려해주던 어머니의 모습도 기억난다. 나는 이 별개의 일화들을 토대로 삼아 '나의 가족'에 대해 전반적인 앎을 이루어낸 것이다. 그와 마찬가지로 나는 나에게 친숙한 여러 장소들, 우리 집 바로 앞에 있는 광장, 길모퉁이 카페, 자주 가는 박물관, 좋아하는 영화관, 직장 등을 종합하여 '나만의 파리'를 구성한다. 나는 이런 식으로 내가 사는 도시의 지도를 수립한다. 우리는 H. M.의 사례 덕분에 해마가 사건과 사태를 '선언적으로' 장기간 기억하는 데 결정적 역할을 한다는 사실을 알게 되었다. 또한 해마의 손상은 모든 포유류에게 심각한 공간 기억 장애를 일으킨다는 사실도 이미 알려져 있다.

약 30년 전에 존 오키프와 존 도스트로프스키는 쥐가 친숙한 환경에서 어떤 특정 공간을 점유하고 있을 때, 혹은 쥐가 자신의 환경에서 특정한 지대를 지나가고 있을 때 그 쥐의 해마에서 특정 뉴런들이 방전되는 현상을 관찰하고 기술했다.[13] '장소세포(place cell)'라고 부르는 이 뉴런들은 해마에 매우 많은데 동물이 주어진 지대(place field)에 들어가면 활동성이 증가하고 그 지대에서 멀어지면 활동성이 떨어진다. 하지만 그러한 활동성은 동물이 그 지대에 들어가거나 나가기 위해서 취하는 방향과는 무관했다. 그러니까 장소세포들은 어떤 공간, 환경 내에서 비교적 특정한 어떤 '장소'를 지시하는 셈이다.

런던 시내 택시운전사들을 대상으로 한 연구에서 나타났듯이 이 영역은 유연성이 특히 뛰어나다. 택시운전사들의 뇌를 스캐너 촬영한 결과, 그들의 해마는 보통사람의 해마보다 훨씬 더 발달해 있는 것을 볼 수 있었.

우리는 택시운전사들의 공간 기억을 고대부터 사용되었던 기억술과 연관

지을 수 있다. 고대의 기억술은 프랑스 야트가 연구한 바 있는데,[14] 키오스의 시모니데스가 그 창안자인 것으로 짐작된다. 그는 어느 연회장의 지붕이 무너져 내려앉은 사건이 있은 후에 손님들이 연회에서 앉아 있던 위치에 근거하여 얼굴을 알아볼 수 없도록 시신이 훼손당한 희생자들의 신원을 확인해주었다고 한다. "그는 어떤 위치를 전해주는 것이 뛰어난 기억력을 발휘하는 데 중요하다는 사실을 이해하고 있었다"라고 야트는 평가한다. 기원전 86~82년에 집필된 수사학 교재 『아드 헤레니움』은 유럽에서 르네상스 때까지 '인위적' 기억과 관련되어 (다시 말해 연습을 통해 기억을 강화하는 교재로서) 사용되었다. 이 교재에서 설파하는 방법은 장소와 이미지를 결합하는 것이다. 좀 더 정확하게 말하면, 수사학을 공부하는 학생을 일련의 장소들(그 장소들의 간격이 너무 벌어져서는 안 되며, 너무 밝거나 너무 어두운 장소들이어서도 안 된다)을 상상하면서 그 하나하나의 장소에 어떤 관념이나 사물과 연관된 이미지(될 수 있는 한 강렬한 이미지)를 결부시키는 것이다. 그러면 장문의 연설을 암기할 때에도 일종의 가상공간에서 '기억의 산책'을 하듯이 그 장소들을 차례로 떠올리기만 하면 된다.

살아온 사람입니다. 이게 나의 역사입니다"라고 말하며 자기 역사의 연속성과 일관성을 확신할 수 있는 것이다. 내가 사는 세상에 대하여 나의 뇌는 지각이 공급하는 이미지밖에 얻지 못하고, 그러한 지각은 나의 신체로 고착되지 않는 이상 표상이 될 수 없다. 표상은 어떤 행동, 넓은 의미에서의 운동을 실현하기 위해 필요하거나 장기 기억으로 저장되기 위해서 필요한 시간 동안 지속될 것이다. 우리는 베르그송이 제안한 '이미지-운동' 개념과 다르지 않은 표상 개념을 재발견하게 된다.

일시적 기억은 신체 공간과 그러한 신체를 매개로 주체의 신체 외적 공간에서 오는 정보들로 인해 일시적으로 활성화되는 기억지대에 해당한다. 이러한 활성화는 운동으로의 즉각적인 전이와 나중에 사용되기 위한 영구적 기억으로의 저장에 이용된다. 포착하지 못한 정보들은 기억이 포화되지 않도록 적극적으로 삭제된다. 우리는 그러한 기억을 '작업 기억'이라고 부른다.

작업 기억은 어떤 작업을 실행하기 위해 필요한 요소들을 현재에 붙들어놓기 위해서 우리가 매 순간 사용하는 기억이다. 어떤 사람이 말하는 하나의 문장, 일련의 행동에서 이어지는 단계 등을 기억해야 원활한 작업과 소통이 가능하기 때문이다. 언어, 계산, 추론은 작업 기억에 광범위하게 기대고 있다. 이러한 기억은 분명히 한계가 있다.[15]

신체에서 비롯되는 정동과 주의력은 정보의 여과와 고착을 지배한다. 여과가 제대로 이루어지지 않아서 일관적이지 않은 정보들, 잊혀야 할 정보들이 저장되는 경우도 있다. 이를테면 자폐증 환자들 중에서 사전에 기재된 항목들, 자동차 등록번호, 생년월일 따위를 외우는 데 비상한 기억력을 보이는 사람들도 있다. 천재 암산가들의 사례도 비슷한 경우다.

나는 회상, 즉 영구적인 기억에 저장된 정보들을 의지적으로나 비의지적으로 떠올리는 능력에 대해서는 더 이상 언급하지 않겠다. 여기에는 '재인식'과 '상기'라는 두 가지 과정이 작용한다. 그런데 상기는 종종 연상을 통해 작동한다. 하나의 추억이 또 다른 추억을 기억나게 하는 것이다. 재인식은 수동적인 메커니즘이다. 우리는 어떤 사람의 이름을 기억하지 못하지만 그 사람을 알아볼 수는 있다. 회상 능력이 부족하며 앞에서 언급한 바 있는 기억의 '차단'이라는 대죄를 범하게 된다. 의미 기억은 다행스럽게도 회상하기가 어렵지 않다. 도서관에 서가별로 책이 정리되어 있고 백과사전에는 항목별로 지식이 정리되어 있듯이 의미 기억도 범주를 통한 분류체계를 갖추고 있기 때문이다. 그럼에도 불구하고 가짜들을 경계해야 한다. 잘못된 재구성이나 의지에서 벗어난 사건들,

불확실한 증거들이 개입할 여지가 있기 때문이다.

마지막으로, 절차 기억에서는 학습과 연습에 따라 구성된 자취들이 서로 잘 분리된 채 남는다. 여기서 상기는 자취 하나하나를 따라가며 이루어질 뿐 어떤 재구성을 거치지 않는다. 절차 기억의 자취들은 서로 뒤섞이지 않는다. 뜨개질을 할 줄 안다면 그러한 뜨개질의 절차가 피아노를 연주하는 절차와 결코 뒤섞이지 않는다. 그러한 절차 기억을 되찾으려면 처음에 그것들을 학습했던 조건을 다시 한 번 만들어주기만 하면 된다. 스키를 타는 법을 떠올리기 위해서는 일단 발에 스키를 신어야 하는 것이다.[16]

망각

망각은 기억 메커니즘에 포함되어 한 부분을 이룬다. 일반적으로 많은 이들이 어떤 기억의 자취가 없어지는 것보다는 기억의 회상이 차단되는 것에 더욱 전전긍긍하는 편이다. 경찰이 컴퓨터 하드디스크에서 용의자가 분명히 삭제했다고 생각했던 증거들을 복원해내듯이 심리학자들은 무의식에서 추억을 끌어낼 수 있을 것이라고 생각한다. 생리학적 망각 중에서는 어린 시절의 기억을 잃어버리는 현상이 단연 우리의 관심을 끈다. 나는 이러한 현상을 걸출한 회상록의 저자이기도 했던 자코모 카사노바에 대한 책에서 이미 언급한 바 있다.

유년기 기억상실

"1733년 8월초에 나의 기억기관이 발달했다. 그러니까 그때 나는 8살 하고도 4개월이었다. 그 시기 이전 나에게 일어났던 일은 아무것도 기억하지 못한다." 카사노바는 기억상실에 대한 묘사로 이야기의 포문을 연다. 이러한 관찰은 회상록을 쓴 사람들에게 공통된다. 장 자크 루소도 "생각하기 이전에 느끼는 것이 인류의 공통된 운명이다. 나는 다른 사람보다 그 점을 익히 경험했다. 나는 대여섯 살이 되기 전까지 내가 무엇을 했는지 모른다. 그러니까 자기 일생에 대해 이야기하는 인간도 일반적으로 자신의 어린아이 시절은 망각하고 있는 셈이다"라고 기술했다.

"인간의 사유는 관계들을 살펴보기 위해 서로 비교함으로써만 가능하고, 그러한 사유는 기억의 존재보다 선행될 수 없다. 기억의 고유한 기관은 내가 태어나고 8년 4개월이 지난 후에야 내 머릿속에서 발달했던 것이다." 이러한 주장은 카사노바를 인지과학의 선구자 반열에 올렸다.

유년기 기억상실은 회상록 저자들만 겪었던 특수한 장애가 아니다. 어쩌면 기억나지 않는 과거가 견딜 수 없어서 글쓰기로 그 답답함을 달래게 되었다는 듯이, 보통 아이들보다 그들에게 다소 더 오랜 기간의 기억이 사라졌을 수도 있기는 하지만 말이다.

어린아이는 뭐든지 잘 배운다. 매 순간을 새로운 앎의 기회로 삼는 어린아이는 추억이 없는 존재다. 추억의 무게에 질질 끌려감으로써 쏜살같이 빠른 시간에 저항하는 노인과는 정반대의 존재인 것이다. 늙은 카사노바는 추억한다. 그럼으로써 다시 산다. 그는 추억을 만들어내는 데 미친 듯이 골몰한다. '나는 살았노라'라고 그는 말할 것이다. 하지만 그렇게 말하기 전에 그는 산 것이 아니다. 자신이 사는 모습을 스스로 바라보지 않은 이상 그것은 삶이 아니다. 어쨌거나 기억하지 않으면 아무것도 아니다.

유년기 기억상실은 인간만의 고유한 특성이 아니다. 태어난 지 며칠 된 새끼 쥐는 자신에게 주어지는 신호들을 아주 잠깐밖에 기억하지 못하는 것으로 보인다. 이처럼 박약한 새끼 쥐의 기억력은 뇌 구조들이 완전히 발달하지 않았기 때문으로 짐작된다. 오랜 임신기간을 거쳐 완성된 뇌를 가지고 태어나는 기니피그는 그러한 기억박약 현상을 보이지 않기 때문이다. 인간의 어린아이는 뇌의 변연구조들이 생후 4~5년이 지난 후에야 비로소 성숙된다. 그리고 성인도 어떤 외상으로 인해 이 영역들이 손상을 입을 경우 기억상실증을 나타낸다. 성인의 기억상실증이 유년기 기억상실과 얼마나 비슷한 징후들을 보이는가를 확인하는 것은 매우 흥미롭다. 사라진 기억은 어린아이에게 아직 존재하지 않는 기억, 이른바 일화 기억이나 선언 기억과 흡사하다.

기억은 금세 사라질 수도 있고 시간 속에 남을 수도 있지만 어떤 기억이 동원되느냐에 따라서 매우 다양한 양상을 보인다. 단기 기억은 작동하자마자 아주 짧은 시간 동안만 감각운동 표상들을 잡아놓는다. 단기 기억은 이것저것 가릴 것 없이 게걸스럽게 흡수해버린다. 그렇게 종류를 가리지 않는 욕심과 대조적으로, 이 기억은 끊임없이 지워진다. 글씨를 썼다가 지우고 새로 쓰기를 반복하는 팔림세스트palmipsest처럼 그렇게 자꾸 지워져야만 새로운 자취들을 받아들일 수 있기 때문이다. 장기 기억은 덧없이 사라지는 표상들의 흐름 속에서 어떤 것들을 골라내어 안정적으로 자리 잡는 기억의 자취를 구성한다. 그 자취는 어떤 감정상태로서 표시된다. 장기 기억은 어린아이가 나이를 먹고 이에 관련되는 것으로 보이는 뇌 구조(전두피질, 해마)의 성숙으로 점점 향상된다. 시간과 공간에 대한 심적 표상들을 시공간인지지도의 형태로 조직하는 것도 장기 기억이다. 장기 기억은 시간과 장소를 통해 추억에 기준들을 마련하고, 바로 그러한 기준들 덕분에 일화 기억 혹은 사건 기억에 힘입어 훗날 추억을 떠올릴 수 있는 것이다.

기억 과정들은 단지 사건들을 기록하고 저장하는 것만이 아니다. 주체는 자신이 원할 때 그 사건들을 의식에 떠올릴 수 있어야만 한다. 그러니까 유년기 기억상실은 추억들을 상기하지 못하는 데서 기인한다. 실제로 어린아이의 뇌에는 추억들은 저장되어 있지만 뇌가 성숙하고 나서 그 추억들을 읽어 들이지 못하는 것이다. 성숙한 뇌의 신경섬유들은 절연체로 둘러싸여 있으며 훨씬 더 빠른 속도로 신경 유입을 전달한다. 또한 성숙한 뇌에서는 구성요소들 간의 연결도 매우 다양하다. 비유를 하자면, 어린 시절의 노래는 78회전 음반에 녹음되어 있는데 성년의 재생장치는 33회전짜리라서 녹음이 되어 있어도 들을 수 없는 것이다. 세상이라는 무대에서 성인과 조금 성숙한 아이는 서로의 삶을 바라본다. 그 무대는 어린아이의 무대와는 다르다. 인형극 따위는 그 거대한 극장 무대에 올라갈 수 없다. 성인의 개념적이고 지각적인 세계는 유년기의 추억들이 새겨져 있는 감각운동 도식들을 수용할 수 없는 것이다.

유년기 기억상실에 대해 '망각'은 좀 더 직접적인 설명이 되겠다. 기억의 자취가 희미해서 수동적으로 지워진다기보다는, 성인의 의식으로는 용납할 수 없는 추억들에 대해 억압이라는 검은 베일을 드리우기에 유년기의 기억들을 떠올릴 수 없다는 것이다. 성인은 희열을 맛보던 꼬마 난봉꾼 같았던 자신의 과거를 더는 알고 싶어 하지 않는다. 현실은 옛 쾌락의 추억마저 지워야만 한다. 유년기 기억상실, 그리고 좀 더 폭넓게는 망각 자체가 정신분석학의 근본 토대 중 하나인 셈이다.

물질적인 관점에서 망각은 기억이라는 기능에 없어서는 안 될 메커니즘이다. 기억한다는 것은 반대로 그 나머지를 잊어버린다는 것이다. 기억이 잠시 스쳐지나갈 뿐인 단기 구획에 대해서만 그런 것이 아니다. 특히 장기 구획에 보존되는 것은 기억이 원하지 않는 것은 모두 지워버리는 선택의 산물이다. 개인의 기억력은 종의 진화와 같다. 적응을 못하면 진화에서 도태되듯이 적응이 안 되는 기억은 망각된다. 활동 뉴런들의 임의적이고 일시적인 수많은 조합들 중에서 일종의 선별 메커니즘이 어떤 조합들은 취하고 나머지는 없애버린다고 할까. 안정화된 조합들의 선택은 그 조합들이 지닌 적응 가치에 따라 결정될 것이다. 이렇게 해서 우리는 생명계 전체에 자연선택설이 적용되듯이 선택에 의해 세상에 대한 개인의 개념작용과 표상작용이 점진적으로 만들어짐으로써 한 사람의 인격이 발생하는 과정을 지켜보는 셈이다.

추억을 탄생시키는 망각을 찬양할지라. 망각은 예술가의 절대무기다. 얼굴 혹은 영혼의 보기 싫은 털을 말끔하게 제거하는 가위, 뱃살이나 성격의 외설적인 주름을 깨끗하게 지워주는 지우개와 같으니까. 자서전 저자들은 뼈나 등딱지가 화석화된 동물들과 비슷하다. 그들의 기억은 우리의 감동과 우리 존재의 진화를 가늠케 하는 화석이다.

기억의 메커니즘

풍부한 임상적·심리학적 데이터들을 참고하더라도 기억의 신경 및 화학 메커니즘은 몇몇 연구자들이 올린 성과들이 무색하게 여전히 불확실한 점들이 많다.[17]

우리는 8장에서 아플리시아의 뇌와 2만여 개 뉴런들이 보여준 놀라운 가소성에 감탄했다. 특히 척추동물, 그중에서도 설치류와 영장류의 경우는 그 가소성이 한결 더 복잡다단하다. 간단히 말하면 기억은 뉴런 집합의 형성에 따른 문제인데, 이는 동일한 자극의 반복에 의해 형성된다. 즉, 학습은 반복과 동의어이며 기억한다는 것은 그러한 반복의 자취를 보존하는 것이다. 쥐의 뇌에서 해마, 곧 선언 기억의 전략적 중추를 포함하는 부분을 대상으로 실험을 해보았다(쥐에게 '선언 기억'이라는 용어를 쓰는 것 자체가 부적절하지만). 해마에 들어가는 신경다발에 높은 주파수의 자극을 주자 시냅스 후 반응이 증가하면서 흥분성 신경전달물질인 글루탐산염 분비가 늘어났다. 글루탐산염은 시냅스 후막을 탈분극시킴으로써 칼슘이온 통로를 열고 시냅스 후 뉴런들에 연속적인 작용들을 일으킨다. 이러한 시냅스 전달의 증가는 몇 시간 동안 계속된다. 반면에 주파수가 낮은 자극은 이러한 효과를 일으키지 않는다. 그럼에도 불구하고 동일한 해마 세포와 연결되어 있는 한 신경섬유다발에 주어지는 주파수가 낮은 자극(약한 자극)과 또 다른 신경섬유다발에 주어지는 주파수가 높은 자극(강한 자극)이 짝을 이루면 첫 번째 섬유다발의 시냅스 효율이 높아지는 것을 볼 수 있다. 그러므로 장기 강화는 또 다른 통로의 활성화를 통해 표적세포의 막이 충분히 탈분극되어 있을 때에만 시냅스 강화 효과를 가져올 수 있다고 볼 수 있다(헤브 원칙, 12장 참조).

이러한 장기 강화는 인근 시냅스로 확산되어 뉴런 전체의 전달을 원활하게 할 수 있다. 이 때문에 장기 강화는 어떤 정보를 차단하기 위한 잠재적 메커니즘으로 생각된다. 이러한 잠재성이 기억이라는 실제의 현실이 되느냐 혹은 연구자들이 이야기하는 전기생리학적 현상에 지나지 않느냐는 앞으로 두고 볼 일이다.

기억을 강화시켜주는 약

그런 약은 없다!

기억과 관련된 약학적 지식은 너무나 미미한 수준이기 때문에 신약 개발 연구에서 장차 어떤 결과가 나오기를 바랄 처지가 못 된다. 현재로서 우리가 가장 많은 정보를 갖고 있는 약물은 아세틸콜린이다. 마이네르트 기저핵 세포에서 만들어진 아세틸콜린은 피질 전체, 그중에서도 특히 뇌중격과 해마에서 분비된다. 뇌중격과 해마는 자기들끼리도 직접 연결되어 있는 구조들이다. 콜린성 활동은 일시적 기억에 관여한다.

알츠하이머병을 앓는 환자의 뇌에서 콜린성 활동이 위축되는 것은 마이네르트 기저핵의 뉴런들이 크게 감소하는 것과 관련이 있다. 그로 인해 제안된 증상치료가 콜리네스테라제 억제제를 복용하는 방법이다. 하지만 이 방법의 효과는 그저 그런 편이다.[18] 아마도 다른 신경전달물질들이 함께 작용하기 때문일 것이다. 따라서 표적세포들은 영향을 받지 않고 아세틸콜린에 의해 활성화될 때 제대로 기능을 발휘할 것이다. 노화 현상을 보이는 사람은 카테콜아민성 활동도 위축되는 것을 관찰할 수 있다. 하지만 암페타민이나 카테콜아민 제재를 복용해도 기억에 미치는 효과는 극히 미미하다. 예방이 최우선이다. 그러나 코르사코프 증후군에 빠진 환자들의 기억력에는 클로니딘(고혈압 치료제의 하나)이 예외적으로 좋은 효과를 보인다. 파킨슨병에 걸린 사람들에게 도파민을 주사한다고 해서 치매를 예방할 수는 없으며 이미 나타난 치매 증상을 치료할 수도 없다.

세로토닌은 일부 후각적 학습에 도움을 주기도 하는데 이것은 아마도 변연구조 내의 콜린성 중계에 도움이 되기 때문인 듯하다. 감마아미노부티르산(GABA)은 일화적 성격의 장기 기억을 교란시켜 건망증을 유발하는 효과가 있다. 그러나 의미 기억과 단기 기억에는 아무런 해도 입히지 않는다. 불안을 막아주고 수면을 유도하는 효과가 있어서 프랑스에서 광범위하게 사용되고 있는 벤조디아제핀은 기억상실성 발작의 원인이 될 뿐 아니라 일화 기억을 위축시킨다. 이러한 약물들은 습관성으로 의존하게 된다는 사실만으로도 노인들은 장기 사용을 분명히 삼가야 할 것이다.

나는 기억하지 못한다

나여, 네가 나의 좋은 기억력에 무슨 짓을 한 거냐! 내 게으름의 시녀, 아등바등하지 않고도 수많은 시험과 대회를 무사히 통과할 수 있게 해준 기억력에게! 나는 이제 그토록 쉽게 외웠던 학과 내용들을 더는 기억하지 못한다.

나는 예전에 그토록 쉽게 내게 넘어왔던 여자친구들의 이름이 더 이상 기억나지 않는다. 나의 첫 영성체 날짜가 기억나지 않는다. 우리 마을 초등학교에 같이 다녔던 친구들 이름이 생각나지 않는다. 해병대 제1연대 병영에 처음 도착하던 때가 생각나지 않는다. 우리의 과거가 지워짐과 동시에 우리는 더 이상 새로운 추억을 만들지 못한다. 내 기억이 없어지면 내 삶은 어디로 간 셈이 되는가? 나는 이미 죽어가고 있는 게 아닌가? 나의 미래를 채울 만큼 추억을 갖고 있지 않기에 죽는 건가?

나는 『잃어버린 시간을 찾아서』를 처음 펼쳐보던 그날을 이제 기억하지 못한다.

Focus 8
"기억력이 약해져서 이제 잘 생각이 나지 않아요."

브루노 뒤부아
(피티에 살페트리에르 의과대학교 신경학과 교수)

기억력 타령은 다들 잘 알 겁니다. '기억력이 약하다고' 불평을 해보지 않은 사람이 어디 있으며, 친구나 동료의 이름이 생각나지 않아 애먹어 본 적 없는 사람이 어디 있겠습니까? 누구나 방에 들어갔다가 자기가 뭘 찾으러 왔나 싶을 때가 있고, 책이나 영화의 내용을 까먹기도 하며, 안경이나 열쇠를 어디 두었는지 생각나지 않아 찾아 헤매기도 하지요. 이건 흔히 겪는 일이지만 불안감을 자아내기도 합니다. 기억장애는 생기기 전에 미리 예방을 해야 한다고들 하잖습니까? 말년에 들어 제 앞가림도 못하게 된 나이 많은 삼촌이나 멀리 사는 사촌이 친척 중에는 항상 있기 마련이지요. 게다가 치매도 어느 정도는 유전이라고 하지 않습니까? 그러니 어떻게 불안하지 않겠어요.

여러분을 너무 걱정시킬 생각은 없지만 여기서 정확하게 짚고 넘어갈 것은 짚고 넘어가면 좋겠지요. 기억력에 대한 불만은 누구나 겪습니다.

그렇지 않은 사람보다 그런 사람이 더 많으니(50퍼센트 이상) 정상이라고 해도 좋겠지요. 달리 말해서, 어느 정도 나이가 들면 기억력이 떨어진다고 생각되더라도 당연한 겁니다. 오히려 걱정을 안 하는 분들이 걱정을 해야 할 겁니다! 이 말은 꽤 역설적이지만 전혀 근거 없는 소리가 아닙니다. 알츠하이머병을 앓는 환자들은 일반적으로 자기 문제에 대해 불만스러워하거나 걱정하지 않는다고 하니까요. 의학적 용어로 말하면 '질병인식불능증'인데요, 환자가 자신의 문제에 대해 의식이 없음을 뜻합니다.

이렇듯 자신의 기억력을 불만스러워한다는 것과 기억과 관련한 병이 있다는 것은 완전히 별개입니다. 사실 어떤 정보를 상기하려면 그 정보는 서로 다르지만 연속적인 세 개의 회로에서 처리되어야 합니다.

우선, 정보가 잘 입력되어야 합니다. 뇌는 지각의 기관입니다. 뇌는 시각통로, 청각통로, 후각통로 등의 다양한 통로로 받아들인 자극을 입력합니다. 정보(아직까지는 자극이라고 부르지만)의 입력이 얼마나 잘 이루어지느냐는 나중에 그 정보를 얼마나 잘 떠올리느냐에 결정적인 영향을 미칩니다. 정보에 주의력을 덜 쏟으면 그 정보는 잘 입력되지 못하겠지요. 우울증에 빠진 사람을 예로 들어볼까요. 그의 관심사, 머릿속에서 되풀이되는 상념, 그 당시의 불안감은 그가 받아들인 정보나 직접 참여한 사건을 잘 입력하기 위해 반드시 필요한 주의력의 집중을 방해합니다. 정보 혹은 사건이 제대로 입력되지 않았으니 기억으로 잘 남지도 않는 거죠. 그러므로 우울증 환자가 주의력 장애 때문에 정보를 기억하는 데 어려움을 겪거나 기억력 문제를 겪는 것은 전혀 놀라운 일이 아닙니다.

그다음으로, 입력이 된 정보는 기억 체계로 전이됩니다. 이러한 체계의 목적은 지각된 정보를 기억의 자취로 바꾸는 데 있지요. 현재로서는 위치가 정확하게 밝혀진 뇌 영역들—해마와 파페츠 회로(이 회로를 처음 기술한 학자의 이름을 따서 이렇게 부릅니다)—에 기억의 체계들이 자리 잡고 있습니다. 이러한 구조들이 모두 손상될 경우 지각된 정보를 기억 자취로 남기는 능력이 완전히 사라지고 말지요. 달리 말해, 풍경을 바라보아도 그 풍경이 하드디스크에 남지 않는 겁니다. 아무리 주의력을 기울인다손 치더라도 기억력은 완전히 파괴됩니다. 이것이 이른바 '방수포防水布 신드롬'입니다. 이러한 사례는 매우 드물지만 대개는 알츠하이머병을 앓는 환자에게서 볼 수 있습니다. 알츠하이머병으로 인한 뇌 손상은 주로 해마에서 시작되며 해마에 가장 큰 영향을 줍니다. 해마 기능에 이상이 생김으로써 지각된 정보는 기억 자취로 바뀌지 못합니다. 그래서 최근에 있었던 일들을 기억하지 못하는 반면, 병을 앓기 전에 이미 굳어져 있던 기억은 여전히 남는 겁니다. 또한 알츠하이머병에 걸린 사람들이 새로운 장소에서 길을 잘 잃거나 똑같은 질문을 자꾸 던지는 경향도 그들이 이미 들었던 대답을 기억하지 못하기 때문이지요.

마지막으로, 세 번째 상황입니다. 잘 입력된 정보는 해마-유두체-시상 체계(파페츠 회로)로 들어가 기억의 자취로 바뀌는 데까지 성공한 후 뇌 어딘가에 저장되지요. 그런데 그 기억 자취를 다시 떠올리기가 힘들 수 있습니다. 특히 정상적인 노화를 겪고 있는 사람이라면 얼마든지 그런 경험이 있을 수 있지요. "혀끝에서 맴돈다"고 표현하는 전형적인 현상입니다. 주체는 자신이 안다는 것을 알지만 전두엽이 주로 통제하는 인지 전략들을 가동시키지 못하기 때문에 정보를 떠올리지 못합니다. 정상적인 노화에서 전두영역의 뇌 신진대사가 위축된다는 사실은 이미 밝혀졌습니다. 그러니까 인지 전략들이 원활하게 작동하는 데 어려움을 겪는 것도 이해가 되지요. 이러한 상황은 아주 흔한데다가 사람이 나이가 먹으면 주의력도 떨어지기 때문에 더 두드러질 수 있습니다.

이상의 세 가지 상황에서 우리가 신경을 써야 할 중요한 문제는 (해마 기능 이상으로 인해) 기억을 남기지 못하는 경우입니다. 오늘날 우리는 기억력 테스트들을 통해서 세 가지 수준의 문제들을 각기 분별할 수 있습니다. 기억력에 문제가 있다고 스스로 생각하는 사람들이 꼭 테스트 결과가 가장 나쁜 사람들은 아닙니다. 실제로 기억력 감퇴는 주의력 감퇴로 인한 결과일 때가 많습니다. 기억력 테스트의 주목적은 주의력이라는 단계를 제쳐놓고 기억에 관여하는 회로들 자체를 정확하게 평가하는 것입니다. 이러한 조건에서 테스트를 하기 때문에 기억 회로에 문제가 있는 것이 아니라 주의력에 문제가 있는 사람들의 기억력은 정상으로 나옵니다. 그래서 몇 년 전에 저는 이런 역설적인 말을 한 적도 있습니다. "기억력에 대해 걱정하는 사람들일수록 기억력 관련 질병에 걸릴 위험은 적다."

그러니까 안심들 하십시오.

브루노 뒤부아 대학교수이자 임상신경학자이다. 기억장애 분야에서 세계적인 전문가로 인정받는다. 특히 알츠하이머병의 초기 검진을 가능하게 하는 검사들을 개발하는 데 큰 공을 세웠다.

Focus 9

기억의 구멍들, 알츠하이머병

장 마르크 오르고고조
(보르도 의과대학교 신경학과 교수)

19세기에서 20세기로 넘어갈 즈음 알로이스 알츠하이머가 뮌헨 의과대학교 정신과병동에 도착했습니다. 그는 정신과 전문의이자 브로츠와프 대학교 정신과 교수로서 이미 명성을 얻고 있었지만 자기 이름이 장차 얼마나 유명해질지는 상상도 못하고 있었지요. 비록 시대를 통틀어 가장 위협적으로 다가올 정신 및 뇌 질환에 붙여질 이름이라고는 하지만 말입니다.

그가 이 병원에 부름을 받은 것은 결코 우연이 아니었습니다. 그 당시 뮌헨 병원의 정신과 과장은 저 유명한 에밀 크레펠린이었습니다. 사실 알츠하이머는 당시 독일에서 한창 몰두하던 해부학적 부위들에 대한 염색기법을 연구하고 있었습니다. 그 기법은 그때까지 알려지지 않았던 신경섬유들의 손상을 확인할 수 있게 해주었습니다. 크레펠린은 정신의학이 단순한 임상적 기술, 그러니까 담론의 시대에서 탈피하여 해부학적·조직병리학적·임상적 본체들을 확인해야 한다고 생각했습니다.

1906년 드디어 알츠하이머는 희귀사례의 뇌를 검사할 수 있었습니다. 점점 더 상태가 나빠지는 중증 치매를 앓다가 52세의 나이로 사망한 오귀스트 D.라는 여성환자였지요. 그는 일단 상세한 임상적 기술을 남겼고 환자의 뇌 조직에서 노인성 플라크와 신경원섬유의 퇴화라는 두 가지 유형의 비정상적 소견들을 발견했습니다. 그때부터 1970년대까지 알츠하이머라는 이름은 희귀한 조발성 치매와 항상 결부되었습니다. 조발성 치매란 65세 이전에 찾아오는 치매를 뜻하는, 다소 임의적인 정의입니다. 노인성 플라크는 혈관 축적에 동반되는 베타아밀로이드라는 물질이 세포 밖에 축적되어 만들어지는 것으로 밝혀졌습니다. 신경원섬유 퇴화는 단백질 연합 뉴런 미소관들을 비정상적으로 엉키게 합니다. 좀 더 나중에 나타나는 치매, 그러니까 노인성 치매도 혈관 손상이 있을 경우에는 더 심해지는 것이 당연하다고 알려져 있습니다. 그렇지만 제네바의 아주리아게라나 옥스퍼드의 마틴 로스를 위시한 수많은 연구자들은 조발성 치매와 노인성 치매의 유사성을 인정하고 알츠하이머병 특유의 뇌 손상이 혈관 손상과 무관한 노인성 치매에서도 보인다고 기술하고 있습니다.

1970년대부터 1990년대까지 알츠하이머병을 앓으면 아세틸콜린 감소가 두드러진다는 현상이 확인되었습니다. 뇌혈관성 치매는 별개의 문제로 여겨졌고, 노인성 치매와 조발성 치매는 해부병리학적 유형들로 구분되었으며, 그중에서도 알츠하이머병은 가장 희귀하고 가족력이 크게 작용하는 병으로 여겨졌습니다. 그러니까 조발성 치매는 모두 다 유전적이라는 겁니다. 1990년대부터 오늘날까지는 선진국과 개발도상국에서 치매 환자 수가 가히 비약적으로 증가했는데, 이러한 현상은 평균수명의 연장과 관계가 있습니다. 연구자들은 이와 관련하여 신경화학, 분자생물학, 유전학, 역학 분야에서 대단한 성과들을 거두었습니다만 애석하게도 치료 효과를 크게 보지는 못했습니다. 이미 10여 년 전부터 유일한 치료방법이라고는 아세틸콜린 분해 억제제를 처방하는 것뿐인데, 이 방법조차도 효과가 아주 좋지는 않고 치매의 진행을 막을 수는 없습니다. 그리고 유일한 대안적 약물도 알츠하이머병의 진행을 막는 데에는 별 효과가 없는 실정입니다. 회의적으로 말하면 아밀로이드성 플라크와 신경원섬유 퇴화가 무슨 역할을 하는지만 빼놓고, 그러니까 제일 중요한 것들만 빼놓고 알츠하이머병에 대해서 모든 것을 다 안다고나 할까요. 그러니까 병의 원인과 치료에 대해서 보다 폭넓은 연구가 이루어지고 있습니다.

알츠하이머병은 무엇보다도 사유, 인격, 관계, 독립성의 조난이라고 할 수 있습니다. 그 조난을 끝내줄 수 있는 것은 죽음뿐인데 죽음이 너무 늦게야 찾아오기도 하지요. 대개 노년에 발병하지만 그래도 75세 이전에 발병하는 경우는 드뭅니다. 처음에는 최근 일들을 까먹거나 아주 가깝지 않은 사람들의 이름이 생각나지 않는 정도지요. 그 정도 나이에는 당연한 일 아니겠습니까? 실제로 이 단계에서는 크게 걱정하지 않아도 됩니다. 하지만 그러한 초기에도 치매는 단순한 기억 감퇴 수준에 머물지 않습니다. 초기 알츠하이머병은 항상 주의력, 계획, 능력 발휘의 문제를 동반하므로 새로운 문제를 해결하거나 일상적으로 감당하지 않는 사회적 역할을 수행하는 데 곤란을 겪게 됩니다. 이러한 문제들을 바탕으로 치매를 초기에 발견하는 도구들이 유용하게 쓰일 수 있겠지요.

알츠하이머병은 곧 가까운 사람들에게 커다란 문제를 안겨줍니다. 환자는 고립되어 사회적 부적응과 무관심으로 주변 사람들을 걱정스럽게 하지요. 특히 배우자를 잃은 사람이나 독신자의 알츠하이머병은 경비나 수위가 겨우 알아차리고 신고하기 때문에 곧장 병동으로 직행해야 하는 경우도 많습니다. 환자가 가족과 함께 살 경우에는 환자를 간병하는 사람에게 고생문이 열린 셈이고요. 일단은 감정적인 문제가 있습니다. 환자는 자기가 작아진 느낌이 들고 불안해하며 자주 우울증에 빠집니다. 이 단계에서 치매라는 진단이 떨어지면 환자는 더욱더 마음을 놓을 수 없겠지요. 그다음에는 환자가 자율성을 상실하는 단계가 옵니다. 이때에는 환자가 신체적 곤란을 겪지 않도록 항상 지켜보아야 합니다. 인격, 행동, 관계상의 장애가 나타나기 시작하면 더 힘들어집니다. 완전히 무감각해지거나 심한 동요를 보이기도 하고, 우울증이나 공격성을 나타내며, 너무 움츠러들든가 절제라는 걸 모르게 되거나 하면 간병인은 자주 '무너지고' 그 자신도 우울증에 빠지거나 거부 현상을 보일 겁니다. 간병인이 없어지거나 이 단계쯤 접어들면 대부분의 환자들이 보호시설에 들어갑니다. 가까운 사람들도 알아볼 수 없고 자의식을 가질 수 없게 된 치매 환자는 더 이상 우리가 알고 사랑했던 그 사람이 아닙니다. 몸은 없고 영혼만 떠도는 유령과는 정반대로, 치매 환자는 몸은 있으되 영혼이 없는 존재입니다.

사회적으로도 알츠하이머병은 점점 더 중요한 관심사로 부상하고 있습니다. 발병 인구가 점점 더 많아질 뿐만 아니라 자율성의 상실이 가져오는 경제적 파괴효과를 염두에 두지 않을 수 없으니까요. 초기 치매 환자들을 돌보는 '비공식적' 간병인들의 고통은 어떤 수치로도 환산하기 어렵습니다만 직업적 간병인과 특수시설에 직접적으로 소요되는 비용만 보더라도 상당합니다. 세계보건기구의 통계에 따르면 현재 전 세계의 치매 환자는 2,400만 명 정도인데 만약 획기적인 치매 치료법이 개발

되지 않는다면 2040년에는 8,100만 명 수준으로 늘어날 것이라고 합니다. 치매는 이미 전례 없는 인간적·사회적·경제적 문제들을 양산하고 있으며 앞으로 점점 더 심각한 양상을 보일 것임은 명백합니다. 금전적 수치를 넘어서, 얼마든지 활동할 수 있는 젊은 사람들이 정신이 이상해져가는 노인네들을 어쩔 수 없이 지켜보고 돌보아야 한다는 사태는 일종의 반발 작용, 이를테면 세대 간 전쟁을 낳을 수도 있습니다. 최악의 경우에는 젊은이들이 노인들의 노예살이를 할 것인가 노인들을 안락사시킬 것인가라는 끔찍한 양자택일을 상상할 수도 있겠지요. 필자의 주요 연구과제는 알츠하이머병의 치료법을 알아내는 것입니다. 앞에서도 설명했고 수많은 전문가와 연구 인력이 알츠하이머병이라는 점점 더 위협을 더해가는 병과 싸우기 위해서 매달리고 있으니 내가 왜 이런 소명을 갖게 되었는가는 납득할 수 있을 겁니다.

알츠하이머병과 그 밖의 치매성 질환들을 통해서 기억장애는 매우 풍부하게 연구되었습니다. 시뇨레는 치매 개념에서의 핵심은 통제에 어려움을 겪는다는 것이라고 강조했으며, 요름(1986)은 자율적으로 보존되는 과정과 통제 받는 과정의 파괴가 치매 현상의 초기 신호 중 하나라는 가설을 명백하게 했습니다. 여기서 자율적 과정과 통제 받는 과정의 이론적 구분은 포스너와 스나이더(1975)가 처음 수립했고 슈나이더와 시프린(1977), 해셔와 작스(1979)가 이어받은 바 있지요. 포스너와 스나이더는 '의식적' 과정이라는 용어를 썼고, 슈나이더와 시프린은 '통제 받는 과정'이라고 했으며, 해셔와 작스는 '노력을 들인 과정'이라고 했지만, 용어가 어떻든 간에 이론상으로는 마찬가지입니다. 일반적으로 그러한 과정들은 느리고, 연속적이며, 의식적 노력을 요하고, 주체에 의해 조절될 수 있으며, 역량의 한계가 있는 과정들로 정의됩니다. 일반적으로 말하면 통제 받는 과정은 의도적이고 주의력을 요하며 의식적이지만, 자율적 과정은 주체의 의도와 무관하게 진행되며 주의력이나 의식이 개입되지 않지요. PAQUID*의 데이터에 따르면 두 차례의 분석을 통해 요름의 가설은 힘을 얻었고 통제 받는 과정과 자율적 과정이라는 구분도 치매가 진행되는 주체들의 인지능력 파괴 초기 단계를 파악하는 데 실제로 도움이 되는 것으로 드러났습니다. 이렇게 치매를 조기에 발견하여 효과적인 치료약을 쓴다면 정말 좋을 텐데요, 아마도 그리 멀지 않은 미래에 그러한 약물이 꼭 등장할 것으로 생각됩니다.

장 마르크 오르고고조 신경학 전문가이자 정신과 전문의이며 핵의학자이다.

*Personnes Agées Quid. 정상의 뇌와 질병에 걸린 뇌의 노화 현상을 비교 연구하기 위해 65세 이상 노인 3,777명을 대상으로 1988년 이후 현재까지 진행되고 있는 역학조사 프로그램.

16장

생각한다, 고로 존재한다

L'expérience de Brach et Luzatti

> "감성적 능력들은 안팎의 감각 작용들을 통해서,
> 그리고 그러한 감각에서 태어나는 정념들을 통해서 우리에게 나타났다.
> 지적 능력들도 오성과 의지의 작용을 통해서 나타났으며,
> 오성은 기억하고 회상하는 영혼에 다름 아니다.
> 의지는 욕망하고 선택하는 영혼에 다름 아니다.
> 이 모든 능력들은 결국 동일한 영혼일 뿐이며,
> 하나의 영혼이 다양한 작용들을 함으로써
> 여러 가지 이름을 얻은 것이다."
>
> 자크 베니뉴 보쉬에, 『신에 대한 앎에 관하여』 1권 20장

"이 모든 능력들은 결국 동일한 영혼일 뿐이며, 하나의 영혼이 다양한 작용들을 함으로써 여러 가지 이름을 얻은 것이다." 보쉬에는 영혼이 전부라는 말로 우리를 속인다. 그렇게 보면 우리의 모든 능력을 작동시키는 뇌는 저 혼자서도 영혼의 역할을 충분히 감당할 것이며 뇌사腦死는 곧 영혼의 죽음을 의미할 것이다. 보쉬에 주교님께서는 무슨 말인지도 못 알아먹겠지만 말이다.

20세기 후반기에 인간의 능력에 대한 교의敎義는 '인지과학'에게 자리를 내주었다. 인지과학은 '정신'이 입은 새 옷이다. 이런 현학적 치장이 볼 것 없는 빈약한 실체를 감추기 위한 것은 아닌지 잘 모르겠다. "영혼은 영혼이 없는 것들을 통하지 않고는 쉽게 가르칠 수 없다"는 말도 있으니까.[1]

라랑드의 정의에 따르면[2] 정신은 전반적인 사유를 하는 실체로서 자신

의 고유한 법칙과 활동을 통해 표상작용을 하는 주체이다. 정신은 표상하는 대상과 대립된다. 정신은 그것이 어떻게 받아들여지느냐에 따라서 물질과 대립되기도 하고, 자연과 대립되기도 하며, 육체와 대립되기도 한다(영국에서 제기된 심신의 문제).

노르베르트 베르디에[3]는 그의 소설에서 텔레비전 애니메이션「샤독」을 모방하여 에르고스라는 국민을 만들어냈다. 에르고스 국민은 두 부족으로 나뉘어 대립하고 있는데, 그들은 인생의 가장 좋은 때를 펌프질로 다 보낸다. 어떤 이들은 땅에서 물을 길어 올리고 또 다른 이들은 하늘에서 공기를 끌어오느라 지칠 새도 없다. 나의 관심은 에르고스 사람들을 따라하는 것은 아니니 양해해주기 바란다.

우리의 뇌 여행은 지금까지 이원론적이거나 일원론적인 선입견에 얽매이지 않았다. 우리가 갈 길은 오직 타자에 대한 탐색이라는 한 곳으로 통할 뿐이다. 아마 마지막까지도 그 점은 변하지 않을 것이다. 일단은 뇌와 사유의 관계를 알아보자. 단, 사유라고 부르는 것이 무엇인가를 너무 똑 떨어지게 정의하지는 않으련다.[4]

발로 생각하기

"나는 걸어가면서 성찰할 수밖에 없다. 발걸음이 멈추자마자 나는 더 이상 생각하지 않는다. 나의 머리는 나의 발과 항상 함께 간다."[5] 장 자크 루소는 이보다 더 나은 표현을 찾을 수 없었을 것이다. 이 표현은 그가 "발처럼 어리석다"고 떠들어대는 적들에게 맞장구친 것이 아니라, 그 반대로 '생각하는 두 발 동물'이라는 자신의 특성을 당당하게 내세운 표현이다. 볼테르는 루소를 이해하지 않겠다고 고집을 피웠기에 그에 대해 이렇게 말했다. "우리는 결코 바보가 되기를 바랄 정도로 정신을 많이 사용해본 적이 없다." 도대체 둘 중에 누가 더 어리석은가? 루소가 『인간 불평등 기원론』에서 한 말을 들어보자. "오늘날 원시인이 두 발로 걷고 우리가 사용하는 것처럼 두 손을 사용하며 자연을 바라보고 하늘의 광대한 지경으로 눈으로 가늠하는 모습을 본다. (……) 그는 떡갈나무 아래서 배불리 먹고 시냇물을 찾아 목을 축이며 자기에게 먹을 것을 제공해준 바로 그 나무 발치에서 잠자리를 발견한다. 이렇게 함으로써 그의 욕구는 충족되었다."[6] 루소는 '산책'[8]으로 전집을 끝맺는다. 그의 산책은 그의 사상과 생애의 의미를 『고백록』보다 한결 더 요약적으로 잘 보여준다.

현대인은 영혼을 여러 조각의 누더기 혹은 '모듈'로 가리가리 분해했다. 그러한 모듈들은 다양한 '심리상태'들을 아우른다. 심리상태라는 말은 '아편의 수면제 효과'만큼이나 그 자체로 많은 것을 설명해준다. 이러한 심리상태는 행위, 혹은 뇌에서 만들어지는 것처럼 보이는 생각 사이의 인과관계를 맺어주는 '뇌의 상태'이기도 하다. 복잡다단하지만 아직까지는 가설인 뉴런 메커니즘들이 뇌에 흩어져 있는 조각들(뇌 상태를 구성하는 것들)을 서로 묶어준다. 뇌의 상태는 사람에 따라 다를 수 있고, 같은 사람이라 해도 주어진 심리상태에 따라 다를 수 있다.

인간은 한 지점에서 다른 지점으로 이동하기 위해 여러 가지 방식으로 걸어갈 수 있다. 이때 두 발은 행위 상태에 있다. 간단하게 말하면 신체는 보행을 할 때 주로 발을 사용한다. 하지만 좀 더 상세하게 파고들면 발을 제외한 나머지 신체(사지, 직립자세에 동원되는 근육, 감각기관 등)도 그러한 행동에 참여한다는 것을 알 수 있다. 이러한 분석 수준에서 우리는 보행이 어떤 의미가 있는지는 아무것도 배울 수 없다. 인지과학이라는 것도 마찬가지다. 인지과학은 뇌영상 촬영기법으로 무장하고 모듈들을 배열하고자 한다. 그 모듈들에 일종의 가짜 '활력'을 부여함으로써 뇌에서 떠오르는 '주체'를 보여줄 수 있다고 주장하는 것이다. 하지만 이를 위해서는 일체의 움직임을 완전히 배제하기 때문에 앙드레 그린은 "인지과학의 접근은 일종의 이론적인 엽절제술lobectomy이다"[7]라고 풍자하기도 했다.

여기에 피할 수 없는 의식의 문제가 덧붙여진다. 어떤 활동이 의식적이지 않다고 해서 그 활동이 자율적이라고는 할 수 없다. 의식은 간헐적으로만 등장하기 마련이다. 그러니까 고유한 의미로서의 의식은 일종의 나타남, 즉 현상이다. 의식을 환영이라고 한다면 지나친 말이 되겠지만 사실 의식과 환영의 경계는 종이 한 장 차이이고 어떤 이들은 그 차이를 과감하게 무시하곤 한다.

걷는 행위는 다시 한 번 어떤 모델이 된다. 리드미컬한 이 일련의 운동은 대개 전혀 의식하지 않은 채 이루어지는데, 리듬의 연쇄적인 활동은 자동인형의 그것과 마찬가지로 보일 수 있다. 그렇지만 우리는 우리가 어디로 가는지 알고 있다. 우리는 어떤 길을 따라가고 스스로 방향을 잡거나 장애물을 피해갈 수 있다. 이러한 지적은 앞에서 보았던 루소의 생각과 양립 가능하다. 보행이 사유를 자유롭게 하고 보행이 길을 따르듯 사유도 길을 찾아가게 되는 것이다. 영혼, 다시 말해 정동을 개입시킴으로써만 우리는 딜레마를 타개할 수 있다.

MIT의 알렉스 펜트랜드 연구팀과 암스테르담 대학교 심리학과의 딕 스테추이스 연구팀은 최근에 거둔 성과들을 통해서 우리가 어떤 선택을 내릴 때 그 선택이 복잡하면 복잡할수록 그 선택을 낳게 되는 사유는 무의식적이기 쉽다는 사실을 밝혀냈다. 연구자들은 이것을 '주의를 쏟지 않는 숙고'라고 부른다. 주체의 연속적인 사유의 진전과 복잡한 계산 처리의 추이를 보여주는 '블랙박스'에 힘입어 펜트랜드는 다음과 같은 결론에 도달했다. "우리는 우리가 추론을 통해 결정을 내린다고 생각하지만 사실 환경에서 주어지는 지표들에 대해 자동적으로 대응하는 데 만족하는 것일 수도 있다."[8]

이 연구자들에 따르면 인간 행동을 이해하는 최선의 방법은 행위의 의식적이고 합리적인 성격을 무시하는 것이다. 실제로 우리가 하는 생각의 대부분은 우리가 속한 사회적 네트워크에서 비롯된 것이다. 자동적인 신호와 모방을 통해 발생하는 생각일 뿐이라는 말이다.

로봇이 생각하느냐 마느냐를 아는 것이 문제가 아니다. 우리에게 제기되는 문제는, 로봇이 우리 인간의 신호들을 해독할 줄 안다는 조건에서 과연 우리의 생각까지 이해할 수 있는가이다. 그렇게 된다면 영혼은 오랜 제도들의 반열에 들어가게 될 것이다. 그리고 산책의 말할 수 없는 기쁨마저 사라지게 될 것이다. 발바닥에서 우리의 뇌까지 올라와 우리가 가로지르는 세상의 온갖 아름다움을 느끼게 하는 그 감각들마저도.

탁월한 설계를 자랑하는 뇌의 신도시

뇌 여행의 초반에는 영혼의 정서들이 나아가는 욕망의 샛길들을 따라가면서 진행되었다. 하여 오늘날 대도시의 소위 '오래된 시가'라고 부를 법한 영역들을 자주 드나들었다. 우리는 불확실한 변두리의 길들과 중심을 해부하면서 복잡하게 얽히고설킨 골목길에서 길을 잃을 만한 여유도 있었다. 거기에는 섹스, 먹을 것과 마실 것, 수면과 만취의 쾌락이 숨겨진 금지된 동네들과 지하를 차지하고 있는 인공낙원들이 있었다.

이제 우리는 새로운 도시(신피질)에 들어간다. 그 도시는 구와 동이 뚜렷하게 나뉘어 있고 번호도 매겨져 있다. 도시는 거대한 균열 때문에 좌반구와 우반구로 갈라져 있지만, 그 사이에는 널찍한 다리(뇌량)가 놓여 있고 그 밖에도 다양한 연결고리들이 있기에 서로 얼마든지 소통할 수 있다.

이 새로운 도시의 설계는 꽤 통일감이 있다. 그곳은 시냅스로 이어지고 신경섬유나 신경돌기로 연결되는 신경세포들로 구성되어 있다. 기능적 관점에서 보면 뉴런, 교세포, 시냅스라는 트리오가 기본단위다. 친화성에 의해 모인 뉴런들은 그 도시에 사는 주민들이다. 주민들은 겹겹이 쌓인 층들로 흩어져 있다. 연결섬유들은 영역과 영역을 이어주고, 그로써 기본적인 기능이 상호 협력하여 복잡한 기능까지 수행할 수 있게 한다. 우리는 근육 혹은 감각통로와 직접 연결되어 있는 '일차영역'과 다른 영역에서 비롯된 연결들만을 중간에서 이어주는 '이차영역'을 구분한다. 일차영역이 손상을 입으면 단순장애, 운동기능이나 감각기능의 문제가 나타난다. 이차영역, 즉 연합영역이 손상을 입으면 정신의 내적 메커니즘과 관련된 좀 더 복잡하고 까다로운 문제들이 발생한다. 그럴 경우 심도 깊은 신경생리학적 분석을 요하게 된다.

심상

피질 표면의 60퍼센트는 시각에 관여한다. 이곳은 고유한 의미에서의 시각영역이 아니지만 이미지의 처리에 어느 정도 관여하는 영역이다.

이미지는 의식적인 사유와 무의식적인 사유를 막론하고 모든 사유를 생성하는 데 중요한 역할을 한다.

　이미지는 우선 실재에 대한 표상이다. 주체는 자기가 보는 것을 머릿속에서 구성해야 하고, 그러다 보니 의식적이든 무의식적이든 시각 차원의 어떤 영역에 주의력을 기울인다. 주의력의 체계들은 적어도 둘로 나누어볼 수 있다. 하나는 '뒤쪽'에 있으며 후두정피질과 가깝게 붙어 있는 일부 피질하 구조들을 포함한다. 이 피질하 구조들은 프로젝터가 공간을 파헤쳐 어떤 대상이나 장소를 탐색하듯이 표적을 탐색하고 감지하는 역할을 한다. 다른 하나는 '앞쪽'이다. 여기에는 띠고랑(대상구)과 양쪽 반구 안쪽 면에 있으며 앞쪽의 언어영역과 긴밀하게 연결되어 있는 보조운동영역이 포함된다(그림 35). 여기에 할당된 역할은 표적을 확인하는 것이다.

　나는 내 방 창문에서 너무나 멋진 피레네 산맥을 볼 수 있다. 안개도 없고, 구름만 몇 점 떠 있는 하늘은 청명하기 이를 데 없다. 나는 피레네 산맥에서 가장 높은 비뉴말Vignemale 봉우리를 눈으로 찾는다. 그 산은 크기로 보나 구름을 휘감은 두 개의 봉우리가 우뚝 솟은 모양새로 보나 다른 산들과 확연히 구분된다.

　심상은 나의 뇌에 새겨져 있다. 내가 그 광경을 떠올리는 순간에 내 뇌의 핵자기공명영상에서 활성화되는 부위들은 내가 실제로 그 산을 바라볼 때 활성화되는 부위들과 일치한다. 나는 내가 보았던 모습 그대로의 비뉴말 산을 떠올리는 것이다. 반면에 그 산을 둘러싼 다른 산들을 다시 알아보기란 불가능하다. 만약 실제 비뉴말 산을 보고 있는 중이라면 다른 산들도 쳐다볼 수 있겠지만, 심상에 대해서는 이런 작업이 이루어질 수 없다. 미국 성조기의 별이 무슨 색깔인지 생각해보라. 성조기의 심상

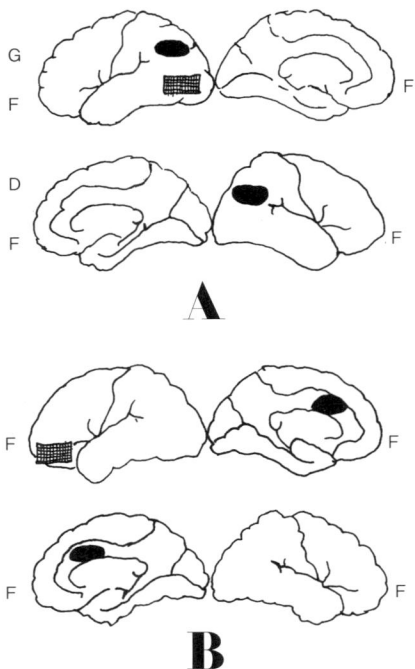

그림 35 양전자 단층촬영으로 확인된 두 가지 '주의력 체계'의 위치에 대한 포스너와 페테르센의 도식
A에서는 f는 전두극을 뜻한다. 두 반구의 옆면에 까맣게 칠해진 부분(후두정영역)이 주의력 체계에 해당한다. 좌반구 측두–후두영역에 모눈으로 표시한 부분은 단어들을 시각적으로 인지하는 영역이다. B에서는 주의력 체계는 위와 마찬가지로 검은색으로 표시되었다. 여기서 나타난 주의력 체계는 양쪽 반구의 정중면 앞쪽 대상회 수준에 위치한다. 좌반구 측면에 모눈으로 표시한 부분은 언어의 전구역이다.

은 머릿속에 즉각 떠오르겠지만 여러분은 그 별이 무슨 색깔인지 심상을 통해 확인할 수 없을 것이다.

심상은 실재를 지각하는 해부학적 구조들을 사용하되 표상은 주체의 신체외적 공간에 안정적으로 붙어 있기에 너무 약하다. V4영역이 좌우 모두 파괴된 환자가 보는 이미지는 색채가 없다. 그는 모든 것을 흑백으로 본다. 당연히 그는 심상마저 흑백으로 보게 되는 것이다.

심상은 우리의 모든 신체 외적 공간에서 비롯되거나 이미 보았던 이미지, 기억 속에 저장되어 있는 이미지를 반드시 기준으로 삼는 것은 아니다. 우리의 뇌는 '상상'에 힘입어 한 번도 본 적 없는 새로운 이미지(장면, 대상)를 만들어낼 수 있지만 그 새로운 이미지도 어디까지나 현실에서 빌려온 요소들을 기반으로 한다. 그러한 요소들이 어떤 때는 왜곡된 행위, 어떤 때는 이동되거나 비현실적인 행위, 나아가 있을 수 없는 행위들로 나타나는 것이다. 그럼에도 불구하고 이러한 고정된 이미지 혹은 움직이는 이미지는 시각 체계를 따라야만 한다. 특히 꿈을 꿀 때에는 주체가 관객이자 배우가 되는 꿈속의 장면을 실제로 사는 것처럼 시각 체계들이 활성화된다.

'환각'이라고 부르는 병적 상상이 있다. 환각은 주로 정신병 환자들, 특히 정신분열증 환자들이 겪는 현상이다. 이러한 환자들은 그들의 지각이 자신들 내부에서 비롯된 것임을 자각하지 못하고 그것이 현실이라고 생각한다. 환영을 듣는 현상도 마찬가지다. 그들을 위협하고 비난하는 목소리는 내면에서 들려오는 것이 아니다. 그런데 그들은 이상한 경로를 통해 너무 쉽게 그것이 스파이나 악마의 목소리라고 생각해버린다. 그러나 정신의학보다는 신경학에 속한다고 보는 것이 더 좋을 법한 사례들도 있다. 지각영역의 과민성으로 인해 환각이 발생하는 경우가 그렇다.

로랑 코앵[9]은 30대 남성이 갑자기 신체 전반의 불편함과 지독한 두통을 느낀 사례를 보고한 바 있다. 이 남성은 환기를 하려고 창문을 열러 갔다가 친구의 얼굴이 4층 높이에 둥둥 떠 있는 것을 보고 깜짝 놀랐다. 그 친구와는 그 시각에 만나기로 약속을 했다가 약속시간에 임박해서 만남을 취소했는데 말이다. 스캐너 촬영을 해보니 이 남성의 오른쪽 측두

샤를 보네 신드롬[10]

"존경 받을 만하고 건강하며 솔직하고 판단력과 기억력이 뛰어난 한 남자를 안다. 그는 이따금 완전히 깨어 있는 상태에서 외부의 모든 인상들과 상관없이 남자, 여자, 새, 자동차, 건물 등의 형상을 보곤 한다. 그는 그 형상들이 여러모로 움직이고, 다가왔다가 멀어지고, 달아나고, 작아졌다가 커지고, 나타났다가 사라지고, 그러다가 다시 나타나는 광경을 보았다. 그는 자기가 보는 앞에서 건물들이 솟아오르고 외벽이 드러나는 것을 보았다. 그의 집에 걸린 태피스트리가 갑자기 전혀 다른 취향의 좀 더 값나가는 태피스트리로 바뀌어 있곤 했다. 그는 태피스트리가 다양한 풍경을 보여주는 그림들을 덮어버리는 것을 보았다. 또 하루는 태피스트리나 세간살이들이 사라지고 텅 빈 벽과 헐벗은 재료 뭉텅이만이 보이기도 했다. (……) 이 모든 것들이 시각기관에 해당하는 뇌의 부분에 자리를 잡고 있는 듯하다. 내가 말한 이 사람은 아주 이른 나이에 양안 백내장 수술을 받았다. (……) 하지만 중요하게 눈여겨보아야 할 점은, 이 노인은 환영을 보는 사람들처럼 자신이 보는 것이 현실이라고 착각하지는 않는다는 사실이다. 그는 자신이 보는 그 모든 것을 제대로 판별하고 언제나 최고의 판단을 내린다."

샤를 보네의 이름이 붙은 이 신드롬은 눈 상태가 심각하게 안 좋은 노인들이라면 대부분 겪는 증상이다. 최근에 들어서야 시각피질의 과민성과 환각이 관계가 있다는 사실이 입증됐다. 1998년 피체와 그 연구팀이 샤를 보네 신드롬 환자들을 MRI 촬영하여 연구한 바 있다. 연구자들은 환자들에게 5분 동안 환각이 나타났다가 사라지는 순간을 알리고 그 환각의 내용이 무엇인지 말해달라고 요청했다. 그다음에 환각과 함께 활동상이 달라지는 뇌 영역들이 어떤 것들인지 규명했다. 그 영역들은 후두피질과 하측두피질이었다. 이 부분들은 실제 대상을 지각하는 토대와 동일한 영역들인 것이다. 그 영역들에 혈류량이 부분적으로 증가할 때 환각이 나타났다. 이러한 활동들의 좀 더 정확한 위치는 환각의 내용에 따라 더욱더 달라지는 것 같다. 예를 들어 V4영역의 활성화는 컬러 환영과 관련이 있는 반면, 흑백 환영과는 상관이 없다.

이렇게 우리의 관심을 끄는 영역들은 실제로 지각되는 대상들을 표상하는 데에만 쓰이는 게 아니며, 추억 혹은 상상이 불러일으키는 심상이 형성되는 곳이기도 하다.

엽에서 혈종이 발견되었다. 이 혈종이 인접해 있는 피질영역에 영향을 주어 간질 발작을 일으키게 했던 것이다. 부분적인 문제들에도 불구하고 관련 영역의 전반적인 기능은 정상이었다. 그러므로 우리는 혈종이 간질 발작을 일으키고 그러한 간질 발작이 얼굴들에 대한 표상작용을 특별히 담당하는 영역을 활성화시켰을 것이라고 추측할 수 있겠다. 같은 영역이 파괴될 경우에 주체는 사람들의 얼굴을 인식할 수 없게 된다. 환자의 흥분 때문에 역逆현상이 일어나고, 그래서 자신이 만나게 될 것이라고 기대하던 얼굴이 돌연히 나타났던 것이다. 뇌가 얼굴을 만들어낸 것이 아니다. 뇌는 여기서 변동중심상태의 신체 외적 차원(만나기로 한 친구)과 시간적 차원(친구에 대한 기다림)과 함께 작용한 것이다.

생생한 시각적 환영은 하측두피질을 가동시키는 모든 상황에서 나타날 수 있다. 스위스의 과학자 샤를 보네도 자신의 할아버지를 괴롭혔던 환각에 대해 말한 바 있다.

사유와 공간

심상은 삼차원 공간을 점유하는 것처럼 나타난다. 심상을 가상 스크린에 비치는 마법 랜턴의 이미지처럼 생각해서는 안 될 것이다. 그나마 가장 근접한 비교가 홀로그래피 이미지일까 싶다. 하지만 이것도 그저 하나의 은유일 뿐 우리의 신경망과 아무 관련이 없는 시각작용이다. 심상은 단순대상들처럼 뇌 조작자에 의해 조작되고 가상공간으로 이동될 수 있다. 심상을 회전시키는 능력의 고전적 실험은 이를 대단히 잘 보여준다. 컴퓨터 모니터에 삼차원 형태를 띄워서 보여줌과 동시에 그 형태 옆에 비슷한 형태를 다른 각도에서 찍어서 띄운다. 그다음에 피험자에게 두 이미지가 형태상으로 완전히 일치하는지 물어본다. 두 개의 형태를 보여주는 각도에 따라서 대답하기 전에 생각할 수 있는 시간은 길게 주어지기도 하고 짧게 주어지기도 한다. 그런데 생각할 수 있는 시간이 길게 주어질수록 대답은 늦게 나왔다. 피험자들은 자기가 본 형태를 마음속으로 이리저리 돌려봄으로써 두 형태가 같은 방향에서 정확하게 겹치는지 평가해야 했기 때문에 이런 결과가 나온다. 뇌 조작자는 심상을 회전시킬 때에도 실제 물건을 손에 쥐고 돌려볼 때와 똑같이 생각한다. 뇌는 대상들을 비교하고 그것들이 같은 것인지 다른 것인지 확인하기 위해서 이러한 심적 조작을 계속 사용한다. 입체파 화가들은 뇌 조작자를 모방하여 어떤 대상을 공간적 표상으로 나타내고자 했다. 그러한 표상은 실제로 입체적이지는 않지만 그림의 대상에 다양한 시점들을 '동시에' 보여주는 회전을 부여했다. 시간적 차원이 없으면 환영은 작동할 수 없다. 그런 환영은 심상과 독립적인 미학적 희열이 크지 않은 이상 정신의 거친 시각으로 남을 뿐이다(그림 36).

또 다른 뇌 손상 사례는 우리에게 이미지의 이분二分, 즉 우뇌가 왼쪽을 보는 데 관여하고 좌뇌가 오른쪽을 보는 데 관여하는 현상에 대해 알려주는 바가 있다. 그것은 바로 우측 정두피질 손상의 사례다. 한쪽 후두피질에 손상을 입은 '동측 반맹증' 환자들은 그 반대쪽 공간의 절반을 보지 못하는 시력 결손을 나타낸다. 이러한 환자들은 시야의 왼쪽 절반에 대

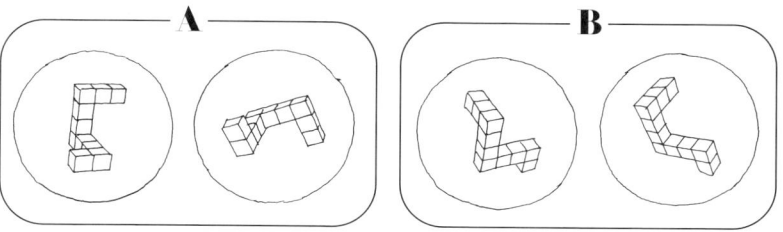

그림 36 심상 능력을 알아보기 위해 사용된 가상의 삼차원 대상들
왼쪽 대상으로 기준으로 삼아 오른쪽 대상을 비교하게 했다. A의 오른쪽 대상은 왼쪽 대상에 비해 60도 정도 기울어져 있다. B의 오른쪽 대상도 왼쪽 대상에 비해 60도 정도 틀어져 있다. 우리는 오른쪽 대상을 마음속으로 회전시켜서 표준대상과 일치하는지 그렇지 않은지를 판단해야만 한다.

해 주의력을 쏟지 못하기 때문에 편측공간무시 현상을 보이기 십상이다. 환자들 중 한 명에게 꽃을 그려보라고 했더니 꽃의 왼쪽은 무시하고 그렸다.[11] 그러나 꽃이 완전히 그녀의 시야에 들어올 때에도 마찬가지였다. 그렇다면 그녀가 눈을 감고 있으면 어떤 일이 일어날까? 그녀 마음속에 있는 꽃의 심상은 완전한 꽃의 모습일까 반쪽뿐인 꽃일까? 그녀는 눈을 감고 원을 그렸는데 그것은 반원이 아니라 완벽한 원이었다. 이것은 흔한 반응이다. 원을 그리는 행위는 무엇을 보고 따라 그릴 필요가 없는 이미 체득된 행위이기 때문이다. 그런데 그다음에 그 원에 다섯 개의 꽃잎을 그려 넣어 데이지를 표현했지만 꽃잎들은 모두 오른쪽에 붙어 있었다. 그녀가 그림의 영감을 얻은 내면의 모델이 반쪽뿐인 꽃이었다고 생각할 수밖에 없는 것은, 그녀가(실제로 보는 것이 아니라) 상상해서 그림을 그릴 때조차 꽃의 왼쪽 부분이 사라져 있기 때문이다(그림 37).

비지아크와 루자티의 실험에서는 환자에게 그가 평소 잘 아는 공간인 밀라노 두오모 광장의 심상을 떠올리고 그가 심상에서 보는 것들을 기술해보게 했다.[12] 그 결과, 환자는 심상에서도 광장의 오른쪽 절반밖에 보지 못한다는 것을 알 수 있었다. 하지만 이것이 환자가 광장의 왼쪽 절반

그림 37 반맹증 환자의 그림

꽃의 왼쪽 부분이 없음을 주목하자. 많은 반맹증 환자들이 기억에 의존하여—심지어 눈을 감은 채로—그림을 그릴 때에도 이처럼 반쪽짜리 꽃을 그렸다. 이는 환자가 자신의 내면에 있는 꽃의 심상에 대해서도 왼쪽을 '스캔'할 수 있는 능력이 사라졌음을 의미한다.

을 모른다는 뜻은 아니다. 실제로 이 환자에게 대성당 성벽에서 바라본 두오모 광장의 모습을 상상해보라고 했더니 그는 완벽하게 묘사할 수 있었던 광장의 오른쪽 부분은 무시하고 성벽에서 보이는 왼쪽 부분을 상상했다.

어떤 환자들에게서는 반맹증이 좀 더 광범위하게 나타나며 우리가 우리 몸에 대해 갖고 있는 심적 형태로서의 이미지인 '신체 도식'과도 관련이 있다. 이러한 내면의 이미지는 우리의 신체 공간에서 비롯된 주변 정보들을 통해 만들어진다. 그러한 정보들을 바탕으로 우리는 우리 자신에 대한 표상을 만드는 것이다. 그런데 뇌 오른쪽 두정피질에 손상을 입는 경우에—주로 운동영역과 관련된 질병과 결부되어 그러한 손상이 일어나곤 하는데—환자는 자기 신체의 왼쪽을 인식하지 못하게 된다. 자신의 왼쪽 수족은 자기 몸의 일부가 아닌 낯선 대상으로밖에 여겨지지 않는 것이다. 왼쪽이 반신불수라면 자기가 몸 한쪽을 쓰지 못한다는 것을 인지하여 무력한 왼쪽 신체를 자기 몸으로 인정하지 않고 이질적인 물체처럼 여길 것이다. 이러한 증후군에는 다양한 변형들이 존재하여 신경심리학자들의 흥미를 북돋운다. 학자들이 공통적으로 도출한 결론은 이렇다. 결국 우리는 자신에 대한 우리 스스로의 표상을 통해서만 존재하는 것이다.

나는 『얼굴 없는 인간』이라는 제목으로 출간된 마르크 잔느로의 책에서 발췌한 예화를 여러분에게 소개하고자 한다.[13]

잊어버린 반쪽

나는 1990년 가을에 트리에스테에 머무는 동안 이탈로 스베보가 『제노의 의식』에서 묘사했던 사교계의 대표자들을 만날 기회가 있었다. 합스부르크 제국 시대에 엄청난 번영을 누렸다가 혁명, 전쟁, 점령 등으로 쫄딱 망한 거대 무역의 후계자들 말이다. 트리에스테는 '부유한 은행가와 결혼한 아름다운 아내' 같았던 시대부터 지금까지 아직도 어떤 스타일, 삶의 양식, 중유럽의 정신에 깊이 밴 문화가 남아 있었다. 그들은 집안에서 (이탈리아어를 쓰지 않고) 프랑스어나 독일어를 썼고, 정신분석학을 가까이 했으며, 카페에 자주 드나들었다. 내가 발터를 만난 곳은 대운하 근처의 바닷가 카페 토마세오였다. 하루해가 저물 무렵이면 우리는 늘 같은 일간지를 읽고 있었기 때문에 서로 공모의식을 갖고 가까워질 수 있었다. 어느 멋진 저녁 우리는 함께 굳게 닫힌 카페 문 앞에 서 있었다. 경찰이 방금 전에 처벌 조처로 영업장을 폐쇄했던 것이다(그 카페에서 무슨 마약거래가 이루어졌다고 했다). 그래서 우리는 하는 수 없이 가까운 우니파 광장의 커다란 카페 스페치로 이동해야만 했다. 그렇게 해서 우리 둘은 대화를 나누게 되었고 발터는 신경학자라는 내 일에 대해 이것저것 질문하다가 그와 같이 사는 노모의 사례를 화제에 올렸다. 그가 나에게 털어놓은 바로, 그의 모친은 1년여 전에 크게 위험하지는 않은 뇌혈관계 손상을 입고서 괴상한 시각장애를 겪게 되었다고 했다. 의사는 이를 별로 대수롭게 생각하지도 않고 시일이 지나면 장애가 사라질 거라고 했었단다. 대화가 거의 끝날 무렵에 나는 발터가 감히 대놓고 부탁하지는 못했지만 내가 직접 가서 그 환자의 기이한 상태를 봐주었으면 한다는 것을 알아차렸다. 그리고 며칠 후에 발터는 나를 자기 집 저녁식사에 초대했고 나는 그 초대를 수락했다.

저녁을 먹기로 한 날 나와 발터가 거실에 들어가 보니 노파는 구석에 있는 안락의자에 앉아 있었다. 노파는 우리가 들어서는 소리를 듣고 몸을 오른쪽으로 틀며 그쪽에서 우리를 찾았다. 하지만 그때 우리는 이미 노파와 정면으로 마주 보게끔 서 있었다. 아들이 일부러 그녀의 시선을 잡아끌어서 우리 쪽으로 이동시킨 후에야 노파는 우리의 존재를 알아보았다. 그러고 나서야 서로 격식에 맞추어 인사를 주고받았고 나는 그만 그녀의 얼굴을 보고 깜짝 놀랐다. 노파는 손님이 온다는 말을 들어선지 화장을 살짝 했는데 얼굴 반쪽에만 화장을 했던 것이다. 오른쪽 얼굴에는 파운데이션도 제대로 바르고 립스틱도 확실히 칠했다. 반면에 왼쪽 얼굴은 완전히 잊혀진 듯했다. 립스틱은 얼굴 한가운데를 기점으로 뚝 끊어져 있었고 왼쪽 눈은 아무런 눈 화장도 하지 않았다. 저녁을 먹으면서 나는 발터와 트리에스테에서의 삶에 대해 이야기를 주고받으면서 몰래 그의 모친을 눈여겨보았다. 그녀는 맛있게 식사를 했지만 접시 왼쪽에 놓인 음식은 철저하게 무시하고 있었다. 그녀는 오른쪽에 놓인 음식만 깨끗하게 먹어치우고 포크를 내려놓은 채 다음 음식이 나오기를 기다렸다. 접시를 돌려서 남은 음식이 있다는 걸 알려주고픈 충동을 참은 것이 한두 번이 아니었다.

좀 더 나중에 그녀는 나에게 자기 남편의 사진을 보여주었다. 3년 전에 이미 죽은 남편은 트리에스테 상업회의소에서 한자리 하던 사람이라고 했다. 그녀는 작은 앨범을 뒤적였다. 커다란 한 장의 사진 속에서 그녀가 키 크고 잘생긴 남자와 나란히 포즈를 취하고 있었다. 하지만 그녀는 사진 속의 자기만 알아보았고 왼쪽에 서 있는 인물은 알아보지 못했다. 그녀는 짜증이 난다는 듯이 발터에게 자꾸만 이렇게 물었다. "도대체 그 사진이 어디 갔니? 내가 너희 아버지와 같이 찍은 사진 말이야."

여러분의 신체(일부와 전체를 막론하고)와 관련된 진실을 거부하는 부정의 신드롬에 대해서는 뒤에서 다시 다루겠다. 나는 정신적 능력의 결손에 대한 서술을 마무리하면서 다중인격의 문제를 거론할까 한다.

우리는 정신—다시 한 번 말하지만 나는 정신의 본성에 대한 선입견 없이 그냥 편의상 이 용어를 사용할 뿐이다—이 다양한 경험들을 바탕으로 일관성 있는 믿음의 체계를 만들기 위해 끊임없이 싸운다는 것을 안다. 미성년 시기에 서로 일치하지 않는 인격들이 표출되는 경우, 대개 그 믿음들을 재적응시키든가 무의식의 주방에서 구상된 일련의 부정과 합리화를 통해 프로이트가 이야기한 모델로 나아갈 것이다. 그런데 전면적인 인격 갈등의 경우는 어떨까? 유일한 해결책은 서로 다른 두 개의 인격을 만들어냄으로써 그러한 믿음들을—동독과 서독을 갈라놓았던 베를린 장벽처럼—분리하는 것뿐이다.

여기서는 인지신경심리학자 라마찬드란이 기술했던 사례를 인용하겠다.[14]

다중인격 신드롬

물론 우리 모두에게 다중인격 신드롬의 요소가 존재한다. 우리는 '성모/창녀'의 판타지에 대해 이야기하고 이런 식의 말도 하곤 한다. "오늘의 나는 내가 아닌 것 같아." 혹은 "당신과 있을 때면 나는 다른 사람이 돼요." 아주 드문 경우이기는 하지만 이러한 정신상태가 정말 액면 그대로 이루어져 두 개의 '서로 다른 정신'을 가지고 살아가기도 한다. 어떤 믿음들의 체계가 "내 이름은 수이고, 보스턴 마첸 가 123번지에 사는 섹시한 여성이며, 매일 밤 남자들을 낚고 드라이한 위스키를 마시려고 술집들을 찾지만 에이즈 검사를 해볼 생각은 안 해봤다"라고 하자. 또 다른 믿음들의 체계는 "내 이름은 페기이고,

보스턴 마첸 가 123번지에 사는 내성적인 여성이며, 저녁마다 텔레비전이나 볼 뿐 일정 도수 이상의 술에는 입도 대지 않으며, 기침만 해도 얼른 병원으로 달려간다"라고 한다. 이렇게 서로 다른 두 개의 이력은 분명히 서로 다른 두 사람들에게 들어맞을 것이다. 하지만 페기 수는 일종의 문제적 사례였다. 그녀는 두 사람을 한 몸에 지니고 있었으니까. 그녀는 몸도 하나, 뇌도 하나였다! 그녀로서는 내전內戰을 피할 수 있는 유일한 수단이 그러한 믿음들을 비누거품 가르듯 두 개의 부류로 '나누는' 것뿐이었을 것이다. 그리하여 다중인격이라는 이 괴이한 현상이 나타나게 됐다.

다중인격의 일부 사례들이 유년기에 잘못된 신체적·성적 학대를 받았기 때문에 일어났다고 보는 정신과 의사들이 많이 있다. 소녀는 성장하면서 자기가 받았던 학대, 감정적으로 참을 수 없는 학대를 페기의 세계가 아닌 수의 세계에 가두어놓았다. 주목할 만한 것은, 그녀가 망상을 유지하기 위해서 각 인격에 맞는 목소리, 억양, 행동의 동기, 고질적인 버릇, 나아가 마치 두 개의 몸이라도 지녔다는 듯이 서로 다른 면역체계들까지 개발했다는 사실이다. 아마도 그녀는 두 정신 사이의 분리를 유지하고 둘 중 어느 하나가 다른 쪽에 흡수되는 것을 피하며 참기 힘든 내적 갈등을 만들어내기 위해서 그렇게 대단히 복잡한 기질들까지 필요로 했던 모양이다.

나는 페기 수 같은 사람들을 대상으로 실험을 하고 싶었다. 하지만 지금까지 그렇게 뚜렷한 다중인격 사례들을 만나지 못했기 때문에 그럴 수 없었다. 하지만 나의 동료 정신과 의사들은 대개 그런 환자를 만나본 적이 있노라고 말해주었다. 하지만 그 환자들은 대부분 두 개의 인격이 아니라 그 이상으로 많은 인격들을 지닌 사례였다. 어떤 사례에서는 환자가 열아홉 개의 '분신'을 지녔다. 이런 식의 주장들은 오히려 나를 다중인격 현상에 대해 매우 회의적이게 만들었다. 과학자의 제한된 능력과 시간을 감안하건대 항상 (저온핵융합 방식처럼) 유일하고 입증된 '결과들'을 위해 귀중한 시간들을 버릴 수도 있고 정신을 활짝 열어두어야 한다(소행성 충돌과 대륙이동설에서 배운 바를 기억하자면). 아마도 최선의 전략은 비교적 입증하거나 반박하기 쉬운 주장들에만 집중하는 것이리라.

> 언젠가 두 개의 인격만을 나타내는 다중인격 환자를 다루게 될 기회가 온다면 나는 그 두 인격을 만들어내는 환자 내면의 의혹들을 제거해보고 싶다. 환자가 둘을 다스릴 수 있다면 나는 둘 중 하나로 자리매김이 이루어지게 할 수도 있을 것이다. 그 반대의 경우는 성립하지 않을 것이다. 나는 절대로 실패하지 않을 테니까.

지능

지능은 일상생활에서 지나치게 많이 쓰이는 단어다. 어떤 사람이 지적이라고 말한다면 그 사람이 다른 어떤 사람들의 눈에는 지독한 바보 머저리로 보이기도 한다는 사실을 모른다는 뜻일 뿐이다. 지능, 똑똑함의 반대말이 어리석음^{bêtise}이라면 이는 짐승들^{bêtes}에게 실례되는 말이다. 나귀도 똑똑한 동물이라고들 한다. 그런데 프랑스어에서는 구제불능의 바보를 '나귀'라고 부르니 뭔가 모순적이다. 사전의 정의에 따르면 지능은 이해력을 뜻하지만 이 이해력이라는 것은 정신이 지닌 총체적인 능력이다. 똑똑하다는 것은 정신 혹은 기지가 있다는 뜻이다. 지능은 쉽게 이해하고 분별 있게 행동하는 능력이다. 그리고 쉽게 학습하는 능력이기도 하다. 지능은 교육학자가 끌로 새기고 조각하는 재료다. 베르그송의 말을 따르면 지능은 행동을 통해서만 나타난다.[15] 이 철학자는 "원래부터 우리는 행동하기 위해서만 생각한다. 우리의 지능은 행동이라는 주형틀에 흘러 들어간다"고 말한다. 모든 표상작용은 상상이든 현실적인 것이든 간에 실제나 가상의 행동과 연관되지 않은 채 존재할 수 없다는 뜻에서 우리는 '표상행동'이라는 개념을 재발견하게 된다.

인지과학이 하나의 사상으로 정리되기 이전에 철학자와 의학자는 이미 지능에 부여해야 할 가치에 대해 의문을 제기했다. "매 순간 온 세상이 지능에 대해 이야기하고 그것이 무엇인가를 이해하는 양 보이지만 사실 지능을 명확하게 말하기란 참으로 어렵다." 학교 선생님, 교수님은 이런 말들을 쉽게 한다. "이 학생은 정말 게으르고 아는 것도 별로 없어요. 하지만 괜찮아질 겁니다. 어쨌든 똑똑하니까요.""착하고 의지도 있어요. 열심히 하고 많이 배우고 아는 것도 많아요. 하지만 어쩌겠어요, 머리가 별로 좋지 않은데." 이런 말들만 봐도 부정적인 작은 표식 하나가 주어진다. 선생들이 생각하기에는 아무것도 몰라도 똑똑한 학생일 수 있고 아는 것이 많고 박식해도 바보 같을 수 있다는 것 아닌가? "왜 이 학생은 똑똑하고 저 학생은 바보 같다고 생각하시는 겁니까"라고 묻는다면 그들은 명쾌하게 그 이유를 설명하지 못할 것이다. 그리고 우리는 이 '똑똑함'이나 '지성'이라는 개념이 대중적으로 매우 모호하게 쓰이고 있다고 느낄 것이다.[16]

이러한 불분명함을 감안한다면 사람들이 지능을 과학적으로 측정·평가하고자 시도했던 것은 놀랍지 않다. 다다를 수 없는 것을 똑 떨어지게 측정하고 싶어 하는 것이야말로 인간의 자연스러운 성향이니까 말이다.

지능 검사

1882년 프랑스에서 의무교육법이 시행되면서 학생들 간의 학습능력 차이가 눈에 띄게 드러나기 시작했다. 1905년 알프레드 비네와 테오도르 시몽은 교육부 장관의 요청으로 '과학적으로' 지능 수준을 측정하고 문제가 있는 아동들을 찾아내는 척도를 만들었다. 측정 점수는 아동이 자기 연령에 비해 앞서나가는지 뒤처지는지 판단하고 '생활연령'과는 다른 '정신연령'을 정의할 수 있게 해주었다. 교육부에서는 특수교육을 필요로 하는 소위 부적응아동, 지진아, 장애아 등을 임시학급이나 적응을 위한 학급인 '특수학급'에 모아놓게 했다. 그러한 교육체계는 1970년대까지 계속되다가 그 후 한 학급에 다양한 수준의 아이들을 한데 집어넣는 방향으로 바뀌었다. 이질적인 아이들이 뒤섞인다고 해서 학습결과의 평균수준이 더 떨어지거나 하는 것 같지는 않았다.[17] 윌리엄 스턴은 다양한 연령의 수많은 개인들에 대한 지능 측정을 표준화하여 생활연령에 대한 정신연령의 비율을 100으로 곱하여 그 수치를 서로 비교할 수 있게 했다. 이것이 소위 지능지수이다. 이 측정법에서는 보통사람의 지능지수를 100이라고 본다. 데이비드 웨슐러는 이 검사를 미군의 신병 오리엔테이션에 적용했고 그 후에는 다양한 인구 집단(성인, 아동, 정신적 장애가 있는 사람들 등)에도 적용하여 문화적 차이와 그 밖의 이질적 요소들을 통합하는 표준 측정도구로 삼았다.

지능지수 검사는 애매한 구석이 있음에도 지속적으로 성공을 거두었다. 비네 자신도 지능 검사에 대해 유보적인 발언들을 하곤 했다. "내가 고안한 검사는 체중이 찍혀 나오는 체중계 같은 기계가 아니다."[18]

오늘날 지능지수 검사는 시각공간능력, 논리력, 언어능력 등 여러 영역에 속하는 문제해결력이나 임무수행력 등을 측정하기 위해 표준화된 다양한 형식들로서 우리에게 제시된다. 이를 통해 소위 '심리측정' 데이터들이 폭넓게 나온다. 그 데이터들을 분석하면 서로 다른 부문 검사들에서 얻은 점수들 사이에 뚜렷한 상관관계가 있음을 알 수 있다. 일반적으로 '머리 좋은' 사람은 거의 모든 검사에서 좋은 점수를 얻는다. 그래서 지능지수가 높게 나온 사람, 심지어 아주 높게 나온 사람들은 멘사 같은 단체에도 들어갈 수 있다. 어떤 면에서 보면 '사회적 백치 모임' 같기도 한, 지능지수 높은 사람들의 단체 말이다. 누구나 자신이 지닌 지성으로 잘 살아나갈 수 있다. 똑똑함을 자랑하는 사람이 있을 수도 있고, 기억력이나 운동능력이나 예술적 자질을 뽐낼 수도 있다. 물론 각 사람의 천재성이 꼭 그 사람에게 '천재'라는 칭호를 안겨주란 법은 없다.

요인심리학의 아버지 찰스 스피어먼은 지능의 공통적 담지자로 g ('general'의 g)라는 일반요인을 사용할 것을 제안했다. 좀 더 최근에는 시릴 버트 경이 정신적 능력들이 위계적으로 조직될 것이라는 견해를 시사하기도 했다. 그로부터 우리는 소위 '유동적인' 분석지능을 g 요인이 가장 상위에 있는 요인들의 위계적 집합으로 기술할 수 있었다.

나는 논쟁에 끼고 싶지 않다. 그것이 정치적으로 올바르지 않은 논쟁일뿐 아니라 과학적으로도 일관성이 없는 까닭이다. 지능이 선천적 특성인지, 교육·문화·사회적 출신 등의 환경적 요인들에 속하는 것인지, 유전적으로 입증될 수 있는 생체적 결손과 관련이 있는 것인지 따위를 따지는 논쟁 말이다.

지능 검사들은 인간의 정서적 감수성, 내적 소양, 억제, 수줍음 따위를 전혀 고려하지 않는다. 횔덜린은 튀빙겐의 옹색한 골방에서 그 자신도 잊고 있던 정신이상에 사로잡혀 자신이 쓰고 있던 시에 '당신의 비루한 종 스카르다넬리'라고 서명할 정도였다. 우리는 과연 벼락 같은 천재 시인, 정신의 섬광이 번득이던 그 시인을 정말 머리가 좋다고, 지적이라고 말할 수 있을까?

지능지수 검사에 대한 나의 회의(하지만 이 회의는 내가 지성의 인도를 받는 길에서 벗어난 모험가들을 특히 좋아하기 때문에 드는 것일 수도 있다)에도 불구하고 정말로 진지한 연구, 이데올로기 따위에 연연하지 않는 연구를 지적하지 않을 수 없다. 지능지수가 가장 낮은 아이들을 대상으로 연구한 결과, 그러한 지능지수의 유전율이 0.1(0에서 1사이를 기준으로)에 지나지 않는 반면, 사회적 척도에서 점수가 낮은 아이들의 유전율은 0.72였다. 또한 지능지수에 미치는 환경의 영향력은 가난한 가정보다 부유한 가정에서 4배나 더 높다. 미셸 앵베르는 결론 내린다. "자연 대 문화라는 논쟁에서 부유한 인간에게는 자연이 더 중요할 것이고 가난한 인간에게는 문화가 더 중요할 것이다." 그러므로 나는 부자 아빠를 두었든 백치 아빠를 두었든 바보가 될 확률은 어차피 누구에게나 있다고 덧붙여 말하련다. 가난한 사람들에게는 기분 좋을 법한 이야기 아닌가?

지적인 이마

지성의 획책을 떠받치는 듯 보이는 뇌 영역이라면 단연 이마 뒤의 전두엽을 꼽을 수 있다. 이마는 영혼의 동요가 훤히 비치는 무서운 거울이라고나 할까? 전두엽은 뇌의 3분의 2를 차지한다. 그렇지만 겉으로 보기에는 하는 일이 그렇게 많지는 않은 것 같다.[19] 한 인간이 자신의 의무와 과업을 염려하는 성숙한 인간이 되게 하는 일만을 담당한다고나 할까?

이쯤에서 피니어스 게이지의 유명한 사례를 살펴보자. 그는 미국의 철도 건설현장에서 일하는 사람이었다. 그는 원래 일꾼들 사이에서나 고용주 입장에서나 나무랄 데 없는 귀감이 되는 사람이었다. 그런데 폭발 사고로 날아온 강철봉이 이마를 뚫고 나가면서 그의 전두엽은 대부분 손

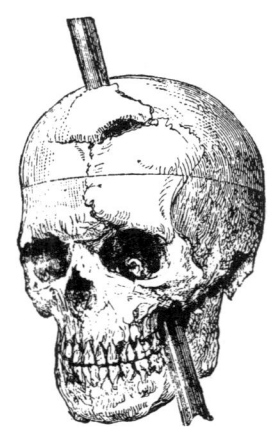

그림 38 피니어스 게이지의 두개골
1878년 페리에의 저서에 나온 피니어스 게이지의 두개골을 관통한 강철봉 그림. 게이지의 두개골은 사후 몇 년 후에 적출되어 뇌 손상의 범위를 가늠하고자 하는 연구대상이 되었다. 가장 최근의 연구팀인 다마지오의 연구팀(1994년)은 피니어스 게이지가 운동영역과 언어영역은 제외한 양측 전두엽에 손상을 입었을 것이라고 결론을 내렸다.

상되었다. 혼수상태에서 깨어난 피니어스 게이지는 완전히 딴 사람이 되어 있었다. 어떤 장애로 불편함을 겪는 것도 아니고 지적 능력이나 언어능력도 전혀 문제가 없었다. 하지만 그의 성격은 완전히 변해 있었다. 술 좋아하고, 게으르고, 불안정하고, 거친 농담을 잘하고, 노출성향이 있고, 조직적으로 일을 할 줄 모르며, 사회적 질서를 완전히 무시하는 사람이 된 것이다. 결국 그는 생애를 비참하게 마감했다. 한나 다마지오는 컴퓨터를 활용해 문제의 강철봉이 뇌를 어떻게 뚫고 나갔는지 재구성하고 그가 전두피질에 입은 손상 범위를 추론해냈다(그림 38).

오늘날의 신경학자들은 전두피질이 분화되지 않은 덩어리가 아니라 하나하나 명확한 기능들을 수행하는 다수의 영역들을 보여준다는 사실을 알고 있다. 그 영역들은 지성과 추상적 사고력에 관련된 모든 것, 즉 단기 기억, 정서의 균형, 창의성, 계획, 의사결정, 행동 억제 등이다. 간단하게 비유하면 피질은 우리 행동의 '감정사'이자 '경찰관'인 셈이다.

전두엽은 우리가 간혹 사유의 '조작화'라고 부르는 것, 다시 말해 사유를 어떤 의미가 있고 어떤 목표로 이끄는 행동으로 변화시키는 일에 관여한다.[20] 이러한 능력이 알츠하이머병 환자들에게서는 종종 눈에 띄게 변질되어 나타나곤 한다.

전두엽에 손상을 입은 환자들이 나타내는 기본적인 조작의 문제들을 정확하게 짚어줄 수 있는 검사들은 여러 가지가 있다. 런던탑 검사는 그중 하나이다.

런던탑 검사

여러 가지 색깔과 크기의 고리들을 막대들에 꽂아서 주고는 한 번에 한 개의 고리만 옮길 수 있다는 조건을 따르면서 주어진 모델대로 고리들을 옮겨보라고 한다(그림 39). 이 검사는 작업 기억을 살펴보기 위한 것이다. 모델에 대한 기억력, 중간 단계들을 거쳐 어떤 목표에 도달하는 능력 등을 볼 수 있기 때문이다. 또 다른 검사는 실험 참가자에게 규칙에 따라 카드들을 짝짓도록 한다. 각각의 카드에는 모양과 색깔로 뚜렷이 구분되는 상징들이 1개에서 4개까지 그려져 있다. 실험 참가자는 세 장의 카드를 보고 그 카드들을 하나로 묶는 규칙(숫자, 모양, 색깔)이 무엇인지 알아내서 그 카드들과 짝을 이루는 제4의 카드를 찾아야 한다. 규칙들은 자꾸 바뀌기 때문에 실험 참가자는 계속 새로운 상황에 적응해야 하는 셈이다. 따라서 이것은 규칙에 대한 추론, 그 규칙에 대한 기억, 다음 상황에서 이전 규칙을 잊어버리는 능력을 필요로 하는 검사다. 전두엽에 손상을 입은 환자들은 예측, 의도, 계획 수립, 앞으로 하려는 행동에 대한 프로그램을 동원하는 모든 인지 기능들, 작업 기억의 개입을 필요로 하는 기능들에 대한 검사에서 큰 문제가 있음을 보여주었다. 이러한 결손은 전두엽 손상을 입은 환자들을 대상으로 지능장애를 연구하던 최초의 연구자들이 미처 파악하지 못했던 것들이다. 여기서 우리가 기술한 결손은 전반적인 지적 기능들의 문제만을 밝혀주는 지능지수 검사 따위로 밝혀질 수 없다. 일반적으로 통용되는 의미에서의 지능은 이 전두엽 손상을 입은 환자들에게서 아무 문제가 없는 듯 보였다.

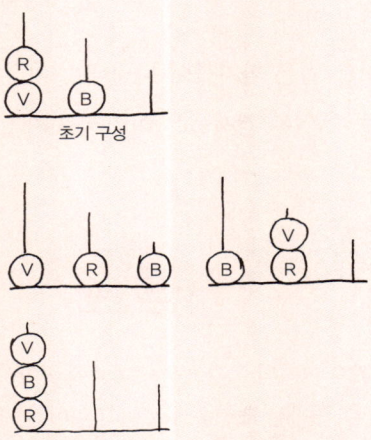

그림 39 전두엽 손상으로 인한 장애들을 평가하는 데 이용되는 런던탑 검사

세 개의 알을 주판 같은 기둥에 그림(위쪽)과 같이 끼워서 환자에게 보여준다. 환자는 알을 한 번에 하나씩만 옮겨서 그 아래 그림들 중 하나와 같은 상태로 만들어야 한다. 왼쪽 그림과 같은 상태는 두 번 만에 얻을 수 있다. 오른쪽 그림과 같은 상태는 네 번 만에 얻을 수 있다. 가장 아래 있는 그림과 같은 상태는 여섯 번 만에 도달할 수 있다. 작업 기억과 행동의 계획에 문제가 있는 환자들은 이러한 종류의 검사를 통과하지 못한다.

도덕성

일부 지독한 환원주의자들에 따르면 도덕은 우리의 유전자에 새겨져 있을 것이고 율법이 새겨진 판들처럼 전두피질에 놓여 있을 것이다. 그렇다면 결국 도덕은 정신(영혼이라는 말을 쓰지 않는다면)의 한 능력, 인간 뇌의 한 기능일 것이다. 물론 난 전혀 그렇게 믿지 않는다. 하지만 여러분에게 내 말을 믿으라고 강요할 수는 없다. 나에게는 여러분이 서글픈 과학적·의학적 사실들을 채우기에 딱 좋은 주장이 있다. 그러한 사실들에 대해서 우리는 불운에 맞서야만 하리라. 우리의 개인적 자유의 위대한 수호자인 하느님 아버지도, 자유의지를 말했던 철학자들도, 재판관들도, 이웃들도 결코 이 사실들을 반박할 수는 없을 것이다.[21]

내 친구 한 명은 우리의 정치적 대표자라는 인간들이 외국에서 얼마나 혐오스러운 행동을 많이 하는지 나에게 이야기해준 적이 있다. 친구가 최악의 예로 든 것은 어느 프랑스 국회의원이었다. 그 인간은 해외에 공무를 수행하러 가서 저녁 술자리 내내 추잡한 짓을 하고 대사관 직원에게 성적으로 치근대는 말과 행동을 하며 말도 안 되는 소리를 지껄이고 심지어 총영사의 부인을 강간하려고까지 했단다. 결국 외교적 차원으로까지 손을 써서야 그 무뢰한을 진정시킬 수 있었다나. 나는 그 말을 듣고 그 국회위원도 전두피질에 병이 있는 게 틀림없다고 미리 진단을 내렸다. 그런데 몇 달 뒤 그 국회의원이 뇌종양 수술을 받았다는 소식을 그 친구를 통해 들을 수 있었다.

우리의 뇌는 분명히 정신적인 능력들이 탄생하고 발달하는 장소임에 틀림없다. 그 능력에는 우리를 선악의 길로 인도하는 능력도 포함된다.

Focus 10
걷기의 역사

프랑수아 클라라크
(프랑스 국립과학연구소 명예연구소장)

　성미가 까다로운 사람들은 인간의 보행이 이해와 무관한 자동적 행위라고 말할 겁니다. 하지만 보행의 역사를 살펴봅시다. 인간으로 완전히 진화되기 이전에는 이 나뭇가지 저 나뭇가지를 붙들고 몸의 균형을 잡던 존재가 뇌의 전두엽이 발달하고 직립보행이 안정되면서 생물역학적 문제 한 가지가 해결되었지요. 선사시대의 인간은 사바나로 진입하고 지구상에 널리 퍼졌습니다. 그리스인과 영혼의 산파술사 소크라테스는 보행을 철학의 도구로 사용했습니다. 아리스토텔레스도 김나시온의 회랑 사이를 거닐며 수학, 천문학, 자연과학에 대한 가르침을 펼치지 않았습니까? 소요학파 역시 걸어가면서 행인들과 더불어 철학을 했습니다.
　고대 로마에서 클라우디우스 갈레노스는 검투사들을 치료하는 의사였습니다. 그는 해부학과 인체생리학에 대한 기술을 남겼는데, 근육이 인간의 뇌에서 나오는 유체, '동물적 정기'가 일으키는 작용 때문에 수축하다고 설명하기도 했지요. 그는 손과 발을, 인간과 유제류^{有蹄類}를 서로 대립되는 것으로 파악했습니다. "어쩌면 말이 아니라 사람이 네 발을 갖는 것이 나을지도 모른다. 하지만 그렇게 되면 인간은 빨리 달릴 수도 없을뿐더러 제 고유의 기능을 전혀 감당할 수 없을 것이다. (……) 한마디로, 손을 유용하게 쓰고자 하는 존재는 자기 마음에서 자연적인 것이든 인위적인 것이든 장애물을 찾아서는 안 될 것이다." 그는 이미 인간의 이동을 두 다리가 교차하는 운동으로 정의했습니다. "실제로 보행에서는 한쪽 다리가 움직이는 동안 다른 쪽 다리가 땅을 딛고 몸의 무게를 지탱해주기 때문에 안쪽 부분이 더 높이 올라간다는 것은 맞는 말이다. (……) 그러니까 발 부분이 높아지는 것은 보행의 안전을 위해서다."

'물리요법'의 선봉장 조반니 보렐리가 등장하는 시대에 이르러서야 인간의 생명역학에 대한 최초의 생각이 싹틀 수 있었습니다. 그는 갈릴레이, 케플러, 뉴턴의 진정한 제자라고 할 수 있는 인물이지요. 나폴리 사람으로서 피사 대학교에서 수학 강의를 맡고 있던 그는 운동생리학을 물리학과 수학에 통합시켰습니다. 그의 저서『동물의 운동에 관하여』는 그가 죽은 지 얼마 안 된 1680년에 출간되었는데, 이동성 운동, 골반의 교차, 다양한 관절들의 개입, 몸을 지탱하는 다리를 기준으로 신체 앞부분이 나아갈 때의 측력과 추진력 등을 기술하고 있습니다. 그는 또한 말의 보행과 '섬유질 발'에 힘입어 천장에 거꾸로 매달려 돌아다니는 곤충의 보행도 분석했습니다. 보렐리는 공기가 '동물적 정기'를 실어와 근육에 활기를 불어넣는다는 생각을 거부했고, 이를 증명하기 위해 일부 근육이 완전히 드러난 상태의 동물을 물에 완전히 담그고 그 근육의 수축 여부를 관찰하기도 했습니다. 물에 공기방울이 전혀 떠오르지 않았으므로 근육 수축을 낳는 정기 따위가 공기 중에 이동한다고 볼 수는 없다는 거

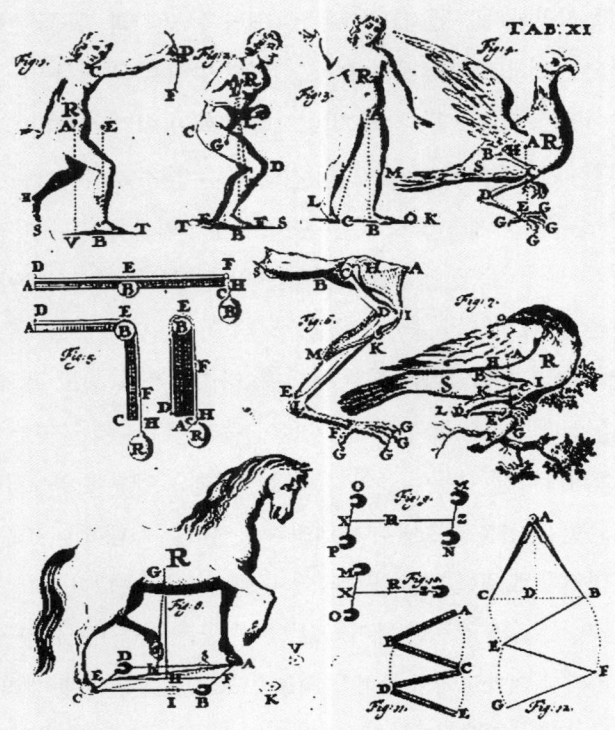

그림 40 다양한 각도와 신체 구획으로 살펴본 인간, 말, 새의 다양한 보행 동작
1680년에 사후 출판된 보렐리의 『동물의 운동에 관하여』에서 발췌한 삽화들이다.

죠! (그림 40)

　18세기에는 자동인형들이 유행했습니다. 그래서 1738년 보캉송은 과학아카데미에서 매혹적인 플루트 연주 인형과 먹을 수도 있고 헤엄을 칠 수도 있는 오리 인형을 선보이기도 했지요. 당시에 이러한 인공적 기계장치들은 데카르트적 이원론을 구체화하는 듯 보였습니다. 생물학에서는 이탈리아의 스팔란차니 신부가 개구리들의 척수를 가지고 최초의 실험들을 개진했지요. 의지의 중추, 아직도 '마법적인' 중추를 척수나 연수 같은 '사소한' 부위들과 별개로 분리하여 근본적인 자동운동들을 탐구하려 했던 것입니다.

19세기에 들어 이동성 운동에 대한 연구는 신경학자들의 손으로 넘어갑니다. 과학철학의 부각, 혁명으로 인한 병원 제도의 재조직, 예외적 인물들의 존재가 맞아떨어져서 이 시대에 프랑스 의학, 특히 임상학은 폭발적으로 발전했습니다. 보행은 분석 대상이 되었습니다. 임상학자들의 관찰은 병리학적으로 도움이 되는 것을 찾아내는 연구에서 핵심이 되었지요. 환자가 찾아오고 진찰을 하는 순간부터 판단을 시작됩니다. 조제프 바빈스키는 이런 분야에서 으뜸으로 꼽히는 사람이었습니다. 그는 환자를 완전히 벌거벗긴 채 몇 시간이고 계속해서 살펴보기도 했습니다. 그는 근육을 측정하고 만져보고, 바늘을 이용하여 발이 부채처럼 펴지는지 반사작용을 검사하기도 했지요. 그는 어떤 때는 바로 가설을 제시하기도 했지만 대개 다음 날까지 기다렸다가 진단을 내리곤 했습니다.

뒤셴 드 불로뉴는 19세기 중반 파리의 여러 병원에서 '건전지와 축전지를 쓰는 전기상자'를 사용하여 중요한 사실을 가르쳐주었습니다. 얼굴이나 신체의 일부 근육에 아주 부분적인 자극을 줌으로써 다양한 근육 수축들을 개별적으로 분리하고 분석했던 것입니다. 1858년 그는 '진행성 보행운동실조'라고 부르게 될 보행 관련 질환을 분석하게 됩니다. 그 질환은 '척수매독' 혹은 '신경매독'이라는 이름으로 더 잘 알려져 있습니다. 실제로 이 병은 젊은 사람들에게 매독으로 인해 발생하는 경우가 가장 많지만, 신경계의 손상 여부는 나이가 많이 들어서야 비로소 나타납니다. 플로베르, 모파상, 도데가 바로 이런 경우들이었지요. 레옹 도데는 극우파의 논객으로서 뒤셴을 우스꽝스럽게 묘사한 바 있었습니다. 뒤셴이 라말루 레 뱅 온천의 프리바 의사 집에서 이러한 질환을 지닌 수많은 환자들을 보고 극도로 흥분에 사로잡히는 장면을 묘사했던 것이지요.

뒤셴은 새벽에 일어나서 창문 아래로 수많은 환자들이 온천에 가는 모습을 구경했다. 그는 몸서리를 치며 깨어나 집주인의 방으로 퍼뜩 뛰어들었다.
"뭐야! 무슨 일이야? 무엇 때문에 그래? 어디 다치기라도 했어?"
"그래, 그래. 그러니까…… 이봐, 프리바…… 저 사람들은…… 그래, 저 사람들은 길에서 저렇게 다리를 끌면서 이상하게 걸어가고들 있잖아. (뒤셴은 프리바에게 말하지 말라고 손짓을 했다) 저 사람들은 운동실조 환자들이야. 저 사람들은 내 거야. 저 사람들 모두에게 조사를 해야겠어"(도데, 1933).

뒤셴은 운동실조가 소뇌의 이상에서 비롯된다고 생각했습니다. 하지만 1847년 영국의 토드가 밝혀내고 좀 더 나중에 롬버그가 확증한 바에 따르면 실제로 운동실조 장애의 원인은 척수후주의 손상에 있다고 합니다.

당대의 가장 유명한 신경학자는 장 마르탱 샤르코, 이른바 '살페트리에르 병원의 나폴레옹'이었습니다. 그는 운동력에 대해서 연구를 하지는 않았지만 1889년 3월 5일의 '화요강의'에서 보행운동을 두 가지 층위의 체계로 아주 정확하게 정의한 바 있지요.

정지, 보행, 도약 등의 운동을 각기 실행하는 다양한 장치들이 (……) 두 개의 중추 혹은 분화된 세포집단들을 구성하는데, 그중 하나는 뇌의 피질에 있고 다른 하나는 척수에 있다. 이 두 개의 중추들은 연합 섬유들을 통해 서로 연결되어 있다. 척수집단은 다른 집단보다 좀 더 복잡한데, 각각의 기능을 수행하기 위한 조응활동을 의식하지 못한 채 운동의 실행을 관장한다. 반면에

피질집단은 좀 더 그 역할이 단순하며 척수집단이 실행에 옮기는 행동들을 의지적으로 명령한다. 다시 말해, 어떤 때는 걸음을 떼게 하고, 어떤 때는 걸음 속도를 더 높이거나 늦추며, 어떤 때는 보행을 완전히 멈추게끔 지시를 내리는 것이다. 그러니까 척수집단에는 그러한 초보적 행동들, 장비를 가동시키든지 기능을 정지시키든지 하는 행동들에 대한 심리적 기억이 남아 있다"(가서, 1995).

보행에 대한 세 번째 접근은 생리학자들의 접근입니다. 이러한 접근은 콜레주 드 프랑스 교수였던 에티엔 쥘 마레에서 비롯되었습니다. 그는 운동의 재현과 양적 환산에 집착했으며 '크로노포토그래피'의 전문가였지요. 그의 연구가 토대가 되었기에 머이브리지는 말의 운동에 대한 연속촬영을 통해 네 발이 모두 땅을 딛지 않고 허공에 떠 있는 마법적인 순간이 있지 않은가를 탐구할 수 있었던 겁니다. 머이브리지가 『네이처』에 사진들을 발표한 후에 마레는 자신의 연구방법을 더욱 완벽하게 만들었습니다. 한 장의 감광판으로 1초에 12회 촬영에 성공한 이른바 '사진총 camera gun'을 비롯하여 그의 장비 중 일부는 매우 유명해지기도 했습니다. 이때 1회 촬영의 노출시간은 720분의 1초밖에 되지 않았답니다. 천문학자 얀센의 사진권총과 니쿠르 쌍안경에서 영감을 얻어 만들어진 이 장비 덕분에 마레는 새의 비행운동도 분석할 수 있었지요. 전하는 말에 따르면 가마우지가 집에서 기르는 가금류를 죽이지도 않으면서 눈여겨보며 기분 좋아하는 사진을 보고 사람들은 재미있어했다는군요. 그리고 사람이 걷는 동안에 연속촬영한 마레의 사진들은 마르셀 뒤샹이 「계단을 내려가는 누드」(1912)를 연구할 때 다시금 활용되기도 했습니다.

마레는 이렇듯이 인간이나 개가 걸어가고, 종종걸음치고, 뛰어가는 모습을 사진으로 찍어서 땅에 대한 지지와 공중에서의 균형, 구부러진 다리와 활짝 편 다리가 교차하는 양상을 분석했습니다. 그 자신이 그러한 시퀀스 분석을 직접 행한 것은 아니지만 그가 만든 자료가 모리스 필립슨에게 넘어감으로써 1905년에 극도로 섬세한 분석, 즉 걸음을 네 단계(다리가 구부러지는 한 단계와 다시 펴지는 세 단계: F, E1, E2, E3)로 나누고 뒷다리를 다양한 각도에서 조망한 분석이 나오게 되었지요. 발이 땅을 딛는 E2단계는 무릎과 발목의 구부러짐을 유도하지만 골반 쪽은 반대로 활짝 펴지기 시작합니다.

사실, 척수 메커니즘의 분석은 '채널'의 또 다른 측면에서 이루어지게 됩니다. 고양이는 찰스 셰링턴이 실험대상으로 즐겨 삼았던 동물이지요. 고양이는 모든 종류의 반사운동을 잘 보여줍니다. 고양이의 항문 주위를 자극하면 '보행반사'가 일어나는데 셰링턴은 그러한 행동이 상반되는 반사들의 연쇄, 즉 다리가 구부러졌다가 펴지고 다시 구부러지는 반사운동들에서 비롯된다고 주장했습니다. 그런데 1911년 셰링턴의 동료 중 한 사람이었던 토마스 그레이엄 브라운은 그러한 주장을 반박했지요. 그는 감각정보들을 전달하는 척수신경근 전체를 절제하여 중추 운동 리듬을 방해하지 않으면서 동물 고유의 수용 반사운동을 없앨 수 있었습니다. 보행은 이렇듯이 척수에서 발동시킨 결과이며 실제의 리듬을 외적 제약과 보다 상위의 통제에 적응시키는 감각정보들의 파장을 결정하는 것입니다.

그리고 나서 50여 년간은 아무 일도 일어나지 않았습니다. 그리고 모스크바에서 뇌를 제거당한 채 컨베이어벨트를 걷는 고양이들과 더불어 새로운 사실이 밝혀졌지요. 고양이들은 그야말로 살아 움직이는 기계처럼 상위의 뇌가 없는 상태에서도 운동중추가 있는 뇌간에 자극을 받으면 그 자극의 강도에 따라서 보행, 속보, 뜀박질 등의 운동을 자동적으로 실행했습니다.

현재 보행에 대한 과학적 연구들은 매우 다양한 수준들에 위치하고 있습니다. 예를 들어 동물의 신경망이나 척수의 조직 메커니즘을 연구하는가 하면 인간이 다양한 경로로 이동할 때 사용하는 전략들이 무엇인가를 연구하기도 합니다.

가장 분석적인 차원에서 보면 보행의 리듬이 어떻게 생기는가를 설명할 수 있는 뉴런 구조들을 찾는 연구가 진행 중입니다. 비알라와 뷔제가 토끼를 실험대상으로 처음 밝혀낸 데이터를 바탕으로 진행되어온, 척수의 운동 발생원에 대한 분석이 그것입니다. 그런데 이렇게 따로 떼어낸 척수에서 얻어낸 활동을 무엇이라고 불러야 할지에 대해서는 참으로 난감했습니다. 오늘날에는 '가공적인 보행'이라는 용어가 통용되고 있습니다. '가공적인' 요소는 전혀 없는데 말입니다! 이건 다만 뉴런 전체의 표현에 대한 연구일 뿐입니다. 그러한 표현은 뉴런들 간의 연결과 거기에 관여하는 뉴런에 내재하는 속성에 따라 다릅니다. 우리는 근육 수축을 일으키는 운동 뉴런과 연합 뉴런의 속성들에 대해 알아냈습니다. 실험용 쥐나 들쥐의 '체외' 척수 단면을 대상으로 연구가 이루어졌지요. 운동을 일으키는 데에는 세로토닌이 중요한 역할을 하는 것으로 보입니다.

오랫동안 인간의 몸에서 찬사를 독식한 것은 손이었습니다. 손은 신화적인 구조로서 우리를 동물과 구분해주었지요. 손의 조작은 앞으로 튀어나오는 다리보다 훨씬 더 풍부한 패러다임으로 나타났던 겁니다! 표적을 정확하게 가리키는 동작에 흥미를 가졌던 연구자는 골반의 운동을 측정하려는 연구자보다 훨씬 더 '인지적' 문제에 접근하는 셈이었습니다. 손이 차지하는 그러한 우위성을 부정하려는 것이 아니라, 그만큼 보행의 메커니즘이 너무 오랫동안 주목을 받지 못했다는 뜻에서 하는 말입니다.

그렇지만 작가들은 항상 산책의 미학적 가치와 유익을 보여주었지요. 마르셀 프루스트도 그토록 만감을 불러일으켰던 여인이 걷는 모습에서 시선을 도저히 떼지 못했지요. "스완 부인이 우리를 향해 걸어오는 모습을 보았다. 부인은 일반인들이 상상하는 여왕님 모습처럼 다른 여인들은 걸치지 못할 옷감과 값비싼 장신구를 한껏 휘감고 자주색 드레스자락을 질질 끌면서 걷고 있었다. 이따금 양산의 손잡이에 시선을 떨어뜨리곤 하는 그녀는 지나가는 행인들에게는 별로 신경을 쓰지 않았다. 자신이 목표로 삼는 중요한 일이 그러한 훈련이라도 되는 듯, 자신이 다른 사람들 눈에 비치고 모두들 자기 쪽을 바라보고 있다는 것은 생각하지 않는 것처럼 보였다. 하지만 가끔은 자신의 사냥개를 부르기 위해 뒤를 돌아보면서 남들이 눈치 못 챌 정도로 얼른 주변을 둘러보기도 했다"(『잃어버린 시간을 찾아서』).

발걸음의 복잡성은 춤추는 여인의 뛰어난 운동성을 정의합니다. 1899년 폴 발레리는 『영혼과 춤』에서 이렇게 썼습니다. "무엇보다도 그녀는 정신으로 충만한 발걸음으로 땅에서 모든 피로와 어리석음을 지우는 듯하다. (……) 그녀는 자신의 발로 무어라 정의할 수 없는 양탄자를 짜낸다. (……) 오, 매혹적인 작품이여! 부딪치고, 그리고, 맺고, 풀어내며, 추격하고, 날아오르는 지성의 발톱으로 일구어낸 귀중한 작업이어라. 얼마나 능란하며 얼마나 기민한가, 이 순수의 일꾼들은!" 오늘날 인간의 이동과 그 이동에 따르는 경로들을 결정하는 인지 메커니즘을 이해하려는 연구의 영역은 여전히 활발합니다.

고대의 소요학파에서부터 1969년 달에 첫 발을 내딛기까지 과학은 그

럭저럭 잘 발전해왔습니다. 행여 과학이 아폴리네르가 노래했던 가재처럼 뒷걸음질치는 일은 없기를 바랍니다.

> 오 감미로워라, 주저하는 마음이여, 그대와 나는 함께 움직이나니
> 마치 가재들끼리 움직이듯이 주춤주춤 뒷걸음질로…….

프랑수아 클라라크 프랑스 국립과학연구소 명예연구소장이자 뉴런망과 운동 활동에 대한 비교접근의 권위자이다. 그는 아르카숑 프랑스 국립과학연구소 해양생물학센터에서 무척추동물 모델에 대한 연구를 전개하여 운동을 책임지는 뉴런망의 기능을 밝혀냈다. 최근에는 마르세유 프랑스 국립과학연구소 신경생물학센터에서 고등척추동물의 신경생리학을 연구하고 있다.

Focus 11
아동의 지능 발달

올리비에 우데
(파리 르네 데카르트 대학 아동심리학과 교수)

"아이들의 뇌는 바람에 노출된 채 활활 타는 촛불 같다.
항상 왔다 갔다 하는 촛불 같은 것이다."

페늘롱, 『여자들의 교육에 대하여』

    인간의 뇌에서 지능은 어떻게 구성될까요? 장 피아제가 심리학과 교육계에서 20세기의 대중에게 뚜렷한 족적을 남긴 이래로 이 문제는 아동발달심리 연구의 중심을 차지했습니다. 아동발달심리는 교육학과 인지과학의 학제 간 학문이라고 할 수 있지요.
    피아제의 아동 지능 개념은 단선적이고 점증적입니다. 그의 개념은 철저하게 한 단계 한 단계마다 습득과 진보와 결부되어 있기 때문입니다. 이것은 '계단 모델'이라고 할 수 있습니다. 계단의 한 단 한 단은 커다란 발전, '논리수학적 지능'의 발생으로 분명히 정의되는 하나의 단계

—혹은 생각의 유일한 방식—에 해당하지요. 감각과 행동에 기본을 둔 유아의 감각운동 지능(0~2세)에서 개념적 지능(숫자, 범주화, 추론)에 이르기까지 계단은 이어집니다. 개념적 지능은 6~7세경 구체적인 것을 대상으로 하다가 청소년기(12~14세경)와 성년기에는 추상적인 것을 대상으로 합니다.

새로운 아동심리학은 바로 이 '계단 이론'을 전면적으로 문제 삼습니다. 혹은 적어도 이 이론만이 가능한 것은 아니라고 주장하지요. 무엇보다도 유아에게도 이미 복잡한 인지능력들, 다시 말해 물리적·수학적·논리적·심리적 능력들이 있습니다. 피아제는 이러한 능력들을 모르고 있었지요. 그 능력들은 엄밀하게 보아서 '첫 번째 계단'이라는 감각운동 기능으로 소급될 수가 없습니다. 다른 한편으로 계단 이론이 문제가 되는 까닭은, 청소년기와 성년기('마지막 계단')까지 지능 발달이 이어진다고 보는 시각에는 피아제 이론이 미처 예견하지 못했던 오류, 지각의 편견, 기대하지 못했던 괴리(이를테면 '퇴행' 같은 현상) 등이 수두룩하기 때문입니다. 이렇듯이 지능은 감각운동에서 추상으로 나아가는 어떤 선 혹은 면(피아제의 단계들)을 따른다기보다 이리저리 엉뚱한 방향으로 나아간다고 보아야 할 겁니다.

정신발생학의 이러한 새로운 이미지는 과학사를 통해 앎이 구성되어 온 과정에 대한 오늘날의 생각들과 일치하는 면이 있습니다. 그래서 아카데미 프랑세즈의 미셸 세르는 과학의 시대가 세기를 넘나들며 정지, 단절, 고랑, 엄청난 가속도의 행로, 파열, 균열 등을 보여주었다고 말했던 것입니다. 이 과학사학자는 과학의 시대를 주머니에 구겨 넣은 손수건에 비유하며 그러한 시대가 접히기도 하고 꼬이기도 한 것으로 제시했습니다.

피아제의 계단 모델을 문제 삼다

피아제가 즐겨 언급했고 오늘도 많은 연구의 대상이 되는 예를 들어봅시다. 피아제의 모델대로라면 아동은 6~7세가 되어야, 그러니까 초등학교에 들어가고 철이 들 때야 비로소 숫자 개념에 해당하는 '단계'에 도달합니다. 피아제는 이를 증명하기 위해서 토큰들을 두 줄로 나열하고 아동에게 보여주었습니다. 두 줄 모두 같은 수의 토큰들이 나열되어 있었지만 토큰들의 간격이 달라서 줄의 길이는 다르지요. 6~7세 이전의 아동은 이러한 상황에서 더 길게 나열된 줄에 토큰들이 더 많이 있다고 생각합니다. 피아제는 이러한 대답이 일종의 지각 직관의 오류이고, 그렇기 때문에 유치원에 다니는 연령의 아동은 숫자 개념을 아직 제대로 습득한 것이 아니라고 보았습니다. 하지만 피아제 이후에 프랑스 국립과학연구원의 자크 멜러와 록펠러 대학교의 톰 비버는 토큰 대신에 사탕을 이용한 실험에서 만 2세 이상의 아동들도 숫자 비교를 해낼 수 있음을 입증했습니다. 실제로 아동들은 비록 줄은 짧을지라도 사탕이 더 많이 있는 쪽을 골라낼 수 있었습니다. 사탕을 더 많이 먹는다는 만족감과 입의 즐거움은 아주 어린아이도 '꼬마 수학자'로 만들 수 있고 피아제의 지각 직관 단계를 훌쩍 뛰어넘을 수 있게 하는 것입니다! 뿐만 아니라 언어를 습득하기 이전의 아동, 그러니까 1~2세경의 유아들도 수 개념이 있다는 사실이 밝혀지면서 일찍부터 나타나는 숫자적 능력에 대한 연구는 한결 더 진전되었습니다.

천문학자 아기, 수학자 아기

피아제는 단계 이론이라는 틀 안에서 특히 유아들의 '행동'(이른바 감각운동 단계)에 관심을 가졌습니다. 그리고 개념이나 인지적 원리들에 대한 추구는 그보다 나중 단계의 아동에게만 가능한 것으로 보았지요. 그런데 유아들의 행동은 대개 아주 서툴기 때문에 피아제가 그들의 지능을 실질적으로 측정할 수 있었을 거라고 보기 어렵습니다. 1980년대부터 연구자들은 유아들의 지능을 측정하기 위해서 유아들의 시선, 그러니까 심리학자가 제시하는 자극에 대해 유아들이 보이는 시각 반응을 관심 있게 지켜보았습니다. 파리 르네 데카르트 대학의 로제 레퀴예는 이 주제에 대해 '천문학자 아기'라는 말을 했는데, 그 말은 유아가 행동보다는 눈의 도움을 입어 세상을 발견하고 앎을 발전시킨다는 뜻입니다. 피아제 시대에는 없었던 비디오나 컴퓨터 등을 사용하여 우리는 유아들의 시각 반응을 아주 정확하게 측정할 수 있습니다. 일리노이 대학교의 르네 바야르종은 대상의 존재 지속(대상이 시야에서 사라져도 계속 존재한다는 것을 아는 능력)도 피아제가 생각했던 시기(8~12개월)보다 훨씬 더 빠른 것으로(4~5개월) 밝혔습니다. 또한 바야르종은 유아가 생후 15개월부터 타인의 심적 상태에 대해 추론할 수 있다는 것도 입증했지요. 이상의 내용은 유아가 만 2세경, 그러니까 분절언어를 사용하는 시기가 되기 전부터 대상에 대한 물리적 지식, 심적 상태에 대한 심리학적 지식을 갖고 있다는 좋은 예가 되겠습니다.

숫자의 예로 돌아가봅시다. 예일 대학교의 카렌 윈은 생후 4~5개월 된 유아도 1+1=2나 2-1=1 같은 산수를 어렵지 않게 할 수 있다는 연구 결과를 발표했습니다. 하버드 대학교의 마크 하우저도 유인원이 인간 유아처럼 언어는 구사하지 못하지만 숫자적 능력을 지니고 있다는 것을 입증했고요. 윈의 연구에서는 유아들에게 미키 인형들을 보여주면서 실험상의 트릭으로 가능한 사건(미키 1+미키 1=미키 2)과 마술처럼 불가능한 사건(1+1=1 혹은 1+1=3)이 일어나는 간단한 인형극을 연출해 보였습니다. 유아들의 시선이 머무는 시간을 측정함으로써 그들이 잘못된 계산을 눈치 챌 수 있음을 입증한 것이지요. 유아들은 계산이 틀렸을 때에는 뭔가 놀랍다는 듯이 오랫동안 시선을 떼지 않았습니다. 그러니까 유아들의 '작업 기억'에는 계산의 결과로 예측되는 대상들의 정확한 수가 간직되어 있는 겁니다. 이렇게 유아들은 시선을 통하여 추론, 논리, 추상의 기본적 형태를 나타낼 수 있습니다. '이성이 나타나는 최초의 시기'가 피아제가 생각했던 것보다 훨씬 더 이르다는 뜻이지요.

인지 전략들이 벌이는 경합

그렇지만 유아들이 일찍부터 수학적 능력을 나타내더라도 그 능력은 매우 초보적인 수준이고 앞으로—특히 언어와 학교교육이 개입한 후에 비로소— 점점 더 풍부해진다는 점은 분명합니다. 카네기멜론 대학교의 로버트 지글러는 미취학 아동(유치원생)과 초등교육 아동의 숫자 감각 발달을 좀 더 잘 이해할 수 있게 해주는 이론적 모델을 제안했습니다. 지글러는 유아에게 주어진 계산보다 좀더 어려운 수준의 계산(3+5=?, 6+3=?, 9+1=?, 3+9=?)에 대해서 아동이 다양한 인지 전략들(짐작하기, 계산을 할 때마다 손가락을 이용하여 세어보기, 계산을 하고 검산하기, 두 개의 숫자 중에서 더 큰 숫자부터 시작해서 세어보기, 머릿속으로 직접 답을 기억해내기 등)을 뇌에서 경합시킨다고 보았습니다. 아동이 어느 단계에서 바로 다음 단계로 넘어간다는 피아제의 '계단 모델'과는 달리, 지글러는 덧셈, 뺄셈, 곱셈 등에 해당하는 논리수학적 발달이 "서로 겹치고 포개지는 파도"와 비슷하다고 생각했지요. 이 비유대로라면 각각의 인지 전략은 해변으로 밀려가는 파도, 여러 겹의 파도들은 문제를 푸는 여러 방법들이 될 겁니다. 그러한 방법들은 항상 서로 겹치거나 경쟁 관계를 이루기 십상입니다. 아동은 자기 경험과 주어진 상황에 따라서 자기가 실행할 방법을 선택하는 요령을 배웁니다. 지글러는 산수 외에도 시계를 보는 법, 책 읽기, 철자법 등 아동이 습득하는 다양한 앎에 대해서 자신의 모델이 성립함을 보여주었습니다.

억제할 때 발전이 있다

필자는 팀원들과 함께 피아제가 아동에게 실시한 실험에서 정말로 문제가 되는 것은 숫자가 아니며 부적절한 인지 전략을 억제하는 법을 배우는 것임을 밝혀낼 수 있었습니다. 그 실험에서 부적절한 인지 전략(편견)이란 "길이가 길면 수적으로도 많다"쯤 되는데, 이건 어른들도 곧잘 적용하는 전략이지요. 이렇게 발달이란 피아제가 생각했던 것처럼 인지 전략들을 구성하고 활성화하는 것만이 다가 아니라 '뇌에서 서로 경합하는 인지 전략들 중에서 부적절한 것들을 억제하는 법을 배우는 것'이기도 합니다. 그리고 이건 당연하게 되는 게 아닙니다! 우리는 여기서 인식론적 장벽들과 과거에 가스통 바슐라르가 과학사를 두고 이야기했던 '부정의 철학'을 다시 한 번 생각하게 됩니다. 아동의 발달이 항상 직선적이지 않다는 사실은 실제 발달 양상, 즉 교육자, 교사, 부모 등이 지켜보는 가운데에서도 확인됩니다. 같은 개념을 배워도 처음에는 그게 통하다가 나중에 억제를 제대로 발휘하지 못해서 잘못될 수도 있습니다(앞에서 인용한 페늘롱의 표현대로 "항상 왔다 갔다 하는 촛불" 같은 겁니다).

1990년대 '피아제 이후의' 심리학자 두 사람이 컴퓨터로 아동의 발달 곡선을 만들어보았습니다. 스탠포드 대학교의 로비 케이즈와 하버드 대학교의 커트 피셔가 그들입니다. 그들의 곡선은 직선적이지 않은 역학 체계를 보여주었습니다. 다시 말해 그렇게까지 규칙적이지 않으며 동요와 폭발적 성장과 붕괴를 모두 보여주는 학습 곡선이었지요.

　아동심리를 제대로 이해하려면 아주 어릴 때부터 시작해서 청소년기를 거쳐 성년기까지 이르는 추이를 보아야 합니다. 유아는 어떤 면에서 유인원과 비교할 수 있는데, 앞에서 말했듯이 언어는 사용하지 못하면서 숫자 감각은 있다는 점도 그렇습니다. 피아제가 강조했듯이 흥미로운 것은 행보들과 역학의 총체입니다. 캉의 베르나르와 나탈리 마조예르는 논리적 추론상태의 뇌 영상 촬영을 통해 젊은이들이 부적절한 지각 전략을 억제하는 법을 배우기 '전'과 '후'에 각각 어떤 현상이 일어나는가를 살펴보았습니다. 다시 말해 어떤 추론상의 오류를 바로잡아주기 전의 뇌 영상과 그 후의 뇌 영상을 비교해본 것이지요. 그 결과, 뇌의 뒷부분(지각과 관련된 부분)에서 앞부분(이른바 전전두영역)까지의 뉴런망의 모양이 바뀌는 것을 뚜렷하게 관찰할 수 있었습니다. 전전두피질은 추상, 논리, 인지적 통제(이게 바로 지금까지 이야기했던 '억제'입니다)를 담당합니다. 피아제는 아동발달 이론에서 인간이 청소년기(12~14세의 형식적 조작 단계)부터는 논리적 오류를 저질러서는 안 된다고 했습니다. 이 단계는 개념적이고 추상적인 지성이 가장 고도에 이른 단계, '계단의 마지막 단'이라는 거죠! 그런데 실제로는 그렇지가 않단 말입니다. 청소년과 성인의 뇌도 충분히 간단한 논리적 과업을 수행하면서 아동의 뇌 못지않은 지각적 오류를 범할 수 있습니다. 우리는 여기서 다시 한 번 인간 뇌의 지능 발달이 이 마지막 단계에서도 엉뚱한 방향으로 치달으면서 이루어진다는 것을, 억제가 여기서 적응 역할을 해야만 한다는 것을 확인할 수 있을 겁니다.

　프랑스의 대기업 경영인 크리스티앙 모렐이 이런 글을 쓴 바 있습니다. "과학적 성격의 능력을 띠고 실제로 그 능력을 사용하는 비행기 조종사, 선원, 엔지니어, 경영인에게서도 이따금 어린애 같은 추론 과정을 볼 수 있다. 그러한 유치한 추론 과정들은 정신에 속박되어 있다가 그것들을 습관적으로 묶어놓은 억제가 풀리자마자 튀어나오는 것 같다."

어른도 아이처럼 부적절한 전략들을 억제하는 법을 세 가지 방식을 통해 배울 수 있습니다. 자신의 실패를 경험 삼아 배우든가, 모방을 통해 배우든가, 타인의 가르침으로 배우든가 하는 것이지요. 학교에서도 '억제의 교육'이라는 측면을 더욱 발전시켜야 할 겁니다.

뇌 영상, 인지 발달의 지도 제작을 향하여

피아제는 아동의 지능 구성이 생물학적 적응의 가장 섬세한 한 가지 형태라고 보았습니다. 당시에는 이러한 생각들이 대단히 이론적인 차원에 머물러 있었지요. 오늘날에는 뇌 영상 촬영기법을 통하여 실질적으로 인지 발달의 생물학을 탐구하기 시작했고, 새로운 아동심리학에서 피아제 이후의 발견된 사실들을 통합하여 이해하고 있습니다.

1990년대 말부터 연구자들은 해부학적 자기공명영상 기술을 이용하여 뇌 구조 발달의 3차원 지도를 만들고 있습니다. 아동 신경인지학의 발달과 더불어 우리는 뉴런들 사이 연결(시냅스)의 다양화, 그리고 나중에는 일종의 가지치기가 이루어진다는 것을 알고 있습니다. 이런 가지치기 때문에 뇌의 회백질이 점차 감소하는 것이고요. 장 피에르 샹제는 시냅스의 가지치기가 '뉴런의 다윈주의' 메커니즘에 따라 시냅스들이 선택적으로 안정화되는 현상에 해당한다고 봅니다. 해부학적 자기공명영상 촬영으로 얻어낸 최초의 결과들은 이러한 뇌의 성숙이 균질하지 않음을 보여주었습니다. 뇌의 성숙은 영역에 따라 연속적으로 일어나는 파도들처럼 이루어지는 겁니다. 처음에는 기본적인 감각과 운동 기능에 관련된 영역들이 성숙되고, 그런 식으로 다른 영역들도 차차 성숙되다가, 마지막으로 청소년기에 이르러 억제 같은 고차원적 인지 통제와 관련된 영역들, 이를테면 전전두피질 같은 영역이 성숙되지요.

기능성 MRI 촬영기법은 아동 혹은 청소년이 특정한 인지 작업을 수행하는 동안 뇌에서 일어나는 활동을 측정할 수 있게 해줍니다. 우리가 이 기법을 활용할 수 있게 된 것은 그리 오래전 일이 아니지요. 어쨌든 이렇게 해서 우리는 다양한 발달 단계들에서 어떤 일이 일어나는가를 비교할 수 있게 되었고, 인지 전략들을 활성화하거나 억제할 때 각각 일어나는 뇌 활동을 시각적으로 볼 수도 있습니다. 이러한 관찰을 연령별로 비교하면 '거시발생'이고 특정 연령의 학습에 대해서 한다면 '미시발생'인 것입니다. 인지 발달 단계들의 해부학적·기능적 지도를 처음으로 수립하는 것이 연구의 관건입니다. 그리고 새로운 데이터들을 바탕으로 교육심리학적으로 적용할 수 있는 사항들을 개발하는 것도 중요합니다.

올리비에 우데 심리학 박사이며 파리 제5대학(르네 데카르트 대학)의 인지심리학과 교수이자 프랑스대학 연구원 회원이다. 인지과학 분야에서는 유럽에서 가장 뛰어난 전문가로 인정받는다. 그는 아동의 지능이라고 부를 수 있는 다양한 표현들과 이성이 어떻게 발달하는가에 대해 연구하고 있다.

17장

행동하는 뇌

행동이란 우리의 신체를 이용하여 신체 외적 공간(물체, 사람)에 어떤 효과를 일으키는 사태를 의미한다. 행동은 일종의 운동이지만 그렇다고 해서 행동이 반드시 운동을 뜻하라는 법은 없다. 내가 어떤 사람을 가만히 노려본다고 치자. 나는 전혀 움직이지 않지만 내가 표현하는 부동성은 상대에 대한 나의 행동이 얼마나 강력한 것인지를 시사한다. 우리의 표상행동 지배에서 억제가 얼마나 중요한 역할을 하는지 보여주는 예라고나 할까?

태도와 운동

신체의 운동은 중추신경계가 명령을 내리고 운동신경이 매개가 되어 근육 및 골격 체계가 실행함으로써 이루어지는 것이다. 운동신경은 근육신경 시냅스에서 분비되는 아세틸콜린으로 가로무늬근 섬유를 활성화한다.

내가 운동의 생리학에 대한 강의를 늘어놓음으로써 뇌를 방문한 여행객을 성가시게 할 필요는 없다고 본다. 우리는 어느덧 여행의 막바지를 향해 가고 있는 중이니까. 더구나 그러한 강의를 하자면 일단 말초신경계, 척수, 뇌간, 뇌에 비해 자율적 성격이 매우 큰 반사 현상들에 대해 짚고 넘어가야 한다.[1]

나는 다만 우리 신체가 살아 있는 동안에 톱밥을 채운 인형처럼 푹 쓰러지지 않으려면 관절 주위의 다양한 뼛조각들이 고정될 수 있게끔 근육이 항상 수축되어 있어야 한다는 것만 말해두고 싶다. '자세'가 가능한 것은 '근 긴장' 덕분이다. 자세는 기본적으로 두 가지 기능을 담당한다. 첫째, 지지면 내의 중력중심을 유지하기 위해 다리의 폄근을 수축시킴으로써 중력에 대항하는 기능이다. 두 다리로 똑바로 선다는 것이 결코 사소하거나 간단한 일이 아니다. 술 취한 사람들이 똑바로 서 있지 못하는 것만 봐도 알 것이다. 팔도 아래로 축 떨어지지 않도록 폄근이 항상 긴장되어 있다. 또한 몸통, 팔다리가 붙는 지점, 목(특히 목덜미)의 근 긴장이 얼마나 중요한지 강조할 필요가 있다. 이 근육들과 여기에 관련된 힘줄들은 모두 다 수용기(자기수용기)를 갖고 있다. 이 수용기 때문에 자세의 유지와 조절을 가능하게 하는 반사작용들이 일어날 수 있는 것이다. 똑바로 서서 만만치 않은 세상에 맞서는 고독한 사냥꾼의 당당한 풍모가 원칙적으로 척수의 감각섬유와 운동섬유 사이에 있는 반사궁(근각반사) 덕분이라는 것을 잊지 말자. 자세의 두 번째 기능은 신체의 공간 내 운동을 준비하고 수행하는 데 있다. 특히 운동으로 인해 계속해서 바뀌는 신체의 균형을 예측하는 것이 중요하다.

우리가 기술한 행동들은 모두 그 역학적인 완벽함에 놀라지 않을 수 없다. '척추 있는 자동인형'이 환경에 적응할 수 있는 것은 어디까지나 뇌의 개입 덕분이다. 신체라는 자동인형을 매개로 삼아 뇌는 자신이 관장하는 복잡한 행동들을 선택하고, 시작하고, 관리한다.

운동하는 뇌를 방문하는 독자를 위해서 나는 두 명의 전문가들을 초빙했다. 두 사람 모두 의학자인데, 움직임의 자취를 지닌 뇌는 손상을 입은 후에야 그 진면목을 우리에게 드러내기 때문에 의학과 밀접한 관련이 있을 수밖에 없기 때문에 그들을 초빙했다. 베르나르 비울락은 행동의 계획이라는 측면을 다룰 것이고, 이브 아지드는 비정상적인 운동, 즉 뇌에 병적인 문제가 생겼을 때 가장 놀랍고도 비극적인 모습으로 드러나는 증상에 대해서 이야기해줄 것이다.

Focus 12
움직임과 행동의 계획

베르나르 비올락
(보르도 제2대학교 교수, 보르도 신경과학연구소 소장)

운동생리학의 역사적 개괄

척수의 감각운동 조직은 19세기 중반에 이르러서야 겨우 명확하게 밝혀졌습니다. 영국의 벨과 프랑스의 마장디가 큰 공을 세웠지요. 그러나 고대부터 자발적인 운동이 어디에서 비롯되는가라는 의문은 운동을 발생시키는 어떤 신경중추가 있을 것이라는 생각을 낳았습니다. 1691년 보일이 관찰한 결과가 이러한 개념의 토대를 강화했을 수도 있습니다. 그는 낙마사고로 반신불수가 된 기수를 치료하면서 반신마비된 신체 반대쪽의 함몰된 두개골을 다시 복구시켰습니다. 이 놀랄 만한 치유는 뇌의 전두영역에 있는 '운동구역'에서 비롯된 것입니다. 뇌 영역들을 파악하고 확인하려는 이론들의 본질은 상당 부분 여기에서 찾아볼 수 있습니다. 그 본질이란 해부학적이고 실험적인 방법을 이용하여 더욱더 공고해질 것입니다. 그리고 나서 몇 년 후에는 골상학자 프란츠 요제프 같이 '돌기*', 순진함, 낭만주의를 앞세워 위치파악 제일주의를 극단까지 밀고 나갔습니다.

이러한 실증주의 시대는 운동의 기원에 대한 수많은 임상적·실험적 연구작업들을 낳았습니다. 상향전두영역은 운동피질이 되었지요. 운동피질은 피질척수섬유(추체경로)들의 교차를 통하여 신체 반대편 반쪽에 대해 '명령'을 내립니다. 수많은 임상연구와 실험을 통해 이 피질 구획에 '거울처럼(신체 반대편으로)' 결부된 병리생리학은 분명히 밝혀졌습니다. 반대편 뇌 손상으로 인한 반신불수는 인간의 경우와 원숭이의 경우에서 다 발견되었습니다. 인간 뇌의 비정상적 자극이나 동물 뇌에 대한 화학 및 전기 자극으로 나타나는 단순운동성 간질도 이런 종류입니다.

1940~1950년대에는 운동피질의 기능적 해부에 대한 연구에서 많은 성과가 있었습니다. 이 분야는 '신체부위 대응적인' 기술이 시작되면서 그 폭이 더욱 넓어졌지요(워드와 울시의 '시미운쿨루스^{simiunculus} **'). '군락과 기둥을 이루는' 피라미드 뉴런들의 구조에 대한 분석은 이러한 접근을 넘어섭니다. 결국 운동피질을 근육이라는 차원과 관련해서 이해해야 하는가 아니면 움직임이라는 차원과 관련해서 이해해야 하는가라는 문제에 대해 답할 수 있게 된 것이지요. 아사누마는 한 근육의 신경분포에 관련된 뉴런들이 동일한 발생기에 위치하는 군락을 발견함으로써 이 물음을 뛰어넘었습니다. 다양한 군락들이 동시에 혹은 연속적으로 작동하면서 어떤 움직임, 나아가 연속적인 운동이 일어나는 것이지요. 그리고 창^{Chang}은 '피질 건반'이라는 개념으로 그러한 양상을 나타내 보였습니다.

* 골상학에서는 두개골의 돌기를 재능의 표식으로 여겼다.
** 신경과학자들이 신경세포의 비율대로 사람의 몸을 재구성한 것을 '호문쿨루스(Homunculus)'라고 한다. 호문쿨루스가 인간의 신체에 해당하는 모델이라면 시미운쿨루스는 원숭이의 신체에 해당하는 모델이다.

19세기에서 20세기로 이어진 이 오랜 기간은 신경학자이자 실험주의자였던 휴링스 잭슨의 위계 개념을 뚜렷이 보여줍니다. 휴링스 잭슨은 뇌의 위치파악주의와 계통발생론을 혼합한 사람이지요. 모든 피질영역, 피질하영역, 소뇌영역이 어떤 기능을 뒷받침한다고 보는 겁니다. 그리고 진화가 거듭되면서 원형구조들은 고생구조들의 통제에 놓이고, 결국 옛날의 구조들은 모두 새로운 구조들에 종속된다는 것이지요.

이러한 위계화된 개념은 운동을 다루는 현대 신경생리학자 E. 에바츠에게 지대한 영향을 미쳤습니다. 그는 특정 운동을 수행할 수 있도록 훈련받은 원숭이를 모델로 연구를 진행했습니다. 1960년대 에바츠 학파는 운동을 실행하는 동안의 뉴런 활동들의 변화에 대한 '타이밍 timing' 원칙을 도입했습니다.

1980년경까지 이러한 사고방식은 지배적이었습니다. 모두들 운동과 관련된 신新구조들을 활성화하여 시간적·공간적 위계를 정의하려고 노력했지요. 여기서 말하는 신구조들은 운동피질, 기저핵, 창백핵, 시상 등입니다. 에바츠의 제자 중 한 사람인 타크는 신소뇌의 뉴런들이 운동피질 뉴런들보다 먼저 활동을 변화시킨다는 점을 입증하기도 했습니다. 그렇다면 신소뇌야말로 운동으로 귀결될 일련의 작용들을 제일 먼저 촉발시키는 일종의 '지휘자'라도 되는 걸까요? 어쨌든 위계 개념의 한계는 벌써 드러나기 시작했고 그보다 좀 더 일관성 있고 잘 들어맞는 개념들이 차차 등장하게 되었지요.

에바츠가 운동의 중추적 조절을 이해하는 데 엄청난 정보를 제공했다는 것은 분명합니다. 그러한 정보들은 운동 척도(지속, 폭, 속도, 힘, 방향, 전환) 전체에 대해 그 각각에 대응하는 뉴런들의 유전 코드 능력들과 관련이 있습니다.

현재 통용되는 개념들

이러한 연구 작업들이 가져온 성과는 부인할 수 없지만 운동성을 순전히 통시적 조직으로 생각하는 측면이 있기 때문에 이를 뛰어넘어야만 합니다. 그래서 운동피질을 지나치게 위계적으로 파악하는 입장도 재고해야 하고요. 무엇보다도 지난 20여 년간 모인 데이터들은 조절 피드백에 삽입된 연합피질영역에서부터 고려해야만 합니다. 조절 피드백은 평행적으로 기능하며 단순한 운동 프로그래밍보다는 행동 계획들을 만들어내는 데 이바지합니다.

운동피질은 중추적·말초적 정보를 '종합하거나 다지는 장소'가 됩니다. 그다음에 정보는 피질척수로를 통하여 운동 뉴런들에 이르지요. 셰링턴의 말을 조금 변형하여 인용하면, 운동피질은 일종의 "높이 위치한 공동의 최종 경로"처럼 작용하지요. 구심로 차단, 소뇌 파괴, 흑질선조체 도파민계 파괴 등의 다양한 실험 상황들이 이 사실을 입증해줍니다.

원숭이 팔다리의 구심로를 차단하는 실험은 운동피질 수준에서 운동을 처음 시작할 때 미리 일어나는 뉴런의 방전이 심각하게 무너지는 결과를 보여주었습니다. 원숭이는 탄도운동·추진운동을 잘못된 방향으로 실행하는 경우가 매우 많았습니다. 이것은 운동감각을 잃어버렸다는 뜻이지요. 구심로 차단을 당한 동물의 체감각피질 뉴런들은 운동을 하는 동안 아무 변화를 보여주지 않습니다. 감각운동 피드백은 파괴되어 말초신경의 역(逆)통제를 무화시킵니다. 이러한 역통제가 운동피질에 항상 작용해야만 몸짓을 잘하고 있는지 파악하고 필요에 따라 동작을 고칠 수도 있는데 말입니다.

소뇌 파괴는 전체적으로 이루어질 수도 있고(절제, 적출) 부분적으로 이루어질 수도 있습니다(치상핵 파괴). 이러한 소뇌 파괴 역시 운동피질 뉴런의 활동을 매우 심각하게 교란시키는데, 교란은 '뉴런 메시지'의 결합 차원에서 일어나고 그 때문에 뉴런 메시지는 운동의 기원에 '미치지' 못한 채 불규칙하게 분리되어 버리지요. 이 비정상적 유형은 급작스럽게 진로가 변경되는 조절곤란운동과 비교해보아야 합니다. 신소뇌는 여러 기능들을 담당하지만 그중에서도 특히 운동 성격을 띠는 메시지의 수립과 시공간적 결합에 관여합니다.

원숭이의 경우, 신경독소인 MPTP에 의해 흑질선조체 도파민계가 파괴되면 인간의 파킨슨병과 비슷한 동작의 완만함과 긴장항진이 나타납니다. 이때 몸을 움직이는 동안의 운동피질 뉴런의 활동은 시간적으로 늘어진 듯이 보이지요. 도파민계는 운동 프로그램에 정해진 정보의 집중과 선택에 이바지합니다.

이상의 극단적인 세 가지 실험 상황들은 운동 생성을 뒷받침하는 표상의 발생이 얼마나 중추신경계와 말초신경계의 조화로운 기능과 관련되어 있는가를 보여줍니다. 운동피질은 이러한 정보 블록들의 집결을 담당하는 것이지요.

운동피질에 구심적인 이러한 정보 블록들(말초신경계, 소뇌, 기저핵)과 병행하여 연합피질구조에서 생성되는 신호들이 출현하는데, 이러한 신호들은 계획을 표시합니다. 행동, 명령, 프로그래밍, 작업 기억, 실수 탐지에 대한 지시에 해당하는 것이지요. 이러한 발생적 구조들은 피질-피질하 조절 피드백과 불가분의 관계에 있으며, 서로 상호작용을 합니다.

보조운동영역 가운데 전보조운동영역은 오직 행동만을 위한 감각정보들을 처리하는 뉴런들의 집합을 가지고 있습니다. 그러므로 전보조운동영역의 뉴런들은 특정 운동 계획을 개시하는 데 관련된 주의력 신호들에 대해서만 활성화될 수 있습니다.

후두정피질 뉴런들의 명령 기능은 그보다 훨씬 더 정교합니다. 이 뉴런들은 운동피질 뉴런들보다 먼저 활성화될 뿐만 아니라 개인 외적 공간을 탐사하고 조작하는 데에도 관여하기 때문입니다. 마운트캐슬이 기술한 바 있는 이러한 뉴런 장치는 어떤 면에서 환경 내 주체의 '운동 및 시각-운동 행위를 통해' 신체 도식(자기이미지 혹은 자기표상)이 만들어지게끔 뒷받침하고 있다고 할 수 있습니다. 바빈스키와 해드 이래로 알려진 사실이지만, 오른손잡이가 오른쪽에 있는 이 영역에 손상을 입으면 병식결여증anosodiaphoria이 생깁니다. 다시 말해 환자가 자신의 반신에 문제가 있다는 것을 전혀 깨닫지도 못하고 관심도 기울이지 않게 되는 것이지요.

1996년 자코모 리졸라티는 후두정피질 구획에서 '거울 뉴런'을 발견했습니다. 동물이 보상을 지향하는 운동을 실행할 때 거울 뉴런들은 그 활동을 변화시키지요. 하지만 이 활동은 실험자가 보상을 검토할 때 더 커지지도 하는데, 이러한 실험결과들은 '행동하는 타자의 입장에 서기'라는 사태를 뒷받침하는 것입니다. 요컨대 '공감'을 가능하게 하는 것이지요. 게다가 타인에 대한 공감 능력이 부족한 자폐증 환자들의 경우에는 거울 뉴런의 기능이 변질되어 나타난다는 사실도 의미심장하다 하겠습니다.

전운동피질 혹은 보조운동영역은 연합운동피질로 간주됩니다. 일차운동피질과는 달리 이 피질들에 집결된 뉴런들은 복잡한 운동들을 실행하는 데 관여하지요. 양손의 조응이 필요한 어떤 목적을 띤 운동 프로그램을 이루는 연속적 행위들이 여기에 해당합니다.

1980년대에 골드먼 라킥은 등쪽 외측 전전두피질에서 작업 기억을 뒷받침하는 뉴런 활동을 발견했습니다. 작업 기억은 행동을 계획하는 데

지대한 역할을 하는 인지적 부분입니다. 골드먼 라킥은 시각-운동 작업들을 통하여 원숭이들이 그들에게 제시된 표적의 위치를 얼마간 기억하도록 훈련을 시켰습니다. 그다음에 원숭이들이 이전에 보여주었던 표적을 향해 눈알을 굴리면 보상을 해주었습니다. 골드먼 라킥은 이 실험을 통해서 원숭이가 등쪽 외측 전전두피질의 뉴런들을 '통하여' 정보를 '내면화'하고 궁극적으로는 행동을 위해 그 정보를 사용한다는 결론을 내렸습니다(그런 게 바로 작업 기억입니다). 그런데 등쪽 외측 전전두피질에 손상을 입은 원숭이는 이러한 과업을 수행할 수가 없습니다. 그러한 원숭이는 운동 전략을 끊임없이 바꾸면서 매우 산만한 모습을 보입니다. 이러한 모습은 전두손상을 입은 환자의 산만함과 비슷합니다. 특히 주의력결핍 과잉행동장애(ADHD)가 있는 아동의 뇌를 MRI 촬영하면 등쪽 외측 전전두피질의 기능이상이 나타나기도 합니다.

행동의 계획에 결정적인 역할을 하는 또 다른 구획은 앞쪽 띠이랑 피질입니다. 이 구획은 실수들을 파악하고 그 실수들이 인해 야기되는 갈등을 다스리는 역할을 합니다. 여기에 모여 있는 뉴런들은 예측되는(기대되는) 운동의 중심 표상과 실제(현실) 행동의 중심 표상을 서로 비교합니다. 그리고 뭔가 어긋난다 싶으면 바로 실수 신호를 보내는 것이지요.

우리는 스트루프 검사*와 비슷한 인지운동 과업을 통해서 원숭이가 자신의 프로그램을 실행하면서 실수를 많이 저지르게 유도할 수 있습니다. 띠이랑 뉴런들의 대부분은 성공 혹은 실수를 평가하는 단계에서 활동상의 변화를 보입니다. 그럼에도 불구하고 성공했을 때보다는 실수를

---

*전두엽에서 담당하는 억제 과정의 효율성을 평가하기 위해 개발된 신경심리학적 검사. 피험자는 단어의 색과 글자가 일치하지 않는 조건에서 자동화된 반응을 억제하고 글자의 색상을 말해야 한다. 이때 주체의 반응시간이 느려지는 것은 전두엽의 억제 과정을 반영하는 것이다.

범했을 때 이 뉴런들의 활동이 훨씬 더 증폭되어 나타납니다. 더욱이 뉴런 방전의 점증을 통하여 실패의 심각성이 얼마나 큰가에 대한 코드화도 이루어집니다! 그 심각성이란 동물이 과업 수행에 얼마나 깊이 참여하는가와도 일치하지요.

두 개의 정점을 갖는다고 하는 일부 띠이랑 뉴런들의 또 다른 기능적 특징을 눈여겨보아야 합니다. 이 뉴런들은 성공 혹은 실수를 평가할 때 활성화되는 한편 주의 신호가 주어졌을 때에도 활성화됩니다. 하지만 주의 신호에 대한 이 뉴런들의 반응은 앞의 평가 결과에 따라서 다르게 나타납니다. 만약 실패라는 평가가 나왔다면 주의 신호에 대한 반응은 더욱 강렬해지고 성공에 대해서는 주의 신호에 그보다 미약한 반응을 나타내는 것이지요. 이같은 뉴런 장치 때문에 우리는 '실패에서 교훈을 얻고' 같은 실패를 반복하지 않도록 주의하게 되는 것일 테지요.

변연계 피드백에 삽입된 앞쪽 띠이랑 피질 기능이상은 다양한 병리학적 상황에서 나타납니다. 원인이 제거된 후에도 증상이 지속되는 전두엽 증후군들이 이런 경우지요. 특히 환자가 자기 행동이 뭔가 부적절하거나 잘못되었다고 생각할 때 이를 바로잡는 행동을 반복하는 강박충동성장애가 그렇습니다. 강박충동성장애가 있는 사람의 뇌를 MRI로 찍어 보면 변연계 피드백에 포함되는 구조들의 활성화가 비정상적임을 알 수 있지요.

그래서 이러한 피질 구획들을 피질-피질하-피질 피드백들과 분리해서 접근한다는 것은 있을 수 없습니다. 이러한 회로 혹은 망은 피질, 기저핵, 시상을 한 점으로 모으듯이 연결할뿐더러 병행적으로 기능하니까요. '각각의' 신피질영역은 물론 기저핵의 해당 구획에서부터 시작되는 피드백들 하나하나는 선택된 운동 프로그램을 실행하는 데 이바지하는

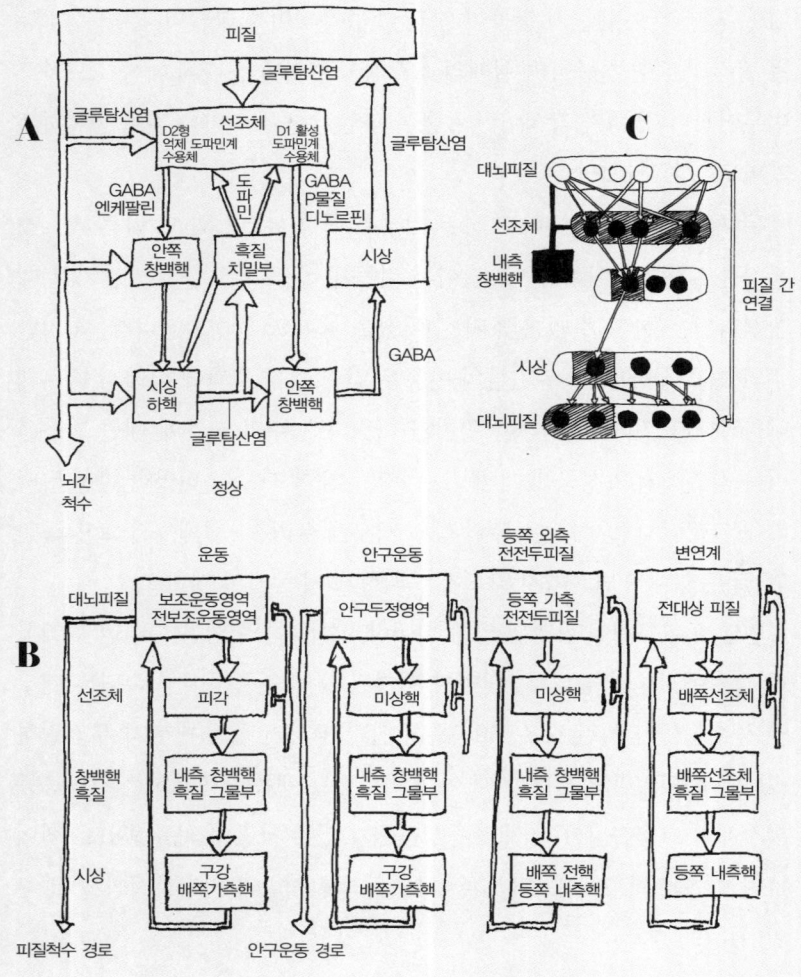

그림 40 운동 피드백과 피질-피질하 연결

것입니다(그림 40, A와 B).

그렇지만 기본적으로 인지적이고 변연계적인 이 신호를 정산하는 작업은 중추 도파민계에 크나큰 영향을 받게 마련입니다. 도파민계는 일종의 '심판'처럼 작용한다고나 할까요. 중간피질변연 경로는 피질에 영향을 주는데, 특히 선조체에서 흑질선조경로가 강력한 상호작용을 하지요. 이러한 '심판'들은 인지운동 과정을 구성하면서 보상에 대한 동기와 예측을 끼워 넣습니다. 또한 선택된 프로그램을 실행하고 다른 프로그램들은 배제하는 데 관여하는 어떤 모듈을 선발하고 강화할 때 필요한 신호들을 집중시키는 데에도 중요한 역할을 합니다. 이러한 행동 계획의 역학은 인지와 동기유발의 융합에서 비롯됩니다. 그러한 융합은 즉각적인 전략과 결정은 물론이요, 학습의 실행에도 결정적이지요(그림 40).

병태생리학적 접근들

이상에서 소개한 개념은 신경과학과 정신의학의 '경계에 있는, 나아가 공통되는' 다양한 병리학적 상황들과 상당한 관련이 있습니다.

파킨슨병의 운동불능증은 단순한 징후 이상의 의미가 있는 상태입니다. 도파민 결핍은 단순히 운동을 조절하는 것 이상의 동요(긴장항진, 경련)를 불러오고 행동의 계획에 차질을 일으키지요. MPTP를 통해 원숭이를 파킨슨병에 걸린 사람과 비슷한 상태로 만들면 전보조운동영역 및 보조운동영역과 피드백의 뉴런 기능에 심각한 변질이 일어난 것을 관찰할 수 있습니다. 또한 어떤 행동을 가르친다든가, 운동에 대한 프로그램을 수립한다든가, 감각운동 기능을 통합한다든가 하는 활동도 거의 불가능해집니다.

이러한 맥락에서 동기유발 없는 주의력은 의도를 띨 수가 없지요. 운동불능증은 '행동하려는 의지와 능력'이 결핍되기 때문에 일어나는 것입니다. 그런 점에서 운동불능증은 일부 정신분열증 환자들에게서 볼 수 있는 우울증과 긴장병으로 인한 극도의 쇠약상태와 의지결핍증과 맞닿아 있습니다. 그러한 상태에서는 이성과 의지가 동기나 기분과 결합을 이루지 못하기 때문에 행동이 계속 억제되기만 하는 것입니다.

신경과학적이고 정신의학적인 상태들의 연속은 도파민계 기능항진에서도 나타납니다. 그래서 운동불능증을 보이는 파킨슨병 환자들이 레보도파를 처방받고 나서 탈신경화 과민성으로 인해 콜린성 과다행동증을 보이고 이따금 환각을 보기도 하지요. 이쯤 되면 환각을 보는 정신착란이나 다름없지 않겠습니까?

이상에서 보았듯이, 우리는 등쪽 외측 전전두피질과 관련된 기능이상이 주의력결핍 과잉행동장애를 발생시킨다거나 전대상피질의 기능이상이 강박성충동장애를 발생시킬 것이라는 가설을 세울 수 있습니다. 그러나 지나친 소급주의와 단순화에 빠지지 않도록 경계해야 할 것입니다.

베르나르 비올락 보르도 신경과학연구소 소장이자 프랑스 국립과학연구소 생명과학부 차장을 맡고 있다. 뇌에 전기자극을 가하여 인간의 운동장애, 특히 파킨슨병에서 나타나는 운동장애를 치료하는 법을 연구하고 있다.

Focus 13
비정상적 운동

이브 아지드
(피티에 살페트리에르 병원 신경학과 교수)

개인의 행동방식은 여러 행위들을 통해서 표현됩니다. 걷고, 운전하고, 웃음을 터뜨리며 내 뜻을 표현하는 것입니다. 이러한 행동들의 수행자와 목적이 무엇이든 간에 행동 표현은 항상 단순한 동작(손짓으로 하는 인사 따위) 혹은 복잡한 동작(피아노 연주)을 통해 이루어집니다. 비록 개인이 전혀 움직이지 않는 듯 보일지라도 그 사람의 마음상태, 나아가 인격의 기본적이고 즉각적인 심적 표상작용은 일어날 수 있습니다. 왜냐하면 신체 자세나 얼굴(시선)에 대한 단순한 관찰로 기쁨 혹은 분노를 파악하는 것은 얼굴의 운동성 혹은 안구운동의 섬세함에 달린 일이니까요. 몸짓, 운동, 언어로 표현되는 개인의 행동방식은 세 가지 기본적 구성요소들을 결합한 것인데, 운동 표현, 지적 표현, 감정 표현이 바로 그 요소들입니다(생체의 생장 표현은 포함하지 않습니다. 이 표현이 대단히 중요하기는 하나 우리 눈에 거의 보이지 않으니까요).

다양한 유형의 운동들

우리를 움직이게 하고 생각과 감정 또한 표현할 수 있게 해주는 '운동적인' 행동은 크게 두 범주로 나눌 수 있습니다. 우선, '섬세하고 수의적인' 행동들이 있습니다. 입과 조음기관의 도움을 받아 어떤 단어를 발음한다든가 손가락을 써서 바늘에 실을 꿴다든가 하는, 대단한 솜씨를 요하는 행동들 말입니다. 반면 걸음을 걷는다든가 몸의 균형을 잡는다든가 하는 식으로, 사지의 축과 연결부위를 대략적으로 사용하는 행동도 있습니다. 또한 자동적으로 이루어지는 행동들(악수하기, 자전거 타기, 운전하기)과 오랜 학습을 요하는 행동들(글씨 쓰기, 춤이나 테니스 배우기)로 분리할 수 있을 겁니다.

의학에서는 그러한 운동들을 의지적인 것과 자동적인 것, 습관적인 것과 비습관적인 것 네 가지 유형으로 구분하여 관찰합니다. 정상행동은 수의적일 수도 있고 불수의적일 수도 있습니다. 비정상행동 또한 수의적일 수도 있고 불수의적일 수도 있습니다. 그런데 비의지적이면서 비정상적인 행동이라는 판단을 내리기가 곤란할 때에는 불수의적이고 비정상적인 행동의 일곱 가지 전형적 범주에 비추어보면 편리할 겁니다. 사실 문자를 통해 불수의적이고 비정상적 행동을 기술한다는 건 여간 곤란한 일이 아닙니다. 하지만 각각의 비정상적 행동들에 대한 정의가 합의를 통해 수립되어 있다면 (비록 그 정의들이 불완전할지라도) 비교적 환자가 쉽게 보이는 행동 혹은 비디오에 녹화된 행동을 보고서 그것이 비정상적이라는 판단을 내릴 수 있지요. 하지만 다음의 일곱 가지 범주를 참조하여 불수의적이고 비정상적인 행동을 파악하려면 어느 정도 경험이 있어야 합니다. 범주들에 대한 정의가 비교적 대략적이기 때문이지요. 신경학자에게는 이것이 의학검사의 필수 단계이기도 합니다. 불수의적이고 비정상적인 운동들 각각의 증후학적 확인은 뇌에 있는 특정 뉴런 체계의 기능에 이상이 있음을 의미하기 때문입니다. 이로써 임상적으로 나타나는 증상의 원인이 되는 뇌 손상 위치를 보다 정확하게 파악할 수 있습니다. 즉, 어떤 비정상적 운동을 지적하고 뇌 손상 위치를 알 수 있게 해주는 신호들의 분석이 중요하다는 말입니다.

이것은 병의 원인을 찾는 데는 물론이요, 적절한 치료를 제기하기 위해서도 빠질 수 없는 단계입니다. 어떤 경우에는 뇌 영상 촬영기법이 손상 부위를 확증하고, 불수의적이고 비정상적 운동의 원인을 확인하는 데 도움을 주곤 합니다. 뇌 공간을 점유하는 과정(종양, 종기, 혈종), 염증성 및 감염성 손상, 신경세포들이 일찍부터 사라지는 퇴행성 질환 등이 그러한 원인이 될 수 있습니다.

비정상적 운동의 메커니즘

불수의적이고 비정상적 운동들은 그 성질이 어떠하든 간에 전부는 아니더라도 대부분 기저핵의 다양한 구조들을 연결하게끔 조직된 신경회로의 기능이상에서 비롯됩니다. 만약 기저핵의 손상이 불수의적이고 비정상적인 행동을 낳는다면 그것은 이러한 대뇌구조들이 정상적 운동에서 중요한 역할을 하기 때문입니다. 정상적 주체의 수의 행동은 대뇌피질에서 비롯되지만 불수의적 행동은 기저핵에서 비롯됩니다. 기저핵은 간략하게 말해서 두 가지 필수적인 기능을 담당합니다. 첫째, 기저핵은 학습된 운동 프로그램의 자동 실행을 가능하게 합니다. 이건 굉장히 중요한 의미가 있는 말입니다. 기저핵은 운동의 실행에 관여하지만 운동의 준비나 개시에는 관여하지 않습니다. 그리고 여기서 실현되는 운동은 자동적이고 판에 박힌 것이 되지요. 그런 운동들은 예전에 학습했던

비의지적이고 비정상적인 운동의 일곱 가지 범주

① **느린 행동** 경직성 운동불능증을 보이는 파킨슨병 환자들에게서 관찰할 수 있다. 이 병은 신체가 파이프처럼 **뻣뻣**하게 강직되고 수동적 운동을 할 때 팔 아래쪽이 건들거리는 현상 등을 특징으로 한다. 파킨슨병의 가장 주요한 징후는 운동불능증이지만, 이러한 운동불능증 그 자체가 여러 가지 구성요소들을 지니는 복잡한 징후다. **a)** 진짜 운동불능증은 운동의 지체, 나아가 운동에 대한 개시가 전혀 이루어지지 않음을 뜻한다. 이는 반응시간을 측정함으로써 알 수 있다. **b)** 운동완만증 혹은 느린 행동은 주체가 걸음을 걷거나 글씨를 쓸 때 가장 잘 관찰된다. **c)** 운동감소증은 주체가 자신의 행동을 끝까지 수행하는 데 곤란을 겪는 현상일 수 있다(글씨를 점점 작게 쓰는 증상의 원인이다). **d)** 또 다른 이상은 연속적인 두 가지 행동을 제대로 수행하지 못하는 것으로 나타나기도 한다(예를 들면, 컵을 입으로 가져가려면 일단 손가락을 이용하여 컵을 손에 쥐어야 한다. 그다음에 팔을 들어서 컵을 입 높이로 가져가야 한다). 운동불능증을 구성하는 이상의 네 요소들은 경계심 저하, 주의력 상실, 우울증, 동기 부재 같은 상위 기능들의 변화로 인해 더욱 두드러지게 나타나곤 한다.

② **떨림** 신체를 축으로 하는 팔다리가 다소 빠르고 균일한 리듬에 따라 흔들리는 현상이다. 이러한 떨림은 세 가지 유형으로 나뉜다. **a)** '휴식' 상태에서의 떨림은 파킨슨병에서 주체가 팔을 늘어뜨리고 걸을 때 볼 수 있는 현상이다. 이러한 현상은 뇌간의 흑질선조체에 있는 도파민 세포들이 감소하기 때문에 일어난다. **b)** '자세'의 떨림은 팔을 뻗고 있을 때에 팔의 말단 부분이 떨리는 현상이 관찰되는데 이는 소뇌의 기능이상에서 비롯된 것일 수 있다. **c)** '행동'의 떨림은 사지를 움직일 때(손가락 끝으로 코를 가리킨다가 하는 행동)에 관찰되는데 이러한 떨림은 종종 매우 큰 폭으로 나타나 실생활에 큰 장애가 되곤 한다. 심각한 두개골 손상이나 다발성 경화증으로 인해 뇌간이 손상을 입었을 때 일어난다.

③ **근 긴장 이상증**(비정상적 근 긴장) 자세의 이상 혹은 사지나 몸통이 마비되어 빚어지는 운동이상으로 정의된다. 기저핵들(특히 피각)의 이상에서 비롯

된다.

④ **무도병**(chorea, '춤'을 뜻하는 그리스어) 갑작스럽고 폭발적이며 예측 불가능하고 다소간 연속적이지만 분산된 운동들을 특징으로 한다. 이러한 이상은 주로 사지 말단에 작용하며 저근력증을 바탕으로 한다(운동과다증과 근 긴장 저하가 결합한 형태는 파킨슨병에서 볼 수 있는 운동감소증과 근 긴장 항진이 결합한 형태와 정반대라고 할 수 있다). 무도병은 신경계의 염증, 혈액의 과다한 점성, 내분비계 기능이상, 특정 약물 사용 등으로 인해 부수적으로 나타나는 증상일 때가 많지만 일부 유전적 질병에서도 볼 수 있다. 그중에서도 가장 심각한 질병은 헌팅턴병이다. 무도병은 주로 미상핵 손상에서 비롯된다. 특히 편측 반쪽도리깨운동증(편무도병)은 주로 신체의 어느 한쪽(팔과 다리)에서만 사지와 몸통이 붙은 부분에서 불규칙하고 반복적이며 범위가 큰 운동들을 관찰할 수 있는데, 이는 시상밑핵에만 선택적으로 손상을 입은 결과이다.

⑤ **간대성 근 경련 혹은 비교적 짧게 나타나는 근육 경련** 대뇌피질 기능이상으로 아주 잠깐 나타날 수도 있고 일부 기저핵 손상의 경우에는 좀더 길게 나타날 수도 있다.

⑥ **틱 장애** 간단하고 충동적이며 반복적인 움직임을 특징으로 하며 움직임들의 종류는 대단히 다양하다. 어떤 때에는 환자가 자신의 틱을 통제할 수 있는 것처럼 보이기도 한다. 환자는 어떤 틱을 행해야만 하는 욕구(충동)를 느끼고 실제로 그러한 행동을 하면서 안도감을 느낀다. 틱 장애는 대개 유년기에 과도적으로 나타나는, 그리 해롭지 않은 증상이지만 그 정도가 아주 심하거나 다른 징후들(외설적 언사, 자해, 주의력결핍 과잉행동장애)과 연관되어 나타난다면 살아가는 데 심각한 장애가 될 수 있다.

⑦ **복합적인 비정상 행동들** 정신분열증에서 관찰할 수 있는 부자연스럽게 꾸민 태도와 전형적 이상행동(틀을 벗어나는 반복적 움직임을 보이는 행동들)에서부터 강박충동성장애에서 볼 수 있듯이 어떤 강박증에 부응하여 충동적으로 저지르는 행동들(불안을 다스리기 위해 어쩔 수 없이 해야만 하는 행동들)까지 넓은 범위에 이른다.

것, 혹은 학습을 넘어서 타고난 것입니다. 여기서 '운동 프로그램'이라는 말은 위상학적으로 조직된 신경회로 전체를 통해 실행되는 운동 전체, 어떤 움직임을 실현하게 하는 '운동 계획'으로 귀결되는 전부를 가리킵니다. 이 말에서 유일한 오류가 있다면 그건 '운동'이라는 단어입니다. 왜냐하면 기저핵들이 인지와 감정에 대해서도 중요한 역할을 담당하기 때문입니다. 둘째, 기저핵에는 운동의 선택이라는 또 다른 기능이 있습니다. 이 선택이라는 것은 원하지 않는 운동과 그 조형shaping을 피하는 것일 수도 있고 거추장스러운 부수행동들을 떼어놓는 것일 수도 있습니다. 실제로 기저핵은 운동 담당구역이라는 역할이 두드러지기는 하지만 인지 기능이나 감정 통제에도 이바지하는 연합구역들로 구성되어 있기도 합니다. 대뇌피질의 이 영역들—운동, 연합, 변연—과 기저핵들의 해당 구역들 사이에 미묘한 상관관계가 있어서, 어떤 면에서는 대뇌피질의 연합 및 변연 운동 뉴런들의 회로가 기저핵들로 뻗어 있고 기저핵들은 다시 대뇌피질로 뻗어 있다고 말할 수도 있습니다.

치료

기저핵 기능에 관련된 해부학적·생리학적·생화학적 지식들은 지난 20여 년 동안 비약적으로 축적되었습니다. 불수의적이고 비정상적인 행동에 대한 치료, 특히 약물치료(파킨슨병에는 도파민, 기본적인 경련들에는 베타차단제, 무도병에는 신경이완제, 간대성근경련에는 항간질제 등)가 대단한 성공을 거둘 수 있었던 이유가 바로 이것이지요. 또한 최근의 신경외과적 기술로 심층대뇌구조들에 연속적인 자극을 주어 일부 파킨슨병 환자들, 근 긴장 이상증이 놀랄 만한 변화를 보이고 투렛 증후군, 강박충동 성장애, 심각한 우울증 치료에서도 기대하던 결과를 얻어낼 수 있었던 것도 같은 이유에서입니다. 여기에는 쇄골 아래에 신경조정장치를 설치하고 치료 표적이 되는 기저핵의 구조에 미세전극을 도입하여 높은 파장의 미약한 전류(130헤르츠)를 흘려보내는 방법이 사용되었습니다. 신경외과적인 개입이 지닌 위험함은 결코 무시할 수 없기에 이러한 방법은 아주 심각한 질환들의 경우들에 한하여 도입됩니다. 하지만 신경조직을 파괴하지 않을 뿐더러 혹시 만약의 사태가 일어나면 전극을 제거하면 되고 자극척도들을 적응시킬 수도 있으므로 장점도 큽니다.

행동의 생리학에 대한 장으로는 지나치게 간략한 감이 있지만 이 장을 마무리하는 시점에서 나는 기저핵에서 헤매고 있는 여행자, 혹은 피질의 이 영역에서 저 영역으로 떠돌며 무엇이 행동을 관장하고 무엇이 표상작용을 관장하는지 모르겠다고 낙심하는 여행자를 돌아봅니다. 나는 그에게 어떤 몸짓을 해 보일 겁니다. 나는 그에게 악수를 청하듯 손을 내밀 겁니다. 이것은 인간에게 고유한 움직임입니다. 타자를 향한 움직임인 것이지요. 상징적 함의가 큰 이 몸짓은 인간의 신경회로에 쓰여 있습니다. 아주 어린아이도 사람을 손가락으로 가리킨다든가 하는 행위를 보여줍니다. 장차 자리 잡게 될 언어와 보조를 맞출 커뮤니케이션의 첫 번째 밑그림이지요. 여기에는 손과 얼굴의 상징적 몸짓이 더불어 따를 것입니다. 바로 이러한 몸짓들이 타자의 뇌로 들어가는 문을 우리에게 열어주는 것입니다.

18장

타인과 교감하는 뇌

> "나는 내 앞에 있는
> 미지의 인물을 알아보지 못하네,
> 그것이 나이고
> 나는 그처럼 생각하지 않는 까닭에."

인간은 세상에 태어나는 순간부터 혼자다. 고독 속에 박탈당한 인간은 타인이라는 정서적이고 실질적인 존재가 없으면 살아갈 수 없다. 최초의 순간부터 인간은 타자의 마음에 살고 타자는 그의 마음에 산다.[1] "우리는 마음을 통하여 기본적인 원칙들을 알게 된다. 이성은 그러한 마음의 앎에 의지해야만 한다."[2] 우리는 마음을 통하여 서로를 알아가는 것이다.

타자의 마음을 꿰뚫는 것은 우리 자신의 마음을 꿰뚫는 것과 대응한다. 루소는 이것을 '상호적인 통찰'이라고 일컬었다. 하지만 실제로 이러한 소통을 관리하는 것은 마음이 아니라 뇌이다. 타자에게 열정을 품고자 하는 우리의 욕구는 뇌에서 일어나는 것이다. 이런 욕구는 우리의 인체가 산소와 포도당을 필요로 하는 욕구와 비견될 수 있다.

갓난아기는 젖으로만 사는 게 아니다. 아기는 엄마의 몸짓과 눈길을 먹고 자란다. 아기가 처음으로 대면하는 타자가 바로 엄마이기 때문이다. 아기는 조금씩 깨어나는 감각들을 매개 삼아 엄마의 마음을 꿰뚫고 완전히 그 마음속에 자리를 잡는다. 그러면서 자기 마음을 타자들에게 열고 자신의 타고난 앎과 자기가 발견한 것들을 내보인다. 아기와 삶의 첫 번째 만남을 지배하는 것은 공감이며, 그러한 공감은 그의 전 생애를 이끄는 끈이 될 것이다.

나는 인간에게 고유한 능력인 일종의 감정이입, 다시 말해 타자의 정념을 함께하는 능력을 공감이라고 부른다. 정념에는 느낌과 행동이 내밀하게 뒤엉켜 있다. 공감은 타자가 느끼는 것에만 있는 것이 아니라 자아를 타인에게로 이끄는 움직임에도 있을 수 있다. 사랑과 애정을 지닌 이 존재는 타인에게 폭력을 행사하는 존재와 똑같은 종이자 똑같은 인간이다.

동물행동학자들은 같은 종에 속하는 개체들 사이의 반목이나 위협을 '종내 공격'이라고 부르는데, 이는 동물들에게서 흔히 볼 수 있는 현상이다. 하지만 인간은 증오, 다시 말해 사랑이 뒤집히고 찡그린 모습에서 폭력의 빌미를 얻는다. 증오는 공감의 우물이요, 그렇기에 못된 짓도 할 수 있는 것이다(우물 밑바닥에는 추잡한 물건들이 많이 가라앉아 있는 법이니까!). 내가 공감의 부정적 시각을 '반감'이라고 부르는 것도 '삶의 형식'으로서 그 둘이 얼마나 본질적으로 유사한가를 강조하려는 뜻에서이다. 그러나 이 여행에서 반감을 문제 삼지 않을 것이다. 나는 여행을 안내하는 길잡이로서의 특권을 행사하여 증오와 회한의 고장들은 방문하지 않는 것으로 결정했다.[3]

여러분은 내가 정념에 근본적인 시원성을 부여하는 것을 보면서 인간은 무엇보다도 이성의 존재가 아니냐고 따질지도 모르겠다. 물론이다. 하지만 이 뛰어난 논리학자로서의 인간이 태어나자마자 고독에 처한다면, 생체적 원인으로 인해 동족의 존재를 합당하게 지각하지 못한다면, 그는 자신의 인간다움을 정상적으로 행사할 수도 없다. 늑대소년의 일화, 자폐증 환자들의 일화는 나의 주장을 비극적이라고 할 만큼 잘 설명해준다(Focus 14 참조).

각자가 실존의 조건을 찾는 공동체를 수립하면서 사람들 사이에서 이루어지는 정념의 교환은 관념의 소통 이상으로 제 몫을 하는 듯하다. 감정에 대해 연구하는 생물학자들은 서로 협력하거나 반복하는 동물들의 행동방식에서 감정이 차지하는 위치를 보여주었다. 하지만 인간처럼 정념 때문에 죽기도 하고 가까운 이에 대한 사랑으로 살기도 하는 동물은 없다. 그래서 나는 공감이 인간의 영혼을 구성하는 속성이라고 본다.[4]

내가 사유에 대해 말했을 때(16장 참조)에는 가능한 한 '심적 상태'를 끌어들이지 않으려고 했다. 나는 '사유'라는 용어를 쓰면서 어떤 심적 상태를 기준으로 삼은 바 없으며, 다만 추상화의 수준과 상관없이 인간이라는 동물이 세계에 대해 행사하는 범주화와 도구화 과정들을 지칭했을 뿐이다. 16장에서 보았듯이 동물이 자기 환경에 대해 아는 지식은 그 동물의 뇌에 표상행동의 형태로 입력되고 그의 개입 양상들(행동)은 행동 도식의 형태로 기입된다. 나는 이미 이러한 지각과 행동의 총체를 지칭하기 위해 '표상행동'이라는 용어를 여러 번 사용했다. 인간은 표상행동이 압도적으로 풍부하다는 점에서 다른 동물들과 단연 구분된다. 그러한 표상행동들은 감각기관을 통해 전달된 정보들에 따라서 다소 특화된 뇌 구역들(청각영역, 시각영역, 촉각영역 등)에서 실현된다. 연결망을 이루고 있는 뉴런들의 작용으로 인간은 세상을 발견하고 그에 대한 표상을 갖게 된다. 또 어떤 뉴런들은 이동, 미묘한 손놀림, 얼굴 표정, 목소리의 수축 등을 담당한다. 이미지와 움직임은 떼려야 뗄 수 없는 관계에 있다.

시선은 눈의 몸짓이다. 촉각은 대상을 주거나 잡는 행위를 실현한다.

그런데 타자는 인간의 표상행동에서 첫째가는 자리를 차지한다. 타자는 내 안에서 생각하고 나는 타자의 입장에서 생각한다. 인간과 인간이 얼굴을 맞댄다는 것, 두 영혼이 만난다는 것, 이것은 곧 나란히 양립한 두 개의 의자요, 두 신체들 사이의 감동적이고 열정적인 교환이다. 감동적이고 이성과 정념을 대립시키는 케케묵은 이원론으로 돌아갈 필요는 없다. 그건 인지과학이 (특히 기능적 뇌 영상 촬영기법이) 일구어놓은 진보, 즉 상호주관성의 메커니즘에 대한 지식의 성과를 깡그리 무시하는 셈이 될 것이다. 진 데세티 박사는 이것을 '타자들에 대한 감각'이라고 말하기도 했다.[5] 이 감각 기능은 "한편으로는 자기와 타자 사이의 운동 반향으로, 다른 한편으로는 타자의 주관적 시점을 취하는 것으로" 구성되어 있다. 이 감각은 시각, 청각, 그 밖의 모든 생체 감각들과 마찬가지로 선천적이며, 진화가 적응의 문제를 해결하기 위해 선사한 것이기에 인간은 자연선택설의 승자가 될 수 있었다. 아기는 태어나는 순간에 이미 유전적으로 마련된 뉴런 메커니즘을 갖고 있다. 그러한 메커니즘 덕분에 아기는 차차 자신의 정신세계를 수립할 수 있고, 타자의 생생한 모습들을 모방함으로써 변화하고 발전하는 모습들을 활짝 꽃피운다. 내가 보기에는 나와 타자라는 두 주체의 뇌에서 행동과 표상을 긴밀하게 이어주는 이 현상들이야말로 인간 존재의 진화론적 근간이요, 인간이라는 존재에 진정한 실체를 더하는 것이다. 그렇지만 나는 유보적으로 감정이입과 공감을 서로 구분한다. 감정이입은 인간의 사회생활에 없어서는 안 될 능력이다. 수백만 년에 걸쳐 인지능력이 발달하고 레퍼토리가 풍부해진 탓에 인간이라는 감성적 존재는 '사회적 동물'이 되었다. 동물에 대해서도 감정이입을 얼마든지 논할 수 있다. 하지만 나는 공감, 즉 타자

의 정념을 함께 느끼는 것은 인간만의 고유한 속성이라고 본다.[6]

인지과학은 인간을 한 그루의 나무에 비유한다. 그 나무는 진화라는 토양에 뿌리를 내리고 있고 나뭇가지들은 정도의 차이는 있으나 하늘로 뻗어 있거나 가까이 있는 다른 나뭇가지들과 뒤엉켜 빽빽한 숲을 이룬다. 그 숲이 바로 인간 사회다. 나무껍질에 대한 관찰에만 목을 매는 과학은 우리에게 그 나무의 심층에 대해 아무것도 알려주지 못한다. 그러한 심층은 뇌 영상으로써 고찰된다. '영혼의 껍데기'[7] 아래에 흐르는 수액이야말로 나무의 실체를 살찌우는 것이다. 어쩌면 시선의 신비로운 힘이 여기에서 설명될지도 모르겠다. 실제로 우리 눈은 개인의 피상적 모습 안에 연속적으로 흐르는 수액을 파악한다. 그 조그만 틈새로 공감이 밀려들어가는 것이다.

지능을 지닌 신체들이 공유하는 코드를 통해 서로를 이해하고 정보를 교환하는 것으로 인간의 삶이 요약된다면, 그리고 그러한 신체의 감흥과 동요가 오로지 지적 능력에 봉사할 뿐이라면, 왜 화합과 조화가 인간을 지배하지 못하는지 도무지 알 수 없게 된다. 도구적 이성 혹은 실천적 이성에는 표현적 이성 혹은 정서적 이성도 추가되어야 할 것이다.[8] 인간은 종의 진화가 낳은 완성품이요 걸작일 터이지만 햄릿은 그 걸작을 이렇게 비웃는다. "인간이란 참으로 뛰어난 걸작이지. 숭고한 이성, 능력, 용기, 거동의 무한한 가능성, 감탄할 만한 행동력, 천사와 같은 이해력, 이런 것들은 신과 다름이 없지! 우주의 경이, 살아 있는 모든 것의 모범이지." 그런데 어이할까나, 가엾은 인간이여! 우리는 매일매일 이 말이 거짓임을 확인하고 있지 않은가.

사회생물학은 상호주관성을 당혹스러워하지 않는다. 이 학문이 연구하는 주제인 이타성은 개체와 종 사이에 위치하는 수준에서 자연선택설을 개입시킨다. 여기서 주체가 유전자만큼 문제시되는 것은 아니다. 이 급진적인 자연학자들에게는 유전자라는 것이 영혼만큼이나 귀중한 보물이니까.

완전히 생물학적인 수준에서 개인을 비교하며 사회학을 전혀 개입시키지 않는 접근도 가능하다. 종의 보호가 생명체 메커니즘의 궁극적인 목표라고 보는 것이다. 엄마와 아이의 관계는 장차 개인들 간에 수립될 모든 관계들의 원형이다. 그런데 그러한 엄마와 아이의 관계는 진화를 통해 물려받은 선천적인 대뇌 장치들에 근거하고 있다. 그러한 장치들은 신체와 뇌에서 분비되는 호르몬으로 활성화된다(특히 '관계의 성분'이라고 할 수 있는 옥시토신, 욕망의 신경매개물질인 도파민이 중요하다. 6장과 7장 참조).

유전적 결함 혹은 사고로 인한 유전학적 이상(Focus 15 참조) 외에도 개인이 성장하는 사회의 기능이상이 문제가 될 수 있다. 이러한 요인들은 모두 인간의 폭력적 행동방식, 즉 반감의 표현을 설명할 만한 근거가 될 것이다. 동물도 자신을 방어하거나 새끼를 보호하기 위해서, 혹은 먹을 것을 구하는 포식행위의 일환으로 공격성을 보여준다. 이러한 예들은 모두 개체의 적응을 돕는다는 가치가 있다. 솔직히 고백하면, 나는 인간이라는 종을 주기적으로 들볶는 분노나 피를 보기 좋아하는 전염성 강한 도취를 해명하는 생물학적 논증들에 대해서는 크게 믿음이 가지 않는다. 그런 종류의 '악'이 인간의 적응에 기여한다고 보지 않기 때문이다.

나는 공감의 보편적 모습에서 동물에서 인간으로, 감정의 전달에서 미소와 눈물의 전달로, 호르몬의 작용에서 상징의 작용으로 넘어가는 신비로운 이행을 본다. 뇌 영역들과 그 각각의 영역들이 나타내는 활성화는 원숭이에게도 있는 개체 간 소통의 해부학적 기틀을 공급한다. 개체 간 소통은 손짓과 얼굴 표정의 표상작용에 근거를 두고 있는데, 특히 인간의 표상작용은 언어라는 차원이 더해짐으로써 더욱더 광범위하고 복잡다단한 양상을 보인다. 하지만 그런 것들만으로는 두 존재가 공유하는 내면성을 완전하게 이해할 수 없다. 실제로 타자에게 말을 건다는 것은, 말하는 사람의 내면에 그 타자가 현존한다는 조건에서만 가능하다.

(나를 타자와 동일시한다는 뜻에서의) '동일시' 개념은 프로이트의 저작에서 중심적인 위치를 차지한다. 그는 동일시가 인간이 자신을 구성하는 원리라고 보았다. 일단 생체적인 조건이 명백한 어머니와의 관계가 있다. 그리고 아버지는 아이에게 자기와 융합되지 않는 타자의 원형을 제공한다.

생물학의 대로와 샛길을 지나왔지만 결정권은 철학에게 있다. 공감과 존재의 힘은 어느 한쪽으로 소급될 수 없으며 변증법적 관계를 유지한다. 존재론적으로 공감은 증여와 포기의 능력 혹은 타자를 타자로서 대하는 능력이다. "이성은 인간 존재의 첫 번째 심급도 아니요, 마지막 심급도 아니다"라고 철학자 장 라드리에르는 말한다.[9] 기본은 느낌이다. 그런데 느낌은 로고스^{logos}가 아니라 파토스^{pathos}이다. 정서적으로 영향을 받고 영향을 미치기도 하는 능력인 것이다. 우리는 어쩌면 의식 그 자체가 일종의 정동이라는 것을 충분히 고려하지 않았는지도 모른다. 인간 존재의 생활세계, 그의 기원적 세계는 정동을 통해서 나타난다. 이성 이전의 언어는 의미를 지닌 감성들에서 솟아난다. 거기에는 정념적인 내용이 담겨 있기에 감정적이고 감동적이다. 그 언어야말로 이성 못지않게, 어쩌면 이성 이상으로 인간의 본질을 결정하는 것이다.

독일의 철학자 막스 셸러가 주장했듯이 이해한다는 것은 타자에게 의미를 부여함으로써 타자의 속내를 아는 것이다.[10] 인간에게 공감은 앎의 근본적 양상이다. 아리스토텔레스의 형이상학은 다음과 같은 문장으로 시작된다. "모든 인간은 그 본성상 앎을 열망한다." 이 문장은 타인에 대한 자연적인 욕구의 표현으로도 읽힐 수 있을 것이다.

타자가 느끼는 것을 내면화함으로써 욕망이 일어난다. 타자에 대한 욕망은 무한으로 넘어간다. 타자의 타자의 타자의 타자……. 이렇게 타자는 무한히 소급되고 이타성異他性은 의미가 없어진다. 이것이 바로 헤겔이 '악한 무한'이라고 했던, 바로 그러한 무한이다. 우리는 이 무의미한 타자들의 행렬보다는 자크 라캉이 말했던 것과 같은 '대타자'를 더 선호할 수도 있다.

마지막으로, 내가 말하는 공감은 타자들과의 관계 속에서 자신에 대해 자각하는 사람을 중심으로 하는 개념이다. 공감은 그 사람의 사람됨을 구성하는 원동력이기도 하다. 이 때문에 감정들은 자아의 존재에서 근본적인 역할을 할 수 있다. 그리고 또 다른 '자아'의 존재를 의심할 수 없다는, 두 번째 사실이 확인된다. 타자의 삶에 대한 내적인 앎, 타자의 관점을 재구성할 수 있는 능력 말이다. 나는 『정념의 생물학』에서 이 사실을 이렇게 표현한 바 있다. "나는 감동받기에, 그리고 그 사실을 내가 알기에, 나는 존재한다."[11]

있는 그대로의 우리를 본다는 것

이건 거울의 도움을 받지 않고서는 불가능한 일이다. '나'는 타자의 시선에 비치는 상이다. 만약 우리 자신의 신체에서 비롯된 정보들이 우리가 세상에 존재한다는 현실을 확인해주지 않는다면 '나'는 허상에 지나지 않을 수도 있다.

"나에게 통하는 것은 타인에게도 통한다."[12] 이 말은 나의 진정성을 보증한다. 신경생리학자들은 이 문제와 "철학자들의 풍차에 물을 대는"[13] 데이터들에 대한 연구에 매달리고 있다. 개체화의 모범인 인간은 모방을 통해 사회적 유대를 이룬다.

모방

인간이라는 종의 특징인 '개체화'가 집단을 하나로 결속시키는 일반화된 모방을 수반한다는 점은 역설적이다. 모방은 사회를 지속하게 하는 유사성들을 계속해서 생산하여 사회를 돌아가게 한다. 각 주체는 타자의 모범이요, 타자는 그 주체의 모범이다. 이런 확산은 타자에 대한 접근이 사라지지 않은 한 멈추지 않는다. "여기에서 사회집단에 대한 정의가 나온다. 서로를 모방하고 있는 존재들의 집결, 또는 실제로 서로를 모방하지는 않더라도 동일한 모델을 오랫동안 따름으로써 공통적 특징을 띠게 된 존재들의 집결을 사회집단이라고 할 수 있을 것이다."[14]

모방은 생물학적 차원에 속한다. 모방은 뇌의 내재하는 능력이다. 개체의 뇌는 타인의 실질적이고 정서적인 참여를 요구한다. 이러한 생물학적 근간을 가장 잘 보여주는 증거는 인간이 아닌 다른 동물의 모방을 관찰함으로써 얻을 수 있다. 단순 사육을 모방을 통한 학습으로 보는 것은 적절하지 않기 때문에 모방이라는 인지능력은 연구하기가 쉽지 않다. 그런데 이렇게 유보적으로 보더라도 조류와 영장류, 특히 호모노이드에게서는 진짜 모방능력을 찾아볼 수 있다. 모방은 환경적인 것으로 볼 수 있는 여러 가지 제약들, 특히 사회적 삶에 부과되는 제약들에 부응하여 진화적 측면에서 동떨어져 있는 조류와 영장류에게 나타난 것이다.

함께 살아가기 위해서는 타자를 알아보고 확인할 수 있어야 한다. 그래서 군집 생활을 하는 원숭이와 새(앵무새, 까마귀 등)는 자신의 행동방식을 타자의 행동방식에 맞출 줄 안다. 이 두 동물집단들은 타자를 알아보고 확인하는 능력이 있는 것으로 보인다.

인간과 유인원을 비교하면 엄청난 간극이 있듯이 우리와 원숭이가 정동적 차원에서 가끔 비슷한 양상을 보일지라도 실제로는 대단한 차이가 있다. 그런 비교사항들을 조목조목 따진다면 원숭이들에게 실례가 될 것이다. 미국의 심리학자 토마셀로는 원숭이에게 부족한 것이 자신을 동족과 동일시하는 능력일 것이라고 생각했다.[15] 그런데 동일시는 상호적인 모방능력으로 여겨질 수 있을 것이다. 1930년대 학계에서는 인간과 침팬지 사이의 '문화적 장벽'을 부수는 것이 유행이었다. 어느 부부 연구자는 자기네 아기를 침팬지 새끼와 같이 양육하는 시도를 했다. 그들은 사회적 학습의 신봉자로서 인간의 문화적 환경이 동물의 내면에 묻혀 있는 인지능력들을 드러내주기를 바랐다. 하지만 그 결과는 실망스러울 뿐 아니라 실험에 참여한 그들의 아기에게 위험스러울 정도였다. 아기와 침팬지 새끼가 몇 달을 함께 지내보니 침팬지 새끼는 타고난 특정 자질들을 매우 원활하게 발휘할 수 있었던 반면에 아기의 모방에는 거의 발전이 없었던 것이다. 아기는 도리어 침팬지 새끼처럼 행동하게 되었고 싫증도 내지 않고 '원숭이놀음'에 빠져들었다. 연구자들이 보기에도 자기 자식이 타잔처럼 될 것 같았기에 그들은 실험을 중단했다. 현재 그 아기가 어떤 사람이 되었을지 궁금하다. 아마 대학교수쯤 되지 않았을까?

모방이라는 면에서는 어떤 동물도 인간을 넘어설 수 없다. 심리학과 동물행동학의 모든 관찰 내용들을 참조하건대 인간에게 모방이 얼마나 중요한지를 인정할 수밖에 없다. 언어를 습득할 때에도 모방의 역할은 근본적인 중요성을 띠지만, 일단 어린아이들이 곧잘 보여주는 몸짓의 모방이라는 문제를 파고들기 위해서 언어적 측면은 잠시 접어두고 이야기하겠다.

모방이 시작되는 연령에 대해서는 아직 합의가 이루어지지 않았다. 다윈은 대략 생후 4개월이라고 말하기는 했지만 자신이 잘못 생각한 것은 아닐까 걱정을 많이 했다.[16] 미국의 심리학자 앤드루 멜트조프와 무어는 생애 첫 순간부터 모방은 이미 시작된다고 주장했다.

일찍부터 나타나는 또 다른 경향은 자기모방 혹은 억제하기 힘든 반복 성향이다. 이것은 어떤 소리나 손짓을 리드미컬하게 반복하는 경향인데, 미국의 심리학자 볼드윈에 따르면 "자기 움직임에 대한 즉각적 반복에서 타자의 움직임에 대한 반복으로 점진적으로 넘어가기 때문에 나타나는 과도기적 이행"이라고 한다.

19세기 말부터 이루어진 이러한 관찰은 잔느로가 '공유되는 표상작용'이라고 불렀던 것에 강조점을 두고 있다. 공유되는 표상작용은 주체의 행동과 타자의 행동을 연결해준다. 아주 엄밀하게 받아들이면 그러한 과도기적 이행은 동일한 조건에서 동일한 행동을 동시에 실현하는 두 개인들이 각자의 뇌에서 비슷한 활성화(동일한 '표상'에 상응하는 활성화)를 보임을 의미한다.[18]

아기는 '행위자로 태어난' 존재다. 아기는 혀를 내밀고, 미소를 짓고, 인상을 쓰고, 얼굴과 팔다리로 온갖 움직임을 보인다. 이것은 타고난 레퍼토리인데, 어른들도 아기와 놀아주면서 역시 이러한 레퍼토리를 모방한다. 그리고 아기는 '모방 당하는 모방자'가 된 어른을 모방함으로써 차츰 이에 부응한다.

갓난아기의 모방능력은 아기가 경쟁관계에 대한 압박을 느낄 때 더욱 커진다. 경쟁은 이제 몸짓 그 자체가 아니라 대상을 고려한다.[19] 대상에 대한 욕망이 모방의 원동력이 되어 행위는 정념의 결과처럼 나타난다. 정념이란 단어는 이 책에서 수도 없이 반복되어왔다.

거울놀이

어린아이가 어엿한 한 사람이 되려면 입문 과정이라고 부를 만한 것을 따라야 한다. 어린아이는 타자에 대한 모방에서 자기에 대한 모방으로 넘어가고, 그다음에는 자기모방에서 자의식으로 넘어간다. 이렇게 한 번씩 넘어갈 때마다 거울을 통과해야 한다. 이러한 '거울놀이'는 인간이 '스스로에게 영향을 미칠 수 있도록', 즉 자기 정신을 통제하고 조작할 수 있도록 해준다. 조엘 프루스트의 표현을 빌리면 '나'는 막간 휴식시간도 없이 과거·현재·미래에 펼쳐지는 연극의 배우이며 연출가인 동시에 관객이기도 하다.[20] "그 연극에서 '나'는 연기되어진다." 감정은 연극의 실체 그 자체이고 공감은 연기에 활력을 불어넣는 극적 원동력이다. 르네 자조는 아이들이 거울을 들여다보는 모습을 관찰하며 생을 보냈다.[21] 그는 갓난아기에서부터 7세에 이르기까지 다양한 연령의 아이들 수백 명을 대상으로 하여 체계적인 연구를 펼쳤다.

생후 6개월쯤 된 아기는 거울에서 무엇을 볼까? 우선 자기 얼굴, 다시 말해 정상적으로는 자기 시야에 들어오지 않는 자기 몸의 일부를 본다.

아기는 보이는 것이자 보는 시점일 수 없다('얼굴^{visage}'이라는 프랑스어는 라틴어 '보이는 것^{visus}'에서 유래했다). 우리는 거울처럼 반짝이는 표면이나 사진, 초상화 등을 통해서만 자기 얼굴을 볼 수 있으며 결코 직접적으로는 보지 못한다. 그래서 자조는 우리 눈에는 똑같아 보이는 일란성 쌍둥이도 그들이 서로 닮았다는 사실을 뒤늦게야 안다고 말했다. '자기 자신을 본다는 착각'은 우리가 우리를 항상 잘 안다고 믿게 만들지만, 그러한 착각은 나중에 발견한 자기 얼굴의 이미지가 태어날 때부터 존재하던 '내적 반영'에 이차적으로 흡수되었기 때문에 생기는 착각이다. 아이는 거울을 통해 자신을 바라보는 어떤 얼굴을 본다. "얼굴은 영혼의 거울"이라는 말은 가장 진부한 시구 중 하나다. 이러한 상황은 두 개의 거울이 마주보고 있는 것과 같다.

이 문제는 벨라스케스와 피카소를 매료시켰다. 벨라스케스가 필리페 4세의 가족들을 그린 「라스메니나스」를 보면 한가운데에 여자아이가 있고 그 주위에 궁정 귀부인들과 난쟁이 마리 바르볼라가 서 있다. 벨라스케스는 화폭의 왼쪽 부분에 그림을 그리고 있는 자신의 모습을 그려 넣었다. 화가는 그림 속으로 들어가기 위해서, 즉 자신의 모델이 되기 위해서—타자들 속의 타자가 되기 위해서—거울을 보고 그리는 자화상이라는 방법을 사용해야만 했다. 거울은 화폭의 앞쪽이 아니라 뒤쪽에 있는 모델들을 비추는 구실을 한다. 시선의 덫은 첫 번째 거울과 마주보고 있는 두 번째 거울에서 닫히고, 어떤 시각적 장치로도 파악할 수 없는 상^{像}들의 작용에 따라 왕과 여왕이 그림의 배경에서 나타난다. 화가의 뇌는 순수한 표상작용들만을 다루기 위해 현실을 초월해버린 것이다.

자조의 실험에서 아이는 다리로 세우는 큰 거울, 즉 체경^{體鏡} 앞에 섰다. 따라서 아이는 거울의 뒷면으로 돌아갈 수 있었다(거울 '건너편'에 갈 수 있었다). 여기에는 두 가지 인위적인 장치가 추가되었다. 우선 아이의 이마나 코에 스스로 신경 쓰지 않을 정도의 색깔 있는 점을 찍었다. 그리고 아이의 뒤에는 반짝반짝 빛나는 물체를 두거나 친근한 사람(주로 엄마)이 서 있도록 했다.

생후 12개월 이전의 아이는 마치 거울 뒤에 다른 아이가 있는 것처럼 행동했다. 아이는 거울을 두드려보고 미소를 짓고 몸짓으로 뭔가 소통을 하려고 했다. 아이는 점을 건드리지 않았다. 자기 뒤에 있는 사물이나 사람을 돌아보지도 않았다. 스스로 움직일 수 있는 아이는 거울을 빙 돌아가서 자기가 방금 본 것을 찾으려고 했다. 거울에 비친 엄마나 자기 자신을 타자로 생각한 것이다.

12~16개월 사이의 아이도 손과 입의 움직임이 더 풍부하기는 했지만 마찬가지의 행동방식을 보였다. 아이는 자신을 따라하는 다른 아이를 도발하려는 듯이 마구 손을 흔들어대고, 거울에 뽀뽀를 하고, 자기가 거울에 남긴 자국을 만져보고는 다시 뽀뽀를 하곤 했다.

16~18개월 사이의 아이는 발작적인 반응을 보였다. 자조는 이것을 '회피 현상'이라고 기술했다. 아이는 당황하고 난처한 듯한 태도를 보이며 고개를 홱 돌렸다. 이 월령 이전의 아이들이 거울을 보면서 대체로 좋아했던 것과는 대조적인 반응이다. 그래도 여전히 아이는 자기 얼굴의 점을 만지지 않았고 자기 뒤에 있는 물체나 사람을 돌아보지도 않았다.

이러한 회피 반응을 보인 지 2~5개월 정도 지난 후에 드디어 아이는 거울을 보고 자기 얼굴의 점을 만지작거렸다. 2살쯤 되자 모든 아이들이 거울을 통해 자기 얼굴의 점을 확인할 수 있었다. 이렇게 점을 확인하는 데 성공하고 나서 1~2주쯤 지나자 아이들은 '나'라는 인칭대명사를 사용했다.

2살 이후에도 실험을 계속하자 놀라운 사실이 나타났다. 아이들은 여전히 거울 뒤로 돌아가서 자기 자신을 찾으려 했던 것이다. 이러한 예기치 않은 행동은 아이가 거울에 비친 자기를 알아본 후에도 6개월 정도 지속되었다. 거울 뒤로 돌아가서 자기 엄마를 찾는 행동은 7세경이 되자 완전히 사라졌다. 7세는 소위 '철들 나이', 이성이 생기기 시작하는 나이다. 아이들의 20퍼센트는 5세까지도 이러한 행동을 계속 보였다. 어른이 되고 나면 오로지 시인들만이 그들 뒤에서 음모를 꾸미는 현실세계에 등을 돌리고 거울 저편의 세계로 넘어간다.

동물들은 거울이나 물에 비친 상에서 자기 자신을 발견하는 이 기나긴 과정을 따르지 않는 것으로 보인다. 갤럽에 따르면 침팬지를 마취한 다음에 얼굴에 색깔 있는 점을 찍고 거울 앞에 세우면 그 침팬지는 곧바로 '자기 얼굴'에 있는 점을 문질러 지운다고 한다.[22] 하지만 마카크원숭이나 개를 비롯한 다른 동물들은 거울을 통한 학습에 모두 다 실패했다. 자조는 "자기 자신의 이미지에 대해 역행적인 동물은 죄수와도 같아서 그 이미지에서 자신을 떼어내지 못한다"고 했다. 회피 단계에 있는 아이가 그렇듯이 동물은 '너를 흉내 내는 이 자를 어떻게 흉내 낼 수 있는가'라는 딜레마에 처하는 것이다. 여기에서 나타나는 불가능성은 오직 자의식을 통해서만 해소될 수 있다. 자의식은 고등영장류에게서 완성되지 못한 원형 상태로 나타난다. 그러나 2살 이상의 아이는 자신의 뇌 안에서 활동하는 타자의 뇌에 힘입어 실질적인 자의식을 지닐 수 있다.

거울 뉴런

1990년대 초 자코모 리졸라티가 이끄는 이탈리아 연구팀은 원숭이에게서 독특한 현상을 관찰했다. 연구자들은 원숭이가 손가락으로 무엇을 쥐는 동작을 할 때마다 보상을 주어서 이러한 동작을 훈련시켰고, 전전두 운동영역에 미세전극을 삽입하여 그러한 동작을 할 때 방전되는 뉴런들의 활동을 기록했다.

그런데 이상한 일이 발생했다. 원숭이는 휴식상태에 있으면서 그러한 동작을 전혀 행하지 않았다. 연구자는 잠시 그 틈을 이용하여 '만약의 경우를 대비해' 올리브 몇 개를 접시에 올려놓았다. 그러자 휴식상태에 있던 뉴런들이 방전되기 시작했다. 연구자는 깜짝 놀랐다![23]

이러한 관찰은 반복되었으며 체계적으로 수집된 데이터들은 '거울 뉴런'이라는 개념을 제시하기에 충분했다. 거울 뉴런들은 특정 손동작이나 입 동작이 당사자에게 실제로 일어나지 않고 다만 제3자가 그런 동작을 하는 것을 보기만 해도 활성화된다. 당사자는 '머릿속으로' 타자의 몸짓을 '따라하는' 것이다(그림 41 참조).[24]

이러한 데이터들을 포함하는 과학적 관찰은 사태들 자체의 일관성보다 은유적 가치가 더 크다. 거울 뉴런은 어느 정도 신경생리학의 '이상한 나라의 앨리스' 같다고나 할까? 하지만 그 가치는 결코 간과할 수 없다. 리졸라티와 아르비드가 내세운 가설들 중 하나는 거울 뉴런이 원숭이의 F5영역에 분포되어 있다는 사실에 근거하고 있다.[25] 이 영역은 인간으로 치면 브로카 영역에 해당하고, 브로카 영역은 인간이 말을 할 수 있게 하는 운동 프로그램에 중요한 역할을 한다. 잔느로는 "그렇다면 거울 뉴런은 손가락이나 입술의 움직임을 알아차림으로써 이루어지는 소통체계의

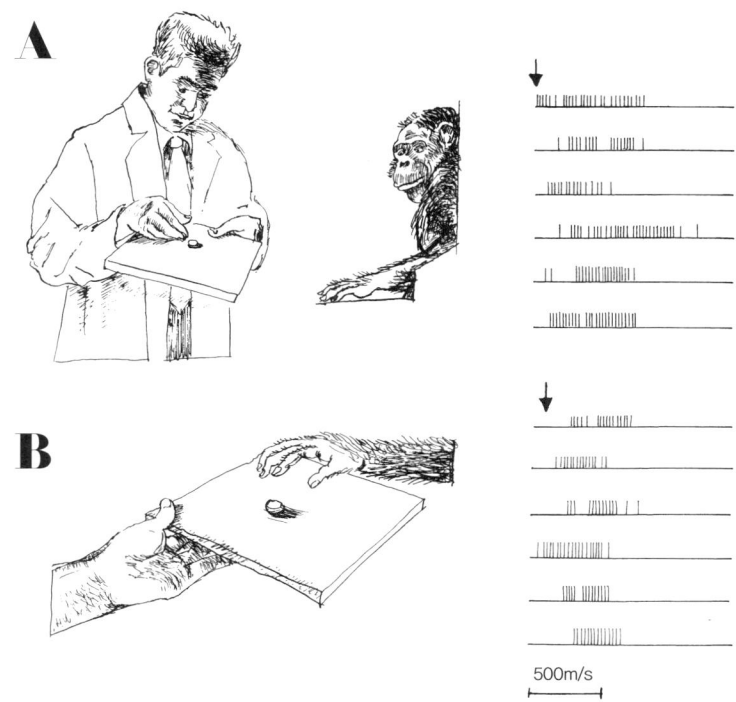

그림 41 원숭이의 전운동영역에서 기록된 거울 뉴런 활동의 예

거울 뉴런의 활동은 오른쪽에 활동전위에 해당하는 전기자극으로 기록되었다. 각각의 가로선은 한 번의 실험시도에 해당한다. 위쪽 그림에서 실험자는 원숭이 앞에서 엄지와 검지로 먹을 것을 집는 모습을 보여주었다. 원숭이는 실험자를 그냥 보고 있기만 했는데도 실험자가 동작을 반복할 때마다 원숭이의 뉴런이 활성화되었다.
아래 그림에서 원숭이가 직접 동작을 시행하자 동일한 뉴런이 활성화되었다. 원숭이가 매번 음식물을 집는 동작을 할 때마다―엄지와 검지로 집는 동작이 일어날 때에만―뉴런은 방전되었다. 이 뉴런은 어떤 행동을, 동물이 실행하거나 동물이 타자에 의해 실행되는 것을 바라보는 행동을 코드화한다.

구성요소일 것이다. 그리고 이러한 체계가 장차 음성언어를 알아들을 수 있게 하는 체계로 발전될 수 있을 것이다"[26]라고 결론을 내린 바 있다.

다시 어린아이에 대한 논의로 돌아가겠다. 아이가 거울 속의 자기 모습을 볼 때에도 거울 뉴런이 활성화될 것으로 짐작된다. 아이는 거울 속에서 자신을 흉내 내는 아이가 다름 아닌 자기 자신임을 이해한다. 이러한 상황은 「라스메니나스」 속에서 벨라스케스가 처한 상황, 즉 거울과 거울이 마주보는 상황과 비견할 만하다. 아이는 타자들에 대한 자기 표상작용의 주체가 된다. 그리고 아이의 발달이 언어능력의 발달과 병행적으로 이루어지면서 아이는 '나'라고 말할 수 있게 된다.

이러한 인지적 해결책이 수립됨으로써 일찍이 철학자들이 '통각統覺'이라고 부르던 것에 도달할 수 있다. 뇌 안에 있는 내면의 거울에 자기 신체의 행동들이 비치는 것이다. 이러한 감각이 없다면, 다시 말해 자기 신체를 느낄 수 없다면, 내면의 거울은 어둠 속에 처박혀 희미한 윤곽선과 분별되지 않는 상만을 비추는 거울과 마찬가지가 될 것이다.

타자가 생각하는 것

인간들이 서로를 이해하는 방식을 인지적 자연학이라는 틀 안에서 설명하려는 개념은 두 가지가 있다. 하나는 '정신 이론'이고 다른 하나는 '시뮬레이션' 이론이다.

정신 이론

정신 이론은 무엇을 가리키는가? 이러한 표현은 정신의 기능을 설명하려는 이론을 환기시키기 때문에 애매하다. '이론적 이론'을 주창하는 사람들은 이렇게 분에 넘치는 것을 요구하지 않는 법이다.[27] 그들은 각각의 개인이 타고난 심리학자요, 정신에 대해 암묵적으로나마 알고 있기 때문에 타자의 정신세계가 다양하게 표출되는 양상을 생각할 수 있다고 본다. 이러한 지식은 아이의 뇌에 점차 자리 잡을 것이고 타자의 심적 상태가 어떠한지, 그 내용이 무엇인지 파악할 수 있도록 여러 규칙들을 제공할 것이다.

'심리화'는 세 가지 특수한 모듈들이 성숙함으로써 획득된다. 첫째, '신체 이론 기제(theory of body mechanism, 이하 TOBY)'를 통해서 아기는 타자들이 움직일 수 있는 것은 그들 안의 에너지 때문임을 알게 된다. 아기는 자신을 움직이는 것, 즉 움직이는 것들(타자들) 사이에 있는 하나로 인식한다. 그다음의 두 모듈, 즉 '마음 이론 기제(theory of mind mechanism, 이하 TOMM1·2)'는 지향성을 인정한다. TOMM1은 생후 첫 해에 벌써 시작된다. 아기는 사람들은 환경 내에서 목표를 추구하는 존재로서 해석하는 것이다. 그리고 첫돌 이후에 시작되는 TOMM2는 아이가 타자에 대하여 타자가 '~할 것을 생각한다, ~할 것을 믿는다, ~할 것을 바란다' 등으로 종속절을 이용하여 묘사할 수 있게 한다.

시뮬레이션 이론

우리는 '우리가 속으로 타자의 심적 상태를 모방하고 타자의 입장에 설 수 있기 때문에' 타자가 생각하는 것을 알게 된다. 요컨대, 나는 너인 척할 수 있기 때문에 너를 이해한다. 혹은 말장난을 좀 하자면 스스로 존재하고 '너를 알고 함께 존재하기 위해서(con-être*)' 동일한 뉴런 체계

---

* 'con-être'라는 조어에서 con이라는 접사는 '함께'라는 의미가 있고 être는 '존재하다(영어의 be동사)'라는 뜻이지만 이 조어는 connaître(알다)와 발음이 같다.

들을 사용하기 때문에 너를 이해한다.[28]

주체가 자기 의지로 어떤 행동을 수행할 때, 예를 들어 엄지와 검지로 어떤 사물을 붙잡을 때 일차운동영역은 움직여야 하는 손가락 근육들에 명령을 내린다. 나는 이 영역이 정중구 앞에 있는 상향 전두 고랑을 차지한다는 점을 다시 한 번 말해둔다. 또한 반대편 반신^{半身}의 체성표상은 일종의 '호문쿨루스'를 보여준다. 그와 병행하여, 좀 더 앞쪽에 위치한 전운동영역의 활동은 일차운동피질의 실행 역할에 수반되는 몸짓의 체계화된 준비를 의미한다. 우리는 또한 몸짓을 실행할 때에 작동하는 근육들의 민감성과 관련된 두정영역이 활성화되는 것도 관찰할 수 있다.

주체가 실제로 동작을 하지 않고 그저 그런 동작을 상상만 하더라도(운동 이미지), 나아가 타인이 그러한 동작을 행하는 것을 구경만 하더라도 뇌의 이 영역들은 작동한다. 그러므로 행동이 실행되든 상상되든 관찰되든 항상 동일한 부위들이 관여하는 것이다. 운동 이미지의 지속시간과 실제로 행하는 동작의 시간이 일치하기 때문에 이건 일종의 실시간 시뮬레이션이다.

그렇다면 주체들은 행동, 행동에 대한 표상, 타인이 실시하는 행동에 대한 시뮬레이션에 대해 동일한 뉴런 집단들을 사용하는데 어떻게 자기가 하는 행동과 남이 하는 행동을 구분할 수 있는 걸까? 이것이 소위 '행위자성'의 문제다. 행위하는가, 행위되어지는가? 이것을 결정하는 것이 뇌다. 이 문제를 해결하기 위해 자신의 고유한 신체에서 오는 감각신호들이 있다. 이 신호들은 뇌에게 정말로 신체가 동작을 수행하고 있는 중이라는 것을 알려준다. 더욱이 운동명령의 모사(원심성 모사)는 행위의 감각적인 결과들을 예측할 수도 있다. 모사와 근육에서 나타나는 데이터들을 비교해보면 운동 프로그램과 실제 운동의 실현이 부합한다는 것을 확인하게 된다.

 개인들이 공동체를 이루고 사는 삶에 정상적으로 참여하려면 주체는 자신의 행동을 실현하는 자, 다름 아닌 '자기 자신'을 알아야만 한다. 그런데 이러한 능력은 '타자'와 다른 '자기'에 대한 앎을 전제하되, 반드시 자의식을 의미하지는 않는다. 아마도 신체 외적 공간(타자)에서 오는 정보들과 신체 공간(고유 수용감각)에 기원한 정보들이 집중되는 피질영역이 자기와 타자의 구분을 담당할 것이다. 데세티의 연구팀이 뇌 영상 촬영으로 실시한 실험들은 이 기능이 '우측' 하두정피질 영역에 있음을 알려주었다.[29] 피험자는 실험자를 모방하든가, 실험자에게 모방당하면서 그 모습을 지켜보아야 했다. 이때 피험자의 우측 하두정 소엽은 타인에게 모방을 당하는 상황(자신을 모방하는 타자를 지켜보는 상황)에서 대단히 활성화되었다. 그리고 또 다른 일련의 실험은 실제 수행되지 않은 행동의 심적 표상작용만을 붙잡고 늘어짐으로써 더욱더 많은 성과를 얻어냈다.[30] 실험자는 피험자들에게 친숙한 행동을 상상하거나 타인이 그런 행동을 하는 모습을 상상해보라고 요청했다. 이 두 경우에 운동 이미지는 동일한 전두영역과 두정영역을 작동시켰다. 하지만 피험자가 타인의 시점을 취할 때에는 앞의 실험에서 그랬듯이 우측 하두정 소엽이 매우 활성화되는 현상이 나타났다. 내 안에 있는 타자의 자리, 그것은 바로 나의 우측 하두정 소엽에 있다.

 다양한 병리학적 사항들은 자세히 다루지 않되, 신체도식장애 혹은 자신의 동작과 남의 동작을 구분하지 못하는 문제가 있는 환자들의 뇌에서 이 우측 하두정 영역의 손상이 관찰된다는 점만 알려두겠다. 감응망상*을 보이며 자기 행동에 이상한 이유를 갖다 붙이곤 하는 정신분열증 환

---

* 한 정신이상자의 증세가 타인에게 감염되어 야기되는 망상.

자들도 우측 하두정 영역에 손상을 입었을 수 있다.

지금까지 논의된 사항들을 통해서 뇌가 내거는 신조는 '흉내 내고 그런 척하기'라는 것을 알 수 있었으리라. 이것은 바로 인간이 세상에 태어나자마자 시작되는 활동들이다. 여기에는 세 가지 조건들이 내포된다. 자기의 존재, 타자에 대한 지각, 행동의 은폐가 바로 그 조건들이다.

삶을 생각하다

인간은 내면의 소극장을 갖고 있다. 그곳에서 주체는 자신이 세상이라는 무대에 오른 배우라고 느낀다. 물론 그 세상은 주체의 신체 외적 공간을 점유하는 고유한 세상일 뿐이지만 말이다. 이러한 명제는 심리학자 제임스 깁슨이 주장한 바 있는 '생태학적인 자기' 개념과 맞닿아 있다. "환경을 지각한다는 것은 자기 자신을 함께 지각하는 것이다."[31] 깁슨이 만들어낸 신조어 '어포던스affordance'는 이러한 주체와 환경의 관계를 가리킨다. 자기에게 고유한 세상을 구성하는 대상들은 결정되어 있는 행동들에 적합하다. 예를 들어, 의자를 보면 앉게 되고 가득 찬 물 잔을 보면 마시게 되며 친구를 보면 악수를 나누게 되는 것이다. 결국 대상들 사이의 상호작용은 주체에게 세상에 끼어들라고 불러들이는 셈이다. 이 이론은 매혹적이지만 다소 부족한 감이 있다. 왜냐하면 주체의 욕망을 환경에 가두는 격이기 때문이다. 물론 욕망은 환경에 의해 특화된다. 나는 나에게 나타나는 것(내 눈에 보이는 것)을 욕망한다. 하지만 그러한 욕망의 대상들이 주체의 역사와 상응하는 역사를 지니고 있다고 덧붙이는 것이 좋겠다. 주체의 신체는 그 자체가 어포던스를 가능하게 하는 '자기

의식을 가진 신체'이다.

로르샤흐의 연구 작업은 갓난아기도 매우 일찍부터 자기를 지각한다는 사실을 보여주었다.[32] 이러한 자기 지각은 결코 자의식이 아니다. 갓난아기는 출생 직후의 몇 주 동안에도 세상과 자신에 대해 끊임없는 탐색을 하면서 스스로를 어떤 구분된 실체로서 지각할 수 있다. 아기는 이런 식으로 자기와 환경 사이의 시간적·공간적 일치들을 발견한다. 이를테면 아기는 자기 몸의 일부를 만지거나 자기 목구멍에서 나오는 울음소리를 들으면서 서로 구분되는 두 가지 감각들이 동시에 발생함을 느낀다. 그렇게 해서 아기는 자기가 자기 몸을 만질 때의 느낌과 다른 사람이 자기 몸을 만질 때의 느낌을 쉽게 구별할 수 있게 된다. 태어난 지 이틀밖에 안 된 아기도 누가 뺨을 만지면 고개를 돌리는 반응을 보이지만 자기 손이 자기 뺨에 닿았을 때에는 그런 반응을 보이지 않는다.

자기는 타자의 존재를 함축한다. 아이는 자기를 지각함으로써 자신의 신체 외적 공간을 차지하는 생명체들을 분간하고 그 생명체들과 자기의 비슷한 점들을 느낀다. 그 생명체들이란 엄마, 아빠, 가까운 사람들로 결국은 타자들이다. 아기를 둘러싸고 집중되어 있던 타자들은 핵을 둘러싼 원자들처럼 점점 더 멀어진다. 인간에게 이러한 현상은 전혀 특별할 것이 없다. 새끼 거위는 태어나자마자 '각인' 현상을 통해 어미 거위와 관계를 맺는다. 새끼 거위는 그다음에 비로소 뇌를 통해 자기와 같은 거위들을, 그리고 거위들이 세상에서 차지하는 위치를 표상하는 능력을 얻는다. 영장류, 그리고 후천적 경험적을 통해서는 고릴라가 개체화의 전반적인 특징들과 더불어 정체성까지도 보여준다. 그러한 정체성이 절정에 이르는 것은 역시 인간에게서이다. '정체성 인지 지도'들은 우리와 가까운 것, 친근한 것, 나아가 멀리 사는 지인들, 유명한 사람들, 단 한 번 만났지만 기억할 만한 사람들까지도 우리 뇌 속에 방대한 파일로 작성해놓는다. 개인의 신분증이나 여권에는 소위 증명사진이라는 것이 붙는다. 타자를 알아본다는 것은 무엇보다도 그의 얼굴을 알아보는 것이다. 몸매, 걸음걸이, 키를 알아보는 데에는 실수가 있을 수 있다. 하지만 얼굴을 알아보는 것은 거의 틀림이 없다.

각 사람이 뇌 속에 저장하는 있는 타자들의 '신체 측정 장부' 속에서 자신의 고유한 인상기록카드는 특별한 위치를 차지한다. 하지만 그러한 인상기록카드는 대략적이다. 간접적으로 얻은 정보들, 거울에 비치거나 불완전하게 드러난 얼굴의 이미지로 작성되어 있으니까. 그래서 쉰을 넘긴 이들 중에는 젊고 생생하던 시기의 정체성 인지 지도를 가지고 돌아다니다가 자신의 최근 사진을 보고서도 그게 자기 얼굴이라는 것을 인정하지 못하는 사람도 더러 있다.

일부 '안면인식장애' 환자들은 친근한 사람들의 얼굴을 알아보지 못하면서도 그들을 보면서 여전히 감정적 반응을 일으키곤 한다. 그들의 뇌를 살펴보면 측두엽 아래쪽과 뒤쪽 영역이 양측성 손상을 입은 것을 관찰할 수 있다. 카그라스 증후군은 안면인식장애와는 매우 다르다. 이 증후군을 앓는 환자들은 가까운 이들의 얼굴을 알아보는 것은 문제되지 않지만, 그 사람들이 똑같은 외모를 지닌 가짜들로 바꿔치기 되었다고 믿어버린다. 이러한 생각을 환자 자신에게 적용하여 자기와 아주 닮은 사람이 자기 정체성을 사칭하고 있다고 믿을 수도 있다. 환자는 기이한 무감각상태에서 그러한 대체들이 이루어졌다고 착각한다. 하긴, 자기가 더 이상 자기 자신이 아니고 자기 안에 타자가 있다고 생각하는데 환자가 왜 감정에 휩쓸리겠는가? 신경생리학자들은 얼굴 인식에 관여하는 측두 영역들과 그렇게 파악한 얼굴들에 감정적 의미를 부여하는 구조들 사이의 연결이 문제가 되어 이러한 기능이상이 나타날 것이라는 가설을 세우고 있다. 나의 인격을 차지한 그 타자는 나와 상관이 없다. 실제로 인간에게서 타자와의 동일시는 정서적 지원과 따로 떼어서 생각할 수 없다. '감정 없는 인지는 더 이상 존재이유가 없다.'

마지막으로 중요한 점을 하나 지적하련다. 내가 실제로 동작을 할 때에나 시뮬레이션만 할 때에만 동일한 신경 구조들을 사용한다면 시뮬레이션에서의 운동 행동은 어떻게 실제로 이루어지지 않고 은폐되는 것일까? 앞에서 여러 차례 언급했던 억제 현상이 여기서 다시 한 번 개입된다. 행동으로의 이행을 막는 역할을 할 가능성이 농후한 영역은 전전두피질(경찰관)이다. 우리가 보았듯이 이러한 방어는 행동에 대해서나 정신(도덕성)에 대해서까지 확장된다.

'자아의 극장'을 잠시 닫는 이 시점에서 나는 무대장치─모방, 시뮬레이션, 동일시 등─만을 설명하고 넘어가는 듯하여 다소 아쉬움이 남는다. 이제 나는 무대 안 천장에서 '기계장치를 타고 내려오는 신'을, 이 책에 시종일관 함께했던 동행을 떠나 보내고자 한다. 그 동행의 이름은 바로 '욕망'이다.

그것은 동물의 뇌에서도 작용하는 일상적인 욕망(동기)이 아니라 인간의 육신, 타인의 육신으로 스스로를 살찌우는 눈부신 괴물이다. 정신 이론이 인간에 대한 채울 수 없는 욕구, 우리의 살 중의 살*에 대한 욕구에 근거하지 않는다면 도대체 무엇이겠는가? 박식한 선생이여, 참으로 거창한 담론이로다! 나는 그대에게 동의하나 이 말을 덧붙이고 싶다. "태초에 말씀이 있었고, (……) 말씀은 육신이 되었도다."

＊아담이 이브를 "내 뼈 중의 뼈, 살 중의 살"이라고 불렀던 것을 가리킨다.

Focus 14
어린아이의 자폐증

자크 오크만
(리옹 클로드베르나르 대학교 아동정신과 명예교수)

자폐증의 기원

'자폐증'이라는 말은 1911년 스위스의 정신과 의사 오이겐 블로일러가 자신이 치료하던 젊은 청년의 정신질환 징후들을 지칭하는 의미로 처음 사용했습니다. 그 청년은 정신분열증 환자였는데, 블로일러는 이 환자가 세상으로부터 물러나려는 성향, 자신에게로 침잠하며 자기 내면의 삶에만 골몰하고 환경과의 접촉을 끊는 성향을 가리켜 '자폐증적'이라고 했지요. 1943년 독일 출신의 미국인 소아정신과 의사 레오 칸너는 이 용어를 다시 한 번 사용합니다. 그는 11명의 어린아이 집단을 치료하고 있었는데, 그 아이들은 모두 태어날 때부터 "정서적 접촉과 관련된 선천적 장애"(레오 칸너 자신의 표현)를 나타내고 있었습니다. 칸너의 관심은 주로 질병분류학적인 것이었습니다. 그러나 처음에는 지적 수준의 직선적 발전에서 괴리된 정신박약으로 뭉뚱그려졌던 것에서 서로 다른 임상적·병인적 실체들을 구분해서 보기 시작했습니다. 이를테면 몽고증(다운증후군), 선천성 점액수종, 결절성 경화증, 선천성 대사이상 등이 그렇게 구분된 병명들이지요. 1930년대부터 성인에게만 진단이 내려지던 정신분열증은 아이들에게까지 점차 그 범위를 확장하여 아동의 다양한 행동장애 및 정신활동장애를 가리키게 됩니다. 칸너는 질병학적으로 '오만 가지 잡동사니들의 창고'처럼 여겨지던 것을 정신박약과는 구분되는 특수한 증후군, 이를테면 '정신분열증' 같은 병들을 하나의 질병으로서 기술하길 원했습니다. 왜냐하면 칸너는 그 아이들이 지적 발달이 늦는 것처럼 보이기는 하지만 지능이 떨어지지는 않는다고 보았기 때문입니다. 그가 볼 때 그 증후군에는 중요한 특징이 두 가지였습니다. 하나는 고립, 즉 홀로 존재함aloneness이었고 다른 하나는 세상을 동일한 상태로 유지하려는 경향, 즉 일률성sameness이었지요. 게다가 칸너는 이 아이들이 환경의 변화를 무서워하고 그런 일이 일어나면 예기치 않았던 극심한 불안발작을 일으킨다는 점을 강조하기도 했습니다. 또한 그는 이 아이들이 구사하는 언어의 아주 특수한 성격에 깊은 인상을 받았습니다. 자폐증 아동들 중에서 분절언어를 무리 없이 구사할 수 있게 된 아이들은 기존의 전형적인 문장이나 신조어를 굉장히 많이 반복하면서 추상언어나 '메타포', 즉 일상적 의미에서 다소 벗어나 그때그때의 상황에 맞는 의미로 쓰이는 문장이나 단어는 회피하는 경향을 보입니다. 무엇보다도 이 아이들의 언어는 소통으로서의 가치가 없고 그냥 자동적인 활동처럼 보이곤 했습니다. 칸너는 '자폐증'이라는 용어가 부적절할 수 있다는 것을 스스로 인정했습니다. 실제로 이 아이들은 사람들과의 접촉은 피하는 것처럼 보여도 특정 무생물에 대해서는 굉장히 높은 관심을 보이고 때로는 시선이 못박히기라도 한 듯이 눈을 떼지 못합니다. 칸너는 이러한 증상을 설명하면서 무척 유보적인 태도를 보였습니다. 그는 자신이 표본으로 삼고 있는 아동들의 부모들이 특정한 인간형에 속한다는 점을 지적했습니다. 그 아이들의 부모들은 대개 매우 머리가 좋은 사람들이었거든요. 어머니들은 유쾌하고 좋은 사람들로 보이기는 하지만 실상은 굉장히 차가운 여성들이었고, 아버지들은 자녀와 일상적으로 맺는 관계보다 직업적 성공이나 추상적 사색에 더 관심을 기울이는 편이었지요. 또한 이 부모들은 자녀를 강박적으로 관찰하면서 아이와 관련된 사태, 몸짓, 발달상황 등을 지나치게 세세하게 기록하기도 했습니다. 그럼에도 불구하고 칸너는 연구를 계속 밀고 나가면서 그러한 사태들을 원인으로 보지 않은 채 다만 기술하는 것으로 그쳤습니다. 부모의 태도라는 한 가지 이유 때문에 아이가 자폐증이 된다고 보기에는 무리가 있고 운동장애나 감각장애가 그렇듯이 어떤 알려지지 않은 생물학적 이상이 있어서 정서관계를 맺는 데 문제가 생기는 것이라고 생각했던 것입니다. 어쨌든 그는 결국 자폐증 아동의 부모가 보이는 특성은 아이가 부딪친 어려움에 대한 심리학적 반응이든가 어떤 유전적 요인이든가 간에 일종의 '최소한의' 자폐증 표현형일 것이라고 보았습니다.

  미국 정신과 의사 공동체는 자폐증에 대한 진단을 곧바로 채택했고, 이후에는 유럽에서도 채택하게 되었습니다. 아동의 자폐증은 매우 다양한 논의들을 낳았고 부모들의 단체들이 결성되면서부터 특히 미국에서는 격렬한 논쟁거리가 되기도 했지요. 그러한 논의들은 주로 세 가지 핵심, 즉 자폐증의 병인, 자폐증 진단의 한계(역학적 입장), 치료 양상들에 대해서 이루어집니다.

병인학 싸움

처음에는 칸너가 수립한 부모 유형학을 비판했던 사람들이 있었습니다. 특히 뉴욕 출신의 정신과 의사 로레타 벤더는 자폐증을 정신분열증의 일종으로 간주하고 칸너가 연구한 표본집단은 편향되게 추출된 집단이라고 보았지요. 그녀는 다양한 사회적·인종적 범주에 속하는 자폐증 환자들은 만나보았는데 그 환자들의 부모들은 심리학적으로 매우 다양한 프로필들을 보여주었다는 겁니다. 이것은 추가적인 연구를 통해 규명해야 할 문제였지요. 당시에 보편적으로 퍼져 있던 생각과는 반대로, 자폐증 아동들을 치료한 경험이 있는 최초의 정신분석학자들, 이를테면 런던의 멜라니 클라인이나 뉴욕의 마거릿 말러도 이 점에 대해서는 로레타 벤더와 같은 시각이었습니다. 클라인과 말러 모두 자폐증 아동의 어머니가 어떤 인격적 문제를 가질 수는 있지만 그 문제가 아동의 자폐증을 낳은 원인은 아니라고 보았고, 자폐증은 오히려 아이의 인격의 구조적 이상과 관련이 있을 것이며 유전적 요소도 있을 것이라고 짐작했습니다. 멜라니 클라인은 그러한 이상 때문에 불안에 대한 특수한 감수성이 아동의 정신적 발달에 필수적인 어머니와의 일차적 공생관계를 맺지 못하게 하고 그 때문에 아이는 어머니의 태도에서 어떤 감정적 의도의 신호들을 발견하지 못한다고 보았지요. 한편 마거릿 말러는 아이가 두려움과 몰이해에 빠져 있어서 외부세계와 그 세계의 상징 작용에 대한 방어기제를 공고하게 만듦으로써 스스로를 보호하게 되는 것이라고 보았습니다.

불행히도 이러한 입장들은 금세 단순화된 정신분석으로 대체되어버렸습니다. 그러한 정신분석은 프로이트적 이론화와는 달리 자폐 아동의 발달을 거의 기계적으로 일종의 애정결핍 혹은 부모의 환상이 치명적으로 주입된 결과라고 치부해버렸습니다. 그다음에는 자폐증 환자들의 조상쯤 되는 '백치들'을 억압적인 선생들의 회초리에 내맡기는 시대였습니다. 우생학자들은 그들의 병이 유전된다고 확신하면서 그들을 거세해서 자식을 보지 못하게 해야 한다고, 나아가 아예 없애버려야 한다고 생각했지요. 치료에 대한 열광적 관심을 타고 일어난 정신발생학 이론은 증명할 수도 없고 부정할 수도 없는 것이었지만 대단한 성공을 거두었습니다. 나치 이후의 정치적·사회적 분위기도 성공에 한몫을 했지요. 그렇지만 1980년대부터는 주로 경제적 이유 때문에 정신분석에 영감을 받은 치료법들이 전반적으로 주춤했습니다. 자폐증 아동을 둔 부모들은 단체를 결성하고 부모들에게 책임을 지우거나 죄의식을 조장하는 주장들에 항거했고 그때까지 적용되어온 요법들이 항상 효과를 거두는 것도 아니라는 사실을 증명했지요. 특히 오스트리아 출신 교육자로서 시카고 연구소의 소장이었던 브루노 베텔하임은 이러한 부모 단체들의 표적이 되다시피 했습니다. 그는 지나치게 비난받았다고 해도 좋을 겁니다. 그가 대중적으로 크게 성공한 저서에서 거의 정신발생학적 관점만을 전적으로 옹호한 것은 사실이지만, 그건 전혀 개인적인 의견이 아니라 가장 일반적인 견해를 대변했을 뿐이니까요. 다만 베텔하임은 자폐증 아이들을 둔 부모에게 상처가 될 법한 표현을 공연히 쓰고 자폐증 아이의 태도를 자기가 수용소에서 고통스러운 시기를 보내면서 관찰했던 절망적인 태도에 비유했기 때문에 화를 자초했다고나 할까요. 그런데 자폐증 아동의 가정을 어떤 집단수용소와 동일시하는 것과 어머니들에게 해결의 욕구를 불어넣는 것은 사실 한 걸음 차이입니다. 베텔하임은 아동을 가정과 분리하여 기숙생활을 하게 할 것을 역설했는데, 그 점에서 우리는 이 위대한 교육학자의 공적을 잊고 있는 셈입니다. 그가 아동의 징후 이면에 있는 고통의 서툰 표현들을 해독하고 치료할 수 있는 환경을 건설하기 위해 부단한 노력을 했다는 점은 분명합니다. 오늘날 그러한 환경 조건에 대한 고려는 절대로 간과할 수 없는 부분이지요.

어쨌든 대세는 정신발생론에 반대하며 등장한 기본적이면서도 의미심장한 기관장애설로 기울어집니다. 자폐증은 칸너가 생각했던 것처럼 유전적 원인에 의한 뉴런 발달의 문제로 인해 발생한 장애, 장님이나 귀머거리 같은 장애로 간주되게 되었습니다. 이때부터 여러 가설들을 검증하기 위해서 수많은 연구들이 개진되어 오늘날까지 이어지고 있는데, 종종 엄마의 냉담이나 무관심이 아이의 정신병을 낳는다는 식의 무차별적이고 지나치게 단순한 가설도 완전히 배제되지는 않습니다.

그러면 우리는 지금 어느 시점에 와 있을까요? 몇몇 후보유전자들을 지금 살펴보고 있는 중입니다만 그중 어떤 것도 단독적으로 자폐증이라는 복잡하고 다각적인 장애의 원인이라고 말할 수는 없습니다. 유전학적 결정론은 다양한 원인들 중의 하나, 특별히 자폐증에 취약하기 쉬울 수 있는 변수의 하나일 뿐입니다. 유전학만으로는 모든 차원의 환경 요인들(생물학적 요인들, 다양한 주체들의 상호작용을 전제하는 심리학적 요인들)을 절대 제거할 수 없습니다. 물론 자폐증 쌍둥이에 대한 연구에 따르면 한 아이가 자폐증일 경우에 다른 아이도 자폐증일 확률이 대단히 높기는 합니다. 하지만 절대 그 확률은 100퍼센트가 아닙니다. 뇌의 여러 부위에 대한 연구가 진행되고 있고 뇌 영상 촬영, 특히 기능 뇌 영상 촬영 기법이 발전한 덕분에 점점 더 연구가 진척되고 있는데, 일부 자폐증 환자들의 소뇌부 충양체에서 이상이 발견되기는 했지만 결코 일반화할 수 있는 수준은 아닙니다. 최근에는 대뇌피질의 한 부위, 즉 사람들에 대한 인지를 담당하는 상측두구가 자폐증 환자들의 경우에는 효력을 잘 발휘하지 못한다는 연구결과가 나왔습니다. 이를테면 정상인이 친근한 목소리(엄마 목소리)와 어떤 소리의 차이를 느낄 때 이 부위가 영향을 받는데, 자폐증은 그러한 영향을 훨씬 적게 받는다는 것이지요. 하지만 이러한 구별상의 문제가 단순히 어떤 심리 활동을 나타내는 것인지 진짜 장애의 원인인지를 똑 부러지게 말하기는 어렵습니다. 지금은 자폐증 환자들의 기본적인 공감장애를 규명하려고 하는 인지심리학 쪽의 연구 작업이 더 전망이 밝아 보입니다. 공감이라는 신경심리학적 과정은 거울뉴런의 발견으로 입증되었는데, 이 과정이 있기에 주체는 타인의 감정이나 행동에 동조할 수 있습니다.

또 다른 작업들은 자폐증 환자들의 지각 양상에 더 관심을 기울이고 있습니다. 자폐증 환자들은 전체적인 모양새를 무시하면서까지 세부적인 것을 분별하는 데 더 뛰어난 능력을 보이기 때문입니다. 자폐증 환자들은 뇌간의 정보여과 기능에 문제가 있어서 그것이 지나친 흥분을 낳기 때문에 환자 내면의 혼란이 일어난다고 합니다. 또한 일부 자폐증 환자와 그 가족들에게서 신경전달물질인 세로토닌이 혈소판에 비정상적으로 높은 비율로 나타난다는 보고도 있었지요. 이러한 혈소판의 세로토닌 수치는 배아학적 이유에서 뉴런 조건들을 반영하는 것으로 보입니다.

이윽고 사람들은 '자폐증의 수수께끼'라고 부르던 것 이면에서 생체발생과 정신발생의 대립을 넘어서는 접근의 가능성들을 보기 시작했습니다. 신경과학의 발전과 정신분석학적 성찰의 진보가 이제는 그러한 대립을 무용한 것으로 만들어버렸으니까요. 어쩌면 자폐증이 될 수밖에 없는 아이는 세상에 태어날 때부터 그렇게 되기 쉬운 신경회로를 가지고 있는 것으로 상상할 수도 있겠습니다. 아이는 환경과 내적 세계의 조직화를 박탈당한 채 타인과의 소통을 맺는 대신에 자신을 둘러싼 특수한 감각운동반응을 발전시킴으로써 스스로를 방어할 것입니다. 이렇게 본다면 자폐증적 불변성(칸너가 말했던 '일률성')도 설명이 됩니다. 독특한 지각 양상들, 일종의 자기관능(자기성애), 운동의 전형성, 그리고 좀 더 나중에 나타난 의례화된 행위와 강박증 등도 자기 보호를 위한 고립에 이바지하는 것이지요.

진단의 한계와 역학

이러한 연구들을 따라잡으려면 적어도 진단 기준들에 대해 동의를 할 수 있어야겠지요. 그러자면 충분히 동일하고 고른 양상을 보이는 자폐증 환자들의 집단이 있어야 할 겁니다. 뚜렷한 뇌의 손상이나 대사이상이 없는 상황에서 연구소의 검사로 내리는 자폐증 진단은 이 병을 이루는 징후들에 대한 합의에 근거할 수밖에 없습니다. 오랫동안 칸너가 기술한 징후들이 통용되어왔고, 그때부터 임상적인 기술들이 점차 수집되어 세 가지 주요한 항목들을 이루게 되었는데, 소통장애, 사회화장애, 상상장애가 바로 그 항목들이지요. 이것이 소위 로나 윙의 '자폐증의 세 가지 핵심 증상'입니다. 로나 윙은 이 분류체계를 만든 영국 정신과 의사의 이름이지요.

소통장애는 언어를 통한 소통과 비언어적 소통 모두에 관계됩니다. 자폐증이 있는 아이는 대개 태어난 지 얼마 안 됐을 때부터 사람을 바라보지 않는다든가 전혀 웃지 않는다든가 어른이 자신을 요람에서 꺼내는 동작을 예상하지 못한다든가 해서 주위 사람들을 의아하게 합니다. 그리고 이런 아이들의 절반 정도는 말하기를 거부합니다. 언어를 습득하더라도 그 언어를 구사하면서 인상적인 특성들을 보이기도 합니다. 아이들은 대개 자동적으로 다른 사람이 한 말을 그대로 따라하거나 언어의 다의성을 무시하기 때문에 이 아이들의 언어는 소통의 가치가 떨어집니다.

위치파악의 어려움도 나타날 수 있는데 이것은 칸너가 말했던 '홀로 존재함'을 확인해줍니다. 아이는 자신을 타인들과 연계지어 생각하지 못하기 때문에 타인에게 위안을 얻지도 못하고 타인의 감정에도 무관심한 것처럼 보이지요.

상상장애는 상징적 활동의 어려움, 또한 '~인 체하기' 놀이의 불능으로 나타납니다. 아이는 어떤 것을 다른 것으로 대신하거나 환기시키는 데 큰 어려움을 겪습니다. 아이가 하는 이야기는 모두 사실에 입각한 것뿐입니다. 아이는 이따금 강박적으로 특정 관심사에 집착하기도 하고 자신의 생활이나 가까운 이들의 생활을 의례화하면서 작은 변화도 참아내지 못합니다. 아이는 소위 자폐적인 대상들, '물신'이라고 할 만한 것들에 고착되어 그것들과 분리되지 못합니다. 영국의 정신분석학자 프랜시 터스틴이 지적했듯이 자폐증 아동은 종종 연기나 신기루 같은 손으로 만질 수 없는 것에 매혹되곤 합니다.

칸너가 기틀을 마련해놓은 이러한 기술에 덧붙일 사항들이 몇 가지 있습니다. 일단 칸너가 생각해던 것과는 반대로, 자폐증 아동의 4분의 3은 지능이 떨어집니다. 경미할 수도 있지만 지능이 많이 떨어지는 경우가 더 많습니다. 또한 이 아이들은 자신의 정체성과 관련된 활동, 나아가 주체의 존재 그 자체에 대해서 다양한 유형의 불안증세를 보이곤 합니다. 무화, 와해, 끝없는 심연으로 떨어지는 데 대한 불안이지요. 영국인 연구자 도널드 멜처는 '자폐증적인 붕괴'라는 표현으로 자폐증 아동이 겪는 느낌, 소리, 냄새, 접촉 등 개별 감각들의 연쇄를 지칭하기도 했습니다. 그러한 감각들은 심연의 가장자리에서 아이를 붙잡는 역할을 하는 것처럼 보입니다.

이것이 전형적인 자폐증, 태어날 때부터 시작되는 '아주 특별한' 증후군입니다. 칸너는 자폐증에 대한 최초의 저작들에서 이 병이 1만 명 중에 1명꼴로 아주 드물게 나타난다고 보았습니다. 그런데 자폐증에 대한 논의가 발전하면서 칸너가 말한 전형적 자폐증과는 별개로 비전형적인 자폐증들이 속속 발견되었습니다. 이러한 병들은 다소 뒤늦게 나타나거나(처음에는 정상적인 발달을 보이다가 첫돌 이후부터 나타난다든가) 임상적 기술이 불완전하다는 이유로 따로 구분되는데, 여기서부터 자폐증을 '특수한 질병'으로 보고자 했던 칸너가 두려워했던 여러 가지 파생이 나타납니다. 실제로 자폐증은 무슨 유행처럼 되어버렸고 그 단어 자체가 차츰 타인의 관점에서 생각해보기를 거부하는 태도 전반을 가리키게 되었지요. 부모들은 미디어를 통해 많이 다루어진 질환으로 진단을 받고자 하고, 그래야만 최상의 치료 조건들을 얻을 수 있을 거라고 믿는 경향이 있습니다. 그런 까닭에 오늘날에는 심각한 지능박약, 다양한 뇌질환, 유전적 이상과 관련된 이상 등이 모두 자폐증으로 여겨지고 있지요. 그리고 오늘날 우리가 '자폐 스펙트럼'이라고 부르는 것의 한 극단에는 지능이 정상이거나 오히려 높은 수준인데도 타인과 관계를 맺거나 사회적 활동을 하는 데 서툰 아동 혹은 청소년이 있습니다. 이들은 '상위 수준의 자폐증' 혹은 '아스퍼거 증후군'이라는 딱지를 달고 있습니다. 한스 아스퍼거는 칸너와 같은 시대에 살았던 오스트리아의 정신과 의사로서 1944년 「유년기의 자폐적 정신질환」이라는 논문을 기술한 바 있습니다. 아스퍼거가 다룬 주체들은 칸너가 기술한 주체들보다 연령대가 높았지만 그 징후들은 비슷했지요. 로나 윙은 아스퍼거의 논문을 재발견함으로써 자폐 스펙트럼을 한층 넓히고 그때까지 그냥 좀 독창적인 사람, 정신분열증 경향이 있는 사람 정도로 여겨지는 주체들까지 이 스펙트럼에 포함시켰습니다. 그들 중 일부는 오늘날 소수인권을 내세워 자신들이 지닌 특수한 형태의 지능을 사회적으로 인정해달라고 호소하고 있기도 합니다. 그렇지만 또 어떤 이들은 아스퍼거 증후군이 정말로 특정 질병으로 분류될 만한가에 회의적이며 이 병을 일종의 '발달장애'로 보아야 한다고 주장합니다. 발달장애는 전형적 자폐증과 비전형적 자폐증 외의 유년기장애, 레트 증후군처럼 유전자 결함으로 인해 발생하는 신경계 퇴행성 질환이나 소아정신분열증의 희귀한 사례들, 그리고 아직 밝혀지지 않은 '비특정 발달장애'를 모두 아우르는 개념입니다.

자폐증의 역학은 이러한 애매성들로 인해 성립이 거의 불가능합니다. 어떤 장애가 여전히 정의가 모호한 상황에서 어떻게 그 장애의 발생률이나 이환율 등을 명확하게 알 수 있겠습니까? 그래서 자폐증의 발생률은 1만 명 중 5명이었다가 나중에는 1천 명 중 1명이라고 하기도 했지요. 가장 최근에는 자폐 아동을 둔 미국 부모들의 강력한 단체가 미국에만 200만 명의 자폐증 환자가 있고 이것은 출생하는 아이 150명 중 1명꼴이라고 주장했습니다! 이런 식으로 자폐 발생률은 해마다 15~17퍼센트씩 높아지고 있으니 10년 뒤에는 미국에만 400만 명의 자폐 아동이 있을 겁니다. 이런 식의 역학을 해명하기 위해서 예방접종의 폐해가 자폐증을 낳을 수도 있다고 주장하는 사람들도 있습니다. 또한 체내 중금속, 식품의 유해성, 기후의 온난화 등까지 자폐증에 영향을 주는 요소로 지목되곤 합니다. 하지만 이렇게 자폐증 진단이 급증한 이유는 그만큼 진단 기준이 광범위해졌기 때문이라고 보아야 할 겁니다. 자폐증은 사회적 현상이 되어버렸습니다. 불분명한 전체와 엇비슷한 하위집단들에 대해서 발병 원인을 뚜렷하게 파악하고 분리하기가 어려운 만큼 엄밀한 의미에서의 증후학적 분석은 물론 정신병리학적 메커니즘에 대한 연구,

그 기저에 있는 불안증의 유형학, 불안증에 대한 다양한 방어기제 등에 대한 연구 등도 계속 병행되어야 할 것입니다.

치료 양상

우리가 보았듯이 지나친 정신발생론은 자폐증 아동의 심리치료를 적법화할 수 있는 이론을 갖추고자 하는 바람과 상응합니다. 일부 정신분석학자들은 멜라니 클라인이 개척한 길을 따라 그들 자신이 신경증 아동들을 치료하고 좋은 성과를 거두었던 경험을 바탕으로 '드러냄' 전략을 개발했습니다. 억압된 갈등과 그 갈등과 관련된 과거의 불안을 전제하면서 그 내면의 갈등과 불안을 가급적 빨리 규명하고자 하는 것이지요. 그들이 그러한 갈등과 불안은 어린 환자와 분석가 사이의 전이관계에서 재연된다고 생각하기 때문에 더욱더 그렇습니다. 또 어떤 정신분석학자들은 프로이트의 딸 안나가 이룩한 연구의 연장선상에서 교육과 정신분석학적 치료를 분리시킬 것을 거부합니다. 마거릿 말러를 위시한 이들은 아이에게 회복관계를 제시하려고 노력합니다. 자폐증 아동에게 결핍된 것이 어머니와의 시원적 공생관계라고 생각해서 그러한 관계를 경험할 수 있게 해주려는 것이지요. 그렇게 해서 아이가 출생 때부터 계속 이루어져왔던 병리학적 절차에서 스스로를 분리할 수 있게 하는 겁니다. 교육과 치료를 동시에 꾀하는 기관에서 집단 작업을 통해 이루어진 이러한 심리치료 요법들은 오늘날 차츰 아동이 치료사와의 관계에서 체험하는 것들의 이력(역사)을 추이하는 방향으로 전환되고 있습니다. 그러한 체험들은 자폐 아동이 기관 내 관계망 속에서 또한 가정 내에서 경험하는 것들과 항상 연계되어야 하므로 협력은 필수적이지요. 실제로 자폐증 환자는 개인의 역사에 문제가 있는 주체입니다. 철학자 폴 리쾨르의 표현을 빌리면 '서사적 정체성'이 조각나 있다고나 할까요. 치료 작업은 기본적으로 주체가 이야기를 들음으로써 내밀한 삶에 산재해 있는 모든 요소들을 연결하여 스스로를 시공간 속에 좀 더 잘 위치시킬 수 있도록 돕는 데 있습니다. 그렇게 해서 주체는 스스로 이야기를 구성하고 자기 자신에게 그 이야기를 들려줄 수 있게 되는 것이지요.

정신발생학적 시각이 지배적일 때에는 부모가 치료현장과 거리를 두어야 했고 치료를 담당하는 사람들과의 접촉도 제한되어야 했는데 그러다 보니 오해가 쌓일 수 있었습니다. 또한 지나치게 치료효과를 장담함으로써 자폐 아동을 둔 부모들에게 착각의 여지가 있을 수도 있었고요. 그렇기 때문에 자폐증의 신체 병인론을 배제하지 않으면서 교육기관과 가정의 협력 없이는 이루어질 수 없는 이러한 프로그램은 일부 사용자들에게 격렬한 공격을 받기도 합니다. 여기서 말할 수 있는 것은, 엄밀하게 교육적인 조처, 나아가 조건화 이론에 기반한 방법론들은 지금으로서 정상발달이든 이상발달이든 이해하기에 그리 적절한 모델을 제시하지 못하고 있다는 사실입니다. 워낙 객관적 평가가 어려운 영역이거니와 치료를 받는 사람들이 서로 너무나 이질적이기 때문에, 또한 추구하는 목표들에 대해서도 이견이 많기 때문에, 이 문제에 대해서는 사실 학술적 논쟁이라기보다는 정치 싸움 비슷한 양상이 더 두드러집니다. 자폐 아동 문제에 대해 누구도 무관심할 수 없고 자폐 아동으로 인한 감정싸움이 자꾸만 증폭되어가는 까닭에 때로는 자폐증도 전염이 되는 건 아닌가 싶을 정도니까요.

자크 오크만 리옹 클로드베르나르 대학의 명예교수이자 비나티에 병원의 진료과장이다. 『위안』의 저자이기도 하다.

19장

언어의 정원

> "정원의 조화를 이루는 것이
> 정신의 조화를 이루지는 못한다."
> 로라 라이딩, 『볼테르의 허망한 인생』

> 캉디드가 대답했다.
> "잘 말씀하셨어요, 하지만 이제 우리의 정원을 경작해야지요."
> 볼테르, 『캉디드』

'언어의 정원'은 인간의 뇌에서 가장 두드러지게 잘 가꿔진 곳이다. 우리는 언어라고 부르는 불가사의한 현상을 정의하기 위해 인간의 '또 다른 본성'[1]에 대해 논할 것이다. 언어는 시에서 정치적 담론에 이르는 다양하고 정교한 형태들을 통하여 창의력을 인간의 본성으로 통합시킨다. 내가 생각하기에 언어를 정원에 비유하는 것은 고귀하다. 그러나 언어는 대가 없이 얻을 수 있는 수사학의 꽃이라기보다는 어떤 타당성의 꽃을 암시한다. 이 점을 강조하기 위해서 나는 존 딕슨 헌트의 말을 길게 인용하련다. "정원에 깃든 야심은 그 정원의 고유한 틀과 고유한 자원을 통하여 세상의 자연적·문화적 풍요 전체를 나타내려는 데 있다. 더욱이 정원예술이 함축하는 표상이란 비단 우리가 세상을 가장 잘 볼 수 있는 장소에서부터 그 세상을 상징적으로 구축하는 데 그치지 않는다. 정원예술은 세상을 바라보는 시선이 구성되었던 과정 자체도 고려한다.

미셸 푸코의 지적에 맞장구를 치자면, 하나의 정원은 표상의 현존과 그러한 현존의 반복이라는 '되풀이'가 동시에 이루어지는 공간이다."[2]

내가 1960년대의 라캉이 푸코를 재발견하고 "무의식은 정원처럼 구조화된다"고 말하던 그 시대에 대해서 마지막 윙크를 보내는 것을 이해해주기를 바란다.

우리는 제시, 표상, 행동의 가장 좋은 본보기가 뇌라는 사실을 좀더 깊이 살펴볼 것이다.

말하는 짐승

"인간은 손과 입으로 말하며, 마음으로도 말한다."

우리 할아버지는 아프리카에 체류하던 시절에 앵무새를 한 마리 얻어서 길렀다. 새 장수는 사비르어*로 듣기 좋은 말을 늘어놓으며 그 새가 분명히 말을 할 수 있다고 호언장담했다. 그렇게 새를 기른 지 몇 주가 지났다. 할아버지는 새와 이야기를 나누어보려고 갖은 애를 썼음에도 불구하고 새는 단 한 마디도 하지 않았다. 결국 새 장수에게 가서 그가 자기를 속였으니 새를 도로 가져가고 돈을 내놓으라고 엄포를 놓았다. 그러자 새 장수는 잔뜩 화가 나서 기막힌 소리를 했다. "이 새는 말을 안 해도 생각을 한다고요!" 할아버지는 뭐라고 대꾸해야 할지 몰라서 그냥 새를 기르기로 했고 결국 프랑스에도 데리고 갔다. 그 새는 10년쯤 뒤에

---

*북아프리카와 지중해 연안에서 쓰인 아랍어, 프랑스어, 에스파냐어, 이탈리아어의 혼성언어.

아주 쇠약해져서 죽었는데 그동안에도 말을 한 적은 한 번도 없었다. 할아버지는 그 새가 죽고 얼마 지나지 않아 세상을 떠났다. 할아버지는 할머니가 끊임없이 수다를 떨어서 지겨울 때마다 그 새가 말없이 생각에만 잠겨 있어서 위안이 된다고 말하곤 했다. 그러면서 할아버지는 할머니가 자기 인생에 대한 생각이 조금도 없는 사람이라고 주장하시곤 했다. 할아버지는 이런 말을 통해서 생각에는 말이 필요 없다는 것을, 말이 항상 그 말을 하는 사람의 생각을 나타내주지도 않는다는 것을 넌지시 암시했다.

"말할 수 없는 것에 대해서는 침묵하게 하라!" 우리 할머니는 비트겐슈타인을 읽은 적이 없다. 할머니는 입을 다무시는 때가 별로 없었지만 뭐 그리 대단하게 할 말이 있었던 것도 아니셨다. 할머니는 다만 타자에 대한 욕구를, 자기 이야기에 귀 기울여줄 것을, 타자의 시선을 원했던 것뿐이다. 할머니가 타인에게 기대하는 공감에서 벗어난 반응들은 아무 관심을 끌지 못했다. 비트겐슈타인조차도 사자들이 말을 할 수 있다고 한들 우리는 사자들을 이해하지 못할 거라고 하지 않았던가. 당네에 따르면 사자들이 말을 할 수만 있다면 우리도 사자들을 이해할 수 있겠지만 사자들은 우리에게 딱히 할 말이 별로 없을 거라고 한다. 사자들은 그네들이 주어진 운명에, 사자로서의 생존조건에 만족하는지 어떤지 말할 수 없을 것이고 그들의 '정신상태'를 말로 표현할 수도 없을 것이다.

언어는 본능이다

인간이 동물이라면 언어는 인간에게만 속한 본능인가? 이 경우에 언어는 동물의 세계에서 단절됨으로써 이루어진 부산물인가, 아니면 좀더 '자연스러운' 점진적 진화와 자연선택설의 결과물(유인원의 두 발 보행이나 계통발생의 또 다른 가지에서 새들의 비행이 보여주는 것과 같은)인가? 본능이란 어떤 동물이 환경적으로 적합한 조건, 특히 부모와 동족과의 접촉을 통해서 그 종의 전형적인 행동방식을 습득하게 되는 선천적 능력이다. 인간은 말하는 것을 '배우지는' 않는다. 새가 나는 법을 '배우지' 않는다고 하면 말이다. 이러한 앎은 뇌 속의 유전자에 있는 것이며 그 귀한 보물을 드러내 보이는 것이 바로 같은 종에 속한 다른 개체다.

언어는 그 정의상 발화자와 수신자 간의 관계를 만든다. 아이는 말할 상대가 아무도 없으면 말하지 않는다. 아이의 대화상대는 사물의 힘과 말의 힘에 따라 그 아이의 교사가 된다. 유아기의 아이에게 언어의 비밀들을 열어주는 바로 그 힘이 장차 아이가 자라서 아기에게 그 비밀들을 가르쳐주게끔 인도한다. 그러므로 언어는 학습의 산물이라는 주장과 언어가 본능적이고 유전되는 것이라는 주장은 둘 다 정당하다.

언어가 인간에게만 유일하게 존재하는 능력이며, 수십만 년 전에 호모 사피엔스가 만들어낸 이래로 세대를 거쳐 전수된 것이라고 주장하는 사람들은 언어의 선천적 성격을 받아들이지 않는다. 언어의 선천성이라는 테제를 뒷받침하는 것은 언어를 자연스럽게 말할 수 있는 인간의 능력이다. 청각 장애인 아이들도 일찍부터 수화를 보아왔다면 어설픈 손짓으로나마 체계적으로 수화 동작을 따라하는 것을 볼 수 있다. 비록 처음에는 이러한 몸짓에 의미작용이 없겠지만 아이들은 이런 식으로 차차 수화를 익힌다. 이러한 '수화 옹알이'는 생후 8~10개월에 일어나는데, 이 시기는 정상 아기가 옹알이를 하는 시기이기도 하다. 수화 옹알이의 경우 분절언어가 필요에 따라 목구멍에서 손놀림으로 대체된 것이다. 우리는 이를 통해 말을 배우는 과정은 목소리를 이용한 것이든 손짓을 이용한 것이든 상관없이 선천적 능력들을 작동시키는 것에 해당한다고 결론을 내릴 수 있을 것이다.

아이에게서 언어가 이렇게 자연스럽게 나타난다는 것은 언어학자 데릭 비커턴이 기술한 바 있는 현상으로도 잘 설명된다. 20세기 초 여러 국가들에서 하와이로 이주한 사람들이 있었다. 그들은 모든 문화적 뿌리에서 떨어져 나와 이주민들끼리 소통해야만 했다. 그래서 그들은 자연스럽게 '피진pidgin'이라는 언어를 사용하게 되었다. 피진은 어떤 소통체계 혹은 통사법이라고 할 만한 규칙도 없이 여기저기서 가져온 단어들을 혼란스럽게 뒤섞어 사용하는 언어였다. 그런데 이민 1세대의 자녀들은 피진을 사용하는 부모들에게 교육을 받기는 했지만 자연스럽게 하와이 크리올creole어를 사용하게 되었다. 하와이 크리올어도 특이한 혼성언어이기는 하지만 그래도 분명히 엄밀한 통사법을 따른다. 비커턴은 이 현상을 근거로 하여 언어학자들이 알아볼 수 있는 규칙에 따라 언어를 형식화하는 능력이 어린아이들에게도 선천적으로 존재한다는 결론을 내렸다.

부모들이 대명사를 정확하게 구사하지 못하는데 아이들은 그렇게 할 수 있다면 그것은 부모가 가르쳐서 된 일은 아닐 것이다. 그럼에도 불구하고 이 타고난 자질은 뇌가 성숙하는 결정적 시기가 아니면 제대로 표현되지 못한다. 결정적 시기에 아이는 소리로 이루어진 언어—아이가 청각 장애라면 손짓으로 이루어진 언어—를 습득할 수 있다. 어떤 집안사람들이 언어와 관련된 특수한 문제점을 나타낸다면 그 집안에 유전적 문제가 있을 것이다. 또한 정신지체의 일종이지만 놀랄 만큼 뛰어난 언변과 관련이 있는 경우도 있다. 11번 염색체 이상으로 발생하는 윌리엄스 증후군이 바로 그 경우이다. 스티븐 핑커는 윌리엄스 증후군이 있는 아이들이 믹 재거와 비슷한 외모를 지니고 있고 지능지수는 50 정도(길을 찾거나 신발끈을 묶거나 간단한 덧셈을 하기도 힘든 수준)이지만 언어능력은 매우 뛰어나다고 말한다.[3]

이러한 사례들은 인간의 언어가 본능적 성격을 띠고 있다는 주장에 힘을 실어준다. 인간의 뇌에 해부학적 특성과 유전자적 기원을 지닌 신경조직들이 있기 때문에 누구나 결정적 시기에 이르면 말하기를 배울 수 있다는 뜻이다. 이러한 사실이 반드시 보편문법을 나타내는 언어의 '심적 기관', 즉 계통발생학적으로 유례가 없으며 오직 인간이라는 종에게만 있는 어떤 장치가 존재한다는 주장을 도출하는 것은 아니다. 촘스키의 말을 믿는다면 어째서 일종의 '빅뱅'이 갑자기 유인원의 뇌에서 언어기관을 불쑥 튀어나오게 했어야 하는가? 어째서 원자폭탄의 버섯구름 같은 일대 파란이 동물계를 발칵 뒤집어놓았어야 한단 말인가?

물론 분절언어는 기막히게 복잡하고 까다롭다. 하지만 새들의 날개, 코끼리의 코, 그 밖의 여러 가지 생명의 불가사의들도 기막히게 복잡하고 까다롭기는 마찬가지 아닌가? 그런 불가사의들이 자연선택설의 결과라는 것에 대해 이제는 아무도 반박할 수 없지 않은가? 인간은 원숭이였는데 진화에 힘입어 차츰 동족과 말을 통해 소통할 수 있는 능력을 갖게 되었노라고 말한다고 해서 내가 고생물학자들보다 더 괴상한 가설을 내놓는 것도 아닌 셈이다. 고생물학자들의 가설도 결국 공룡들이 날 수 있게 되어 조류가 되었노라고 말하는 형국이지 않은가? 비록 원숭이의 입에서 어떻게 말이 나오게 됐는지, 파충류의 몸뚱이에서 어떻게 날개가 돋았는지는 알지 못하더라도 말이다.

하지만 두 발 보행이 실제로 어떻게 이루어졌는가라는 문제의 경우와 마찬가지로, 어떤 원형 언어가 점진적으로 수립되었다가 현대 언어에게 자리를 내어주었으리라는 이론은 진화의 비약들을 완전히 배제하지는 않는다.

언어의 계통발생[4]과 개체발생

분절언어의 문제는 인간의 또 다른 특성인 도구 사용과 도구적 행동방식의 문제와 떼어놓고 생각할 수 없다. 말은 이중분절에 따라서 모아놓은 부속들로 이루어진 기계다. 첫 번째 분절은 가장 작은 단위, 즉 단어나 단어의 조각들, 따로 떨어져 있을 때에도 형태와 의미를 간직하고 있는 단위인 이른바 기호소^{monème}를 이어준다. 이 조각들은 전환될 수 있으며 자신과 연결되는 요소들의 기능을 바꿀 수 있으므로 차츰 전체를 변화시킨다. 두 번째 분절은 서로 구분되는 음성학적 형태는 지니지만 의미작용은 없는 최소 단위들, 다시 말해 '음소^{phonème}'에 대해 이루어진다.

나는 언어의 뇌 기계실에 대해 뒤에서 설명할 것이다. 여기서는 동물에게서 인간 언어보다 앞서 나타나는 것만 살펴보겠다. 여기에서 언어와 사유의 관계라는 문제가 제기된다. 데카르트는 "사유의 표현은 그 사유의 존재 그 자체에 반드시 필요하다"고 했다. 데카르트에 따르면 동물들은 생각을 하지 않는다는 증거가 바로 그들이 언어의 도움을 받아 생각을 정식으로 표현하지 못한다는 것 그 자체다.

하지만 다윈 이후부터 이러한 인간의 특권은 받아들여지지 않는다. 생각에는 언어가 필요 없다. 동물은 자신이 살아가는 세상에 대해서 생각을 행사하기 위해 언어를 필요로 하지 않는 것이다. 여기서 무척추동물의 '전체적' 사고—사회를 이루고 사는 곤충들에게서 특히 잘 드러나는 사고—와 척추동물의 '자유 사고'를 구별하는 게 좋겠다. 슈나일라의 실험은 이 구별을 잘 설명해준다. 쥐와 개미는 둘 다 미로를 통과하는 법을 배울 수 있다.[5] 그렇지만 이 두 동물을 따로따로 놓고 보면 각각의 학습방법이 사뭇 다르다는 것을 알 수 있다. 개미는 천천히 미로에 들어가기 시작해서 한 단계 한 단계를 거칠 때마다 매번 정확한 선택들을 연결해 나아간다. 반면에 쥐는 각 단계에서 다음에 이어질 단계들을 예측한다. 쥐는 이렇게 학습하는 '요령'을 학습하기 때문에 전혀 새로운 미로가 주어졌을 때에도 훨씬 더 좋은 성과를 낼 수 있다. 쥐는 경험을 통해 목표지점에서 더 많은 먹이를 찾을 수 있다는 것을 알기에, 더욱더 힘차게 목표를 향해 나아간다. 쥐는 욕망에 이끌리는 존재다. 욕망은 오직 쥐에게만 속한 것이고 안달이 난 쥐의 육체의 표현이기도 하다. 쥐는 척추동물로서 자신의 정념에 대해 알려주는 자율신경계와 뇌를 가지고 있다. 이러한 실험에서 어떤 쥐도 자신과 같은 종에 속하는 다른 쥐와 완전히 동일한 방식으로 행동하지는 않는다. 반면에 이 개미나 저 개미나 미로를 통과하는 방식은 마찬가지다. 모두가 똑같은 신호들을 바탕으로 똑같은 과정들을 거쳐서—때로는 극도로 복잡하기는 하지만 역시 똑같은 코드를 따라서—유전자 프로그램으로 정해져 있는 행동 전략을 취하는 것이다. 개미와 꿀벌에게 무례를 범할 생각은 없지만 그들을 '자동인형'이라고 불러도 괜찮을 것 같다. 그러니 우리는 데카르트의 견해에 동의하여 동물들은 생각을 하지 않는다고 결론을 내리고 싶을 수도 있겠다. 하지만 우리는 오히려 반론 쪽에 손을 들어주어야 할 것이다. 사실 이 하찮은 동물들은 지나치게 이성적이다. 그들은 정념을 모르기 때문에 종이 명령하는 바를 결코 위반하지 않는다. 환경에 대한 동물의 적응이라는 면에서 대단히 효율적인 이 원형 사유에서 주체와 세계의 적합을 보장하는 기계의 결함을 가져올 만한 것은 전혀 없다. 연합 현상은 생체가 새로운 신호와 선천적 행동방식을 연결할 수 있게 해준다. 이러한 과정에는 신호 내용에 대한 분석이 전혀 필요치 않다. 달리 말하면 무척추동물의 사유는 분리―감히 자유라고 말하지는 않겠다―가 결여되어 있다.

조엘 프루스트가 '분리된 사유'라고 불렀던 것을 이용한다면, 동물은 '자신이 생각하는 바와 자신이 무엇에 대해 생각하는가를' 구분하고 자신이 지각하는 것의 내용을 분석하여 범주들로 정리해야만 한다.[6] 우리의 동물은 개념을 만들어내는 존재가 되어버린다. 꿀벌은 뛰어난 일꾼이자 정확성을 자랑하는 기하학자이지만 꽃에 대한 자기만의 개념도 없고 꽃에서 꿀을 따기 위해서 사용하는 신호들도 변함이 없다. 그런 신호들은 결국 정해져 있는 것이라고 말해도 무리가 없다. 그런데 새는 그렇지 않다. 새는 꽃뿐만 아니라 나무, 집, 자동차, 곡식 알갱이, 열매, 자기와 같은 종의 새, 포식자나 먹이에 해당하는 다른 동물들까지도 범주화할 수 있다. 비둘기에게 장미꽃 그림을 부리로 쪼면 먹이를 얻을 수 있다고 학습시킨다 치자. 그 새는 데이지나 패랭이꽃도 알아보고 쪼아댈 것이다. 예전에는 그 꽃들을 한 번도 본 적이 없다고 해도 꽃이라는 분별은 할 수 있다. 비둘기는 꽃의 개념에서 자신이 보상을 얻을 수 있으리라는 사실을 추론한 것이다.

나무에 앉아 있는 까마귀가 치즈 조각을 부리에 물고 있다면 그것은 치즈가 객관적 세계의 일부이고―비록 그 세계의 현실은 까마귀와 상관이 없을지라도―먹을 수 있는 대상이라는 범주에 속한다는 것을 새가 알고 있기 때문이다. 까마귀는 커다란 부리를 벌려서 그것이 과연 먹을 수 있는 것인지 확인할 수 있다. 그다음은 보지 않아도 뻔하다. 하지만 두 번

속지는 않을 것이다. 자신은 부리에 단단하게 잡히는 것만 먹을 수 있다는 사실을 이해하기에 너무 늦은 때는 없다. 하인리히는 까마귀들이 먹잇감으로서의 가치에 따라 사물들을 범주화할 수 있고 자기들에게 가장 적합한 먹이로 보이는 것을 선택하여 취할 수 있도록 다양한 방법들을 배울 수도 있다는 사실을 입증했다.

새들만 개념적 사고를 하는 게 아니다. 물에 사는 수많은 동물들 중에서 물고기들은 똑똑한 축에 끼지 못한다. 하지만 그 이유는 물고기들이 인간중심적인 선입견에 희생당한 까닭이다. 인간은 이제 겨우 물고기들이 함정을 피하는 능력이 있다는 것, 나름대로 세계에 대한 표상을 갖고 자기들의 관심사에 가장 잘 맞게 행동한다는 것 정도를 발견하기 시작했으니까. 똑똑함이라는 영예의 월계관은 해양포유류들에게 돌아간다. 돌고래와 고래의 인지적 위업들을 일일이 열거하면 이 장을 다 채우고도 남을 것이다. 사람들은 고래와 돌고래에 대한 호의에 따라 이 동물들이 쥐, 개, 고양이보다 훨씬 더 영리하다고 보기도 한다. 당나귀의 경우에는 판단력이 있지만 변덕스럽다는 평을 듣는다. 반면에 영장류, 특히 유인원에게 높은 수준의 개념적 사고능력이 있다는 사실은 누구나 인정한다. 이 똑똑이들의 능력, 특히 공간에 대한 표상이나 대상들 간의 관계를 맺는 능력(이 능력의 결과로 도구를 발명했다)을 기술하자면 이 장을 온전히 할애해도 모자라다.

'이행 추론' 같은 논리적 추론은 침팬지도 할 수 있다. 이행 추론이란 A가 B와 같고 B가 C와 같다면 A는 C와도 같다는 식의 추론으로, 이미 알고 있는 상관관계를 바탕으로 알지 못하는 상관관계까지 알아내는 것이다. 이러한 높은 수준의 관계 파악은 고립된 대상들에 대해서가 아니라 범주들에 대해 이루어진다.

이러한 사례들은 개별적 사유에 해당한다. 하지만 우리는 이미 사회를 이루어 사는 동물들에게 일종의 집단적 사고가 존재함을 살펴본 바 있다. 그럼에도 불구하고 동물에게 과연 개체 간의 관계를 관리할 수 있게끔 특화된 사회적 인지능력이 있는가라는 문제는 여전히 남는다.

그러한 사유는 사회적 대상들을 담당할 것이다. 사회적 대상들은 일상적 대상들과 구분된다. 사회적 대상들은 자율성을 지니고 있고 어떤 해석을 필요로 하는 양상들에 따라 자극에 반응한다. 요컨대 사회적 대상들은 주체와 상호작용을 한다는 말이다. 파트너를 알아보고 말을 건다는 것은 대상들을 범주화할 수 있는 능력이 있다는 증거다. 예를 들어, 내 편을 선택하려면 먼저 기준들에 입각한 평가를 내릴 수 있어야 하고 그러한 기준들은 수준 높은 분석을 요한다. 여럿이 함께 살다보니 적응을 위한 제약들 때문에 독립적인 사회적 사유가 나타났다는 가설은, 단위 현상의 발달이 필연적으로 '사유 대상으로서의 타자 발견'에 도달한다는 개념적 사유의 이론적 확인과 대립된다. 간단히 말하면, 지능이 사회화를 낳는 것이지 사회화가 지능을 낳는 것은 아니라는 뜻이다. 타자를 생각한다는 것은 타자를 생각하는 대상으로서 인식한다는 것, 다시 말해 타자와 더불어 표상을 교환한다는 것이기도 하다. 이때 언어의 개입을 고려하지 못하게 하는 것은 아무것도 없다(그럼에도 이 '언어'라는 용어가 지칭하는 것을 정확하게 명시해야만 할 것이다).

'언어의 개체발생' 연구는 최근 들어 기능 핵자기공명 촬영술과 양전자방출 단층촬영술의 열렬한 관찰 대상이 되고 있다.[7] 아기에 대한 관찰은 언어와 도구적 기능들이 유사하다는 생각을 한층 더 굳혀준다. 다양한 대상 체계들은 아기가 대상들을 짝짓거나 조립하는 전략들이 발달에 따라 점점 더 복잡해지는 모습을 관찰할 수 있게 해준다. 대상들을 조립하는 전략은 행위들의 위계화를 나타낸다. 이러한 위계화는 이중분절을 통해 언어의 구성 그 자체를 환기시킨다. 그러므로 도구의 조작은 언어 발달에 비견할 만한 단위적 발달을 보인다. 우리는 대상의 조작과 언어 기능이 적어도 아동 발달의 초기 단계에서는 동일한 뇌 구조를 근간으로 삼는다는 사실을 알고 있다. 이러한 두 기능들의 상호 단위성이 수립되는 것은 아동 발달이 어느 정도 이루어진 다음이다. 언어장애가 있는 환자들의 '인지적 프로필'을 상세히 분석해보면 그러한 프로필은 결코 고립되어 떨어져 있지 않고 세계에 대한 조작과 이해에 관련된 다른 기능들이 거의 항상 매우 다양한 방식으로 관련이 있음을 알 수 있다. 그러므로 우리는 언어가 모든 인간에게 있는 본능임은 분명하지만 그 본능의 발현은 인간의 수완과 지능을 잘 보여주는 또 다른 위업들에 쓰이는 뉴런 체계들 전체를 필요로 한다고 결론내릴 수 있겠다.

언어의 기능들

뛰어난 게슈탈트gestalt 심리학자의 한 사람이었던 뷜러는 소통의 도구로서의 언어가 지니는 세 가지 기능들을 다음과 같이 구분했다.[8]

첫째, 표현 기능이다. 언어는 발화자의 생각과 감정을 표현하는 데 쓰인다. 둘째, 명령·신호·호소 기능이다. 언어는 수신자에게 특정 반응들을 불러일으키기 위해 쓰인다. 셋째, 서술 기능이다. 언어는 사물들의 상태를 기술하기 위해서 쓰인다. 뷜러는 앞의 두 기능들은 동물의 언어와 인간의 언어에 공통된다고 본다. 반면에 서술 기능은 인간의 언어에서만 볼 수 있는 특징이다. 포퍼는 인간의 언어에 제4의 기능을 추가했다.

바로 논증 기능이다. 이 기능은 비판적 사유의 토대를 이룬다. 나는 여기에 제5의 기능을 추가하겠다. 공감 기능이 바로 그것인데, 나는 이 기능에 대해서 별도로 고찰하고자 한다.

표현 기능

감정에 대해서든 생각에 대해서든 이 기능은 동물 혹은 인간의 소통 과정 전체에 신체가 불가피하게 항상 개입한다는 것을 잘 보여준다. 표현한다는 것은 신체에 압박을 가하여 신체 밖으로 나가게 한다는 것이다. 이때 신체에 가해지는 것은 세상(환경)의 압박이요, 그러한 압박이 언어를 튀어나오게 한다.

명령 기능

이 기능은 '지표'와 '신호'를 포함한다. 우리는 개체가 자신의 존재에 대해 제공하는 지시들을 지표로 간주한다. '나는 먹는 것이 아니다' 혹은 '나는 훌륭한 먹을거리다', '나를 먹으면 해롭다', '나는 위험하다', '나는 해가 되지 않는다', '나는 빨리 달린다' 등등 직접적으로 지각될 수 있는 이 지표들은 가치가 있다. 나름대로 장점이 있기 때문에 자연선택설에 의해 보전된 지표들인 것이다.

같은 종의 개체들끼리는 '신호'를 주고받는다. 신호들은 대개 진화에서 나타나는 '의례화' 과정의 결과다. 그중에서도 환영의 신호는 특히 눈여겨볼 만한 예이다. 원숭이는 상대의 얼굴에 대고 말할 수가 없어서 상대의 엉덩이에 말을 건넨다. 이렇게 원숭이들이 서로 등을 돌리고 있는 모습이 인간으로 치면 얼굴과 얼굴을 마주하는 모습인 셈이다.

목소리를 통한 신호들은 굉장히 많다. 또한 종에 따라서 혹은 같은 종끼리도 상황에 따라서 매우 다양하게 나타난다. 십자말풀이에 취미가 있는 사람들이 좋아할 법한 의성어들이겠지만, 까마귀는 까악까악 울고 뻐꾸기는 뻐꾹뻐꾹 울며 꾀꼬리는 꾀꼴꾀꼴 울고 인간은 말을 한다. 말 없이 흐르는 물의 침묵은 별성대* 같은 물고기들이 내는 목소리에 깨질 수 있다. 이러한 언어의 명령 기능은 명백하다. 버빗원숭이들은 포식자가 접근하는 것을 보면 포식자의 종류에 따라서 세 가지(독수리, 표범, 비단뱀)로 구분되는 울음소리를 낸다. 이 울음소리를 듣고 다른 버빗원숭이들은 적절한 반응을 취한다. 포식자가 육상동물이라면 나무 위로 도망을 가고 포식자가 하늘에서 내려온다면 수풀 속에 들어가 몸을 숨기는 식으로 말이다. 또한 버빗원숭이는 울음으로 감정도 표현한다. 원숭이가 느끼는 공포가 클수록 울음 신호의 명령적 성격이 강해진다. 가까운 이들에게 '모두 숨어라!'고 절박하게 외치는 것과 마찬가지다. 또한 노래다운 노래를 할 수 있는 일부 새들은 소리를 통해 파트너에 대한 '(성적) 호소'의 신호를 실현한다.

---

* '별성대'에 해당하는 프랑스어 'grogneur'에는 '투덜거리는 사람'이라는 뜻도 있다. 투덜거리듯이 소리를 내는 물고기라서 이런 이름이 붙은 것으로 보인다.

서술 기능

언어의 서술 기능이 인간에게만 고유한 특성이라는 점에 의문을 제기할 수 있겠다. 버빗원숭이의 사례도 이 흥미로운 주제에 포함된다. 버빗원숭이는 포식자의 종류에 따라 각기 다른 세 가지 울음을 운다고 했는데, 그렇다면 세 가지 울음으로 자신이 처한 맥락을 서술하는 것이라고 볼 수도 있지 않을까? 버빗원숭이 새끼는 학습을 통해 이러한 앎을 습득하고 나중에는 사태나 발화자를 보지 않고 울음소리만 들어도 그것이 무엇을 의미하는지 알 수 있다. 그러니까 버빗원숭이는 울음의 의미만 알면 족한 것이다. 이것도 어떤 의미학적 얼개라고 할 수 있을까? 질문은 여전히 남는다.

레서스원숭이는 왜 먹이를 발견하면 다섯 가지로 구분되는 울음소리를 낼까? 동족에게 먹잇감에 대해 묘사라도 하는 걸까? 맛있고 구하기 힘든 먹이를 발견하면 세 가지 다른 울음을 우는데 이것도 마찬가지의 표현일까? 아니면 우리 인간이 알지 못하는 명확한 식도락 정보를 담고 있는 걸까?

논증 기능

논증 기능은 칼 포퍼가 기술한 기능으로서 인간에게만 해당된다. 인간은 타자를 설득하고 '다루어' 타자의 견해를 바꾸고 자기편이 되게 하는 데 능하다. 나는 언어라는 것이 인간이 가까운 타자를 조종하는 데 써먹는 도구라는 가설을 제시한다. 다시 한 번 말하지만, 도구란 세상과 물리적 사물들에 대해 행동하기 위해 쓰이는 대상이다. 동물도 이따금 밀짚, 막대기, 돌멩이 따위를 이용하여 자신의 목적을 달성하곤 한다. 인간은 두 개 이상의 부품을 결합하여 어떤 것을 수행하는 장치를 만드는 능력을 습득했다. 막대기에 날카로운 돌조각을 매달아 창을 만들었고, 깃털 끝에 뾰족한 것을 달아서 사냥감이나 적을 공격하는 화살을 만들었다. 잘 깎은 돌을 나무 손잡이에 덩굴로 매달아 만든 도끼는 집을 짓는 데 유용했다. 이런 식으로 이어진 발전은 동족에게만 쓰이는 대량살상 기계의 발명으로까지 이어졌다.

인간의 언어도 동일한 원칙에 따른다. 말은 앞에서 보았던 '이중분절'에 따라서 모인 요소들로 구성된 일종의 도구다. 단어들, 문장들은 수신자에게 받아들여지지 않으면 아무 소용도 없다. 사전에 있는 단어들은 실제로 사람들이 사용하지 않는 한 무력할 뿐이다. 그런 단어들은 창고에 가지런히 정리된 채 자신을 사용해줄 사람의 손길을 기다리는 도구들과 같다. 그런데 언어가 다루는 대상들은 도구가 다루는 대상들과는 달리 언어와 상호작용을 한다. 그 대상들은 이해도 하고 반응도 할 수 있다. 수신자도 발화자 못지않게 작용을 하는 것이다. 대화상대가 직면하는 가장 골치 아픈 과업 중 하나는 바로 '분할'이다. 예를 들어, 『지하철 소녀 자지』의 첫 문장 "Doukipudonktan"에 대해서 뇌는 이 문장을 읽었을 때 나오는 일련의 소리들에서 어떤 의미를 끌어내기 위해 단어들 사이의 경계를 찾아야만 한다.* 아이들은 어른들이 억양도 없이 속사포처럼 쉬지 않고 쏟아내는 말에서 단어들을 분할하기 위해 대단한 노력을

---

*『지하철 소녀 자지』는 레몽 크노의 소설이다. 이 소설의 첫 문장 "Doukipudonktan"은 소리 내어 읽으면 "D'où est-ce qu'ils puent donc tant?(도대체 저들은 왜 저렇게 고약한 냄새가 나는 거지?)"으로 들린다.

기울인다. 어른들이 말할 때 아기는 가만히 들으면서 화자가 그 소리를 무엇에 사용하는가를 짐작하고 결국에는 어떤 어휘를 습득하게 된다.

이러한 습득의 리듬은 경이롭다. 아이는 생후 18개월에서 6세 사이에 이미 아는 단어들과 아직 모르는 단어들의 더미에서 금덩이를 찾아내듯이 단어들을 추출하고 매일 9개의 단어들을 자기 것으로 만든다. 이 광부도 가끔은 단어들을 잘못 캐내는 실수를 한다. 미셸 레리스는 '게임의 법칙'에서 아이가 어른들이 빌랑쿠르 화재사건에 대해 하는 말을 들으면서 그 사건에 대한 묘사들 때문에 어떤 표현을 엉뚱한 의미로 짐작하고 기억해버린 예를 들었다. 아이가 어쩌다가 그런 실수를 범했는지를 세세히 파고들지 않더라도 우리는 아이가 엄마의 말을 기능적 요소들로 분할하면서 음성적 지표들의 규칙성을 탐구한다는 사실을 알 수 있을 것이다.

언어학자들의 지식을 총동원하더라도 인간의 언어가 간직한 수수께끼들은 남는다. 인간의 말이라는 요란한 소음에서 어떻게 의미가 발생하는 걸까? 어떻게 사람들은 그렇게 쉽게 서로의 말을 이해하고, 가끔은 지독하게 이해하지 못하기도 하는 걸까? 그 이유는 언어가 서로 알아듣기 위해 있는 것일 뿐 아니라 — 어쩌면 그 이상으로 — 정념을 위해 있는 것이기도 하기 때문이다. 그래서 '공감 기능'은 인간 언어의 기능들 중에서 가장 본질적인 것일지도 모른다.

언어의 정서적 기능

소포클레스의 비극 『필록테테스』는 말의 공감 기능을 기막히게 잘 보여준다. 트로이 전쟁에 참전한 용사 필록테테스는 크리세이스 섬을 원정하던 중 뱀에게 발꿈치를 물리고 만다. 물려서 곪은 상처는 지독히 아팠다. 끔찍한 비명소리 때문에 그의 동료들은 조용히 신들에게 제물을 바치거나 술을 올릴 수도 없었다. 그래서 그리스군은 필록테테스를 아무도 살지 않는 그 섬에 버리고 떠났다. 필록테테스는 그 섬에 10년이나 혼자 지내면서 말을 잃어버린 사람처럼 오직 비명으로만 자신을 표현했다.

　이 가엾은 용사는 헤라클레스의 친구였다. 헤라클레스가 죽던 날에 그 시신을 화장하는 장작더미에 불을 붙여준 장본인이자 표적을 절대로 놓치지 않는다는 영웅의 활과 화살을 물려받은 사람이었다. 그리스 전사들은 그를 떼어놓고 오면서 차마 헤라클레스의 활과 화살까지 가져오지는 못했다. 그들은 그 신묘한 무기를 아쉬워하면서 무적의 트로이군과 여전히 힘겹게 싸우고 있었다. 그런데 헤라클레스의 화살이 없으면 아카이아(그리스) 군대가 절대로 승리를 거두지 못할 것이라는 신탁이 떨어졌다. 이리하여 같은 나라 사람들에게 버림받은 채 육신의 고통으로 상할 대로 상한 이 용사가 다시 중요한 인물로 떠올랐다. 율리시스는 아킬레우스의 아들 네오프톨레모스와 조우하여 필록테테스를 다시 찾아갔고 그의 마음을 사로잡는 데 성공했다. 이 비극에서 가장 감동적인 장면은 필록테테스가 무대에 등장하는 바로 그 순간이다. 아카이아 사람들은 섬에 상륙한다. 그들은 가엾은 필록테테스가 없는 동안에 그가 사는 동굴을 공들여 꾸며주고는 몰래 숨어서 그가 돌아오기를 기다린다. 합창단은 그가 오는 소리를 듣는다. 연신 내지르는 비명 소리 때문에 필록테테스를 알아볼 수 있다. "어떤 소리가 울려 퍼진다. 고통에 시달리는 사람의 탄식 소리, 그는 멀리 있지 않구나, 그가 끔찍한 비명을 지르는구나." 필록테테스가 등장한다. 그는 절뚝거리다가 깜짝 놀라서 더는 비명을 지르지 않는다. 다른 사람의 존재가 그의 언어를 회복시키기라도 한

듯, 그래서 고통이 가라앉기라도 한 듯 말이다. 필록테테스가 말한다. "오! 낯선 자여, 누구인가? 그대 목소리를 듣고 싶구나." 그에게 대답을 하자 이내 기쁨의 말이 튀어나온다. "오, 친애하는 목소리여." 이리하여 불쌍한 필록테테스는 인간 공동체에서 유리됨으로써 처할 수밖에 없었던 동물의 조건에서 벗어나 말의 소리, 인류에 대한 소속감, 공감의 길로 다시 들어오게 된다.

또 다른 울음소리는 인간 세상으로의 진입을 나타낸다. 갓난아기의 울음이 바로 그 소리다. 인간의 새끼는 새로운 조건과 맞닥뜨리고는 놀라고 당혹스러워 울어댄다. 그 울음이 아이의 영혼에 미치는 반향은 죽는 날까지 이어진다. 울음은 최초의 호흡 운동을 동반하고, 그 덕분에 아기는 세상의 냄새를 맡는다. 숨쉬기, 울기, 냄새 맡기, 욕망과 고통을 표현하기. 갓난아기에게 있는 이러한 정서적·표현적 양상들 속에 이미 한 인간이 있다.

출생의 울음에 대해서는 여러 연구자들이 천착한 바 있다. 들숨을 한 번 쉬고 나서 아기는 온몸으로 20~30초간 울음을 내지른다.[9] 아기는 태어나자마자 우는데 이 울음은 아기에게 아주 이롭다. 실제로 아기의 울음소리는 산모의 유즙 분비를 촉진하는 것으로 알려져 있다. 울음소리가 산모의 뇌와 혈액 내 옥시토신 분비를 촉진한다는 말이다. 이 호르몬은 엄마에게 아기의 울음을 멈추게 하고 싶은 마음과 뒤섞인 공감을 불러일으키거나 그러한 감정을 더욱 증폭시킨다. "네가 울수록 나는 너를 더 사랑한다. 하지만 제발 울음 좀 그치렴, 아가야!" 여기에 사랑의 양면성은 벌써 온전히 나타나 있다.

최초의 울음이 사라지고 난 후에 갓난아기가 우는 울음은 근본적인 감정, 배고픔, 목마름, 고통 등을 의미한다. 어른에게서도 이러한 울음은 언어의 대척점에 위치한 채 잠재적으로 남아 있으며 언제든지 튀어나올 태세를 갖추고 있다. 이 울음에는 공감이 없다. 이 울음은 비극적인 고독을 의미한다. 가엾은 필록테테스가 그랬듯이 고통에 몸부림치는 일개 동물로 전락해버린 인간에게는 타자가 절망적으로 부재함을 말한다. 영화애호가들 중에는 아마 안토니오니 감독의 초기작이자 그의 가장 뛰어난 작품인 〈비명〉을 기억하는 이들이 있을 것이다. 그것은 일생일대의 사랑으로부터 버림받은 한 남자가 허공으로 뛰어내리면서 내지르는 비명이다.

동물성과 완전한 고독을 나타내는 이 보편적 울음 외에도 갓난아기는 점차 성장하면서 다양한 울음들을 보여준다. 그 울음들은 최초의 울음, 레오파르디의 표현을 빌리면 "근원적 심연의 공허"로 돌아갈 뿐인 울음과는 사뭇 다르다. 호소 혹은 위협의 울음은 소통 기능을 하는 음성들과 비슷하다. 그런데 이러한 울음들은 문화권에 따라서 다르다. 일본 아기는 프랑스의 아기처럼 울지 않는다. 또한 아기들은 다른 아기들의 울음에 반응한다. 특히 사내아기보다 여자아기가 반응을 더 잘 한다. 탁아소에 한 번 찾아가보면 울음이 전염되기 쉽다는 것을 알 수 있다. 아직 언어적 기관을 갖지 못한 아기들이 타자와의 소통 욕구를 오로지 울음으로 표현하는 것은 분명하다. 하지만 한 가지 강조하고 싶은 점이 있다. 나는 어떤 식으로든 울음이 언어의 선구자, 진화의 전 단계라고는 생각지 않는다. 울음이 소통을 떠받치는 때조차도 울음이 곧 말이 될 수는 없다. 울음이 근거하는 뇌 구조들은 언어와 무관하기 때문이다.

인간은 최초의 옹알이에서부터 생애 최후의 말을 남기기까지 수백만 개의 단어들을 구사한다(수명이 70세까지라고 본다면 평균 1억 8,480만 개의 단어들을 쓴다). 일상적인 단어들, 기지가 넘치는 말, 쓰라린 말, 결론을 짓는 말, 잔인한 말, 웃자고 하는 말, 신랄하게 꼬집는 말, 사람 목숨을 쥐락펴락 하는 말. 하나의 말이 전부일 수도 있다! 감정, 고통, 비극, 시, 사랑, 삶의 경험일 수 있다. 하나의 세계, 하나의 철학일 수도 있다. 말들은 비단 '의미를 지닌 소리들'에 그치지 않고 감정을 실을 수 있다. 그러한 말들은 듣는 사람을 바늘처럼 아프게 찌르기도 하고 몸에 좋은 술처럼 온몸에 확 퍼지기도 한다.

세러는 발화체의 정서적 힘에 대해 체계적으로 연구했다.[10] 그는 청자에게 언어적 내용이 개입하지 않는 방식으로 제시된 문자들에 대해 어떤 정서적 판단을 내려보라고 요구했다. 말하는 사람의 흥분 수준은 목소리의 높낮이나 어조를 통해 쉽게 평가할 수 있었다. 특정한 음성적 지표들에 대해서 억양을 기준으로 공포, 폭력성, 오만, 무관심 등을 구분할 수 있었다.

얼굴의 감정 표현은 말에 따라 기계적으로 나타났다. 미소를 지으면 성도聲道의 길이는 짧아지고 폭은 넓어져서 음성 신호들의 변화를 초래할 수밖에 없다.[11] 음형대의 폭이 넓어지고 주파수 빈도도 늘어나며 어조가 높아진다.[12] '나는 네가 웃는 소리를 듣는다.'

음성 효과에 운율법이 추가된다. 운율법은 말의 음악적 포장, 다시 말해 리듬, 멜로디, 악센트에 대한 것이다. 나는 이러한 운율법이 단어들의 분할과 문장들의 분리를 나타내기 때문에 언어학적 가치가 있음을 다시 한 번 말해둔다. 그렇지만 운율법의 정서적 가치 또한 대단히 크다.

말은 그 말을 내뱉는 얼굴과 불가분의 관계에 있다. 나는 다른 사람에 대해 말하면서 그 사람의 얼굴에서 내 말이 일으키는 효과들을 읽어낸다. 나는 그의 감정을 느낄 수 있게 된다. 나는 이해의 표시들이 떠오르는지 살펴본다. 그러한 표시들은 대화상대가 내 생각을 통찰하고 있으니 나의 이중성으로 상대를 혼란스럽게 할 의도가 없는 이상 그가 자기 마음대로 생각하게 내버려두어도 된다는 것을 의미한다.

　얼굴과 얼굴을 마주하는 동안 시선의 작용들이 펼쳐진다. 주의 깊은 대화상대는 화자가 보여주는 것을 눈으로 좇거나 잘 이해되지 않는 것을 낱낱이 살핀다. 상대를 바라보는 태도는 말하는 사람보다 듣는 사람에게 더 두드러지게 나타난다. 말하는 사람의 수줍음 때문에, 자기를 드러내 보인다는 두려움 때문에, 속내를 밝히기 망설여지는 마음 때문일까? 어쩌면 말하는 사람은 듣는 사람이 자기 이야기를 중간에 끊거나 혼란스러운 방향으로 몰고 갈까봐 듣는 사람이 보내는 신호들로부터 자신을 방어할지도 모르겠다. 정신분석에서 사용되는 기법, 즉 환자는 긴 의자에 누워서 이야기를 하고 분석가는 의자 뒤에서 환자를 보지 않은 채 이야기를 듣는 기법은 이러한 화자의 상황을 첨예화한다.

　청자의 입장은 명백하게 수동적이지도 않고 명백하게 중립적이지도 않다. 청자가 시선을 떼지 않고 화자를 바라본다면 그 시선이 화자에게 브레이크를 걸게 될 수도 있다. 반면에 동의를 뜻하는 몸짓, 고개를 끄덕이는 행동이나 짧게 맞장구치는 소리는 '대화의 태엽장치들'과도 같다.

　화자 입장에서 나타나는 얼굴 표정은 발화체의 내용에 따라 달라질 수 있다. 우리가 앞에서 보았듯이 얼굴 표정은 조음기관 등에 영향을 줌으로써 소리의 기계적 특성들을 변화시킬 수 있다. 아이러니한 것은 텍스트에만 포함되는 게 아니다. 눈썹을 치켜뜨거나 눈꺼풀을 찡그리는 방식으로도 아이러니는 표출될 수 있다. 그림을 잘 그리는 사람은 연필선 몇 개만으로도 빈정거리는 표정이 뚝뚝 묻어나는 얼굴을 그릴 수 있다. 눈썹의 움직임은 음절에 붙은 악센트와도 같다. 이러한 얼굴의 운율학은 무성영화에서 명백하게 나타난다.

말하는 사람의 입술 움직임은 음소들을 만들어내는 데에만 관여하지 않는다. 그러한 움직임은 소리와 분리할 수 없는 정동들을 담고 있다. 헤르더는 "우리의 본성에는 소리의 종류만큼이나 많은 감수성들이 잠자고 있다"[13]고 했다. 그 감수성들은 우리 입술에 와서 깨어난다. 입술의 움직임은 말을 이해하는 데 도움이 되는 지표들을 공급하는데, 입 모양을 보고 상대가 하는 말을 아는 청각 장애인들만 이러한 지표들을 써먹는 게 아니다. 상대의 말을 듣는 대화상대는 자기도 모르는 사이에 상대의 입술 움직임을 읽는다. 그렇게 때문에 배우의 입 모양과 맞지 않게 잘못 더빙된 영화를 보면 뭔가 어색하고 불편한 느낌이 드는 것이다. 이미지와 소리의 괴리는 때때로 환청을 듣게 하기도 한다. '가'라는 발음의 입 모양을 보여주고 '바'라는 소리를 들려주면 청자는 그 소리를 '다'로 잘못 듣곤 한다.[14]

말하는 입술의 움직임을 읽는 것은 아마도 먼 과거에 입과 손을 이용하여 구사하던 몸짓 언어의 흔적이 남아 있기 때문일 것이다. 더욱이 화자는 자기 말을 더욱더 잘 이해시키기 위해 으레 손을 입 높이까지 올려 가면서 제스처를 더하곤 한다. 듣는 사람도 상대의 말을 좀더 잘 이해하고 싶을 때에는 살짝 뒤로 물러나서 상대의 얼굴과 손을 모두 시야에 넉넉하게 담는다. 언어의 신경학적 메커니즘과 뇌구조들에 대한 연구는 이러한 관찰의 의미를 해석할 수 있게 해준다.

언어의 역학

말은 지각과 몸짓을 연결하는 표상행동 개념을 완벽하게 설명해준다.

오른손잡이의 90퍼센트 이상은 좌뇌가 언어를 담당하는데, 좌뇌에서도 가장 앞쪽은 행동을 담당하고 가장 뒤쪽은 표상을 담당한다.

언어는 뇌에서 비롯되는 능력이므로 언어능력과 관련된 구조들도 뇌 쪽에서 찾는 것이 마땅하다. 그래서 뇌의 부분적 손상은 말의 상실(실어증)이나 언어의 특징적인 기능이상과 관련된 특정 부위에 대한 우리의 관심을 끌어당긴다. 특히 19세기 말과 20세기에는 환자들에 대한 임상적 관찰과 환자의 뇌에 대한 신경해부학적 연구를 결합한 작업들이 풍부하게 쏟아져 나왔다. 비교적 최근에 도입된 뇌영상 촬영술은 언어에 대한 우리의 지식을 괄목할 만큼 풍부하게 해줬다.

좌뇌가 언어 생성에 끼치는 역할을 처음 발견한 영예는 파리의 외과의사 폴 브로카에게 돌려야 한다. 그는 원래 생트 푸아 라 그랑드 출신인데, 그곳은 도르도뉴 외곽의 작은 촌락으로서 19세기 프로테스탄트 부흥의 온상이었다. 그 마을 출신 중에서만도 뇌 전문가들이 몇 사람 있었다.

브로카는 1861년 4월 18일 파리 살페트리에르 병원에서 르 보르뉴, 일명 '탕'이라고 하는 환자의 사례를 발표했다. 이 환자는 우발적인 뇌혈관계 질병을 보인 후에 말하는 능력을 완전히 잃어버렸지만 남들이 하는 말은 알아들을 수 있었다(이때부터 이러한 증상은 '운동실어증' 혹은 '표현언어실어증', '브로카실어증'으로 부른다). 그는 "탕-탕"이라고 똑같은 음절을 두 번 반복하는 것 외에는 전혀 말을 하지 못했다. 그래서 '탕'이 그의 별명이 되었다. 그런데 그의 발음은 정확했으므로 발성체계에는 문제가 없는 듯 보였다. 이 환자가 사망한 후에 뇌를 검사해보니 대뇌피질 좌반구, 좀 더 정확하게 명시하면 실비우스열을 따라 나 있는 전두엽 아래쪽에 손상을 입은 사실이 밝혀졌다(이때부터 이 부위를 브로카영역이라고 부른다).

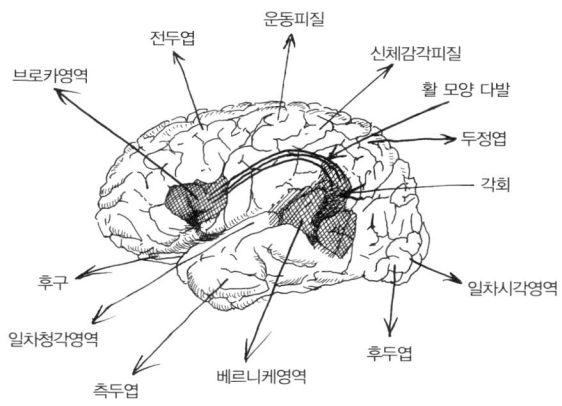

그림 42 언어를 담당하는 주요 영역들

브로카의 발견이 있고 나서 1874년에는 독일의 신경학자 카를 베르니케의 발견이 있었다. 그는 말할 수 있는 능력을 갖고 있으되 다른 사람이 하는 말을 이해하지 못하게 된 두 명의 환자(소위 '감각실어증' 환자)들을 관찰하고 그들의 좌뇌에서 청각감각영역과 인접해 있는 오른쪽 측두엽 윗부분에 손상이 있음을 밝혀냈다(베르니케영역, 그림 42 참조).

나중에 이 두 영역을 연결하는 신경섬유다발(활 모양 섬유다발)이 있다는 사실도 밝혀졌다. 이 섬유다발이 파괴되면 제3의 실어증, 소위 전도실어증이라 부르는 실어증이 발생한다. 전도실어증은 환자가 단어들을 발음하거나 알아들을 수 있지만 그 단어들을 언어적으로 올바르게 관계 짓지 못하는 병이다.

뇌 영상 촬영기법을 동원하는 기능신경심리학은 액면 그대로 받아들이기에는 지나치게 단순한 이 정보들을 뒤집었다. 일단 앞에서 보았던 세 영역들은 말하기와 듣기에 모두 일차적인 중요성을 띠고 관여하지만 그 영역들의 관계는 다소 복잡하게 뒤얽혀 있다. 브로카영역에 손상을 입은 환자들은—게다가 그 손상은 어떤 균일한 실체가 아니라 여러 모로 수준과 정도가 다르다—분명히 말하기에 문제가 있다. 이러한 문제의 특징은 음절과 단어를 조합하는 방식의 결함이며, 따라서 그들의 말은 전보문처럼 간결하고 단어들을 반복하는 식으로 나타난다. 하지만 이러한 브로카실어증 환자들에게는 문장의 통사조직에 대한 분석의 문제도 분명히 나타난다. 의미론, 단어들의 뜻은 베르니케영역에 속한다고 보아야 할 것이다. 베르니케영역은 인근 영역들로 확대되고 다시 물체, 동물, 도구, 사람을 명명하도록 특화된 하위 영역들로 나뉜다.

요컨대, 앞쪽 말단(브로카영역과 운동실행영역)에는 발성행위를 조직하고 만들어내는 활동이 귀속되고, 뒤쪽 말단에는 의미의 지각, 인식, 부여가 귀속됨으로써 양극이 함께 '표상행동'을 책임진다고 할 것이다.

리히하임 모델은 세 개의 중추를 포함한다. '운동중추'가 파괴되면 표현언어실어증(브로카실어증)이 발생한다. '감각중추(청각)'가 파괴되면 감각실어증(베르니케실어증)이 발생한다. 그리고 그 둘을 연결하는 연결다발(궁상속)이 손상을 입으면 전도실어증이 발생한다. 마지막으로 '개념중추'의 파괴는 피질경유실어증 transcortical aphasia 의 원인이 된다고 하는데, 이 중추는 지금도 여전히 관심을 끌고 있다. 인지신경심리학은 뇌 영상 촬영술에 힘입어 기능적 접근을 위해 지나치게 국소이론에 매여 있던 생각들을 현저하게 수정했다. 이리하여 브로카실어증 환자들처럼 전형적 특징을 지닌 환자들에 대한 연구는 그들이 말을 하는 능력에만 문제가 생긴 것이 아니라 지각능력도 변질되었음을 보여주게 되었다. 이 두 가지 방향에서 환자들의 능력을 분석한 결과는 처리의 특수한 기능적 양상이 문제가 아니라 환자들의 뇌가 언어 정보의 특정 유형에 대해서, 즉 통사적 수준과 관련이 있는 정보에 대해서 제 기능을 하지 못할 것이라는 결론을 암시한다. 실제로 카라마차와 주리프는 이 환자들이 말하기의 문제 외에도 발화체의 처리에 대한 어려움을 겪는다는 것을 보여주었는데, 발화체를 정확하게 이해하자면 발화체 내의 통사조직을 적절하게 분석해야만 한다. "남자아이가 여자아이를 민다" "자동차가 트럭을 추월한다"처럼 '도치 가능한' 발화체(남자아이/여자아이, 자동차/트럭은 서로 위치를 바꾸어도 문장이 성립한다)의 경우가 그렇다. 이러한 데이터들은 뇌 손상이 언어의 어느 한 양상, 예를 들면 생성, 독해, 음성언어의 지각 같은 한 가지 양상의 활용에만 영향을 주는 것이 아니라 '통사' 같은 언어의 특정하면서도 추상적인 수준에 영향을 미친다는 것을 암시한다.[15]

수많은 연구 작업들이 말 혹은 청각적 처리의 초기 단계들을 뇌 영상으로 관찰하고자 했다. PET 기술 덕분에 그 결과들을 종합할 수 있었다. 이러한 연구는 소위 음성학적 처리에 관여한다고 하는 뇌 영역들의 위치가 연구자들에 따라 천차만별로 나타난다는 것을 보여주었다. 여러 연구자들이 음성학적 처리에 관여한다고 보았던 피질영역들은 22가지가 넘었다. 이 다양성은 아마도 연구자들이 사용한 실험 절차, 특히 실험에서 수행된 과제(운율을 파악한다든가, 음소를 감지한다든가 하는 과제)들의 성격에서 비롯되었을 것이다. 그러므로 서로 다른 실험과제들이 사용됨으로써 그러한 처리의 서로 다른 '측면들'이 작용하게 되었을 것이다. 그렇다면 이러한 결과들은 '음성학적 처리'가 하나의 체계가 아니라 기능적으로 서로 구분되는 다수의 하위 체계들을 통해서 이루어짐을 뜻할 수도 있겠다.

그러나 언어를 논하면서 좌뇌에 대해서만 다룬다는 것은 지나친 단순화다. 우뇌—꼭 그렇다고는 할 수 없지만 대부분은 왼손잡이들—에도 말을 담당하는 영역들이 무시할 수 없을 만큼 상당수 있다.[16] 출생 직후 혹은 비교적 어린 시절에 좌뇌에 손상을 입은 사람들은 우뇌를 이용하여 말하기를 배우지만 그들의 언어 능력은 결코 떨어지지 않는다. 왼손잡이 연설가들은 언어의 운율법, 추상명사의 처리, 강렬한 정서적 의미 부여 등에 우뇌를 사용한다. 인간은 신의 이름을 떠올리면서 아마도 우뇌를 사용할 것이다. 이 예는 대뇌반구들의 기능적 특화가 지니는 적응상의 장점을 잘 보여준다. 같은 반구에 직접 연결되어 있는 기능들을 접근시킴으로써 피질에서의 공간이나 시간이 그만큼 절약되기 때문이다. 특히 비교적 서로 독립적인 과제들을 함께하는 데에도 도움이 될 것이다. 국가원수는 '주님'의 보호를 구하는 기도를 하면서 우뇌를 쓰고, 동맹을 설득하는 연설과 적들을 무찌르는 전략을 작성하면서 좌뇌를 쓴다. 그러니까 좌뇌는 언어를 담당하고 우뇌는 이성의 소관을 다한다는 식으로 너무 양자를 쉽사리 대립시키면 안 된다. 이건 독자들에게 구구절절 설명할 것도 없는 사실이다.

언어를 그 일차적 목적에 충실하게 구사하는 것은 중요하다. 말이란 타자를 향할 수밖에 없는 행위다. 다시 말해, 말은 그것을 받아들일 수 있는 생명체를 향해야 한다. 의미를 통해 발현되는 것은 항상 쾌락과 고통의 경계 안에서 나타난다. 말에 의미를 주는 것은 그러한 감각들이다. 이름도 없고 냄새도 없고 시각도 없고 맛도 없는 것, 의미작용이 전혀 없는 세계에서 유래하는 것은 없다. 모든 말은 세계에 대한 감각적 표현이며, 그렇지 않은 말은 존재하지 않는다. 존재들이 완전히 자의적이면서도 논리적으로 주어진 규칙에 따라 분절되는 기호들을 매개로 서로 소통한다면, 그들은 이루는 사회는 통사적으로 올바르지만 비인간적일 것이다.

학자들의 언어학은 언어가 원래 은유적일 수밖에 없음을, 다시 말해 언어는 어떤 사물을 가리키고 그 사물은 보이는 것에 의미작용을 전이함으로써 어떤 의미를 지닌다는 것을 자꾸 잊게 만든다. 이러한 언어 안에서 세계 내 존재의 첫째 양상인 기쁨과 고통은 동물의 물음을 넘어서 지극히 인간적인 방식으로 말을 한다. 마르셀 프루스트의 표현을 거의 비슷하게 써먹자면, 우리는 자분정自噴井이 그렇듯이 고통과 기쁨이 마음을 가장 깊숙이 파헤치더라도 말은 더 높이 솟아오른다고 말할 수 있을 것이다.

    입과 손으로 말을 한다는 것은 운동 행위이다. 그리고 이러한 행위를 명하는 피질영역은 브로카영역과 인접해 있다. 마찬가지로, 감각 활동은 베르니케영역과 가까이 있는 시각이나 청각 수신영역들을 끌어들인다. 나는 앞에서 이미 원숭이의 전두피질영역(거울 뉴런이 있는 곳)과 브로카영역이 일치한다고 언급한 바 있다. 이러한 데이터로 미루어 보건대, 타자(이 타자를 A라고 하자)의 의도적 몸짓에 대한 관찰은 관찰자(B)에게 A가 몸짓을 실현함으로써 일어나는 뉴런 활동과 동일한 현상을 일으킬 것이다. 다만 일종의 신경억제가 B로 하여금 실제로 그 몸짓을 하는 것을 차단할 것이다. 그럼에도 불구하고 이 억제는 불완전하기 때문에 운동의 기본 얼개 같은 것을 나타낼 것이고, 그래서 A는 B가 자신의 몸짓을 제대로 지각하고 이해했다는 것을 알 수 있다. 우리는 여기서 인간과 흡사한 원숭이, 이를테면 마카크원숭이에게 존재할 법한 몸짓언어의 원시적 형태를 본다. 진화는 인간이 시각적 투입을 청각적 투입으로, 손짓을 목구멍의 동작으로 대체함으로써 표상을 통한 소통양식을 발전시키게끔 이끌었다. 농아들에게서는 그러한 손짓을 이용한 소통이 다시금 우위를 찾을 수 있다.

    타자에 대한 탐색, 그것은 우리의 아주 특별한 뇌 여행의 목적이었다. 그러니까 그 탐색이 시작되었을 때처럼 이제 여기서 끝을 낸다.

나는 뇌를 자유와 사랑의 기관으로 소개했다. 그렇지만 각성된 자유는 유전자들이 가하는 절체절명의 제약에 달려 있고, 사랑은 너무나 자주 증오의 탈을 쓴다. 뇌, 그것은 이 여행의 길잡이들 말마따나 "수많은 명암들이 엇갈리는 존재"이다.

Focus 15
신경계의 유전성 질환

알렉시스 브리스
(파리 피티에 살페트리에르 정신병원 임상의, 신경학과 교수)

　신경계는 그 신경계를 구성하는 세포들이 대단히 다양하고 그 연결점도 많다는 점에서 매우 복잡한 기관입니다. 이러한 복잡다단함이 수많은 유전자들의 조합과 그 표현을 필요로 한다는 사실을 말로 하기는 쉽지요. 우리 유전자(총 3만 개 정도)의 절반 이상은 신경계에서 표현됩니다. 그렇기 때문에 유전성 질환의 절반 이상은 신경계에 영향을 주는 병이지요. 물론 그러한 질환들의 임상적 표출이나 그 정도는 매우 다양하게 나타나지만 말입니다.
　지난 20여 년 동안, 특히 인간의 게놈과 그것을 구성하는 유전자들이 밝혀진 이후 신경계 질환의 원인이 되는 유전자들은 1,000개 이상 알려졌습니다. 신경계 질환의 원인인 유전자 이상이나 변이에 대한 지식은 다음에 소개하는 의사들과 환자들의 적용에 토대가 되고 있지요.

더 나은 질병의 분류와 질병의 특징 파악

신경계 유전성 질환은 드문 편이지만 그 종류가 많습니다. 사실 이러한 질환의 대부분은 '고아병'이며 2,000명 중 1명이 걸릴까 말까 합니다. 그런 질환의 종류가 1,000가지쯤 된다는 사실은 충격적이지요. 이렇게 보기 드문 질환들 말고도 알츠하이머병이나 파킨슨병처럼 일반적인 병의 유전성 형태가 있습니다. 분자유전학이 도입된 후부터 한 가지로 보였던 질환이 여러 가지로 분리되는 경우가 많아졌기 때문에 질병에 대한 분류도 새롭게 이루어졌지요. 예를 들어 어떤 퇴행성 망막 질환(색소성 망막염)은 실명으로 이어지는데, 이러한 질환은 백여 개의 서로 다른 유전자들이 변질됨으로써 일어난다고 합니다. 가족마다 이 유전자 중 하나가 들어 있지만 가족에 따라 다르게 나타나는 것이지요. 이것을 '유전적 이질성'이라고 합니다. 또한 분자유전학은 대개 가족에 따라 각각의 유전자에 서로 다른 변이가 있음을 보여주었습니다. 이러한 상황은 '대립유전자 이질성'으로 볼 수 있는데, 임상적으로 나타나는 현상도 원인 유전자의 성질이나 그 변이에 따라서 심각성이 다양합니다. 이러한 발견들 때문에 신경계 질환에 대한 분류는 일대 파란을 맞았고, 그 때문에 오늘날에는 좀 더 정확한 진단을 내릴 수 있게 되었지요.

환자와 주위 사람들에게 유전학적으로 적합한 조언을 해주는 유전학적 진단

신경계 질환에 책임이 있는 수많은 유전학적 이상들의 발견은 진단 가능성을 개선하고 유전학적 조언의 적용을 가능케 했습니다. 한 환자에 대한 유전자 분석은 진단을 확증해주고 희귀질병에서 일어나기 쉬운 진단의 착오를 제한합니다. 어떤 질병에 대해서는 유전자와 그 변이를 파악함으로써 병의 예후를 좀 더 잘 평가하고 그에 따라 치료도 원활하게 취할 수 있습니다. 특히 병의 전달 양상에 대해서 유전학적인 조언을 할 수 있다는 가능성이 생기지요. 후손의 발병 확률도 계산할 수 있고요. 이러한 유전학전 조언은 산전진단이나 증상전진단으로 나아갈 수 있습니다. 산전진단으로 바람직하지 않은 결과가 예상될 때에는 부부가 유전성 질환이 있는 아이를 갖지 않기 위해서 의학적 조치를 취할 수 있지요. 법적으로 이러한 조치는 아이에게 치료가 불가능한 심각한 질환이 있을 것으로 예상되는 경우에 한해 가능합니다. 그렇지만 유전성 질환은 매우 많고 원인이 뚜렷이 밝혀지지 않은 병들도 많습니다. 그러므로 아이에게 유전적 문제가 있는 것처럼 보인다고 해서 그 결과가 어느 정도일지 정확하게 예측하는 게 항상 가능한 건 아닙니다. 이러한 불확실성은 자녀를 두고 싶은 부부에게나 산전진단을 담당하는 의료팀에게나 여러 가지 민감한 문제들을 야기합니다.

성년기의 퇴행성 신경질환, 다음 세대로 전달되지만 치료가 불가능한 질환을 낳는 유전자들을 발견하면서 특수한 문제가 제기되었습니다. 헌팅턴병이 좋은 예가 되겠는데요, 이 병은 발병 위험이 있는 개인(가족력이 있지만 아직 발병은 하지 않은 개인)의 유전학적 지위를 분명히 파악할 수 있는 병입니다. 이 병에 걸린 부모에게서 문제가 되는 변이 유전자를 물려받았을 수도 있는 사람은 증상전진단이 필요한 것이지요. 어떤 사람들은 비록 결과가 부정적일지라도 자신의 유전학적 지위를 분명히 파악하는 것이 항상 불확실한 상태에서 사는 것보다는 견딜 만하다고 생각합니다. 그렇지만 자신이 언제가 될지는 몰라도 결국은 치료할 수도 없는 병에 걸리고 말 거라는 사실을 안다면, 게다가 예방책도 전혀 없다면, 심리적으로 끔찍할 수도 있습니다. 그렇기 때문에 증상전진단은 장기적인 학제적 치료의 틀 안에서만 이루어지고 있는 것이지요. 그리고 산전진단이나 증상전진단 같은 상황은 다양한 윤리적 문제를 제기합니다. 이러한 문제들은 당사자들과 그들을 위해 적절한 결정을 내릴 수 있도록 심리학자들을 포함하는 학제적 의료팀의 대화를 필요로 하지요. 마지막으로, 현재 착상전진단은 일부 질환들에 대해서 산전진단의 대안으로 떠오르고 있습니다. 착상전진단은 배아의 착상 전에 이루어지기 때문에 임신중절을 필요로 하지 않습니다. 이 진단을 통해 시험관 시술을 거쳐 유전학적으로 선별된 배아들만을 착상시키는 것입니다. 그렇지만 이 기술을 실행하기는 매우 어렵습니다. 기술적인 차원에서는 고도의 전문성이 요구되고, 해당 부부들에게는 여러 가지 제약이 부과되기 때문입니다.

유전자 변이가 신체 건강과 질병 치료에 미치는 결과를 이해해야 합니다

유전학적 진단을 위한 적용은 늘어났지만 유전성 질환의 치료에 대한 적용은 아직도 많이 제한되어 있습니다. 실제로 유전성 질환 치료를 검토하기 위해서는 반드시 그러한 질환의 메커니즘을 이해해야 하지요. 그런데 원인 유전자를 발견하는 것은 가장 첫 번째 단계에 지나지 않습니다. 질환의 원인이 되는 유전자와 그 유전자의 변이를 확인하면 세포 체계 내에서의 '시험관' 시술로 유전성 질환 모델을 수립하거나 실험용 동물을 이용한 '생체 상태'에서의 유전성 질환 모델을 수립할 수 있습니다. 이러한 모델들은 실험자가 접근 가능하고 발달이상, 기능이상 혹은 일부 뉴런들의 퇴행의 원인이 되는 메커니즘을 파헤치는 데 도움이 됩니다. 이러한 지식은 잠재적인 치료 표적을 확인하는 데 쓰이고, 그러한 치료 표적은 상기의 모델을 통해 검사 혹은 검증 가능합니다. 유전학의 발견은 최근에 이룩한 성과이고 이러한 접근에는 많은 시간이 필요합니다.

그렇기 때문에 대부분의 유전성 질환에 대해서 치료 가능성은 아직도 많이 제한되어 있지요. 변이된 유전자의 기능이상이라는 결과를 막으려는 치료 외에도 결핍되어 있는 단백질을 공급거나, 변이되거나 유해한 단백질의 발현을 막으려는 치료가 있습니다. 여기서도 동물실험 모델은 치료의 단서를 잡는 데 매우 유용하게 쓰이지요. 그렇지만 그러한 방법을 환자에게 적용하는 것은 신경계 표적세포에 대한 접근성, 사용되는 요인들의 효율성과 유해성, 도입되는 치료유전자의 시공간적 조절 문제 등과 관련하여 여러 가지 문제들을 제기합니다. 우리는 현재 수많은 치료적·유전자적·약학적 접근들을 시도하고 있으며 동물실험을 통해 고무적인 결과도 많이 얻고 있습니다. 그러나 그렇더라도 실험용 쥐에서 인간으로 넘어가는 간격이 굉장히 크다는 것, 유사점보다 차이점이 더 압도적일 때도 더러 있다는 것은 경험을 통해 알고 있습니다. 실험용 쥐를 사용하여 전도유망한 결과가 나왔다손 치더라도 인간의 치료에서 성공을 거두라는 법은 없는 것입니다.

알렉시스 브리스 파리 피티에 살페트리에르 병원의 의학세포유전학과 진료과장을 맡고 있다. 뇌의 유전성 질환에 대한 연구로 의학연구재단 대상을 수상했다.

에필로그

여행을 마치면서

    나는 연구실을 나서면서 그곳을 한 번 둘러본다. 바닥에 널린 채 흩어져 있는 책들, 파일로 철해놓은 별쇄본, 제자리에서 쫓겨난 노인네처럼 책들이 엉뚱한 곳에 꽂혀 있는 서가를 본다.[1]

    여행은 끝났다. 모든 여행들이 그렇듯이, 가보지 않은 곳이 너무나 많은 미완의 여행으로 끝났다. 소뇌나 척수 같은 기관, 감성처럼 독특한 기능은 다루지 않았다. 뇌는 하나의 대륙이라는 말을 굳이 또 할 필요가 있을까? 책의 분량은 두툼하건만 '유럽 10일 완주' 같은 패키지 여행처럼 서둘러 보고, 너무 빨리 이동하며, 제대로 눈에 담지도 못한 느낌이다. 그리고 간질을 빼먹었다. 이건 상징적이다. 그리스인이 신병神病으로 부르던 간질은 뇌를 가장 상징적으로 보여주는 질병일 것이다. 신경학사에서 가장 뛰어난 간질 학자였던 보비 나케는 간질 환자의 고통에 시달리는 뇌를 안내해주겠노라고 나에게 약속했었다. 그는 그 뇌가 너무나 친숙했고 그곳의 길잡이로는 그를 대신할 사람이 없었다. 이 책을 그에게 바친다. 하지만 어떤 오마주로도 그를 살아 돌아오게 할 수는 없다. 모험을 끝내면서 기쁜 것 중 하나는 많은 연구자들과 의사들이 나에게 보여주었던 우정이 아닐까 싶다. 그들은 이 여행에 함께할 것을 수락했고 뇌의 방문객들을 위해서 그들의 재능과 학식을 발휘해주었다.

　나는 슬픔이 가장 아름다운 감정이라고 생각한다. 슬픔은 우리의 계획, 소망, 사랑의 끝에 함께한다. 슬픔에는 우리 마을을 흐르는 강의 석양빛과 이탈리아산 식전주의 달콤쌉싸래함이 있다. 이 책에서의 뇌 여행은 감정의 여행이었다. 그러니까 우리의 발길에 곧잘 동행하곤 했던 약간의 우울증과 함께 마치는 것이 합당하다. "하지만 당신 자신에게 이러한 우울증이 의심되거나 전혀 다른 종류의 우울증이 의심된다면, 당신의 몸과 마음의 건강에 관심을 쏟고 있다면, 이 말을 필연적 결과 혹은 결론으로 받아들여라. 이 간단한 가르침을 준수하고 고독이나 무위도식에 빠지지 마라. '혼자 있지 마라. 게으르지 말지라.' '불행하거든 희망을 갖고, 행복하거든 조심하여라.' 의혹에서 해방되고 싶은가? 불확실성을 피하고 싶은가? 정신이 맑은 한, 뉘우치라. 내가 보장하건대 그렇게 하면 죄를 범할 수도 있었을 순간에 회개를 하였으니 그대는 안전하리라."[2]

감사의 말

  이 아주 특별한 여행을 시종일관 애정과 인내로 함께해준 나의 아내 뤼시에게 감사한다. 나의 딸 펠리시티에게도 고마움을 전한다. 내가 맥 컴퓨터 때문에 골치 아플 때마다 딸은 조수 노릇을 해주었다.
  나에게 한없는 관대함을 보여준 오딜 자코브의 고마운 편집자 베르나르 고틀립에게 한결같은 우정을 전한다.
  나의 난독증을 해결해주는 충실한 조교 엘렌 린과 서지작업을 도와준 알랭 카리뇽에게 감사한다.
  정치개혁재단의 친구들에게 감사한다. 그들은 좌뇌와 우뇌 어느 한쪽만으로는 일이 제대로 돌아가지 못한다는 사실을 다시금 확인시켜주었다.
  혼란스러운 나의 활동들을 효율적으로 관리하고 언제나 나를 위해 일해준 로야 아가카니, 그리고 살뜰한 우정을 보여준 니콜 르 두아랭에게 고마움을 전한다.
  장 프랑수아 무에익스는 시상하부를 여행하는 동안 길동무가 되어주었다. 그의 건강을 기원한다.
  마지막으로, 나의 변함없는 총사들인 자크 드모트 메나르, 질 괴지, 피에르 마리 엘도, 필리프 베르니에에게 감사한다.

나에게 격려를 아끼지 않았고 너그러이 원고를 읽으면서도 나의 끔찍한 문체와 객설을 적절하게 잡아준 교정자 장 뤽 피델에게 감사의 뜻을 전한다. 그는 책 만들기의 달인이다.

이 책에 자신의 영혼을 불어넣어준 삽화가 프랑수아 뒤르켐에게 이 그림을 바친다.

옮긴이의 말

　뇌과학을 다룬 책은 이미 과학도서의 큰 줄기 중 하나로 굳건하게 자리를 잡은 듯 보인다. 뇌과학의 발전은 비교적 최근에야 이루어졌지만 인간의 뇌가 지닌 기능의 다양성은 곧 이 분야가 인간의 삶의 다양한 분야와 관련될 수 있음을 의미한다. 뇌의 인지적 판단, 철학적 사유, 종교와 예술에 관련된 고유한 감성과 심미성을 다루는 한 뇌과학은 다양한 학문의 분야들(법학, 경제학, 미학, 종교학 등)과 연계될 수 있고 장차 이 학문의 발전에 따라 그 영향력 또한 더 커질 것이다. 따라서 뇌과학에 대한 성숙한 이해는 관련 분야들에 대한 통찰과 종합적 시각을 수반해야만 할 것으로 보인다.
　이 책은 프랑스 최고의 뇌과학 전문가 장 디디에 뱅상이 '뇌 여행'이라는 콘셉트로 그러한 통합적인 시각을 펼쳐 보인 저작이다. 장 디디에 뱅상의 책은 이미 국내에 두어 권이 소개되어 있지만 그가 자신의 전공 분야를 가장 상세하고 종합적인 개론서의 형태로 내놓은 것은 바로 이 책 『뇌 한복판으로 떠나는 여행』이라고 할 수 있겠다.
　저자는 1935년생으로 프랑스 국립 과학연구소^{CNRS}의 신경생물학연구소 소장을 지냈으며 프랑스 과학아카데미와 의학아카데미 회원이다. 그는 또한 문학에 조예가 깊어 지금까지 15여 권의 책을 펴냈으며 그중에서도 19세기 초에 실존했던 지리학자이자 무정부주의자를 모델로 삼아 집필한 최근작 『엘리제 르클뤼』는 프랑스에서 가장 권위 있는 상 중 하나로 꼽히는 페미나 상(에세이 부문)을 수상했다. 또한 장 디디에 뱅상은 과학자로서의 소명이 철학(특히 윤리학), 교육, 종교, 정치, 예술에 대한 이해와 무관하지 않음을 일생에 걸쳐 피력해왔고 과학기술윤리위원회 회장이나 교육정책 자문을 맡는 등의 공적 역할을 수행함은 물론, 때로는 과감한 정치적 발언도 주저하지 않았다.

현재 70대 중반에 이른 저자가 지금까지 걸어온 행보는 이 책에 나타난 '뇌 여행' 코스에서도 잘 드러난다. 자신의 해박한 과학적 지식을 바탕으로 인문학, 예술, 일상생활을 종횡무진 누비고 다니는 저자의 역량은 압도적이다. 사실 일반 독자의 눈높이에 해당하는 역자의 입장에서 보건대 이 책의 어떤 대목은 본격적인 인문서를 읽는 것 같은 착각을 불러일으켰고 또 어떤 부분은 '대중적인' 뇌과학 개론서 수준을 훨씬 뛰어넘는 신경과학 분야의 지식을 포함하고 있었다. 그러나 가장 인상적이었던 것은, 그 모든 분야를 아우르는 저자의 역량이라고 하겠다.

신경과학에 대해서는 까막눈인 옮긴이조차도 이 책이 단순한 대중과학서를 뛰어넘는 종합적 식견의 보고라는 점은 납득할 수 있었다. 하지만 이 책의 번역은 몹시 어려웠고 비전공자의 한계라는 것도 뼈저리게 느꼈다. 어떤 내용을 번역하고 있는지 이해하고 소화하기 위해 나름대로 노력했으나 이 뇌 여행에서 옮긴이는 점점 더 수상쩍은 뒷골목으로 빠져 들어가는 기분을 자주 느끼곤 했다.

이 책에는 저자 외에도 다양한 전문분야에서 독자들을 이끌어주는 가이드들이 여러 명 등장한다. 옮긴이에게도 뇌 한복판에서 '국제미아'가

될 뻔한 순간 기적처럼 구원의 손길을 내밀어준 가이드가 있었다. 신경과학 전문가이실 뿐만 아니라 프랑스에서 연구 경험을 쌓으신 바 있는 경희대학교 조세형 교수님은 그냥 가이드 정도가 아니라 조난구조원이라고 해도 좋을 만한 도움을 주셨다. 교수님께서 이 책의 감수자로서 보여주신 능력과 노고에 깊은 존경과 감사를 표한다. 또한 더 이상 좋을 수 없는 감수자를 찾아주시고 어려운 원고를 꼼꼼히 읽고 편집해주신 해나무 편집부에도 감사를 드린다. 아마 이 책은 단순히 뇌에 좀 관심이 있는 정도의 독자에게는 다소 어려운 내용일 것이다. 하지만 이 분야의 연구자들과 마니아급 독자들에게는 가치 있고 특별한 책이 될 것이라는 기대로 졸역의 부끄러움을 달래본다.

참고문헌

1장 뇌 발견의 역사

1   L'Ane d'or d'Apulée.

2   Robert Van Gulik, *La Vie sexuelle dans l'ancienne Chine*, Paris, Gallimard, 1971.

3   고립된 기계를 조심해야 한다. 컴퓨터의 전신이었던 튜링 기계도 처음에는 얼마나 고립된 기계였던가.

4   3세기 후에 행동주의자들은 자극과 반응 행동의 관계를 지배하는 법칙들로만 연구 범위를 제한함으로써 다시금 과학의 영역에서 뇌를 몰아냈다. 동물은 행동을 통해 환경의 요구에 반응한다(반사). 뇌는 객관적 관찰로 접근할 수 없는 '블랙박스'로서 주체성과 내적 성찰을 내세우는 이들, 학자보다는 소설가들의 영역이 되어버렸다.

5   Michel Imbert, *Traité du cerveau*, Odile Jacob, 2006.

2장 뇌 속에 숨은 풍경

1   Catherine Pozzi, *Peau d'âme*, Paris, La Différence, 1990.

2   줄기세포는 배아적 특성을 지닌 세포로 분열할 수 있다. 성장을 통해 분화에 들어가는 세포들을 공급하는 것이다. 어른의 경우에 줄기세포는 사멸 과정에 들어간 이미 분화된 세포를 대체하는 세포를 가리킨다. 앞으로 살펴보겠지만 이러한 줄기세포는 성인의 뇌 곳곳에 존재한다.

3   미엘린은 일부 뉴런들의 축색을 둘러싸서 분리시키는 지방질이다. 신경세포

에 자극을 쉽게 유입시키고 그 전달 속도를 빠르게 한다.

3장 뇌를 연구하는 방법

1   *La Livre noir de la psychanalyse*, Paris, Les Arènes, 2005.

2   D. Widlöcher et al., *Choisir sa psychothérapie*, Paris, Odile Jacob, 2006.

3   E. Kandel, *Cellular Basis of Behavior : An Introduction to Behavioral Neurobiology*, San Francisco, Freeman, 1976.

4   J. E. Le Doux, *Le Cerveau des émotions*, Paris, Odile Jacob, 2005.

5   B. A. Alford and A. T. Beck, *The Integrative Power of Cognitive Therapy*, New York, The Guilford Press, 1997.

6   D. Meggli, *Erickson, hypnose et psychothérapie*, Paris, Retz, 2005.

7   F. Roustang, *Qu'est-ce que l'hypnose?*, Paris, Minuit, 1994 ; *Il suffit d'un geste*, Paris, Odile Jacob, 2003.

4장 마음의 기상학

1   J. Kagan, *La Part de l'inné*, Paris, Bayard, 1998.

2   E. Trouchu, *Mémoires d'un hypochondriaque*.

3   J. -M. Amat et J. -D. Vincent, *L'Art de parler la bouche pleine*, La Presqu'Île, 1996.

4   하이네의「로렐라이」인용.

5   R. Descartes, *Les Passions de l'âme*, Paris, Vrin, 1970.

6   J. -D. Vincent, *Biologie des passions*, Paris, Odile Jacob, 1999.

7   Foster Kennedy, cité par J. Delay, in *Les Dereglements de l'humeur*.

8   P. Ekman, "Universal and cultural difference in facial expression of emotion in man and animal," in *Nebraska Symposium of Motivation*, J. C. Cole ed., Lincoln, Université du Nebraska, 1972.

9   생체 아민은 도파민, 노르아드레날린, (일반적으로 가장 잘 알려져 있는) 아

드레날린, 세로토닌, 히스타민을 포함하는 물질 계통을 구성한다.

10 M. Proust, *Le Temps retrouvé, À la recherche du temps perdu*, Paris, Gallimard, coll <La Pleiades>, t. Ⅲ, p.864.

11 J. Deley, *Les Dérèglements de l'humeur*, Paris, PUF, 1961.

12 C. Henry et al., "Towards a reconceptualization of mixed states, based on an emotional reactivity dimensional model," *Journal of Affective Disorders*.

13 Robert Burton, *Anatomie de la mélancolie*, trad. Bernard Hoepffner, Paris, José Corti, 2000.

14 Timothy Bright, *A Treaties of Melancoly*, Londres, 1588 ; traduction française, d'Éliane Cuvelier, Grenoble, Jerôme Millon, 1996.

15 보스웰의 생애에 대한 연구로는 J. -D. vincent, *Désir et mélancolie*, Paris, Odile Jacob, 2006.

16 Claude Louis-Combet, *Blesse, rounce noire*, Paris, José Corti, 1995.

17 J. -D. Vincent, *Biologie des passions.*, Paris, Odile Jacob, 1999.

18 J. -D. Vincent, *La Chair et le Diable*, Paris, Odile Jacob, 1996.

19 H. S. Akiskal, "An intergrative perspective of recurrent mind disorders in the mediating role of personality," *Psychosocial Aspects of Depression Hillsdate*, New Jersey, Laurence Erbaum Associates, 1991 ; R. Jouvet, "Clinique de la tristesse," *Communication et représentation*, P. Fédida éd., Paris, PUF, 1986.

5장 수면의 과학

1 Sigmund Freud, *Sur le rêve*, trad. Cornélius Heim, dossier et notes de F. Legrand, Paris, Folio, 2007.

2 J. -D. Vincent, *La Recherche*, avril 2000, hors série n° 3, p.107.

3 세렌디피티는 보물을 찾던 중 자기가 찾지 못하고 우연히 다른 것을 발견한 인도 왕자의 이름이다.

4   M. Jouvet, *Pourquoi rêvons-nous? Pourquoi dormons-nous? Où, quand, comment?* Paris, Odile Jacob, 2000.

5   J. Horne, *Why We Sleep*, Oxford University Press, 1988.

6   J. Demotes-Mainard, *À quoi bon dormir*, Frison-Roche, 2000.

7   J. -D. Vincent, *La Chair et la Diable*.

8   2007년도 1월 20일자 『르 몽드』의 수면 특집 참조.

6장 뇌 여행도 식후경

1   앙투안 로랑 라부아지에는 세금청구업자이자 천재적인 화학자였다. 그는 공기의 80퍼센트가 질소이고 나머지 20퍼센트가 양초에 불을 붙일 수 있게 하는 기체, 즉 산소라는 사실을 밝혀냈다. 그는 열의 발생을 측정할 수 있는 도구를 이용하여 동물이 산소를 호흡하여 열을 발생시키는 것과 양초에 붙인 불이 산소가 있을 때 타오르는 것이 같은 작용이라고 보았다.

2   이러한 명칭들은 위험지대에 들어섰음을 알리는 신호들(당뇨, 심혈관계 질환 등)을 자각한 중·장년층에게 매우 익숙할 것이다.

3   글리코겐은 포도당으로 이루어진 다당류이며 다시 포도당으로 분해될 수 있다.

4   단백질은 아미노산들이 결합하여 만들어진 거대 분자이다. 아미노산들 간의 결합은 '가수분해'라고 하는 화학반응에 의해 깨질 수 있다.

5   J. -M. Bourre, *Les Bonnes Graisse*, Paris, Odile Jacob, 1991; *Diététique du cerveau*, Paris, Odile Jacob, 2003.

6   세제곱밀리미터당 아디포사이트의 수와 그 평균 크기를 통해 지방 조직의 '세포충실도'를 측정함으로써 비만도를 알아볼 수 있다.

7   J. Le Magnen, "Bases neurobiologiques du comportement alimentaire," in J. Delacour, *Neurobiologie des comportements*, Paris, Hermann, 1984.

8   C. Fischler, *L'Hormnivore*, Paris, Odile Jacob, 1990.

9   Brillat-Savarin, *Aphorismes II*.

7장 섭생의 비밀, 시상하부 레스토랑

1   눈은 전뇌의 배아 발생 단계에서부터 만들어지고, 안면과 입은 원시적인 뇌의 작은 부분인 신경관에서 만들어진다. 신경관은 우리의 정서를 담당하는 교감신경계의 근원이기도 하다.

2   '식욕(appétit)'이라는 말은 쾌락을 기대하며 음식물을 욕망하는 것을 가리키지만 18세기에는 사랑의 대상을 향한 욕망을 뜻하기도 했다. '굶주림(faim)'은 묘사하기 어려운 감각인데, 주로 에너지 차원에서 생체가 느끼는 결핍을 뜻한다.

3   갈색지방조직은 설치류에게서 찾아볼 수 있으며 인간의 경우에는 신생아기에만 볼 수 있다. 갈색지방조직은 자체적으로 칼로리를 소모하여 열을 내며 겨울잠을 자는 동물들에게서 특히 잘 발달한다.

4   이러한 호르몬들은 주로 청소년들이 겪기 쉬운 신경성 거식증이나 폭식증과도 관련이 있는 것으로 보인다.

5   도시의 명소들에 유명한 인물들의 이름을 따서 붙이듯 뇌의 여러 장소와 통로에도 위대한 해부학자들의 이름이 붙곤 했다. 에딩거의 이름은 눈의 부교감신경세포들을 포함하는 '에딩거-베스트팔 핵'으로 남아 있다.

6   '맛'이라는 단어는 종종 미각과 후각을 종합한 감각을 지칭하는 데 쓰인다. 이 단어는 감각과 관련된 표현들에 여러 가지 의미로 결부되곤 한다.

7   A. Holly, *Le Cerveau gourmand*, Paris, Odile Jacob, 2006.

8   A. Holly, *ibid*.

9   J. -M. Amat et J. -M. Vincent, *Éditions La Presqu'île*, 1996.

10   J. -M. Amat et J. -M. Vincent, *ibid*.

11   J. -P. Sarte, *L'Être et le Néant*, Paris, Gallimard, 1947.

12   '향연(symposium)'은 그리스 연회에서 음식을 이미 배불리 먹은 손님들이 술 마시기와 대화에만 전념하는 마지막 단계를 말한다.

13   P. 다리에에 따르면 소비뇽(프랑스 청포도로 만든 백포도주) 아로마에는 주요한 요소가 10가지 있는데, 그중에서도 가장 중요한 요소는 메톡시-3-이소부티릴-3-피라진이다. 그래서 황산기를 없애기만 하면 특유의 부싯돌 냄새도 없앨 수 있다.

14   B. Proust, *Petite géometrie des parfums*, Paris, Le Seuil, 2007.

15 G. M. Shepherd, "Smell images and the flavour system in the human brain," *Nature*, 444, 2006. pp.316~320.

16 여기서 '입체적'이란 화학적 구성의 공간적 입체성을 뜻한다. 똑같은 분자가 거울에 비친 상 같은 두 개의 형태로, 완전히 똑같지만 서로 겹쳐지지는 않은 방식으로 (오른손과 왼손처럼) 존재할 수도 있다.

17 L. Buck et R. Axel, "A novel multigene family may encode odorant receptors : a molecule basis for order recognation," *Cell*, 65, 1991, pp.157~187.

18 G. Shepherd, *loc. cit.*

19 후구의 연합 뉴런들은 영구적 신경발생 대상이다. 이러한 영구적 신경발생은 비교적 최근에 발견된 현상으로서 포커스 5에서 다룬 P. M. 레도는 그 초기 발견자 중 한 사람이다.

20 P. M. Lledo, G. Gheuzi et J.-D. Vincent, "Information processing in the mammalian olfactory system," *Physiol, Rev.*, 85, 2005, pp.298~317.

21 E. T. Rolls, "Taste olfactory and food texture processing in the brain and the control of food intake," *Physiol. Behav.*, 85, 2005, pp.45~56.

22 P. Claudel, *Cantate à trois voix*.

8장 수분밸런스를 위해 드는 축배

1 삼투수용체들 같은 이 수용체들은 양이온을 통과시키는 세포막 통로일 것이며 비교적 고립된 TRPV계 유전자들에서 유래할 것이다.

2 R. Dantzer, "Psychobiologie des émotion," in *Neurobiologie des comportements*, J. Delacour éd., Paris, Herrmann, 1994.

9장 죽을 것 같은 목마름

1 M. Lowry, *Lunar Caustic*, Paris, Julliard, coll. <Les Lettres nouvelles>, 1963.

2 B. Rueff, *Les Maladies de l'alcool*, Paris, John Libbey, Eurotext, 1995.

3 이 문제에 대해서는 10장에서 다시 살펴볼 것이다.

4 S. Freud, *Le Mot d'espirit et ses rapports avec l'inconscient*, Paris, Gallimard, 1930.

5 C. David, *L'État amoureux, essais psychanalytiques*, Paris, Payot, 1975.

6 P. Fouquet, *Séminaire d'alcoologie*, faculté de médecine de Necker et Paris-Quest, 1980.

7 알코올 중독 환자들에 대한 지식을 나에게 전해준 알랭 리조트 박사에게 감사한다.

8 Y. Liu et W. Hunt, *The <Drunken> Synapse : Studies of Alcool Related Disorder*, Boston, Dordrech, Londre & Moscou, Kluwer Academic Publ. Corp. NY, 1999.

9 G. R. Siggins, M. Roberts, Z. Nie, "The tipsy terminal : presynaptic effect of ethanol," *Pharmacology and Therapeutics*, 107, 2005, pp.80~98.

10장 쾌락의 계곡

1 H. Cureau de la Chmabre, *Le Caractère des passions : où il est traité de la nature et des effects des passions courageuses*, Paris, P.Rocolet, 1650.

2 기쁨은 정신이 가장 완벽하게 느끼는 정념이다.

3 J. -D. Vincnet, *La Chair et la Diable*, op, cit.

4 Jean-Francois Balaude에서 '서문' 부분을 보라.

5 J. -D. Vincent, *Biologie des passions*, op, cit.

6 M. Cabanac, "Psychological role of pleasure," *Science*, 173, 1971.

7 C. David *et al.*, *Appitite*, 42, 2003.

8 N. D. Vilkow *et al.*, *Amer, J. Psychiat.*, 156, 1999.

9 G. R. Wang, *Expert Opinion*, 2002. 6.

10 J. Olds, "Self-stimulation of the brain," *Science*, 127, 1998.

11 이것이 그 유명한 쿨리지 효과다. 미국의 대통령 쿨리지와 영부인이 어느 주지사의 농장을 방문했는데 하루에 암소 30마리와 교미할 수 있다는 황소를 보고 영

부인이 남편에게 대단하지 않느냐는 듯한 반응을 보였다. 그러자 대통령은 이렇게 대꾸했다고 한다. "대단하구려, 하지만 늘 똑같은 암소하고만 하는 건 아니잖소!"

12 E. T. Rolls, *Behav. Br. Sci.*, 2000, 23(2).

13 J. -D. Vincent, *La Chair et le Diable*, op. cit.

14 G. Bernanos, *Sous le soleil de Satan*, Paris, Plon, 1926.

15 나는 신경전달물질, 신경매개물질, 신경조절물질 등으로 자세하게 규정하기 어려운 물질에 대해 이 '메신저'라는 표현을 포괄적으로 쓴다.

16 R. L. Wise et M. A. Bozath, *Psychol. Rev.*, 13(suppl. 1), 1987.

17 J. -D. Jentsch et al., *Neusosci.*, 1999, 90.

18 P. W. Kalivas et al., *Glutamate and disorders of cognition and maturation*, Series of NY Academy of Science, vol.1003; Y. Shaham et al., *Psychopharmacol.*, 2003, 168.

19 B. C. Wittman et al., *Neuron*, 2005, 45.

20 G. F. Koob et M. Le Moal, *Neurobiology of Addiction*, Acad. Press, 2006, véritable <bible> de l'addiction.

21 C. R. Lupica et al., *Br. J. Pharmacol.*, 143, 2004, pp.223~227.

22 J. N. J. Reynolds et al., "Dopamine-dependent plasticity of corticostriatal synapses," *Neural Networks*, 15, 2002, pp.507~521.

11장 웃을 수 있는 축복

1 D. Mobbs et al., "Humormodulates the mesolimbic reward centers," *Neuron*, 4, 2003, pp.1041~1048.

2 J. -D. Vincent, *Le Coeur des autres. Une biologie de la compassion*, Paris, Plon, 2003.

3 R. Masters et al., "The facial display of leaders : towards am enthology of human politics," *J. Social of Biology structure*, 9, 1986, pp.319~343.

4 F. Lelord et C. André, *La Force des émotion*, Paris, Odile Jacob, 2001.

5 A. Malraux, *La Métaphore des dieux*, t. I, Paris, Gallimard, 1957.

6   물론 이건 스탕달의 인용이다! 아, 우리가 사랑하는 여인의 미소여.
7   R. Provine, *Le Rire. Sa Vie, son oeuvre*, Paris, Robert Laffont, 2003.
8   R. Provine, "Laugher," *American Scientist*, 84, 1996, pp.38~45.
9   J. -D. Vincent, *op. cit.*
10 John Milton, *Le Paradis perdu*, trad. Chateaubriand.

12장 파블로프 반사 대로

1   Paul de Loye, *Historie de la psychologie*, Genève, Rencontre, 1965.
2   신경망은 학습능력에 힘입어 발달한다. 심리학자 헤브는 인공신경을 통한 학습을 처음으로 제시한 인물이다. "세포 A의 축색이 세포 B를 자극할 수 있을 만큼 충분히 가깝고 이 축색이 영구적으로나 반복적으로 이러한 자극에 한몫을 한다면 세포 A가 세포 B를 자극하는 효과가 커진 만큼 두 세포 중 어느 한쪽에서 성장 혹은 신진대사의 변화 현상을 발견할 수 있다." 달리 말해, 세포 A와 세포 B가 동시에 자극을 받는다면 두 세포 간의 시냅스는 신경자극의 전달을 더욱 용이하게 할 것이고 두 세포가 동일한 자극에 활성화되지 않는다면 시냅스는 이 전달을 억제하는 것이다.
3   Paul de Loye, *op. cit.*
4   Eric Kandel, *À la recherche de la mémoire. Une nouvelle théorie de l'esprit*, Paris, Odile Jacob, 2007.
5   에릭 캔들은 1962년부터 1963년까지 아르카숑 해양생물학센터에 체류하며 라디슬라브 토크(1925~1999)와 함께 처음으로 아플리시아 실험에 착수했다.
6   에릭 캔들은 2000년도 의학 및 생리학 분야 노벨상을 애비드 칼슨, 폴 그린가드와 공동 수상했다. 그는 스톡홀름 캐롤린스카연구소에서 강연을 하면서 잭 비르니가 촬영한 훌륭한 아플리시아 사진을 프로젝터로 보여준 바 있다.
7   에릭 캔들은 프로이트의 무의식과 뇌의 무의식을 하나로 결합시키길 원했기 때문에 그 자신이 19세기 말부터 심리신경생리학 분야를 지배하는 패러다임을 잘 구현했다. 마르셀 고셰는 『뇌의 무의식에 대한 에세이』(파리, 쇠유 출판사, 1982)에서 신경계에 대한 우리의 지식, 특히 반사작용을 통해 배울 수 있는 바가 어떻게 계속 정신의 새로운 메커니즘 모델들의 근거가 될 수 있는지 보여주었다. 니체가 선언

한 '신의 죽음'은 새로운 신경생리학에 뿌리 내린 주체의 실종이 낳은 결과였을 뿐이다. 정신분석학에서 말하는 무의식 그 자체도 뚜렷한 대립에도 불구하고 초기에는 과학의 생체심리학과 동일한 '반사환각(한 감각기관을 자극했을 때 그와 떨어져 있는 다른 감각기관에서 지각반응이 나타나는 경우)'을 출발점으로 삼았다. '자아'가 충동의 압박에 따라 지대한 중요성을 띠게 된 것은 훨씬 더 나중의 일이다.

8 제임스 브라운의 「섹스머신」을 떠올릴 필요는 없다. 아플리시아는 유연하고 온몸을 꿈틀거리며 운동하지만 로큰롤 문화와는 무관하다.

9 프랑스 신경과학의 요람인 알프레드 페사르의 연구소에서 에릭 캔들은 아플리시아 모델 연구에 처음 착수했다. 당시 그를 지도했던 라디슬라브 토크는 이미 아플리시아 신경절의 시냅스 연결이 띠는 전기생리학적 특성을 연구하고 있었다. 1965년 런던 『생리학 저널』에 토크와 캔들이 함께 게재한 논문에서 나중에 아플리시아라는 연체동물을 유명하게 만든 빼어난 연구의 기본 얼개를 엿볼 수 있다.

13장 사랑의 길

1 François Cheng, *L'Éternité n'est pas de trop*, Paris, Albin Michel, 2002.

2 J. -D. Vernant, *L'Individu, la Mort, l'Amour*, Paris, Gallimard, 2002.

3 플라톤의 『향연』 중에서.

4 "결국 인간의 본성이 더 나을 것은 없지만 인간은 서로를 쉽게 이해하는 것으로 안정을 찾았고 지금 우리가 더 이상 그 대가를 느끼지 못하고 있는 이 장점이 얼마나 많은 악덕을 면하게 하는지 모른다." 장 자크 루소, 『과학과 예술론』에서 인용.

5 E. Levinas.

6 J. -D. Vincent, *Le Coeur des autre*, op. cit.

7 A Comte-Sponville, *Dictionnaire philosophique*, Paris, PUF, 2001.

8 내가 두 육체 사이에 체결된 호르몬 협정이 깨지기 전과 후를 비교해서 여기에 인용한 편지들은 단순한 예시일 뿐이다. 이 서한들은 두 권의 책에서 인용했는데 나는 이 서한의 진위를 가릴 만한 자격이나 능력이 전혀 없음을 밝혀둔다.

9 성 스테로이드에 민감한 뉴런들은 방사선자동사진법을 통해 밝혀졌다. 이 기술을 통해 뇌 단면에서 방사능물질이 집어내는 호르몬을 현미경으로 관찰할 수 있다.

10 테스토스테론은 뇌에서 효소의 일종인 아로마타제에 의해 에스트라디올로 변한다. 테스토스테론은 사람의 몸에서 남성화 작용을 한 다음에 5α 환원요소에 의해 디히드로테스토스테론으로 변한다.

11 욕망은 남성과 여성에게 동일한 방식으로 표출되지 않는다. 남성의 욕망이 한 조각이라면 여성의 욕망은 훨씬 더 균질성이 떨어진다. 남성에게는 자신이 유혹할 수 있는가, 자신이 끌리는가, 어떤 자세를 채택하면 상대와 성관계를 가질 수 있을 것인가가 구분된다. 예를 들어 '척추전만(lordose)'는 수컷의 성기를 받아들이기 쉽도록 (암컷의) 등이 구부러지는 현상을 가리킨다. '발정기(oestrus)'는 암컷이 배란을 하게 되는 특수한 호르몬 상태를 뜻한다. 대부분의 동물들에게 '발정' 혹은 성욕은 발정기에 한하여, 즉 에스트라디올의 분비가 가장 왕성할 때에만 나타난다. 발정기에 암컷은 욕망을 자아내고 (기꺼이) 수컷을 받아들인다. 번식이라는 성의 목적이 실현되고 모든 것이 정자와 난자의 만남을 도모하는 시기인 것이다. 영장류의 경우 발정기는 완전히 뇌의 통제에 달린 문제가 아니며 꼭 발정기가 아니더라도 성욕이 발생할 수 있다. 일반적으로 긴꼬리원숭이는 발정기가 없다. 그러나 성욕이 변화하는 주기가 아예 없다는 뜻은 아니다. 통계적으로 보아 성적 접근은 월경과 월경 사이쯤인 배란기에 많이 나타나고 배란 이후 황체기에 감소한다. 긴꼬리원숭이 암컷과 미국 여대생을 대상으로 한 연구 결과는 배란을 일으키는 호르몬의 최고치에서 성적 충동도 증가함을 보여주었다.

12 N. Devidze, A. W. Lee, J. Zhou et D. W. Pfaff, "CNS arousal mechanisms bearing on sex and other biologically related behavior," *Physiol. Behav.*, 88, 2006.

13 J. -D. Vincent, *La Chair et le Diable*, op. cit.

14 안토니오 다마지오는 피니어스 게이지의 망가진 두개골을 바탕으로 컴퓨터를 사용하여 손상된 뇌 영역과 범위를 재연했다(A. Damasio, *L'Erreur de Descartes*, Paris, Odile Jacob, 1994).

15 성 행동 분야에서 오랫동안 선구자이자 대가로 인정받았던 프랭크 비치도 매우 엄격한 입장에 있었다고 보아야 할 것이다.

16 T. Spiteri et A. Agmo, "Preclinical models of sexuel desire," *Sexologie*, 15, 2006, pp.241~249.

17 H. Fischer, A. Aron, M. Mashek, H. Li et L. L. Brown, "Defining the brain system of..., romantic attraction and attachment," *Archives of Sexuel Behavior*, 31. 2002. Helen Fische, *Histoire naturelle de l'amour*, Paris, LGF, 1994도 참조.

18 L. Vincent, *Comment devient-on amoureux?*, Paris, Odile Jacob, 2001.

19 Amelia Hill, *The Observer*, dimanche 4 mai 2003, cité par Lucy Vincent.

20 더 자세히 알고 싶은 독자는 다음을 참조하라. J. -D. Vincent, *Le Coeur des autures*, op. cit.

21 Lydia Courage, *Les Amants du soleil*, Paris, Zéphir, 1926.

22 J. Money, *Lovemaps*, New York, Irvington Publishers, 1986.

23 J. -D. Vincent, *La Chair et la Diable*, op. cit.

14장 '본다'는 행위 뒤에 숨은 뇌과학

1 후두엽에 해당한다.

2 B. Cendrars, *Emmène-moi au bout du monde*, Paris, Gallimard, coll. <La Pléiades>.

3 M. Ficim, *Commentaires sur le Banquet de Platon*, 4.

4 Voltaire, article "Beau," *Dictionnaire philosophique*, t. 2.

5 카바니 박사의 표현은 다음과 같다. "간이 쓸개즙을 분비하듯 뇌는 사유를 분비한다."

6 F. Jacob, *Le Jeu des possibles*, Paris, Fayard, 1981.

7 J. -D. Vincent, *Biologie des passions*, op. cit.

8 E. Grassi, *La Métaphore inouïe*, Paris, Quai Voltaire, 1990.

9 S. Zeki, "Art and the brian," *Daedalus*, 127, 1998, pp.71~103.

10 G. de Nerval. *Les Chimères*, <Le Christ aux olives>.

11 Michel Imbert, *Traité du cerveau*, Paris, Odile Jcob, 2006.

12 Michel Imbert, *Traité du cerveau*, op. cit.

13 M. Jeannerod, *Le Cerveau machine*, Paris, Fayard, 1983.

14 J. Clair, *L'Art est-il une connaissance?* Paris, Le Monde Editions, 1996.
15 J. -D. Vincent, *Le Coeur des autres*, op. cit.
16 J. -D. Vincent, *La Chair et le Diable*, op. cit.

15장 추억의 다락방

1 G. Pérec, *Je me souviens*, Paris, Hachette Littératures, 2006.

2 G. Pérec, *Cantatrix sopranica L. et autres écrits scientifiques*, Paris, Le Seuil, 1992.

3 J. Garcia, W. G. Honkins et K. W. Rusiniak, "Behavior and regulation of the milieu interieur in man and rat," *Science*, 1974, p.824.

4 D. Schacter, *Science de la mémoire, oublier et se souvenir*, Paris, Odile Jacob, 2003.

5 W. B. Scoville et B. Miller, "Loss of recent memory after bilateral hippocampal lesion," *J. Neurol. Neurosurg. Psychiatry*, 20, 1957, pp.11~21.

6 T. Shalice et E. Warrington, "The independence of the verbal memory stores : a neuropsychological studies," *Quarterly, J. Experim, Psychol.*, 22, 1970, pp.261~273.

7 Saint-John Perse, *Chronique*, Paris, Gallimard, 1960.

8 전행성 기억상실은 (사고 이후의) 기억을 보전하지 못하는 장애이다. 역행성 기억상실은 (사고 이전의) 오래된 기억에 영향을 주며 가장 최근의 기억에서 점점 더 오래된 기억까지 잃게 만든다.

9 장 마리 샤르코(1825~1893)는 신경학자이자 살페트리에르 병원의 과장이었다. 최면요법의 도입자이자 히스테리 및 히스테리성 간질 발작을 신경 장애로 보고 치료하려 했던 인물이다. 프로이트도 1885년에 그의 강의를 들었다.

10 J. Cambier et P. Verstichel, *Le Cerveau réconcilié*, Paris, Masson, 1998.

11 Marc Jeannerod, *Le Cerveau intime*, Paris, Odile Jacob, 2002.

12 A. Fleischer, *Les Trapéziste et le rat*, Paris, Le Seuil, 2001.

13 O'Keef et J. Dostrovsky, "The hippocampus as a spatial map," *Br. Res.*,

34, 1971, p.163.

14 F. Yates, *L'Art de la mémoire*, Paris, Gallimard, 1964.

15 어떤 아이템을 몇 개까지 그 자리에서 기억할 수 있는가를 통해 작업기억을 측정할 수 있다. 열 개 정도의 단어들을 차례로 들려주고 몇 초 후에 얼마나 잘 기억하고 있는가를 확인해보는 정도로 충분하다. 일반적인 작업기억 수준은 단어 6개 이상을 넘지 못한다. 게다가 작업기억은 지속 기간이 짧아서 잊어버리기가 쉽다. 시간이 흐름에 따라 기억나는 단어들의 개수가 급속도로 떨어질 것이다.

16 M. Jeannerod, *Le Cerveau intime*, *op. cit.*

17 E. Kandel et L. Squire, *La Mémoire. De l'esprit aux molécules*, Paris, De Boeck Université, 2002.

18 J. Cambre et P. Verstichel, *op. cit.*

16장 생각한다, 고로 존재한다

1 François-Paul Alibert, *Ignoble propos*(Apocryphe), Canada, Paris, 1930.

2 A. Lalande, *Vocabulaire technique et critique de la philosophie*, Paris, PUF.

3 N. Verdier, *Laissez monâme en paix*, Cambes, La Palanque, 2003.

4 M. Heidegger.

5 J.-J. Rousseau, *Confessions*, IX.

6 J.-J. Rousseau, *Discours sur l'origine de l'inégalité*, Paris, Gallimard, Coll. <La Pléiades>, 1949.

7 A. Green, *La Causalité psychique*, Paris, Odile Jacob, 1995.

8 J. R. Curham et A. Pentland, "The slices of negociation predicting outcome from conversational. Dynamics within the first five minutes," *J. of Applied Physiology*, 2007, 92 ; Ap. Dijksterhuis et coll., "On making the right choice : the deliberation without attention," *Science*, 2006, 911.

9 L. Cohen, *L'Homme thermomètre*, Paris, Odile Jacob, 2004.

10 Charles Bonnet et L. Cohen, *op. cit.*

11 V. S. Ramachandran, *Le Fantôme intérieur*, Paris, Odile Jacob, 2002.

12 E. Bisiach et C. Luzatti, "Unilateral neglect of representation space," *Cortex*, 14, 1978, pp.129~133.

13 M. Jeannerod, *L'Homme sans visage*, Odile Jacob, Paris, 2007.

14 V. S. Ramachandran, *Le Fantôme intérieur, op. cit.*

15 H. Bergson, *L'Évolution créatrice, op. cit.*

16 Pierre Janet, cité par Michel Imbert, *op. cit.*

17 이에 대한 논쟁은 *Repenser l'école obligatoire*, Paris, Albin Michel, 2004 참조.

18 Cité par M. Imbert, *op. cit.*

19 여기서의 인간은 남녀를 모두 가리킨다.

20 M. Jeannord, *Le Cerveau intime, op. cit.*

21 체계적 분류에 관심이 많은 미국의 정신과 의사들은 여러 가지 행동장애들을 IED(Intermittent Explosive Disorders, 간헐폭발장애)라는 항목으로 묶는다. 미국에서 IED 환자들은 1,000만 명이 넘는다고 한다. 무의미한 도발, 소용없거나 아예 명백한 이유조차 없는 좌절에 빠진 사람이 꽃병을 깨부순다든가 손에 잡히는 대로 물건을 던지고 주위 사람들에게 공격적 행동을 하는 경우가 이에 해당한다. 주위 사람들은 환자의 못된 성격을 불만스러워하면서 그 앞에서는 살얼음판을 걷듯이 행동한다. 이따금 이러한 공격적 행동은 범죄행위로 연결되어 법의 심판을 받는 환자들도 있다.

17장 행동하는 뇌

1 그리고 소뇌를 빼놓을 수 없다! 어째서 적어도 한 장 정도는 따로 소뇌에 할애하지 않았을까? 소뇌는 대뇌와 거의 맞먹는 수의 뉴런들을 갖고 있다. 소뇌는 확고한 당파다. 서로 다르지만 불가분의 관계에 있는 두 영역을 똑같은 여정으로 방문할 수는 없다. 우리의 흥미진진한 여행은 감정의 표시 아래 뇌 깊은 곳과 대뇌피질의 주름에 숨어 있는 정신을 탐색하는 것으로 한정된다. 그런데 소뇌는 생각을 하지 않는다. 소뇌는 즐기지도 않는다. 정확하고 조화로운 움직임을 위해서는 소뇌가 반드

시 필요하지만 소뇌가 운동 그 자체를 유발할 수는 없다. 소뇌를 절제하면 팔을 빠르게 움직인다든가 걷는다든가 하는 운동에 심각한 장애가 발생하며 감각의 교란이나 마비가 없는데도 발음이나 발성까지 이상해진다. 소뇌는 주요한 운동신경통로들에 대해 '파생'작용을 한다고 볼 수 있겠다. 또한 소뇌는 근육에서 오는 감각 데이터들을 받아들인다. 근육은 소뇌에게 운동이 어떻게 전개되는지 알려주고 소뇌는 감각기관들을 통해서 주체의 세계 내에서 무슨 일이 일어나는가를 안다. 동작을 명령하는 것은 대뇌의 운동피질이지만 소뇌는 동작을 통제하고 조율하며 계획하는 데에도 참여한다. 소뇌는 움직임의 크기, 속도, 세기, 방향을 조정한다. 또한 균형을 잡고 운동을 제대로 실현할 수 있는 자세를 취하는 데에도 이바지한다. 요컨대, 소뇌는 그 자체로 아무것도 하지 않지만 모든 것에 개입한다. 또한 소뇌는 학습에도 중요한 역할을 한다. 소뇌가 없는 사람은 곡예사가 될 수 없다.

18장 타인과 교감하는 뇌

1   나는 수축 작용으로 혈액을 순환시키는 신체기관이 아니라 감정이 자리 잡은 곳으로 여겨지던 가슴 속, '마음'을 말하는 것이다.

2   파스칼의 『팡세』.

3   Voir J. -D. Vincent, *La Chair et la Diable*, op. cit.

4   나는 뇌의 방문객들이 영성, 형이상학, 신학의 맥락 밖에서 영혼(혹은 '정신')이라는 단어를 사용하고 있음을 확실히 알아주기 바란다. 나의 영혼은 일원론자, 오로지 나의 뇌에만 속해 있다.

5   J. Decety, "Le sens des autres ou les fondements naturels de la sympathie," in Y. Michaud(éd.), *Qu'est-ce que la vie psychique?*, Paris, Odile Jacob, 2002.

6   J. -D. Vincent, *Le Coeur des autres*, op. cit.

7   Catherine Pozzi, *Peau d'Âne*, Paris, La Différence, 1990.

8   J. -J. Rousseau, *Discours sur les sciences et les arts*, Paris, Garnier Flammarion, 1971.

9   J. Ladrière, *Vie sociale et destinée*, Gemblour, Duerlot, 1973.

10 M. Scheler, *Nature et forme de la sympathie*, Paris, Payot, 1971.

11 J. -D. Vincent, *Biologie des passions, op. cit.*

12 J. -P. Sartes, *L'Être et le Néant*, Paris, Gallimard, 1953.

13 J. Verpre, *Le Néant gai*, Cambus, Pagodon, 2007.

14 G. de Tarde, *Les Lois de l'imitation*, Paris, Kine, 1993.

15 M. Tomasello, *The Cultural Origin of Human Cognition*, Cambridge, Cambridge University Press.

16 A. N. Meltzoff et M. K. Moore, "Infant intersubjectivity broadening the dialogue to include imitation, identity and intention," in S. Braten(éd.), *Intersubjective Communication and imitation and Emotion in Early ontogency*, Cambridge, Cambridge University Press, 1988.

17 J. Decety, "Naturaliser l'empathie," *L'Encéphale*, 28, 2002, pp.9~20.

18 J. M. Baldwin, *Le Développement mental chez l'enfant et dans la race*, Paris, Felix Alcan, 1897.

19 C. Heyes, "Trends in Cognitive Sciences," *Cause and consequences of Imitation*, 5 : 2001, pp.253~260.

20 J. Proust, "La pensée de soi," in Y. Michaud(éd.), *Qu'est-ce que la vie psychque, op. cit.*

21 R. Zazzo, "La genèse de la conscience de soi(la reconnaissnace de soi dans l'image du miroir)," in P. Fraisse (éd.), *Psychologie de la connaissnace de soi*, Paris, PUF, 1975.

22 G. Gallup, "Chimpanzee, self recognition," *Science*, 1970, 167, pp.86~87.

23 뉴런의 활성 잠재성은 "오실로스코프 화면에 가시적으로 나타날 뿐만 아니라 전기생리학자들의 귀에도 특징적인 부드러운 소리로 감지된다".

24 G. Rizzolati, L. Fadiga, V. Gallese et L. Fogassi, "Premotor cortex and the recognition of motor actions," *Cognitive Brain Research*, 3, 1996, pp.188~194.

25 G. Rizzolati et M. Arbid, "Language within our grasp," *Trends in Neurosciences*, 21, 1998, pp.188~194.

26 M. Jeanneord, *La Nature de l'esprit*, Paris, Odile Jacoib, 2002.

27 D. Premack et G. Wooddruff, "Does the chimpanzee have a theory of mind?," *The Behavioural and Brain Sciences*, 1, 1978, pp.516~526.

28 M. Jeanneord, *op. cit.*

29 J. Decety, T. Chaminade, J. Grezes et A. N. Meltzoff, "A PET explanation of neural mechanisms involved in reciprocal imitation," *Neuroimage*, 2002, 15(1), p.265~272.

30 P. Ruby et J. Decety, "Effect of the subjective perspective taking during simulation of action : a PET investigation of agency," *Nature, Neuroscience*, 2002, 15, pp.265~272.

31 J. Gibson, *The Ecological Approach to Visual Perception*, New York, Hougton Mifflin, 1979.

32 P. Rochat, "Self perception and action in infancy," *Exp. Brain Res.*, 1998, 123, pp.102~109; *Le Monde des bebes*. Odile Jacob, 2006.

19장 언어의 정원

1 이 주제에 대해서는 다음을 참조하라. John Dixon Hunt, *L'Art du jardin et son histoire*, Paris, Odile Jacob, 1996.

2 M. Foucault, *Les Mots et les Choses*, Paris, Gallimard, 1996.

3 S. Pinker, *L'Instinct du language*, Paris, Odile Jacob, 1999.

4 계통발생은 동물 종의 발달과 어느 한 종 내에서의 개체발생 및 그 개체의 발달을 기술한다. 개통발생이라는 말은 독일의 생물학자 헤켈이 말한 "개체발생은 계통발생을 반복한다"는 발생반복의 법칙에서 처음 사용되었다.

5 T. C. Schneirla, "The process and mechanism of ant learning. The combination problem and the successive presentation proble," *J. Compar, Neurol.*, 17, 1934, pp.309~328.

6 J. Proust, *Les Animaux pensent-ils?*, Paris, Bayard, 2003.

7 G. Dehaene-Lambertz, S. Dehaene et L. Hertz-Pannier, "Functional

neuro-imaging of speech perception in infants," *Science*, 298, 2002, pp.213~215.

8 Dans R. Nadeau, *Vocabulaire technique et analytique de l'épistémologie*, Paris, PUF, 1999.

9 아이블 아이베스펠트에 따르면 신생아의 울음소리는 하나의 모델로 파악할 수 있다고 한다. 밖으로 내지르는 소리가 평균 1초, 그다음에 0.2초 사이를 두었다가 속으로 웅얼거리는 울음이 0.1~0.2초 이어진다. 그다음에 0.2초 사이가 있고 다시 밖으로 지르는 소리가 나온다.

10 K. Scherer, "Vocal affect expression : a review and a model for future researcher?," *Psychological ICSLP*, 1966.

11 방전기가 진동하면 신호가 가서 진공관 전극이 어떤 요소들을 확장한다. 이때 우리는 어조의 특징을 이루는 기본 요인인 '음형대'를 얻을 수 있다. 음형대는 말 그대로 어조를 '형성하는' 역할을 한다.

12 V. C. Tartler, "Happy talk : perceptual and acoustic affects of smiling on speech," *Perception & Psychophysics*, 27, 1980, pp.24~27.

13 J. G. Herder, *Traité sur l'origine de la langue*, trad. P. Penisson, Paris, Aubier, 1977.

14 P. Feyereisen et J. -D. de Lannoy, *Psychologie du geste*, Bruxelles, Liège, Mardaga, 1985.

15 J. Seguin et L. Ferraud, *Leçons de parole*, Paris, Odile Jacob, 2000.

16 G. Josse et N. Tzourio-Mazoyer, "La spécialisation hémisphérique pour le langage," in O. Houdé, B. Mazoyer et N. Tzourio-Mazoyer (éds), *Cerveau et psychogie*, Paris, PUF, 2001.

에필로그 여행을 마치면서

1 <As you leave the room>, poème de Wallace Stevens, Paris, Jose Corti, 2006.

2 R. Burton, *Anatomie de la mélancolie, op. cit.*

찾아보기

ㄱ

GABA 153, 156, 165, 211~212, 285, 287, 298, 313, 319, 321~323, 358, 458
가족치료 85
간뇌 27, 57, 60, 138
갈레노스 24~27, 36, 119, 350, 500
갈바니 36~38
거울 뉴런 421, 529, 560~561, 576, 613
게슈탈트 85, 596
게이지, 피니어스 380, 495~496, 638
격막 57
계절정동장애 123
고랑 42, 56, 59, 479, 511, 564
고막끈 219
골상학 39, 40~41, 524~525
골지 47
골츠, 프리드리히 43
곰브리치, 에른스트 419
과립세포 241~242
교세포 46, 65~66, 89, 117, 173, 478
구획이론 27
국재론자 42, 45
궁상핵 210~215

귀밑샘 32, 281
그라티올레, 루이 42~43
그렐린 186, 213, 215
그물체 60, 149, 151
글루카곤 181
글루탐산 154, 218, 224~225, 285, 287, 298, 319, 322~323, 456
글리코겐 173, 180, 631
긍정적 강화 306~307, 309, 311, 317~318
기면증 154, 156, 168, 211
기분장애 88, 104, 107, 110, 114~120, 123, 125~126, 128~130, 166, 444
기분조절제 104, 114, 126, 129
기억 7, 11, 27, 33, 40, 50, 64, 68, 76, 78, 83, 88, 117, 119, 140, 155, 159~160, 162~163, 165, 170, 172, 208, 223~224, 240, 243, 247~254, 288, 305, 313, 318~320, 322, 324, 335, 354~355, 357, 368, 376, 378, 411, 430, 437~468, 473, 481~482, 486, 490, 497~498, 505, 514, 528~529, 530, 568, 601, 604, 640~641
기저막 241
꼬리핵 59

ㄴ

내안와구 58
내인성 카나비노이드 51, 68, 189,
　211~212, 302, 313~314, 320~324
　~계 51
노르아드레날린 112, 116, 118, 152,
　154~155, 285, 304, 318, 358, 379, 629
　~계 112, 285
노테봄 249
뇌간 60~61, 88, 102, 112, 115, 118, 149,
　152, 155, 167, 172, 212, 239, 245, 285,
　302, 375, 378, 426, 506, 522, 538, 576
뇌교 56, 60, 149, 152, 155~156, 172
뇌궁 57, 208, 210
뇌량 33, 56~60, 478
뇌실 26~32, 35, 60~62, 64~66, 117, 122,
　149, 158, 210, 212~215, 262, 378
뇌중격 115, 375, 380, 457
뇌하수체 60, 63, 149, 210, 212, 214~215,
　259, 261, 387
뉴런 13, 46~48, 50, 56, 64~68, 79, 83, 89,
　94, 100, 102, 112, 115, 117~119, 121,
　134, 136, 149, 151~154, 156, 163, 167,
　172~173, 179~180, 184, 189, 210~215,
　218, 225, 237, 239~243, 245~254, 259,
　261~262, 271, 285~286, 298, 302,
　316~318, 320~323, 346, 351~352, 354,
　362, 375, 387, 394, 395, 414, 421, 426,
　431, 433~434, 448~449, 455, 456~457,
　465, 475, 478, 507, 509, 516~517, 525,
　~531, 533, 540, 547~548, 560~561,
　563~564, 575~576, 613, 618, 628, 633,
　637, 642, 644
뉴로펩티드 189, 286

니코틴 154, 209, 211~212, 321~322
니페디핀 168

ㄷ

다빈치 29, 140
다중인격 신드롬 489
단백질 222, 225
당뇨병 165, 181, 184, 188~194, 198~199,
　202
대뇌반구 123, 368, 612
대뇌섬엽 58~59
대뇌의 국재성 39, 42, 44~45
대뇌피질 43, 45, 56, 60, 67, 89, 149,
　152~153, 155, 242, 251, 261, 328, 361,
　380, 410~411, 413, 418, 426, 429, 448,
　539, 540, 575, 608, 642
대뇌횡열 58
대상회 58~59, 115, 480
데모크리토스 23, 109
데카르트 24~26, 29~34, 122, 202, 348,
　502, 510, 513, 518, 591, 592
도파민 98, 102, 112, 115, 118, 120, 152,
　154~155, 208, 215, 285~286, 298,
　301~302, 304~305, 308, 313, 315~319,
　321~324, 328, 338, 378, 388, 458, 527,
　528, 532~534, 538, 540, 550, 629
도파민계 378, 532
동물의 정기 25~26, 30~31, 35~37
두개골 12~13, 21, 26, 40~41, 56~57, 88,
　380, 397, 443, 496, 524~525, 538, 638
두정엽 56, 58~59, 328, 609
두정후두구 59
뒤샹 30, 505

뒤센의 미소 330~331
디드로 35, 55
DMH 210~211

ㄹ

라보리 114
라부아지에 177, 631
라스메니나스 557, 562
라캉, 자크 80, 130, 552, 586
랑비에 결절 66
래슐리 43
런던탑 검사 497~498
레몽 36, 38, 388, 600
레비스트로스, 클로드 427
REM 수면 84, 144
렙틴 182~183, 185~186, 189, 210, 213~215
로르샤흐 567
로저스, 칼 84
롤란도열구 45
뢰비, 오토 48~49
루소, 장 자크 79, 453, 474~476, 545, 637
르보르뉴 44
리간드 222, 237, 239~240
리나롤 230
리모나반트 189, 209, 214, 315
리모나반트라 189
리튬 104, 113~114, 118, 438
리페마니아 129

ㅁ

마리화나 314, 321, 378

말러, 마거릿 573, 581
말초신경 48, 65, 89, 102, 123, 189, 209, 281~282, 443, 522, 528
　~계 48, 65, 102, 123, 189, 209, 281, 282, 528
말피기, 마르첼로 35
망막섬유 413
망상계 60
망상체 149, 150~151
　~부활계 150
메모라비아 28
메이어 172
메틸안스라닐레이트 230
멜라노코르틴 189, 213
멜라토닌 122~123, 166
멜랑콜리 95, 108, 110, 114
모노아민계 102, 104, 112, 118, 152
모방 40, 228, 332, 419, 421, 474, 477, 517, 548, 553~556, 563, 565, 569
무도병 168, 539, 540
무질, 로베르토 111, 137, 141, 157
미세절편 47
미슈킨, 모티머 416~418
미엘린 수초 65, 89, 117
미주신경 48, 49, 185, 189, 208, 219
밈 446

ㅂ

바르비투르산제 165
바빈스키, 조제프 503, 529
바소프레신 138, 214, 259~261, 264, 387
반사궁 48, 354, 522
배쪽내측핵 379

백질 89, 288
밸프로에이트 104
버턴, 로버트 108~111
베르니케실어증 610
베르니케영역 609~610, 613
베리우스 128
베타요논 230
베텔하임, 브루노 574
변동중심상태 96~98, 117,~118, 139, 159, 162, 262, 284, 287, 300, 314~315, 319, 483
변연계 115, 118, 152, 160, 164, 304, 316~319, 321~322, 375, 378, 381, 531~532
보르되 35
보스웰, 제임스 110, 111, 630
보조운동영역 328, 336, 479, 528~529, 533
보행반사 506
복외측시각전핵 153
복피개부 115, 118, 285, 286, 316, 321~323, 328, 378
볼타, 알렉산드로 37, 38
볼테르 34, 74, 405~406, 475, 585
부교감신경 147, 632
부수후구 241
부이요 42~43
부정적 강화 306~307, 309, 311
불면증 106, 108, 149, 151, 164, 165~166, 168
뷰프로프리온 383
브로드만, 코비니안 45, 415~416
브로카, 폴 14, 42~44, 430, 608~610, 613
  브로카실어증 608, 610

브로카영역 608~610, 613
브리야사바랭 177~178, 187, 206, 216, 223, 228, 233, 237
V1 410~411, 414~416
V4 411, 480, 482
V5 411
VMH 210~211, 379
비만 181~192, 196, 198~199, 201~202, 208~209, 301, 631
비주기 144

ㅅ

사구체 241, 242
상위발성중추 249
상향성 RAS 150~151
생체시계 63, 94, 120~122, 124, 157~159, 171
샤르코, 장 마르탱 4, 640
선조체 32, 33, 115, 117, 215, 301, 316, 321~322, 378, 528, 533, 538
성 호르몬 138~139, 373~377
성상교세포 65
성선자극호르몬 215
세렌디피티 138, 630
세로토닌 112, 116, 118, 122, 152, 155, 285~287, 302, 304, 354, 358, 382, 458, 507, 576, 630
  ~계 112, 118
세체노프 344
세트랄린 359
센수스 지타티바 28
소교세포 65~66
소뇌 56~57, 60~61, 68, 152, 282~283,

288, 504, 526~527, 528, 538, 575, 621, 642~643
손상전류 38
솔기핵 118, 211, 285
송과선 30, 122~123
송과안 123
송과체 31, 33, 122~123
수면과다증 124, 168
수면무호흡증 168
수면장애 156, 164~165, 167~168
슈반세포 65
슈프루츠하임 39
스코빌, 윌리엄 441
스키너, 프레더릭 80, 83, 346~347
스키마 83
스타틴 201
스테노 32~33
 ~관 32
스테로이드 62, 138, 375, 401, 637
스톡홀름 신드롬 399
승모세포 241~242
시교차상핵 120~121, 123, 158
시냅스 47~49, 64~68, 83, 115~116, 118, 120, 173, 189, 212, 214, 220, 225~226, 248, 271, 283, 286~287, 298, 315, 318, 323, 351, 354~355, 456~478, 517, 522, 636~637
시모니데스 450
시미운쿨루스 525
시상 5, 14, 56, 60~61, 63~64, 75, 94, 115, 120~123, 138, 148~150, 152~153, 156, 158~159, 165, 183, 185, 188~189, 203, 205, 207~213, 215~216, 245~246, 258~259, 261~262, 322, 357, 375, 377~380, 387~388, 391, 405, 526, 531, 539, 623~632
시상하부 60, 94, 357, 388
신경교세포 65~66
신경생리학 47, 87, 89~90, 245, 249, 260, 416, 425, 434, 478, 509, 526, 553, 560, 568, 636, 637
신경세포 46~47, 52, 61, 100, 119, 259, 261, 302, 315, 411, 478, 525, 537, 628
 ~설 46
신경이완제 114, 138, 540
신경전달물질 49~51, 66~68, 100, 116, 118, 155, 165, 214, 225, 283~286, 296, 298, 302, 313, 354, 378, 456~457, 576, 635
신체감각피질 56, 60, 609
실비우스도관 61, 149
실비우스열 59, 608
심장 중심주의 23

ㅇ

아구티유사펩티드 213
아디포사이트 182~185, 213, 631
아르헤니우스 170
아리스토제노스 430
아리스토텔레스 23~24, 27, 159, 370, 430, 500, 552
아미노 말단 222
아미노산 89, 154, 179, 180~181, 186, 189, 217~218, 224~225, 261, 631
아민 102, 104, 112, 115~116, 118, 152, 212, 285, 298, 302, 457, 629
 ~계 115~116, 212

아밀로라이드 225
아벨라르 372~373, 374, 376
아세트알데히드 279
아세틸콜린 48~49, 152, 154, 212, 302, 457, 465~466, 522
아스파르트산 154, 225
아콤플리아 189
아플리시아 347, 349~355, 357, 359, 456, 636, 637
안구운동핵 149
안드로겐 375, 401
알츠하이머병 89, 443, 457, 461~468, 497, 616
알크마이온 22
αMSH 210, 213~215
암페타민 168, 315, 318, 457
앤지오텐신II 213, 263
앨트먼, 조셉 247, 251
ATP 157, 179
에로스 19~20, 282, 368, 370, 377, 385
에릭슨, 밀턴 84
에스트라디올 375~377, 379, 638
에스티마티바 28
H.M. 440~441, 448
에코노모, 콘스탄틴 폴 148~150, 153
에크먼, 폴 102, 330
에피쿠로스 236, 291, 293~294, 297
엔도르핀 51, 98, 302
엘로이즈 372~374
MCH 210~211
MRI 88, 242, 482, 518, 530~531
역설수면 84~85, 136, 138~142, 144, 146~147, 154~155, 156, 159~165, 167~168, 172~173

연수 56, 60, 88, 152, 156
예지몽 167
오귀스트, 포렐 13~14
오렉신 152~154, 156, 210~212, 215
옥시토신 127, 138, 214, 259, 261, 387~391, 550, 603
와이즈 316~317
왓슨, 존 브로더스 343, 347~349, 356
외상후 스트레스 증후군 356
외안와구 58
외측무릎체 413~415
외측후각로 241
왼쪽비측망막 413
요제프, 프란츠 39, 524
우마미 217~218, 224~225
우울증 27, 82~83, 89, 100~101, 104~111, 113~114, 117~118, 123~126, 129~130, 164, 307, 328, 461, 467, 533, 538, 540, 622
우울질 129
운동영역 328, 415, 486, 496, 528, 533, 560~561, 564
운동피질 56, 60, 302, 322, 433, 525~529, 564, 609, 643
웅거라이더, 레슬리 416~418
위즐, 토른스튼 253
윌리스, 토마스 25, 32~33
윌리엄스 증후군 590
유막 23, 57
이랑 35, 42, 44~45, 56, 58~59, 64, 75, 115, 397, 530~531
EEG 138, 146
이소발레릭산 231
인슐린 180~181, 184~186, 188~190,

192~193, 202, 208~209
인지과학 79~80, 83, 363, 453, 473, 476, 492, 518, 548~549

ㅈ

자폐 스펙트럼 579
자폐증 83, 89, 451, 529, 547, 570~582
전두엽 44~45, 56, 58~59, 380, 431, 442, 462, 495~496, 497~498, 500, 530~531, 608~609
전두영역 416, 462, 516, 524~525, 565
전위 39, 220, 265, 431, 561
전후두절흔 58
정동성 128, 337
정수면 140, 145~147, 155~156, 159~161, 165, 173
정신분석 79~83, 84, 135, 147, 164, 349, 455, 487, 573~574, 576, 578, 581, 606, 637
정중시각교차앞구역 378~379
조거구 58~59
조건반사 344~348, 352, 357
조이스, 제임스 76, 407
주베, 미셸 17, 30, 32, 39, 133~134, 136, 138, 141~143, 151, 154~155, 159~160, 162, 167, 170, 173, 177, 329
중뇌수로 62
중심구 56, 58~59
중심전구 58
중심후구 58, 241
중추신경계 59, 65~66, 118, 123, 189, 225, 521, 528
지능 7, 12, 41~42, 51, 55, 229, 252, 362,
441~442, 469, 491~495, 498, 510~511, 513, 516~518, 548~549, 553~554, 571, 578~580, 590, 595~596
지방산 179, 184, 189~190

ㅊ

창백핵 59, 322, 526
척수 37, 48, 56~57, 60~61, 65~66, 79, 88, 90, 152, 156, 160, 261, 286, 375, 502~507, 522, 524~525, 527, 621
청반 118, 211
체액 27~28, 63, 110~111, 129, 261, 283, 292, 295, 328, 374
초일주기 리듬 155
최면요법 84~85, 640
충부 27~28
측두구 56, 58~59, 575
측두엽 56, 58~59, 328, 357, 380, 418, 430, 441~442, 568, 609
측두측 망막 413
측중격핵 115, 120, 285~286, 304, 318~319, 321~323, 328

ㅋ

카나비스 209, 323
카르복실 말단 222
카바마제핀 104
카할, 레몬 이 47, 343, 346
칸너, 레오 570~573, 575, 577~579
칸트, 이마누엘 239, 405~406, 446~447
캔들, 에릭 83, 343, 347, 349, 352~353, 357~358, 636~637

케이드, 존 113, 304
케이콤플렉스 145
코르사코프 증후군 443, 458
콜레시스토키닌 98, 185, 304, 320
콜린계 152, 154
Q10 법칙 170
크레펠린, 에밀 105, 107, 464
크로마뇽인 18
크로마토그래피 233~234
크리올 589
클라인, 멜라니 114, 573, 581
클로르프로마진 114
키스펩틴 215

ㅌ

테스토스테론 374~378, 638
테트라하이드로카나비놀 314
투렛 증후군 540
트라이글리세라이드 179~180
틱 장애 88, 539

ㅍ

파록세틴 359
파블로프 5, 80, 83, 310, 341, 343~348, 352, 636
파이로젠 94
파킨슨병 52, 89, 118, 150, 458, 528, 533~534, 538~540, 616
팔림세스트 454
페네르간 154
페레츠 427, 429, 432
페리에 38, 45, 496

펜필드, 와일더 45~46
펠릭스 143~144
펩티드 152~153, 186, 209, 210~215, 227, 259, 261, 286, 298, 302, 304, 320, 387
편도 59~60, 115, 117, 189, 208, 210, 212, 215, 286, 319, 322~323, 328, 337, 357, 375, 379~381
 ~핵, 59
포도당 179~181, 197, 545, 631
폴리그래피 146
프로게스테론 94, 375, 376
프로락틴 139
프로빈 334~336
프로스타글란딘 94
프로이트, 지그문트 80, 84, 133, 134~137, 140, 148, 164, 177, 280, 328, 386, 489, 551, 573, 581, 636, 640
프로작 116, 382
프루스트, 조엘 76, 100, 105, 231, 320, 355, 438, 508, 556, 593, 613
프리래디컬 279
프시케 18~19, 20, 79
플라톤 23~24, 27, 368, 370, 405, 637
플립플롭 145, 148, 153
피각핵 59
피라진계 217
피아제, 장 510~517
POMC 210, 213~215
피진 589
피질 32, 39, 42~43, 45~46, 59, 149, 152, 160, 230, 285, 288, 318, 322, 433
 ~의 국재성 42
피타고라스 430

ㅎ

하두정구　58
하전두구　58
하측두영역　416, 418
항히스타민제　114, 154
해마　14, 59~60, 76, 115, 117, 119, 130, 138, 154~155, 163, 243, 249, 251~253, 288, 320, 322, 357, 438, 442, 449, 454, 456~457, 461~463, 580
행동주의　79, 98, 347~348, 356, 628
행동치료　79, 83, 84, 358, 401
향정신성 약물　51, 113, 118, 130, 382
허블, 데이비드　253
헌팅턴병　50, 90
헤브 원칙　346, 456
헬름홀츠　39, 431
혈액뇌장벽　62~63, 66, 89
호모 사피엔스　426, 588
호문쿨루스　45~46, 525, 564
호트, 반트　170
환각　138, 168, 283, 481~483, 534, 637
환원주의　8, 98, 294, 362, 498
황담즙　27, 129
회백질　59, 67, 89, 115, 117~118, 288, 517
후각상피　240~241
후각섬모 비강　241
후각수용체　229, 233, 237, 239
후각신경　241
후구　241~243, 251~252, 609, 633
후두엽　56, 58~59, 609, 639
후두전절개　58
후두정영역　416, 480
흑담즙　27, 106, 110~111, 129

흑질　115, 118, 378, 527~528, 533, 538
히스테리　84, 444, 640
히포크라테스　22~24, 108~109, 119, 123, 129, 199
히포크레틴　211

옮긴이 이세진

서강대학교 철학과와 동 대학원 불어불문학과를 졸업했다. 현재 전문번역가로 일하고 있으며, 『꽃의 나라』『바다나라』『무한』『천재들의 뇌』『돌아온 꼬마 니콜라』『유혹의 심리학』『회색 영혼』등을 우리말로 옮겼다.

뇌 한복판으로 떠나는 여행
ⓒ 장 디디에 뱅상, 2010

1판 1쇄	2010년 12월 10일
1판 3쇄	2017년 1월 24일
지은이	장 디디에 뱅상
옮긴이	이세진
펴낸이	김정순
책임편집	한아름
디자인	홍지숙
마케팅	양혜림 이지혜
펴낸곳	(주)북하우스 퍼블리셔스
출판등록	1997년 9월 23일 제406-2003-055호
주소	04043 서울시 마포구 양화로 12길 16-9(서교동 북앤빌딩)
전자우편	henamu@hotmail.com
홈페이지	www.bookhouse.co.kr
전화번호	02-3144-3123
팩스	02-3144-3121

ISBN 978-89-5605-496-4 03400